JN299523

大学院講義 物理化学
第2版

幸田清一郎・小谷正博
染田清彦・阿波賀邦夫 編

II. 反応速度論とダイナミクス

東京化学同人

序

　従来，大学院の教育は指導教員からの直接的指導と，それに触発された本人の自己研鑽に頼る部分が大きかった．専門性を極めるにはこれでよかったかもしれない．しかし現在，大学院出身者には，自分の所属した研究グループの専門にとどまることなく，種々の分野を開拓して世界に伍して活躍することが強く求められている．自分の専門分野の習得に加えて，より広く基礎知識，考え方，応用・展開能力を身につけておくことが重要である．このため大学院教育において，組織化された良質のカリキュラムと，基礎に立脚した見通しのある教科書が必要とされている．現在，大学レベルの教科書，および専門家向けの成書は多々あるが，その間をつなぐ大学院教育に向けたものは限られているのが実情であろう．本大学院講義 物理化学は，初版の編者であった近藤 保 元東京大学教授の構想に沿う形で，大学院レベルに適する物理化学の教科書・参考書をめざした．

　初版においては，大学院レベルで基本的な題材を重点的に取上げた．物理化学は難しい，数式に惑わされたり，逆に数式が十分導出されていなくて行き詰まってしまう，これらを何とかしてほしいとの要請に応えるため，選んだ題材については，内容を最後まで省略しないで丁寧に解説した．視覚に訴える図や写真，自分で解いて理解するための多くの例題を用いて，深い理解に役立つように配慮した．これらの施策はある程度の成功をみて，大学院レベルの教科書・参考書としての役割を果してきたと考えている．本第2版においても，当初の基本方針に変わりはない．

　初版刊行後14年が経ち，その間，先端的な理論や実験研究の進展と同時に，理論の整備が進み，先端的な実験が集大成されて応用への見通しが立ってきたものも多い．この学問の地平の格段の広がりに対応するため，第2版を準備することとした．初版では1冊にまとめた"大学院講義 物理化学"を"第Ⅰ巻 量子化学と分子分光学"，"第Ⅱ巻 反応速度論とダイナミクス"，"第Ⅲ巻 固体の化学と物性"の3巻に分け，初版の執筆者に加えて10名を超える理論と実験の専門家に加わっていただき，内容のいっそうの充実を図った．この結果，ほとんど全面的に新規な内容となっている．

　執筆の方針は初版と同じである．すなわち本第2版においても基本的な題材を取上げ，これらを丁寧に解説することに重点をおいた．初版より取上げる題材が広がったことは事実であるが，執筆内容の相互連携も密にして無意味な拡散を避けるように努力した．概念の解説や数式の導出のみではなく，多数の例題を用いて，これらを具体的に解くことにより理解の向上を図った．テキストの筋から少し発展した部分は"BOX"として取上げ，先端的・学際的な面にも配慮した．さらに本文よりも少し踏み込んだ解説を"付録"に記載したので理解を深めるのに利用していただきたい．また章末の問題には比較的詳しい解答を付けたので，読者はこれらを参考として自己学習の成果を確認し，また自分自身で新たな興味を引き

出すことができよう．

　本第2版を大学院講義の教科書として利用していただく場合，状況に応じて各巻に1ないし2学期を当てるのが適切である．各巻は，それぞれがほぼ独立した内容になっているので，順序は問わない．また一部の巻のみの利用でも十分効果があげられると思う．本書は教科書としてのみではなく，学部高学年生や，大学院で物理化学分野を専門としなかった方の，基礎からの自己学習にも大いに役立つであろう．専門的な研究者にも知識の整理や，先端的な状況の把握に利用していただくことができる．

　最後になるが，初版の編者であった 故 近藤 保先生のご努力がなければ本第2版も世に出ることはなかったことを思い，深甚の謝意を表したい．また，本第2版の作成に献身的に努力してくださった，東京化学同人の高林ふじ子氏に厚くお礼を申し上げたい．

　2011年2月

編　　者

大学院講義 物理化学（第2版）

編　集

幸田清一郎　　上智大学理工学部 特別契約教授，東京大学名誉教授，工学博士
小谷　正博　　学習院大学名誉教授，理学博士
染田　清彦　　東京大学大学院総合文化研究科 准教授，理学博士
阿波賀邦夫　　名古屋大学物質科学国際研究センター 教授，理学博士

第II巻編集担当：　幸田清一郎

大学院講義 物理化学(第2版)

第Ⅰ巻 量子化学と分子分光学
1. 物理化学のための量子力学
2. 分子の電子状態
3. 分子の振動・回転状態
4. 光と分子

第Ⅱ巻 反応速度論とダイナミクス
1. 化学反応の速度論
2. 反応速度論の実験
3. 化学反応のダイナミクス
4. 遷移状態理論
5. 分子内緩和過程
6. 溶液反応の速度論
7. 反応機構解析

第Ⅲ巻 固体の化学と物性
1. 固体の構造
2. 物質の三態
3. 固体の振動と熱的性質
4. 金属と半導体
5. 磁性体
6. 固体の誘電的性質
7. 物性・構造測定手法

はじめに

　本第2版，第II巻"反応速度論とダイナミクス"は初版の"第II部 反応"に対応する．初版刊行後の反応速度論の展開は著しい．第一にダイナミクスの研究分野では分子線技術やフェムト秒科学の展開によって，微視的な情報や概念が実験的な現実味をもって認識されるようになった．こうして反応の遷移状態や"状態から状態への化学"の理論的な枠組みと，実験から得られた情報が集大成されてきた．現在，フェムト秒を超えたアト秒科学へと先端研究が展開されている．第二に，凝縮系などの複雑系への先端的・応用的発展と，量子化学計算によるポテンシャル曲面の計算の実用化や，工学的設計技術としての反応速度論の応用が著しい．反応速度論のシミュレーション技術は，反応プロセス工学，燃焼科学，大気環境化学などの現代的課題に取組むための不可欠な手段の一つになってきた．

　本巻では前述の進歩を踏まえ，前半において巨視的反応速度論と微視的反応速度論の関係（第1章），実験的方法論の基礎（第2章），反応速度を決定している微視的メカニズムやその概念の集大成（第3〜5章）を主題とし，反応速度論とダイナミクスの骨組みを体系的に解説した．この五つの章によって，巨視的反応速度論から始まって反応ダイナミクスへ至る基本的な概念を理解し，それらの知識を化学反応の理解の深化や，反応速度の計算などへと応用するための基礎が整うであろう．このあと，複雑系への展開を溶液反応論（第6章）において，また理工学や環境科学への応用を第7章において解説した．第7章には，実用的な反応速度論計算も解説されている．ポテンシャル曲面の基礎やその数値計算は，第I巻を参照してほしい．

　限られた時間で基礎を身につけることは必ずしも容易ではない．応用の面に限れば，いまや基礎を知らなくても反応速度を計算できるようなソフトもある．しかしながら，予測不可能な未来を切り拓いていくには，基礎に立脚して応用していく力を養うのが王道である．反応速度論とダイナミクスの基礎を身につけてもらうには，大学での古典力学と量子力学のある程度の基礎知識と，化学反応の現象的知見があることが望ましい．また数学的な取扱いに慣れていることは役に立つ．しかし，仮にこれらに不十分なところがあっても，学部での学習を反芻しながら，本巻の題材を読み進めていけるであろう．

　大学院講義が学部講義と異なる点は，学問の展開を研究の生きた物語としてたどるところにもある．たとえば第3章では，幾多のノーベル賞を授与された途中の景色を楽しみながら，ナトリウム希薄炎の実験から始まり，精緻な交差分子線やフェムト秒実験により解明されてきた"状態から状態への化学"に至るダイナミクス研究の道筋をたどることになる．物語をたどることは第3章に限らない．それぞれの章において，研究がどう進展してきたかを生き生きと感じ取って，楽しみながら読み進んでいただきたい．これこそ学問と勉学の醍醐味であろう．

本巻の執筆には，編者・著者ともども誠心誠意取組んだつもりであるが，不十分なところや不備があろうかと思う．読者の皆様からのご指摘をいただければ幸いである．最後になるが，第2章の執筆に当たっては，京都大学大学院 鈴木俊法教授から貴重なコメントと資料を提供していただいた．ここに感謝の意を表したい．また本巻の作成に献身的に努力してくださった，東京化学同人の高林ふじ子氏に厚くお礼を申し上げたい．

　2011年2月

幸 田 清 一 郎

第II巻　反応速度論とダイナミクス

執　筆　者

幸田清一郎　　上智大学理工学部 特別契約教授，東京大学名誉教授，工学博士
(1, 2 章)

越　光　男　　東京大学大学院工学系研究科 特任教授，工学博士
(2, 7 章, 付録 J)

染田清彦　　東京大学大学院総合文化研究科 准教授，理学博士
(3〜5 章, 付録 A〜F)

森田明弘　　東北大学大学院理学研究科 教授，博士(理学)
(6 章, 付録 G〜I)

目　次

1. 化学反応の速度論 ··1
- 1.1　巨視的反応速度論 ··1
  - 1.1.1　反応速度論の発展と位置づけ ··1
  - 1.1.2　反応と相 ··3
  - 1.1.3　反応と反応速度 ··4

    量論関係，反応進行度，および反応率／反応速度と速度定数／
    反応速度式と化学種濃度の時間変化
- 1.2　素反応と反応速度 ··8
  - 1.2.1　素反応と反応機構 ··8

    素反応と反応に関与する分子数／反応式と量論式／複合反応と反応機構

    BOX 1.1　単分子反応と衝突過程 ··8
  - 1.2.2　速度定数と反応断面積 ··10

    衝突頻度因子と衝突数
  - 1.2.3　単純衝突理論と二分子反応速度定数 ··14
  - 1.2.4　2体間衝突の軌跡と散乱断面積 ··17

    2体間弾性衝突の力学／運動の軌跡と偏向角／微分断面積と全断面積／
    Lennard-Jones ポテンシャルにおける軌跡と散乱
  - 1.2.5　長距離引力とイオン分子反応 ···25
  - 1.2.6　詳細釣り合いと微視的可逆性の原理 ··28
- 問　題 ··30

2. 反応速度論の実験 ··31
- 2.1　はじめに ··31
- 2.2　反応速度論実験法 ··31
  - 2.2.1　静　置　法 ··32
  - 2.2.2　連続かくはん槽反応器法 ··33
  - 2.2.3　流　通　法 ··34
  - 2.2.4　分子変調法 ··36
  - 2.2.5　化学緩和法 ··36
  - 2.2.6　衝撃波管法 ··37

2.3　パルス励起法 ··· 39
　　2.3.1　レーザー光分解＋吸収分光法 ··· 40
　　　　　　キャビティーリングダウン分光法
　　2.3.2　レーザー光分解＋レーザー誘起蛍光法 ··································· 42
　　　　　　BOX 2.1　LIF法の実験 ·· 43
　　2.3.3　レーザー光分解＋質量分析法 ·· 44
　2.4　微視的反応速度論実験法 ·· 45
　　2.4.1　交差分子線実験法 ·· 45
　　　　　　交差分子線実験の原理／分子線技術の展開
　　2.4.2　超高速時間分解実験法 ·· 51
　　　　　　フェムト秒時間分解実験
　問　題 ·· 53

3. 化学反応のダイナミクス ··· 54
　3.1　状態から状態への化学反応 ·· 54
　　3.1.1　M.Polanyiのナトリウム希薄炎の実験 ··································· 54
　　3.1.2　F＋H_2赤外化学発光の実験 —— 振動励起した生成物 ···················· 55
　　3.1.3　H_2Oの光解離 —— 回転励起した生成物 ································· 57
　　　　　　BOX 3.1　分子配向の観測 ·· 59
　3.2　衝突としてみた化学反応 ·· 61
　　3.2.1　交差分子線の実験 ·· 61
　　3.2.2　散乱角で知る反応ダイナミクス ·· 61
　　　　　　BOX 3.2　化学反応の完全実験 ··· 66
　　3.2.3　リアルタイム化学反応ダイナミクス ······································ 67
　3.3　化学反応のポテンシャル曲面と古典軌跡 ······································ 69
　　3.3.1　ポテンシャル曲面の地形学 ·· 69
　　3.3.2　化学反応の古典軌跡 ·· 71
　　　　　　質量加重座標
　　3.3.3　ポテンシャル地形とエネルギー分配 ······································ 75
　　　　　　生成物のエネルギー分配／化学反応が起こるためのエネルギー分配の要件／
　　　　　　微視的可逆性
　　3.3.4　反応座標ハミルトニアン ·· 81
　3.4　衝突過程と非断熱遷移 ·· 82
　　3.4.1　透熱表現と断熱表現 ·· 82
　　　　　　断熱不変量／透熱表現／断熱表現
　　3.4.2　衝突過程と断熱ポテンシャル ·· 86
　　　　　　古典力学における断熱近似／量子力学における断熱近似
　　3.4.3　非断熱遷移 ·· 90
　　　　　　断熱ポテンシャルの擬交差／ポテンシャル擬交差での非断熱遷移／
　　　　　　Landau-Zenerモデル／非断熱遷移が光触媒生成物を左右する例／断熱性指標

3.4.4　非断熱遷移として見た化学反応 ··· 98
　　　　　　BOX 3.3　サプライザル解析 ··· 99
　問　題 ·· 102

4. 遷移状態理論 ·· 103
4.1　ダイナミクスと反応速度 ··· 103
4.2　エネルギーを指定した反応速度 ··· 104
4.2.1　ミクロカノニカル反応確率 ··· 104
　　　　　反応確率から反応速度定数への変換／ミクロカノニカル速度定数
4.2.2　遷移状態近似 ·· 106
4.2.3　遷移状態近似の限界 ·· 108
　　　　　再交差／量子力学的トンネル効果 ·· 111
4.3　温度を指定した反応速度 ··· 112
　　　　　BOX 4.1　室温付近でのカノニカル平均の内容 ····················· 113
4.4　遷移状態理論の検証 ·· 117
4.5　遷移状態理論の改良 ── 変分型遷移状態理論 ···································· 119
　問　題 ·· 120

5. 分子内緩和過程 ·· 121
5.1　分子内振動エネルギー再分配 ·· 121
5.1.1　Rynbrandt-Rabinovitch の実験 ── 熱い分子のふるまい ········· 121
5.1.2　パルス光励起による非定常状態の生成 ······························· 122
　　　　　非定常状態の時間発展／振動モード間の非調和相互作用／明状態と暗状態
5.1.3　振動位相緩和 ··· 129
　　　　　BOX 5.1　ダイナミクスとスペクトル ································· 134
5.2　単分子解離 ··· 135
　　　　　BOX 5.2　解離速度の"ゆらぎ" ··· 137
　　　　　BOX 5.3　準束縛状態 ··· 138
5.2.1　錯合体形成様式反応と遷移状態理論 ·································· 139
　　　　　BOX 5.4　統計的ふるまい ··· 140
5.3　光励起と無放射過程 ·· 141
5.3.1　振電相互作用と無放射遷移 ··· 141
　　　　　振電相互作用／無放射遷移：内部転換と項間交差
5.3.2　蛍光とりん光 ··· 144
　問　題 ·· 145

6. 溶液反応の速度論 ·· 146
6.1　気相反応と溶液反応の違い ·· 146
6.2　拡散律速反応 ·· 148
　　　　　完全な拡散律速の場合／拡散速度と反応速度が関与する場合

- 6.3 活性化障壁を越える反応 ……………………………………………………152
  - 6.3.1 自由エネルギー面 ………………………………………………152
  - 6.3.2 Kramers の理論 …………………………………………………154
    - 溶媒との摩擦が大きい場合／溶媒との摩擦が中間的な場合／
    - 溶媒との摩擦が小さい場合／Kramers 反転の実験的検証
      - BOX 6.1 遷移状態理論での反応速度定数 …………………………157
    - 6.3.3 溶媒運動のスペクトル(Grote-Hynes の理論) ………………161
    - 溶媒の運動が遅い場合／Kramers 理論との関係／遷移状態理論との関係
- 6.4 溶媒和自由エネルギー ………………………………………………………165
  - 6.4.1 溶媒和とは …………………………………………………………165
  - 6.4.2 溶媒和のモデル ……………………………………………………167
  - 6.4.3 溶質分子の電子状態への効果 ……………………………………169
- 6.5 電子移動反応 ……………………………………………………………………170
  - 6.5.1 電子移動反応の特徴 ………………………………………………170
  - 6.5.2 外圏型電子移動反応での自由エネルギー ………………………172
    - 自由エネルギー差 $\Delta U^{\text{I}-\text{t}}$／自由エネルギー差 $\Delta U^{\text{I}-\text{t}'}$ と $\Delta U^{\text{t}'-\text{f}}$／
    - 活性化自由エネルギー障壁 ΔG^*
  - 6.5.3 電子移動の反応座標 ………………………………………………175
  - 6.5.4 Marcus 理論の検証 ………………………………………………176
- 問 題 ……………………………………………………………………………………177

7. 反応機構解析 ……………………………………………………………………178

- 7.1 はじめに …………………………………………………………………………178
- 7.2 カノニカル速度定数の温度依存性 …………………………………………179
- 7.3 カノニカル速度定数の圧力依存性 …………………………………………182
  - 7.3.1 単分子反応 …………………………………………………………182
  - 7.3.2 Lindemann 機構 ……………………………………………………184
    - BOX 7.1 再結合反応の圧力依存性 …………………………………185
  - 7.3.3 RRK 理論 ……………………………………………………………187
  - 7.3.4 RRKM 理論 …………………………………………………………192
- 7.4 RRKM 理論によるカノニカル速度定数の算出 ……………………………195
  - 7.4.1 反応経路の統計因子 ………………………………………………195
  - 7.4.2 状態密度と状態和 …………………………………………………197
    - Whitten-Rabinovitch の方法／Beyer-Swinehart アルゴリズム
  - 7.4.3 反応速度定数の計算 ………………………………………………201
- 7.5 カノニカル速度定数と非平衡効果 …………………………………………206
  - 7.5.1 衝突活性化と非平衡エネルギー分布 ……………………………206
  - 7.5.2 支配方程式 …………………………………………………………206
    - 保存系／化学反応が起こる場合
      - BOX 7.2 CH_3NC 異性化反応の支配方程式解析 ……………………212

7.6　複合反応系の解析 ·· 213
　　7.6.1　複合反応のシミュレーションと感度解析 ·· 213
　　　　　感度解析／固有値解析／反応系のシミュレーションと主要反応経路
　　7.6.2　連鎖反応 ·· 217
　　7.6.3　燃焼反応 ·· 218
　　　　　水素の燃焼反応機構／アルカンの燃焼反応機構
　　　　　BOX 7.3　H_2-O_2 反応の固有値解析 ·· 223
　　　　　BOX 7.4　分子構造と着火特性 ·· 228
　7.7　気固不均一反応の機構と解析 ·· 228
　　7.7.1　表面の記述 ·· 229
　　7.7.2　吸着と吸着平衡 ·· 231
　　　　　物理吸着と化学吸着／Langmuir 吸着
　　7.7.3　表面上での反応 ·· 232
　　7.7.4　表面過程の熱力学 ·· 234
　　7.7.5　気固反応のシミュレーション ·· 236
　　　　　BOX 7.5　パラジウム上の H_2 の触媒燃焼の反応解析 ·· 238
　問　題 ·· 239

付録 A.　原子単位・エネルギーの単位 ·· 241
付録 B.　フーリエ展開・フーリエ変換・δ 関数 ·· 242
　B.1　フーリエ展開 ·· 242
　B.2　フーリエ変換 ·· 243
　B.3　δ 関数 ·· 243
付録 C.　London–Eyring–Polanyi–Sato ポテンシャル ·· 244
付録 D.　反応座標ハミルトニアンの導出 ·· 246
付録 E.　遷移状態理論の導出に関する補足 ·· 247
　E.1　反応物と活性錯合体の間の化学平衡に基づく遷移状態理論 ·· 247
　E.2　位相空間の流れの解析に基づく遷移状態理論 ·· 249
付録 F.　Bixon–Jortner 理論の導出 ·· 251
付録 G.　相対運動の拡散 ·· 254
付録 H.　Kramers 方程式 ·· 254
　H.1　Kramers 方程式 ·· 254
　H.2　Kramers 方程式と拡散方程式の関係 ·· 255
　H.3　Kramers の反応速度定数 ·· 255
付録 I.　電子移動のエネルギー差 ·· 257
付録 J.　非調和振動子の Direct Count のアルゴリズム ·· 259

参 考 文 献 ·· 261
問題の解答 ·· 264
索　　引 ·· 281

1. 化学反応の速度論

> この章では，§1.1 において巨視的にみた反応速度論の知識，すなわち，化学量論関係に基づく反応率，反応速度，反応速度定数や反応速度式の定義と，これらの数学的取扱いをまとめる．ついで，§1.2 で反応の基本単位と考えられる素反応と，素反応から複合反応へ至る反応機構に関する概念を説明する．さらに反応速度定数を，反応断面積とその分子統計力学的な和によって求める関係式を導く．反応は分子どうしの衝突現象と密接に関係していることから，古典力学によって2体間弾性衝突を調べ，その応用として，イオン分子反応などの反応断面積，さらに反応速度定数を求める．これらは巨視的反応速度論と第3章以下で扱う微視的反応速度論との橋掛けを図るものである．

1.1 巨視的反応速度論

1.1.1 反応速度論の発展と位置づけ

化学反応とは結合の組替えによる化学物質の生成や消滅の過程を意味する．ただし電子移動のような，結合のあらわな組替えを含まない過程も広い意味で化学反応に含めることが多い．これらの過程を取扱う学問を広く **化学反応論** あるいは **反応論** という．すなわち反応論は反応の生起する理由，仕組み，速さを明らかにし，化学反応を広く理解するための幅広い学問である．反応が進行しうるか否かは熱力学によって解析・解釈することができる．しかし本巻ではこの部分は取上げず，反応の仕組みと速さ，その詳細にわたる学問体系の基礎を主要な対象とする．この反応の仕組みや速さを取扱う部分は，通常，**反応速度論**(chemical kinetics)とよばれる．

われわれが実感する反応に要する時間は対象によって大幅に異なるが，長いものでは数時間以上に及ぶ．たとえば光化学スモッグの消長は1日刻みの反応であり，その意味で時間スケールは 10^5 s である．もちろんこれよりも大幅に時間を要する反応もある．一方，反応の詳細を，原子や分子，あるいはそれらの量子状態にまで立ち至って，あるいは関係している原子・分子の個々の運動に基づいて議論しようとすると，必要となる時間スケールは極端に短くなる．反応に関係する原子核の運動の距離を代表的に 10^{-10} m，また運動速度を 10^4 m s^{-1} ととれば，その時間スケールは 10^{-14} s，すなわち 10 fs となる．また分子の振動周期も 10^{-14} s の程度である．反応の動的な詳細を原子・分子のレベルで研究する部分を，(化学)**反応ダイナミクス**(chemical reaction dynamics, **反応動力学** ともいう)とよぶこともある．ただし，反応速度論と反応ダイナミクスとの用語上の線引きは判然としたものではない．また **巨視的**(macroscopic)と **微視的**(microscopic)という用語もよく用いられる．微視的とは，個々の粒子(原子や分子など)の基本的な性質や状態を基にして，ものごとを調べる立場である．一方，一般的に観測されるものは，構成する個々の粒子の微視的な状態の何らかの平均値である．そのような観測値に基づいて調べる立場を巨視的という．大ざっぱにいって，反応速度論は巨視的，反応ダイナミクスは微視的な見方に対応しているが，これも明確なものではない．本巻ではおおよそ 10^{-14}〜10^5 s にわたる時間領域を，広義の意味での反応速度論として，反応ダイナミクスとよばれる

部分を含めて取扱う．

現代の反応速度論は 1889 年に提出された，化学反応の速度定数と温度の関係を表す **Arrhenius**（アレニウス）**式**(1.1)[*1] から始まったといえる．

$$k = A\exp\left(-\frac{E_\mathrm{a}}{RT}\right) \tag{1.1}$$

ここに k は**速度定数**(rate constant)，A は**前指数因子**(pre-exponential factor, **頻度因子**(frequency factor)ともいう)，E_a は**活性化エネルギー**(activation energy)，R は気体定数，T は絶対温度である．Arrhenius はショ糖の転化反応の温度依存性の実験結果からこの式を導き，同時に，反応分子の活性化過程の存在を提案している．巨視的実験により得られたこの式の意味を追求することによって，原子・分子やその量子レベルでの活性化過程や時間変化が考察され，反応速度論の基盤が築かれた．Eyring, および Evans と M. Polanyi による**絶対反応速度論**(theory of absolute reaction rates, 1935 年)[*2] はその過程で花開き，その後，**遷移状態理論**(transition state theory)として反応速度論の礎となった．一方，20 世紀の初頭，Bodenstein とその協力者[*3] によってハロゲン類と水素との反応や，その関連反応を対象として，反応速度の温度や圧力，化学種濃度などの諸因子への依存性が実験的に詳細に検討された．その結果を受けて，気相複合反応における**反応機構**(reaction mechanism)の理論的研究が進んだ．このような気相反応速度論の展開上に，連鎖反応などの機構論，素反応としての単分子反応や二分子反応の概念の確立とそれらの原子・分子レベルでの検討が進んだ．これらの研究の理論的集大成の一つは，RRK 理論(Rice, Ramsperger, Kassel；1928)[*4] と，その遷移状態理論との融合ともみなせる RRKM 理論(Marcus；1952～1970)[*5] である．さらに M. Polanyi らによるナトリウム希薄炎の実験とその解釈(1928 年)[*6] は，振動励起した分子との衝突によって，Na 原子が電子励起される機構を明らかにし，化学反応を構成原子の動きによって具体的に理解していくという，反応ダイナミクス研究の端緒となった．一方，第一原理に立ち返ると，化学反応は量子力学の誕生以来，散乱問題の大きな研究対象である．

1970 年代以降，レーザー技術，分子線技術の発展や，多くの微視的な実験手段の開発と応用によって，反応速度論の実験においても原子・分子の量子状態，衝突速度や配向などを検出したり，制御することが可能となった．そのうえで得られた実験情報と，理論およびその数値解析結果が直接比

[*1] S. Arrhenius, *Z. physik. Chem.*, **4**, 226 (1889). 本論文の邦訳と解説記事が，桑田敬治訳, '酸によるショ糖転化の反応速度について', "化学の原典 5(反応速度論)", 日本化学会編, p.1, 東京大学出版会 (1975) にある．

[*2] H. Eyring, *J. Chem. Phys.*, **3**, 107 (1935). M. G. Evans, M. Polanyi, *Trans. Faraday Soc.*, **31**, 875 (1935).

[*3] M. Bodenstein と協力者による関連した実験的研究は多数にのぼる．実験に基づき，理論的な整理が行われたが，その一例は J. A. Christiansen, *Det. Kgl. Danske Vid. Selskab., Math. Phys. Medd.*, Ⅰ, **14**, 1 (1919) にある．本論文の邦訳と解説記事が，安盛岩雄訳, '水素と臭素との間の反応について', "化学の原典 6(化学反応論)", 日本化学会編, p.1, 学会出版センター (1976) にある．

[*4] RRK 理論は，Rice と Ramsperger および，それとは独立の Kassel の論文によるものとされている．O. K. Rice, H. C. Ramsperger, *J. Am. Chem. Soc.*, **49**, 1617 (1927)；*ibid.*, **50**, 617 (1928). L. S. Kassel, *J. Phys. Chem.*, **32**, 1065 (1928). 前者の邦訳と解説記事が，天野 晃訳, '低圧における単分子気相反応に関する理論', "化学の原典 5(反応速度論)", 日本化学会編, p.115, 東京大学出版会 (1975) にある．

[*5] RRKM 理論は Marcus により，以下のような論文によって展開された．詳細は第 7 章を参照されたい．R. A. Marcus, *J. Chem. Phys.*, **20**, 359 (1952)；*ibid.*, **43**, 2658 (1965)；*ibid.*, **52**, 1018 (1970).

[*6] H. Beutler, M. Polanyi, *Z. Physik. Chem.*, **B1**, 3 (1928). M. Polanyi と共同研究者によるナトリウム希薄炎の研究は上述の第 1 報論文以後，数報の論文として発表されている．第 1 報の邦訳と解説記事が土屋荘次訳, '希薄炎について Ⅰ 単一管中の炎. 反応機構の暫定的解析. 反応速度と発光過程', "化学の原典 6(化学反応論)", 日本化学会編, p.65, 学会出版センター (1976) にある．

比較され，反応速度論の詳細な理解が進んで今日に至っている．量子化学計算によるポテンシャル曲面の定量的な理解も大きく進展した．今やポテンシャル曲面の *ab initio* 計算と相まって，フェムト秒領域の分光学が遷移状態自体の直接的な観察を部分的ではあるが可能にしている．さらに小自由度系の原子・分子の気相あるいは孤立系でのものに限られていた詳細な理解が，溶液や生体中の反応などの，媒体が存在する系における反応速度論においても，進展しつつある．

本章では，§1.1において巨視的にみた反応速度論の知識をまとめて述べる．ついで，§1.2において反応の基本単位と考えられる素反応と，素反応から複合反応へ至る反応機構に関する概念，ならびに巨視的反応速度論と微視的反応速度論とを結びつける主要な考え方を具体的に説明する．

1.1.2 反応と相

化学反応は進行する相によって重視すべき要因や特徴が大きく異なる．このため反応を相で分類しておくことが重要である．

単一の相内で進行する反応を**均一(系)反応**(homogeneous reaction, あるいは**均相反応**ともいう)，複数の相に関連して進行する反応を**多相反応**(multi-phase reaction, ほぼ同義で**不均一(系)反応** (heterogeneous reaction)という用語も使われる)とよぶ．均一系反応は気相，液相，固相反応に分類できる．

気相反応(gas phase reaction)の特徴は，反応にあずかるそれぞれの粒子(原子，分子など)は第一近似として孤立していることにある．このため周辺の他の粒子からの影響を受けず，理論的な取扱いが比較的容易である．他の粒子や媒体の極性効果を受けないため，イオン的な反応は起こりにくく，ラジカル的な反応が進行しやすい．粒子間の衝突では2体間の衝突が重要である．3体以上の同時衝突を考慮する必要があるのは，第三体が，2体間の衝突のエネルギーを除去する場合などの比較的限られたケースである．

液相反応(liquid phase reaction)には単一液体の反応と，溶質である反応基質が溶媒に溶解した状態で進行する**溶液反応**とがある．いずれにおいてもその特徴は，反応にあずかる粒子それぞれは比較的ランダムに運動しているが，常に周辺に溶媒が共存していて運動に制限があり，また溶媒の極性効果を受けることである．運動の制限の結果，反応にあずかる粒子どうしの出会いの頻度や，反応の結果として分解物に解離していく速さに，溶媒が影響する．反応が進行しつつある過程においては，溶媒による微視的な摩擦効果を考える必要がある．また，解離したものどうしが離れていくことが溶媒によって妨げられる結果，解離の収率が実質的に低下することがしばしば認められ，これは**かご効果** (cage effect)とよばれる．反応の形式としては，極性効果によってイオン的な反応の進行が有利になる場合が多くみられる．溶液反応については第6章で基本的な取扱いを展開する．

固相反応(solid phase reaction)では，特定の化学種が固相中を拡散して反応にあずかる場合が多いが，結晶における光誘起重合などのように，もともと隣接する化学種どうしが反応する場合もある．反応の過程自体より，総括的な反応速度に対する物質移動の効果が大きい場合が多く，また反応過程自体の一般化も難しい．

多相反応とは，反応が2相以上に関連して進行する場合である．気相化学種の固体触媒による反応，化学堆積法における気相からの薄膜生成反応，気液間の反応性吸収，2液相間における相間移動触媒による反応など多種類にわたる．多相反応は工業的な反応の場で重要なことが多く，**反応工学** (chemical reaction engineering)の主要な研究対象となっている．多くの場合，反応自体の進行と相互に関係し合う形で，それぞれの相の間での化学種の移動現象が重要な寄与をする．したがって取扱

いの焦点は，反応と物質移動の両者の相互関係を解明するところにある．また，界面における分子の吸着や脱離，表面移動などの，二次元表面の特異な化学現象が重要である場合も多い．多相反応に関するいくつかの例を第7章で取扱う．なお均一系反応でも，多相反応に近い特徴を併せもつ反応系もある．たとえば，地球大気圏における反応は，おおまかには気相のみの反応に分類できる．しかし広い大気を見渡すと温度や濃度，太陽光の強度などに不均一性が存在し，また大気循環や気象現象に依存した物質移動が非常に重要である．その意味では不均一系反応と共通した特徴をあわせもっているといえる．燃焼の化学反応も，そのほとんどは均一系反応ではあるが，流体運動や熱の移動と化学反応が相互作用する複雑な系で進行し，物質や熱の移動が反応の進行を大きく左右する．

1.1.3 反応と反応速度

均一系反応を対象として，以下に巨視的な反応速度の取扱いをまとめる．

量論関係，反応進行度，および反応率

分子式や化学式などで表記した構成成分が，反応の進行によってどう変化するかを書き表した式を**化学反応式**(reaction formula, chemical reaction equation)という．通常，**正反応**(forward reaction)を右向きの矢印を用いて，

$$bB + cC + \cdots \longrightarrow sS + tT + \cdots \quad (1.2)$$

と表す．**逆反応**(backward reaction)は左向きの矢印で示す*．ここに b, c, s, t などは**(化学)量論係数**(stoichiometric coefficient)であり，一般的には i 番目の化学種に対して ν_i と表記する．特に化学反応の量論関係を明示するときは＝を用いて，

$$bB + cC + \cdots = sS + tT + \cdots \quad (1.3)$$

と記し，これを**(化学)量論式**(stoichiometric equation)とよぶ．数学的な取扱いのために符号を考慮する場合には，**反応物**(reactant)(反応基質，原料ともいう)の量論係数を負，**生成物**(product)の量論係数を正にとる．また，量論関係から決まる物質量と比較して，最も少ない量だけ存在する反応物を**限定反応成分**(あるいは限定反応物)(limiting reactant)という．

ある時点($t=0$)で化学種 A_i が物質量(通常，mol単位)で $n_{i,0}$ 存在し，時間 t の経過のあとに n_i に変化したとする．このとき**反応進行度**(extent of reaction) ξ を，

$$\xi = \frac{n_i - n_{i,0}}{\nu_i} \quad (1.4)$$

で定義する．一つの量論式で結ばれた複数の化学種がある場合，化学種間の量的関係は

$$n_k = n_{k,0} + \frac{\nu_k}{\nu_i}(n_i - n_{i,0}) \quad (1.5)$$

となる．

反応率(conversion, degree of reaction) f は，反応の進行の程度を表す変数であり，

$$f = \frac{n_{i,0} - n_i}{n_{i,0}} = 1 - \frac{n_i}{n_{i,0}} \quad (1.6)$$

で定義される．反応率は，限定反応成分に基づいて表現しておくと，その成分が消費され尽くしたときに，反応率が1となるため，取扱いに便利である．

---

* 可逆反応を表す場合は $\rightleftarrows$，化学平衡を表す場合は $\rightleftharpoons$ を用いるのが一般的であるが，必ずしも守られているわけではない．

反応速度と速度定数

反応速度(reaction rate) r は反応の進行度 ξ を用いて，

$$r = \frac{1}{V}\frac{d\xi}{dt} \tag{1.7}$$

で定義される．ここに V は考慮している系の占める体積である．均一系では V のとり方にあいまいさは生じない．不均一系反応においては反応の起こっている空間を代表する何らかの単位体積あたりで反応進行度の時間変化をとり，これを反応速度と定義する．たとえば気固触媒反応[*1]では，V として固体触媒層の占めるかさ体積をとることが多い[*2]．

式(1.4)，(1.7)の定義に従うと，反応速度は単一の量論式で関係づけられているどの反応物，生成物をとっても同じ値を与える．一方で，特定の化学種についての反応速度 r_i を定義することもできる．これを

$$r_i = \frac{1}{V}\frac{dn_i}{dt} \tag{1.8}$$

とすると，

$$r_i = \nu_i r \tag{1.9}$$

の関係がある．

反応の進行中，体積が一定に保たれている場合には，

$$r = \frac{1}{V}\frac{d\frac{(n_i - n_{i,0})}{\nu_i}}{dt} = \frac{1}{\nu_i}\frac{d\left(\frac{n_i}{V}\right)}{dt} = \frac{1}{\nu_i}\frac{dC_i}{dt} \tag{1.10}$$

となり，**濃度**(concentration) $C_i(=n_i/V)$[*3]の時間変化によって反応速度を定義し，求めることができる．本巻では注記しない限り，式(1.10)が成り立つ条件を対象とする．一方，反応の進行に伴って体積が変化する場合には

$$r = \frac{1}{\nu_i}\frac{dC_i}{dt} + \frac{C_i}{\nu_i V}\frac{dV}{dt} \tag{1.11}$$

となる．したがって濃度の時間変化の測定のみからは反応速度を定められない．この点に注意しておく必要がある．この問題は反応工学の分野では特に重要である．しかし基礎化学の分野では，反応物を十分低濃度に保って反応させれば，常に現象的な体積変化を避けて速度を測定することができる．現象的な体積変化がある場合には，式(1.11)に対応して，体積変化の寄与を考慮して反応速度を求めればよい．

反応速度を濃度の関数として

$$r = k \, \mathrm{func}(C_i) \tag{1.12}$$

で表現したとき，k を**速度定数**(rate constant)とよぶ．この関数が濃度のべき関数

$$\mathrm{func}(C_i) = \prod_i C_i^{\beta_i} \tag{1.13}$$

[*1] 反応工学上の用語である．固体触媒を詰めた塔型の反応器に気体状の反応物を流通させて反応させるような反応をいう．
[*2] 単位触媒質量あたりで表現することもある．
[*3] A化学種の濃度を C_A あるいは [A] のように表記する．このとき化学種の量は物質量で表す場合が一般的であるが，微視的な取扱いにおいては粒子数で表すことも多い．これを**数密度**(number density)ともいい，n_A と表記することもある．

で表現されるとき β_i を i 番目の化学種に関する**反応次数**(reaction order, order of reaction), $\sum_i \beta_i$ を(**全**)**反応次数**という. β_i は整数のほかに, 正, 負の分数等の値もとりうる. また, 式(1.13)の形で表現できない反応も存在する. なお実験結果を式(1.13)に当てはめる場合には, β_i は整数となることは, むしろまれである.

既述したように, 反応速度定数の温度依存性は, 限られた温度範囲においては, ほとんどの場合にArrhenius 式

$$k = A\exp\left(-\frac{E_a}{RT}\right) \tag{1.1}$$

で表現できる. A および E_a に温度依存性がないものとして, 活性化エネルギーは

$$E_a = -R\frac{\mathrm{d}\ln k(T)}{\mathrm{d}(1/T)} \tag{1.14}$$

によって求められる. いいかえれば速度定数の対数を温度の逆数に対してプロットしたとき直線関係が成り立てば, Arrhenius の関係が成立している. この場合, 実験結果を式(1.14)に当てはめることによって活性化エネルギーが求められる.

反応速度式と化学種濃度の時間変化

反応による化学種濃度の時間変化を表す式を(**反応**)**速度式**(rate equation)という. これが,

$$\frac{1}{\nu_i}\frac{\mathrm{d}C_i}{\mathrm{d}t} = k\prod_i C_i^{\beta_i} \tag{1.15}$$

で表現される場合, 簡単な次数の反応に対する微分方程式は, 変数分離法, ラプラス変換法などの手法によって解析的に解くことができ, 濃度と時間の関係を知ることができる. いくつかの例を表1.1に示した. この表には, 可逆反応や簡単な複合反応の一つである逐次反応の例も含まれている.

例題 1.1 可逆一次反応

$$\text{A} \rightleftarrows \text{B} \quad (\text{正反応速度定数 } k_1, \text{逆反応速度定数 } k_{-1}) \tag{1}$$

に対してAの濃度の時間変化を求めよ. ただし, Aの初期濃度を $C_{A,0}$ とし, Bの初期濃度は0とする.

解答 濃度変化を表す微分方程式は, A, Bの濃度をそれぞれ C_A, C_B とすると,

$$\frac{\mathrm{d}C_A}{\mathrm{d}t} = -k_1 C_A + k_{-1} C_B \tag{2}$$

$$\frac{\mathrm{d}C_B}{\mathrm{d}t} = k_1 C_A - k_{-1} C_B \tag{3}$$

以下, ラプラス変換* を用いて解く. C_A のラプラス変換 $\int_0^\infty C_A(t)\exp(-st)\mathrm{d}t$ を, $L(A)$ のように表記する. 式(2), (3)をラプラス変換すると,

$$sL(A) - C_{A,0} = -k_1 L(A) + k_{-1} L(B) \tag{4}$$

$$sL(B) = k_1 L(A) - k_{-1} L(B) \tag{5}$$

---

* ラプラス変換に関しては, 適当な数学の参考書を参照されたい. なお, この例題は, ラプラス変換を用いなくても, 式(2), (3)から従属変数一つの二階線形微分方程式を導き, 線形微分方程式の解法に従って解を求めることができる.

式(5)から $L(\mathrm{B})$ を求めて式(4)に代入，整理すると，

$$L(\mathrm{A}) = \frac{C_{\mathrm{A},0}}{s+k_1+k_{-1}} + \frac{C_{\mathrm{A},0}k_{-1}}{s(s+k_1+k_{-1})} \tag{6}$$

を得る．この式を逆ラプラス変換し，整理すると，

$$C_{\mathrm{A}} = \frac{C_{\mathrm{A},0}k_{-1}}{k_1+k_{-1}} + \frac{C_{\mathrm{A},0}k_1}{k_1+k_{-1}}\exp[-(k_1+k_{-1})\,t] \tag{7}$$

を得る．ここで時間を無限大へもっていくと平衡に達するから，そのときの濃度を $C_{\mathrm{A,e}}$ とすると，式(7)から，

$$C_{\mathrm{A,e}} = C_{\mathrm{A},0}\frac{k_{-1}}{k_1+k_{-1}} \tag{8}$$

を得る．$C_{\mathrm{A,e}}$ を用いて式(7)を書き直すと，

$$\frac{C_{\mathrm{A}}-C_{\mathrm{A,e}}}{C_{\mathrm{A},0}-C_{\mathrm{A,e}}} = \exp[-(k_1+k_{-1})\,t] \tag{9}$$

となる．この式は，平衡状態へ向けた変化の時定数が，正反応と逆反応の速度定数の和の逆数で表現できることを示している．

表 1.1 簡単な次数の反応の速度式と，濃度の時間変化[†]

反応の種類	反 応 式	速 度 式	濃度の時間変化
不可逆一次反応	$\mathrm{A} \xrightarrow{k_1} \mathrm{B}$	$\dfrac{d[\mathrm{A}]}{dt} = -k_1[\mathrm{A}]$	$[\mathrm{A}]=[\mathrm{A}]_0\exp(-k_1 t)$
不可逆二次反応	$\mathrm{A}+\mathrm{B} \xrightarrow{k_2} \mathrm{C}$	$\dfrac{d[\mathrm{A}]}{dt} = -k_2[\mathrm{A}][\mathrm{B}]$	$[\mathrm{A}]_0=[\mathrm{B}]_0$ の場合 $[\mathrm{A}]^{-1}=[\mathrm{A}]_0^{-1}+k_2 t$ $[\mathrm{A}]_0\neq[\mathrm{B}]_0$ の場合 $\dfrac{1}{[\mathrm{A}]_0-[\mathrm{B}]_0}\ln\dfrac{[\mathrm{B}]_0[\mathrm{A}]}{[\mathrm{A}]_0[\mathrm{B}]}=k_2 t$
不可逆 n 次反応 $(n\neq 1)$	$\mathrm{A} \xrightarrow{k_n} \mathrm{B}$	$\dfrac{d[\mathrm{A}]}{dt} = -k_n[\mathrm{A}]^n$	$\dfrac{1}{n-1}\left[\dfrac{1}{[\mathrm{A}]^{n-1}}-\dfrac{1}{[\mathrm{A}]_0^{n-1}}\right]=k_n t$
可逆一次反応	$\mathrm{A} \underset{k_{-1}}{\overset{k_1}{\rightleftarrows}} \mathrm{B}$	$\dfrac{d[\mathrm{A}]}{dt} = -k_1[\mathrm{A}]+k_{-1}[\mathrm{B}]$	$\dfrac{[\mathrm{A}]-[\mathrm{A}]_e}{[\mathrm{A}]_0-[\mathrm{A}]_e} = \exp[-(k_1+k_{-1})t]$ $\left(\text{ただし，}[\mathrm{A}]_e=\dfrac{k_{-1}}{k_1+k_{-1}}[\mathrm{A}]_0\text{（平衡濃度）}\right)$
逐次一次反応	$\mathrm{A} \xrightarrow{k_1} \mathrm{B} \xrightarrow{k'_1} \mathrm{C}$	$\dfrac{d[\mathrm{A}]}{dt}=-k_1[\mathrm{A}]$ $\dfrac{d[\mathrm{B}]}{dt}=k_1[\mathrm{A}]-k'_1[\mathrm{B}]$ $\dfrac{d[\mathrm{C}]}{dt}=k'_1[\mathrm{B}]$	$[\mathrm{B}]_0=[\mathrm{C}]_0=0$ の場合 $[\mathrm{A}]=[\mathrm{A}]_0\exp(-k_1 t)$ $[\mathrm{B}]=$ $\begin{cases}\dfrac{k_1[\mathrm{A}]_0}{k'_1-k_1}[\exp(-k_1 t)-\exp(-k'_1 t)] & (k_1\neq k'_1)\\ k_1[\mathrm{A}]_0 t\exp(-k_1 t) & (k_1=k'_1)\end{cases}$ $[\mathrm{C}]=[\mathrm{A}]_0-([\mathrm{A}]+[\mathrm{B}])$
並発一次反応	$\mathrm{A} \xrightarrow{k_{1,i}} \mathrm{B}_i$ $(i=1,\cdots)$	$\dfrac{d[\mathrm{A}]}{dt}=-\left(\sum_i k_{1,i}\right)[\mathrm{A}]$ $\dfrac{d[\mathrm{B}_i]}{dt}=k_{1,i}[\mathrm{A}]$	$[\mathrm{B}_i]_0=0$ の場合 $[\mathrm{B}_i]=\dfrac{k_{1,i}}{\sum k_{1,i}}[\mathrm{A}]_0\left[1-\exp\left(-\sum_i k_{1,i}t\right)\right]$

[†] 表中の $[\mathrm{A}]$ などは濃度．本巻では濃度は C_{A} あるいは $[\mathrm{A}]$ のように記述する．

1.2 素反応と反応速度
1.2.1 素反応と反応機構
素反応と反応に関与する分子数

原子の組替えの最小単位である反応を**素反応**(elementary reaction)という．素反応において，微視的に見た反応進行過程に関与している分子の数，すなわち**反応分子数**(molecularity)が n 個である反応を，**n 分子反応**という．1個の場合が**単分子反応**(unimolecular reaction)，2個の場合が**二分子反応**(bimolecular reaction)，3個の場合が**三分子反応**(termolecular reaction)である．反応速度は，関与する分子が衝突などによって出会う頻度に比例すると考えられるので，n 分子反応の反応次数は n 次になることが期待される．しかし n 分子反応がそのまま見かけ上も n 次反応になるとは限らない．たとえば気相において熱的にひき起こされる単分子反応は，系の圧力が十分に低い場合は**二次反応**(second order reaction)であり，圧力の増加に伴って**一次反応**(first order reaction)に漸近していく．これは分解や異性化などの，構造組替えの進行段階そのものに関係しているのは単一の分子であるが，その過程の進行に必要なエネルギーを分子が獲得するためには，事前に2分子間の衝突が必要であることに起因している．圧力が低いときには，衝突を経て一つの分子にエネルギーが蓄積する過程が律速となるが，圧力が高くて十分な頻度で衝突が起こる場合には，エネルギーの蓄積過程ではなく，分解や異性化過程自体が律速になるためである．

BOX 1.1　単分子反応と衝突過程

20世紀初頭には衝突によって分子の活性化が行われるという概念の体系化が進んできた．一方で，気相の一次単分子反応とみなされるような反応が報告されるようになった．活性化は分子間の衝突によるとする衝突説では二次反応が予想されるため，一次反応の存在は理解することができない．そこで1910年代には，分子の活性化は外部からの放射エネルギーの吸収によるという放射説も提案された．しかし，黒体放射は測定された反応速度を説明できるほど強くないこと，活性化エネルギーに相当する波長領域に吸収をもたない分子が多いこと，また赤外線を照射しても速度の増加は認められないことなどから，放射説は否定された．

その後，Lindemann[*1] が図1に記したように，他の分子 M との衝突によってエネルギーを得た活性分子が逐次的に生成物分子へと反応していくとする機構を提案した．この説は，衝突により活性化された A* 分子が，反応するまでに微小な時間差があり，A* はその時間差内で他の分子と衝突することによって失活することも可能であるとしたところに，従来の衝突説とは異なる特徴がある．この説は，圧力の高いところでは一次反応を導くが，低い圧力では二次反応に漸近していくという新規な実験結果をも説明することができた．その後の活性化の機構の解明への努力が，RRK や RRKM 理論へと受け継がれていったことから，Lindemann 機構は気相単分子反応の基礎をなすものと認められている．第7章に詳細な取扱いを記す．

なお，赤外線領域の光吸収によって分子が分解にまで至る反応は，現在，強力な赤外線パルスレーザーによって可能となっている．

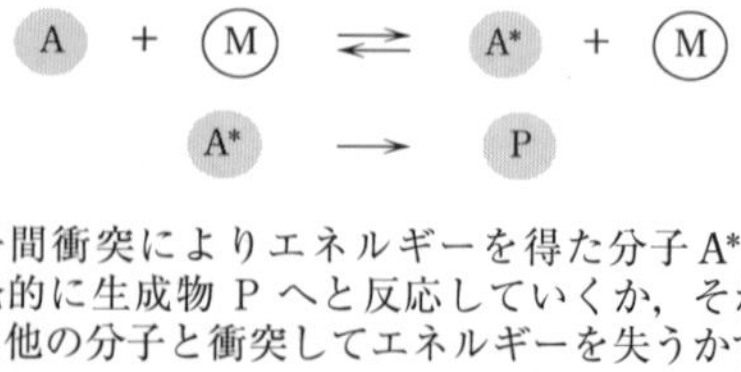

$$A + M \rightleftarrows A^* + M$$
$$A^* \rightarrow P$$

分子間衝突によりエネルギーを得た分子 A* は，自発的に生成物 P へと反応していくか，それ以前に他の分子と衝突してエネルギーを失うかする

図1　Lindemann 機構

[*1] F. A. Lindemann, *Trans. Faraday Soc.*, **17**, 598 (1922). 邦訳と解説記事：天野 昊 訳, '化学作用に関する輻射説', "化学の原典6(化学反応論)", 日本化学会編, p.53, 学会出版センター (1976).

反応式と量論式

つぎに，素反応の進行を表す反応式と，すでに述べてきた（化学）量論式による表現とを区別しておく必要がある例を，具体的にあげておこう．たとえば H 原子どうしが衝突して H_2 を生成する場合，素反応として以下の二分子反応と三分子反応の場合があったとしよう*．

$$H + H \longrightarrow H_2 \tag{R1}$$

$$H + H + H \longrightarrow H_2 + H \tag{R2}$$

これら二つの反応式は二分子反応と三分子反応という，異なった種類の素反応の表現である．反応次数は関与する反応分子数に等しいとすれば，二分子反応では二次，三分子反応では三次となることが期待でき，反応速度論上は区別されるべき反応である．一方で，量論式はともに

$$H + H \text{（または } 2H) = H_2 \tag{R3}$$

であり，これは 2 個の H 原子が反応すると 1 個の H_2 分子が生成するという量論関係を表している．三分子反応も，量論関係は式(R3)で表されることに注意しなければならない．

複合反応と反応機構

一般に反応の研究結果は，生成物は何か，収率はいくらか，速度はいくらかといった巨視的な測定にかかる量によって報告される．これらの結果は多くの場合，多数の素反応の組合わせとして進行する反応（**複合反応**(composite reaction, complex reaction)という）による結果である．素反応を基礎として全体の複合反応系を組立てているあり方を**反応機構**(reaction mechanism)とよぶ．これは反応速度論において，素反応と複合反応の関係を論じるときの概念である．

素反応と複合反応の関係を示す一例をあげよう．Br_2 と H_2 の反応は $2HBr$ を生成する複合反応であり，おおよそ，図1.1のように進行する．ただし M は第三体とよばれており，系中のさまざまな原子や分子が，考えている分子の解離や再結合においてエネルギーの供与や除去に役立つ衝突相手としてはたらいているのを一般化して表現したものである．M の濃度は簡単のために，系の圧力に比例しているとすることが多い．式(R2)の H 原子の三分子反応における一つの H もこの M にあたる．

図1.1中の反応はそれぞれが素反応であり，素反応の一覧が H_2 と Br_2 の間で進行する複合反応の反応機構の表現である．

$$\begin{aligned}
Br_2 + \text{M} &\longrightarrow 2Br + \text{M} \\
Br + H_2 &\longrightarrow HBr + H \\
H + Br_2 &\longrightarrow HBr + Br \\
H + HBr &\longrightarrow H_2 + Br \\
2Br + \text{M} &\longrightarrow Br_2 + \text{M}
\end{aligned}$$

反応式中の M は，第三体とよばれ，衝突によって，相手にエネルギーを供与したり，あるいは相手からエネルギーを除去する

図 1.1 複合反応 $H_2 + Br_2 \rightarrow 2HBr$ に関連する素反応と反応機構

---

* 実際には二分子反応はほとんど起こらない．

複合反応では，いくつかの素反応がそれぞれの化学種の濃度の決定に関係しているから，系全体の各化学種の濃度の時間変化は，数学的には以下のように連立常微分方程式によって表すことができるだろう．ただし右辺の一つ一つの速度定数は，それぞれの素反応の速度定数であったり，あるいはすでに複合して表現された反応の速度定数であってよい．また $\nu_i(j)$ は j 番目の反応式における化学種 i の量論係数である．

$$\frac{dC_1}{dt} = \nu_1(1) k_1 \prod C_i^{\beta_i} + \nu_1(2) k_2 \prod C_j^{\beta_j} + \nu_1(3) k_3 \prod C_k^{\beta_k} \cdots$$

$$\frac{dC_2}{dt} = \nu_2(1) k_1 \prod C_i^{\beta_i} + \nu_2(2) k_2 \prod C_j^{\beta_j} + \nu_2(3) k_3 \prod C_k^{\beta_k} \cdots$$

$$\vdots \qquad (1.16)$$

上述の連立常微分方程式は，ラプラス変換法などの数学的手段を用いて比較的容易に解くことができる場合もあるが，数値的に解くしかないことが多い．多数の素反応からなる反応の機構と速度の解析は重要な課題であるが，この場合，二つの大きな問題が生じる．一つは速度定数が大幅に異なる反応が存在する難しさ[*]である．陽解法による微分方程式の解法では，時間刻みをいくら小さくしても十分な精度のある結果が得られない場合が生じる．この点に関しては**予測子-修正子**(predictor-corrector)**法**による数値解法が発展し利用されている．もう一つは，多数の反応を組合わせて解くため，全体としての反応系に，どの反応や化学種が重要なのかを解析・判定(**感度解析**: sensitivity analysis)する必要がある点である．感度解析は，複合反応の本質を見いだすために役立つ．近年，燃焼化学，大気化学など，多数の素反応からなる系が解析されており，第7章で具体的な取扱いを記す．

なお，これまで説明してきた反応機構という用語は，素反応の複合反応への組立てを論ずる概念であったが，これ以外の概念としても広く使われているので注意を要する．たとえば素反応過程自体がどのような性質のものかを機構という用語で表している場合がある．イオンと分子間の反応はイオン分子反応(機構)とよばれるし，"気相におけるアルカリ金属とハロゲン分子の反応機構は銛撃ち機構による"というような表現が用いられる．

気相均一相の場合，反応機構と素反応の関係は比較的，明確である．しかし液相や固相反応においては，反応に直接関与している分子以外に周辺の多数の分子，すなわち媒体が種々の影響を及ぼしているのが普通である．したがって気相反応の場合に比較して素反応の概念が明確にしにくく，また素反応が組合わさって複合反応を構成するという表現も必ずしも妥当ではない．反応機構という用語も，ラジカル反応機構，イオン反応機構，親核置換反応機構，電子移動反応の機構というように，反応の特徴・性格を表現する用語として，より一般的な意味で用いられていることが多い．

1.2.2 速度定数と反応断面積

素反応の速度を，微視的に考えていくために**反応断面積**(reaction cross section)という概念を導入して，この反応断面積と，巨視的な量である速度定数の関係を調べてみよう．

それぞれ**速度**(velocity) v_A, v_B で運動している A 分子と B 分子との間の二分子反応を考える．相対運動の**速さ**(speed)($v_A - v_B$ に対応した速さ)を v とする．A, B 両分子の，相対速度方向に垂直な面に対する写像が，ある面積 $\sigma(v)$ の中に重なり合って入っているとき，両者の接近により反応が可能となるものと考えよう．面積 $\sigma(v)$ は反応断面積とよばれ，相対運動の速さの関数として表される．

---

[*] stiff problem という．

速度 v_B をもつ B 分子の**数密度**(number density, 粒子数を用いて表現した濃度)を $n_B(v_B)$ と記すとき,体積 $v\sigma(v)\mathrm{d}t$ の中に存在する,速度 v_B をもつ B 分子の数は $n_B(v_B)v\sigma(v)\mathrm{d}t$ であるが,これは $\mathrm{d}t$ 時間内に,速度 v_A をもつ A 分子 1 個が,速度 v_B をもつ B 分子と反応する数に等しい.したがって速度 v_A をもつ A 分子の,速度 v_B をもつ B 分子との反応の速度は

$$-\frac{\mathrm{d}n_A(v_A)}{\mathrm{d}t} = n_A(v_A)\,n_B(v_B)\,v\sigma(v) = n_A n_B f(v_A)\,f(v_B)\,v\sigma(v)\,\mathrm{d}v_A\mathrm{d}v_B \tag{1.17}$$

となる.ただし n_A, n_B は,それぞれ A, B 分子の数密度を表し,f は速度の分布関数である.

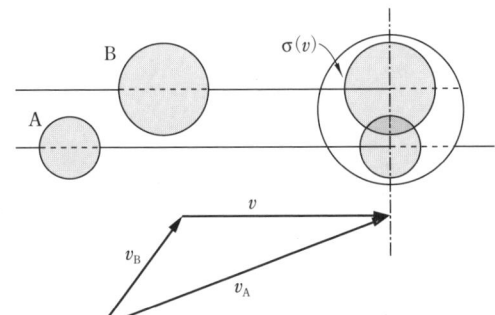

図 1.2 A, B 両分子の相対運動と反応断面積の関係

熱平衡下での反応速度* の算出には A, B 両分子の速度に Maxwell–Boltzmann 分布 f_{MB} を用いたうえで,各速度の分子からの寄与を加え合わせなければならない.

質量が m の分子に対する Maxwell–Boltzmann の速度分布と速さの分布は**気体分子運動論**(kinetic theory of gases)から,以下のように与えられている.式(1.18)は速度 v の分布,(1.19)は速さ v の分布である.k_B は Boltzmann 定数である.

$$f_{MB}(v)\,\mathrm{d}v = \left(\frac{m}{2\pi k_B T}\right)^{\frac{3}{2}} \exp\left(-\frac{mv^2}{2k_B T}\right)\mathrm{d}v \tag{1.18}$$

$$f_{MB}(v)\,\mathrm{d}v = 4\pi\left(\frac{m}{2\pi k_B T}\right)^{\frac{3}{2}} v^2 \exp\left(-\frac{mv^2}{2k_B T}\right)\mathrm{d}v \tag{1.19}$$

実験室座標系(laboratory system)と相対運動の関係を図 1.3 で考える.図に示したようにベクトル r_A, r_B を実験室座標系のそれぞれの粒子の位置ベクトルとする.また相対位置ベクトル r と重心のベクトル R を示したが,これらには以下の関係がある.

$$r = r_A - r_B \tag{1.20}$$

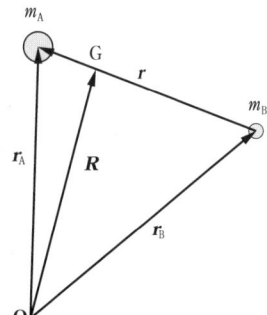

図 1.3 粒子 A, B と重心 G との位置関係

---

* 熱反応の速度(thermal reaction rate)ともいう.

$$R = \frac{m_A r_A + m_B r_B}{m_A + m_B} \tag{1.21}$$

さらに全質量 M と**換算質量**(reduced mass) μ を以下のように定義しておく.

$$M = m_A + m_B \tag{1.22}$$

$$\mu = \frac{m_A m_B}{m_A + m_B} \tag{1.23}$$

v_A, v_B から相対温度 v, 重心速度 V_G への変換は以下のようになる.

$$v = \dot{r} = v_A - v_B \tag{1.24}$$

$$V_G = \dot{R} = \frac{m_A v_A + m_B v_B}{m_A + m_B} \tag{1.25}$$

逆に

$$v_A = V_G + \frac{m_B}{M} v \tag{1.26}$$

$$v_B = V_G - \frac{m_A}{M} v \tag{1.27}$$

ただし, 位置ベクトル上の点(ドット)の記号は時間微分を意味する.

v_A, v_B の Maxwell-Boltzmann 速度分布関数は式(1.18) および, 上述の変換の関係を用いて

$$\begin{aligned} f_{MB}(v_A) f_{MB}(v_B) &= \left(\frac{m_A m_B}{(2\pi k_B T)^2}\right)^{\frac{3}{2}} \exp\left(-\frac{m_A v_A^2 + m_B v_B^2}{2 k_B T}\right) \\ &= \left(\frac{\mu M}{(2\pi k_B T)^2}\right)^{\frac{3}{2}} \exp\left(-\frac{\mu v^2 + M V_G^2}{2 k_B T}\right) = f_{MB}(v) f_{MB}(V_G) \end{aligned} \tag{1.28}$$

となる. 一方,

$$dv_A dv_B = \left| \begin{matrix} \left(\frac{\partial v_A}{\partial v}\right)_{V_G} & \left(\frac{\partial v_A}{\partial V_G}\right)_v \\ \left(\frac{\partial v_B}{\partial v}\right)_{V_G} & \left(\frac{\partial v_B}{\partial V_G}\right)_v \end{matrix} \right| dv\, dV_G = 1 \times dv\, dV_G = dv\, dV_G \tag{1.29}$$

である. 上式中の行列は座標変換に伴うヤコビアンである.

以上より, 熱反応の速度は

$$\begin{aligned} -\frac{dn_A}{dt} &= k(T) n_A n_B = n_A n_B \iint f_{MB}(v_A) f_{MB}(v_B) v \sigma(v) dv_A dv_B \\ &= n_A n_B \iint f_{MB}(v) f_{MB}(V_G) v \sigma(v) dv\, dV_G \\ &= n_A n_B \iint \left(\frac{\mu}{2\pi k_B T}\right)^{\frac{3}{2}} \exp\left(-\frac{\mu v^2}{2 k_B T}\right) v \sigma(v) dv \left(\frac{M}{2\pi k_B T}\right)^{\frac{3}{2}} \exp\left(-\frac{M V_G^2}{2 k_B T}\right) dV_G \end{aligned} \tag{1.30}$$

となる. 反応断面積の相対速さへの依存性は重心の運動に依存しない. 重心の運動に関して全空間で積分すると,

$$\int f_{MB}(V_G) dV_G = \iiint \left(\frac{M}{2\pi k_B T}\right)^{\frac{3}{2}} \exp\left(-\frac{M V_G^2}{2 k_B T}\right) dV_{Gx} dV_{Gy} dV_{Gz} = 1 \tag{1.31}$$

その値は 1 になる. ところで反応断面積は相対運動の方向にも依存しないはずである. そこで, 式(1.30)で残された相対速度分布 $f_{MB}(v)$ に関する積分は, 相対速さに関する積分で考えればよい. 相対速度が方向に関係なく速さ $v \sim v + dv$ の間にある確率は, 速度が半径 v の球殻を形成しているど

こかの体積要素 $\mathrm{d}v_x\mathrm{d}v_y\mathrm{d}v_z$ の中に入る確率の和となる．この球殻の体積は $4\pi v^2 \mathrm{d}v$ であるので，以下の速さの分布関数，式(1.32)を用いて反応断面積の和を求めていけばよい．

$$f_{\mathrm{MB}}(v)\mathrm{d}v = 4\pi\left(\frac{\mu}{2\pi k_B T}\right)^{\frac{3}{2}} v^2 \exp\left(-\frac{\mu v^2}{2k_B T}\right)\mathrm{d}v \tag{1.32}$$

なお，上式は，式(1.19)の質量 m を相対運動の換算質量 μ に置き換えたものに等しい．

以上より，熱平衡下の速度定数は，$v\sigma(v)$ を熱平衡下の相対速さの分布関数，式(1.32)を用いて積分することによって求められる．すなわち

$$\begin{aligned}k(T) &= \int_0^\infty v\sigma(v) f_{\mathrm{MB}}(v)\mathrm{d}v \\ &= 4\pi\left(\frac{\mu}{2\pi k_B T}\right)^{\frac{3}{2}} \int_0^\infty v^3 \sigma(v) \exp\left(-\frac{\mu v^2}{2k_B T}\right)\mathrm{d}v\end{aligned} \tag{1.33}$$

である*1．またエネルギー $E(=\mu v^2/2)$ で表現した式は

$$k(T) = \frac{1}{(k_B T)^2}\left(\frac{8k_B T}{\pi\mu}\right)^{\frac{1}{2}} \int_0^\infty E\sigma(E)\exp\left(-\frac{E}{k_B T}\right)\mathrm{d}E \tag{1.34}$$

となる．

反応断面積は，本来は，相対運動の速さのみではなく反応物の内部状態にも依存する．たとえば，$\mathrm{OH}+\mathrm{H}_2$ などの反応において反応物の振動励起によって大きな反応の加速があることが知られている．図1.4に示した例では H_2 が反応物であるときがこれにあたる*2．この反応系では OH を振動励起しても，速度は熱反応とほとんど異ならないが，H_2 を振動励起すると反応速度が二桁程度上昇することが，実験でも理論計算*3 でも明らかにされている．このような内部状態の違いによって反応速度に差が生ずることから，一般的には，

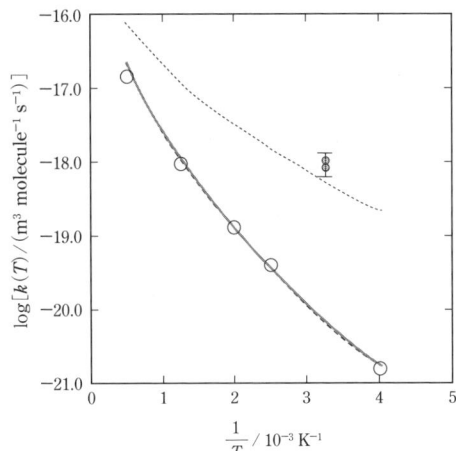

——— 熱反応計算値　・・・・ $\mathrm{OH}(v=1)+\mathrm{H}_2$ 計算値
・・・・・・ $\mathrm{OH}+\mathrm{H}_2(v=1)$ 計算値（v は振動量子数）
計算はいずれも変分型遷移状態理論(CVT/SCT)法による計算．$\mathrm{OH}+\mathrm{H}_2$ 熱反応の計算値と $\mathrm{OH}(v=1)+\mathrm{H}_2$ の計算値は事実上，ほとんど同一の曲線をなしている
○ 熱反応実験値　⧢ $\mathrm{OH}+\mathrm{H}_2(v=1)$ 実験値
熱反応の実験値は熱反応計算値の曲線に完全にのっている．また，$\mathrm{OH}+\mathrm{H}_2(v=1)$ 計算値の曲線は，実験値のほぼ誤差範囲内を通っている

図 1.4 $\mathrm{OH}+\mathrm{H}_2$ 反応速度定数に対する OH, H_2 の振動励起効果 [T. N. Truong, *J. Chem. Phys.*, **102**, 5339 (1995) の表のデータに基づく]

---

*1　式(1.33)の速度定数の単位は，導出過程から明らかなように，濃度に数密度が用いられていることに注意を払う必要がある．SI 単位系では二次反応速度定数の単位は $\mathrm{m}^3\,\mathrm{s}^{-1}$（あるいは $\mathrm{m}^3\,\mathrm{molecule}^{-1}\,\mathrm{s}^{-1}$ とも記す）である．物質量を用いて濃度を表すときの速度定数に変換するには，Avogadro 定数を乗じる必要がある．
*2　T. N. Truong, *J. Chem. Phys.*, **102**, 5335 (1995).
*3　第4章で述べる変分型遷移状態理論による．

14   1. 化学反応の速度論

$$A(i, v_A) + B(j, v_B) \longrightarrow C + D \tag{1.35}$$

に対し，それぞれの内部状態の組合わせ(i, j)に応じた断面積$\sigma_{i,j}$を定義し，その内部状態の組の熱反応の速度定数を

$$k_{i,j}(T) = \frac{1}{(k_B T)^2}\left(\frac{8k_B T}{\pi\mu}\right)^{\frac{1}{2}} \int_0^\infty E\,\sigma_{i,j}(E) \exp\left(-\frac{E}{k_B T}\right) dE \tag{1.36}$$

で求めるべきことがわかる．総括の熱反応の速度定数は，式(1.36)を内部状態i, jの組の分布に対して和をとることで求められる．

以上で微視的な量である反応断面積と，巨視的な量である熱平衡下の速度定数の関係を導出することができた．いかにして反応断面積を第一原理から求めるかは，第3章以降の検討課題である．

衝突頻度因子と衝突数

剛体球衝突(hard sphere collision)を仮定して，A, B分子間でどの程度の頻度で衝突が起こるかを算定してみよう．各分子の剛体球としての代表半径をR_A, R_Bとし，その和をdで表す(これを**衝突直径**(collision diameter)という)と，剛体球衝突の断面積は

$$\sigma(v) = \pi d^2 \tag{1.37}$$

と考えることができる．式(1.33)に代入して積分計算を実行すると，

$$k(T) = z_{AB} = \pi d^2 \left(\frac{8k_B T}{\pi\mu}\right)^{\frac{1}{2}} = 2d^2\left(\frac{2\pi k_B T}{\mu}\right)^{\frac{1}{2}} \tag{1.38}$$

を得る．この$k(T)$をz_{AB}と書いて，(剛体球衝突の)**衝突頻度因子**(collision frequency factor)とよぶ．なお$(8k_B T/\pi\mu)^{1/2}$は気体分子運動論によると相対運動の平均の速さである．A, B分子の数密度がn_A, n_Bであるとき**衝突頻度**Z_A(collision frequency：ある1個のB種の分子がA種の分子と単位時間に衝突する数)，**衝突数**Z_{AB}(collision number：単位時間，単位体積の中でのA, B間の衝突の総数)は，それぞれ

$$Z_A = z_{AB} n_A \tag{1.39}$$

$$Z_{AB} = z_{AB} n_A n_B \tag{1.40}$$

によって求めることができる．衝突頻度因子は速度定数に，衝突数は反応速度に対応する概念である*．A, Bが等しい種類の化学種(質量はm)の場合には，衝突を二重に数えていること，および$\mu = m/2$であることに注意して

$$Z_{AA} = 2d^2\left(\frac{\pi k_B T}{m}\right)^{\frac{1}{2}} n_A^2 \tag{1.41}$$

を得る．

1.2.3 単純衝突理論と二分子反応速度定数

2分子間の反応性衝突において，反応断面積と速度定数の関係を考えよう．以下に述べる**単純衝突理論**(simple collision theory, 単純衝突論ともいう)では，剛体とみなしたA, B球形粒子間の2体間衝突について，衝突方向の相対運動のエネルギーがある閾エネルギーE_0を越えたときに，確率1で反応すると考える．図1.5に示したような衝突を考える(この図では仮にBを固定して描いてある)．

---

* 本巻では，"IUPAC 物理化学で用いられる量・単位・記号"，講談社サイエンティフィク (2009) の定義によった．衝突頻度因子は，衝突頻度係数などの用語で用いられていることもあるので注意が必要である．

相対運動の速さが $v \sim v+\mathrm{d}v$，衝突の瞬間に相対運動の方向と A, B 分子間の中心軸のなす角度が $\theta \sim \theta+\mathrm{d}\theta$ であるような衝突数 $Z(v,\theta)\mathrm{d}v\mathrm{d}\theta$ を求める．これは図 1.5 に示す軸まわりの円環の面積 $2\pi d_{\mathrm{AB}}^2 \sin\theta \cos\theta \, \mathrm{d}\theta$ に単位時間に入ってくる相対速さ v の A 分子の数に，B 分子の数密度 n_{B} をかけたものに等しい．前者は，円環の面積に v をかけた体積中の相対速さ v の A 分子の数である．ただし $d_{\mathrm{AB}} = R_{\mathrm{A}} + R_{\mathrm{B}}$（衝突直径とよばれる），また $f(v)$ は相対運動の速さの分布関数である．したがって

$$Z(v,\theta)\mathrm{d}v\,\mathrm{d}\theta = (n_{\mathrm{A}}n_{\mathrm{B}}) \times 2\pi d_{\mathrm{AB}}^2 \sin\theta \cos\theta \, vf(v)\mathrm{d}v\mathrm{d}\theta \tag{1.42}$$

反応速度は，$Z(v,\theta)\mathrm{d}v\mathrm{d}\theta$ のうち，中心軸方向の衝突エネルギーが E_0 以上であるものを求めれば得られる．このためには式(1.42)の積分範囲を

$$v^2 > \frac{2E_0}{\mu} \tag{1.43}$$

$$0 < \theta < \cos^{-1}\left(\frac{2E_0}{\mu v^2}\right)^{1/2} \tag{1.44}$$

ととればよい．まず θ に関する積分を行う．その結果，反応速度は

$$r = n_{\mathrm{A}}n_{\mathrm{B}}\pi d_{\mathrm{AB}}^2 \int_{\left(\frac{2E_0}{\mu}\right)^{\frac{1}{2}}}^{\infty} \left(1 - \frac{2E_0}{\mu v^2}\right) vf(v) \mathrm{d}v \tag{1.45}$$

となる．この式は，反応断面積として，

$$\sigma(E) = \begin{cases} 0 & E < E_0 \\ \pi d_{\mathrm{AB}}^2 (1 - E_0/E) & E > E_0 \end{cases} \tag{1.46}$$

ととることに等しい．式(1.46)の関係を式(1.34)に代入して，熱反応の速度定数を求めると，

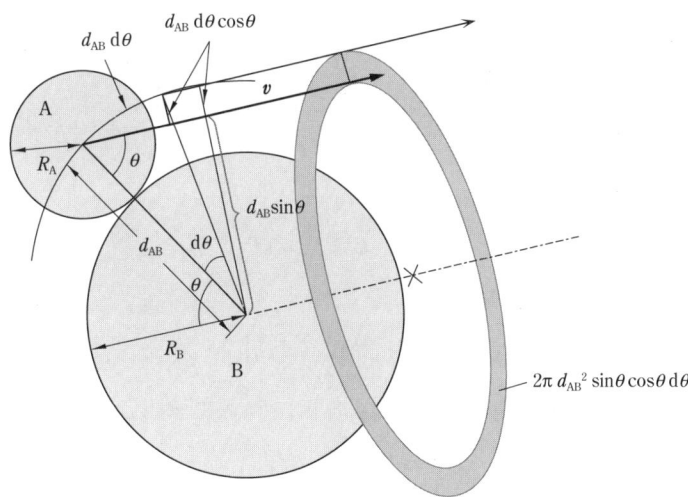

相対運動の速さが $v \sim v+\mathrm{d}v$，衝突の瞬間に相対運動の方向と A, B 分子間の中心軸のなす角度が $\theta \sim \theta+\mathrm{d}\theta$ であるような衝突数 $Z(v,\theta)\mathrm{d}v\,\mathrm{d}\theta$ は，軸まわりの円環の面積 $2\pi d_{\mathrm{AB}}^2 \sin\theta \cos\theta \mathrm{d}\theta$ に単位時間に入ってくる，相対速さ v の A 分子の数（これは，円環の面積に v をかけた体積中に含まれる相対速さ v の A 分子の数になる）に，B 分子の数密度をかけたものに等しい．ここに図の幾何学的考察からわかるように円環の半径は $d_{\mathrm{AB}}\sin\theta$，円環の幅は $d_{\mathrm{AB}}\mathrm{d}\theta\cos\theta$ である

図 1.5　単純衝突理論における 2 体間の衝突

$$k(T) = \left(\frac{8\pi k_B T}{\mu}\right)^{1/2} d_{AB}^2 \exp\left(\frac{-E_0}{k_B T}\right)$$

$$= \pi d_{AB}^2 \left(\frac{8 k_B T}{\pi \mu}\right)^{1/2} \exp\left(\frac{-E_0}{k_B T}\right) \tag{1.47}$$

を得る．ここで，$E_0=0$ の場合には

$$k(T) = \pi d_{AB}^2 \left(\frac{8 k_B T}{\pi \mu}\right)^{1/2} \tag{1.48}$$

となり，式(1.38)に等しい．すなわち $E_0=0$ の場合には，$k(T)$ は剛体球間の衝突頻度因子に等しいことがわかる．

一般に，反応断面積がエネルギーの関数として

$$\begin{aligned}\sigma(E) &= 0 & E < E_0 \\ &\propto \frac{(E-E_0)^{n+\frac{1}{2}}}{E} & E > E_0\end{aligned} \tag{1.49}$$

で表現されるとしよう．$k(T)$ の温度依存性は式(1.49)を式(1.34)に代入して

$$k(T) \propto T^n \exp\left(-\frac{E_0}{k_B T}\right) \tag{1.50}$$

となる．1 mol あたりの活性化エネルギー E_a が式(1.14)で定義されているとき

$$E_a = N_A(E_0 + n k_B T) \tag{1.51}$$

となる．ただし，N_A は Avogadro 定数である．なお式(1.46)のケースは $n=1/2$ に相当する．したがって単純衝突理論による理論式を，Arrhenius 式に従ってプロットすると活性化エネルギーに温度依存性があることになる．

例題 1.2 NO+O$_3$ → NO$_2$+O$_2$ の反応の Arrhenius 式に対する前指数因子 A を単純衝突理論で計算せよ．ただし，NO, O$_3$ の分子直径をそれぞれ，0.14 nm, 0.20 nm とし，$T=215$ K で計算せよ．

解　答　単純衝突理論による速度定数は，温度を数密度で表す場合式(1.47)で求められる．Arrhenius 式による活性化エネルギーを式(1.51)により求めると，1分子あたりの表現では，

$$E_a = E_0 + \frac{1}{2} k_B T \tag{1}$$

となる．式(1)の E_0 を式(1.47)に代入し，

$$k(T) = e^{1/2} \pi d_{AB}^2 \left(\frac{8 k_B T}{\pi \mu}\right)^{1/2} \exp\left(\frac{-E_a}{k_B T}\right) \tag{2}$$

を得る．したがって Arrhenius 式に対応する A 因子は以下の式で求められる．

$$A = e^{1/2} \pi d_{AB}^2 \left(\frac{8 k_B T}{\pi \mu}\right)^{1/2} \tag{3}$$

$T=215$ K, $k_B=1.38\times10^{-23}$ J K^{-1}, $\mu=[(30\times48)/(30+48)]\times10^{-3}/(6.022\times10^{23})$ kg, $d_{AB}=\frac{1}{2}(1.4+2.0)\times10^{-10}$ m を代入して $A=7.44\times10^{-17}$ m^3 s^{-1} を得る．濃度単位を mol dm^{-3} とするには，Avogadro 定数を乗じて，

$$A = 7.44\times10^{-17} \text{ m}^3 \text{ s}^{-1} \times 6.022\times10^{23} \text{ mol}^{-1} \times 10^3 = 4.48\times10^{10} \text{ dm}^3 \text{ mol}^{-1} \text{ s}^{-1}$$

なお，実験値および遷移状態理論による計算値との比較は図 4.6 をみよ．

1.2.4 2体間衝突の軌跡と散乱断面積

この節では、2体間の衝突に見られる力学的挙動を調べる。その結果から、古典力学の**散乱**(scattering)現象を理解することができる。剛体球衝突などの理解を進めるほか、引力がはたらく粒子間の衝突断面積、ひいてはイオン分子反応などの反応断面積を算出する。さらに交差分子線などの衝突実験への描像を得ることができる。

2体間の衝突(散乱)には**弾性衝突**(elastic collision)、**非弾性衝突**(inelastic collision)、**反応性衝突**(reactive collision)がある。弾性衝突では衝突により粒子の方向の変化、運動量の交換が起こる。非弾性衝突においては衝突にあずかる両粒子の内部エネルギーの一部が粒子間で交換されたり、あるいは相対的な並進運動の自由度との間で交換される。ここでいう内部エネルギーとは、原子の場合には電子的な励起であるが、分子では振動、回転の自由度もその対象である。反応性衝突は、化学的な性質の異なった生成物を与える衝突を意味し、通常は原子の組替えが起こるものである。

2体間弾性衝突の力学

中心力ポテンシャル $U(r)$ (r は2個の粒子の中心間の距離;2個の粒子は A, B の記号で区別する) の場における内部構造のない球形粒子どうしの衝突を考えてみよう。この場合は弾性衝突のみが可能である。このような衝突は厳密には He や Ar といった原子間の衝突の記述にしか用いられない。しかし、より複雑な粒子間の衝突においても重要な概念や物理量を示すことができる。

図1.6に衝突の状況を三次元的に描いた。粒子 A と B は、のちに導くように、常に一定の方向をもち、かつ重心の速度で動く面(ベクトル $r = r_A - r_B$ および $v = \dot{r} = v_A - v_B$ のつくる面S)の中に存在して運動している。

取扱いを簡単にするには、重心とともに動く**重心座標系**(center of mass system)で考えるのがよい。必要な関係はすでに図1.3に示されている。2粒子のもつ運動量 P、角運動量 L、運動エネルギー T は

$$P = m_A \dot{r}_A + m_B \dot{r}_B = M\dot{R} \tag{1.52}$$

$$L = m_A(r_A \times \dot{r}_A) + m_B(r_B \times \dot{r}_B) = M(R \times \dot{R}) + \mu(r \times \dot{r}) \tag{1.53}$$

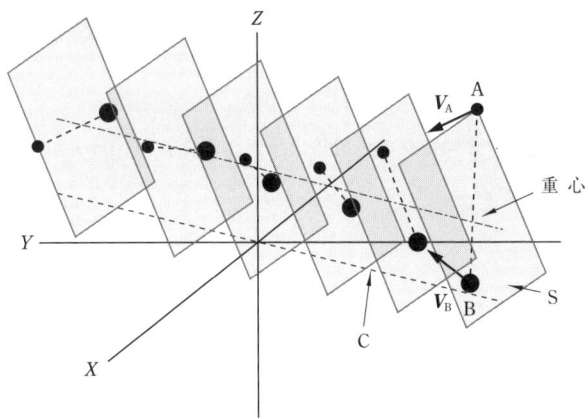

粒子A, Bの運動は、一点鎖線で描かれた重心とともに動いている、一定方向を向いた面S内に限られる。Cは重心の軌跡のXY平面への写像である

図 1.6 2体間の衝突に対する三次元での描像 [J. O. Hirschfelder, C. F. Curtiss, R. B. Bird, "Molecular Theory of Gases and Liquids", John Wiley & Sons, p. 47 (1954) に基づく]

$$T = \frac{m_A}{2}\dot{\boldsymbol{r}}_A\cdot\dot{\boldsymbol{r}}_A + \frac{m_B}{2}\dot{\boldsymbol{r}}_B\cdot\dot{\boldsymbol{r}}_B = \frac{M}{2}\dot{\boldsymbol{R}}\cdot\dot{\boldsymbol{R}} + \frac{\mu}{2}\dot{\boldsymbol{r}}\cdot\dot{\boldsymbol{r}} \tag{1.54}$$

以上の関係式から,個々の粒子の運動を追う代わりに,重心の運動と相対運動とに分けて考察できることがわかる.

重心座標系においては $\boldsymbol{R}, \dot{\boldsymbol{R}}$ は考慮する必要がなくなる.相対運動について,

$$\boldsymbol{L} = \mu(\boldsymbol{r}\times\dot{\boldsymbol{r}}) \tag{1.55}$$

$$T = \frac{1}{2}\mu\dot{\boldsymbol{r}}\cdot\dot{\boldsymbol{r}} \tag{1.56}$$

となる.この結果,2体間の問題は,質量 μ をもつ仮想的な粒子が,ポテンシャル $U(r)$ ($r\to\infty$ で $U(r)\to 0$) の中で散乱される問題と考えればよい.中心力場なので,相互作用力 $\mu\ddot{\boldsymbol{r}}$ は常に $\boldsymbol{r}$ 軸に沿っている.この結果,

$$\dot{\boldsymbol{L}} = \mu\frac{\mathrm{d}(\boldsymbol{r}\times\dot{\boldsymbol{r}})}{\mathrm{d}t} = \mu(\boldsymbol{r}\times\ddot{\boldsymbol{r}}) = \boldsymbol{0} \tag{1.57}$$

となり,$\boldsymbol{L}$ は時間に対して不変である.$\boldsymbol{r}, \dot{\boldsymbol{r}}$ は固定された $\boldsymbol{L}$ の方向に対して常に垂直であり,相対運動は $\boldsymbol{L}$ に垂直で $\boldsymbol{r}$ と $\dot{\boldsymbol{r}}$ を含む平面内で進行する.これが図 1.6 で示した一定方向をもった面 S に相当する.

重心を原点とし,運動の平面内での座標を r と θ とする.図 1.7 に描いたように

$$\mathrm{d}\boldsymbol{r} = \dot{\boldsymbol{r}}\mathrm{d}t = \boldsymbol{r}(t+\mathrm{d}t) - \boldsymbol{r}(t) \tag{1.58}$$

は r 方向の成分 $\dot{r}\mathrm{d}t$ と,これに垂直な方向の成分 $r\mathrm{d}\theta = r\dot{\theta}\mathrm{d}t$ に分けられる.ピタゴラスの定理により

$$(\mathrm{d}\boldsymbol{r})^2 = (\dot{r}\mathrm{d}t)^2 + (r\dot{\theta}\mathrm{d}t)^2 \tag{1.59}$$

となる.したがって運動エネルギーは

$$T(r) = \frac{\mu}{2}\left(\frac{\mathrm{d}\boldsymbol{r}}{\mathrm{d}t}\right)^2 = \frac{\mu(\dot{r}^2 + r^2\dot{\theta}^2)}{2} \tag{1.60}$$

となる.運動エネルギー $T(r)$ とポテンシャルエネルギー $U(r)$ の和

$$E = T(r) + U(r) = \frac{\mu(\dot{r}^2 + r^2\dot{\theta}^2)}{2} + U(r) \tag{1.61}$$

は一定に保たれる.E は全エネルギーである.また

$$L = \mu r^2 \dot{\theta} \tag{1.62}$$

も式 (1.57) で導いたように一定に保たれる.以後に示すように式 (1.61) と (1.62) を連立して解くことによって運動の**軌跡** (trajectory) を求めることができる.

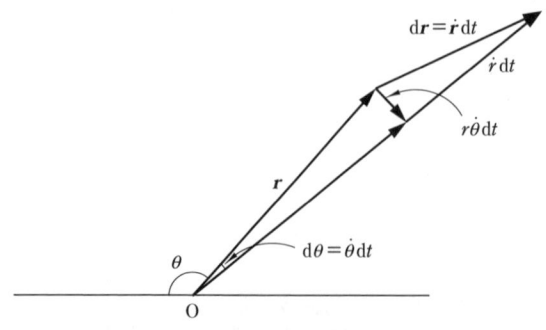

図 1.7　平面内での運動の分解

運動の軌跡と偏向角

弾性衝突の進行過程を考えてみる．図 1.6 の面 S 内の衝突過程を，相対運動として図 1.8 に描いた．遠方での相対運動の速さを g，**衝突径数**(またはインパクトパラメーター：impact parameter)を b で表す．ただし衝突径数とは散乱によって**偏向**(deflection)が起こらないとしたときに，二つの粒子が最近接する距離を意味する．粒子が相互に接近すると散乱によって運動の方向が変化していく．散乱終了後の方向の変化は**偏向角**(deflection angle) $\chi (= \pi - 2\theta_c)$ で評価される*．ここに下付きの c は最近接した位置を意味する．

角運動量とエネルギーの間には以下の関係がなりたっている．

$$L = \mu g b = b(2\mu E)^{1/2} \tag{1.63}$$

上式の第 2 の関係は，十分遠方では全エネルギー E は運動エネルギーに等しいことによる．また式(1.61)～(1.63)の関係から

$$E = \frac{1}{2}\mu \dot{r}^2 + \frac{Eb^2}{r^2} + U(r) \tag{1.64}$$

を得る．

$$U_{\text{eff}}(r) = U(r) + \frac{Eb^2}{r^2} \tag{1.65}$$

とおくと，対象としている運動は，実効ポテンシャル(effective potential) $U_{\text{eff}}(r)$ の下で全エネルギー E を保った r 軸上の運動と見なすことができる．式(1.65)の右辺第 2 項は角運動量に起因する項であるが，一般に**遠心力ポテンシャル**(centrifugal potential)とよぶ．

式(1.61)～(1.64)を用いて運動の軌跡を求めよう．このために式(1.62), (1.64)を変形して，

$$d\theta = \frac{L}{\mu r^2}dt \tag{1.66}$$

$$dr = -\left[\frac{2}{\mu}\left(E - U(r) - \frac{L^2}{2\mu r^2}\right)\right]^{\frac{1}{2}}dt \tag{1.67}$$

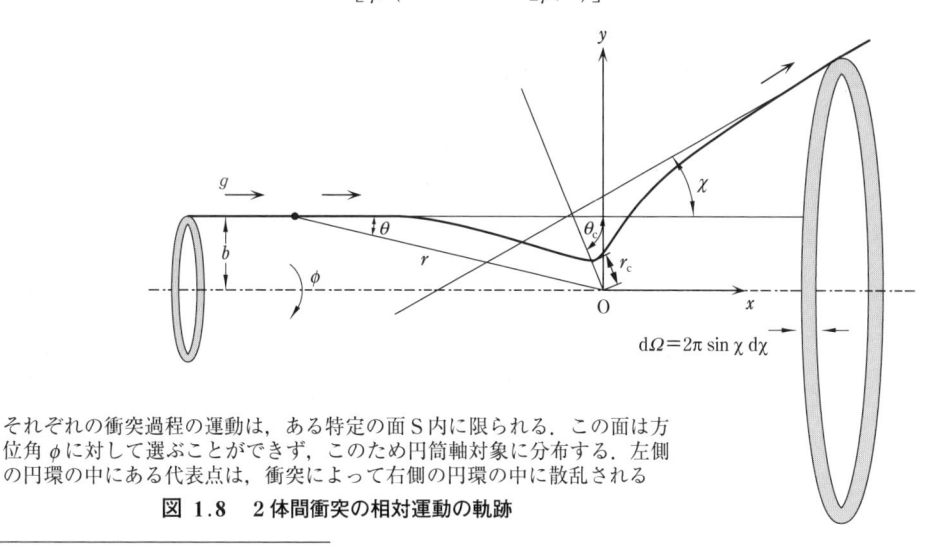

それぞれの衝突過程の運動は，ある特定の面 S 内に限られる．この面は方位角 ϕ に対して選ぶことができず，このため円筒軸対称に分布する．左側の円環の中にある代表点は，衝突によって右側の円環の中に散乱される

図 1.8 2 体間衝突の相対運動の軌跡

---

* 本章では，運動の軌跡が方向を変えるという意味で，この角度を偏向角とよぶことにする．しかし，広く散乱現象を考察する場合，この角度は**散乱角**(scattering angle)ということが多い．第 3 章以下では，散乱角という用語を用いている．運動の軌跡は重心 O と最近接点を結ぶ直線をはさんで対称である．偏向角 χ は $\pi - 2\theta_c$ となる．

を得る．接近時には時間の増加に従って r が減少するために，式(1.67)では負符号をとってある．式(1.67)は以下のように書き換えられる．

$$dt = \frac{-1}{\left[\frac{2}{\mu}\left(E-U(r)-\frac{L^2}{2\mu r^2}\right)\right]^{\frac{1}{2}}}dr \tag{1.68}$$

代表点の運動の軌跡（r と θ の関係）は，式(1.66)を，式(1.68)の関係を用いて積分すれば得られる．

$$\theta(r) = \int_{-\infty}^{t} \frac{L}{\mu r^2} dt$$

$$= -\int_{\infty}^{r} \frac{\frac{L}{\mu r^2}}{\left[\frac{2}{\mu}\left(E-U(r)-\frac{L^2}{2\mu r^2}\right)\right]^{\frac{1}{2}}} dr = -b\int_{\infty}^{r} \frac{dr}{r^2\left(1-\frac{b^2}{r^2}-\frac{U(r)}{E}\right)^{\frac{1}{2}}} \tag{1.69}$$

ただし，最後の関係には式(1.63)を用いた．最近接の距離 r_c まで積分することにより偏向角 $\chi(=\pi-2\theta_c)$ が得られる．

$$\chi(E, b) = \pi - 2b\int_{r_c}^{\infty} \frac{dr}{r^2\left(1-\frac{b^2}{r^2}-\frac{U(r)}{E}\right)^{\frac{1}{2}}} \tag{1.70}$$

なお最近接距離 r_c には，式(1.67)において $dr/dt=0$ から，

$$b^2 = r_c^2\left(1-\frac{U(r_c)}{E}\right) \tag{1.71}$$

の関係が得られる．

微分断面積と全断面積

すでに論じたように中心力場では，2体間の運動は衝突前の相対位置ベクトル $\boldsymbol{r}$ と相対速度ベクトル $\boldsymbol{v}$ のつくる面内にある．一方，その面は通常，実験的に規定することはできず，多数の衝突の組に対して特定の優先の向きがない．このため，散乱の方向は方位角 ϕ に依存せず，散乱は図1.8に描かれたように円筒軸対称性をもつ．

幅 db の円環の面積 $2\pi b db$ を通ってきた粒子は，図1.8の右側の円環部分（立体角 $2\pi\sin\chi d\chi$）を通って散乱される．角度 χ の方向に散乱される粒子に対する単位立体角あたりの断面積（これを**微分散乱断面積**(differential scattering cross section)という）を $\sigma_d(E, \chi)$* とすると，円環全体に対する散乱断面積 $\sigma_d(E, \chi)\times 2\pi\sin\chi d\chi$ は，断面積 $2\pi b db$ に等しいから，

$$2\pi b db = 2\pi\sigma_d(E, \chi)\sin\chi d\chi \tag{1.72}$$

の関係が成り立つ．ゆえに

$$\sigma_d(E, \chi) = \frac{b}{\sin\chi\left|\frac{d\chi}{db}\right|} \tag{1.73}$$

の関係が得られる．ここで，b の変化に対する χ の増減の方向にかかわらず散乱断面積は正の値をとることから，$d\chi/db$ は絶対値として用いている．また，偏向角と衝突径数の関係は，あとに例示するように常に1:1の関係とは限らない．たとえば，同一の χ を与える複数の b の値がある．そこで一般的には

$$\sigma_d(E, \chi) = \sum_i \frac{b_i}{\sin\chi\left|\frac{d\chi}{db_i}\right|} \tag{1.74}$$

---

* σ_d のかわりに $d\sigma/d\Omega$ と書くこともある．

となる．

全散乱断面積(total scattering cross section) $\sigma(E)$ は微分散乱断面積を全立体角にわたって積分すれば求まり，

$$\sigma(E) = 2\pi \int_0^\pi \sigma_d(E,\chi) \sin\chi \, d\chi = 2\pi \int_0^{b_{\max}} b \, db \tag{1.75}$$

である*．χ が E と b の関数として求まれば，式(1.74), (1.75)の関係から，微分散乱断面積，全散乱断面積を決定することができる．

例題 1.3 剛体球ポテンシャル

$$U(r) = 0 \quad (r > d)$$
$$U(r) = \infty \quad (r \leq d) \tag{1}$$

における偏向角の衝突径数依存性と，微分散乱断面積，全散乱断面積を求めよ．また得られた結果をベースに，単純衝突理論における反応断面積(式(1.46))を算出せよ．

解 答 剛体球ポテンシャルにおいては，どの衝突エネルギーにおいても最近接距離は衝突直径に等しい．すなわち $r_c = d$ である．式(1.70)により，偏向角として

$$\chi(E,b) = \pi - 2b \int_d^\infty \frac{dr}{r^2 \left(1 - \frac{b^2}{r^2}\right)^{\frac{1}{2}}} = 2\cos^{-1}\left(\frac{b}{d}\right) \tag{2}$$

を得る．

衝突径数が d より小さい場合には，χ は上式に従い，0 と π の間を変化する．衝突径数が d より大きい場合は $\chi = 0$ で，散乱は起こらない．また式(2)を式(1.73)に代入して，微分散乱断面積 $\sigma_d(E,\chi) = d^2/4$ を得る．この関係を式(1.75)に代入して，全散乱断面積 $\sigma(E) = \pi d^2$ を得る．この結果は，直観的な考えの帰結と一致している．

単純衝突理論に対応する反応断面積は以下のように考えればよい．幾何学的考察から，衝突する粒子間の中心軸に沿うエネルギーは，$E\sin^2(\chi/2)$ となる．ただし，$E = \mu v^2/2$ である．中心軸に沿うエネルギーが E_0 を超える範囲で式(1.75)の積分を行えばよい．このため，式(2)から得られる $b = d\cos\left(\frac{\chi}{2}\right)$ の関係を用いて，独立変数を b から $\chi/2 (= \alpha$ とおく；図1.8における θ_c とは $\alpha = \pi/2 - \theta_c$ の関係がある)に変換して積分を行う．その結果，

$$\sigma = 2\pi \int_0^{\sin^2\alpha = \frac{E_0}{E}} b \, db = 2\pi d^2 \int_{\sin^2\alpha = \frac{E_0}{E}}^{\frac{\pi}{2}} \cos\alpha \sin\alpha \, d\alpha = 2\pi d^2 \left(\frac{\sin^2\alpha}{2}\bigg|_{\sin^2\alpha = \frac{E_0}{E}}^{\frac{\pi}{2}}\right) \tag{3}$$

$$= \pi d^2 \left(\frac{E - E_0}{E}\right)$$

を得る．これは式(1.46)にほかならない．

このようにして，単純衝突理論による反応断面積は，2体間衝突の散乱の枠内で，より一般的に扱えることがわかる．

---

* 本章でいう微分散乱断面積は，角度に対するものである．エネルギーに対する微分散乱断面積という概念もある．また，全断面積という用語は，異なる種類の過程の断面積，たとえば弾性散乱，非弾性散乱と反応性散乱を合わせた全体というような意味で使われることもある．このとき，それぞれの過程の断面積を部分断面積という．そのため，偏向角に対して積分して得られる全断面積を，これらと区別して積分断面積とよぶこともある．

Lennard-Jones ポテンシャルにおける軌跡と散乱

通常,相互作用ポテンシャルは引力部と斥力部とを含む.このような場合,散乱挙動は非常に複雑になる.たとえば Lennard-Jones(L-J)ポテンシャル

$$U(r) = 4\varepsilon\left\{\left(\frac{\sigma}{r}\right)^{12}-\left(\frac{\sigma}{r}\right)^{6}\right\} \tag{1.76}$$

に対して運動の軌跡は解析的には解けず,数値計算を必要とする.以下では L-J ポテンシャルにおける代表的挙動を数値計算結果に基づいて示し,その内容を吟味する.文献[†1,†2] も参照されたい.

エネルギーや衝突径数によって実効ポテンシャルや軌跡,偏向角は種々の変化を示す.取扱いを簡単にするため,以下のように無次元化しておく.すなわち,

$$r^* = \frac{r}{\sigma}, \quad r_c^* = \frac{r_c}{\sigma}, \quad b^* = \frac{b}{\sigma}, \quad g^{*2} = \frac{1}{2}\frac{\mu g^2}{\varepsilon} = \frac{E}{\varepsilon}, \quad U^* = \frac{U}{\varepsilon}, \quad U_{\text{eff}}^* = \frac{U_{\text{eff}}}{\varepsilon} \tag{1.77}$$

を用いて無次元化量を表すと,

$$U^*(r^*) = 4(r^{*-12}-r^{*-6}) \tag{1.78}$$

$$U_{\text{eff}}^*(r^*) = U^*(r^*) + g^{*2}b^{*2}r^{*-2} \tag{1.79}$$

$$\theta(r^*) = -b^*\int_{\infty}^{r^*}\frac{\mathrm{d}r^*}{r^{*2}\left(1-\frac{b^{*2}}{r^{*2}}-\frac{4(r^{*-12}-r^{*-6})}{g^{*2}}\right)^{\frac{1}{2}}} \tag{1.80}$$

$$\chi(g^*,b^*) = \pi-2b^*\int_{r_c^*}^{\infty}\frac{\mathrm{d}r^*}{r^{*2}\left(1-\frac{b^{*2}}{r^{*2}}-\frac{4(r^{*-12}-r^{*-6})}{g^{*2}}\right)^{\frac{1}{2}}} \tag{1.81}$$

となる.

図1.9にエネルギー g^{*2} を一定(0.1および1.0)として,衝突径数 b^* を増加させていくときの実効ポテンシャル U_{eff}^* の典型的な変化を示した.実効ポテンシャルは b^* の増加に対して上昇し,また遠心力による障壁が表れる.$g^{*2}=0.1$ の場合には,遠心力ポテンシャルの山とエネルギー g^{*2} の値が等

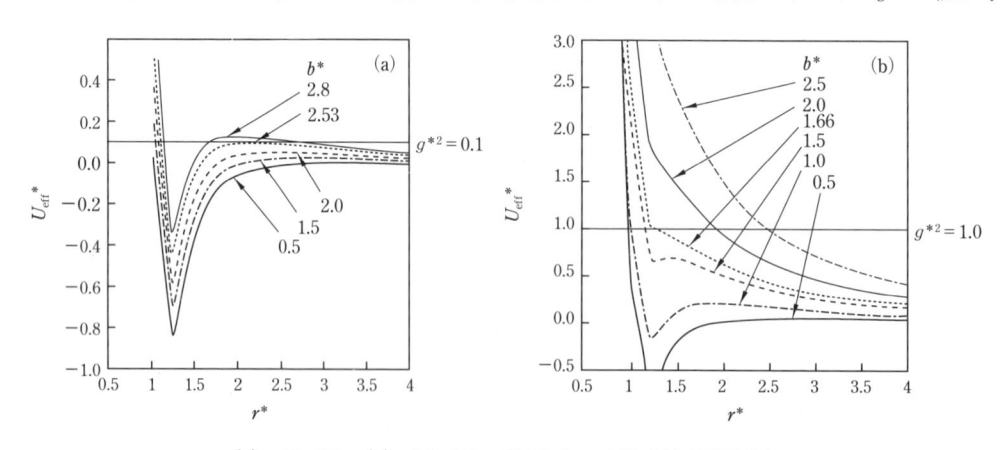

(a) $g^{*2}=0.1$, (b) $g^{*2}=1.0$. ポテンシャルは式(1.79)による
図 1.9 いくつかの衝突径数に対する実効ポテンシャルの例

[†1] J. O. Hirschfelder, C. F. Curtiss, R. B. Bird, "Molecular Theory of Gases and Liquids", p. 552, John Wiley & Sons (1954); J. O. Hirschfelder, R. B. Bird, E. L. Spotz, *J. Chem. Phys.*, **16**, 968 (1948).

[†2] M. A. D. Fluendy, K. P. Lawley, "Chemical Applications of Molecular Beam Scattering", p. 14, Chapman and Hall (1973).

しくなる衝突径数($b^*=2.53$ の近傍)が存在するが，$g^{*2}=1.0$ ではこのような衝突径数は存在しない．

図 1.10 に，エネルギー $g^{*2}=0.1$ の実効ポテンシャル(図 1.9(a))上での運動の軌跡の数値計算例を示した．以後，$g^{*2}=0.1$ の条件下で衝突径数 b^* を 0 近傍からしだいに増加させるときの軌跡の変化を述べる．衝突径数 b^* が小さく(図中 $b^*=0.5$ の曲線)，遠心力ポテンシャルによる障壁より入射エネルギー g^{*2} が大きい場合には，入射粒子は，ポテンシャルの引力部分を通過してきて r^{*-12} の斥力の領域において散乱する．この範囲のふるまいは剛体球衝突に近い．散乱された粒子は，ほぼ入射してきた方向へ戻る．b^* が大きくなる(図中 $b^*=1.5$ の曲線)と入射粒子は引力項の影響により，前方へと散乱する．b^* がさらに増加するに従って偏向角 χ は 0 へ向けて漸減していく．b^* をさらに増加させると χ は負の側にふれるが，これはポテンシャルの引力項の影響を強く受けて，軌跡が裏側にまわり込む場合に対応する．さらに b^* を増加させると入射粒子は重心のまわりを周回するようになる(図中 $b^*=2.53$ の曲線)．一般に $g^{*2}(=E/\varepsilon)$ が 0.8 より小さい場合には，実効ポテンシャルの極大値と入射エネルギーとが等しくなる，ある b^* の値が存在する．その b^* においては入射粒子が引力圏にとらえられ，重心まわりを無限に回転する**オービティング**(orbiting)という状態が生じる．今回の $g^{*2}=0.1$ では，この条件は $b^*\approx 2.537$ である．b^* がさらに大きくなる(たとえば $b^*=2.8$)と，入射粒子は外側の遠心力の障壁で散乱される．実質的には，ポテンシャルの効果は小さくなり，粒子はほとんど散乱されず，$\chi=0$ に近づいていく．

なお g^{*2} が 0.8 を超えると実効ポテンシャルの極大値と入射エネルギーとが等しくなる点は生じず，したがってオービティングに至ることはない．図 1.9(b)に示された $g^{*2}=1.0$ の場合はその一例である．しかし，この場合でも，ある b^* において χ に極小値が生じ，$d\chi/db \to 0$ となる．式(1.73)によると，この χ の値で微分散乱断面積は発散する．このときの偏向角を**レインボー角**(rainbow angle) χ_r という．

図 1.11 に偏向角の衝突径数依存性を，いくつかのエネルギー g^{*2} の値に対して描いた．既述したように $b^*=0$ は正面衝突であり，入射粒子は完全に入射方向へ跳ね返されて偏向角 $\chi=\pi$ となる．χ は b^* の増加に応じて π からしだいに減少していく．$g^{*2}=0.8$ に対応する曲線は，オービティングの起こり得る限界のエネルギーでの結果を描いている．この場合，オービティングに対応する衝突径数($b^*\approx 1.754$)において，偏向角は負の無限大になる．一方，すでに述べたように $g^{*2}=0.8$ を超えるとオービティングにまでは至らず，偏向角はレインボー角のところで極小をとったあと，衝突径数の増加に従って 0 に漸近していく．

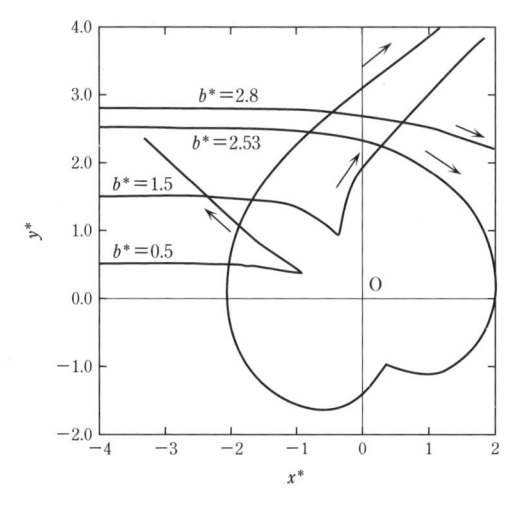

軌跡は式(1.80)の数値解析によったもの．用いた実効ポテンシャルは図 1.9(a)である．座標系については図 1.8 を参照せよ．$x^*=-r^*\cos\theta$, $y^*=r^*\sin\theta$ である

図 1.10 いくつかの衝突係数における衝突の軌跡($g^*=0.1$)

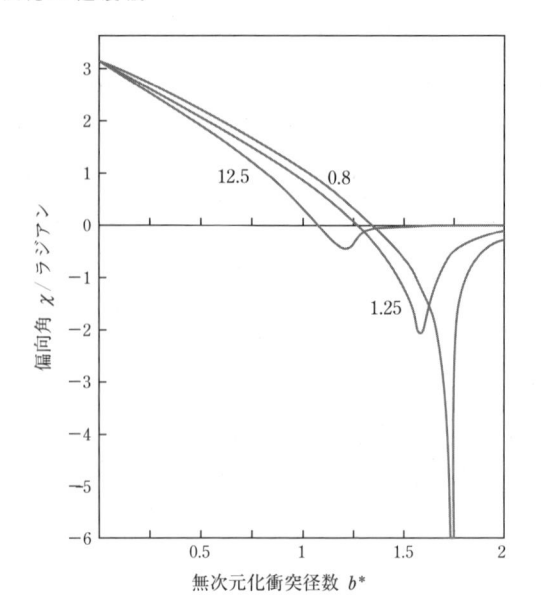

図 1.11 偏向角の衝突径数依存性（図中に記した数値は，g^{*2} の値である）[M. A. D. Fluendy, K. P. Lawley, "Chemical Applications of Molecular Beam Scattering", p. 22, Chapman and Hall (1973) に基づく]

図1.12に微分散乱断面積の偏向角依存性を模式的に示した．微分散乱断面積は，$\chi=0$，χ_r で発散する．しかし実は微分散乱断面積の発散という特異な挙動は，古典力学による仮想的な結果である．量子力学によればこれらの発散現象はなくなる．すなわち，不確定性原理によって，角運動量と偏向角の両者を正確に決定することは不可能である．したがって $\chi=0$ ではその微分散乱断面積は，古典力学の式(1.73)では決定できない．また，χ_r 付近では複数の分岐が存在し，その量子力学的な干渉効果の結果，微分散乱断面積は振動を示すことになる．さらに遠心力の障壁の頂上付近ではトンネル効果が無視できないため，オービティングにも複雑な挙動が生じる．このように，古典力学による取扱いには限界があり，厳密な取扱いは量子力学による必要がある[*1]．

衝突径数と偏向角の関係を表す(a)図に，式(1.74)の関係を用いることにより，微分散乱断面積と偏向角の関係を表す(b)図が得られる．χ_r はレインボー角である

図 1.12 衝突径数と微分散乱断面積の偏向角依存性
[M. A. D. Fluendy, K. P. Lawley, "Chemical Applications of Molecular Beam Scattering", p. 27, Chapman and Hall (1973) に基づく]

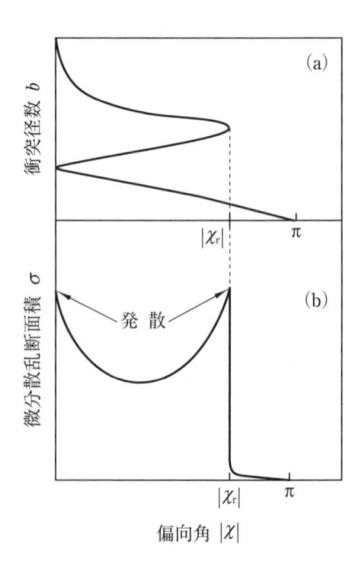

---

*1 M. S. Child, "Molecular Collision Theory", Chapter 3 'Quantum scattering by a central force', Academic Press, New York (1974) などを参照せよ．

1.2.5 長距離引力とイオン分子反応

イオンと中性の分子の間で進行する反応を**イオン分子反応**(ion molecule reaction)という．

電荷移行	例：$N_2^+ + H_2O \longrightarrow N_2 + H_2O^+$	(R4)
電子移行	例：$OH^- + O_2 \longrightarrow OH + O_2^-$	(R5)
プロトン移行	例：$H_3O^+ + C_2H_5OH \longrightarrow H_2O + C_2H_5OH_2^+$	(R6)

などの種々の反応[*1]が知られている．多くの場合，その速度定数は大きく，また温度依存性はごく小さいなどの特徴的な挙動を示す．この挙動は，イオンと，イオンが相手分子に誘起する双極子の間の長距離引力に基づいて説明できることが多い．前節で述べた，散乱断面積の概念にのっとって考えよう．

イオンが相手分子種に双極子を誘起するとき，その間の相互作用ポテンシャルは r^{-4} に比例し，かなりの長距離でも相互に引力を及ぼし得る．一価のイオンの場合，実効ポテンシャルはイオン-誘起双極子間のポテンシャル[*2]に遠心力ポテンシャル項を加えて

$$U_{\mathrm{eff}}(r) = \frac{-\alpha e^2}{2(4\pi\varepsilon_0)^2 r^4} + E\left(\frac{b}{r}\right)^2 \tag{1.82}$$

で与えられる．ただし，近距離の斥力項は以後の議論では重要でないので，上式に加えていない．α は分子の分極率，e は電気素量，ε_0 は真空中の誘電率である．図1.13には，ある一定の E において，いくつかの衝突径数 b の値に対して式(1.82)の実効ポテンシャルを描いてある．

図1.13に示されているように，衝突径数の大きさに依存した遠心力障壁が発生する[*3]．障壁の頂点の $r = r_{\max}$ は式(1.82)の r に関する微分を 0 とおいて得られ，

$$r_{\max} = \frac{1}{b}\left(\frac{\alpha e^2}{(4\pi\varepsilon_0)^2 E}\right)^{\frac{1}{2}} \tag{1.83}$$

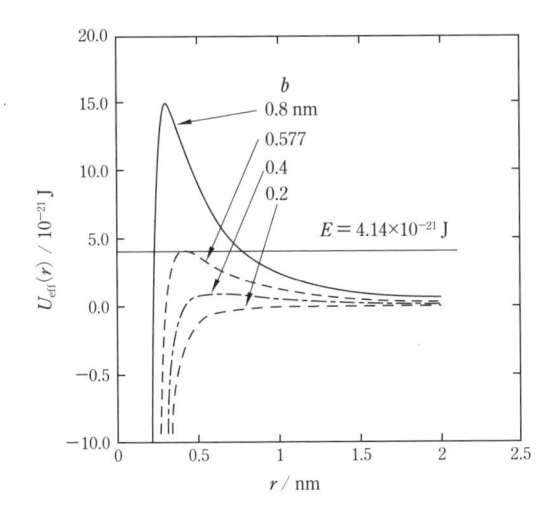

分極率 $\alpha = 1.11 \times 10^{-40}\,\mathrm{Fm^2}$ (慣用的に用いられる分極率体積は，この値を $4\pi\varepsilon_0 = 1.11 \times 10^{-10}\,\mathrm{Fm^{-1}}$ で除したものであり，$1.0 \times 10^{-30}\,\mathrm{m^3}$ である)．全エネルギー $E = 4.14 \times 10^{-21}\,\mathrm{J}$ (これは 300 K における熱エネルギー $k_\mathrm{B}T$ に等しい)としたときの実効ポテンシャル U_{eff} (式(1.82))のプロット．衝突径数 $b = 0.577\,\mathrm{nm}$ のとき，ポテンシャルの極大値と全エネルギーが等しくなっている

図 1.13 イオン分子反応における実効ポテンシャルとエネルギー E および衝突径数 b の関係の例

[*1] 必ずしも結合の組替えはないものも含まれるが，広義の反応として扱う．
[*2] J. O. Hirschfelder, C. F. Curtiss, R. B. Bird, "Molecular Theory of Gases and Liquids", John Wiley & Sons, New York, p. 25 (1954); M. Rigby, E. B. Smith, W. A. Wakeham, G. C. Maitland, "The Forces between Molecules", Oxford University Press, p. 30 (1986); 木原太郎, "分子間力（岩波全書)", p. 23 (1976).
[*3] 一般に引力ポテンシャルが $U(r) = -C/r^s$, $s > 2$ で遠心力障壁が発生する．

また障壁の高さは

$$U_{\text{eff,max}} = \frac{(4\pi\varepsilon_0)^2 E^2 b^4}{2\alpha e^2} \tag{1.84}$$

となる．E が $U_{\text{eff,max}}$ に等しいときは，オービティングに相当する．

$$E = U_{\text{eff,max}} \tag{1.85}$$

とおいて，式(1.84), (1.85)を満たす衝突径数 $b_{\max}$ は

$$b_{\max} = \left[\frac{2\alpha e^2}{(4\pi\varepsilon_0)^2 E}\right]^{\frac{1}{4}} \tag{1.86}$$

である．L-J ポテンシャルの場合にみたと同様に $b_{\max}$ より小さい衝突径数の場合は，遠心力の障壁はより低くなり，粒子は引力圏の中に入り込む．引力圏に入った場合には，図1.13には省略されている近距離斥力項による散乱を受けることになる．引力圏内にある間に，たとえば電荷移行やプロトン移行のような何らかの機構で反応が進行すると考えると，式(1.86)を満たす衝突径数が反応断面積を与えることになる．したがって反応断面積 $\sigma(E)$ は

$$\sigma(E) = \pi b_{\max}^2 = \pi\left[\frac{2\alpha e^2}{(4\pi\varepsilon_0)^2 E}\right]^{\frac{1}{2}} \tag{1.87}$$

となるであろう．この断面積を Langevin の断面積という．Langevin 断面積の値を式(1.34)に代入し，熱平衡下の速度定数(Langevin 速度定数)として

$$k(T) = \left[\frac{4\pi^2 \alpha e^2}{(4\pi\varepsilon_0)^2 \mu}\right]^{\frac{1}{2}} \tag{1.88}$$

を得る．この式は，熱平衡下のイオン分子反応の速度定数が温度に依存しないことを示している．

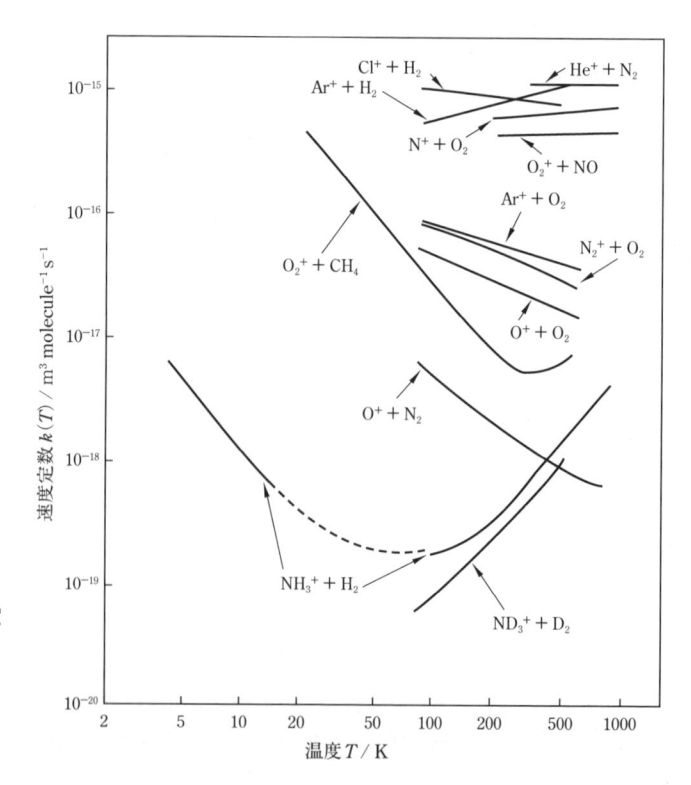

図 1.14 イオン分子反応の速度定数の温度依存性［"化学便覧 基礎編 II", 改訂4版, 日本化学会編, p. 359, 丸善 (1993) に基づく］

例題 1.4 イオン分子反応の Langevin 速度定数を定めよ．ただし代表的な数値として，分極率には図 1.13 と同じく 1.11×10^{-40} F m^2，換算質量には 0.01 kg mol^{-1} を用いよ．

解答 必要な数値を式(1.88)に代入して計算する．
$$k(T) = \left[\frac{(4\pi^2 \times 1.11\times10^{-40}\text{ F m}^2) \times (1.602\times10^{-19}\text{ C})^2}{(4\pi \times 8.854\times10^{-12}\text{ F m}^{-1})^2 \times (10^{-2}\text{ kg mol}^{-1})/(6.022\times10^{23}\text{ mol}^{-1})}\right]^{\frac{1}{2}}$$
$$= 7.40\times10^{-16}\text{ m}^3\text{ s}^{-1}$$

となる．この値は，通常の剛体球衝突の衝突頻度因子(例題 1.2 を参照せよ)に比べて，一桁程度大きな値である．図 1.14 中の温度依存性を示さないイオン分子反応の速度定数と同程度の大きさであることにも注意せよ．

いくつかのイオン分子反応の速度定数の温度依存性の例を図 1.14 に示した．この図には，例題 1.4 の Langevin 速度定数の計算結果とほぼ同オーダーである反応がかなり多くみられ，これらには式(1.88)が適用できると考えられる．したがってイオン分子反応の進行には，実際に長距離引力による引き込みが重要な役割を果たしており，また温度依存性のあるイオン分子反応には Langevin 機構以外の何らかのメカニズムが速度定数の決定にはたらいていると考えられる．

例題 1.5 非極性の分子間にもはたらく London の分散力は，それぞれの分子中の電子の相関的な運動によって誘起される．時間的に平均した，個々の分子中の電子分布は対称ではあるが，時々刻々揺らいでいるため過渡的な多極子が生じ，これが隣接した分子にも多極子を誘起する．このような動きに相関が生じ，その結果として引力が発生するのが分散力の起源である．量子力学的な計算によると，この相互作用ポテンシャルは分子間距離 r の-6乗に比例する*．簡単なモデル計算によると，分極率 α，イオン化エネルギー E_I をもつ分子どうしでは
$$U(r) = -\frac{3}{4}\frac{\alpha^2 E_\text{I}}{(4\pi\varepsilon_0)^2 r^6} \tag{1}$$
で与えられる．分子間の引力ポテンシャルが，式(1)に従う分散力によるものとして，二次反応速度定数を求めよ．ただし，速度定数の計算にあたっては，異種分子間の反応として扱え．

解答 実効ポテンシャル(斥力部はあらわに考えない)として
$$U(r) = -\frac{3}{4}\frac{\alpha^2 E_\text{I}}{(4\pi\varepsilon_0)^2 r^6} + E\left(\frac{b}{r}\right)^2 \tag{2}$$
を用いる．

$C = \dfrac{3}{4}\dfrac{\alpha^2 E_\text{I}}{(4\pi\varepsilon_0)^2}$ とおくと
$$U_\text{eff}(r) = -\frac{C}{r^6} + E\left(\frac{b}{r}\right)^2 \tag{3}$$

イオン分子反応の場合と同様の計算手法により，遠心力ポテンシャルの位置と高さは
$$r_\text{max} = \left(\frac{3C}{Eb^2}\right)^{\frac{1}{4}} \tag{4}$$
$$U_\text{eff,max} = \frac{2}{3\sqrt{3}}\frac{(Eb^2)^{\frac{3}{2}}}{\sqrt{C}} \tag{5}$$

---

* J. O. Hirschfelder, C. F. Curtiss, R. B. Bird, "Molecular Theory of Gases and Liquids", John Wiley & Sons, p. 25 (1954); M. Rigby, E. B. Smith, W. A. Wakeham, G. C. Maitland, "The Forces between Molecules", Oxford University Press, p. 30 (1986); 木原太郎，"分子間力（岩波全書）", p.23 (1976).

となる．そこで $U_{\text{eff,max}}=E$ より，対応する衝突径数 $b_{\max}$ を求めると，

$$b_{\max} = \left(\frac{3\sqrt{3}}{2}\right)^{\frac{1}{3}}\left(\frac{C}{E}\right)^{\frac{1}{6}} \tag{6}$$

を得る．

$$\sigma(E) = \pi b_{\max}^2 \tag{7}$$

として式(1.34)に代入して積分計算を実行すると，速度定数として

$$k(T) = 2^{\frac{11}{6}}\Gamma\left(\frac{2}{3}\right)\left(\frac{\pi}{\mu}\right)^{\frac{1}{2}}C^{\frac{1}{3}}(k_{\text{B}}T)^{\frac{1}{6}} \tag{8}$$

を得る．温度依存性はごく小さい．ただし Γ はガンマ関数で $\Gamma\left(\frac{2}{3}\right)=1.354$ である．

1.2.6 詳細釣り合いと微視的可逆性の原理

正逆素反応間の平衡と速度定数の関係を表す基礎的な関係に，**詳細釣り合い**(detailed balance)の原理がある．たとえば以下の反応

$$A_1 \rightleftarrows A_2 \tag{1.89}$$

が熱平衡にあるとき，

$$\frac{dC_{\text{A1}}}{dt} = -\frac{dC_{\text{A2}}}{dt} = 0 \tag{1.90}$$

であり，したがって

$$-k_1 C_{\text{A1,e}} + k_{-1} C_{\text{A2,e}} = 0 \tag{1.91}$$

が成立していると考えられる．ただし k_1, k_{-1} は正反応，逆反応の速度定数であり，下付のeは平衡下での濃度を意味する．このように，正反応速度と逆反応速度が等しい関係にあり，式(1.91)から速度定数と平衡定数 K_e の関係，

$$\frac{k_1}{k_{-1}} = \left(\frac{C_{\text{A2,e}}}{C_{\text{A1,e}}} = \right) K_e \tag{1.92}$$

が得られる．これが詳細釣り合いの原理の式表現である．この関係は，素反応において正逆反応速度定数の一方が知られているとき，その値と平衡定数を用いて，他方の反応速度定数を算出するのに用いられる．しかし，実際に反応間の平衡が成立した状況ではなくても，式(1.92)が成り立つか否かは検討する必要がある．

詳細釣り合いの原理は，**微視的可逆性**(microscopic reversibility)の原理を巨視的な視点に移したものである．古典的運動方程式は時間に対して可逆である．このことは時間と初期速度の符号を変えると，運動を表す代表点はもとの軌跡を逆方向にたどることを意味する．このような微視的可逆性の原理から，たとえば2体間衝突反応

$$A + B \longrightarrow C + D \tag{1.93}$$

において，始状態i(A, B両者を合わせて内部状態の組をiで表している)から終状態fへの微視的な変化を取扱うとき，正反応と逆反応の反応断面積に

$$g_i p_i^2 \sigma_{\text{if}}(v_i) = g_f p_f^2 \sigma_{\text{fi}}(v_f) \tag{1.94}$$

の関係式が得られる*．ただし，始状態iから終状態fへの遷移断面積を σ_{if}，また始状態の多重度を g_i，運動量を p_i，正反応でのA, B間の相対速さを v_i のように記した．また相対運動のエネルギーを

---

* E. E. Nikitin (translated by M. J. Kearsley), "Theory of Elementary Atomic and Molecular Processes in Gases", p. 34, Clarendon Press (1974). 量子論を含んだ取扱いで，式(1.94)が導かれている．

$E_ت$, 内部エネルギーを E で表現すると,

$$E_{t,i} - E_{t,f} = \frac{p_i^2}{2\mu_i} - \frac{p_f^2}{2\mu_f} = E_f - E_i \tag{1.95}$$

の関係が成り立っている.

以下に, 微視的可逆性の関係式(1.94)から詳細釣り合いの原理を導いてみる. いま, 熱平衡下では, 相対速さの分布は Maxwell 分布に従っているので, 式(1.34)により,

$$k_{if} = \frac{A}{\mu_i^{\frac{1}{2}}} \int_0^\infty E_{t,i} \sigma_{if}(E_{t,i}) \exp\left(\frac{-E_{t,i}}{k_B T}\right) dE_{t,i} \tag{1.96}$$

である. ただし k_{if} は状態 i から f へ進む反応の速度定数である. また,

$$A = \frac{\left(\frac{8k_B T}{\pi}\right)^{\frac{1}{2}}}{(k_B T)^2} \tag{1.97}$$

とおいた. 式(1.96)に式(1.94)の関係を代入して,

$$k_{if} = \frac{A}{\mu_i^{\frac{1}{2}}} \frac{(g_f/g_i)}{2\mu_i} \int_0^\infty p_f^2 \sigma_{fi}(E_{t,f}) \exp\left(\frac{-E_{t,i}}{k_B T}\right) dE_{t,i} \tag{1.98}$$

さらに式(1.95)の関係を用いて整理すると,

$$k_{if} = \frac{A}{\mu_i^{\frac{3}{2}}} \left(\frac{g_f}{g_i}\right) \mu_f \int_{E_i-E_f}^\infty E_{t,f} \sigma_{fi}(E_{t,f}) \exp\left(\frac{-E_{t,f}+E_i-E_f}{k_B T}\right) dE_{t,f} \tag{1.99}$$

$$= \frac{A}{\mu_i^{\frac{3}{2}}} \left(\frac{g_f}{g_i}\right) \mu_f \times \exp\left(\frac{E_i-E_f}{k_B T}\right) \int_0^\infty E_{t,f} \sigma_{fi}(E_{t,f}) \exp\left(\frac{-E_{t,f}}{k_B T}\right) dE_{t,f}$$

となる. ただし, 式(1.99)の第 2 の等号において積分の下限を 0 とおいているのは, $E_{t,f}$ が 0〜E_i-E_f の範囲では, $\sigma_{fi}(E_{t,f})=0$ と考えられるためである[*1]. さらに

$$k_{fi} = \frac{A}{\mu_f^{\frac{1}{2}}} \int_0^\infty E_{t,f} \sigma_{fi}(E_{t,f}) \exp\left(\frac{-E_{t,f}}{k_B T}\right) dE_{t,f} \tag{1.100}$$

の関係を用いて式(1.99)を整理して,

$$\frac{k_{if}}{k_{fi}} = \left(\frac{\mu_f}{\mu_i}\right)^{\frac{3}{2}} \left(\frac{g_f}{g_i}\right) \exp\left(\frac{E_i-E_f}{k_B T}\right) \tag{1.101}$$

の関係式が導かれる. ここで $(\mu_f)^{3/2}$ は並進の分配関数に比例する[*2]. このことは, 式(1.101)の右辺が併進運動に関しては平衡定数にほかならないことを意味する. さらに内部状態の熱平衡分布(Boltzmann 分布)を考慮して積分すると, すべての自由度を考慮した平衡定数の関係へと導くことができる[*3]. すなわち, 正逆反応の速度定数の比は平衡定数に等しい. このようにして詳細釣り合いの関係式(1.92)は, 微視的可逆性の原理から導かれる.

以上の導出に見られるとおり, 詳細釣り合いの原理は, 関係する化学種の並進運動自由度や内部自由度の分布が熱平衡にある反応速度定数に関しては, 正しく成立すると考えてよい. しかし単分子反応を例にとると, 低圧では衝突による活性化が反応自体に追いつけずに, 反応の進行中, 内部自由度

[*1] $E_i-E_f<0$ の場合, $E_{t,f}<0$ での積分は物理的に意味がない. また $E_i-E_f>0$ の場合, $E_{t,f}$ が 0〜E_i-E_f の範囲では, $E_f+E_{t,f}$ のエネルギーが E_i に足りず, 対応する散乱は起こり得ないから $\sigma_{fi}(E_{t,f})=0$ である.
[*2] 質量 m の粒子の並進運動の分配関数は, 単位体積あたり, $(2\pi m k_B T)^{3/2}/h^3$ である.
[*3] J. C. Light, J. Ross, K. E. Shuler, "Kinetic Processes in Gases and Plasmas (ed by A. R. Hochstim)", Chapter 8 'Rate coefficients, reaction cross sections and microscopic reversibility', Academic Press, New York (1969) にかなり詳しい取扱いがある.

における熱平衡の成立が必ずしも保証されない．あるいは反応のポテンシャル曲面において遷移状態近傍にくぼみ（または井戸：well）があることもある．このくぼみを越えて反応する場合，自由度間の熱平衡分布が成立しない可能性がある．このような場合には厳密な意味で詳細釣り合いの原理，式(1.92)，は成立しないと考えられる[*1]．しかし，これまで実験的に観測されるほどの大きなずれが見いだされたことはなく，詳細釣り合いの原理を用いて速度定数の算出を行うことは実用上は差し支えないとされている．一方，複合反応に対して詳細釣り合いの原理を適用する場合には，反応機構に応じた適切な取扱いが必要である[*2]．

ところで微視的可逆性の関係式(1.94)は，正反応と逆反応における微視的な状態分布の相対的な関係を示している．このことは，**状態から状態への化学**(state-to-state chemistry)の課題の一つであり，§3.3.3で具体的な取扱いを示す．

<h2 style="text-align:center;">問　題</h2>

1.1 可逆反応 A ⇌ B+C につき，微分型の反応速度式を立てて積分することにより，A, Bの濃度の時間変化を求めよ．一次の正反応速度定数は k_1，二次の逆反応速度定数は k_2 である．またAの初期濃度は a，BとCとの初期濃度は0とせよ．また平衡に達したときのBの濃度はいくらか．

1.2 不可逆反応 A+B→C（速度定数 k）において，1) AとBの初期濃度が等しい場合，Bの90％，99％が反応するのに要するそれぞれの時間を求めよ．2) Aの初期濃度をBの初期濃度の1.2倍にしたとき，Bの90％，99％が反応するのに要する時間は1)の場合に比べてそれぞれ何倍になるか．ただし，1), 2)の場合ともBの初期濃度は等しいものとする．またこの比較から何がいえるか．

1.3 式(1.33)から式(1.34)を導出せよ．

1.4 300 K, 1 atm (=1.013 bar) にある空気 (O_2=20％，N_2=80％の理想混合気体とする) 中で N_2 分子と O_2 分子との間の衝突数 Z_{AB} を求めよ．ただし，N_2, O_2 分子の直径としてそれぞれ0.38, 0.36 nm (粘性から見積もられた値) を用いよ．

1.5 クーロンポテンシャル

$$U(r) = \frac{Z_A Z_B e^2}{4\pi\varepsilon_0 r} \tag{1}$$

に対して，式(1.70)を用いて偏向角 χ が

$$\chi = 2\sin^{-1}\left[1+4\left(\frac{4\pi\varepsilon_0 bE}{Z_A Z_B e^2}\right)^2\right]^{-\frac{1}{2}} \tag{2}$$

であることを導け．ただし，Z_A, Z_B はA, B粒子の荷電数，e は電気素量，ε_0 は真空中の誘電率である．$Z_A Z_B$ は負とする．また上記の結果から，微分散乱断面積 $\sigma(E, \chi)$ を求めよ．

1.6 ラジカル再結合反応の速度定数は，分散力によるラジカルどうしの引き込みにより決定されるものと仮定して，CH_3 ラジカルどうしの再結合反応の300 Kにおける速度定数を求めよ．ただし，CH_3 ラジカルのイオン化ポテンシャルは9.99 eV，分極率は 2.78×10^{-40} F m² (=2.5×10^{-30} m³) である．

[*1] 遷移状態理論におけるくぼみの効果に関しては§5.2.1 (錯合体形成様式反応と遷移状態理論) も参照せよ．

[*2] 活性化の過程における非平衡効果に関しては§7.5.1 (衝突活性化と非平衡エネルギー分布) も参照されたい．また，多井戸ポテンシャル曲面での反応に関しては，文献[*3] など，また複合反応への適用に関しては Laidler の取り扱い例[*4] が参考になる．

[*3] J. A. Miller, S. J. Klippenstein, S. H. Robertson, M. J. Pilling, N. J. B. Green, *Phys. Chem. Chem. Phys.*, **11**, 1128 (2009).

[*4] K. L. Laidler, "Chemical Kinetics", 3rd ed., p. 285, Harper & Row Publishers (1987).

2. 反応速度論の実験

> 反応速度論の進展にとって実験の果たす役割は大きい．速度論の実験における基本は，化学種の濃度や状態の時間的変化の追跡にある．時間的にどのような場を設定するかによって実験方法をみると，静置法，連続かくはん槽反応器法，流通法，化学緩和法，衝撃波管法，パルス励起法などがある．§2.2ではそれぞれの原理や特徴を述べる．特にパルスレーザーを用いるパルス励起法は応用範囲が広いので，節を改め§2.3で実用例をあげながら解説する．ついで，ダイナミクス研究の基礎となる交差分子線を用いる実験に関して原理を記し，さらに状態から状態への化学(state-to-state chemistry)に至る展開を簡単に紹介する．さらに極短パルスレーザーが拓くダイナミクス研究の一端を解説する．

2.1 はじめに

　反応の理解を深めるために，正確，詳細な実験は不可欠である．一般に反応に関する実験の基本は，反応の場をどう設定するか，反応をどうやって開始させるか，反応の進行過程や生成物の状態をどうやって分析するかにある．特に反応する分子や生成する分子の濃度の時間変化を測定することが重要になる．本章では，実験方法をおもに時間軸の設定からみて系統的に述べる．

　方法論は大まかに素反応の速度決定などを主要な目的とする反応速度論の研究領域と，さらに微視的立場から反応速度論やダイナミクスを追及する研究領域とに分けることができる．共通する部分も多いが，特に微視的な検討を行う場合には，反応分子の特定の量子状態を選択的に励起したり，生成分子の内部量子状態や並進速度の分析，状態変化の高速時間分解分析などが必要となる．これらの要請には，分子分光学や質量分析法の手法が多用されている．それらの方法論の基礎，特に分子分光学の手法自体は，本書第Ⅰ巻で詳しく扱われているので，反応の追跡に関係するところを別として分光学的手法自体については，本章で説明を追加することはしない．

2.2 反応速度論実験法

　表2.1に反応速度論分野における実験法(気相を中心とするが，液相にも対応可能)を，場の設定と時間分解能をベースにして分類した．対応する場の設定と時間経過の関係を図2.1に示した．これら

表 2.1　速度論実験法の分類と概略の時間分解能

分 類	時間分解能[†]/s	分 類	時間分解能[†]/s
静置法	10^2	衝撃波管法	10^{-6}
連続かくはん槽反応器法	10^{-3}	パルス励起法	
流通法	10^{-3}	閃光光分解法	10^{-6}
分子変調法	10^{-7}	レーザーホトリシス法	10^{-13}
化学緩和法	10^{-9}	パルスラジオリシス法	10^{-12}

[†] 励起と検出の手法によって種々のレベルがある．その意味で，ここに与えた時間分解能は，一つの目安である．

の実験は，適当な化学種（反応物，生成物，中間化学種など）を対象として，その濃度の時間変化を測定するものであり，基本的には全体としての反応の進行過程を追跡する．しかし，特定の化学種の濃度を他に際だって大きくするなどの工夫により，特定化学種の関係する素反応の直接的な追跡に用いることもできる．中でもパルス励起法では反応の活性種，たとえばラジカル類や光励起分子を瞬間的に生成し，その消長を時間的に追跡することにより，特定の素反応を追跡することが可能である．励起や検出に適切な方法を用いれば，反応物の特定の量子状態を選択的に励起したり生成物の状態分析が可能であり，その場合には反応の微視的な情報が得られる．以下に原理と実例を簡単に紹介する．

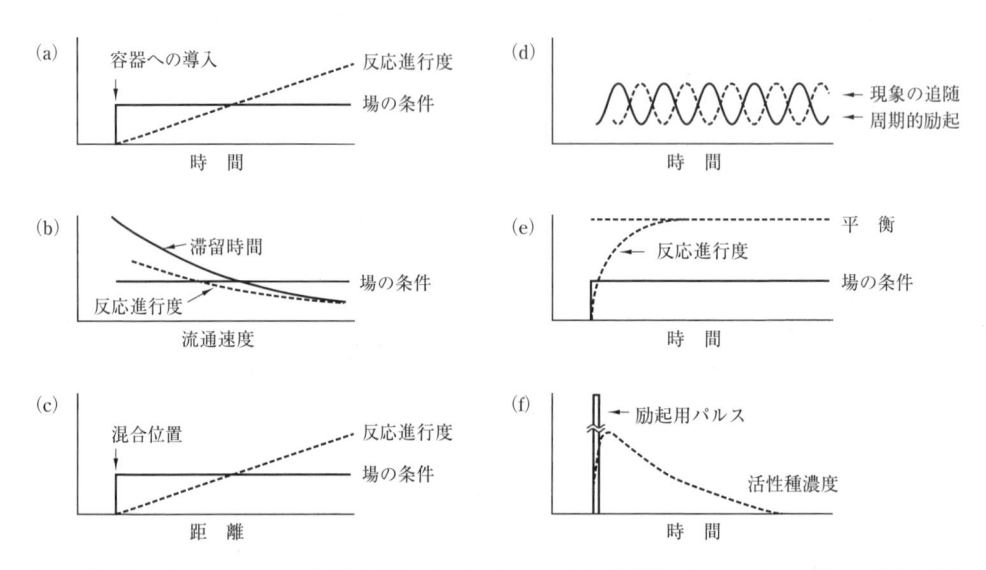

反応追跡に用いられる実験法の基本的な概念を示したもの．(a) 静置法：ある時刻に容器へ反応物を導入して反応を開始させる．反応進行度は時間の経過に従って増加する．(b) 連続かくはん槽反応器法：反応容器に流通させる速さを変化させると容器内に滞留する時間が変わり，対応して反応進行度が変化する．(c) 流通法：管の中の流れに沿って反応が進行し，混合位置からの距離が離れるほど反応進行度が増加する．(d) 分子変調法：周期的に活性種などを生成すると，その濃度は周期的に変動するが，反応などの影響で位相の遅れが生じる．(e) 化学緩和法，衝撃波管法：場の条件（温度など）を変化させると，新しい場の条件に対応する平衡へ向けて，系の状態が緩和していく．(f) パルス励起法：パルス励起によって系の中に活性種を瞬時に生成し，その濃度が反応によって減衰するのを観測する

図 2.1　反応追跡法の概念図

2.2.1　静置法

静置法 (static method) は速い時間追跡を必要としない反応系に用いられる．一例は，大気**光化学スモッグ** (photochemical smog) の進行過程の追跡に光化学スモッグチャンバーを用いる方法である．装置例を図 2.2 に示した．実際の大気反応を模擬するため ppm* オーダー，あるいはそれ以下の低濃度の反応物を対象として研究することが多い．反応は数時間をかけて進行する．この間，チャンバー内の温度や濃度は均一に保つ．ごく低い濃度の化学種の分析が必要とされることが多い．その目的から，この図の装置では長光路のフーリエ変換赤外吸収スペクトル法 (FTIR) が用いられている．

---

* ppm とは 10^{-6} の分率を意味する．大気化学の分野では，通常は，体積分率である．

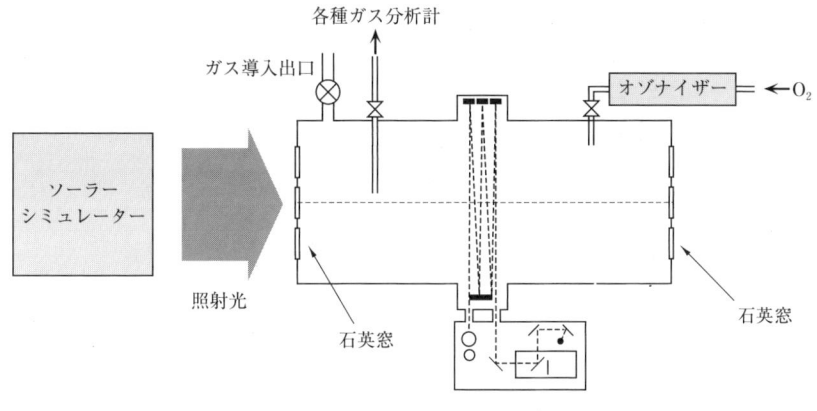

図 2.2 に示した装置の説明：

汚染大気を模擬したモデル大気をチャンバーに導入し，左側からソーラーシミュレーター（模擬太陽光）で照射する．オゾンを事前に混合しておくこともある．モデル大気中での化学種濃度の変化を長光路の赤外吸収スペクトル法で追跡する

図 2.2 光化学スモッグチャンバーの模式図［"スモッグチャンバーによる炭化水素——窒素酸化物系光化学反応"，昭和 52 年度中間報告，国立公害研究所（現 環境研究所）報告 R-4-78，p.30（1978）に基づく］

2.2.2 連続かくはん槽反応器法

連続かくはん槽反応器（流通かくはん槽反応器：continuous stirred tank reactor, CSTR）**法**とは，一定体積の槽型の反応器を常にかくはんし理想的には完全な均一混合状態にしておき，ここへ一定速度で反応物を含む流体を流通させる方法である．反応器中の滞留時間と濃度の関係から反応速度を算出する．通常は定常的に反応を進行させておき，反応器の入口側と出口側の反応物，あるいは生成物の濃度の測定結果から反応速度を算出する．速度測定の原理は，反応速度に従って反応器中の反応物の濃度が変化することにある．実験手段として用いられるほか，実用的な合成反応装置としても汎用されている．**完全かくはん反応器**（perfectly stirred reactor）とよぶこともある．

連続かくはん槽反応器法の原理を理解するために，一例として反応進行中に系の体積変化が起こらない一次反応（速度定数を k_1 とする）

$$A \longrightarrow \text{product} \tag{2.1}$$

を考えよう．反応物を含む流体が体積流量 Q で，体積 V の反応器に供給されている．反応物Aの入口側の濃度を $C_{A,\text{in}}$，出口側を $C_{A,\text{out}}$ とする．反応器中のAの濃度はどの場所においても均一であり，かつ $C_{A,\text{out}}$ に等しいという理想的な条件が保たれているとする．物質量の収支を考えると

$$(C_{A,\text{in}} - C_{A,\text{out}})Q = Vk_1 C_{A,\text{out}} \tag{2.2}$$

が得られる．整理して

$$\frac{C_{A,\text{out}}}{C_{A,\text{in}}} = \frac{1}{1 + k_1 \dfrac{V}{Q}} \tag{2.3}$$

が成り立つ．ここに V/Q は時間の次元をもち，**平均滞留時間**とよばれる．体積流量を変化させるなどの方法で平均滞留時間を変化させて，反応物の濃度変化を測定すれば，式(2.3)に基づいて反応速度定数 k_1 が決定できる．

気相反応速度論研究の分野では，**極低圧熱分解法**(very low pressure pyrolysis)がこの一例である．図2.3に典型的な装置の例を示す．この装置では滞留時間を変化させるに当たって，排出用の孔（オリフィスという）の径を変えることができるようになっている．排出速度は，理想的には，オリフィスの孔面積に比例する．出口側のそれぞれの化学種の濃度は，直結した質量分析計で測定する．

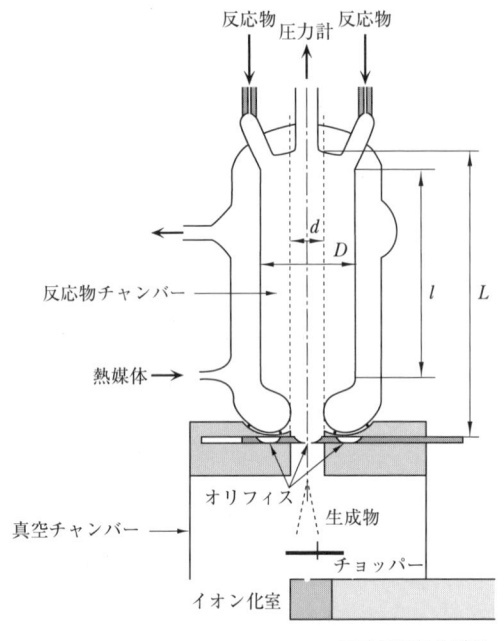

図 2.3 極低圧熱分解反応装置 [O. Dobis, S. W. Benson, *Int. J. Chem. Kinetics*, **19**, 694 (1987) に基づく]

反応チャンバー($d = 15$ mm, $D = 47$ mm, $l = 112$ mm, $L = 131$ mm)からの生成物はオリフィス（直径は 1.9, 2.8, 4.9 mm の 3 種類から選ぶ）を通って真空チャンバーに入る．変調をかけるためのチョッパーを経て四重極質量分析計のイオン化室源へ導入される．通常，反応チャンバー圧力は壁との衝突が優先的に起こる 0.1 Pa 程度以下に保つ．壁の温度は熱媒体で制御する

2.2.3 流 通 法

流通法(フロー法，流通反応法：flow method)は，高速の流れに反応物を混合して反応させ，混合点からの距離を反応時間に換算して追跡する方法である．

低圧の流通法における二分子反応（k_2 を速度定数とする，二次の速度式に従うものとする）の速度定数の決定方法に関して考察してみよう．2成分それぞれの濃度の一次，あわせて二次の反応においても，一方の濃度を他方に比べて大過剰の条件を保ちつつ反応させると，大過剰成分に関しては反応による濃度変化を無視できる．このような反応を，**擬一次反応**(pseudo first order reaction)とよぶ．大過剰にある化学種 B の濃度を C_B とすれば，擬一次速度定数を k_1 として

$$k_1 = k_2 C_B \tag{2.4}$$

になる．少量反応種 A については，

$$r_A = -k_1 C_A \tag{2.5}$$

である．A が反応によって減少するので反応速度 r_A は負の値をとる．

流速 u で断面積 S の管中の流れの中で進行する擬一次反応を考察する．流れの方向に距離 z をとる．管の体積要素 $dV(=Sdz)$ における i 番目の化学種（濃度 $C_i(z)$）の定常状態下での収支は，

$$r_i dV = Su\, dC_i \tag{2.6}$$

である．ただし，r_i は化学種 i の反応速度である．距離 z に対して積分を実行すると，

$$\frac{z}{u} = \int \frac{dC_i}{r_i} \tag{2.7}$$

2.2 反応速度論実験法

である. 式(2.5)を式(2.7)に代入して, 式(2.8)を得る.

$$\ln\left\{\frac{C_A(z)}{C_A(0)}\right\} = -k_1 \frac{z}{u} \tag{2.8}$$

$C_B \gg C_A$ の条件を保った実験を行い, A の濃度を管の距離 z に沿って測定し, $u\ln\{C_A(z)/C_A(0)\}$ を z に対してプロットすると直線となる. その勾配から擬一次反応速度定数 k_1 を得ることができる. そこでBの濃度を種々に選んでそれぞれに k_1 を決定する. k_1 の C_B に対する勾配から, 式(2.4)によって二次速度定数 k_2 が決定できる. このように, 擬一次反応条件を選んで実験すると, 化学種Aの濃度の相対値だけを測定できれば二次反応速度定数を決定できる. これは大きな利点である.

図2.4に, 活性化学種の生成に放電を利用する流通法実験(**放電流通法**(discharge flow method)という)の装置の一例を示す. 図中の装置では, 適当な前駆体分子を He などの搬送気体に加えて流通させ, マイクロ波放電などで解離させて原子やラジカル種を発生させる. たとえば, ハロゲン分子や酸素分子の解離により, ハロゲン原子や酸素原子を流れの中に生成する. また窒素の放電分解によって生成した窒素原子に後流でNOを量論的に釣合う量だけ添加すると

$$N + NO \longrightarrow N_2 + O \tag{R1}$$

の反応がすみやかに進行して不純物の少ない, 基底状態の酸素原子 $O(^3P)$ を含んだ流れを得ることができる. このようにして得た活性化学種を含む流れの後流で, 反応させたい基質分子を添加し, 活性化学種の濃度の減少を流れの距離の関数として検出すれば, それから基質分子と当該活性化学種との二次反応速度定数を算出できる. 通常は, 活性化学種に比べて基質分子の濃度を大過剰にとり擬一次反応条件を満たして実験する. 生成物を質量分析法などで検出することもよく行われる. 質量分析のイオン源として波長可変レーザーを用いれば, 生成物の同定のみならず状態分析も可能となる.

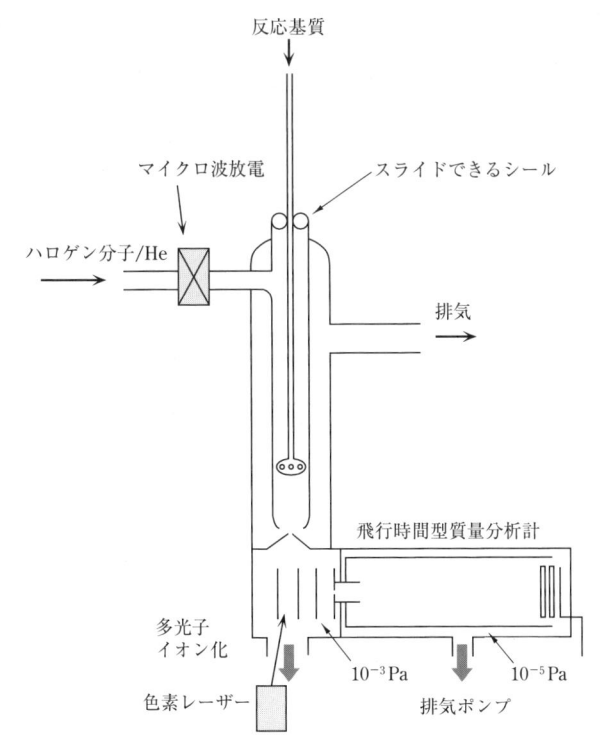

マイクロ波放電によって搬送気体中にハロゲンなどの原子種を生成させる. スライドできるシール機構により, 原子の流れへの反応基質の添加位置, したがって質量分析計へ取込まれるまでの反応時間を変化できる

図 2.4 放電流通法と, 多光子イオン化-飛行時間型(**TOF**)質量分析計の組合わせ装置 [M. Bartels, J. Edelbuettel-Einhaus, K. Hoyermann, "22'nd Symposium International on Combustion", The Combustion Institute, p. 1042 (1988) に基づく]

2.2.4 分子変調法

分子変調法(molecular modulation method)は，活性化学種の濃度が周期的に変化するような励起を行い，反応による変化が，その変調に追随するか否かを位相の遅れとして検出し，その遅れから速度定数を算出する方法である．例をあげよう．A分子を光分解し，生成するラジカルRが分子Bと反応するものとする．ラジカル濃度の時間変化は，Iを光の強度，σを光吸収断面積，分解の収率は1として，

$$\frac{dC_R}{dt} = I\sigma C_A - kC_BC_R \tag{2.9}$$

である．ここでIに角周波数ωの変調をかけるものとする．すなわち，

$$I = \frac{I_0}{2}(1+\sin\omega t) \tag{2.10}$$

とする．式(2.10)を式(2.9)に代入し，かつ変調を受けても A, B の濃度の変化は十分小さいとして微分方程式を解くと，

$$C_R = \frac{I_0\sigma C_A}{2kC_B} + \frac{\frac{1}{2}I_0\sigma C_A}{\sqrt{(kC_B)^2+\omega^2}}\sin(\omega t - \phi) \tag{2.11}$$

を得る．ただし，ϕは位相遅れであり，

$$\phi = \tan^{-1}\left(\frac{\omega}{kC_B}\right) \tag{2.12}$$

である．そこでラジカル濃度の位相遅れϕをC_Bの関数として求め，$(\tan\phi)^{-1}$をC_Bに対してプロットすれば勾配からk/ωを決定することができる．

2.2.5 化学緩和法

液相で$1\sim10^{-9}$s程度の時定数をもつ反応を追跡する方法に，Eigenら[*]により開発された**化学緩和法**(chemical relaxation method)がある．正逆化学反応が平衡に達している系の，熱力学的な状態変数(温度や圧力など)を瞬間的に変化させ，その変化後の新しい平衡状態へと系が緩和していく過程を，分光法などによって追跡する方法である．温度，圧力の変化をステップ状に与えて変化をみる方法を，それぞれ**温度ジャンプ**(temperature jump)**法**，**圧力ジャンプ**(pressure jump)**法**とよぶ．

平衡のずれが小さい場合，緩和過程は一次過程で表現される．

$$x = x_0\exp\left(-\frac{t}{\tau}\right) \tag{2.13}$$

表 2.2 化学緩和法の時定数τの逆数と，対応する反応速度定数(k_f, k_b)の関係[†]

反 応	τ^{-1}
A $\rightleftarrows$ B	$k_f + k_b$
A+A $\rightleftarrows$ A$_2$	$4k_fC_{A,e} + k_b$
A+B $\rightleftarrows$ C	$k_f(C_{A,e}+C_{B,e}) + k_b$
A+B $\rightleftarrows$ C+D	$k_f(C_{A,e}+C_{B,e}) + k_b(C_{C,e}+C_{D,e})$

[†] k_f, k_b は正，逆反応速度定数．$C_{A,e}$は新しい平衡状態下のAの濃度．他もこれに準じる．

---

[*] M. Eigen, *Discuss. Faraday Soc.*, **17**, 194 (1954).

ただし，x は時間 t における反応種濃度の新平衡状態からの差，x_0 は新旧両平衡状態下の反応種濃度の差，τ は緩和の時定数である．反応が1段階の場合，反応の速度定数と緩和の時定数の関係は表2.2のようになる．緩和の時定数を測定して，反応の速度定数を算出する．

例題 2.1 $A+B \rightleftarrows C$ の可逆反応の速度定数と緩和の時定数の関係を導け．

解答 温度などのステップ状変化後の経過時間を t，新しい平衡状態下での正反応，逆反応の速度定数をそれぞれ k_f, k_b，濃度を $C_{A,e}$ のように表し，また平衡値からの濃度の差を $x(=C_A-C_{A,e})$ で表す．以下の関係が成り立つ．

$$-\frac{dC_A}{dt} = k_f C_A C_B - k_b C_C \tag{1}$$

$$\text{左辺} = -\frac{d(C_{A,e}+x)}{dt} = -\frac{dx}{dt} \tag{2}$$

$$\begin{aligned}\text{右辺} &= k_f(C_{A,e}+x)(C_{B,e}+x) - k_b(C_{C,e}-x) \\ &= k_f C_{A,e} C_{B,e} - k_b C_{C,e} + [k_f(C_{A,e}+C_{B,e}) + k_b]x + k_f x^2 \\ &= [k_f(C_{A,e}+C_{B,e}) + k_b]x \end{aligned} \tag{3}$$

ただし，平衡状態下では $k_f C_{A,e} C_{B,e} = k_b C_{C,e}$ が成立する．また x が十分小さいとして x^2 の項を無視した．上に導いた関係により，

$$\frac{dx}{dt} = -[k_f(C_{A,e}+C_{B,e}) + k_b]x \tag{4}$$

$t=0$ で $x=x_0$ として積分すると，

$$x = x_0 \exp(-[k_f(C_{A,e}+C_{B,e}) + k_b]t) \tag{5}$$

ゆえに式(2.13)で定義される緩和の時定数 τ と，反応速度定数の間には，

$$\tau^{-1} = k_f(C_{A,e}+C_{B,e}) + k_b \tag{6}$$

の関係が成り立つ．

2.2.6 衝撃波管法

化学衝撃波管(chemical shock tube)は高温(800～3000 K)の化学反応を調べる手段として古くから用いられてきた．温度変化の幅が非常に大きな，一種の化学緩和法とみなすこともできる．円管または矩形管の中で発生させた一次元的な衝撃波背後に実現される高温・高圧状態の中で起こる化学反応を調べる装置である．衝撃波によって昇温するために，ナノ秒程度の時間で高温状態を実現できる．一方で，衝撃波の持続時間が限られているため，観測時間が長くとれない(通常の衝撃波管だと数ミリ秒である)．また衝撃波管を真空排気して衝撃波を発生させるための時間が必要なため，積算平均によるSN比の向上が図りにくい．このような難点があるものの，衝撃波管法は高温での熱反応の速度測定に不可欠の方法である*．

図2.5に理想的な衝撃波管の x-t 線図を示す．この図の上部に示されるように衝撃波管は仕切り膜で区切られたドライバー気体を充填した高圧部と，Arなどの不活性気体中に試料を希釈した気体の詰められた低圧部からなる．時間 $t=0$ でこの仕切り膜を瞬間的に取除くと，圧縮波が低圧部側に

---

* 衝撃波と衝撃波管法の基礎に関しては，倉谷健治，土屋荘次，"衝撃波の化学物理"，裳華房(1968)を参照．

進み急激に衝撃波にまで成長し，$t=0$ で $x=0$ にあった高圧気体と低圧部の気体の境界（接触面）は前方に移動する．衝撃波面と接触面との間の領域（図2.5の❷の領域）は入射衝撃波背後の高温，高圧領域である．衝撃波が進行し低圧部の末端までくると反射して反対側に進む反射衝撃波となる．入射衝撃波背後（❷の領域）では低圧部気体は接触面が移動する速度と同じ速度（粒子速度という）で移動するのに対し，反射衝撃波背後（❺の領域）では気体は静止している．反射衝撃波背後では入射衝撃波によって加熱された気体がさらに衝撃波圧縮され，より高温高圧になる．衝撃波管端の近くに観測部を設けて，反射衝撃波背後の高温・高圧状態で起こる反応を観測する場合を考える．このときの衝撃波背後の圧力変化を図2.5の右側に示した．まずA点で入射衝撃波が観測点に到達し，観測している気体の温度・圧力は上昇するが，B点で反射衝撃波が到達するとさらに高温・高圧になる．この高温・高圧状態は接触面と反射衝撃波の衝突で生じる希薄波が到達するまで維持される．観測点をできるだけ管端に近づけることによりAとBの間の時間を短くできる．BとCの間が反射衝撃波により気体が加熱されている領域である．D点では希薄波により温度・圧力が低下し始める．

入射衝撃波あるいは反射衝撃波背後の温度と圧力は，ドライバー気体と低圧部気体の最初の圧力比（❹と❶の領域の圧力比 p_4/p_1）によって決まり，圧力比が高いほど，より高温・高圧になる．したがってこの比を変えることにより温度をコントロールすることができる．衝撃波背後の圧力は圧電素子により測定できるが温度を直接に測定するのは容易ではない．通常は入射衝撃波速度を測定し，衝撃波関係式（衝撃波前後の質量，運動量，エネルギーの保存則から導かれる）と状態方程式を用いて入射および反射波背後の温度・圧力などの状態量を計算で求める．

衝撃波管実験での化学種の濃度測定法として紫外あるいは赤外領域での吸収や発光，各種レーザー分光などさまざまな方法が用いられている．反応速度定数の測定を目的とする場合，副反応や後続反

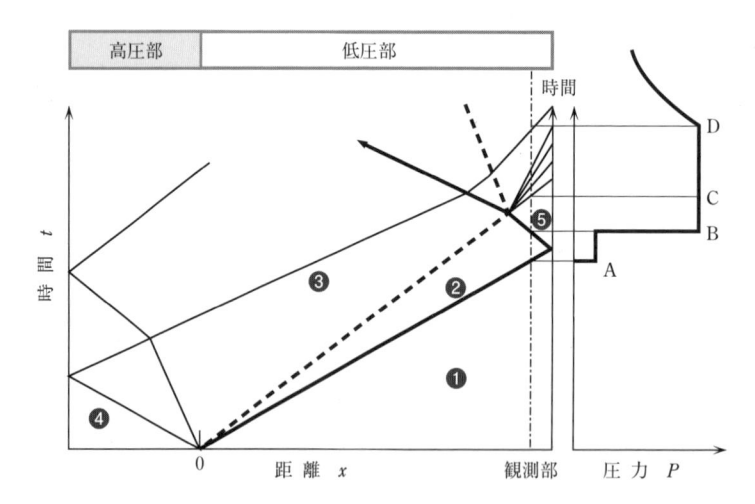

❶は衝撃波前方，❷は衝撃波とドライバー気体の間，❸は衝撃波背後の希薄波，❹は高圧部気体，❺は反射衝撃波の領域を示す．衝撃波は太い実線，衝撃波とドライバー気体の境界（接触面）は点線，希薄波は細い実線で示してある．衝撃波管の末端に近い観測部での圧力プロファイルが右図で，点Aで入射衝撃波により温度が上昇し，点Bでは反射衝撃波が到達してさらに高温になる．点BとCの間は気体が反射波により高温に加熱されている反応領域である．点CとDの間はドライバー気体が加熱されている領域で，この例では接触面と反射波の衝突により発生する希薄波により圧力は若干低下する（条件によっては衝撃波が出る場合もあり，この場合は若干圧力は増加する）．点Dで希薄波により冷却され始める

図 2.5 衝撃波の x-t 線図

応の影響を避け，また反応による発熱や吸熱による温度変化を小さくするために試料気体を不活性気体中に大希釈することが望ましい．このため衝撃波管実験で用いる化学種の測定法は高感度であることが求められる．

反射衝撃波管を用いて化学反応の速度定数を求めるための衝撃波管装置の一例を図2.6に示す．この例では衝撃波管の高圧部として高速で動作する空気力学的バルブが用いられている．無隔膜にすることにより，衝撃波速度の再現性の向上，衝撃波管の真空度の向上，衝撃波発射間隔の短縮が図られている．衝撃波速度はピエゾ圧電素子からの信号をタイムカウンターに入力して計測する．衝撃波管の末端近くに観測部があり，マイクロ波放電ランプと真空紫外分光器が衝撃波管をはさんで設置されていて，原子共鳴吸収法によりH, O, Nなどの原子の濃度を高感度に測定できる．反射衝撃波が到達してから適当な遅延時間をおいてパルス色素レーザーを照射することによりレーザー誘起蛍光(LIF)法計測を行うこともできる[*1]．色素レーザーで反射衝撃波全域を照射し管端から反射衝撃波の先端までに存在する化学種の蛍光の空間分布をCCDカメラなどで測定する．反射衝撃波から距離Lの点に存在する気体は$t=L/U_r$だけの時間，反射衝撃波によって加熱されている．U_rは反射衝撃波速度である．この関係を用いると蛍光強度の空間分布を時間変化に換算できる．この方法では化学種の濃度の時間変化が一度のパルス色素レーザー照射で観測できる[*2]．

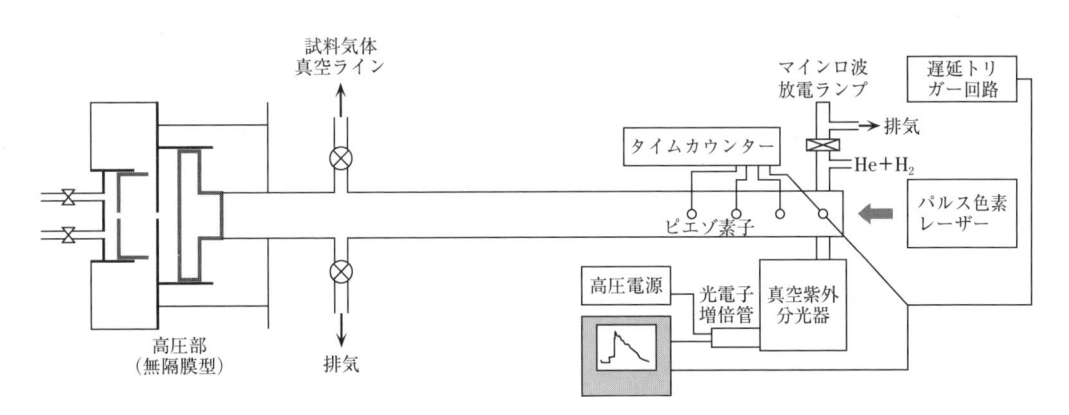

図 2.6 高温化学反応の追跡に用いられる衝撃波管システムの例
[D. Iida, M. Koshi, H. Matsui, *Israel J. Chem.*, **36**, 286 (1996) に基づく]

2.3 パルス励起法

パルス的な励起によって適当な前駆体分子からラジカルや原子などの活性化学種や短寿命化学種を発生させ，その反応を時間的に追跡する方法は**パルス励起法**(pulse excitation method)とよばれる．この方法は，極短パルスの発生や反応物，生成物の高時間分解状態分析技術の発展によって，反応速度の測定にとどまらず，化学反応前後の微視的な分子内の状態変化の追跡にも展開されてきている．この代表的な例はフェムト秒時間分解下での変化過程の追跡であり，§2.4.2に記述する．

パルス的な励起法を活性化学種や短寿命化学種の生成に用いた分光法や反応の研究は，レーザー技術が発展する以前に，フラッシュランプ(閃光光源)を励起源として用いることによってNorrish,

---

[*1] レーザー誘起蛍光法に関しては§2.3.2も参照せよ．
[*2] T. Seta, M. Nakajima, A. Miyoshi, *Rev. Sci. Instrum.*, **76**, 064103 (2005).

Porter*，その他によって開始されている．これを**閃光光分解法**(flash photolysis)という．その後，フラッシュランプに代えてレーザーを用いることにより，**レーザー光分解法**(laser photolysis)が発達した．これは①パルス幅が短いため，より高速の反応を追跡できる，②繰返し周波数が高くデータの積算による SN 比の向上が容易に図れる，③発振波長幅が狭くまた波長精度が高い，などの利点が得られ最も一般的なパルス励起法になっている．その他，シンクロトロン放射光も用いられている．またパルス電子線などを励起源とする**パルス放射線分解**(パルスラジオリシス：pulse radiolysis)が放射線化学分野における重要な実験方法となっている．

以下にレーザー光分解法を例として，パルス励起法の概要を述べる．反応速度測定において活性化学種を光分解で生成するにはエキシマーレーザーがよく用いられる．たとえば，ArF エキシマーレーザー光は光子エネルギー 6.44 eV(193 mm)，パルス幅 10～20 ns，パルスエネルギー 100～300 mJ である．また YAG レーザーの高調波もよく用いられる．YAG レーザーの基本波(1064 nm)を非線形結晶により周波数逓倍することにより 532, 355, 266 nm のレーザー光が得られる．光分解用のパルスレーザーの多くは 1～100 Hz 程度の繰返し周波数で動作するが，このようなパルスレーザーを反応容器中に照射して繰返しラジカルを生成し，化学種の検出信号を数百～数千回積算平均して SN 比を向上させる．

特定の素反応のみを抽出してその速度定数を測定するためには副反応や後続反応の影響を避けなければならず，このためには反応物の濃度をできるだけ低濃度にすることが望ましい．したがって反応物あるいは生成物の濃度測定法は高感度である必要がある．化学種の検出方法として吸収分光法，レーザー誘起蛍光法や質量分析法などが用いられる．反応を開始する方法と化学種の検出法の組合わせにより，以下に説明するようなさまざまな方法が速度測定に用いられている．

2.3.1 レーザー光分解＋吸収分光法

反応物あるいは生成物の吸光度($\ln(I_0/I)$)の時間変化を測定して反応追跡を行う方法を**速度論的吸収分光法**(kinetic absorption spectroscopy)という．図 2.7 に典型的な実験装置を示す．光解離用の

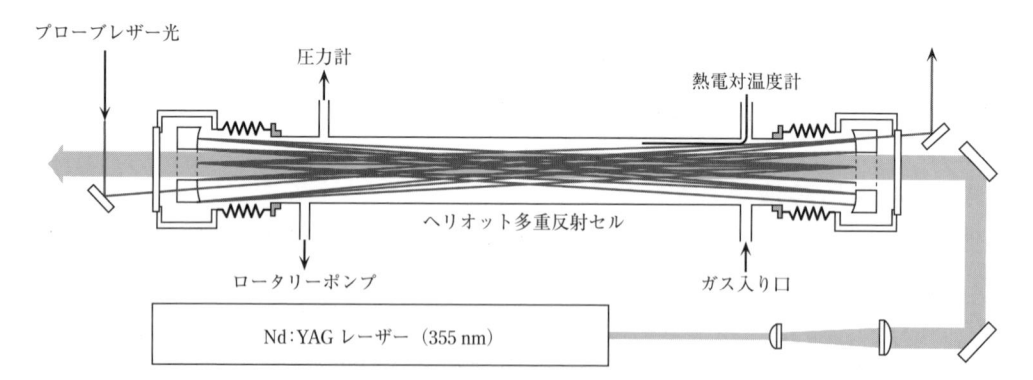

吸収分光法では入射プローブ光の光路長が長いほど感度が高くなるが，この例では多重反射により光路長を 10 m 程度まで長くしている．Nd:YAG レーザーはラジカルを発生させるための光分解用パルスレーザーである

図 2.7 速度論的吸収法の実験装置 [N. Kanno, K.Tonokura, A. Tezaki, M.Koshi, *J. Mol. Spectrosc.*, **229**, 194 (2005) に基づく]

---

* R. G. W. Norrish, G. Porter, *Nature*, **164**, 658 (1949).

レーザー光を反応容器に照射しラジカルを発生させて反応を開始させ，発生したラジカルによる光吸収を測定する．この例では吸収測定用の光源としてダイオードレーザー（近赤外領域の吸収の場合）やリング色素レーザー（紫外領域の吸収の場合）などの連続発振レーザーを用い，感度を高くするためにヘリオット多重反射セルを用いて光路長 l を長くしている．時間 $t=0$ で光分解用レーザーを照射すると，生成したラジカルなどによる光吸収が立ち上がり，反応による濃度の減少に対応して光吸収も減少してゆく．この吸収の減少の時間依存性から反応速度定数が求められる．

反応速度定数を求めるにあたって，単分子反応のような一次反応では濃度の絶対値は必要ではない．二分子反応の場合でもすでに流通法の解析例において示したように，一方の反応分子の濃度を他方の分子の濃度に比して十分に大きくすることができれば，一次反応として扱える（擬一次反応）ので，減少する反応分子の濃度の絶対値を知らなくても反応速度定数を決めることができる．しかしラジカル-ラジカル反応の場合には一方の濃度を十分大きく保つことは困難である．この場合には，速度定数の算出には反応物の濃度の絶対値が必要となる．吸収測定では測定している化学種の吸収断面積がわかっていれば濃度の絶対値を決めることが可能であり，これが速度論的吸収法の大きな利点である．

ラジカルや反応中間体の濃度は，通常は非常に小さいので，多重反射などにより吸収光路長を長くし，また周波数変調法により吸収スペクトル線の二次微分をとるなどの工夫によりSN比の向上を図る．後者では二次微分をとることにより信号の基準線を零とすることができる（ゼロバックグラウンド法という）．

キャビティーリングダウン分光法

周波数変調法よりも簡便にゼロバックグラウンドを実現でき，かつ高感度な吸収分光法に**キャビティーリングダウン分光法**(cavity ring down spectroscopy, CRDS)* がある．測定原理の説明図を図 2.8 に示す．反応容器の両端に高反射率のミラーを取付け，キャビティーを構成する．CRDS法で

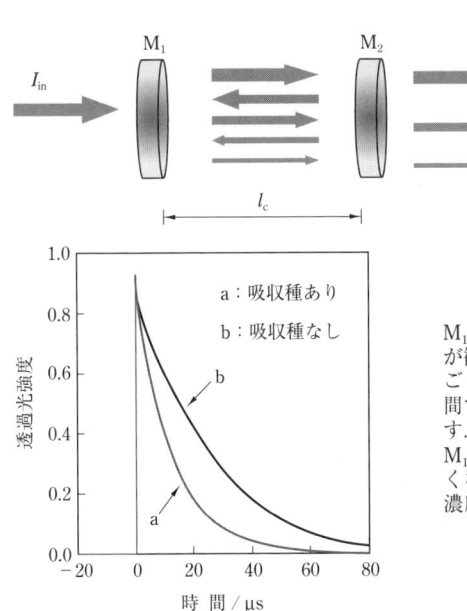

M_1 と M_2 は高反射率のミラーで、このミラー間（長さ l_c）が観測領域である．プローブレーザー入射光 I_{in} のうちのごく一部が M_1 を透過して観測領域に入射し M_1 と M_2 の間で反射を繰返すが，この光のごく一部が M_2 より漏れ出す．この漏れてくる光の強度は時間とともに減衰するが，M_1 と M_2 の間に光を吸収する物質が存在すると減衰は速くなる．したがって減衰の速度から観測領域の吸収物質の濃度を知ることができる

図 2.8 キャビティーリングダウン分光法の原理

---

* A. O'Keef, D. A. G. Deacon, *Rev. Sci. Instrum.*, **59**, 2544 (1988).

は通常の吸収分光法とは異なり，プローブレーザーとしてパルスレーザーを用いるが，キャビティーに入射したレーザー光はミラー間で反射を繰返しながらキャビティー内の化学種による吸収やミラーでの透過により徐々に減衰していく．この透過光強度の減衰の速さはキャビティー内での吸収量が大きいほど大きい．したがってこの減衰の時定数と吸収強度を関係付けることができる．キャビティーのミラーの反射率を高く(通常99.9％以上)保つと，プローブ光はミラー間できわめて多数回反射する．したがって吸収の有効光路長は数十 km に及び，きわめて高感度な分光法となる．

以下に具体的な解析を記す．入射光の強度を I_{in}，キャビティーの長さを l_c とし，ミラーの反射率を R とする．キャビティー内の吸収物質の存在する領域の長さを l とすると，光の強度はキャビティーを往復するごとに $R^2\exp(-2\sigma nl)$ 倍になるので，キャビティー内を m 回往復したあとの透過光強度 I_m は以下の式で表される．σ は光吸収断面積である．

$$I_m = I_0[R\exp(-\sigma nl)]^{2m} = I_0\exp\{2m(\ln R - \sigma nl)\} \tag{2.14}$$

ここで I_0 は $t=0$ における透過光の強度で，ミラーの透過率を T とすると $T^2\exp(-\sigma nl)I_{in}$ である．高反射率のミラーを用いるので(たとえば $R>0.999$)，$\ln R \approx -(1-R)$ と近似でき式(2.14)は

$$I_m \cong I_0\exp[-2m(1-R+\sigma nl)] \tag{2.15}$$

と書ける．光速度を c とすると，パルスプローブレーザー入射後から m 回キャビティーを往復するのに要する時間は $t=2ml_c/c$ である．したがって式(2.15)を時間の関数として書き直すと

$$I(t) = I_0\exp\left\{-\frac{c(1-R)}{l_c}t - \frac{c\sigma nl}{l_c}t\right\} = I_0\exp\left\{-\frac{t}{\tau}\right\} \tag{2.16}$$

となる．ここで減衰の時定数 τ はリングダウンタイムとよばれ，次式で定義される．

$$\frac{1}{\tau} = \frac{1}{\tau_0} + \sigma nl\frac{c}{l_c}, \quad \frac{1}{\tau_0} = \frac{c(1-R)}{l_c} \tag{2.17}$$

時定数 τ_0 はキャビティー内に吸収物質が存在しないときのリングダウンタイムである．式(2.17)より吸光度は次式のように減衰の時定数から求められる．

$$\ln\frac{I_0}{I} = \sigma nl = \left(\frac{1}{\tau} - \frac{1}{\tau_0}\right)\frac{l_c}{c} = (1-R)\frac{\Delta\tau}{\tau}, \quad \Delta\tau = \tau_0 - \tau \tag{2.18}$$

典型的な例として，$R=0.9995$ のミラーを使用して SN 比よく実験できる最小の $\Delta\tau/\tau$ の値が 0.01 であるとすると，検出可能な最小の吸光度は 10^{-6} 程度になる．直接吸収で測定可能な吸光度はせいぜい 0.001 であるので，CRDS 法の感度は直接吸収に比べて 1000 倍程度高いといえる．

パルスレーザー光励起で反応を開始させた場合，目的とする化学反応の時定数がリングダウンタイムより十分に長ければ，励起レーザー光に対するプローブレーザー光の照射時間をずらしてスキャンすることにより反応による化学種の時間変化を追跡できる．リングダウンタイムと同程度またはより速い反応を追跡するためにはこの方法は使えず，別の工夫が必要である．

2.3.2　レーザー光分解＋レーザー誘起蛍光法

レーザー誘起蛍光(laser induced fluorescence, LIF)法は観測しようとする分子にレーザー光を照射して励起し，励起された分子からの蛍光を観測する方法である．この方法では対象の分子が存在しないときには信号光強度は零なので，ゼロバックグラウンドの観測法である．したがって積算により SN 比を格段に向上させることができる．真空紫外から可視領域までの広い領域のレーザーがプローブレーザーとして用いられている．

電子励起状態の特定の振動-回転準位に励起された分子は発光して基底状態に戻るが，これ以外のプロセスもあるので発光の量子収率(蛍光量子収率)は1よりも小さくなる．量子収率を低下させる要因としては，他の分子との衝突による無放射状態遷移(消光過程)，前期解離，項間交差，内部変換などの過程がある*．プローブレーザー光強度が強くなく，励起分子の基底状態分子に対する割合が十分小さい場合を考える．通常の速度測定はこのような条件で行われることが多い．蛍光以外の励起状態の緩和が消光過程のみであれば，量子収率 Φ は次式で与えられる．

$$\Phi = \frac{k_\mathrm{f}}{k_\mathrm{f}+k_\mathrm{q}C_\mathrm{M}} \tag{2.19}$$

ここで k_q は消光の速度定数で，C_M は励起分子との衝突相手の濃度であり，理想気体の状態方程式から $C_\mathrm{M}=p/RT$ である．式(2.19)から圧力が高くなるほど量子収率が小さくなることがわかる．LIF強度 I_LIF は

$$I_\mathrm{LIF} \propto \sigma In\Phi \tag{2.20}$$

で与えられる．σ は吸収断面積，I はプローブレーザー光強度，n はプローブ対象の状態にある化学種の数密度である．式(2.20)の比例定数は蛍光を検出するときの視野角，検出系の感度などに依存し，これらを正確に決めるのは困難なため，LIF測定においては濃度の相対値のみが測定されることが多い．式(2.20)が成り立つ条件(あるいは吸収が飽和している条件)であればLIF強度は濃度に比例しているので，一次反応(および擬一次反応)の速度定数を決定することができる．

BOX 2.1　LIF 法の実際

LIF 測定装置の例を図1に示す．この例ではArFレーザーを用いて，H_2Sを光分解してH原子を生成している．生成したH原子はLyman-α(121.6 nm)の共鳴線によって励起し

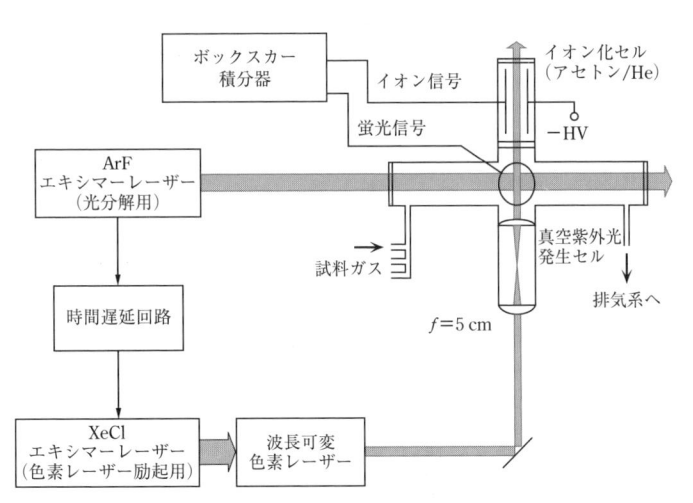

193 nm の ArF エキシマーレーザーは光分解用のレーザーで，これと直交する方向から真空紫外レーザーを入射する．真空紫外光の強度はセルの反対側に置かれたイオン化セル中のアセトンのイオン化による電流信号によりモニターする．真空紫外光は Xe や Kr を詰めたセルに紫外レーザー光を集光することにより得られる．図の例では紫外レーザー光の波長の1/3の波長の真空紫外光が発生する．真空紫外レーザー誘起の蛍光は紙面に垂直の方向から真空紫外用光電子増倍管により検出する

図 1 レーザー光分解＋レーザー誘起蛍光法装置 [M. Koshi, F. Tamura, H. Matsui, *Chem. Phys. Lett.*, **173**, 236(1990) に基づく]

---

* これらの分子内過程に関しては§5.3も参照のこと．

てそこからの蛍光を測定することにより検出できる．121.6 nm は真空紫外域の波長であるがこの波長の励起光を得るために，Kr 中で周波数逓倍により第三高調波を発生させている．この非線形効果による波長変換の効率は 10^{-6} 程度である．この例のような真空紫外域の LIF 測定により，紫外や可視域に電子基底状態からの吸収をもたない H, O, N, Cl などの原子や H_2, CO などの分子の反応速度を測定することができる．

H 原子の反応の測定例として，図1の装置を用いて測定した $H+H_2S$ の反応速度定数を図2に示す．H_2S の ArF レーザー光分解で生成した H 原子は前駆体分子である H_2S と反応して減少する．この反応は

$$H + H_2S \longrightarrow H_2 + HS$$

で示される二次反応であるが，この実験の条件では $[H_2S] \gg [H]$ の条件が常に成立しており擬一次反応とみなせ，H 原子はほぼ指数関数的に減少する(図2)．この指数関数減衰から求められる一次速度定数 k_1 を H_2S の初期濃度に対してプロットするとその傾きが二次反応速度定数となり，$k_2 = 8.3 \times 10^{-13}$ cm^3 molecule^{-1} s^{-1} が得られた．

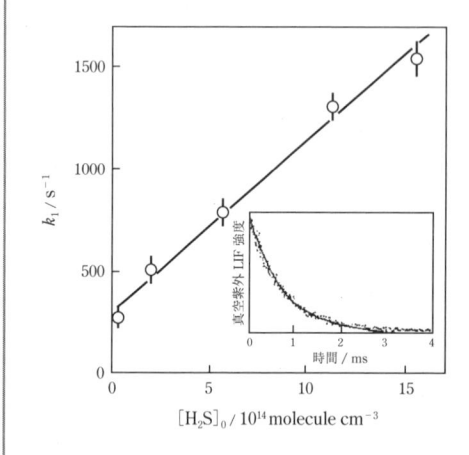

挿入図は H 原子の LIF 信号の時間変化である．この図の $t=0$ で ArF レーザーを照射する．時間軸は ArF レーザー光とプローブ用の真空紫外レーザー光の遅延時間である．このプロファイルの減衰速度を H_2S の初期濃度に対してプロットすると，その傾きが $H+H_2S$ の二次速度定数となる．

図 2 速度論的 LIF 法による $H+H_2S$ 反応の追跡
[M. Yoshimura, M. Koshi, H. Matsui, K. Kamiya, H. Umeyama, *Chem. Phys. Lett.*, **189**, 201 (1992) に基づく]

2.3.3 レーザー光分解＋質量分析法

質量分析計を反応速度測定に用いる場合には，反応場と質量分析部とで必要な圧力条件が大幅に異なることが多い．このために反応容器にピンホールをあけ，反応気体の一部を質量分析計に導入してイオン化し質量分析を行う．質量分析計のイオン源として電子衝撃や多光子イオン化を用いることもできるが，フラグメンテーションが起こりやすく化学種の同定が困難になることがある．一光子イオン化(ソフトイオン化とよばれることがある)ではフラグメンテーションは起こりにくいが，この場合の光子エネルギーは対象化学種のイオン化ポテンシャル以上でなければならないので，真空紫外領域の光源を用いる必要がある．原子の共鳴線などの連続光をイオン化の光源とするときには四重極質量分析計が用いられることが多い．共鳴線として Ar(104.8, 106.7 nm)，H(121.6 nm)，O(132 nm)，Cl(135 nm) などが用いられる．パルス紫外レーザーにより発生させた真空紫外光をイオン化の光源とする場合には，イオンを飛行させるドリフトチューブとイオン検出器のみで簡単に飛行時間型質量分析計(TOF-MS)を構成できる．これらの方法により多くの反応速度定数が測定された[*]．

---

[*] たとえば，A. Miyoshi, N. Yamauchi, H. Matsui, *J. Phys. Chem.*, **100**, 4893 (1996).

2.4 微視的反応速度論実験法

微視的とは，個々の粒子(原子や分子など)の基本的な性質や状態を基にして，ものごとを調べる立場である．原子や分子の初期状態，相対衝突速度や衝突径数を規定した微分反応断面積の決定，生成物の状態や速度，ベクトル相関などを決定することがこれに相当する．2分子間の衝突反応を扱う基本的な実験手法は交差分子線法である．また遷移状態の分光学的アプローチ[*1]や，反応に至る以前の極短時間内のダイナミクスの実験的研究も開拓されてきた．後者の分野で重要な実験手法は極短パルスレーザーによるものである．

2.4.1 交差分子線実験法

2分子間の衝突反応に対する**交差分子線**(crossed molecular beam)実験においては，反応対象の化学種を含む二つの分子線を交差させて化学種どうしの衝突の関係を明確にして研究する．従来，生成物の検出には汎用性が高い質量分析計を用いることが主流であったが，状態分析や速度測定をより高感度で詳細に行うために，レーザー誘起蛍光法や，イオン化して状態分析と空間的な分布測定を高感度に行うイオン画像観測法などの方法が発展してきている．

交差分子線実験の原理

交差分子線技術は，HerschbachやLee[*2]によって反応速度論研究へ導入された．以下に，交差分子線実験の要点を簡潔に述べる．反応として

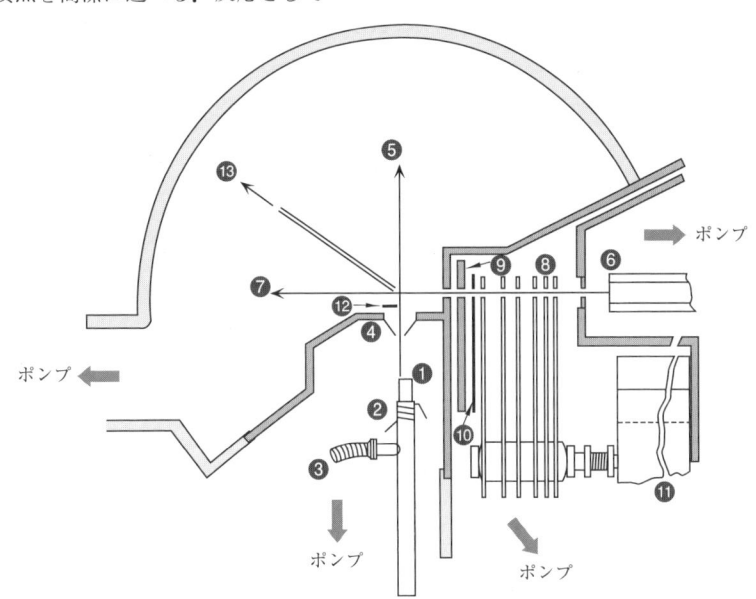

ビーム源と衝突領域を装置の上方よりみた断面図．❶H_2源，❷同軸ヒーターケーブル，❸液体N_2への接触部，❹スキマー，❺超音速H_2分子線，❻フッ素加熱炉，❼F原子線，❽速度弁別器，❾チャンバーの低温シールド，❿放射シールド，⓫速度弁別用マウント，⓬チューニング用チョッパー，⓭超高真空質量分析検出器へ

図 2.9 $F+H_2$反応研究に用いられた交差分子線装置 [D. M. Neumark, A. M. Wodtke, G. N. Robinson, C. C. Hayden, Y. T. Lee, *J. Chem., Phys.*, **82**, 3047(1985) に基づく]

[*1] たとえば，J. C. Polanyi, A. H. *Zewail, Acc. Chem. Res.*, **28**, 119 (1995).
[*2] D. R. Herschbach, *Angew. Chem. Int. Ed. Engl.*, **26**, 1221 (1987) とその中の引用文献；Y. T. Lee, *Science*, **236**, 793 (1987) とその中の引用文献.

2. 反応速度論の実験

$$A + B \longrightarrow C + D \tag{2.21}$$

を考えよう．質量分析法，あるいは分光学的手法によって関係する化学種の種類や状態，数密度，飛行速度分布，散乱の角度分布，などを測定する．交差分子線法の実験装置の一例を図2.9に示した．この装置は図中，❶から出た H_2 のビームを，ビームの中央部分のみをつぎの真空槽へ取出すためにスキミングし，一方，❻の加熱炉（オーブン）から出たF原子のビームを回転する羽根を通して速度の弁別をしている．この両者のビームを直角に交差させ反応させ，反応によって放出される化学種 HF を ⓭ の方向から質量分析計で測定する．質量分析計は ❺ と ❼ の平面内で，交差領域を中心として回転させることができる．

交差分子線の系の解析は重心座標系で取扱うのが便利である．図2.10には同一平面内での反応性散乱に対する，各粒子の速度ベクトルの相互の関係を示した．このような図を Newton ダイヤグラムという．v_A, v_B で接近する粒子は，重心座標系でみると，u_A, u_B で衝突領域へ入る．衝突によってCが生成し，反応の性質で決まる速度 u_C をもってある方向へ飛び出す．Dについても同様である．Cが重心座標上でもちうる運動エネルギーは，反応する分子A,Bの相対並進運動エネルギーと，反応熱との和によって上限が決められているが，実際にCやDがどのような内部エネルギーをもって生成するかによって，その値は決まる．図には，重心を中心として，Cがもつ運動エネルギーに対応する同心円を描いてある．散乱の方向が異なっても同じ運動エネルギーをもつC粒子の運動はこの同心円のどこかに先端をもつ速度ベクトル u_C で表される．u_A からの方向（偏向角）を χ で表してある．$-\pi/2 < \chi < \pi/2$ の範囲では，CはAを基準として前方（重心座標系でAの進む方向と同じ方向）に散乱されたことになる．通常の実験では衝突径数を規定できないので，散乱が進行する面は規定できず，結果として Newton ダイヤグラムは相対運動軸まわりに対称な分布となる[*1]．

実験室系で観察される散乱の方向（v_A からの偏向角は Θ）は，重心の速度ベクトル V_G と u_C をベクトル和して得られる v_C の方向である．実験室系でCの Θ 依存性や，速度分布を得て，これを重心座標系における χ に対する微分散乱断面積[*2]に変換する必要がある．このために実験室系と重心座標系の微分散乱断面積の関係をCの運動に関して調べることにしよう．実験室系と重心座標系の立

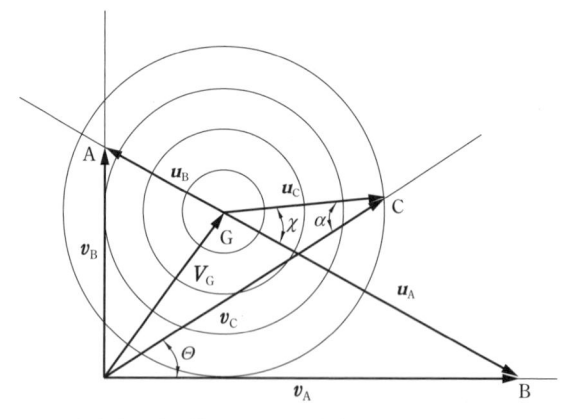

v_A, v_B で直交する分子線からの反応生成物Cの速度ベクトルを v_C とする．v_A, v_B, v_C と重心座標系の速度ベクトル（対応する u の記号で示す）の関係，およびエネルギー保存の関係を示す．図は，入射分子線と同一平面での反応性散乱に対するものである

図 2.10　A+B → C+D 反応の Newton ダイヤグラム

[*1] 古典力学による2体間の衝突に関しては§1.2.4を見よ．
[*2] 散乱断面積については§1.2.4を参照せよ．

2.4 微視的反応速度論実験法

体角と微分散乱断面積をそれぞれ，Ω，$\tilde{\omega}$ および $\sigma_\mathrm{d}(\Omega)$，$\sigma_\mathrm{d}(\tilde{\omega})$ とする．$\boldsymbol{u}_\mathrm{c}$ に対して直交する微小面積 $\mathrm{d}A$ を考えると，対応して張る立体角は

$$\mathrm{d}\tilde{\omega} = \frac{\mathrm{d}A}{u_\mathrm{c}^2} \tag{2.22}$$

である．実験室系では $\mathrm{d}A$ は $\boldsymbol{v}_\mathrm{c}$ に対して角度 α だけ傾いていることを考慮すると，

$$\mathrm{d}\Omega = \frac{\mathrm{d}A}{v_\mathrm{c}^2}\cos\alpha \tag{2.23}$$

となる．また微分散乱断面積の定義から，

$$\sigma_\mathrm{d}(\Omega)\mathrm{d}\Omega = \sigma_\mathrm{d}(\tilde{\omega})\mathrm{d}\tilde{\omega} \tag{2.24}$$

の関係が成り立つ．以上より，

$$\sigma_\mathrm{d}(\Omega) = \frac{1}{\cos\alpha}\left(\frac{v_\mathrm{c}}{u_\mathrm{c}}\right)^2 \sigma_\mathrm{d}(\tilde{\omega}) \tag{2.25}$$

が成り立つ．

この先は，具体的な個々のケースにつき取扱っていく必要がある．例題 2.2 で簡単な例を取扱う．より実際的な問題に関しては，参考に挙げた文献類* を参照するとよい．また，反応ダイナミクスにおける例が本巻 §3.2.2 で扱われている．

例題 2.2 同一の剛体球粒子 A, B が実験室系では等しい速さ，かつ直角に交差する方向で衝突し弾性散乱されるものとする．実験室系で，$\boldsymbol{v}_\mathrm{A}$, $\boldsymbol{v}_\mathrm{B}$ のつくる平面内での散乱断面積の偏向角 Θ 依存性を求めよ．

解 答 重心座標系での剛体球どうしの弾性散乱は第 1 章の例題 1.3 で扱われている．結果として，微分散乱断面積は

$$\sigma_\mathrm{d}(E, \chi) = \frac{1}{4}d^2 \tag{1}$$

が得られている．ただし，d は衝突直径であり，本例題では剛体球の直径にも等しい．本例題に対する Newton ダイヤグラムは図 1 のようになる．

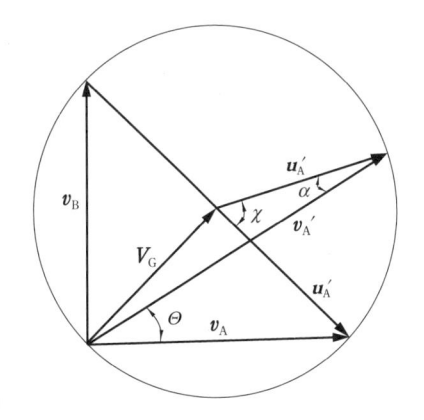

図 1 同一の剛体球粒子 A, B が，等速で直交方向で衝突し弾性散乱するときの Newton ダイヤグラム（v は実験室系，u は重心系の速度ベクトル，$'$ は散乱後の粒子に対する量を示す）

---

* たとえば，M. A. D. Fluendy, K. P. Lawley, "Chemical Applications of Molecular Beam Scattering", Chapman and Hall, p. 37 (1973); 正畠宏祐, "反応と速度(第 4 版 実験化学講座 11)", 丸善, p. 125 (1993); T. T. Warnock, R. B. Bernstein, *J. Chem. Phys.*, **49**, 1878 (1968).

実験室系の微分散乱断面積を求めるには，図1の幾何学的関係を利用し，式(2.25)を適用する．なお u_A, u_A', V_G の大きさは相互に等しいことに注意しておく．

$$v_A' = 2u_A' \cos\alpha \tag{2}$$

が成り立っているので，

$$\left(\frac{v_A'}{u_A'}\right)^2 = 4\cos^2\alpha \tag{3}$$

したがって，式(2.25)から

$$\sigma_d(\Omega) = (\cos\alpha)^{-1}(4\cos^2\alpha)\,\sigma_d(\tilde{\omega}) \tag{4}$$

式(1)，および $\alpha = \frac{\pi}{4} - \Theta$ の関係を用いて

$$\sigma_d(\Omega) = \cos\left(\frac{\pi}{4} - \Theta\right)d^2 \tag{5}$$

を得る．Θ の範囲は，$-\pi/4 \sim 3\pi/4$ である．実験室系，重心系のそれぞれの散乱断面積の偏向角依存性を図2に描いた．

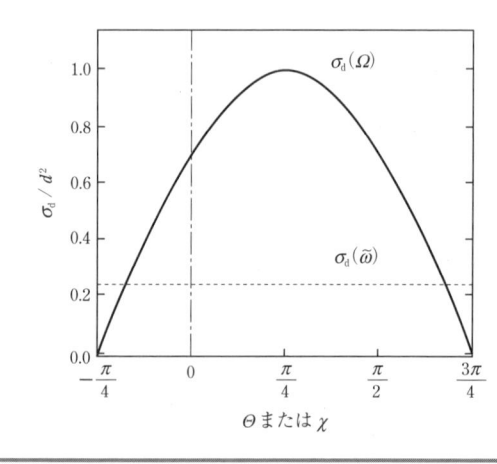

図2 同一の剛体球粒子の等速直交弾性散乱における重心系および実験室系における入射分子線と同一平面における微分散乱断面積

分子線技術の展開

分子線技術のいくつかの展開に関して概略を記す．

分子配向と整列の制御 2体間の衝突の実験において，交差分子線法は，速度が狭い範囲にそろった分子線を用いることにより，衝突の相対的なエネルギーを規定することができる．しかし通常は，衝突径数や，**分子の配向**[*1](orientation)や**整列**[*1](alignment)に関しては選択することができない．しかし分子衝突における立体化学を理解する上で，分子の配向や整列の効果を知ることは重要である．分子線において，極性分子を配向させるには，対称コマ分子に対する静電六極電場による方法[*2]や非対称コマ分子にも用いられる強い直流電場をかける方法がある[*3]．これらの方法は非極性の分子には応用できない．近年，強い非共鳴の直線偏光レーザーと分子分極の相互作用によって分子を整列できることが実験的に示された[*4]．また，超音速ジェット中の衝突では分子に整列が誘起される

[*1] 配向はある量子化軸に対する磁気量子数分布が正か負に偏っている場合をいい，整列はその分布が正負に対して対象であっても絶対値が0あるいは限界値 $|m|=J$ に偏っている場合をいう．

[*2] CH_3I の配向分子線実験の一例が§3.2.2にある．

[*3] たとえば，H. Loesch, *J. Phys. Chem. A*, **101**, 7461 (1997)；*J. Phys. Chem. A*, **101**(41) (1997) の特集号(Stereodynamics of Chemical Reactions)において多くの関連した研究が集められている．

[*4] たとえば，J. J. Larsen, H. Sakai, C. P. Safvan, I. W.-Larsen, H. Stapelfeldt, *J. Chem. Phys.*, **111**, 7774 (1999)．

2.4 微視的反応速度論実験法

ことが知られている．たとえば，ベンゼンのような平面的形状の分子が搬送気体との衝突によって整列し，噴流方向に対してフリスビーのように飛行していくことも実験的に示された[*1]．これらの方法の発達により，立体化学の微視的な実験的理解が進むものと期待されている．

速度分布のドップラー分光測定　交差分子線法実験において生成物の分析は，汎用的には電子衝撃質量分析法を用いる．しかし，この方法では，生成物の内部状態を知ることは困難である．また飛行速度の制御や測定には，速度弁別器を用いることができるが，測定を高精度で行うには，多数のデータの蓄積が必要である．精度の高い情報の取得のための，実験的な進展が種々行われている．

一つの方法として，**ドップラー分光法**(Doppler spectroscopy)を用いることが可能である[*2]．生成物をレーザー光吸収によって高位の準位にあげ，そこからの発光をモニターするとき，励起に用いるレーザー波長を精密にスキャンして，光吸収スペクトル相当の情報を得る．このスペクトルの形状には，生成物の飛行速度や用いたレーザーとの相互位置関係によって決まるドップラーシフトが存在する．その解析によって生成物の速度分布や飛行方向の情報が得られる．簡単には，対象とする粒子の速度ベクトルを v，モニター用のレーザーの方向を表す単位ベクトルを k とすると，モニター光の吸収の周波数 ν は

$$\nu = \nu_0 \left(1 - \frac{\omega}{c}\right) \tag{2.26}$$

となる．ただし，ν_0 は，本来の吸収の周波数，c は光速度．また

$$\omega = \boldsymbol{v} \cdot \boldsymbol{k} = v \cos\chi \tag{2.27}$$

は v の k への射影であり，χ は v と k のなす角である．

光イオン化による画像観測法　生成物をイオン化して二次元検出器を用いた画像観測法でそのイオンの分布計測を行い，これから三次元像へと復元することによって，交差分子線や光分解の動力学的な挙動を，より直接的に観測する**光イオン化画像観測法**(photoionization imaging)が展開されてきている[*3]．図 2.11 は Chandler と Houston[*3 a),c)] によって導入された，**光分解画像観測装置**(photofragment imaging apparatus)の模式図である．分子線に光分解用レーザーを照射して，得られた生成物を第 2 のレーザーを照射して光イオン化する．このとき**共鳴多光子イオン化**(resonantly enhanced multi-photon ionization, REMPI)法[*4]を用いれば，特定の量子準位にある生成物のみをイオン化できる．イオン化で生じる電子は質量が小さいため，その放出による，もとの粒子の速度の変化は無視できるほど小さい．したがって光分解からの生成物の速度分布を変更することなく，これらをイオン種に変えることができる．生じた生成物からのイオンの集団は，その場にかけられた加速電場で分子線に沿う方向に加速されて TOF 管(イオンをある一定距離飛行させるための管)に入る．

[*1] たとえば，F. Pirani, M. Bartolomei, V. Aquilanti, M. Scotoni, M. Vescovi, D. Ascenzi, D. Bassi, D. Cappelletti, *J. Chem. Phys.*, **119**, 265 (2003).

[*2] たとえば，E. J. Murphy, J. H. Brophy, J. L. Kinsey, *J. Chem. Phys.*, **74**, 331 (1981).

[*3] a) D. W. Chandler, P. L. Houston, *J. Chem. Phys.*, **87**, 1445 (1987); b) L. S. Bontuyan, A. G. Suits, P. L. Houston, B. J. Whitaker, *J. Phys. Chem.*, **97**, 6342 (1993); c) A. J. R. Heck, D. W. Chandler, *Annu. Rev. Phys. Chem.*, **46**, 335 (1995); d) P. L. Houston, *Acc. Chem. Res.*, **28**, 453 (1995); e) N. Yonekura, C. Gebauer, H. Kohguchi, T. Suzuki, *Rev. Sci. Instrum.*, **70**, 3265 (1999); f) 鈴木俊法，分光研究，**45**, 3 (1996); g) A. T. J. B. Eppink, D. H. Parker, *Rev. Sci. Instrum.*, **68**, 3477 (1997); h) D. A. Chestakov, S.-M. Wu, G. Wu, D. H. Parker, A. T. J. B. Eppink, T. N. Kitsopoulos, *J. Phys. Chem. A*, **108**, 8100 (2004).

[*4] 中間状態へ共鳴的に励起したのち，さらにイオン化する方法．特定の初期状態を選択的にイオン化することができる．m 光子で(仮想的)中間状態へ遷移させ，さらに n 光子でイオン化する場合，[$m+n$] REMPI という．

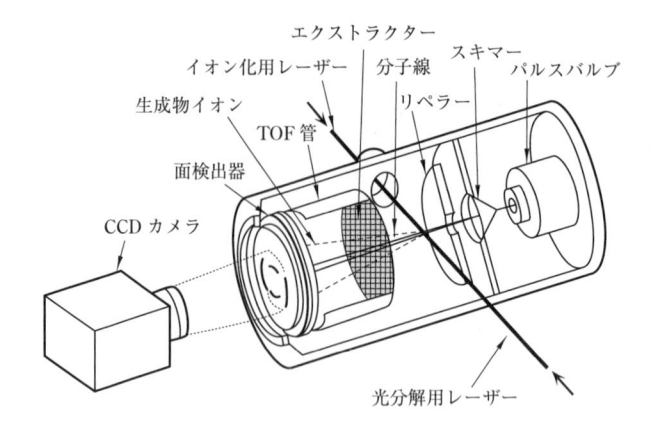

右側のパルスバルブから，試料をシードしたジェットを噴出させ，スキマーを通したあと，これに光分解用のレーザー，ひき続いてイオン化用のレーザーを照射する．得られたイオン種は光分解時に得た速度によって広がっていくが，これをそのまま TOF 管へ引き込んで，二次元検出器に衝突させる．画像を CCD カメラで撮像する

図 2.11 光分解画像観測装置 ［A. J. R. Heck, D. W. Chandler, *Annu. Rev. Phys. Chem.*, **46**, 338（1995）に基づく］

この間も，イオンの集団は，光分解時の方向や速度による運動を保持している[*1]．TOF 管の反対側の末端で面検出器に衝突する．その二次元分布の情報を適当な方法で増幅したのち，CCD カメラで撮像する．反応生成物は光分解用レーザーの偏光ベクトルまわりに円筒軸対称性をもって放出されている．その円筒軸が二次元検出器の面に平行に投影されているように実験系を配置しておけば，1 枚の二次元像から，アーベル逆変換などの手法[*2]を用いて光分解時の三次元像を算出することができる．近年，初期空間分布の影響を消去する電極設計が行われ，また時間ゲート付きのカメラを用いたり，二次元検出器に測定時のみに高圧パルスをかけるなど，SN 比を良くする試み，さらに三次元分布を直接，断層撮影するような手法も工夫されている．

交差分子線実験においても同様の装置を用いることができる．散乱や反応によって放出された粒子を REMPI などで光イオン化すればよい．交差分子線の場合，衝突する 2 体間の相対運動ベクトルのまわりに円筒軸対称性が発生する．これを二次元検出器面内に撮像し，そのうえで三次元像に変換すればよい．散乱は重心系で観測されるため，古典的な質量分析計を用いた交差分子線法とは異なり，実験室系から重心系への座標変換が本来的に不要なのは大きな利点の一つである[*3]．交差分子線実験として，NO+Ar の非弾性散乱[*4]，$H+D_2 \rightarrow HD+D$[*5]，$O(^1D)+HCl$，CD_4[*6] などの化学反応ダイ

[*1] 電極による引き込み方向に関しては，リペラー（追い返し電極）とエクストラクター（引き込み電極））によって膨張を抑えることもできる．
[*2] 円筒軸対称性をもつ，半径 r の関数である物理量 $A(r)$ を，軸に平行な平面に投影して二次元像が実験的に得られた場合，その二次元像から $A(r)$ を得る変換をアーベル逆変換という．
[*3] 従来の交差分子線実験とも共通して，多くの場合，測定で直接得られるのは，分子密度に比例した量である．微分散乱断面積，流束（フラックス：単位時間の物質流量）に比例する量である．そこで微分散乱断面積を得るためには適切な密度-流束変換が必要である．
[*4] L. S. Bontuyan, A. G. Suits, P. L. Houston, B. J. Whitaker, *J. Phys. Chem.*, **97**, 6342（1993）.
[*5] T. N. Kitsopoulos, M. A. Buntine, D. A. Baldwin, R. N. Zare, D. W. Chandler, *Science*, **260**, 1605（1993）.
[*6] H. Kohguchi, T. Suzuki, *ChemPhysChem*, **7**, 1250（2006）; H. Kohguchi, T. Suzuki, S. Nanbu, T. Ishida, G. V. Mil'nikov, P. Oloyede, H. Nakamura, *J. Phys. Chem. A*, **112**, 818（2008）; H. Kohguchi, Y. Ogi, T. Suzuki, *Phys. Chem. Chem. Phys.*, **10**, 7222（2008）.

ナミクスの研究が報告されている．図 2.12 に $O(^1D_2)+HCl \rightarrow OH+Cl$ で生成する $Cl(^2P_{3/2})$ の二次元撮影画像を示す．ここには Newton ダイアグラムを重ねて描いてある．

以上のような種々の方法によって，生成物の速度分布，角度分布，状態の分析が可能となり，第3章における**状態から状態への化学反応**(state-to-state chemistry)に適用できる実験が展開されるようになっている．

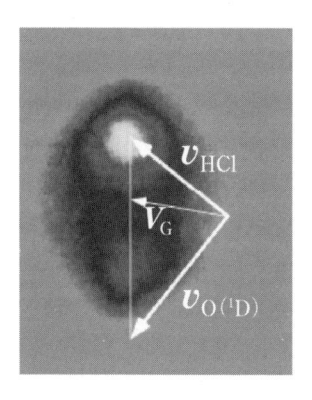

$O(^1D_2)$ ビームは He にシードしてパルスバルブから噴出したジェット中の O_2 を F_2 レーザーで光解離して得ている．$Cl(^2P_{3/2})$ は $4p^2D_{5/2} \leftarrow 3p^2P_{3/2}$ を経た [2+1]REMPI によりイオン化して検出している．検出用レーザーは相対運動軸にほぼ垂直に照射されている．$O(^1D_2)$ と HCl の交差実験に関する Newton ダイアグラムを重ねて描いてある．$Cl(^2P_{3/2})$ はおもに前方散乱し，一部，後方散乱もあることがわかる

図 2.12 $O(^1D_2)+HCl \rightarrow OH+Cl$ で生成した $Cl(^2P_{3/2})$ の二次元画像［京都大学大学院理学研究科，鈴木俊法教授 提供．H. Kohguchi, T. Suzuki, *ChemPhysChem*, **7**, 1252 (2006) に基づく］

2.4.2 超高速時間分解実験法

§2.3 で詳述してきたようにレーザーは反応を開始させるための光源として，また検出手段として非常に有力な実験手段である．レーザー光の強いパルスエネルギーを利用すると，活性化学種を短時間で高濃度につくり出すことができる．その結果，ラジカルなどの活性種の素反応を，観測しやすい形で開始させることができる．またレーザー光のもつ大きなパルスエネルギーは高い波長分解能と相まって，低濃度でしか存在しない反応中間体やラジカルなどの時間的，空間的な追跡を可能とする．すでに述べたように化学種の濃度だけでなく，量子状態分析や，スペクトルのドップラー効果広がりの測定による並進速度の測定も可能である．また光分解による反応の開始と検出とに，レーザー光のもつ偏光特性を利用すると，分子の光解離におけるベクトル諸量（解離フラグメントの速度ベクトル，回転の角運動量ベクトルなど）の相関を求めることができ，詳細な光化学反応の解析が可能になっている[*1]．Box 3.1 に H_2O の光解離過程に関する実験とその解析が述べられている．

1990 年代には，サブピコ秒のレーザーを用いた反応の開始と検出による，超高速現象の微視的な視点からの追跡が広く可能となり，**フェムト秒化学**(femto second chemistry)の実験領域が開かれた[*2]．すなわち時間分解が振動や回転の運動に比べて十分短くなり，de Broglie 波長（0.01 nm オー

[*1] たとえば，P. L. Houston, *J. Phys. Chem.*, **91**, 5388 (1987); G. E. Hall, P. L. Houston, *Annu. Rev. Phys. Chem.*, **40**, 375 (1989).
[*2] たとえば，H. Zewail, *Adv. Chem. Phys.*, **101**, 3 (1997); H. Zewail, *J. Phys. Chem.*, **100**, 12701 (1996); "超高速化学ダイナミクス フェムト・ピコ秒領域の化学（季刊 化学総説 No. 44）"，日本化学会 編，学会出版センター (2000).

ダーの波束[*1]の生成や検出が可能になった．ここでは極短時間内に進行するエネルギー変換過程の追跡，分子内振動の緩和過程や，それらの不確定性原理の限界に至るまでの解析が行われつつある．この超高速時間分解実験における時間軸は，光の飛行時間によって制御できるという特徴がある．すなわち，1 ps での光の移動距離は 3×10^{-4} m であるから，適当な光学素子の配置によって ps 以下での時間差の制御が可能となる．

さらに極短パルスのアト秒(10^{-18} s)レーザーの使用も可能となってきているが，アト秒時間領域では原子核よりもずっと高速で動く原子・分子内電子の超高速運動をも追跡できるようになる[*2]．この時間領域で化学反応のダイナミクスを調べる研究も進展している．特にアト秒科学の基礎的な手法を用いて，分子内の電子波動関数の変化を位相情報を含めて調べたり，1 fs 以下の時間分解で分子構造の変化の測定を試みるなどの，反応ダイナミクスの本質を掘り下げる研究が可能になりつつある．また極短パルスレーザーによる反応ダイナミクス研究は，単に現象の解析にとどまらず，反応の**コヒーレントコントロール**(coherent control)など[*3]の，微視的過程のレーザー制御の可能性を開いている．超高速時間分解実験には，通常の微視的実験の技術に加えて，高度なレーザーパルス制御技術(位相，振動数，強度や継続時間の変化の制御，パルス列など)が必要であり，実験技術の進歩も速い．超高速時間分解の原理や実験に関しては，脚注に比較的多くの文献をあげておいたので，これらの文献を当たってほしい．

フェムト秒時間分解実験

図 2.13 は電子励起状態の変化をフェムト秒オーダーの時間分解能で追跡する装置の概念図である．第1のフェムト秒(実際は 6 fs)のレーザー光により分子を高い電子状態に励起し，フェムト秒オー

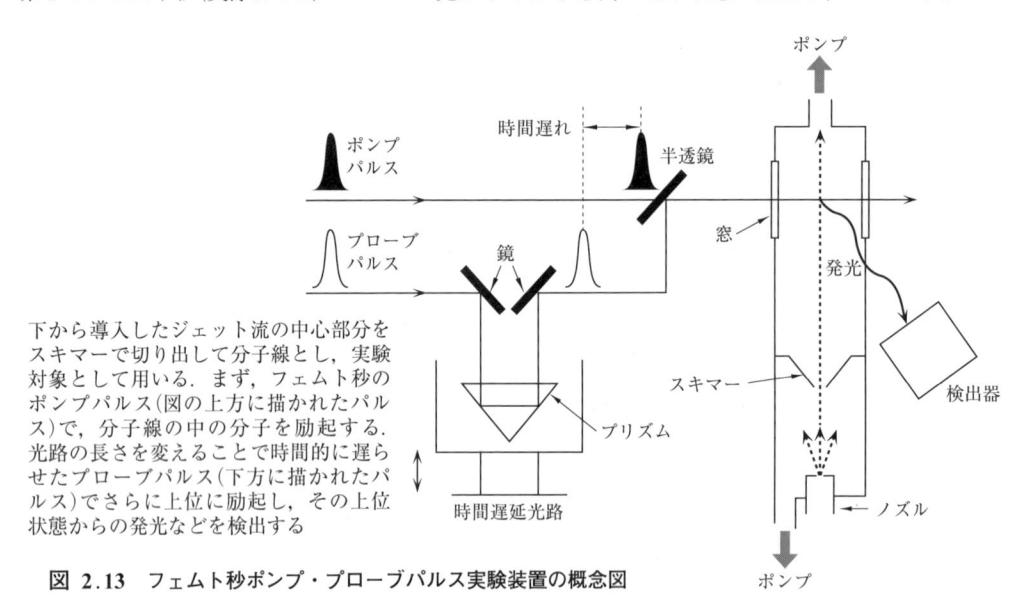

図 2.13 フェムト秒ポンプ・プローブパルス実験装置の概念図

[*1] 波束については§3.2.3の説明を参照せよ．

[*2] アト秒領域一般に関しては，たとえば，F. Krausz, M. Ivanov, *Rev. Mod. Phys.*, **81**, 163 (2009); 新倉弘倫, 光化学, **40**, 162 (2009).

[*3] たとえば，P. Brumer, M. Shapiro, *Acc. Chem. Res.*, **22**, 407 (1989); B. Kohler, J. L. Krause, F. Raksi, K. R. Wilson, V. V. Yakovlev, R. M. Whitnell, Y. Yan, *Acc. Chem. Res.*, **28**, 133 (1995); T. Baumert, I. Helbing, G. Gerber, *Adv. Chem. Phys.*, **101**, 47 (1997); K. Ohmori, *Annu. Rev. Phys. Chem.*, **60**, 487 (2009).

ダーで時間遅れさせた第2のフェムト秒パルスレーザーで電子励起状態にある分子をさらに上位状態に励起し，そこからの蛍光をモニターする．このようにして，はじめに励起された状態の時間変化をフェムト秒オーダーで追跡することができる．時間軸の制御に，時間遅延光路が用いられていることに注目されたい．このような装置を用いて行われたフェムト秒時間分解による励起分子のダイナミクスに関する具体的研究例は§3.2.3に述べられているが，それ以外にも本節に挙げた参考文献中に多くの例を見いだすことができる．

問　題

2.1 極低圧熱分解法の装置(図2.3)を用いて，以下の反応の速度定数を求める実験を計画せよ．

$$\text{反応系} \quad \text{Cl} + \text{RH} \rightleftarrows \text{HCl} + \text{R} \quad (\text{正逆二次反応速度定数}: k_2, k_{-2}) \quad (1)$$

ただし，体積 V の反応容器の一つの導入孔からは，濃度一定の Cl 原子を物質量流量 $F_{\text{Cl,in}}$ で導入し，他方からは RH を導入する．容器内の化学種の温度は装置壁面温度に等しく保たれるが，壁面上の化学反応は無視できる．容器の出口孔(オリフィス，面積 S)は適宜変換することができる．反応容器内は十分に低圧のため，孔を通る化学種Aの排出速度(物質量流量)は

$$k_{e(A)}[A] = \frac{1}{4} S \left(\frac{8RT}{\pi M_A}\right)^{1/2} [A] \quad (2)$$

に従うものとせよ．

2.2 温度ジャンプ法で，以下の水の解離平衡反応

$$\text{H}^+ + \text{OH}^- \rightleftarrows \text{H}_2\text{O}$$

に対する緩和時定数を求めたところ，23℃で 3.7×10^{-5} s の値が得られた．正反応速度定数を算出せよ．なお，23℃において，各イオンの濃度は 1.0×10^{-7} mol dm^{-3} である．

2.3 $\text{C}_6\text{H}_5\text{CH}_2\text{CH}_3$ を ArF レーザー(193 nm)で光分解するとベンジルラジカル $\text{C}_6\text{H}_5\text{CH}_2$ が生成する．

$$\text{C}_6\text{H}_5\text{CH}_2\text{CH}_3 + h\nu \longrightarrow \text{C}_6\text{H}_5\text{CH}_2 + \text{CH}_3$$

ベンジルラジカルは 447 nm 付近に吸収帯をもつことが知られているが，これをキャビティーリングダウン分光法により検出した．

1) $l_c=62.5$ cm の吸収セルで空のセルのリングダウンタイムを測定したところ，4.00 μs であった．用いたミラーの反射率を求めよ．

2) 希釈した $\text{C}_6\text{H}_5\text{CH}_2\text{CH}_3$ を吸収セルにゆっくりと流し，ArF レーザーで光分解した直後に 447.7 nm のプローブレーザーを用いてリングダウンタイムを測定したところ，2.39 μs であった．この波長におけるベンジルラジカルの吸収断面積を $\sigma=2.2\times10^{-18}$ cm^2 molecule^{-1} として，光分解で生成したベンジルラジカルの濃度を求めよ．ただし，ArF レーザー光の広がりの幅は 3.0 cm であり，セルの中でラジカルの存在する領域は $l=3.0$ cm とする．

3. 化学反応のダイナミクス

> この章では，化学反応を原子の動きとして微視的に理解する考え方（化学反応ダイナミクス）を解説する．原子を直接目で見ることはできない．§3.1 および§3.2 では，この分野の研究者たちが，化学反応の最中の原子のふるまいを，まるで見てきたかのように把握する実験を，研究の歴史の流れに沿って解説する．一方，原子の動きは，原子の間にはたらく力を知ることでより深く理解できる．§3.3 では，化学反応の最中に原子にはたらく力のポテンシャルについて解説する．また，古典力学に基づいた原子の運動軌跡(古典軌跡)について解説する．一方，原子の動きを量子力学に基づいて理解する必要が生じる場合がある．§3.4 では，化学反応をより深く理解するために，量子力学的な衝突過程として化学反応をとらえる考え方を解説する．

3.1 状態から状態への化学反応

3.1.1 M. Polanyi のナトリウム希薄炎の実験

化学反応ダイナミクスの原点は，1928 年に発表された M. Polanyi らによるつぎのような研究[*]である．図 3.1 の実験装置を用いて，塩素ガスとナトリウム蒸気を反応させる．すると，橙色の化学発光が見られる．電子励起した Na 原子がナトリウム D 線の光を放出しているのである．M. Polanyi らは，なぜ励起原子 Na* が生成するのかを議論した．その結果，反応機構は

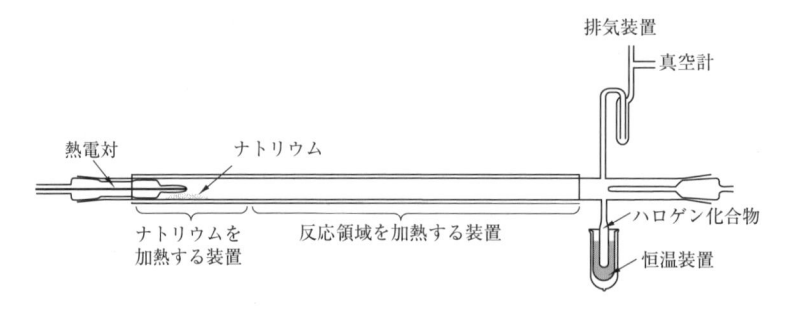

反応容器の左側から Na 蒸気，右側からハロゲン化合物の気体が拡散し，中央部で反応が起こり，ナトリウム D 線の化学発光が観測される

図 3.1　M. Polanyi らのナトリウム希薄炎の実験装置　[H. Beutler, M. Polanyi, *Z. Physik*, **47**, 383（1928）に基づく]

---

[*]　H. Beutler, M. Polanyi, *Z. Phys. Chem.*, **B1**, 3 (1928) に一連の研究のまとめが発表されている．また，この論文の邦訳が，日本化学会編"化学反応論(化学の原典 6)"，東京大学出版会(1976) に収められている．本文で述べた研究内容は H. Beutler, M. Polanyi, *Z. Physik*, **47**, 379 (1928) および R. L. Hasche, M. Polanyi, E. Vogt, *Z. Physik*, **41**, 583 (1927) で報告されている．また，同種の反応によるナトリウム D 線の発光の観測は，すでに 1922 年の文献，F. Haber, W. Zisch, *Z. Physik*, **9**, 302 (1922) で報告されている．

$$\text{Na} + \text{Cl}_2 \longrightarrow \text{NaCl} + \text{Cl} \tag{R1}$$

$$\text{Na} + \text{NaCl} \longrightarrow \text{Na}_2 + \text{Cl} \tag{R2}$$

$$\text{Na}_2 + \text{Cl} \longrightarrow \text{NaCl}^\dagger + \text{Na} \tag{R3}$$

$$\text{NaCl}^\dagger + \text{Na} \longrightarrow \text{NaCl} + \text{Na}^* \tag{R4}$$

であると結論された.この反応機構には化学反応を理解する上で,当時としては全く新しい考え方が含まれていた.それはつぎの2点である.①振動励起した塩化ナトリウム分子 $\text{NaCl}^\dagger$ を考えた(式(R3)).すなわち,分子の内部状態(量子状態)に着目した.②衝突によるエネルギー移動(式(R4)),すなわち,$\text{NaCl}^\dagger$ から Na へのエネルギー移動を考えた.しかも,それは振動エネルギーが電子エネルギーに転化するエネルギー移動である.

この研究から,微視的に化学反応を捉える考え方が始まった.M. Polanyi らはさらに"なぜ振動励起した NaCl が生成するのか"を説明した.彼らは,生まれて間もない量子力学,そして Heitler-London の化学結合論[*1] に基づいて議論を展開した.化学反応のポテンシャル曲面というものを考えたのである.そして,そのポテンシャルから導かれる原子間の力に支配された原子の運動軌跡を考え,なぜ振動励起分子が生成するのかを説明した.つまり,化学反応を原子の動きで理解しようとしたのである.これが**化学反応ダイナミクス**(chemical reaction dynamics)という研究分野の始まりである.

しかし,原子を直接目で見ることはできない.また,仮に顕微鏡のようなもので原子を見ることができたとしても,その運動の速度は人間の時間尺度に比べてきわめて速い[*2]ので,それをどのように"写し止める"のか実験的な工夫が必要になる.本節(§3.1)と§3.2ではまず,原子・分子のふるまいを,"見てきた"かのように知る実験を解説する.化学反応の途中で,原子・分子がどのようにふるまっているかを直観的に議論する.そして§3.3で,化学反応のポテンシャル曲面について解説する.

3.1.2 F+H_2 赤外化学発光の実験 —— 振動励起した生成物

1972年,J. C. Polanyi[*3]は,化学反応の生成物が振動励起していることを実験的に直接確かめる研究を発表した.ハロゲン原子と H_2 分子の反応,たとえば

$$\text{F} + \text{H}_2 \longrightarrow \text{HF} + \text{H} \tag{R5}$$

は図3.2に示したように,エネルギーを放出する反応である.熱分布した反応物から出発すると,振

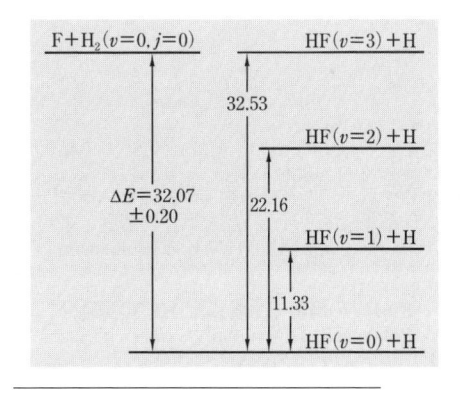

反応で放出されるエネルギーと生成物 HF の振動準位の関係を示す.数字の単位は kcal mol^{-1}(1 kcal mol^{-1} = 4.18 kJ mol^{-1})である.H + HF(v=3) のエネルギーは反応始状態よりやや高いが,反応始状態が熱エネルギーをもつので HF(v=3) も生成し得る

図 3.2 F+H_2 の反応のエネルギー収支図 [D. M. Neumark, A. M. Wodtke, G. N. Robinson, C. C. Hayden, Y. T. Lee, *J. Chem. Phys.*, **82**, 3056 (1985) に基づく]

[*1] Schrödinger 方程式は1926年,歴史上最初の化学結合論である Heitler-London 理論は1927年に発表されている.
[*2] §3.3で示すように,原子が化学反応の障壁を通過するに必要な時間は 10^{-14} s より短い.
[*3] M. Polanyi の息子である.

動量子数 $v=3$ までの振動励起状態の HF 分子が生成し得る．

振動励起した HF 分子が生成していれば，$v=3\to 2$，$v=2\to 1$，および $v=1\to 0$ の遷移に由来する赤外発光が観測されるはずである．J. C. Polanyi らは図 3.3 の実験装置を用いて赤外発光を観測した．発光強度の解析から，振動状態の生成比，すなわち"振動分布"を求めた．結果を図 3.4 に示した．振動量子数 $v=2$ の状態が最も多く生成している．**熱平衡の分布**(thermal equilibrium distribution)，すなわち Boltzmann 分布では $\exp(-E/k_\mathrm{B}T)$ の式に従って，エネルギーの高い状態ほど少なく分布する．k_B は Boltzmann 定数である．すなわち分布関数はエネルギーの単調減少関数となる．図 3.4 の分布は熱平衡分布とは決定的に異なる．励起状態の方が多く分布しているのである．これを**反転分布**(inverted distribution)とよぶ．

この実験は，生成物の内部状態分布を初めて直接観測した，という歴史的意味をもつ．M. Polanyi らが推定した振動励起分子の生成を直接的に観測して実証したわけである．図 3.4 には 3 個のデータしかない．しかも，相対値であるから実質 2 個の数値の情報である．それでも，新しい学問分野をつくり出すのに十分な意味をもっていた*．この研究から**状態から状態への化学**(state-to-state chemistry)という考え方が始まったのである．すなわち，F 原子と H_2 分子の化学反応を表現するとき，分子の内部状態(量子状態)も指定して，たとえば

$$F + H_2(v=0) \longrightarrow HF(v'=2) + H \tag{R6}$$

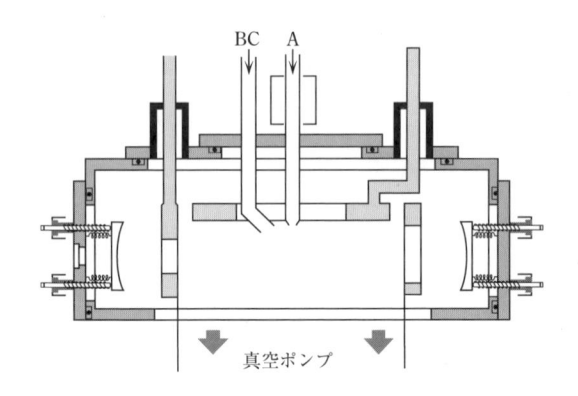

上部から反応物気体を導入する．反応で生じた赤外発光を，多重反射鏡を用いて集め，装置の左の方向にある赤外分光器に導いて分光し，発光強度を解析する

図 3.3 J. C. Polanyi らの赤外化学発光の実験装置 [J. C. Polanyi, K. B. Woodall, *J. Chem. Phys.*, **57**, 1575 (1972) に基づく]

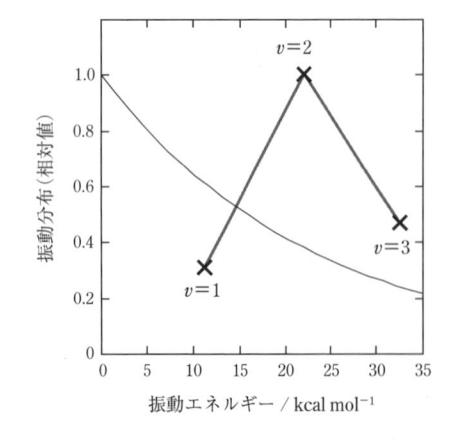

実験結果を × 印で示した．横軸は $v=0$ からの振動励起エネルギー．縦軸の値は，$v=2$ の値を 1 に規格化してある．振動量子数 $v=2$ にピークをもつ反転分布が観測された．細線は平均振動エネルギーが同じ値となる(温度 1150 K の)Boltzmann 分布

図 3.4 $F+H_2$ の反応で生成した HF の振動分布 [J. C. Polanyi, K. B. Woodall, *J. Chem. Phys.*, **57**, 1574 (1972) のデータをもとに作成]

---

* J. C. Polanyi は D. R. Herschbach, Y. T. Lee とともに 1986 年にノーベル化学賞を受賞した．

のように書かなければならない*1. 化学反応も，ある量子状態から別の量子状態への遷移なのである.

J. C. Polanyi らの研究は現象を観測・解釈するだけにとどまらない波及効果をもたらした．ハロゲン原子と H_2 水素分子の化学反応で生成するハロゲン化水素の振動反転分布は，レーザー発振に応用されて，気体赤外レーザーが実現したのである.

例題 3.1 生成物のエネルギー分配 温度 280 K における $F+H_2$ の反応で生成する HF の振動分布は下表の通りである*2.

表1 HFの振動分布

	$v=0$	$v=1$	$v=2$	$v=3$
振動分布（相対値）	0.04	0.28	1.00	0.55

つぎの問に答えよ.

1) 反応生成物の自由度として，HF の振動および HF+H の相対並進運動を考え，全エネルギーの何パーセントが前者に分配されているか計算せよ．ただし，回転自由度は無視せよ*3. 振動準位のエネルギーは図 3.2 のデータを利用せよ．また，反応生成物 HF+H がもつ全エネルギーは 35.0 kcal mol^{-1} とせよ．この値は振動基底状態を基準にしたエネルギーである.

2) エネルギー等分配則に従うと，全エネルギーの何パーセントが振動自由度に分配されているか計算せよ．ただし，この小問では回転自由度も考慮せよ.

解答 1) 平均振動励起エネルギーは，

$$\langle E_v \rangle = \frac{0 \times 0.04 + 11.33 \times 0.28 + 22.16 \times 1.00 + 32.53 \times 0.55}{0.04 + 0.28 + 1.00 + 0.55} = 23.11 \text{ kcal mol}^{-1}$$

である．これより，全エネルギーのうち振動自由度に分配される割合は $23.11/35.0 \times 100 = 66\%$ となる.

2) エネルギー等分配則に従うと，三次元の相対並進運動に $\frac{3}{2}k_B T$，HF の回転運動（二次元）に $k_B T$，振動自由度に $k_B T$ の比で分配される．したがって，振動自由度に分配されるエネルギーの割合は

$$\frac{k_B T}{\frac{3}{2}k_B T + k_B T + k_B T} = \frac{2}{7} = 0.29$$

である．すなわち，29% が振動自由度に分配される．1) の結果と比較すると，実際の反応ではエネルギーが生成物の振動自由度に選択的に分配されていることがわかる.

3.1.3 H_2O の光解離 —— 回転励起した生成物

レーザー光を用いた分子の光解離の実験では，分子の振動状態だけでなく回転状態も選別できる．分子の解離過程を，まさに量子状態から量子状態への遷移ととらえることができる.

---

*1 厳密には，電子状態や回転状態も指定して
$$F(^2P_{3/2}, m_J) + H_2(X^1\Sigma_g^+, v, N, m_N) \longrightarrow HF(X^1\Sigma^+, v', N', m_N') + H(1s)$$
のようにさらに詳しく表示してもよい.

*2 赤外発光実験 D. S. Perry, J. C. Polanyi, *Chem. Phys.*, **12**, 419 (1976) に基づく．発光しない $v=0$ のデータは，"BOX. 3.3 サプライザル解析" で述べる理論を利用した外挿による値である.

*3 実際には HF の回転自由度に全エネルギーの 8% が分配される.

H_2O 分子に波長 248 nm 付近の紫外レーザー光を照射すると、二光子吸収により、電子励起状態 $\tilde{B}$ および $\tilde{C}$ へ遷移する（図3.5参照）。$H_2O(\tilde{B})$ は解離して $OH(A^2\Sigma^+) + H(1s)$ を生成する[*1]。$\tilde{C}$ 状態へ励起された場合にも無放射的に $\tilde{B}$ 状態へ遷移し[*2]、同様の解離過程が起こる。$OH(A^2\Sigma^+)$ は波長 310 nm 付近の紫外光を放出して $OH(X^2\Pi)$ へ遷移する。そこで、つぎのような実験を行う。波長 248 nm 付近で波長可変なレーザーを H_2O 分子に照射する。$OH(A \rightarrow X)$ の全発光強度をモニターしながら、励起光の波長を掃引する。これを**励起スペクトル**（excitation spectrum）とよぶ。励起光の波長が、H_2O 分子の吸収スペクトルの波長と一致したときに、励起光は吸収されて光解離が起こり、生成した $OH(A)$ からの発光が観測される。したがって、励起スペクトルは、光吸収の確率と解離過程の確率の積[*3]の波長依存性を測定していることになる。励起スペクトルには、H_2O 分子の吸収スペクトルと同様の振動回転構造が現れた[*4]。励起光の波長を一つの回転線に一致させれば、H_2O 分子を $\tilde{C}$ 状態の振動基底状態の単一回転準位へ励起できる。すなわち、

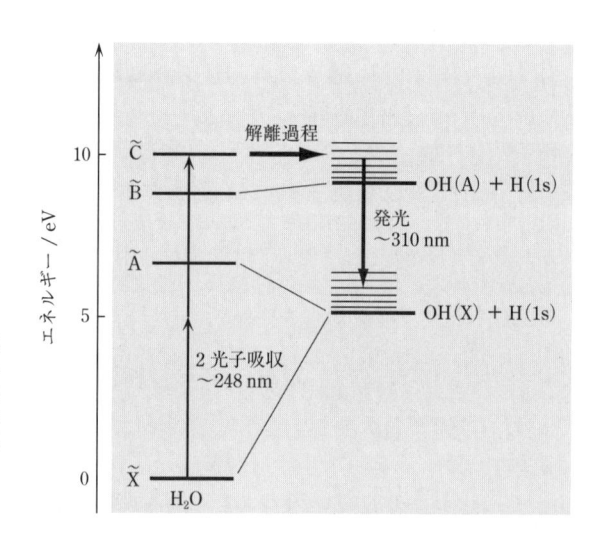

波長 248 nm 付近の紫外光の二光子吸収により、H_2O は $\tilde{B}$ 状態および $\tilde{C}$ 状態へ遷移し、解離して $OH(A) + H(1s)$ を生成する。生成した $OH(A)$ は波長 310 nm 付近の紫外光を放出して $OH(X)$ へ遷移する

図 3.5 H_2O のエネルギー準位図

紫外領域の波長可変レーザー（247.9～248.6 nm）を用い、H_2O を $\tilde{C}$ 状態の振動基底状態の 4_{14} 回転状態に選択的に励起したとき、前期解離により生成した $OH(A^2\Sigma^+ = 0,\ v = 0)$ の回転量子数 N' の分布を示した。分布は強い回転励起が起きていることを示している

図 3.6 $H_2O(\tilde{C})$ の光解離で生じた $OH(A)$ の回転分布 ［A. Hodgson, J. P. Simons, M. N. R. Ashfold, J. M. Bayley, R. N. Dixon, *Chem. Phys. Lett.*, **107**, 4 (1984) に基づく］

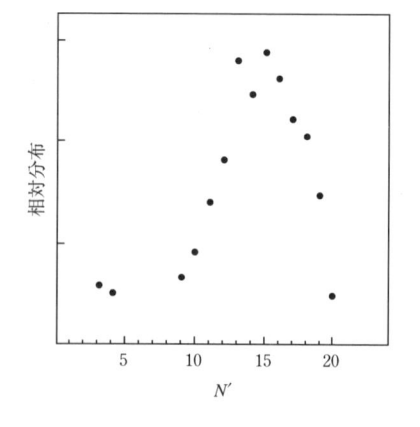

[*1] 本節の内容は A. Hodgson, J. P. Simons, M. N. R. Ashfold, J. M. Bayley, R. N. Dixon, *Chem. Phys. Lett.*, **107**, 1 (1984) に基づく。

[*2] §3.4.3で述べるような、非断熱遷移により、電子状態が $\tilde{C}$ 状態から $\tilde{B}$ 状態へ変化するのである。

[*3] 正確な用語を用いると、光吸収断面積と解離収率の積。また、波長依存性とは直接関係しないが、$OH(A)$ の発光収率の因子も信号強度に関与する。

[*4] BOX 5.3 "準束縛状態" で述べる、解離連続状態に埋まった準束縛状態である。

3.1 状態から状態への化学反応

$$H_2O \xrightarrow{h\nu} H_2O(\tilde{C}, (v_1, v_2, v_3)=0, J_{K_aK_c}) \longrightarrow OH(A^2\Sigma^+, v', N') + H(1s) \quad (R7)$$

という過程を起こすことができる．ただし，$J_{K_aK_c}$ は非対称コマ分子の回転量子数である[*1]．生成した OH(A → X) の発光スペクトルを高分解能で測定し，振動回転構造の強度分布を解析すると，OH(A) の振動回転状態 (v', N') の分布を知ることができる．結果を図3.6に示した．回転分布は，OH(A) の回転励起状態が多く生成していることを示している．

回転励起した OH(A) が生じることは，直観的にはつぎのように理解できる．$H_2O(\tilde{C})$ の安定構造は屈曲型である．一方，$H_2O(\tilde{B})$ は直線型の方がエネルギーが低い．解離過程では先ず $\tilde{C}$ 状態から $\tilde{B}$ 状態への無放射遷移が起こるが，H_2O 分子は $\tilde{B}$ 状態になったときに，直線型になろうとして，∠HOH が開く運動を開始する．$\tilde{B}$ 状態は解離状態であり片方の O–H 結合が切れるので，図3.7に示したように，回転運動をしている OH が生成することになる．

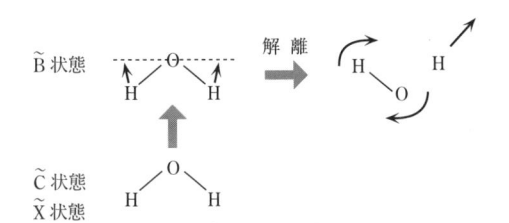

H_2O 分子は $\tilde{B}$ 状態に遷移すると直線構造をとろうとして，∠HOH が広がる運動を始める．それと同時に片方の O–H 結合が切るので，残りの OH は回転運動を始める

図 3.7 H_2O 光解離の直観的描像

BOX 3.1　分子配向の観測

高分解能レーザー分光の手法を光解離生成物の検出に用いると，分子の微細構造準位も区別した検出ができる．また，直線偏光レーザーを用いると，親分子の分子配向を制御し，そして解離生成物の配向を知ることができる．

波長 157 nm 付近の紫外光を H_2O 分子に照射すると，$\tilde{A}$ 状態に励起され，解離して OH $(X^2\Pi)$ が生成する（図1参照）[*2]．

$$H_2O \xrightarrow{157\,nm} H_2O(\tilde{A})$$
$$\longrightarrow OH(X^2\Pi, v', N') + H(1s)$$

OH $(X^2\Pi)$ の電子配置は $(1\sigma)^2(2\sigma)^2(3\sigma)^2(1\pi)^3$ である．OH が分子回転していると，縮重した二つの π オービタルは，回転軸に平行な $\pi_\parallel$ と回転軸に垂直な（すなわち回転面内にある）$\pi_\perp$ に区別できる．これらの二つのオービタルのうち，一方は電子2個が収容されるが，他方は電

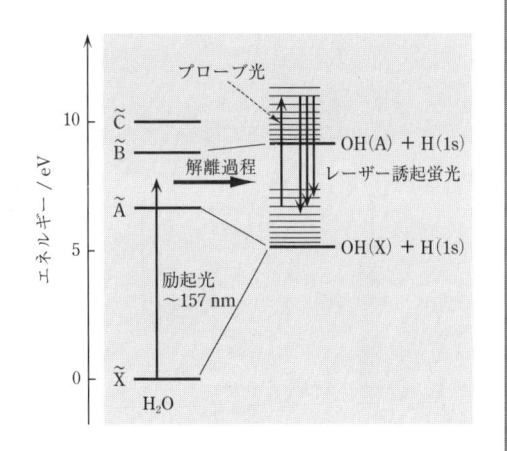

波長 157 nm のレーザー光照射により H_2O は $\tilde{A}$ 状態に励起される．$H_2O(\tilde{A})$ は解離して OH$(X^2\Pi)$ が生成する．レーザー誘起蛍光法で OH$(X^2\Pi)$ を個々の回転準位，さらには微細構造準位まで分けて検出する

図 1　H_2O のエネルギー準位図

[*1] 第Ⅰ巻の分子の振動回転準位に関する解説が参考になる．または分子分光学の教科書，たとえば G. Herzberg 著，奥田典夫訳，"分子スペクトル入門"，培風館（1975）参照．
[*2] P. Andresen, G. S. Ondrey, B. Titze, E. W. Rothe, *J. Chem. Phys.*, **80**, 2548 (1984).

子は1個しか入らず半占軌道となる．図2に示したように，半占軌道が$\pi_{\parallel}$である回転状態と，半占軌道が$\pi_{\perp}$の回転状態の2種類が存在する．この2種類の状態はOH($X^2\Pi$)の回転準位の微細構造(Λ型二重項)に対応している．つぎに述べるレーザー誘起蛍光法でOH($X^2\Pi$)を検出すると，その2種類の状態を区別して観測できる．

光解離で生成したOH($X^2\Pi, v', N'$)にレーザー光(プローブ光[*1])を照射しながら，310 nm付近のOH(A-X)の発光を分光しないで観測する．プローブ光の波長がOH(A-X)の遷移波長に一致したときだけ，OH(A)が生成してOH(A-X)の発光が検出される．したがって，プローブ光の波長を掃引しながら，OH(A-X)の全発光強度を測定すれば，OH(A-X)吸収スペクトルに，OH(A-X)の発光収率を乗じた励起スペクトルが得られる．励起スペクトルの強度比から，OH(X)が，どの回転状態にどれだけ生成しているか，さらに微細構造の量子状態にどれだけ生成しているかを知ることができる．実験結果から，半占軌道が$\pi_{\perp}$であるような回転状態が多く生成していることがわかった．

直線偏光と分子の相互作用の法則を利用して，特定の配向の親分子H_2Oを選択的に励起し，また生成したOHがどの向きに回転しているかを知ることができる．分子の光吸収の確率は，分子の遷移双極子モーメントをμ，偏光ベクトルをeとすると，$|e\cdot\mu|^2$に比例する．

すなわち，μとeのなす角をθとすると，確率は$\cos^2\theta$に比例する．単純化していうと，μとeが平行のとき高い確率で光吸収が起こる．$H_2O(\tilde{A}-\tilde{X})$の遷移双極子モーメントはH-O-Hが載った平面(分子面)に垂直である．したがって，偏光ベクトルを空間固定Z軸の方向に設定した励起光の照射により，XY平面を分子面とする$H_2O(\tilde{A})$が多く生成することになる．偏光ベクトルとH_2O分子の遷移双極子モーメントの関係を図3に示した．

つぎに，OH(X)の遷移双極子モーメントについて考える．OH(A-X)遷移の回転構造のQ枝で[*2]，半占軌道が$\pi_{\perp}$であるような微細構造準位からの吸収は，遷移双極子モーメントが分子回転の角運動量と平行(すなわち分子の回転面と垂直)である．プローブ光の偏光ベクトルをZ軸と一致させれば，回転角運動量ベクトルがZ軸を向いたOH(X)が選択的に高感度で検出される．同様に，偏光ベクトルをX軸と一致させれば，回転角運動量ベクトルがX軸を向いたOH(X)が高感度で検出される．実際に実験すると，偏光ベクトルをZ軸と一致させたときに信号強度が最も強かった．したがって，図3に示したように，生成したOH(X)は，親分子H_2Oの分子面内で回転励起していることがわかる．

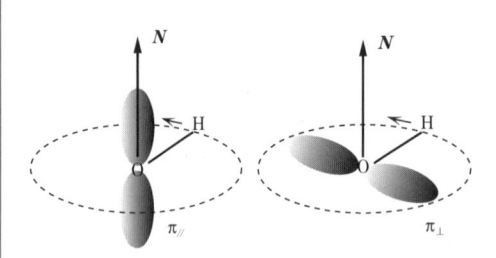

図2 回転するOH($X_2\Pi$)の2種類のπオービタル [P. Andresen, G. S. Ondrey, B. Titze, E. W. Roth, *J. Chem. Phys.*, **80**, 2550 (1984) に基づく]

分子回転しているOH($X^2\Pi$)では，半占軌道のπオービタルと分子回転の軸の向きが平行，垂直の2種類の状態がある．

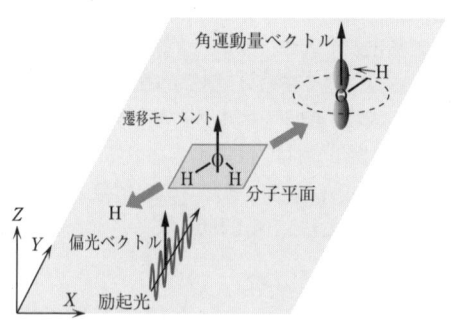

偏光ベクトルを空間固定Z軸方向に設定したレーザー光照射により，XY面を分子面とする$H_2O(\tilde{A})$が選択的に生成する．解離で生成したOH(X)はXY面内で回転していることが実験から明らかにされた

図3 $H_2O(\tilde{A})$の光解離における親分子と生成物OX(X)の分子配向 [P. Andresen, G. S. Ondrey, B. Titze, E. W. Roth, *J. Chem. Phys.*, **80**, 2550 (1984) に基づく]

[*1] "プローブ(probe)"とは探針を意味する．
[*2] 回転構造のうち角運動量量子数が変化しない$\Delta N=0$の遷移．分子分光学の用語に関する参考書は59ページ，脚注[*1]参照．

3.2 衝突としてみた化学反応
3.2.1 交差分子線の実験

散乱実験は，目に見えないもののふるまいを調べる方法として由緒正しい方法である．Rutherford が原子の構造を実験的に解明したとき用いた方法が散乱実験である．α粒子を物質に照射すると，大部分はわずかに偏向されるだけであるが，ごく一部のα粒子は非常に大きな偏向角で散乱される．このことから，物質を構成する原子の中で，正の電荷をもった部分(すなわち原子核)が非常に小さい[*1]ことが明らかになった．その後も，原子核あるいは素粒子といった，おのおのの時代の物理学の最先端領域の研究は，加速器を用いた散乱実験により進められてきた．

速度をそろえた原子を分子に衝突させ，化学反応を起こす．それぞれの分子(原子)ビームの速度分布を非常に狭くして衝突エネルギーを指定することもできる(ただし，衝突径数は指定できない)．衝突領域から飛び出してくる生成物の角度分布や速度分布を測定する．そして，このとき生成物分子の内部状態も観測すれば，それは化学反応を微視的に調べる究極の実験となる．これが交差分子線の実験である．実験方法と最近の技術に関しては§2.4.1を参照されたい．

3.2.2 散乱角で知る反応ダイナミクス

重心系の散乱角分布を調べると，分子(原子)どうしの衝突の過程でどんなことが起こっているかを推定できる．§1.2.4で述べたように，大ざっぱにいって衝突径数が大きい衝突では，**散乱角** (scattering angle)[*2] は小さくなる．分子(原子)どうしはあまり接近せずに遠くをすれ違うだけである．図3.8を見るとそれが直観的に理解されるであろう．逆に，衝突径数が小さい衝突では，運動軌跡は後方に跳ね返され，散乱角は大きくなる．正面衝突しているわけである．衝突の最中に実際に原子・分子がどのような運動をしているかを実験で見ることはできない．しかし，衝突が終わったあとの散乱角を調べることで，原子・分子が衝突の最中にどんなふるまいをしているかを推定できる．いくつかの化学反応の例を見てみよう．

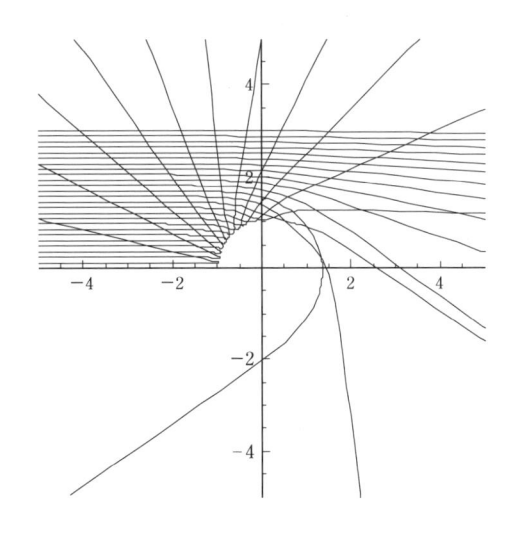

無次元化した Lennard–Jones ポテンシャルによる散乱．質量1，運動エネルギー1の粒子を衝突径数を変えながら入射させたときの運動軌跡を示した．衝突径数の大きな衝突は前方散乱，小さな衝突は後方散乱になる．§1.2.4 も参照せよ

図 3.8 Lennard–Jones ポテンシャルによる散乱

[*1] 原子の大きさがおよそ 10^{-10} m 程度であるのに対し，原子核の大きさは 10^{-14} m 程度である．

[*2] 第2章で**偏向角**とよんだものに対応する．本章では第2章より広く衝突現象を扱うので，この場合に汎用される**散乱角**という用語を用いる．

図3.9に示したのは，K+I$_2$→KI+Iの反応で生成するKI分子の速度ベクトル分布の実験結果である．入射したK原子の初期速度ベクトルの方向を散乱角0°，すなわち**前方散乱**(forward scattering)と定義する．生成物KIはおもに前方に散乱される．これは，K原子がI$_2$分子のかなり遠方を通り過ぎるだけで，I原子の一つを剥ぎ取って行くことを示唆している．これを**剥ぎ取り機構**(stripping mechanism)とよぶ．K+I$_2$の場合に剥ぎ取り機構で反応が起こる理由は，つぎのように説明できる．K原子がI$_2$分子に数Åの距離まで接近すると電子移動が起こり(例題3.2参照)，K$^+$とI$_2^-$のイオン対が生成する．そして，ただちにK$^+$がI$_2^-$からI$^-$を引き抜くのである．これを**銛撃ち機構**(harpooning mechanism)とよぶ．アルカリ金属とハロゲン二原子分子の反応の全断面積が数100 Å^{2}に及ぶことを説明するために，M. Polanyiが1932年に提案した考え方である．つまり，K原子は電子という"銛"をI$_2$原子に撃ち込む．その銛にはクーロン引力という"綱"がついており，それを引いてI原子を引き寄せるのである．銛撃ち機構により，衝突径数の大きな衝突でもK原子は，極端にいうとほとんどまっすぐ飛びながらI原子を剥ぎ取るため，前方散乱が支配的になる．

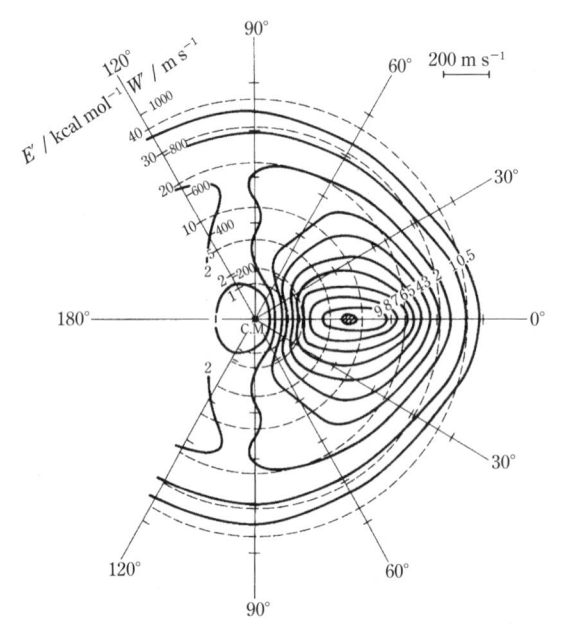

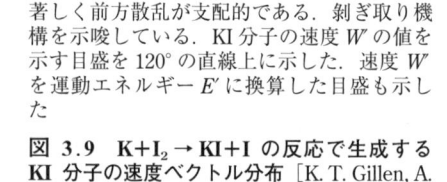

著しく前方散乱が支配的である．剥ぎ取り機構を示唆している．KI分子の速度Wの値を示す目盛を120°の直線上に示した．速度Wを運動エネルギーE'に換算した目盛も示した

図3.9 K+I$_2$→KI+Iの反応で生成するKI分子の速度ベクトル分布[K. T. Gillen, A. M. Rulis, R. B. Bernstein, *J. Chem. Phys.*, **54**, 2849 (1971) に基づく]

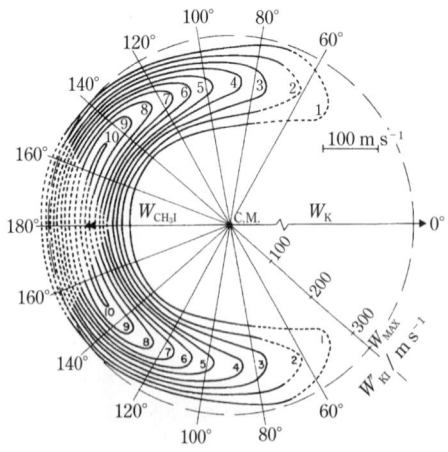

後方散乱が支配的である．跳ね返り機構を示唆している．W_KおよびW_{CH_3I}は，それぞれ反応物KおよびCH$_3$Iの速度を表す．生成物KIの速度W_{KI}の値を示す目盛を右下40°方向の直線上に示した．W_{MAX}はエネルギー保存則から定まるW_{KI}の最大値である

図3.10 K+CH$_3$I→KI+CH$_3$の反応で生成するKI分子の速度ベクトル分布[A. M. Rulis, R. B. Bernstein, *J. Chem. Phys.*, **57**, 5504 (1972) に基づく]

3.2 衝突としてみた化学反応

対照的な例は，K+CH$_3$I → KI+CH$_3$ の反応で生成する KI 分子の速度ベクトル分布である．図 3.10 に実験結果を示した．入射した K 原子の初期速度ベクトルに対して 180°の方向に生成物 KI は多く散乱される．すなわち，**後方散乱**(backward scattering)がおもに起こる．これは，K 原子が CH$_3$I 分子の I 原子に正面衝突しないと反応が進まないことを示唆している．K 原子は CH$_3$I の I 原子に正面衝突し，跳ね返されながら I 原子を引き連れて後方に飛び去るのである．これを**跳ね返り機構**(rebound mechanism)とよぶ．

上述の二つの反応 K+I$_2$ と K+CH$_3$I の微分断面積を比較したものを図3.11に示した[*1]．K+CH$_3$I の反応の微分断面積は，K+I$_2$ より常に小さい．特に，散乱角が小さい前方散乱部分で K+CH$_3$I の微分断面積がほとんど零になっている．これは，K+CH$_3$I の反応では銛撃ち機構がはたらかず，衝突径数が小さい正面衝突でないと反応が起こらないことを示している．つぎに重要なことは，散乱角が大きい後方散乱部分でも，K+CH$_3$I より K+I$_2$ の微分断面積の方が大きいということである．K+I$_2$ では正面衝突してももちろん反応が起こる．正面衝突の場合でも K+CH$_3$I の微分反応断面積は K+I$_2$ より小さくなるのである．その理由の一つに**立体因子**(steric factor)があげられる．K+CH$_3$I の反応では，K 原子が CH$_3$ 基の側から衝突しても反応は起こらない．K 原子が I 原子の側から衝突したときだけ反応が起こる．気相中で CH$_3$I 分子は回転しており，その回転軸の方向はランダムである．K 原子が正面衝突してきたとき，たまたま反応に都合がよい配向の CH$_3$I 分子とだけ反応を起こすことになる．これが立体因子である．おおざっぱな直観からいっても，反応が起こる確率は K+I$_2$ より K+CH$_3$I の方が 1/2 倍程度になるであろう．図 3.11 のグラフの下側の面積は全断面積の値となる．K+I$_2$ と K+CH$_3$I を比較すると，銛撃ち機構がはたらくか否か，そして立体因子が大きいか否かにより，断面積の値に大きな差が生じていることがわかる．

分子配向をそろえた分子線(配向分子線[*2])を用いると化学反応の配向依存性を実験的に測定できる．CH$_3$I の配向分子線を用いて，K 原子が CH$_3$I に接近するときの方向に反応確率がどのように依存するかを測定した結果を図 3.12 に示した．K 原子が I 原子の側を攻撃しないと反応が起こらないことが確認された．

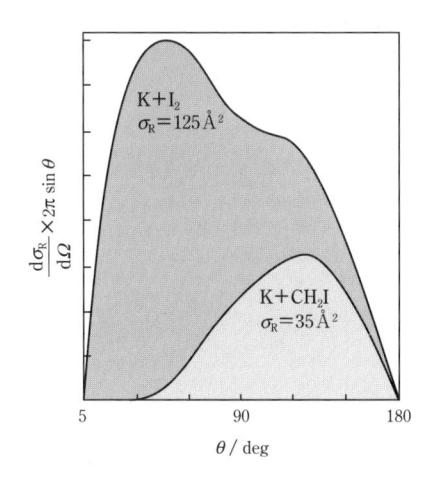

両反応で生成する KI 分子の微分反応断面積に $2\pi \sin\theta$ を掛けた値を散乱角の関数(すなわち角度分布)としてグラフに示した．平均衝突エネルギーはともに 2.8 kcal mol^{-1} である．また，それぞれの反応の全断面積の値を図の中に記した．各曲線の下側の面積が全断面積の値となる．化学反応 K+I$_2$ と K+CH$_3$I を比較すると，後者は前方散乱部分がなく，また後方散乱部分も抑制されている

図 3.11 化学反応と K+I$_2$ → KI+I と K+CH$_3$I → KI+CH$_3$ の微分断面積の比較 [R. D. Levine, R. B. Bernstein, "Molecular Reaction Dynamics", Oxford (1974)に基づく．実験データは図 3.9 および図 3.10 の文献のものである]

[*1] 図示したグラフは微分反応断面積 dσ_R/dΩ に $2\pi \sin\theta$ を乗じたものである．このため，後述するように，グラフの下側の面積は全反応断面積になる．
[*2] 永久双極子モーメントをもつ対称こま分子の分子線を，不均一電場の中を通すことにより，分子配向を選別することができる．通常，六重極フィルターとよばれる装置を用いる．§2.4.1 も参照せよ．

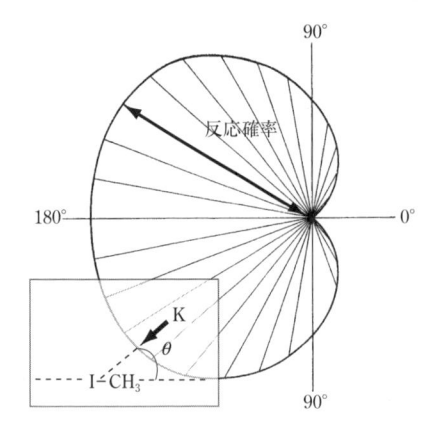

図 3.12　K + CH$_3$I 反応の配向依存性［R. B. Bernstein, A. M Rulis, *J. Chem. Soc., Faraday Trans.*, **55**, 295（1973）に基づく］

CH$_3$I の配向分子線を用いて，K 原子が CH$_3$I を攻撃する角度に反応確率がどのように依存するかを測定し，極表示したもの．K 原子が C-I 軸に平行に I 原子を攻撃するときを 180° と定義した

例題 3.2　銛撃ち機構の射程距離　K 原子のイオン化ポテンシャルは 4.3 eV，I$_2$ の垂直電子親和力は 1.7 eV* である．K 原子と I$_2$ 分子の距離が何 nm のときに電子移動が起こりうるか計算せよ．ただし，K+I$_2$ の遠距離相互作用の効果は無視せよ．

解答　K+I$_2$ および K$^+$+I$_2^-$ のポテンシャル曲線は図1のようになると考えられる．

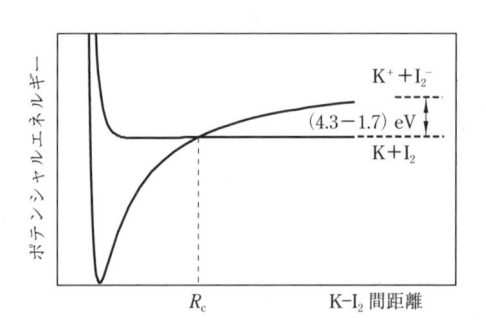

図1　K+I$_2$ のポテンシャル曲線

K と I$_2$ が無限遠に離れているときはイオン対 K$^+$+I$_2^-$ より中性 K+I$_2$ の方がエネルギーが低い．しかし，イオン対のエネルギーはクーロン相互作用のため，距離が近づくとエネルギーが低下する．K+I$_2$ の遠距離相互作用を無視すると，K$^+$+I$_2^-$ と K+I$_2$ のエネルギーが等しくなる距離 R_c は，方程式

$$(4.3-1.7)\,\text{eV} \times 1.6\times10^{-19}\,\text{J eV}^{-1} - \frac{1}{4\pi\varepsilon_0}\frac{e^2}{R_c} = 0$$

から求めることができる．ただし，e は電気素量，ε_0 は真空の誘電率である．上式を解くと，

$$\begin{aligned}R_c &= \frac{e^2}{4\pi\varepsilon_0}\frac{1}{(4.3-1.7)\times1.6\times10^{-19}\,\text{J}} \\ &= \frac{(1.6\times10^{-19}\,\text{C})^2}{4\times3.14\times8.85\times10^{-12}\,\text{F m}^{-1}}\frac{1}{(4.3-1.7)\times1.6\times10^{-19}\,\text{J}} = 0.55\,\text{nm}\end{aligned}$$

を得る．

---

*　J. A. Ayala, W. E. Wentworth, *J. Phys. Chem.*, **85**, 768 (1981).

3.2 衝突としてみた化学反応

つぎの例は $O(^1D)+D_2 \rightarrow OD+D$ の反応で生成する OD の角度分布である．実験結果を図 3.13 に示した．前方と後方に強く散乱されるが，角度分布が前方後方対称になっていることが特徴である．寿命の長い**衝突錯合体**(collision complex) D_2O が形成[*1]されていると考えられる．衝突錯合体 D_2O が分子回転しながら，D 原子を四方八方に発射するのである．衝突錯合体の寿命が分子回転の周期よりも長いと，分子回転により，最初にどの方向から衝突したかに関する記憶が完全に消え，前後の方向に対称的な角度分布になる．

衝突過程での角運動量の保存を考慮すると，衝突錯合体が回転する様子を想像できる．議論を簡単にするため，反応物分子の分子回転の角運動量を無視する．二つの粒子が，零でない衝突径数で衝突し，合体して衝突錯合体を形成する．衝突してくる二つの粒子の相対位置ベクトルと相対速度ベクトルで一つの平面が定まる．これを**衝突平面**とよぶ．相対運動の軌道角運動量ベクトルはこの衝突面に垂直である．角運動量保存から，衝突錯合体の分子回転の角運動量ベクトルは，入射相対運動の軌道角運動量ベクトルに等しい．これは衝突錯合体が衝突平面内で回転することを意味する(図 3.14 参照)．衝突錯合体が回転しながらどの方向へも均等に生成物を放出すると，生成物の角度分布は前方後方対称になる．反応物分子が回転角運動量をもっているときでも，その方向に依存せずに衝突錯合体が形成されるならば前方後方対称分布になることが示される．錯合体形成反応でも，生成物の角度分布が三次元空間の中で等方的になるわけではないことに注意せよ[*2]．

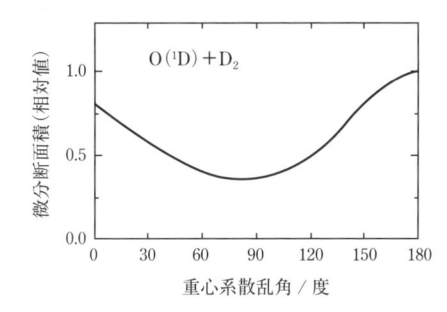

前方後方対称の分布はこの反応が錯合体形成様式であることを示している

図 3.13 化学反応 $O(^1D)+D_2$ で生成する OD の角度分布 [P. Casavecchia, N. Balucani, M. Alagia, L. Cartechini, G. G. Volpi, *Acc. Chem. Res.*, **32**, 509 (1998) に基づく]

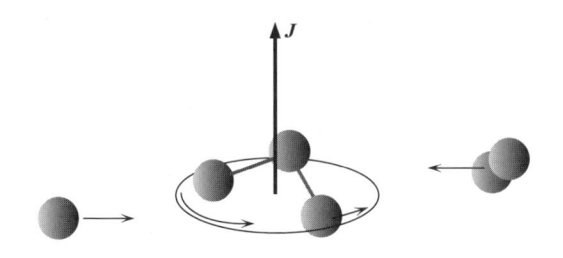

原子と二原子分子(分子回転を無視する)が衝突し，合体して衝突錯合体を形成する．衝突の軌道角運動量ベクトルが，角運動量保存により，衝突錯合体の回転角運動量ベクトル (J) になる．その結果，衝突錯合体は衝突面内で回転する

図 3.14 衝突錯合体の回転

[*1] D_2O(重水)はもちろん安定分子である．しかし，$O+D_2$ の衝突で生成した D_2O は，$O+D_2$ への解離エネルギーより大きな振動エネルギーをもち，有限の寿命のあとに解離する．より解離エネルギーの小さい $OD+D$ へ解離すれば化学反応が起こったことになる．衝突錯合体が他の分子(または器壁)と衝突して振動エネルギーを失えば安定な D_2O 分子となり得る．§5.1 および §5.2 でこのような余剰エネルギーをもった分子の解離過程を議論する．

[*2] 錯合体が生成物を放出する方向は，錯合体の構造に依存する．しかし，回転しながら生成物を放出することで，放出する方向は，角運動量ベクトルに対して軸対称になる．その結果，生成物の角度分布は，前方後方対称になることが導かれる．前後方向に多く放出されるか，側方(散乱角 90° 付近)に多く放出されるかは反応系によって異なる．また，微分断面積には，幾何学的因子 $1/\sin\theta$(ただし θ は散乱角)の重みが掛かる．より詳しい解説は R. D. Levine 著，鈴木俊法，染田清彦訳，"分子反応動力学"，p. 117〜118, p. 436, シュプリンガー (2009) 参照．

まとめると，交差分子線の実験で生成物の角度分布を測定することにより，化学反応の典型的な様式を分類できる．化学反応はまず，**直接様式反応**(direct-mode reaction)と**錯合体形成様式反応**(complex formation-mode reaction)の2種類に分類できる．直接様式反応には二つの典型的な動力学機構，①剥ぎ取り機構，②跳ね返り機構が含まれる．

BOX 3.2　化学反応の完全実験

$F+H_2$の反応で生成するHF分子の速度ベクトルの分布を図1に示した．HF分子の振動準位が離散的であることと全エネルギーが保存することから，生成物H+HFの相対並進運動エネルギーも，HFの回転分布を反映したある幅をもつものの，離散的となる．その結果，各振動状態のHFの速度ベクトル分布が読み取れる．HF($v=1$および2)はおもに前方散乱を示しているが，HF($v=3$)では後方側にも多く散乱されている．

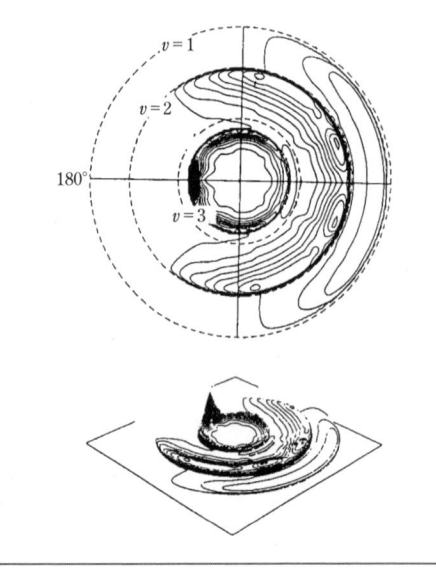

平均衝突エネルギー2.74 kcal mol^{-1}の場合．HFの振動エネルギーが離散的なのが，速度ベクトル分布にも反映されている．そのため，各振動状態のHFの角度分布を読み取ることができる．HF($v=1, 2$)はおもに前方散乱であるが，$v=3$は後方にも多く散乱されている

図1　$F+H_2$反応で生成するHF分子の速度ベクトル分布　[D. M. Neumark, A. M. Wodtke, G. N. Robinson, C. C. Hayden, Y. T. Lee, *J. Chem. Phys.*, **82**, 3058 (1985) に基づく]

以上のように，交差分子線の技術を用いて**状態から状態への化学反応**を詳細に調べることができる．また，§3.1.3で述べたように，レーザー光を用いて，分子の量子状態を完全に指定した実験も実行できる．反応始状態で，衝突エネルギーと反応物のすべての量子数を完全に選択し，そして終状態では生成物の速度，散乱角，およびすべての量子状態を完全に区別して観測する実験を**完全実験**(perfect experiment)とよぶ．分子線の技術，そしてレーザー光を用いて生成物を状態選別して検出する技術の進歩により，完全実験が可能となった．一方，理論計算でも，数個の原子が関与する化学反応については，近似のない厳密な量子力学計算で，状態を完全指定した微分反応断面積を求めることが可能となった．M. Polanyiの研究から始まった状態から状態への化学は，ある意味では究極の完成を見たといえる．

たとえば，量子状態の完全指定を行うとどのような情報が得られるか考えてみよう．化学反応

$$F + H_2(v, N, m_N) \longrightarrow HF(v', N', m'_N) + H \tag{R8}$$

を例にとり，すべての量子数を列挙してみる．反応始状態では，衝突エネルギーE_{coll}, H_2の振動量

子数 v，および H_2 の回転量子数 N, m_N である．反応終状態では，散乱角 θ，相対並進運動エネルギー E'_{coll}，HF の振動量子数 v'，および HF の回転量子数 N', m'_N である．ここでは議論を簡単にするために，スピン副準位などは省略した．完全指定された状態から状態への反応断面積は，$\sigma(E_{coll}, v, N, m_N | \theta, v', N', m'_N)$ と表される．全エネルギー保存則があることを考慮して E'_{coll} は従属変数であると考えた．反応断面積は全部で8個のパラメーターに依存する．最も精密な反応ダイナミクスの研究では，これを実験的にあるいは数値計算的に追究するわけである．そのようなデータを実験結果あるいは計算結果として提示されたとして，化学反応の本質がわかったといえるかどうか考えてみる必要もあるだろう．しかしながら，M. Polanyi の実験から完全実験に至る道筋には，化学反応の本質に迫る，さまざまなものの考え方が提案された．目的地に到達することでなく，旅の途中で見えるさまざまな景色にこそ価値があったのである．

3.2.3 リアルタイム化学反応ダイナミクス

状態から状態への化学でも，交差分子線の散乱実験でも，反応がすっかり終わってしまったあとで生成物の終状態を観測して，反応途上の原子・分子の運動を想像していたにすぎない．まさに動きつつある原子・分子に光を当てることはできないのであろうか．それを可能にしたのが**極短光パルス**(ultra short light pulse)である．

分子の振動周期は，分子あるいは振動モードによって大小はあるが，10^{-14}〜10^{-12} s 程度である．それより短いレーザーパルスが，レーザー技術の進歩の結果，つくり出せるようになった．パルスの時間幅を Δt とすると，エネルギー・時間不確定性関係 $\Delta E \Delta t \sim h$ から決まるエネルギーの不確定さ ΔE が生じる．フェムト秒パルス[*1]では ΔE が振動準位の間隔より広くなる．このような短パルスで分子を電子励起した場合，電子励起状態の振動固有状態が生成するのではなく，電子基底状態の振動固有関数（振動量子数 $v = 0$ ならば最小ガウス波束）が電子励起状態のポテンシャル上に飛び乗った非定常状態が生成する[*2]．ここでは振動量子数が指定できる振動状態ではなく，非定常の波動関数，すなわち**波束**(wave packet)で，ダイナミクスを考えることになる．波束の確率分布は空間的に局在している．つまり，"どの振動状態が生成したか"ではなく"核間距離は何 nm であるか"[*3]のように考える．第2の極短パルスレーザーを用いて，波束の動きを刻一刻追跡できる可能性がある．これを**フェムト秒化学**(femto second chemistry)とよぶ．

Zewail らはフェムト秒化学を実験室で実現した[*4]．NaI を用いた実験の原理を図 3.15 に示した．第1のフェムト秒パルスで NaI を電子励起し，波束を第1電子励起状態のポテンシャル曲線上につくる．遅延時間の後に第2のフェムト秒パルスで波束をさらに上の第2電子励起状態に上げる．そこから分子解離で生成する Na* の発光を検出するのである．実際の NaI の電子励起状態のポテンシャル曲線は図 3.16 のように核間距離 $R_x = 6.93$ Å に擬交差がある．NaI* は振動しながら擬交差を

[*1] 10^{-12} s を**ピコ秒**(pico second)，10^{-15} s を**フェムト秒**(femto second)とよぶ．パルス幅が1ピコ秒より短いパルスを**フェムト秒パルス**とよぶ．

[*2] パルス幅 Δt から定まるエネルギー幅 ΔE が，振動準位間隔より十分広く，しかし隣接する電子状態とのエネルギー間隔より十分狭いとき，ある一つの電子状態のポテンシャル上に核の運動を表す波束が生成すると考えることができる．第 I 巻，第3章で詳しく解説されている．

[*3] 電子基底状態の振動基底状態から理想的な極短パルス励起を行ったとすると，波束は振動基底状態の固有関数である．その確率分布の半値半幅は零点振動の振幅であり，大ざっぱにいって 0.01 nm 以下である．"核間距離は何 nm であるか"というのは，零点振動の振幅程度の幅の不確定さを許容した問いかけである．

[*4] A. Zewail は 1999 年ノーベル化学賞を受賞した．

通過するたびに，非断熱遷移により*1 ポテンシャルを乗り移り，少しずつ解離する．第2パルスの遅延時間を変えながら蛍光強度を測定した結果が図3.17である．信号強度の振動はちょうどNaIの波束の振動に対応し，振動の減衰は非断熱遷移でNaIが解離していく過程を反映している．

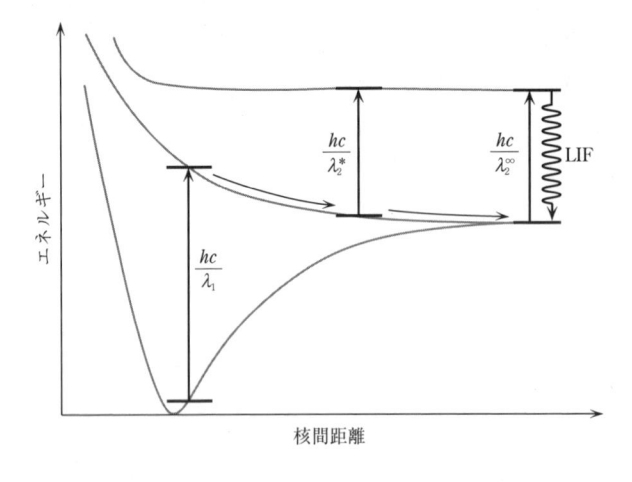

核間距離が変化すると共鳴波長 λ_2^* が変化することを利用する．すなわち，プローブパルスの中心波長 λ_2^* を固定しておくと，波束が特定の位置にきたときにレーザー誘起蛍光(LIF)信号が得られる

図3.15 Zewailらによるフェムト秒波束プローブの模式図［T. S. Rose, M. J. Rosker, A. H. Zewail, *J. Chem. Phys.*, **91**, 7416 (1989) に基づく］

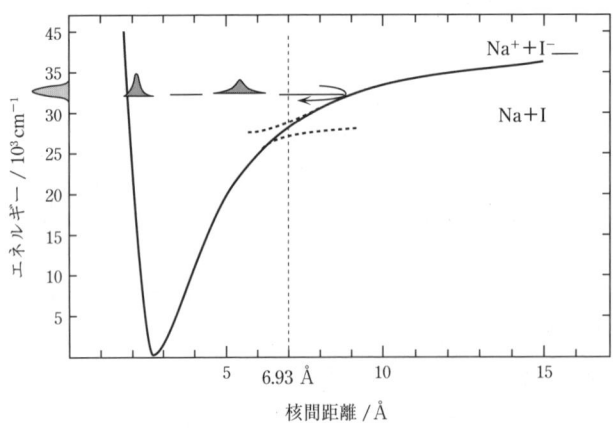

イオン対状態と共有結合性状態が，核間距離 6.93Å で擬交差を起こす．上側の断熱ポテンシャル上につくられた波束は，何度も振動しながら，擬交差を通過するたびに，ある確率でNa+Iに解離する

図3.16 NaI 電子励起状態のポテンシャル曲線［T. S. Rose, M. J. Rosker, A. H. Zewail, *J. Chem. Phys.*, **91**, 7421 (1989) に基づく］

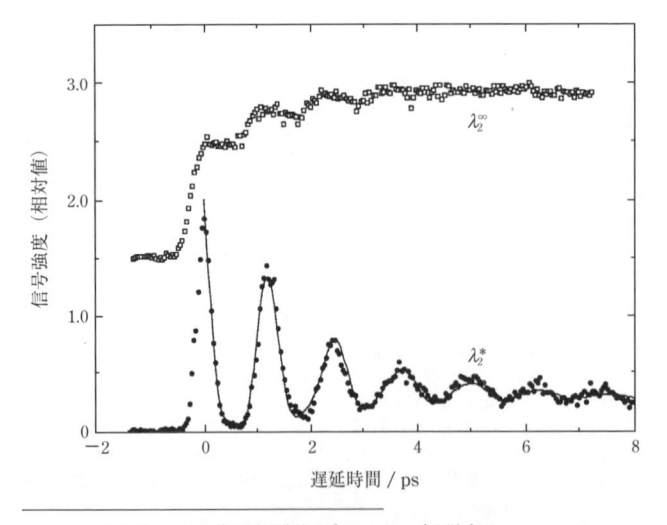

2種類のプローブ波長(図3.15の λ_2^* および λ_2^∞)のプローブ信号．λ_2^* の場合の信号強度の振動は波束の振動に対応し，λ_2^∞ の場合は Na の生成量に対応する

図3.17 Zewailらによるフェムト秒波束プローブの信号［A. H. Zewail, *J.Chem. Soc., Faraday Trans.*, **85**, 1230 (1989) に基づく］

---

*1 擬交差および非断熱遷移は§3.4.3で解説する．

3.3 化学反応のポテンシャル曲面と古典軌跡
3.3.1 ポテンシャル曲面の地形学

"化学反応でなぜ，生成物が振動励起しているのか"，この疑問を M. Polanyi らは力学の問題として議論した．原子間にはたらく力がわかれば，化学反応の最中の原子の動きは力学の問題に帰着できる．M. Polanyi らは，生まれて間もない化学結合論，すなわち原子価結合法の理論を用いて，A+BC 型の反応が起こるときの3個の原子間にはたらく力のポテンシャルを求めた．これを，化学反応の**ポテンシャルエネルギー曲面**(potential energy surface)とよぶ．

Born-Oppenheimer 近似によれば，原子間にはたらく力のポテンシャルは，核配置を固定して求めた電子状態の固有エネルギー(電子エネルギー)そのもので与えられる(§3.4.2 参照)．原子 A-B 間，B-C 間および C-A 間の距離をそれぞれ R_{AB}, R_{BC}, R_{CA} とする．これらの距離の関数として電子エネルギー $E_{el}(R_{AB}, R_{BC}, R_{CA})$ を求めればよい．現在では，非経験的分子軌道法を用いて，多数の核配置に対して電子エネルギーを求め，化学反応のポテンシャルエネルギー曲面を構成することができる．

3個の H 原子間にはたらく力のポテンシャルの一例を図 3.18 に示した．このポテンシャルをもとに，H 原子の**交換反応**(exchange reaction) $H+H_2 \to H_2+H$ を考えることができる[*1]．図 3.18 を見ながら，ポテンシャルエネルギーの**地形学**(topography)，すなわち3個の H 原子の配置とポテンシャルエネルギーの高低の対応を確認しよう．3個の H 原子の相対的な原子配置を記述するには $3\times3-6=3$ 個の自由度が必要である．3変数のポテンシャル関数を直観的に理解するのは難しいので，議論を簡単にするため，3個の H 原子が一直線状に並んでいる場合を考える．このような原子配置を**共線型配置**(collinear configuration)とよぶ．必要な変数は2個となる．3個の H 原子を区別するために添字を付けて，左から H_a, H_b, H_c とする．まず，反応始状態では，H_a が遠くに離れ，H_b-H_c が二原子分子を形成している．これは図 3.18 の右下の部分に対応する．H_b-H_c 間距離を動かすと，

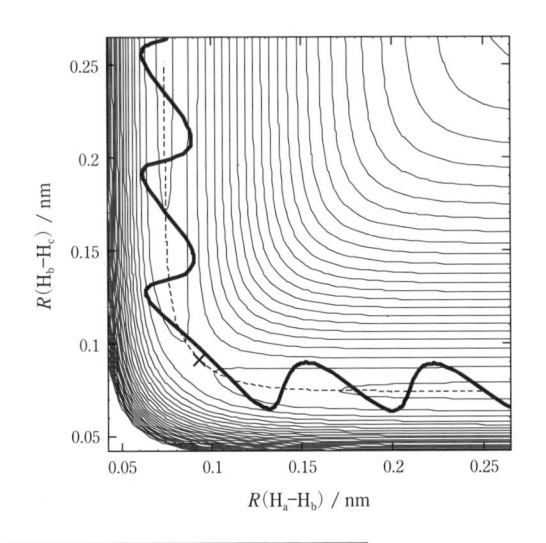

3個の H 原子を H_a, H_b, H_c としたとき，$\angle H_a H_b H_c$ を 180°に固定し(すなわち共線型配置)，核間距離 H_a-H_b および H_a-H_b の関数として電子エネルギーを等高線で表示したもの．×印は鞍点を表す．破線は最小エネルギー径路である．太線は古典軌跡(p.73 参照)の例

図 3.18 化学反応 $H+H_2 \to H_2+H$ のポテンシャル曲面と古典軌跡

[*1] H 原子の交換反応 $H+H_2 \to H_2+H$ は反応物と生成物が同一であり，反応が起こったか起こらなかったか区別ができない，という疑問が生じるかも知れない．しかし，この反応の巨視的な反応速度を実験的に測定することは可能である．H_2 分子には2個の H 原子の核スピンが一重項状態のパラ水素と，三重項状態のオルト水素が存在する．パラ水素とオルト水素の間の転換速度を測定することで，H 原子交換反応の反応速度定数を決定することができる．

すなわち図の縦軸に沿って動くと、それは H_2 の分子振動を記述するポテンシャルである。図の横軸に沿って動くと、原子 H_a と分子 H_b-H_c の距離が変化する。H_a が十分遠くに離れていれば、ポテンシャルエネルギーはほとんど変化しない。したがって、ポテンシャルの地形は図の横軸に平行に走る谷間となる。これが反応物の谷である。横軸に沿って左にいくと、原子 H_a と分子 H_b-H_c の距離が近づいてくる。図の等高線を見ると、反応始状態の谷の底がせり上がり、山を登らねばならなくなる。そして、少し左上へいった地点(図の×印の地点)に峠がある。これを**鞍点**(saddle point)とよぶ。今考えている対称な反応では、鞍点の地点で H_a-H_b 間と H_b-H_c 間の距離が等しい。化学反応のちょうど中間地点である。反応の後半では、H_b-H_c 間距離が増加していく、すなわち、図の縦軸に沿って進むことになる。峠を降りていくと、今度は縦軸に平行に走る谷間へ入る。そこは、H_a-H_b が二原子分子を形成し、H_c が遠くに離れている原子配置を表す生成物の谷である。

大まかにいって、反応物の谷から鞍点を経て生成物の谷へ向かう経路に沿って化学反応は進行する。この描像に従って、化学反応の進行を表す径路あるいは座標を定義したい。数学的、客観的に定義するには、鞍点から出発した**最急降下曲線**(steepest descent)[*1]で定義するのがよい。そのように定義した曲線を、**反応座標**(reaction coordinate)、**最小エネルギー経路**(minimum energy path)または **IRC**(intrinsic reaction coordinate)とよぶ。図 3.18 に破線で示した曲線である。

最小エネルギー経路に沿ったエネルギー地形を図 3.19 に示した。鞍点でエネルギーは極大となる。図には $\angle H_a H_b H_c$ が異なる場合をいくつか示した。$\angle H_a H_b H_c = 180°$ の共線型配置のときに鞍点のエネルギーは最小[*2]となる。このエネルギーが、反応を起こすために越さねばならない[*3]最小のエネ

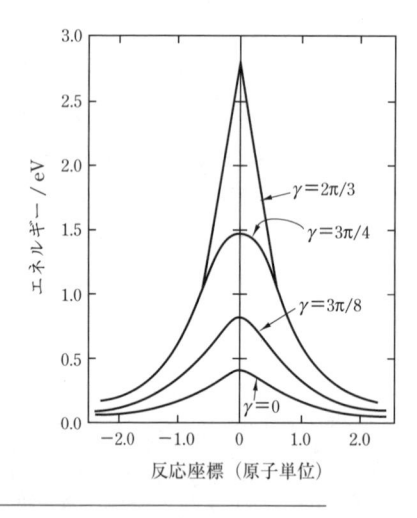

$\angle H_a H_b H_c$ が異なる場合をいくつか示した。図中の γ は $180° - \angle H_a H_b H_c$ をラジアンで表したものである。鞍点のエネルギーは $\angle H_a H_b H_c = 180°$ ($\gamma = 0$) の共線型配置のときに最小となる

図 3.19 最小エネルギー径路に沿ったエネルギー地形 [R. N. Porter, M. Karplus, *J. Chem. Phys.*, **40**, 1112 (1964) に基づく]

[*1] 山登りにたとえれば、峠からなるべく速く降りる道である。数学的には、接線が各地点の勾配ベクトル ∇V に平行になっている曲線である。ただし、勾配ベクトルが零となってしまう鞍点では、方向を定義するのにはポテンシャル V の二階偏微分のヘシアン行列を考える必要がある。変数が (R_1, R_2) の 2 個の場合、ヘシアン行列は

$$\begin{pmatrix} \dfrac{\partial^2 V}{\partial R_1^2} & \dfrac{\partial^2 V}{\partial R_1 \partial R_2} \\ \dfrac{\partial^2 V}{\partial R_2 \partial R_1} & \dfrac{\partial^2 V}{\partial R_2^2} \end{pmatrix}$$

で与えられる。ヘシアン行列の負の固有値をもつ固有ベクトルを接ベクトルとするような最急降下曲線を考えればよい。

[*2] したがって、共線型配置の鞍点は、ポテンシャルエネルギーを三変数関数として見たときにも鞍点となる。

[*3] ポテンシャル曲面上の原子の運動が古典力学に従うと考えたとき必要なエネルギーである。量子力学ではトンネル効果があるため、必要なエネルギーということにならない。

ルギー，すなわち，反応の**エネルギー障壁**(energy barrier)である．Arrheniusの提案した**活性化エネルギー**(activation energy)が物理的な意味をもち始めた．鞍点の高さが活性化エネルギーなのである[*1]．実際のH+H$_2$の反応は，共線型配置だけでなく，H$_2$分子に対していろいろな方向からH原子が衝突してくる．上述のように，反応のエネルギー障壁が最も低くなるのは共線型配置である．このため，共線型配置のポテンシャル曲面で反応を考えることが良い近似になっている．

一般には，化学反応はポテンシャル障壁を越える過程であるとは限らない．たとえば

$$D + OH \longrightarrow OD + H \tag{R9}$$

のような反応では，反応の途中にあるのは安定分子のHODである．この反応のポテンシャル曲面はH$_2$O分子のポテンシャル曲面と同一である[*2]．いうまでもなくH$_2$O分子のポテンシャル曲面は図3.20に示したようにくぼみをもつ．すなわち，上で定義した鞍点や最小エネルギー径路では記述できないような反応である．

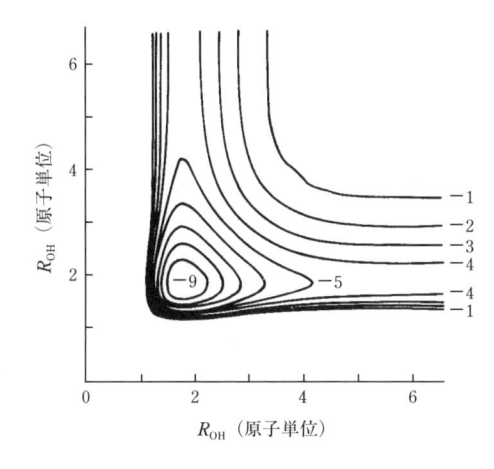

化学反応 D+OH → OD+H はこのポテンシャル曲面で記述される．錯合体形成様式反応である．反応障壁は存在しない

図 3.20 H$_2$O のポテンシャル曲面 [J. S. Wright, D. J. Donaldson, R. J. Williams, *J. Chem. Phys.*, **81**, 401 (1984) に基づく]

3.3.2 化学反応の古典軌跡

ポテンシャル曲面がわかれば，原子の運動はSchrödinger方程式を解いて知ることができる．厳密な量子力学的な計算ではなく，原子の運動が古典運動方程式に従うと考えても，現実をよく再現する結果を与えることが知られている．原子の質量というのは量子力学的な粒子の中では大きい方に分類されるからである．言い換えれば，原子が運動するときの物質波の波長は短い．左から右へ飛び去る原子の運動の量子性は，特にそれが強調される場合（トンネル効果など）を除くと，あまり顕著には現れない．古典力学に従った運動軌跡を**古典軌跡**(classical trajectory)とよぶ．

共線型F+H$_2$反応のLEPSポテンシャル(付録C参照)を図3.21に示した．その力のポテンシャルに支配された3個の原子の古典運動方程式を数値的に解き，時間の関数としてグラフにしたものが図3.22である．運動の軌跡すなわち古典軌跡として，ポテンシャル曲面の等高線図に重ねて描くと，化学反応の最中の原子の動きを理解する助けになる．図3.21には，図3.22に示した運動方程式の解

[*1] 正確には，反応物と鞍点での零点振動エネルギーを考慮しなければならない．§4.3参照．
[*2] 同位体置換により電子エネルギーは変化しないので，HODとHOHのポテンシャル曲面は同一である．

を，古典軌跡として重ねて描いてある．古典軌跡は図の右側から入ってきて，左向きの直線運動をしながら鞍点(図の×印)に向かう．このとき，F-H 間距離 R(F-H) は減少し，F 原子が H_2 分子に接近してきていることを示している．また，H-H 間距離 R(H-H) は一定で，H_2 分子は振動していないことを示している．鞍点を通過したあと，古典軌跡は左側のポテンシャル壁にぶつかり，進路を上方に変え，うねりながら進んでいく．H-H 間距離 R(H-H) は増加し，一方の H 原子が飛び去りつつあることを示している．そして，うねりは F-H 間距離 R(F-H) が増加と減少を繰返している，すなわち，生成した HF 分子が振動していることを示している．J. C. Polanyi らの赤外発光の実験で観測された HF の振動励起は，このように化学反応のポテンシャル曲面と古典軌跡で説明できる．

われわれは，物体にはたらく力がわかればその物体がどのような古典力学的な運動をするのか予測できる直観をもっている．化学反応のポテンシャル曲面が与えられれば，その上で古典軌跡がどのようになるか，少なくとも大ざっぱに定性的に予想することができる．すなわち，ポテンシャルの地形を見て，生成物が振動励起するかどうかを予測する，あるいは理解することができる．これが，古典軌跡の最大の利点である．

古典力学の直観という点で，図 3.21 の古典軌跡のうねりの部分を見ると，少し違和感を感じるに違いない．力のベクトルはポテンシャルの等高線に垂直にはたらく．図 3.21 の座標系では，実は力のベクトルと加速度ベクトルが一致しない．これについて解析力学的に考察する．

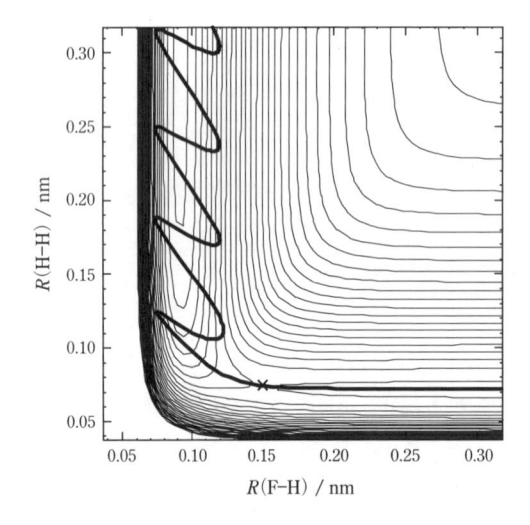

Muckerman-5 ポテンシャル(G. C. Schatz, J. M. Bowman, A. Kuppermann, *J. Chem. Phys.*, **63**, 674(1975))の等高線図．図 3.22 に示した古典運動方程式の解を運動軌跡として重ねて描いた．×印はポテンシャルの鞍点である

図 3.21 共線型 $F+H_2$ のポテンシャル曲面と古典軌跡

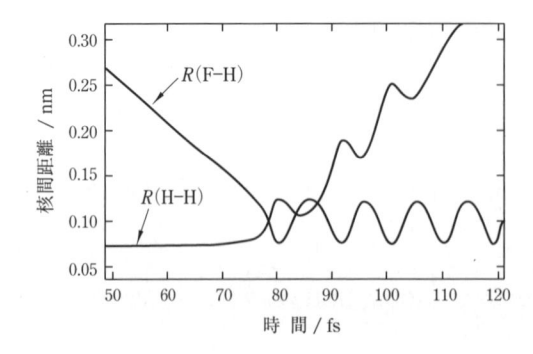

図 3.21 のポテンシャル曲面を用い，F-H 間距離 R(F-H) および H-H 間距離 R(H-H) に対する古典運動方程式を数値的に解いて時間の関数として表したもの．初期条件は，衝突エネルギー 0.01(原子単位)で，H_2 の振動エネルギーが 0 である．ただし，1 原子単位 = 2.626×10^3 kJ mol^{-1} である．結合の組替えは，時刻 70〜85 fs の間，すなわち 15 fs 程度の時間で終了している

図 3.22 共線型 $F+H_2$ 反応における核間距離の時間変化

質量加重座標

ポテンシャル曲面上での古典軌跡を考えるときに忘れてはならないことがある．自由度の間の**運動学的相互作用**(kinematic coupling)である．共線型反応 A+BC → AB+C を考える．3個の原子A, B, C が x 軸上に並んでいるとし，それらの座標をそれぞれ x_A, x_B, x_C とする*．原子A, B, Cの質量をそれぞれ m_A, m_B, m_C とすると，運動エネルギーは

$$T = \frac{1}{2}m_A\dot{x}_A^2 + \frac{1}{2}m_B\dot{x}_B^2 + \frac{1}{2}m_C\dot{x}_C^2 \tag{3.1}$$

で与えられる．核間距離

$$R_{AB} = x_B - x_A \tag{3.2}$$

$$R_{BC} = x_C - x_B \tag{3.3}$$

および重心位置

$$x_G = \frac{m_A x_A + m_B x_B + m_C x_C}{m_A + m_B + m_C} \tag{3.4}$$

に変数変換すると

$$T = \frac{1}{2}M\dot{x}_G^2 + \frac{1}{2}\frac{m_A(m_B+m_C)}{M}\dot{R}_{AB}^2 + \frac{1}{2}\frac{m_C(m_A+m_B)}{M}\dot{R}_{BC}^2 + \frac{m_A m_C}{M}\dot{R}_{AB}\dot{R}_{BC} \tag{3.5}$$

を得る．ただし，$M = m_A + m_B + m_C$ である．第4項の交差項が現れることに注意せよ．この項があるために，加速度ベクトルは力のベクトルに比例しない（例題3.3参照）．これが運動学的相互作用である．

例題 3.3　運動学的相互作用　式(3.5)に示したように運動エネルギーに交差項がある場合，加速度ベクトルと力のベクトルの方向が一致しないことを示せ．

解　答　ラグランジュ形式の解析力学に従い運動方程式を導く．ラグランジュ関数 $L = T - V$ を用いると，運動方程式は

$$\frac{d}{dt}\frac{\partial L}{\partial \dot{R}_{AB}} - \frac{\partial L}{\partial R_{AB}} = 0$$

および

$$\frac{d}{dt}\frac{\partial L}{\partial \dot{R}_{BC}} - \frac{\partial L}{\partial R_{BC}} = 0$$

で与えられる．式(3.5)を用いると

$$\frac{m_A(m_B+m_C)}{M}\ddot{R}_{AB} + \frac{m_A m_C}{M}\ddot{R}_{BC} = -\frac{\partial V}{\partial R_{AB}}$$

および

$$\frac{m_C(m_A+m_B)}{M}\ddot{R}_{BC} + \frac{m_A m_C}{M}\ddot{R}_{AB} = -\frac{\partial V}{\partial R_{BC}}$$

を得る．上式は，加速度ベクトルに線形変換を施したものが力のベクトルに等しいことを示している．すなわち，加速度ベクトルは力のベクトルと平行でない．

式(3.5)で交差項が出ないような座標系に移れば，力のベクトルと加速度ベクトルの方向は一致し，古典軌跡はわれわれの直観に従った運動を示し，直観的に理解しやすい．そうするには，新しい変数

---

* 以下の議論は共線型配置に限らなくても成り立つ．座標や距離を三次元空間の位置ベクトルあるいは相対位置ベクトルと読み替えれば，（共線型でない）一般の A+BC → AB+C に関する議論になる．

を導入すればよい．ここで，R は，原子 A と分子 BC の重心の間の距離である．この座標 (R, r) を**ヤコビ座標**（Jacobi coordinate）とよぶ．運動エネルギーの表式(3.5)を新しい座標で表すと

$$R = R_{AB} + \frac{m_C}{m_B + m_C} R_{BC} \tag{3.6}$$

$$r = R_{BC} \tag{3.7}$$

$$T = \frac{1}{2} M \dot{x}_G^2 + \frac{1}{2} \frac{m_A(m_B + m_C)}{M} \dot{R}^2 + \frac{1}{2} \frac{m_B m_C}{m_B + m_C} \dot{r}^2 \tag{3.8}$$

となる（章末の問題3.2参照）．ここで，T の表式をさらに簡単にしておく．座標の尺度変換で，新しい座標

$$Q_1 = \sqrt{\frac{m_A(m_B + m_C)}{M}} R \tag{3.9}$$

$$Q_2 = \sqrt{\frac{m_B m_C}{m_B + m_C}} r \tag{3.10}$$

を定義すると，運動エネルギーの表式(3.8)は

$$T = \frac{1}{2} M \dot{x}_G^2 + \frac{1}{2} \dot{Q}_1^2 + \frac{1}{2} \dot{Q}_2^2 \tag{3.11}$$

となる．第1項は3原子系全体の重心運動を表し，原子の相対的な運動とは関係ないので今は無視してよい．第2項と第3項が相対運動すなわち化学反応のポテンシャル曲面上の運動を表す．座標系 (Q_1, Q_2) では相対運動は質量1の質点の運動で表される．この座標系を**質量加重座標系**（mass-weighted coordinate）*とよぶ．

図3.21を質量加重座標系で描き直したものが図3.23である．古典軌跡が直観的に正しく運動している．すなわち，直観的に古典軌跡を予測できるようにするには，ポテンシャル曲面の等高線図を質量加重座標系で表示しなければならない．

座標系 (R_{AB}, R_{BC}) と (Q_1, Q_2) の間の変換（式(3.6)～(3.7)）は直交変換ではない．力のベクトルと加速度ベクトルの方向が一致する座標系 (Q_1, Q_2) の方が直交座標系であると考えられる．したがって，座標系 (R_{AB}, R_{BC}) は**斜交座標系**（skewed coordinate）ということになる．図3.23で，反応物の谷と生

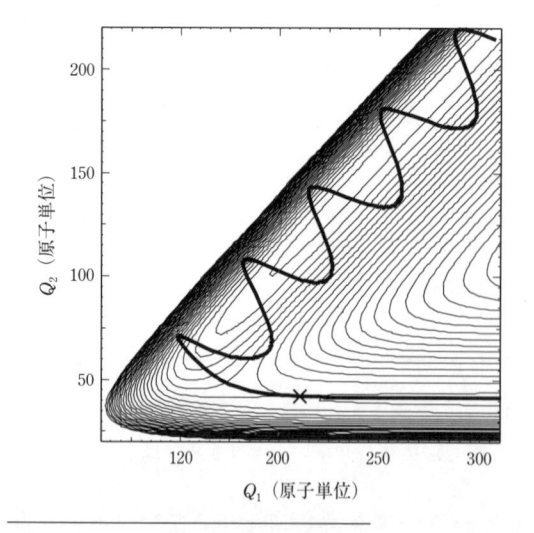

図 3.23 共線型 F+H$_2$ 反応ポテンシャル曲面と古典軌跡

図3.21の内容を質量加重座標系で描いたもの

---

* または，**質量加重ヤコビ座標系**．

成物の谷が直角でないのはこのためである．座標軸 R_{AB} と座標軸 R_{BC} のなす角を β とすると

$$\cos\beta = \sqrt{\frac{m_A m_C}{(m_A+m_B)(m_B+m_C)}} \tag{3.12}$$

と表される（章末の問題 3.3 参照）．この角 β を**斜交角**（skew angle）とよぶ．斜交角は質量の組合わせで決まる．たとえば F-H-H の場合 $\beta=46.4°$ である．斜交角もポテンシャルの地形学の重要な因子である．両端の原子が重いと斜交角は小さくなる．極端な質量比がある原子を含む反応では，極端に小さな斜交角が古典軌跡の動きを支配してしまう．例として Br+HI → HBr+I の場合を図 3.24 に示した．

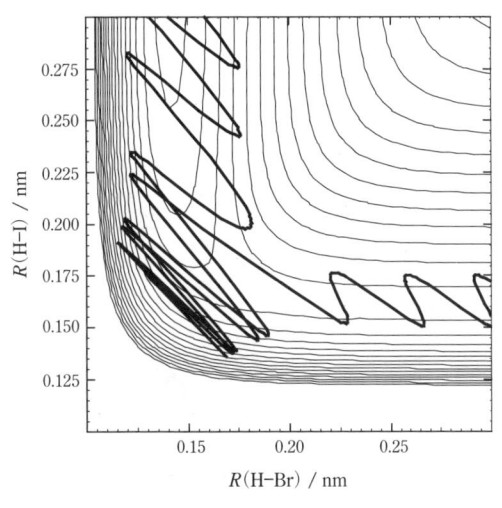

核間距離の関数として表したポテンシャル曲面の等高線図と古典軌跡．ポテンシャル関数は M. Broida, A. Persky, *Chem. Phys.* **133**, 405(1989) による LEPS 関数に基づく．古典軌跡の初期条件は，衝突エネルギー 0.002（原子単位），HI の初期振動エネルギーを零点振動エネルギーとした．極端な質量比のため，運動学的相互作用が大きく，ポテンシャルから決まる力に平行に加速度がはたらいていないことが直観的にもわかる

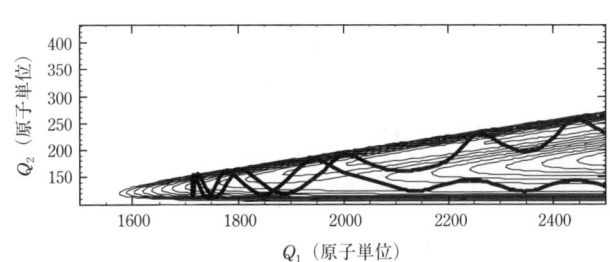

質量加重座標で描いた同一のポテンシャル曲面と同一の古典軌跡．衝突の並進エネルギーを利用して反応障壁を越えていく，という描像とは異なる理解が必要であることを示している

図 3.24 共線型化学反応 Br+HI → HBr+I のポテンシャル曲面の等高線図と古典軌跡

3.3.3 ポテンシャル地形とエネルギー分配

生成物のエネルギー分配

図 3.4 の実験結果，そして図 3.23 の古典軌跡が示すように，化学反応 F+H$_2$ → HF+H では生成物 HF は振動励起する．例題 3.1 で調べたように，放出されたエネルギーの多くが HF の振動自由度に分配される．本節では，J. C. Polanyi の議論に従って，化学反応 F+H$_2$ → HF+H の**エネルギー分配**（energy partitioning）とポテンシャル地形について検討する．

図 3.23 からわかるように，化学反応の古典軌跡の特徴は，曲がりながら峠を越えることである．F+H$_2$ 反応のポテンシャル曲面の特徴は，反応座標が曲がるより前に鞍点があることである*．これ

---

* 図 3.18 に示した対称反応 H+H$_2$ → H$_2$+H ではちょうど，反応の中間地点が鞍点であった．それと比較すると F+H$_2$ では鞍点が反応始状態の方へかなりずれてきている．

を**初期障壁反応**(early barrier reaction)とよぶ．初期障壁の化学反応では生成物が振動励起する．その理由はポテンシャル曲面上の古典軌跡の動きから直観的に説明できる．古典軌跡は鞍点を通過したあと，深い谷に落ちて加速される．加速される方向は生成物 HF の核間距離を押し縮める方向であり，その結果 HF 分子が振動励起されるのである．

これを一般的な議論にするとつぎの通りである．古典軌跡が鞍点を越えて坂を下るとき，ポテンシャルエネルギーが放出され，それが運動エネルギーへ転化する．そのときに，放出されたエネルギーが，相対並進運動エネルギーになるのか振動エネルギーになるのかその分配の仕方が問題になる．早期障壁の化学反応の場合，エネルギーの多くの部分が振動エネルギーに転化されるのである．

化学反応が起こるためのエネルギー分配の要件

<u>化学反応が起こるか否か</u>が化学として重要な問題なのであって，できてしまった生成物のエネルギーなどには興味はない，という立場もあるだろう．しかし，生成物のエネルギー分配は，反応が起こるか否かの議論と関係してくる．微視的可逆性のためである．本題に入る前に，まず自明な問題を確認しておく．衝突エネルギー $2.74\,\mathrm{kcal\,mol^{-1}}$ で，F 原子と振動基底状態の $H_2(v=0)$ が衝突する

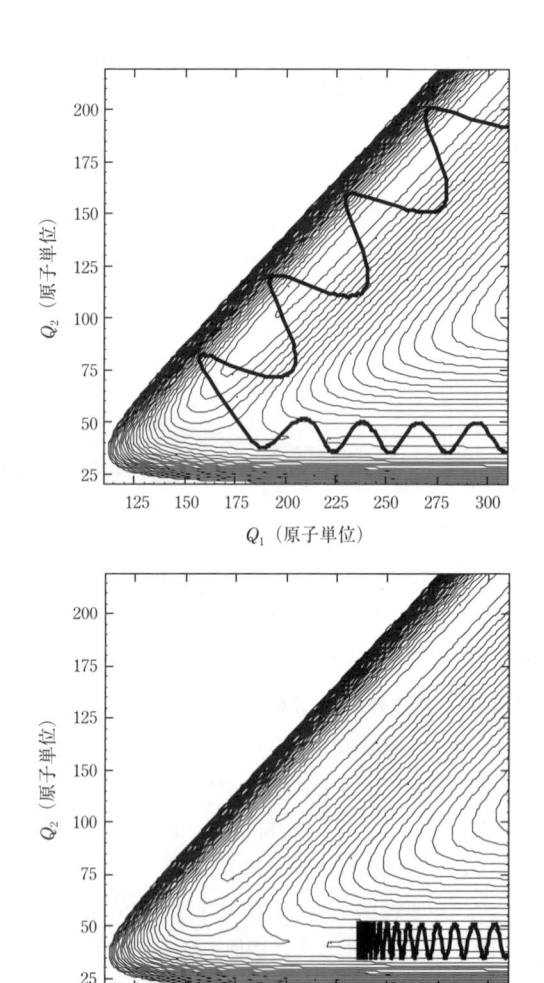

Muckerman-5 ポテンシャル上の古典軌跡．上図：衝突エネルギーを $2.74\,\mathrm{kcal\,mol^{-1}}$(p. 66, BOX 3.2 図 1 の実験と同一の値)，H_2 の初期振動エネルギーを零点振動エネルギーとした場合．下図：衝突エネルギーから $2.2\,\mathrm{kcal\,mol^{-1}}$ を減じ，その分だけ振動エネルギーを大きくした初期条件の古典軌跡．すなわち，全エネルギーは上図と同一の値である．古典軌跡は鞍点のエネルギー障壁を越えられずに，反応物の谷へひき返す．すなわち，化学反応は起こらない

図 3.25 初期障壁反応 $F+H_2 \to HF+H$ のポテンシャル曲面と古典軌跡

3.3 化学反応のポテンシャル曲面と古典軌跡

状況を古典軌跡で模倣した*のが図3.25の上段の図である．古典軌跡は生成物の谷へ向かい，この初期条件で反応が起こることを示している．つぎに，衝突エネルギーから2.2 kcal mol^{-1}を減じ，その分だけ振動エネルギーを大きくした初期条件の古典軌跡を図3.25下段に示した．すなわち，全エネルギーは同一であるが，そのエネルギーを衝突エネルギーと振動エネルギーにどう分配するかが異なるのである．その結果，古典軌跡は鞍点のエネルギー障壁を越えられなくなり，反応物の谷へひき返している．すなわち，化学反応は起こらない．エネルギー障壁を越えるためには"強く"衝突しなければならないのに，衝突エネルギーを減らされたのだから，反応しないのは当たり前ともいえる．

つぎに逆反応 H+HF → F+H$_2$ を考える．すなわち，図3.25のポテンシャル曲面に，古典軌跡が逆に入ってくる．しかし，反応始状態の谷が右下方にくるように図を描くのがこの分野の作法である．そのように図示したものが図3.26である．

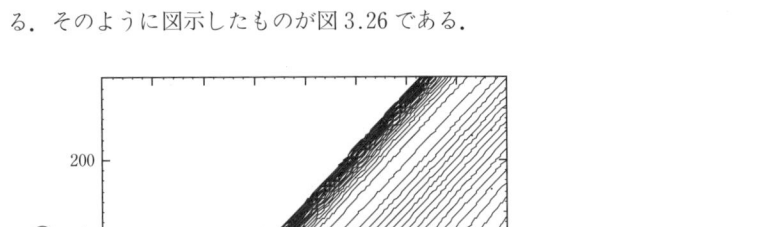

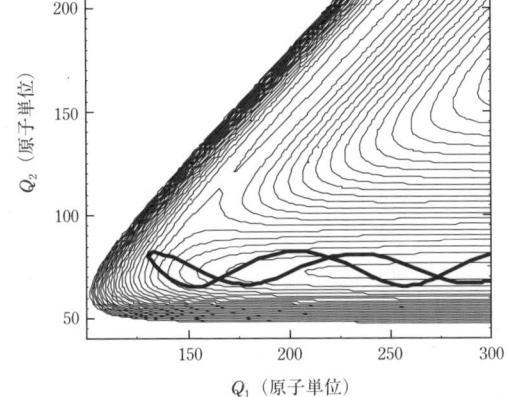

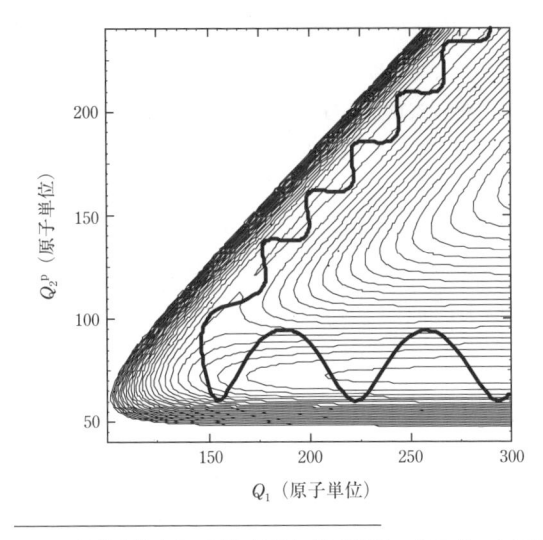

Muckerman-5 ポテンシャル上の古典軌跡．全エネルギーは図 3.25 と同一である．上図: HFの初期振動エネルギーを零点振動エネルギーとした場合．反応は起こらない．下図: HFの初期振動エネルギーを量子化された $v=2$ の状態と同一にし，その分だけ衝突エネルギーを減らしたもの．HF を振動励起することにより初めて反応が起こるようになる

図 3.26 後期障壁反応 HF+H → F+H$_2$ のポテンシャル曲面と古典軌跡

---

* 初期条件として H$_2$ 分子に零点振動エネルギーと同じ振動エネルギーを与えた．ただし，量子力学的な $v=0$ の状態を1本の古典軌跡で表現することは無理である．振動の位相を $0\sim2\pi$ の区間で一様に分布させ，振動エネルギーも区間 $0\sim h\nu$ に分布させた古典軌跡の集団を考えると，近似的に量子力学を模倣できることが経験的に知られている．そのような古典軌跡の集団を考えてさまざまな物理量を計算する方法を**準古典的方法**(quasi-calssical method)とよぶ．たとえば R. D. Levine 著，鈴木俊法，染田清彦訳，"分子反応動力学"，p. 175，シュプリンガー（2009）参照．

逆反応では，反応座標の曲がり角を過ぎたあとに鞍点がある．これを**後期障壁反応**(late barrier reaction)とよぶ．初期障壁反応の逆反応は必然的に後期障壁反応になる．まず，HF($v=0$)とHの衝突に対応する古典軌跡を考える．このとき，全エネルギーを図3.25の古典軌跡と同一の値に設定する．すなわち，反応で放出されるエネルギー 32.07 kcal mol^{-1} だけ衝突エネルギーを増やしておく．その結果，衝突エネルギーはエネルギー障壁よりも高くなっている．古典軌跡を図3.26上段に示した．反応は起こらない．エネルギー地形を見れば直観的に明らかであるが，衝突エネルギーが鞍点を越える運動に有効に使われないのである．つぎに，振動励起したHF($v=2$)とHの衝突に対応し，全エネルギーは同一である古典軌跡を図3.26下段に示した．反応は起こる．HFの振動運動を上手に利用して，鞍点に至る坂を登ったのである．振動の位相が巧みに選択されていたからであることを見逃してはならない[*1]．結論はつぎの通りである．後期障壁の反応では，反応を起こすためには反応物の振動自由度にエネルギーを分配する必要がある．

微視的可逆性

化学反応 F+H$_2$ → HF+H では生成物 HF は振動励起するという事実と，その逆反応に関する化学反応 HF+H → F+H$_2$ では振動励起した HF でないと反応は起こらないという事実は，一方から他方が論理的に導き出せる関係にある．図3.25上段の古典軌跡は化学反応 F+H$_2$ → HF+H を表すものとして紹介したわけだが，これは同時に逆反応の古典軌跡でもある．なぜならば，速度と時間を反転させると，古典軌跡は元きた道を戻るからである．これは古典運動方程式のもつ性質，**時間反転不変性**(time reversal invariance)[*2]に基づく．

F+H$_2$ → HF+H の反応性古典軌跡のすべてで HF が振動励起していることを確認できたとする．鞍点を通過できる古典軌跡で，HF+H 側で振動していないものは存在しないことになる．時間を逆に考えると，逆反応 HF+H で HF が振動していない古典軌跡は鞍点を越えられない，といえる．すなわち，HF+H の反応を起こすためには HF の振動を励起する必要があることが導かれる．

§1.2.6 で議論した**微視的可逆性**(microscopic reversibility)**の原理**に基づいて，定量的な議論が可能である．微視的可逆性の関係式(1.94)から，正反応および逆反応の反応断面積に関してつぎのことが導かれる．ある与えられた全エネルギー E での，化学反応 F+H$_2$(v,N) → H+HF(v',N') の反応断面積 $\sigma_+(E;v,N \to v',N')$ と，逆反応 H+HF(v',N') → F+H$_2$(v,N) の反応断面積 $\sigma_-(E;v',N' \to v,N)$ は関係式

$$(2N+1)(p_{vN})^2 \sigma_+(E;v,N \to v',N') = (2N'+1)(p'_{v'N'})^2 \sigma_-(E;v',N' \to v,N) \quad (3.13)$$

で結ばれる(式(1.94)参照)．ただし，v および v' は振動量子数，N および N' は回転量子数，また，p_{vN} および $p'_{v'N'}$ はそれぞれ F+H$_2$(v,N) および H+HF(v',N') の相対運動の運動量である．H$_2$ および HF の振動回転エネルギーをそれぞれ E_{vN} および $E'_{v'N'}$ と表すと，エネルギー保存則から

$$E = \frac{(p_{vN})^2}{2\mu_{\text{F+H}_2}} + E_{vN} + \Delta E = \frac{(p'_{v'N'})^2}{2\mu_{\text{H+HF}}} + E'_{v'N'} \quad (3.14)$$

が成り立つ．ただし，ΔE は反応で放出されるエネルギー，μ は添字で示した衝突粒子対の相対運動の換算質量である．式(3.13)で $v=v'=0$ とすれば

[*1] 準古典的方法に従って，振動の位相が異なる古典軌跡の集団を考えると，集団の一部だけが鞍点を越えて生成物の谷へいくことになる．その割合から反応確率を算出することができる．

[*2] 力 $\boldsymbol{f}$ を受けた質量 μ の質点に対するニュートンの運動方程式の初期値問題，$\mu\, d^2\boldsymbol{r}/dt^2 = \boldsymbol{f}$, $\boldsymbol{r}(t=0) = \boldsymbol{r}_0$, $[d\boldsymbol{r}/dt]_{t=0} = \boldsymbol{v}_0$ は，$t \to -t$, $\boldsymbol{v}_0 \to -\boldsymbol{v}_0$ の変換に対して不変である．

3.3 化学反応のポテンシャル曲面と古典軌跡

$$\frac{\sigma_+(E;0,N\to 0,N')}{\sigma_-(E;0,N'\to 0,N)} = \frac{2N'+1}{2N+1}\left(\frac{p'_{0N'}}{p_{0N}}\right)^2 \tag{3.15}$$

また，$v=0$，$v'=1$ とすれば

$$\frac{\sigma_+(E;0,N\to 1,N')}{\sigma_-(E;1,N'\to 0,N)} = \frac{2N'+1}{2N+1}\left(\frac{p'_{1N'}}{p_{0N}}\right)^2 \tag{3.16}$$

となる．さらに式(3.15)と式(3.16)の両辺の比をとると

$$\frac{\sigma_+(E;0,N\to 0,N')}{\sigma_+(E;0,N\to 1,N')}\frac{\sigma_-(E;1,N'\to 0,N)}{\sigma_-(E;0,N'\to 0,N)} = \left(\frac{p'_{0N'}}{p'_{1N'}}\right)^2 \tag{3.17}$$

を得る．したがって，関係式

$$\frac{\sigma_-(E;1,N'\to 0,N)}{\sigma_-(E;0,N'\to 0,N)} = \left(\frac{p'_{0N'}}{p'_{1N'}}\right)^2 \frac{\sigma_+(E;0,N\to 1,N')}{\sigma_+(E;0,N\to 0,N')} \tag{3.18}$$

が導かれる．例題3.4に示すように，式(3.18)の右辺の因子$(p'_{0N'}/p'_{1N'})^2$は1より大きい．化学反応 $F+H_2(v=0) \to HF(v')+H$ で振動励起した HF が生成することは，右辺の σ_+ の比も1より大きいことを意味する．したがって，左辺の σ_- の比も1より大きくなり，逆反応 $HF(v')+H \to F+H_2$ $(v=0)$ の反応断面積が，HF を $v'=1$ に振動励起することにより増加することが結論できる．

例題 3.4 微視的可逆性の原理を用いた反応断面積の比の算出 全エネルギー $E=35.0$ kcal mol^{-1}，$N=N'=0$ のとき，式(3.18)の右辺の因子$(p'_{0N'}/p'_{1N'})^2$の値を求めよ．必要となる振動エネルギーのデータは図3.2に示されている値を用いよ．

解 答 同じ全エネルギーをもつ状態を考えているので下式が成り立つ．答えは1.48である．

$$\frac{(p'_{00})^2}{(p'_{10})^2} = \frac{2\mu_{H+HF}(E-E'_{00})}{2\mu_{H+HF}(E-E'_{10})} = \frac{E-E'_{00}}{E-E'_{10}}$$

$$= \frac{35.0-0}{35.0-11.33} = 1.48$$

例題 3.5 微視的可逆性の原理を用いた反応速度定数の比の算出 化学反応 $F+H_2(v=0)$ $\to HF(v')+H$ の振動分布の実験結果(図3.4および例題3.1の表1)から，微視的可逆性の原理を利用して，逆反応 $HF(v')+H \to F+H_2(v=0)$ の反応速度が振動量子数 v' にどのように依存するかを調べる．全エネルギーが指定された式(3.13)の反応断面積の議論と異なり，相対並進運動が熱分布，そして反応物分子の回転も熱分布しているという実験条件に沿った解析を行う．§1.2.6の議論から，振動量子数と回転量子数を指定した，すなわち振動回転状態を選別した正逆反応速度定数の比は

$$\frac{k_+(v,N\to v',N')}{k_-(v',N'\to v,N)} = \left(\frac{\mu'}{\mu}\right)^{3/2}\frac{2N'+1}{2N+1}\exp\left(\frac{E_{v,N}-E'_{v',N'}}{k_B T}\right)$$

のように表される(式(1.101)参照)．ただし，μ および μ' はそれぞれ $F+H_2$ および $H+HF$ の相対運動の換算質量である．一方，例題3.1の表1で示した $F+H_2$ で生成する HF の振動分布のデータでは，回転状態は選別されていない．そこで，始状態の回転分布を温度 T の熱分布であると仮定し，終状態の回転状態を選別しない速度定数を

$$k_+(v\to v') = \frac{1}{Q_R}\sum_N\sum_{N'}(2N+1)e^{-E_N/k_B T}k_+(v,N\to v',N')$$

で定義する．ただし，Q_R は H_2 の回転分配関数，E_N は H_2 の回転エネルギーである．同様に逆

反応 $H+HF(v')$ についても，回転状態を選別しない速度定数

$$k_-(v' \to v) = \frac{1}{Q'_R}\sum_N\sum_{N'}(2N'+1)\mathrm{e}^{-E_{N'}/k_BT}k_-(v',N' \to v,N)$$

を定義する．ただし，Q'_R は HF の回転分配関数，$E_{N'}$ は HF の回転エネルギーである．反応 $H+HF(v')$ に関する速度定数の比 $k_-(1\to 0)/k_-(0\to 0)$ の値を算出し，HF の振動励起により反応速度がどれだけ増加するかを調べる．つぎの問いに答えよ．

1) 回転状態を選別しない正逆反応速度定数の比 $k_+(v\to v')/k_-(v'\to v)$ が満たす関係式を導出せよ．

2) 例題 3.1 の表 1 によれば，$k_+(0\to 1)/k_+(0\to 0)=0.28/0.04=7$ である．このデータから，逆反応に関する速度定数の比 $k_-(1\to 0)/k_-(0\to 0)$ の値を求めよ．ただし，反応のエネルギー収支に関するデータは図 3.2 に示されている値を用いよ．

解　答　1) 反応始状態および終状態の振動回転エネルギーが，それぞれ振動エネルギーと回転エネルギーの和で $E_{v,N}=E_v+E_N+\Delta E$ および $E'_{v',N'}=E'_{v'}+E'_{N'}$ のように表されるとする．ただし，ΔE は正反応により放出されるエネルギーである．回転状態を選別しない正反応速度定数の定義式に，微視的可逆性関係式を代入して整理すると

$$\begin{aligned}k_+(v\to v') &= \frac{1}{Q_R}\left(\frac{\mu'}{\mu}\right)^{3/2}\sum_{N'}\sum_N(2N'+1)\,k_-(v'N'\to vN)\mathrm{e}^{(\Delta E-E'_{v'}-E'_{N'}+E_v)/k_BT}\\ &= \frac{1}{Q_R}\left(\frac{\mu'}{\mu}\right)^{3/2}\sum_N\left(\sum_{N'}(2N'+1)\,k_-(v'N'\to vN)\,\mathrm{e}^{-E'_{N'}/k_BT}\right)\mathrm{e}^{(\Delta E-E'_{v'}+E_v)/k_BT}\\ &= \frac{Q'_R}{Q_R}\left(\frac{\mu'}{\mu}\right)^{3/2}k_-(v'\to v)\mathrm{e}^{(\Delta E-E'_{v'}+E_v)/k_BT}\end{aligned}$$

を得る．上式より

$$\frac{k_+(v\to v')}{k_-(v'\to v)} = \frac{Q'_R}{Q_R}\left(\frac{\mu'}{\mu}\right)^{3/2}\mathrm{e}^{(\Delta E-E'_{v'}+E_v)/k_BT}$$

を得る．

2) 前問の結果より

$$\frac{k_+(0\to 0)}{k_-(0\to 0)} = \frac{Q'_R}{Q_R}\left(\frac{\mu'}{\mu}\right)^{3/2}\mathrm{e}^{(\Delta E-E'_0+E_0)/k_BT}$$

および

$$\frac{k_+(0\to 1)}{k_-(1\to 0)} = \frac{Q'_R}{Q_R}\left(\frac{\mu'}{\mu}\right)^{3/2}\mathrm{e}^{(\Delta E-E'_1+E_0)/k_BT}$$

が成り立つ．さらにこれらの式の両辺の比をとると

$$\frac{k_+(0\to 0)}{k_-(0\to 0)}\frac{k_-(1\to 0)}{k_+(0\to 1)} = \mathrm{e}^{(E'_1-E'_0)/k_BT}$$

したがって，温度 $T=300\,\mathrm{K}$ においては，

$$\begin{aligned}\frac{k_-(1\to 0)}{k_-(0\to 0)} &= \frac{k_+(0\to 1)}{k_+(0\to 0)}\mathrm{e}^{(E'_1-E'_0)/k_BT}\\ &= 7\times\exp\left(\frac{11.33\,\mathrm{kcal\,mol^{-1}}\times 4.18\times 10^3\,\mathrm{J\,cal^{-1}}}{6.02\times 10^{23}\times 1.38\times 10^{-23}\,\mathrm{J\,K^{-1}}\times 300\,\mathrm{K}}\right) = 1.3\times 10^9\end{aligned}$$

を得る．これは，並進運動が 300 K の熱分布のとき，$H+HF(v'=0)$ の反応が事実上起こらないことを意味している[*]．

---

[*] 計算結果の数値自体は，化学反応 $H+HF$ が大きなエネルギー吸収($32.07\,\mathrm{kcal\,mol^{-1}}$)を伴う反応であり，300 K の熱エネルギーではそもそも反応のエネルギー吸収量がまかなえない，という自明なことを示しているに過ぎない．しかし，温度を上げて，比 $k_-(1\to 0)/k_-(0\to 0)$ をどれだけ小さくできるか考えてみよう．高温の極限 $T\to\infty$ で指数関数の因子が 1 になる．その場合でも $k_+(0\to 1)/k_+(0\to 0)=7$ の因子があり，$H+HF$ の反応は HF を振動励起した方が起こりやすいという結論は変わらない．

3.3.4 反応座標ハミルトニアン

化学反応を反応座標に沿った運動とそれに垂直な方向の運動に分けて考えることができれば理解しやすい．古典軌跡の動きを観察すると，そのような座標の分離は直観的にはもっともらしい．反応座標とそれに垂直な振動自由度，という考え方を解析力学的に表現したのが**反応座標ハミルトニアン**(reaction path Hamiltonian)*である．問題を簡単にするため，ひき続き共線型反応 A+BC →AB+C を考える．三原子系全体の重心運動を取除くと，変数は 2 個になる．質量加重座標 (Q_1, Q_2) を用いるとハミルトニアンは式(3.11)より

$$H = \frac{1}{2}\dot{Q}_1^2 + \frac{1}{2}\dot{Q}_2^2 + V(Q_1, Q_2) = \frac{1}{2}P_1^2 + \frac{1}{2}P_2^2 + V(Q_1, Q_2) \tag{3.19}$$

と書ける．ただし，(P_1, P_2) は (Q_1, Q_2) の共役運動量である．ポテンシャルの最急降下線に沿った反応座標 s と，それに直交する振動座標 ξ を考える(図 3.27 参照)．ξ の微小変位のみを考え，ポテンシャルを展開する．すなわち

$$V(Q_1, Q_2) = V_0(s) + \frac{1}{2}\{\omega(s)\}^2 \xi^2 \tag{3.20}$$

である．ここで，$\omega(s)$ は振動自由度の角振動数である．最急降下線のまわりで展開しているので ξ の 1 次の項は出てこない．力学変数として s とその共役運動量 p_s，ξ とその共役運動量 p_ξ を用いるとハミルトニアンは

$$H = \frac{1}{2}\frac{p_s^2}{\{1+\kappa(s)\xi\}^2} + V_0(s) + \frac{1}{2}p_\xi^2 + \frac{1}{2}\{\omega(s)\}^2 \xi^2 \tag{3.21}$$

と表される(付録 D 参照)．ただし，$\kappa(s)$ は反応座標(最急降下線)の曲率である．第 1 項は，反応座標の運動エネルギーに相当する項であるが，そこに曲率 $\kappa(s)$ と振動座標 ξ が入っている．反応座標が直線で曲率が零であれば**反応自由度**(reactive degree of freedom)と**振動自由度**(vibrational degree of freedom)は分離できる．実際は，鞍点付近で反応座標は曲がり，曲率が大きくなるため，反応自由度と振動自由度は相互作用する．ちょうどカーブを曲がるときに遠心力がはたらくのと同じである．これを**ボブスレー効果**とよぶ．初期障壁のポテンシャルで振動励起が起こるのはこのためで

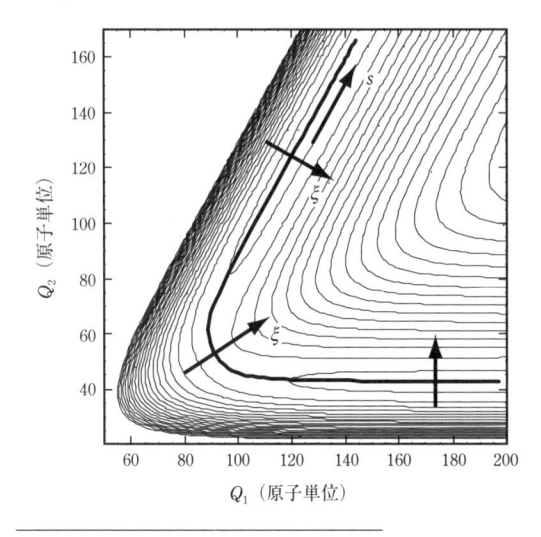

H+H$_2$ の LEPS ポテンシャル(付録 C 参照)に最急降下線(太線)を重ねて描いた．最急降下線に沿って反応座標 s，および，それに垂直な座標 ξ を定義する．反応座標 s に沿って進むと座標 ξ の方向は変化する．反応物の谷では座標 ξ は $R(H_a-H_b)$ であるが，鞍点では $R(H_a-H_b)$ と $R(H_b-H_a)$ が同時に伸びる方向になる．そして，生成物の谷では $R(H_b-H_a)$ となる

図 3.27　H+H$_2$ 反の最急降下線

---

* W. H. Miller, N. C. Handy, J. E. Adams, *J. Chem. Phys.*, **72**, 99 (1980) に基づく．また総説としては W. H. Miller, *J. Phys. Chem.*, **87**, 3811 (1983) がある．

ある。化学反応では反応座標が曲がるのは本質的であり，反応自由度と振動自由度は分離できない．しかし，反応の進行を表す座標とそれ以外の座標にいったん分けて，それらの間の相互作用を考えるという二段構えの思考方法は化学反応を定性的に理解する上で有用である*．

また，多自由度系を扱う際にも，反応座標の考え方は直観的理解を助ける．ポテンシャル曲面を描いて古典軌跡を直観的に理解できるのは自由度が2個の場合に限られるといってもよいだろう．多原子分子の化学反応，あるいは溶液内の化学反応でも，一次元の反応座標を取出して，その他の振動自由度との相互作用を考えるというのは，自然な思考方法であろう．

一方，振動自由度の振動数 $\omega(s)$（式(3.21)）の s 依存性も重要である．$H+H_2$ 反応の $\omega(s)$ を図3.28 に示した．鞍点付近で振動数は低下する．鞍点付近の H–H–H の結合は通常の化学結合より弱くなっているからであると考えられる．このような s 依存性も，反応座標の曲率とあわせて，反応座標とその他の振動自由度の間の相互作用をひき起こす．この相互作用について次節で詳しく議論する．

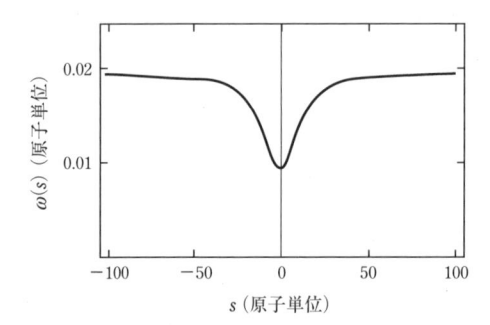

図 3.27 の反応座標に垂直な振動自由度 ζ の振動数 $\omega(s)$（式(3.21)）．鞍点付近で振動数は低下する．鞍点付近の H–H–H の結合は通常の化学結合より弱くなっているからである

図 3.28 $H+H_2$ の反応座標に沿った振動数の変化

3.4 衝突過程と非断熱遷移

3.4.1 透熱表現と断熱表現

断熱不変量

図3.29 のような振り子を考える．振り子が振れている最中に糸の長さを短くしたり長くしたりする．振り子の運動はどのように変化するだろうか．振り子の振れが微小であるとすると，その運動は

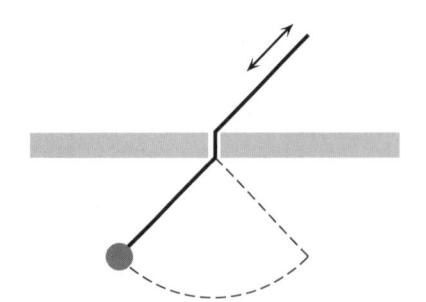

振り子を揺らしながら，糸の長さを変化させる．振り子の振幅やエネルギーはどのように変化するであろうか

図 3.29 糸の長さが変化する振り子

---

* 厳密で定量的な化学反応の量子力学的計算は散乱理論に基づいて，遂行される．散乱理論でも衝突あるいは反応の進行を表す座標が一つ必要になる．反応座標ハミルトニアンは実際の計算には適していない．現在行われている高精度の計算では超球座標とよばれる座標系が用いられる．たとえば，中村宏樹，"化学反応動力学", p.88, 朝倉書店 (2004); A. Ohsaki, H. Nakamura, *Phys. Rep.*, **187**, 1 (1990); S. C. Clary, *Annu. Rev. Phys. Chem.*, **54**, 493 (2003) を参照せよ．

3.4 衝突過程と非断熱遷移

調和振動子で近似できる．糸の長さを変化させると振動数が変化する．振動数が時間変化する調和振動子

$$H = \frac{1}{2}(p^2 + \{\omega(t)\}^2 q^2) \tag{3.22}$$

を考える．まず，古典力学の運動を調べる．振動周期に比べて非常にゆっくり振動数を上げ(糸を手繰って短くし)，しばらくあとにゆっくり振動数を元へ戻す(糸を繰り出して長くする)変化を加える．数値計算の結果を図 3.30 に示した*．糸を手繰ると，振幅が小さくなるが，振動の速度が増加する．エネルギーはこれにより増加する．その後，糸を繰り出すと，振り子の運動は元へ戻る．ここで，作用変数 J とよばれる量

$$J \equiv \oint p\,dq = \frac{2\pi}{\omega(t)} E \tag{3.23}$$

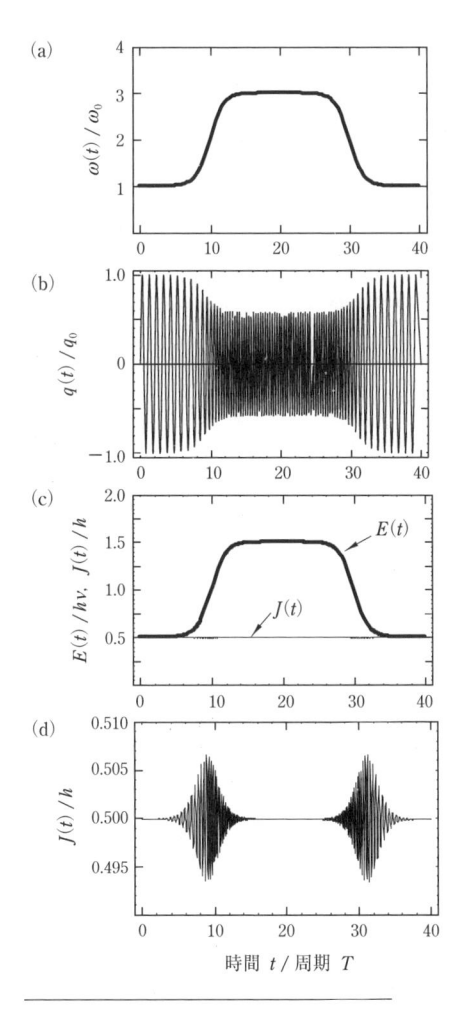

(a) 角振動数 $\omega(t)$ の時間変化．基準値 ω_0 に対する相対値を示した．(b) 振動子の変位座標 $q(t)$ の時間変化．振幅が変化している．(c) 太線がエネルギー $E(t)$，細線が作用変数 $J(t)$ の時間変化．エネルギーは変化するが，作用変数は一定に保たれている．振動数の変化が振動周期に比べて十分ゆるやかなため，断熱過程になっている．(d) 作用変数 $J(t)$ の変化の様子を拡大したもの．角振動数 $\omega(t)$ が変化している最中は $J(t)$ は振動するが，$\omega(t)$ の変化が止まると $J(t)$ は元の値に戻る．古典軌跡の初期条件は $p(0)=1$, $q(0)=0$ である．それぞれの物理量の単位は，H_2 の分子振動と関連させて，つぎのように考えることができる．角振動数の基準値を H_2 分子の振動数に合わせて $\omega_0/2\pi = 1.32 \times 10^{14}\,\mathrm{s}^{-1}$ とする．時間の単位は H_2 分子の分子振動の周期 $T = 7.58 \times 10^{-15}\,\mathrm{s}$ となる．エネルギーの単位を H_2 分子の振動の"量子"$h\nu = 8.75 \times 10^{-20}\,\mathrm{J}$ とする．作用変数の単位は Planck 定数 $h = 6.626 \times 10^{-34}\,\mathrm{J\,s}$ となる．変位座標の単位は振動エネルギーが $h\nu/2$ となるような振幅 $q_0 = 1.23 \times 10^{-11}\,\mathrm{m}$ となる

図 3.30 振動数が変化する調和振動子の運動

---

* ハミルトンの運動方程式

$$\frac{dq}{dt} = \frac{\partial H}{\partial p} = p$$
$$\frac{dp}{dt} = -\frac{\partial H}{\partial q} = -\{\omega(t)\}^2 q$$

を数値的に解いた．

に着目する．図 3.30 に示したように，作用変数 J は変化しない．ゆっくりとした系の変化(断熱変化)に対し，作用変数は保存する[*1]．これをさして，作用変数は**断熱不変量**(adiabatic invariance)であるという．

量子力学的調和振動子のエネルギー

$$E = \hbar\omega\left(n+\frac{1}{2}\right) \tag{3.24}$$

と古典調和振動子の作用変数 $J=2\pi E/\omega$ を見比べると，作用変数に対応する量は，(量子数)×h，であることがわかる．言い換えれば，固有状態が量子力学における断熱不変量に対応する[*2]．この意味をはっきりさせるために，振動数が時間変化する調和振動子の運動を二つの見方で調べる．

透 熱 表 現

式(3.22)をハミルトニアンとする量子力学的運動を考える．角振動数 $\omega(t)$ を時刻 $t=0$ の値 ω_0 に固定したときの固有関数 $|\phi_n\rangle$ を考える．すなわち

$$\frac{1}{2}(\hat{p}^2+\omega_0^2\hat{q}^2)|\phi_n\rangle = \hbar\omega_0\left(n+\frac{1}{2}\right)|\phi_n\rangle \tag{3.25}$$

である．ただし，記号 ^ は量子力学的演算子を表す．波動関数 $|\Psi(t)\rangle$ の時間変化を，$|\phi_n\rangle$ を基底として

$$|\Psi(t)\rangle = \sum_n c_n(t)|\phi_n\rangle \tag{3.26}$$

と表すことができる．このように時間によらない基底を**透熱基底**(diabatic basis)とよび，その基底による表現を**透熱表現**(diabatic representation)とよぶ．式(3.26)を時間を含む Schrödinger 方程式

$$i\hbar\frac{\partial}{\partial t}|\Psi(t)\rangle = \hat{H}(t)|\Psi(t)\rangle \tag{3.27}$$

に代入すると，$c_n(t)$ の微分方程式は

$$i\hbar\frac{\mathrm{d}}{\mathrm{d}t}c_n(t) = \sum_m H_{nm}(t)c_m(t) \tag{3.28}$$

であることが導かれる(章末の問題 3.5 参照)．ただし，$H_{nm}(t) \equiv \langle\phi_m|\hat{H}(t)|\phi_n\rangle$ である[*3]．上の微分方程式を数値的に解いた結果を図 3.31 の中段に示した．初期状態は $|\phi_0\rangle$ である．振動数をゆっくり断熱的に変化させても，振動数の変化とともに $|\Psi(t)\rangle$ の中には励起状態 $|\phi_2\rangle$ および $|\phi_4\rangle$ の成分が入ってくる．

[*1] 導出は本書の範囲を超える．たとえば，伏見康治，"現代物理学を学ぶための古典力学"，p.234，岩波書店 (1964) を参照せよ．補足すると，作用変数が時間変化しない，すなわち $\mathrm{d}J/\mathrm{d}t=0$ となるのではない．振動周期にわたる平均量 $\langle J\rangle$ を考えるとそれが一定になることが示される．実際，図 3.30 を見ると振動数が変化している時間帯には作用変数の値も波立っている．

[*2] 前期量子論における EBK (Einstein-Brillouin-Keller)量子化条件は，古典作用変数を Planck 定数の整数(+転回点補正の半整数)倍とせよ，という内容であることに対応している．

[*3] 行列要素 $\langle\phi_m|\hat{H}(t)|\phi_n\rangle$ は

$$\langle\phi_m|\hat{H}(t)|\phi_n\rangle = \langle\phi_m|\frac{1}{2}(\hat{p}^2+\omega_0^2\hat{q}^2)|\phi_n\rangle + \langle\phi_m|\frac{1}{2}[\{\omega(t)\}^2-\omega_0^2]\hat{q}^2|\phi_n\rangle$$

$$= \hbar\omega_0\left(n+\frac{1}{2}\right)\delta_{mn} + \frac{1}{2}[\{\omega(t)\}^2-\omega_0^2]\langle\phi_m|\hat{q}^2|\phi_n\rangle$$

と変形できる．ただし，δ_{mn} はクロネッカーのデルタである．2 番目の等号では式(3.25)を用いた．上式の最後に現れる行列要素 $\langle\phi_m|\hat{q}^2|\phi_n\rangle$ は p.86，脚注の昇降演算子を用いると容易に計算できる．

断熱表現

断熱不変量に対応するのは，式(3.22)のハミルトニアンの各時刻 t での固有状態 $|\psi_n(t)\rangle$

$$\frac{1}{2}(\hat{p}^2+\{\omega(t)\}^2\hat{q}^2)|\psi_n(t)\rangle = \hbar\omega(t)\left(n+\frac{1}{2}\right)|\psi_n(t)\rangle \tag{3.29}$$

である．$|\psi_n(t)\rangle$ を基底として，波動関数 $|\Psi(t)\rangle$ を

$$|\Psi(t)\rangle = \sum_n a_n(t)|\psi_n(t)\rangle \tag{3.30}$$

と表す．これを**断熱表現**(adiabatic representation)，基底 $|\psi_n(t)\rangle$ を**断熱基底**(adiabatic basis)とよぶ．時間を含む Schrödinger 方程式に代入して，係数 $a_n(t)$ に関する微分方式を導くと

$$\frac{d}{dt}a_n(t) = -\frac{i}{\hbar}E_n(t)a_n(t) - \sum_{m\neq n}a_m(t)\langle\psi_n(t)|\dot\psi_m(t)\rangle \tag{3.31}$$

を得る(問題3.6参照)．ただし，$E_n(t)$ は断熱基底 $|\psi_n(t)\rangle$ のエネルギー固有値であり，また，$|\dot\psi_n(t)\rangle \equiv (d/dt)|\psi_n(t)\rangle$ である．さらに，

$$a_n(t) \equiv \tilde{a}_n(t)\exp\left(-\frac{i}{\hbar}\int_0^t dt' E_n(t')\right) \tag{3.32}$$

とおくと*，

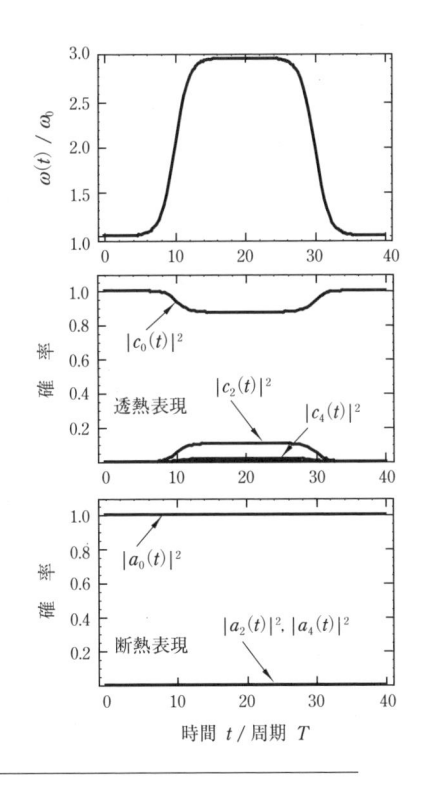

角振動数を断熱的に変化させた場合．初期状態は振動基底状態である．上段：角振動数 $\omega(t)$ の時間変化．中段：透熱表現における $|c_n(t)|^2$．下段：断熱表現における $|a_n(t)|^2$．透熱表現では振動数が変化すると振動励起状態が混ざり込む．断熱表現では基底状態であり続ける．単位は図3.30と同様に，角振動数の基準値 ω_0 を H_2 分子の振動数に合わせて $\omega_0/2\pi=1.32\times10^{-14}\mathrm{s}^{-1}$ とすると，時間の単位は H_2 分子の分子振動の周期 $T=7.58\times10^{-15}\mathrm{s}$ となる

図 3.31 振動数が変化する量子力学的調和振動子の時間発展

---

* 位相因子だけ取り分けた $\tilde{a}_n(t)$ を考えるのはつぎの理由による．角振動数が変化しないとき，式(3.31)から，$a_n(t)=a_n(0)e^{-iE_n t/\hbar}$ となる．すなわち，絶対値 $|a_n(t)|$ は一定で変化しないが，複素数 $a_n(t)$ の位相は時間変化する．一方，$\tilde{a}_n(t)$ では，式(3.33)からわかるように，角振動数の時間変化の効果，すなわち $\langle\psi_n(t)|\dot\psi_m(t)\rangle$ の項の存在によってのみ時間変化する．確率のみに着目すれば $|a_n(t)|^2=|\tilde{a}_n(t)|^2$ であり，どちらでも同じであるが，実際の数値計算では $\tilde{a}_n(t)$ を用いた方が計算コストがかからない場合がある．

$$\frac{d}{dt}\tilde{a}_n(t) = -\sum_{m\neq n} e^{-i\int_0^t dt'(E_m(t')-E_n(t'))/\hbar}\langle\psi_n(t)|\dot{\psi}_m(t)\rangle\tilde{a}_m(t) \tag{3.33}$$

を得る．右辺に現れる$\langle\Psi_n(t)|\dot{\Psi}_m(t)\rangle$を**非断熱相互作用**(non-adiabatic coupling)行列要素とよぶ．それは

$$\langle\psi_n(t)|\dot{\psi}_m(t)\rangle = \frac{1}{E_m(t)-E_n(t)}\langle\psi_n(t)\Big|\frac{\partial\hat{H}}{\partial t}\Big|\psi_m(t)\rangle \quad (n\neq m) \tag{3.34}$$

と表される(例題3.6)．行列要素が各時刻の固有エネルギー差に逆比例することが重要である．いま考えている振動数が時間変化する調和振動子の場合

$$\langle\psi_n(t)|\dot{\psi}_m(t)\rangle = \frac{1}{\hbar\omega(t)(m-n)}\langle\psi_n(t)|\omega(t)\dot{\omega}(t)q^2|\psi_n(t)\rangle \tag{3.35}$$

$$= \frac{1}{2}\frac{\dot{\omega}(t)}{\omega(t)}\frac{1}{m-n}\langle n|(\hat{a}+\hat{a}^\dagger)^2|m\rangle \quad (n\neq m) \tag{3.36}$$

と表される．ただし，$\hat{a}$および$\hat{a}^\dagger$は調和振動子の昇降演算子である*．第2行の$\langle n|(\hat{a}+\hat{a}^\dagger)^2|m\rangle$は$\omega(t)$には依存しない，したがって$t$に依存しない行列要素である．結局，非断熱相互作用行列要素は$\dot{\omega}/\omega$に比例するので，振動数の時間変化を振動周期よりも十分長い時間かけて行えば，$|a_n(t)|^2$の変化も小さくなる．数値計算の例を図3.31下段に示した．事実上，常に$|a_0(t)|^2=1$であり，系は断熱表現の基底状態にとどまり続ける．言い換えれば，断熱表現で見れば状態は時間変化しない．これが断熱表現の利点である．

例題 3.6 非断熱相互作用行列要素 式(3.34)が成立することを示せ．

解答 各時刻の固有値方程式$\hat{H}(t)|\psi_m(t)\rangle = E_m(t)|\psi_m(t)\rangle$の両辺を時間で微分して，左から$\langle\psi_n(t)|$を掛ける．すると

$$\langle\psi_n(t)\Big|\frac{\partial\hat{H}}{\partial t}\Big|\psi_m(t)\rangle + \langle\psi_n(t)|\hat{H}|\dot{\psi}_m(t)\rangle = \dot{E}_m(t)\langle\psi_n(t)|\psi_m(t)\rangle + E_m(t)\langle\psi_n(t)|\dot{\psi}_m(t)\rangle$$

を得る．ここで，$\langle\psi_n(t)|\hat{H} = E_n(t)\langle\psi_n(t)|$を用いると，

$$\langle\psi_n(t)\Big|\frac{\partial\hat{H}}{\partial t}\Big|\psi_m(t)\rangle + E_n(t)\langle\psi_n(t)|\dot{\psi}_m(t)\rangle = E_m(t)\langle\psi_n(t)|\dot{\psi}_m(t)\rangle$$

が導かれ，これより式(3.34)を得る．

3.4.2 衝突過程と断熱ポテンシャル

古典力学における断熱近似

化学反応$H+H_2$を断熱過程の観点から見てみよう．§3.3.4の反応座標ハミルトニアンの描像に基づいて考える．ここでも，振動自由度ξの運動は調和振動子であると近似する．ハミルトニアン

---

* 調和振動子の昇降演算子は

$$\hat{a} = \frac{1}{\sqrt{2\hbar\omega}}(\omega\hat{q}+i\hat{p})$$

$$\hat{a}^\dagger = \frac{1}{\sqrt{2\hbar\omega}}(\omega\hat{q}-i\hat{p})$$

で定義される．したがって，位置演算子は$\hat{q}=\sqrt{\hbar/2\omega}(\hat{a}+\hat{a}^\dagger)$と表される．調和振動子の量子数$n$の固有状態$|n\rangle$に対し，$\hat{a}|n\rangle=\sqrt{n}|n-1\rangle$および$\hat{a}^\dagger|n\rangle=\sqrt{n+1}|n+1\rangle$が成り立つ．

3.4 衝突過程と非断熱遷移

を再度書き下すと

$$H = \frac{1}{2}\frac{p_s^2}{\{1+\kappa(s)\xi\}^2} + V_0(s) + \frac{1}{2}p_\xi^2 + \frac{1}{2}\{\omega(s)\}^2\xi^2 \tag{3.37}$$

である.記号の定義は§3.3.4 の式(3.21)と同じである.角振動数 $\omega(s)$ は,図3.28に示したように,s の増加とともに途中でいったん減少し,また元に戻る.式(3.37)のハミルトニアンから導かれる運動方程式を数値的に解いて得た古典軌跡の例を図3.32に示した[*1].この古典軌跡は,ポテンシャル $V_0(s)$ の障壁よりも高い全エネルギーをもっているが,鞍点を通過できずにひき返している.このふるまいを**断熱近似**(adiabatic approximation)をもとに考える.図の計算例では,衝突は十分緩やかであり,調和振動子の局所作用変数[*2]が保存していることが数値計算により確認できる.式(3.37)のハミルトニアンを局所作用変数を用いて書き直すと

$$H = \frac{1}{2}\frac{p_s^2}{\{1+\kappa(s)\xi\}^2} + V_0(s) + \frac{1}{2\pi}\omega(s)J$$
$$\simeq \frac{1}{2}p_s^2 + V_0(s) + \frac{1}{2\pi}\omega(s)J \tag{3.38}$$

を得る.ただし,第2行では反応座標の曲率 $\kappa(s)$ の効果を無視した.反応座標方向の運動量 p_s が小

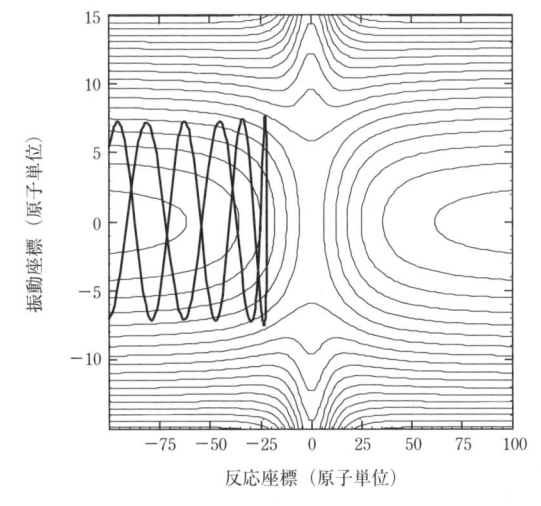

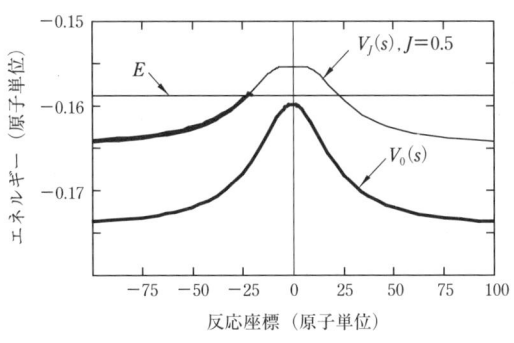

反応座標ハミルトニアン(式(3.37))で記述した H+H$_2$ 反応の古典軌跡.上段:(s, ξ) 平面の古典軌跡.ただし s は反応座標,ξ は振動座標である.初期条件は,振動自由度の作用変数を $J(0)=0.5$(原子単位),衝突エネルギーを 0.006(原子単位)とした.図示していないが,作用変数はほぼ一定に保たれている.また,古典軌跡は $\kappa(s)$ が大きな値をもつ領域に達することなくひき返している.下段:反応座標に沿ったポテンシャル $V_0(s)$,および $J/2\pi=0.5$ の断熱ポテンシャル $V_J(s)=V_0(s)+\omega(s)J/2\pi$.後者のグラフの太線部分は古典軌跡が到達できる範囲を表す.古典軌跡の全エネルギー E の値も図示した.古典軌跡は反応障壁より大きな全エネルギーをもつが,障壁を越えずにひき返す.断熱ポテンシャル $V_J(s)$ を感じて運動しているからである.軌跡がひき返す位置は $V_J(s)=E$ となる地点である

図 3.32 H+H$_2$ 反応の反応座標に沿った断熱的運動

[*1] ポテンシャル等高線も重ねて描いた.しかし,鞍点近傍では反応座標曲率の効果が存在することを忘れてはならない.すなわち,古典軌跡の運動は図示したポテンシャルから導かれる力だけで駆動されるわけではない.

[*2] 固定した s の値ごとに $J(s)\equiv\pi[p_\xi^2+\{\omega(s)\}^2\xi^2]/\omega(s)$ で定義される作用変数.

さい，振動自由度 ξ の振幅が十分小さい，または曲率 $\kappa(s)$ が小さい，という条件のいずれかが満たされるときにこの近似が許される[*1]．局所作用変数が保存する，すなわち，J を定数と考えると，上式(3.38)のハミルトニアンは反応座標 s だけの運動を記述するものとなり，そのポテンシャルは $V_J(s) = V_0(s) + \omega(s)J/2\pi$ で与えられる．このポテンシャル $V_J(s)$ を**断熱ポテンシャル**(adiabatic potential)とよぶ．その形状は J の値に依存する．計算例の古典軌跡は，全エネルギー E が断熱ポテンシャルがつくる障壁よりも小さく，$E = V_J(s)$ となった地点 s でひき返している．

§3.4.1 では調和振動子の振動数が時間に依存する場合を考えた．本節の議論では，座標変数 s の時間依存性を通して，$\omega(s(t))$ が t に依存している．衝突の速度が遅く $\dot{s}(t)$ が小さいとき，$\omega(s(t))$ はゆっくり変化し，振動子の運動は断熱過程に従い，作用変数が保存するのである．換言すれば，s をパラメーターとする断熱不変性が成り立つ．反応座標 s は本来，力学変数なのであるが，それを，§3.4.1 で扱ったように，パラメーターと見なして，断熱不変性を考えることができる．一方，衝突の速度が速ければ，振動自由度の作用変数は衝突で変化する．それは，振動子が励起または脱励起されたことを意味する．衝突による振動子の励起(脱励起)過程は非断熱過程であると解釈できる．

多自由度系でも，反応自由度が一つであれば，振動自由度に対して断熱近似を行うと，一次元の衝突問題として考えることができる．もちろん，衝突速度が速ければ断熱近似は成り立たない．その場合でも，第零近似として断熱近似を考え，断熱ポテンシャルで運動を把握した上で，非断熱過程の効果を考えるという二段構えの思考方法が有効である場合が多い．

上の議論では，振動を調和振動であると近似した．しかし，断熱過程に関する結論は，非調和な振動についても成り立つ．非調和振動についても作用変数が定義でき，それが保存するのである．

量子力学における断熱近似

古典断熱近似の考え方にならい，量子力学的断熱近似を定式化する．ゆっくり変化する衝突自由度 R と，速く変化する内部自由度 r を考える．化学反応での振動励起を考えるときは，r は振動自由度である．また，図 3.16 で見られるような，電子状態間の飛び移りを考えるときは，r は電子座標であると考える．ハミルトニアンを

$$\hat{H} = -\frac{\hbar^2}{2}\frac{\partial^2}{\partial R^2} - \frac{\hbar^2}{2}\frac{\partial^2}{\partial r^2} + V(R, r) \tag{3.39}$$

とする[*2]．前節で断熱不変性を議論したときには，時間 t を固定した固有状態を考えた．それにならい，変数 R を固定した固有状態を考える．すなわち，R を力学変数から除外したハミルトニアン

$$\hat{h} \equiv -\frac{\hbar^2}{2}\frac{\partial^2}{\partial r^2} + V(R, r) \tag{3.40}$$

に対する固有方程式

$$\hat{h}\psi_n(r;R) = E_n(R)\psi_n(r;R) \quad (n=1,2,3,\cdots) \tag{3.41}$$

の固有値 $E_n(R)$ および固有関数 $\psi_n(r;R)$ を考える．固有関数 $\psi_n(r;R)$ の変数は r であり，括弧の中の ; R は固有関数が R の各点ごとに定義されていることを表している．ここで，$\psi_n(r;R)$ は離散的な束縛状態であることを仮定した．

[*1] 図 3.32 に示した古典軌跡は $\kappa(s)$ が大きな値をもつ領域に達することなくひき返しているので，断熱近似が成り立つと解釈できる．

[*2] 質量を 1 とした．座標の尺度変換により質量を 1 とすることは常に可能である(§3.3.2 参照)．以下の定式化で，R を核座標，r を電子座標，としたものは Born-Oppenheimer 近似の定式化である．

3.4 衝突過程と非断熱遷移

全系の波動関数 $\Psi(r,R,t)$ は，$\psi_n(r;R)$ の線形結合で

$$\Psi(r,R,t) = \sum_n \chi_n(R,t)\psi_n(r;R) \tag{3.42}$$

と書ける．$\chi(R,t)$ は重ね合わせの係数で，変数 R および時刻 t に依存する．この波動関数を，時間を含む Schrödinger 方程式

$$i\hbar\frac{\partial}{\partial t}\Psi(r,R,t) = \hat{H}\Psi(r,R,t) \tag{3.43}$$

に代入し，左から $\langle\psi_m|$ を掛け，整理すると，次式を得る(例題 3.7 参照)．

$$i\hbar\frac{\partial}{\partial t}\chi_m(R,t) = \left[-\frac{\hbar^2}{2}\frac{\partial^2}{\partial R^2}+E_m(R)-\frac{\hbar^2}{2}\langle\psi_m|\frac{\partial^2}{\partial R^2}|\psi_m\rangle\right]\chi_m(R,t)$$
$$-\hbar^2\sum_n\langle\psi_m|\frac{\partial}{\partial R}|\psi_n\rangle\frac{\partial}{\partial R}\chi_n(R,t)-\frac{\hbar^2}{2}\sum_{n\neq m}\langle\psi_m|\frac{\partial^2}{\partial R^2}|\psi_n\rangle\chi_n(R,t) \tag{3.44}$$

仮に $\psi_n(r;R)$ の R 依存性がなければ，上の方程式は

$$i\hbar\frac{\partial}{\partial t}\chi_m(R,t) = \left[-\frac{\hbar^2}{2}\frac{\partial^2}{\partial R^2}+E_m(R)\right]\chi_m(R,t) \tag{3.45}$$

となる．これは，$\chi_m(R,t)$ に対する Schrödinger 方程式の形をしている[*1]．そして，R の運動を支配するポテンシャルが $E_m(R)$ であることを示している．これが量子力学における断熱近似である．ポテンシャル $E_m(R)$ を**断熱ポテンシャル**とよぶ．

実際には，$\psi_n(r;R)$ は R に依存するので，$\langle\psi_m|\partial/\partial R|\psi_n\rangle$ および $\langle\psi_m|\partial^2/\partial R^2|\psi_n\rangle$ の項を考慮せねばならない．これらの行列要素の非対角要素 $(n\neq m)$ により，全系の波動関数は異なる $|\psi_n\rangle$ の重ね合わせとなる．これらを**非断熱相互作用**とよぶ．また，対角要素 $\langle\psi_m|\partial^2/\partial R^2|\psi_m\rangle$ は，断熱ポテンシャル $E(R)$ への補正項としてはたらく[*2]．これを**非断熱補正項**(non-adiabatic correction)とよぶ．

例題 3.7 非断熱相互作用項の導出 式(3.44)の導出過程を示せ．

解答 式(3.43)に式(3.42)を代入する．まず，左辺は

$$i\hbar\frac{\partial}{\partial t}\Psi(r,R,t) = i\hbar\sum_n\frac{\partial\chi_n(R,t)}{\partial t}|\psi_n\rangle$$

である．これを右辺と等しいとおき，右辺を変形していくと

$$i\hbar\sum_n\frac{\partial\chi_n(R,t)}{\partial t}|\psi_n\rangle = \hat{H}\Psi(r,R,t) = \sum_n\left[-\frac{\hbar^2}{2}\frac{\partial^2}{\partial R^2}+\hat{h}\right]\chi_n(R,t)|\psi_n\rangle$$
$$= \sum_n\left[-\frac{\hbar^2}{2}\left\{\frac{\partial^2\chi_n(R,t)}{\partial R^2}|\psi_n\rangle+2\frac{\partial\chi_n(R,t)}{\partial R}\frac{\partial|\psi_n\rangle}{\partial R}+\chi_n(R,t)\frac{\partial^2|\psi_n\rangle}{\partial R^2}\right\}+E_n(R)\chi_n(R,t)|\psi_n\rangle\right]$$

を得る．両辺に左から $\langle\psi_m|$ をかけて，$\langle\psi_m|\psi_n\rangle=\delta_{mn}$ を用いると

$$i\hbar\frac{\partial\chi_m(R,t)}{\partial t} = -\frac{\hbar^2}{2}\frac{\partial^2\chi_m(R,t)}{\partial R^2}+E_m(R)\chi_m(R,t)$$
$$-\frac{\hbar^2}{2}\sum_n\left[2\frac{\partial\chi_n(R,t)}{\partial R}\langle\psi_m|\frac{\partial}{\partial R}|\psi_n\rangle+\chi_n(R,t)\langle\psi_m|\frac{\partial^2}{\partial R^2}|\psi_n\rangle\right]$$

を得る．右辺を整理して，和の中から非断熱補正項 $\langle\psi_m|\partial^2/\partial R^2|\psi_m\rangle$ を取出して表記したものが，示すべき式(3.44)である．

[*1] 最初 χ は重ね合わせの係数として考えた．それが波動関数のようにふるまうことは自明ではなかった．
[*2] R に関する一階微分の対角要素は $\langle\psi_m|\partial/\partial R|\psi_m\rangle=0$ となる．章末の問題 3.4 参照．

例題 3.8 反応座標ハミルトニアンの断熱近似　古典力学における断熱近似で考えたハミルトニアン(式(3.38))で，反応座標 s をゆっくり変化する自由度とみなし，量子力学的な断熱近似を適用し，断熱ポテンシャルを求めよ．

解　答　ゆっくり変化する自由度を固定したハミルトニアンに対する固有方程式(式(3.41))は

$$V_0(s) + \frac{1}{2}[p^2 + \{\omega(s)\}^2 r^2]|\phi(s)\rangle = E(s)|\phi(s)\rangle$$

であり，調和振動子の固有方程式を定数 $V_0(s)$ だけずらしたものである．調和振動子の固有値は $\hbar\omega(s)(v+1/2)$ で与えられる．ただし，v は振動量子数 ($v = 0, 1, 2, \cdots$) である．したがって断熱ポテンシャルは $E_v(s) = V_0(s) + \hbar\omega(s)(v+\frac{1}{2})$ で与えられる．古典力学の議論とは，作用変数と量子数の関係 $J = h(v+\frac{1}{2})$ で結ばれる．

3.4.3 非断熱遷移

振動数が時間変化する調和振動子の運動を再び考える．振動数の時間変化が急激なとき，もはや作用変数は保存量ではなくなる．量子力学的調和振動子でも同様に，振動数の急激な変化に伴い，断熱基底の間の遷移が起こる．式(3.33)の連立微分方程式を解くことで遷移がどのように起こるかを知ることができる．数値計算例を図 3.33 に示した．振動数が急激に変化する時刻で，非断熱相互作用行列要素が大きくなり，断熱状態間の遷移が起こる．これを**非断熱遷移** (non-adiabatic transition) とよぶ．

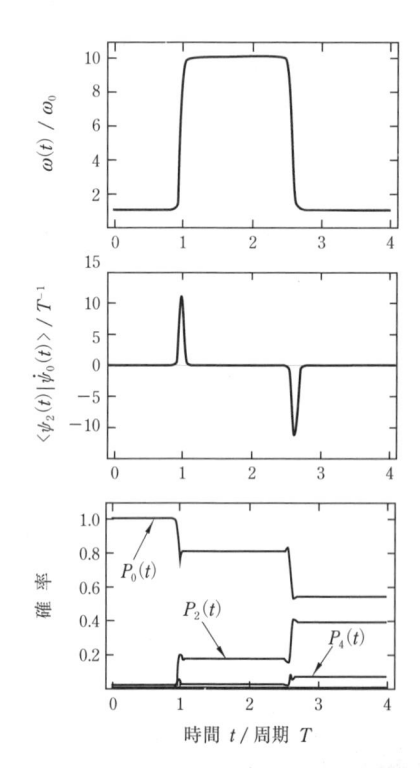

上段：角振動数 $\omega(t)$ の時間変化．基準値 ω_0 に対する相対値を示した．中段：非断熱相互作用行列要素 $\langle\psi_2(t)|\dot\psi_0(t)\rangle$．下段：系を断熱状態 $|\psi_n(t)\rangle$ に見いだす確率 $P_n(t) = |\langle\psi_n(t)|\psi(t)\rangle|^2$．2 段階の $\omega(t)$ の急激な変化に伴い，基底状態 $|\psi_0(t)\rangle$ から励起状態 $|\psi_2(t)\rangle$ および $|\psi_4(t)\rangle$ へ非断熱遷移が起きている．単位は図 3.30 および 3.31 と同様に，角振動数の基準値 ω_0 を H_2 分子の振動数に合わせて $\omega_0/2\pi = 1.32\times10^{14}\,\mathrm{s}^{-1}$ とすると，時間の単位は H_2 分子の分子振動の周期 $T = 7.58\times10^{-15}\,\mathrm{s}$ となる．非断熱相互作用行列要素の次元は(時間)$^{-1}$なので，その単位は T^{-1} となる．

図 3.33　振動数が急激に変化する量子力学的調和振動子

断熱ポテンシャルの擬交差

衝突過程での非断熱遷移について考える．非断熱相互作用が無視できなくなるのはどのような場合であろうか．非断熱相互作用の行列要素は

$$\langle \psi_n(R) \left| \frac{\partial}{\partial R} \right| \psi_m(R) \rangle = \frac{1}{E_m(R) - E_n(R)} \langle \psi_n(R) \left| \frac{\partial \widehat{H}}{\partial R} \right| \psi_m(R) \rangle \quad (n \neq m) \quad (3.46)$$

と表される[*1]．この式は，二つの断熱ポテンシャルのエネルギー値が近づいたときに相互作用行列要素が大きくなることを示している．それは二つの電子状態のポテンシャル交差のときに起こる[*2]．

ポテンシャル交差の典型的な例として，§3.2.3 で述べた NaI を再び取上げる．図 3.34 に NaI のポテンシャル曲線を示した．例題 3.2 の銛撃ち機構の議論がそのまま当てはまる．すなわち，イオン対 $Na^+ + I^-$ にはたらくクーロン引力のため，$Na + I$ と $Na^+ + I^-$ のポテンシャル曲線は必然的に交差する．

ポテンシャルの交差点では，NaI の二つの電子状態のエネルギーが縮重している．二つの電子状態の間に，わずかでも相互作用行列要素があれば，準位反発が起こり，ポテンシャルは図 3.34 に示したような交差を避けたような形状を示す．これを**擬交差**(pseudo-crossing)または**反発交差**(avoided crossing)とよぶ．実際，共有結合性の電子配置と，イオン対状態の電子配置の間には，必ず**配置間相互作用**(configuration interaction)(電子相関)があり，ポテンシャル擬交差が起こる．そして，擬交差では，二つの断熱ポテンシャルのエネルギー差が極小になり，式(3.46)から非断熱相互作用行列要素は極大となる．

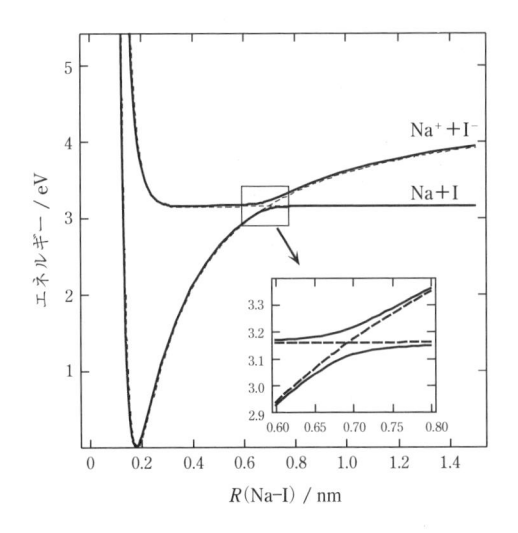

イオン対状態と共有結合的な状態のポテンシャルが
擬交差を起こす．実線が断熱表現のポテンシャル．
破線が透熱表現のポテンシャルの例

図 3.34 NaI のポテンシャル曲線の擬交差

[*1] 式(3.34)で t を R に置き換えたものである．
[*2] 化学反応で振動励起が起こる過程を非断熱遷移で扱う場合，断熱ポテンシャルに明確な交差点は現れない．しかし，Born-Oppenheimer 近似に比べてはるかに断熱近似は悪いため，交差点ではない領域でも非断熱遷移が起こりうる．すなわち，ある地点で遷移が起こるというよりは，有限の広がりをもつ領域の中で，非局在化した非断熱遷移が起こる．

ポテンシャル擬交差での非断熱遷移

ポテンシャル曲線の擬交差を起こしている二つの電子状態だけを取出して考える.まず,透熱基底,すなわち核間距離に依存しない電子波動関数 $\phi_n(\boldsymbol{r})$ $(n=1,2)$ を考える[*1].透熱表現での電子状態のエネルギーが核間距離 R に対して線形に依存すると簡単化して考える.すなわち,

$$E_1^0(R) = a(R-R_c) \tag{3.47}$$
$$E_2^0(R) = b(R-R_c) \tag{3.48}$$

とする.ただし,R_c は交差点の位置,a および b は定数である.交差点で $E_1^0(R_c)=E_2^0(R_c)=0$ となるようにエネルギーの原点を定義した.式(3.40)のハミルトニアンの行列要素は

$$\begin{pmatrix} \langle\phi_1|\hat{h}|\phi_1\rangle & \langle\phi_1|\hat{h}|\phi_2\rangle \\ \langle\phi_2|\hat{h}|\phi_1\rangle & \langle\phi_2|\hat{h}|\phi_2\rangle \end{pmatrix} = \begin{pmatrix} E_1^0(R) & V \\ V & E_2^0(R) \end{pmatrix} \tag{3.49}$$

であるとする.非対角要素 V の核間距離依存性は無視する.全系の波動関数を透熱基底で

$$\Psi(\boldsymbol{r},R,t) = \xi_1(R,t)\phi_1(\boldsymbol{r})+\xi_2(R,t)\phi_2(\boldsymbol{r}) \tag{3.50}$$

と展開し,Schrödinger 方程式に代入すると,

$$i\hbar\frac{\partial}{\partial t}\xi_1(R,t) = -\frac{\hbar^2}{2\mu}\frac{\partial^2}{\partial R^2}\xi_1(R,t) + E_1^0(R)\xi_1(R,t) + V\xi_2(R,t) \tag{3.51}$$

$$i\hbar\frac{\partial}{\partial t}\xi_2(R,t) = -\frac{\hbar^2}{2\mu}\frac{\partial^2}{\partial R^2}\xi_2(R,t) + E_2^0(R)\xi_2(R,t) + V\xi_1(R,t) \tag{3.52}$$

をうる.ただし μ は換算質量である.

非対角要素 V が零ならば,上の二つの方程式(3.51),(3.52)は独立になり,それぞれは,波動関数 $\xi_n(R,t)$ がポテンシャル $E_n^0(R)$ 上で動く様子を記述する Schrödinger 方程式になっている.非対角要素 V の存在は ξ_1 と ξ_2 を結びつけている.すなわち,$t=0$ で $\xi_2(R,t)=0$ だったとしても,$t>0$ では $\xi_2(R,t)$ も零でない値をもつようになる.これは透熱ポテンシャル間の乗り移りを意味する.

連立微分方程式(3.51),(3.52)を解くことにより,波動関数の時間発展を調べることができる.時刻 $t=0$ に透熱状態 ϕ_1 だけが存在し,その波動関数が**ガウス波束**(Gaussian wave packet),すなわちガウス関数を用いて

$$\xi_1(R,0) = \frac{1}{\sqrt{\sqrt{\pi}\Delta}}\exp\left[-\frac{(R-R_0)^2}{2\Delta^2}+i\frac{P_0}{\hbar}R\right] \tag{3.53}$$

のように表されたとする.ただし,Δ は波束の空間的広がり,P_0 は初期運動量期待値である[*2].時

[*1] 分子軌道計算などで分子の電子エネルギーを求めたときに得られるのは断熱基底 $\psi_n(\boldsymbol{r};R)$ である.非断熱相互作用が零,すなわち $\langle\psi_2|\partial/\partial R|\psi_1\rangle=0$,という条件式から,透熱基底を求めることができる.この条件式に加えてさらに境界条件を課さないと,透熱基底は一意的には決まらない.以下の議論はその境界条件にはよらず,透熱基底ならば一般的に成り立つ.

[*2] 時刻 $t=0$ において座標 R に粒子を見いだす確率は

$$|\xi_1(R,0)|^2 = \frac{1}{\sqrt{\pi}\Delta}e^{-(R-R_0)^2/\Delta^2}$$

と表され,期待値 R_0,幅 Δ のガウス関数である.座標に関する波動関数をフーリエ変換すると,運動量表示の波動関数が得られる.すなわち,

$$\xi_1(P,0) = \frac{1}{\sqrt{2\pi\hbar}}\int_{-\infty}^{\infty}dRe^{-iPR/\hbar}\xi_1(R,0) = \frac{1}{\sqrt{\sqrt{\pi}(\hbar/\Delta)}}\exp\left[-\frac{(P-P_0)^2}{2(\hbar/\Delta)^2}-\frac{i}{\hbar}(P-P_0)R_0\right]$$

である.時刻 $t=0$ において運動量 P をもつ粒子を見いだす確率は

$$|\xi_1(P,0)|^2 = \frac{1}{\sqrt{\pi}(\hbar/\Delta)}\exp\left[-\frac{(P-P_0)^2}{(\hbar/\Delta)^2}\right]$$

となる.すなわち,期待値 P_0,幅 $\hbar/\Delta$ のガウス関数である.波動関数の運動量表示については第Ⅰ巻,第1章の解説が参考になるであろう.

刻 $t>0$ での時間発展を数値的に求めた結果を図3.35に示した．局在化した波束で見ると，R の増加とともに，ポテンシャル間の飛び移りが起こっていることがわかる．これが衝突過程における非断熱遷移である．

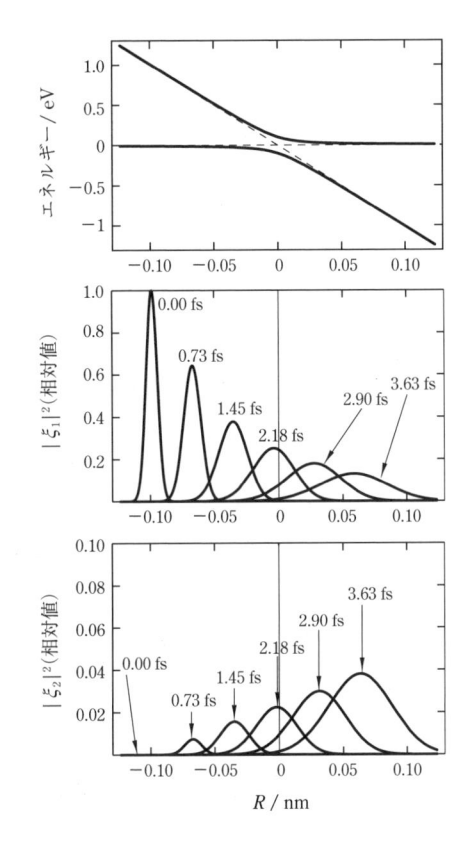

上段：用いたポテンシャル．パラメーターの値は $a = -10\,\mathrm{eV\,nm^{-1}}$, $b=0$, $V=0.1\,\mathrm{eV}$. 時刻 $t=0$ で，透熱状態 ϕ_1（右下ポテンシャル）だけにガウス波束（式(3.53)）があるとした．換算質量 μ は H 原子の質量とした．また，初期運動量期待値 P_0 は，運動エネルギーが 10 eV になるような値に設定した．中段：$|\xi_1(R,t)|^2$ の値．縦軸は $t=0$ での最大値が1になるような相対値である．数字は時刻を表す．下段：$|\xi_2(R,t)|^2$ の値．縦軸は中段の図と共通の相対値である．波束は R が増加する向きに進む．交差点 $R=0$ を通過する前後でポテンシャル間の乗り移りが起こっている

図 3.35 波束の運動で見たポテンシャルの飛び移り

Landau-Zener モデル

非断熱遷移の確率の大きさを決める因子は何であるかを明らかにするために，さらに簡単なモデルを考える．まず，衝突座標 R をパラメーターとして扱う．そして，衝突座標 R の運動は古典力学に従い，R の速度 v は一定であるとする．すなわち，

$$R(t) = vt + R_c \tag{3.54}$$

とする．この考え方は，式(3.40)の代わりに，時間とともに変化するハミルトニアン

$$\hat{H}(t) = -\frac{\hbar^2}{2}\frac{\partial^2}{\partial r^2} + V(r,t) \tag{3.55}$$

を考え，式(3.47)，(3.48)の代わりに，時間とともに変化するハミルトン行列要素

$$E_1^0(t) = \langle\phi_1|\hat{H}(t)|\phi_1\rangle = avt \tag{3.56}$$

$$E_2^0(t) = \langle\phi_2|\hat{H}(t)|\phi_2\rangle = bvt \tag{3.57}$$

を考えることに相当する．この問題は，時間とともに変化するハミルトニアンを扱った§3.4.1の議論に戻って考えることができる．まず透熱表現で式(3.28)に基づいて議論を進める．ハミルトン行列は

$$\begin{pmatrix} \langle\phi_1|\hat{H}(t)|\phi_1\rangle & \langle\phi_1|\hat{H}(t)|\phi_2\rangle \\ \langle\phi_2|\hat{H}(t)|\phi_1\rangle & \langle\phi_2|\hat{H}(t)|\phi_2\rangle \end{pmatrix} = \begin{pmatrix} avt & V \\ V & bvt \end{pmatrix} \tag{3.58}$$

である．非対角要素 V は時間に依存しないとする．この単純化されたモデルを Landau-Zener モデ

ルとよぶ．

系の波動関数を

$$|\Psi(t)\rangle = \tilde{c}_1(t)\mathrm{e}^{-\mathrm{i}\int_0^t dt' E_1^0(t')/\hbar}|\phi_1\rangle + \tilde{c}_2(t)\mathrm{e}^{-\mathrm{i}\int_0^t dt' E_2^0(t')/\hbar}|\phi_2\rangle \qquad (3.59)$$

とおく．式(3.28)の導出と全く同様に，$\tilde{c}_1(t)$および$\tilde{c}_2(t)$に関する微分方程式を導くことができる．それを，初期条件 $\tilde{c}_1(-\infty)=1$ および $\tilde{c}_2(-\infty)=0$ のもとで解けばよい．数値的に解いたものを図3.36に示した．エネルギー準位の擬交差付近で$|\phi_1\rangle$から$|\phi_2\rangle$への遷移が起きている．擬交差を通過後に$|\phi_1\rangle$に系を見いだす確率が非断熱遷移の確率である．

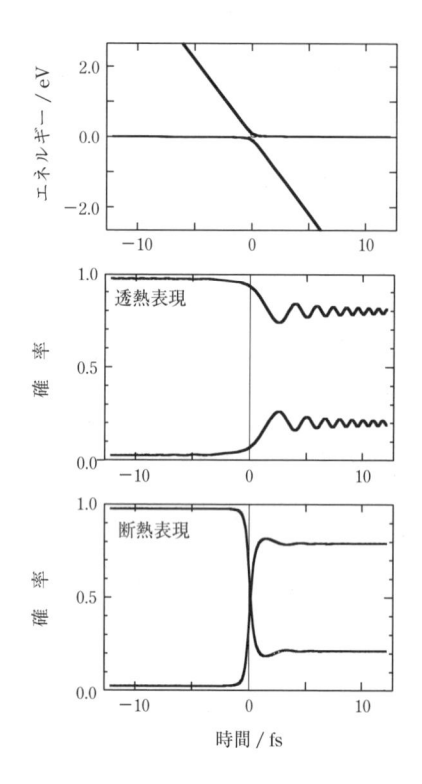

上段：エネルギー準位の様子．横軸は時間である．実線は断熱表現である．中段：透熱表現における確率$|\tilde{c}_j(t)|^2$ ($j=1, 2$)．下段：断熱表現における確率$|\tilde{a}_j(t)|^2$ ($j=1, 2$)．計算結果は非断熱遷移の確率がおよそ 0.8 であることを示している．パラメーターの値は $a=-10\,\mathrm{eV\,nm^{-1}}$, $v=4.38\times10^4\,\mathrm{m\,s^{-1}}$, $b=0$, $V=0.1\,\mathrm{eV}$．速度 v の値は H 原子と同じ質量の粒子が 10 eV の運動エネルギーをもつような速度に相当する．これらのパラメーターの値は図3.35と同一である

図 3.36 エネルギー準位の擬交差における非断熱遷移

つぎに断熱表現で調べる．ハミルトン行列を対角にする表現を $\{|\psi_1(t)\rangle, |\psi_2(t)\rangle\}$，ハミルトン行列の固有値を$E_1(t)$および$E_2(t)$とする．系の波動関数を

$$|\Psi(t)\rangle = \tilde{a}_1(t)\mathrm{e}^{-\mathrm{i}\int_0^t dt' E_1(t')/\hbar}|\psi_1(t)\rangle + \tilde{a}_2(t)\mathrm{e}^{-\mathrm{i}\int_0^t dt' E_2(t')/\hbar}|\psi_2(t)\rangle \qquad (3.60)$$

とおく．式(3.33)に当てはめることができ，$\tilde{a}_1(t)$および$\tilde{a}_2(t)$が満たす微分方程式を得ることができる．数値計算の結果を図3.36に示した．初期条件を $\tilde{a}_1(-\infty)=1$ および $\tilde{a}_2(-\infty)=0$ として解けば，$|\tilde{a}_2(\infty)|^2$が非断熱遷移の確率に対応する[*1]．断熱表現で見た方が非断熱遷移は局在化している．

図3.36では，遷移の途中の確率の変化を示したが，より重要なのは$t\to\infty$における最終的な遷移確率である．どのようなときに非断熱遷移の確率は大きくなるのであろうか．透熱表現の$\tilde{c}_1(t)$および$\tilde{c}_2(t)$に関する方程式は解析的に解くことができる[*2]．非断熱遷移の確率は，比較的単純な公式

[*1] 透熱表現と断熱表現の対応に注意せよ．$t\to-\infty$で$|\phi_1\rangle=|\psi_1(-\infty)\rangle$とすると，$t\to\infty$では$|\phi_1\rangle=|\psi_2(\infty)\rangle$となる．交差点の左右で透熱基底と断熱基底は入れ替わる．

[*2] たとえば，モット，マッセイ，"衝突の理論"，吉岡書店，'第11章パラメーター変化の方法による遷移確率'（1975）を参照せよ．

3.4 衝突過程と非断熱遷移

$$P_{\text{nonad}} = \exp\left(-\frac{2\pi}{\hbar}\frac{|V|^2}{|a-b||v|}\right) \tag{3.61}$$

で与えられる．これを **Landau-Zener 公式**とよぶ．すなわち，擬交差を通過する速度 $|v|$ が大きいほど非断熱遷移の確率は大きい．また，擬交差におけるポテンシャル曲線の傾きの差 $|a-b|$ が大きいほど非断熱遷移の確率は大きい．そして，$|V|$ が大きく擬交差におけるエネルギー間隔が大きいほど非断熱遷移の確率は小さい．

Landau-Zener 公式はパラメーター変化に対する非断熱遷移の確率を与える．したがって，衝突座標の変化に対する非断熱遷移に適用する場合には，適用範囲に関する注意が必要である．代表的な例は，上のモデルで，a と b が逆負号の場合，すなわち，右肩上がりのポテンシャルと左肩上がりのポテンシャルが十文字に交差する場合である．下側の断熱ポテンシャルはエネルギー障壁を形成するが，そこを透過するトンネル効果が無視できない．しかも，透過確率が上側の断熱ポテンシャルの影響を受けるのである．これを**非断熱トンネル過程**とよぶ．衝突座標の変化に対する非断熱遷移の確率を予言する実用的な公式が Zhu および Nakamura により提案されている[*1]．定量的に数値を求める場合には Zhu-Nakamura 公式を用いる必要がある．

非断熱遷移が光解離生成物を左右する例

ポテンシャル擬交差での非断熱遷移が，ダイナミクスの鍵となる例に，塩化ブロモアセチル（$BrCH_2COCl$）の光解離がある[*2]．248 nm の紫外光を照射したときに，C-Cl 結合が解離する径路と，C-Br 結合が解離する径路が考えられる．ポテンシャル地形の模式図を図 3.37 に示した．断熱ポテンシャルの極大は実は擬交差により生じている．まず，擬交差のことは忘れて，光励起で生成した電子励起状態の 1 枚の断熱ポテンシャルで考えてみよう．C-Cl が解離する径路（図の右方）にも C-Br が解離する径路（図の左方）にもエネルギー障壁があるが，左の障壁の方が低い．したがって，左方へ行く C-Br が解離する確率（反応速度）が大きい[*3]のではないかと予想される．実験結果は逆であった．その理由は，ポテンシャル擬交差である．左の擬交差の方が，エネルギー間隔が狭い．したがっ

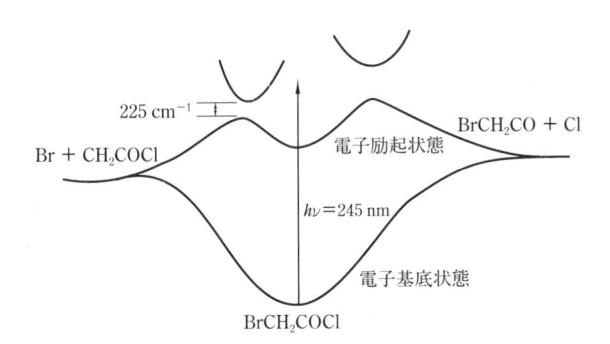

C-Cl 結合の解離（図の右側）および C-Br 結合（図の左側）の解離の二つの径路がある．実験結果では右方へ解離する確率が高いことが示された．左の径路のエネルギー障壁は，実はポテンシャル擬交差であり，エネルギー間隔が狭い（225 cm^{-1}）ので，透熱ポテンシャルに沿って運動する確率が高く，したがって解離する確率が低くなる

図 3.37 $BrCH_2COCl$ の光解離過程のエネルギー地形の模式図 [M. D. Person, P. W. Kash, L. J. Butler, *J. Chem. Phys.*, **97**, 366 (1992) に基づく]

[*1] H. Nakamura, "Nonadiabatic Transition — Concepts, Basic Theories and Applications", World Scientific, Singapore (2002); C. Zhu, Y. Teranishi, H. Nakamura, *Adv. Chem. Phys.*, **117**, 127 (2001).
[*2] M. D. Person, P. W. Kash, L. J. Butler, *J. Chem. Phys.*, **97**, 355 (1992) に基づく．
[*3] 第 4 章で述べる遷移状態理論でも，素朴な Arrhenius の式でも，エネルギー障壁が低い方が反応速度は大きい．

て，非断熱遷移の確率が大きく[*1]，透熱ポテンシャルに沿って進む確率が高い．その結果，C-Br が解離する確率は低くなる．右の擬交差はエネルギー間隔が広く，非断熱遷移の確率が小さく，断熱ポテンシャルに沿って進み，C-Cl が解離する確率が高くなるのである．

例題 3.9 NaI 分子に関する Zewail のフェムト秒化学の実験に着目する．波束が擬交差を通過する際の非断熱遷移の確率を Landau–Zener 公式に従って計算せよ．ただし，NaI の解離エネルギーは 3.16 eV，第 1 パルスの中心波長は 311 nm である．また，擬交差でのエネルギー間隔は 0.09 eV とせよ[*2]．

解答 まず，擬交差での透熱ポテンシャルの傾きを見積もる．Na＋I の透熱ポテンシャルの傾きは 0 であると近似できる．$Na^+ + I^-$ の透熱ポテンシャルはクーロンポテンシャルなので，その傾きは

$$\frac{dV}{dR} = \frac{1}{4\pi\varepsilon_0} \frac{e^2}{R^2}$$

である．ただし，ε_0 は真空の誘電率，e は電気素量である．図 3.16 によると交差点の位置は $R = 6.93$ Å なので，これを上式に代入すると

$$\frac{dV}{dR} = \frac{1}{4 \times 3.14 \times (8.85 \times 10^{-12}\,\mathrm{F\,m^{-1}})} \frac{(1.60 \times 10^{-19}\,\mathrm{C})^2}{(6.93 \times 10^{-10}\,\mathrm{m})^2} = 4.79 \times 10^{-10}\,\mathrm{J\,m^{-1}}$$

を得る．

つぎに，交差点を通過する速度を見積もる．第 1 パルスの光子のエネルギーは

$$E = \frac{hc}{\lambda} = \frac{(6.63 \times 10^{-34}\,\mathrm{J\,s}) \times (3.00 \times 10^8\,\mathrm{m\,s^{-1}})}{311 \times 10^{-9}\,\mathrm{m}} = 6.39 \times 10^{-19}\,\mathrm{J}$$

である．交差点の電子エネルギーは Na＋I の解離限界と等しいと近似すると，第 1 パルスでつくられた波束が交差点を通過する時の運動エネルギーは

$$6.39 \times 10^{-19}\,\mathrm{J} - (3.16\,\mathrm{eV}) \times (1.6 \times 10^{-19}\,\mathrm{J\,eV^{-1}}) = 1.34 \times 10^{-19}\,\mathrm{J}$$

であると見積もられる．したがって，速度は

$$v = \sqrt{\frac{2(m_{\mathrm{Na}} + m_{\mathrm{I}})E}{m_{\mathrm{Na}}m_{\mathrm{I}}}} = \sqrt{\frac{2 \times \{(23.0\,\mathrm{amu}) + (127\,\mathrm{amu})\} \times (1.34 \times 10^{-19}\,\mathrm{J})}{(23.0\,\mathrm{amu}) \times (127\,\mathrm{amu}) \times (1.66 \times 10^{-27}\,\mathrm{kg\,amu^{-1}})}}$$

$$= 2.9 \times 10^3\,\mathrm{m\,s^{-1}}$$

また，Landau–Zener 公式 (3.61) 中の V の 2 倍がエネルギー間隔に相当する．これらの値を公式に代入すると

$$P = \exp\left(-\frac{(2 \times 3.14)^2}{6.63 \times 10^{-34}\,\mathrm{J\,s}} \frac{\left(\frac{0.09}{2} \times 1.6 \times 10^{-19}\,\mathrm{J}\right)^2}{(4.79 \times 10^{-10}\,\mathrm{J\,m^{-1}}) \times (2.9 \times 10^3\,\mathrm{m\,s^{-1}})}\right)$$

$$= e^{-2.20} = 0.11$$

を得る．一方，図 3.17 の振動の減衰は，擬交差を 1 往復，すなわち 2 回通過するたびに非断熱遷移で NaI が Na＋I に解離していることに由来する．その減衰と上の値は対応している．

[*1] この例は非断熱トンネルであり，Landau–Zener 公式を適用できない典型例である．しかし，この定性的な結論は正しい．

[*2] Zewail らの原論文では，実験で観測された振動の減衰から非断熱遷移の確率を求め，Landau–Zener 公式を利用して透熱表現の非対角要素の大きさを求めている．その結果は 370 cm^{-1} = 0.04587 eV である．擬交差のエネルギー間隔はこの 2 倍の値となる．

断熱性指標

Landau-Zener 公式(3.61)は，断熱性指標とよばれる量の一例として理解できる．**断熱性指標** (adiabatic parameter) ξ はつぎのように定義される．

$$\xi \equiv \frac{t_c}{t_r} \tag{3.62}$$

ここで，t_c は着目する系に相互作用が加わる時間の長さの目安，t_r は着目する系の固有の運動の時間尺度である．たとえば，振動数が時間変化する調和振動子の場合，t_r は振動子の振動周期であり，t_c は振動数が時間変化する時間尺度である．Landau-Zener の非断熱遷移の場合，t_r は電子の運動の時間尺度であり，t_c は擬交差を通過するのにかかる時間である．前者は，二つの電子状態のエネルギー差を ΔE とすると，量子力学では $t_r = h/|\Delta E|$ と見積もられる．したがって，式(3.62)を量子力学向けに書き直すと，

$$\xi \equiv \frac{t_c |\Delta E|}{h} \tag{3.63}$$

となる．Landau-Zener モデルでは $\Delta E = 2V$ となる(章末の問題 3.7 参照)．一方，t_c はつぎのように見積もることができる．二つの透熱ポテンシャルのエネルギー差が V になるのは，式(3.56)および(3.57)より，$t = \pm V/(|a-b||v|)$ のときである．この時間を t_c と考える．これらを式(3.63)に代入すると

$$\xi = \frac{2V^2}{h|a-b||v|} \tag{3.64}$$

を得る．すなわち，Landau-Zener 公式(3.61)は断熱性指標 ξ を用いると

$$P = \exp(-2\pi^2 \xi) \tag{3.65}$$

と書くことができる．

衝突による振動励起/脱励起の速度も断熱性指標で理解できる．たとえば，振動励起状態 $v=1$ にある二原子分子が他の原子と衝突して $v=0$ に失活する過程を考える．原子間の反発ポテンシャルのモデルとして，$V(r) = V_0 e^{-r/a}$ を考える．ただし r は原子間距離である．古典力学的解析によると失活過程が起こる確率は

$$P \propto \exp\left(-\frac{4\pi^2 a\nu}{v_c}\right) \tag{3.66}$$

と表される．ただし，ν は二原子分子の振動数，v_c は衝突の相対速度である．これを Landau-Teller モデルとよぶ．断熱性指標との関係を調べよう．系固有の運動の時間尺度は，分子振動の周期であり，$t_r = 1/\nu$ である．一方，相互作用がはたらく距離範囲の目安は a と考えられるので，$t_c = a/v_c$ となる．したがって，Landau-Teller の式は断熱性指標 $\xi = t_c/t_r$ を用いると，やはり指数関数で

$$P \propto e^{-4\pi^2 \xi} \tag{3.67}$$

と表される．

例題 3.10 振動-並進，回転-並進エネルギー移動の確率 振動-並進(V-T)，および回転-並進(R-T)エネルギー移動の断熱性指標の代表的な値を求める．二原子分子を考え，その性質を代表する値として，分子振動の振動数 $\nu = 10^{13}\,\mathrm{s}^{-1}$，回転定数 $B = 1\,\mathrm{cm}^{-1}$，相互作用がはたらく距離範囲 $a = 0.1\,\mathrm{nm}$，室温の気体分子運動の平均速度を $10^2\,\mathrm{m\,s}^{-1}$ とする．つぎの問いに答え

よ．
1) V-T エネルギー移動の断熱性指標の値を計算せよ．
2) R-T エネルギー移動の断熱性指標の値を計算せよ．ただし，分子は室温(300 K)の Boltzmann 分布の平均回転エネルギー $k_\mathrm{B}T$ と同一のエネルギーをもつ回転励起状態にあると考えよ．

解 答 1) 問題文に与えられた値を代入して

$$\xi_{V-T} = \frac{a\nu}{v} = \frac{(0.1\times 10^{-9}\,\mathrm{m}) \times (10^{13}\,\mathrm{s}^{-1})}{10^2\,\mathrm{m\,s^{-1}}} = 10$$

を得る．これは，衝突過程の時間尺度が分子振動よりも長く，V-T 過程の断熱性が大きいことを示している．

2) 系固有の運動の時間尺度 t_r は分子回転の周期である．二原子分子の回転エネルギーは，古典力学によると，$E = I\omega^2/2$ で与えられる．ただし，I は慣性モーメント，ω は回転の角速度である．また，慣性モーメントと回転定数は，回転エネルギー準位が $E = hcBN(N+1) = (\hbar^2/2I)N(N+1)$ と表されることから，$I = h/(8\pi^2 cB)$ の関係で結ばれる．題意より $E = k_\mathrm{B}T$ であることを用いると，分子回転の周期 T_r は

$$T_r = \frac{2\pi}{\omega} = 2\pi\sqrt{\frac{I}{2E}} = 2\pi\sqrt{\frac{h}{16\pi^2 cBk_\mathrm{B}T}} = \frac{1}{2}\sqrt{\frac{h}{cBk_\mathrm{B}T}}$$

$$= \frac{1}{2}\sqrt{\frac{6.63\times 10^{-34}\,\mathrm{J\,s}}{(3.00\times 10^8\,\mathrm{m\,s^{-1}}) \times (100\,\mathrm{m^{-1}}) \times (1.38\times 10^{-23}\,\mathrm{J\,K^{-1}}) \times (300\,\mathrm{K})}}$$

$$= 1.2\times 10^{-12}\,\mathrm{s}$$

となる．断熱性指標は

$$\xi_{R-T} = \frac{a}{v}\frac{1}{T_r} = \frac{0.1\times 10^{-9}\,\mathrm{m}}{(10^2\,\mathrm{m\,s^{-1}}) \times (1.2\times 10^{-12}\,\mathrm{s})} = 0.8$$

となる．R-T 過程の断熱性は小さいといえる．エネルギー移動の確率も大きいと考えられる．別解として，回転準位間隔 ΔE から分子回転の周期を $T_r = h/\Delta E$ の関係式により求めることもできる．回転量子数 $N-1$ と N の準位のエネルギー間隔は $\Delta E = 2hcBN$ である．回転エネルギーの古典極限の表式 $E = hcBN(N+1) \simeq hcBN^2$ を用いて N を消去すると $\Delta E = 2\sqrt{hcBE}$ を得る．したがって，$T_r = h/\Delta E = (1/2)\sqrt{h/(cBE)}$ となり，同じ結果が得られる．

3.4.4 非断熱遷移として見た化学反応

$F + H_2$ 反応で生成物 HF が振動励起していることを，非断熱遷移から理解することができる．反応座標 R と振動自由度 r に量子力学的断熱近似を適用する．すなわち，R を止めて，振動自由度 r の固有関数と固有エネルギー $E_v(R)$ を求める．ここで，v は振動量子数である*．反応座標に沿ったポテンシャルエネルギーを V_0 とすると，断熱ポテンシャルは

$$V_v(R) = V_0(R) + E_v(R) \tag{3.68}$$

$$\simeq V_0(R) + \hbar\omega(R)\left(v + \frac{1}{2}\right) \tag{3.69}$$

と表される．上式の第2行目は，反応座標ハミルトニアン(式(3.21))のように振動自由度 r に対して調和近似を行った場合である．たとえば $F + H_2$ のようなエネルギー放出性で早期障壁の場合に，

---

* 共線型反応を考える場合は，反応座標以外の自由度は振動自由度だけである．一般の場合には，回転自由度が含まれる．特に，無限に離れた反応物 A+BC (または生成物 AB+C) の回転自由度で，鞍点付近で分子 ABC の変角振動自由度になるものがあることに注意せよ．一般の場合を考えるときは，以下の議論の振動量子数 v を"内部自由度の量子数"と読み替えればよい．

断熱ポテンシャルの反応座標に沿った地形は図3.38のようになる．A+BC(v=0)から出発して，断熱過程で反応が進んだと仮定すると，断熱ポテンシャルの線に沿って進み，AB(v=0)+Cに到達する．A+BC(v=1)から出発するとAB(v=1)+Cに到達する．このように衝突過程(反応過程)に着目するとき，それぞれの断熱ポテンシャルを**断熱チャンネル**(adiabatic channel)とよぶ．実際には，反応座標は曲がっていてボブスレー効果があり，また，振動自由度の振動数はRとともに変化する．したがって，非断熱遷移が起こる．A+BC(v=0)の断熱チャンネルから出発しても，鞍点付近で非断熱遷移が起こりv=1, 2, 3の断熱チャンネルに遷移が起こるであろう[*1]．F+H_2で生成するHFが振動励起しているのは，このような非断熱遷移が起きているからである，と解釈することができる．量子散乱理論に基づく反応確率の計算も，反応座標ハミルトニアンとは異なる座標系を用いるのが普通であるが，このようなチャンネル間遷移の描像に従って行われている．

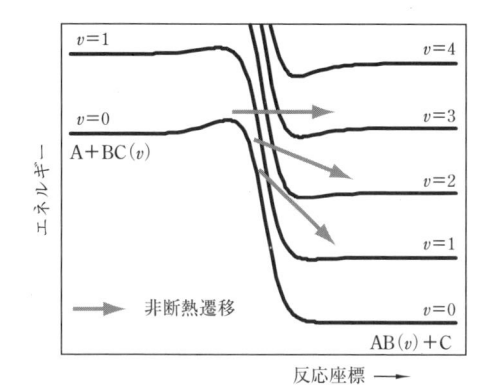

エネルギー放出性で，早期障壁の化学反応の
反応座標に沿ったエネルギー地形の模式図.
振動励起状態の断熱チャンネルを示した

図 3.38　非断熱遷移として見た化学反応

BOX 3.3　サプライザル解析

F+H_2の反応で生成するHFの振動分布を理論的に正確に計算するには，量子散乱計算をしなければならない．しかし，ここでは全く異なる方向から考えてみる．今，サイコロを3個振ったとする．出た目をn_1, n_2およびn_3とする．それぞれの出た目は知ることができないとする．しかし(少し不自然な設定かも知れないが)，それらの和が$n_1+n_2+n_3=5$であることがわかったとする．ここで，n_1がいくつであるか推定してみよう．n_1の確率分布$P(n_1)$を考える．

$n_1=1$ ⇒ $n_2+n_3=4$ ⇒ $(n_2, n_3)=(1, 3), (2, 2), (3, 1)$ ⇒ 3通り
$n_1=2$ ⇒ $n_2+n_3=3$ ⇒ $(n_2, n_3)=(1, 2), (2, 1)$ ⇒ 2通り

以下同様に考えると，

$$P(1) = \frac{3}{6}, \quad P(2) = \frac{2}{6}, \quad P(3) = \frac{1}{6}$$

となる．サイコロの目が等確率で出る(先験的(a priori)等確率の過程)という仮定のもとに，n_1の値を推定したのである．これを**先験的等確率分布**(プライアー分布：prior distribution)とよぶ．

化学反応F+H_2→HF+Hの先験的等確率分布を求める[*2]．今，生成物HF+Hでは，サイコロのように，すべての量子状態が等確率で生成していると仮定する．実際はSchrödinger方程式

[*1] 明確な擬交差がなくても非断熱遷移が起こる．電子の運動と核の運動を断熱近似により分離するBorn–Oppenheimer近似は非常に良い近似なので，二つのポテンシャルが接近していない場所では非断熱遷移は無視できる．今の議論のように，反応座標と振動自由度を分離する断熱近似は良くない．しかし，断熱チャンネルとその間の遷移を考えるという二段構えの思考方法が直観的理解を助ける．

[*2] 以下の内容はR. B. Bernstein, R. D. Levine, *J. Chem. Phys.*, **57**, 434 (1972) に始まる研究に基づく．総説としては，R. D. Levine, *Annu. Rev. Phys. Chem.*, **29**, 59 (1978) がある．

に従って遷移確率が決まっている．しかし，サイコロの運動も本来ニュートン方程式を解けば予想できるはずであるが[*1]，ランダムであると考えているのである．ここでは，原子もサイコロのようにふるまうと仮定する．今，ある決まった衝突エネルギーで$F+H_2(v=0)$が反応した場合を考える．全エネルギーEは与えられている[*2]．ある特定のHFの振動回転状態(v, N, m_N)を見いだす先験的確率を求める．終状態はHFの振動回転と$H+HF$の三次元相対並進運動から構成される．三次元相対並進運動は，立方体の箱の中の粒子の運動で記述される．そのエネルギーE_{tr}は，量子数の組(n_x, n_y, n_z)を用いて

$$E_{tr}(n_x, n_y, n_z) = \frac{\hbar^2 \pi^2}{2\mu V^{2/3}}(n_x^2 + n_y^2 + n_z^2) \qquad n_x, n_y, n_z = 1, 2, 3, \cdots$$

と表される[*3]．ただし，Vは立方体の体積，μは換算質量である．全エネルギー保存から，相対並進運動エネルギーE_{tr}とHFの振動回転エネルギーE_{vr}の和は一定であること，すなわち

$$E = E_{tr}(n_x, n_y, n_z) + E_{vr}(v, N)$$

が要請される．全エネルギー保存の条件下で，量子数の組$(n_x, n_y, n_z, v, N, m_N)$で指定される量子状態がすべて等確率で生成すると仮定する．振動回転状態(v, N, m_N)を見いだす先験的確率（着目するサイコロの目が与えられた値である確率）は上式を満たす量子数(n_x, n_y, n_z)の組合わせの数（着目しないサイコロの目の組合わせの数）に比例する．言い換えると，三次元相対並進運動のエネルギーが$E-E_{vr}(v, N)$である量子準位の数（さらに言い換えると縮重度）に相当する．量子状態が密に存在する場合には，状態密度に相当する．そこで，三次元並進運動のエネルギーE_{tr}での**状態密度**(density of states)を$\rho_{tr}(E_{tr})$とすると，求めたい先験的等確率分布は

$$P^0(v, N, m_N) \propto \rho_{tr}(E - E_{vr}(v, N))$$

で与えられる．すなわち，見ていない自由度の状態密度に比例する．図3.4のHF振動分布のように回転状態を分別して観測していない場合には，上の分布を回転状態について足し上げればよい．振動回転エネルギーは，回転を剛体回転で近似すると，$E_{vr}(v, N) = E_v(v) + BN(N+1)$で与えられる．ただし，$E_v(v)$は振動エネルギー，$B$は回転定数である．また，三次元並進運動の状態密度は$\rho_{tr}(E) \propto E^{1/2}$である[*4]．これらを用いると，

$$P^0(v) \propto \sum_{N=0}^{N_{max}(v)} (2N+1)\{E - E_v(v) - BN(N+1)\}^{1/2} \propto \{E - E_v(v)\}^{3/2}$$

を得る．ただし，Nに関する和を積分で近似的に評価した．上式の先験的等確率分布も，振動エネルギーに対して単調減少関数である．$F+H_2$の実験で観測されたHF反転分布は，原子がサイ

[*1] 運動方程式を解けばすべてが予測できる，という考え方を決定論的立場とよぶ．

[*2] H_2の回転状態を指定しないと全エネルギーが定まらないが，ここは議論を簡単にするために回転エネルギーは無視する．全エネルギーといっても平均値で，そのまわりに熱エネルギー程度の広がりをもっているが，その広がりは以下の議論では無視できる，と考える．

[*3] 長さLの一次元箱の中の質量μの粒子のエネルギー準位は

$$E = \frac{\hbar^2}{2\mu}\left(\frac{n\pi}{L}\right)^2 \qquad (n=1, 2, 3, \cdots)$$

で与えられる．これは，粒子の運動量をpとするとき，粒子のde Brolgie波長$\lambda = h/p$と箱の長さLが関係式$n \times (\lambda/2) = L (n=1, 2, 3, \cdots)$を満たさなければならないこと，および，粒子のエネルギーEが運動エネルギー$p^2/(2\mu)$で与えられることから導かれる．もちろん，Schrödinger方程式を解いても同じ結果が得られる．三次元立方体の箱の中の粒子のエネルギーは，x, yおよびzの3方向の運動エネルギーの和となるので，本文のエネルギー準位の式で表されることがわかる．ただし，$V = L^3$を用いる．

[*4] 状態密度はつぎの方法で求めることができる．まず，エネルギーがE以下である量子状態の数（**累積状態数**：number of states）$\bar{K}(E)$を考える．エネルギー準位は離散的なので，$K(E)$は階段状の単調増加関数となる．これを平滑化した滑らかな関数$\bar{K}(E)$を考える．そして，状態密度を$\rho(E) = d\bar{K}/dE$で定義する．三次元並進運動の$\bar{K}(E)$は，エネルギー準位の表式$E = A(n_x^2 + n_y^2 + n_z^2)$（ただし$A$は定数）からつぎのように求めることができる．量子数の組(n_x, n_y, n_z)を三次元空間の連続変数(x, y, z)と見なすと，エネルギー準位の表式は，(x, y, z)空間内の半径$(E/A)^{1/2}$の球面を表す．累積状態数$K(E)$はその球の内部に含まれる格子点(n_x, n_y, n_z)の数と等しい．その数は，連続近似のもとでは，球の体積に比例する．すなわち，$\bar{K} \propto E^{3/2}$である．したがって，$\rho(E) = d\bar{K}/dE \propto E^{1/2}$を得る．

コロのようにふるまっているのではないことを示している.

物事が完全にランダムだと考える先験的等確率分布の側から,決定論的な考え方に歩み寄ってみよう.それには最大エントロピー法を用いる.ここでいうエントロピーとは情報エントロピー

$$S = -\sum P_v \ln P_v$$

である.ここで,P_v は事象 v が起こる確率である.上で求めた先験的等確率分布は,全エネルギーが保存するという条件下でエントロピーが最大の分布になっている.**決定論的な**(deterministic)考え方に歩み寄るには,拘束条件を考え,その条件下でエントロピーが最大になるような分布を求めればよい.① 全エネルギーが保存する,に加えて,② HF の振動エネルギーの期待値が与えられた値 A になる,という条件を満たす,最大エントロピーの分布 P_v を求める.そのために,エントロピー欠損

$$\Delta S = -\sum P_v \ln \frac{P_v}{P_v^0}$$

を考える.ここで,P_v^0 は先験的等確率分布,すなわち上記の第1の条件の下で情報エントロピーを最大にする分布である.第2の条件,すなわち

$$\sum_v E_v P_v = A$$

で表される拘束条件の下で,エントロピー欠損を最小にする P_v を探す.拘束条件として,さらに,確率の規格化条件

$$\sum_v P_v = 1$$

も追加して考える.これらの二つの拘束条件下での極値問題を解くには,ラグランジュ未定係数法を用いればよい.すなわち,未定係数 λ_0 および λ_1 を導入し,

$$J = \Delta S - \lambda_0\left(\sum_v P_v - 1\right) - \lambda_1\left(\sum_v E_v P_v - A\right)$$

の停留点を探す.

$$\delta J = \sum_v (-\ln P_v + \ln P_v^0 - 1 - \lambda_0 - \lambda_1 E_v)\delta P_v = 0$$

より

$$\ln \frac{P_v}{P_v^0} = -(\lambda_0 - 1) - \lambda_1 E_v$$

を得る.左辺 $\ln(P_v/P_v^0)$ を**サプライザル**(または意外度:surprisal)とよぶ.上式はサプライザル

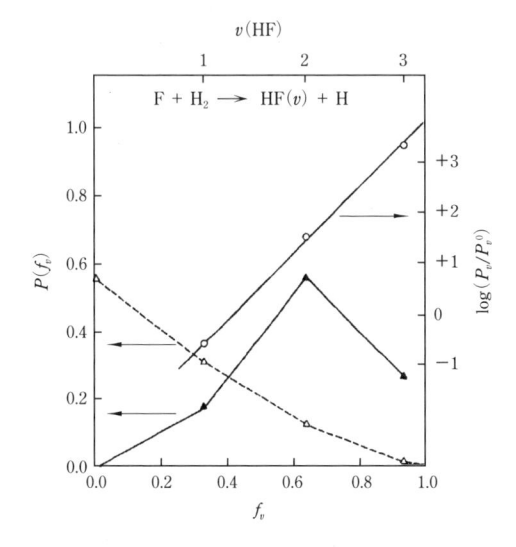

黒三角は HF の振動分布の実験値.白三角は先験的等確率分布.白丸はサプライザルの値.横軸は振動エネルギーが余剰エネルギーに占める割合 f_v.サプライザルは一つの直線上にある

図 1 化学反応 F+H$_2$ で生成する HF の振動分布のサプライザル解析[A. Ben-Shaul, R. D. Levine, R. B. Bernstein, *J. Chem. Phys.*, **57**, 5434 (1972) に基づく.実験データは図 3.4 の J. C. Polanyi らによる論文のものである]

が振動エネルギーに比例(線形サプライザル)することを示している．未定係数の値は，拘束条件を満たすようにさらに計算を進めて求めることができるが，その値自身はここではあまり重要ではない．

F+H_2で生成するHFの振動分布(図3.4)のデータからサプライザル解析を行ったものを図1に示した．サプライザルを振動エネルギーに対してプロットしてみると上の議論の通り直線になる．すなわち，<u>振動が励起するという決定論的なダイナミクス</u>の結果が，ランダム極限に拘束条件を一つ課した分布と一致してしまうのである．

問 題

3.1 角運動量保存則を用いて，H_2Oの光解離で生じたフラグメントが飛び去るときの衝突径数を求めることができる．§3.1.3の図3.5および図3.6で解説した実験に着目する．$H_2O(\tilde{C})$からの解離で回転量子数$N'=15$のOH(A, $v=0$)が生成したとき，無限に飛び去るOH+Hの相対運動の衝突径数(通常の衝突の逆の運動を考えて衝突径数を定義する)を求めよ．ただし，解離光の波長は248 nm，$H_2O \to$ OH(A)+H(1s)の解離エネルギー(振動の零点準位の差)D_0は8.80 eV，OH(A, $v=0$)の回転定数は$B_0=17.0$ cm^{-1}である．

3.2 結合距離を座標変数に用いた運動エネルギーの表式(3.5)を，ヤコビ座標(式(3.6)および(3.7))に座標変換して表すと，交差項のない表式(3.8)が得られることを示せ．

3.3 質量加重座標の斜交角を質量比で表した式(3.12)を示せ．また，つぎの場合についてβの値を求めよ．
1) H–H–H, 2) D–H–D, 3) H–D–H, 4) Br–H–I

3.4 非断熱相互作用の行列要素のうち一階微分の対角要素について$\langle \psi_m(R) | \partial/\partial R | \psi_m(R) \rangle = 0$が成り立つことを示せ．

3.5 ハミルトニアンが時間依存する場合の系の時間発展を記述する問題で，透熱基底(式(3.26))を用いるとSchrödnger方程式から方程式(3.28)が導かれることを示せ．

3.6 ハミルトニアンが時間依存する場合の系の時間発展を記述する問題で，断熱基底(式(3.30))を用いるとSchrödnger方程式から方程式(3.31)が導かれることを示せ．

3.7 Landau-Zenerモデル(式(3.58))では，ポテンシャル擬交差のエネルギー差が$2V$で与えられることを示せ．

3.8 Landau-Zenerモデル(式(3.58))では，非断熱相互作用行列要素が

$$\langle \psi_2 | \dot{\psi}_1 \rangle = -\langle \psi_1 | \dot{\psi}_2 \rangle = \frac{(b-a)vV}{(b-a)^2 v^2 t^2 + 4V^2}$$

で与えられることを示せ．

3.9 M. Polanyiの実験で，Na*発光のスペクトル線幅(半値全幅)は0.006 nmであった．Na*がNaCl分子の並進エネルギーを得て励起されたと仮定して，Na*発光のドップラー幅を求めよ．実験で観測された線幅の値を説明できるか．ただし，ナトリウムD線の波長は589.8 nm($^2P_{1/2} \to {}^2S_{1/2}$)および589.2 nm($^2P_{3/2} \to {}^2S_{1/2}$)である．[H. Beutler, M. Polanyi, Z. Physik, **47**, 379 (1928) およびR. L. Hasche, M. Polanyi, E. Vogt, Z. Physik, **41**, 583 (1927)に基づく．] ヒント：並進エネルギーを受け取ったとすると，運動量保存則から，並進運動の運動量も受け取る．並進運動の速度が大きいと発光スペクトルにドップラーシフトが生じる．観測者に対して静止した原子のスペクトル線の波長がλ_0のとき，観測者に対して速度vで接近する原子のスペクトル線の波長は$\lambda = \lambda_0(1-v/c)$で与えられる．ただし$c$は光速である．

4. 遷移状態理論

> この章では，化学反応のポテンシャル曲面と，それに支配されたダイナミクスの基本的考え方に基づいて，反応速度がどのように決まるかを解説する．ポテンシャル曲面の鞍点における分子構造の情報から反応速度を予測する理論，すなわち遷移状態理論を導出し，その有効性を検証する．

4.1 ダイナミクスと反応速度

状態から状態への化学反応，すなわち，反応物と生成物の振動量子数 v, v'，および回転量子数 $N, m_N, N', m_{N'}$ が指定された化学反応

$$A + BC(v, N, m_N) \longrightarrow AB(v', N', m_{N'}) + C \tag{4.1}$$

は，§3.4.4 で解説したように，非断熱遷移と障壁越えの過程である．反応座標に直交する振動自由度は量子化され，その**断熱チャンネル**(adiabatic channel)* を非断熱遷移で飛び移りながら鞍点を通過する過程が化学反応である．図 3.38 を一般化して描いたものが図 4.1 である．反応始状態の各振動状態から出発した反応物分子のペアは，互いに接近する衝突過程で振動励起・脱励起を起こす．すなわち，断熱チャンネル間の**非断熱遷移**(non-adiabatic transition)が起こる．そしてポテンシャルの鞍点，すなわち反応障壁にさしかかる．反応座標方向の運動が，障壁を越えるのに十分なエネルギーをもっていれば，ある確率で反応障壁を越えて生成物へ向かうことができる．そうでなければ，ある確率で反応物側へひき返す．反応障壁は反応が起こるか起こらないかの分岐点である．首尾よく障壁を通過して，生成物側の谷を下るときにも，振動励起・脱励起が起こる．そして，最終的な

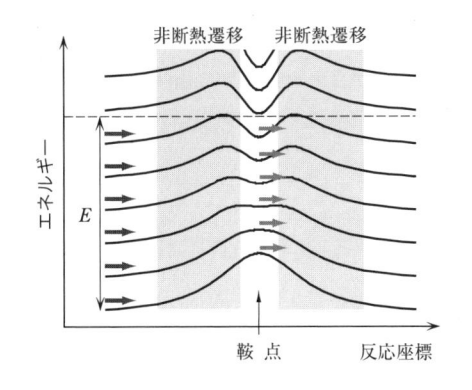

全エネルギー E で反応始状態の各振動状態から出発し，途中で非断熱遷移を起こして断熱チャンネルの間を飛び移りながら鞍点を通過し，反応生成物へ向かう．あるいは鞍点付近で跳ね返されて反応始状態へ戻る

図 4.1 非断熱遷移としてみた化学反応

---

* 断熱チャンネルを一つ指定すると，反応物の分子の内部状態（振動回転状態）と生成物の分子の内部状態が定まる．反応物および生成物の相対並進エネルギーは指定されない．

状態から状態への反応確率が決まる．§3.4.4で論じたように，状態から状態への反応確率を理論的に計算するには量子散乱理論が必要になる．

一方，反応速度定数 $k(T)$ は，温度 T が指定された熱平衡の反応物からの反応速度を表す．反応物や生成物の振動エネルギー，あるいは衝突の並進エネルギーなどは一切指定されない．反応始状態においては熱平衡分布で平均され，生成物状態においては総和がとられる．このような平均化および粗視化によりダイナミクスの詳細は消し去られていく．反応速度定数だけを得たいのであれば，状態から状態への遷移確率を求めておいて，それを平均化するのは能率が悪い．もっと素早く簡単に答えを得る方法がある．それが遷移状態理論である．

4.2 エネルギーを指定した反応速度
4.2.1 ミクロカノニカル反応確率

温度 T の反応物の化学反応を考える準備段階として，まず，全エネルギーが与えられた値 E をもつ化学反応を考える．相対並進エネルギー E_t や振動量子数 v は指定しない．すなわち，ミクロカノニカル集団[*1]からの反応速度を考える．このような反応速度と，第3章で議論したような量子力学的な遷移確率の間の関係を導くことから始める．

初期状態 (E_t, E_i) から出発して生成物 (E'_t, E'_i) を得る確率を $P(E_t, E_i \to E'_t, E'_i)$ とする．ただし，E_t および E'_t はそれぞれ反応物と生成物の相対並進エネルギー，E_i および E'_i はそれぞれ反応物と生成物の内部自由度（振動や回転）のエネルギーを表す[*2]．ミクロカノニカル集団からの反応確率，すなわち全エネルギー E のみを指定して，量子状態を指定しない反応確率を考えたい．全エネルギー E は一定の条件下で，始状態と終状態の内部状態について反応確率の和をとった量

$$\Pi(E) = \sum_{E_t+E_i=E} \sum_{E'_t+E'_i=E} P(E_t, E_i \to E'_t, E'_i) \tag{4.2}$$

を考える．これを**累積反応確率**(cumulative reaction probability)とよぶ[*3]．全エネルギー E の累積反応確率を始状態の状態密度[*4] $\rho(E)$ で除した量

$$P(E) = \frac{1}{\rho(E)} \sum_{E_t+E_i=E} \sum_{E'_t+E'_i=E} P(E_t, E_i \to E'_t, E'_i) \tag{4.3}$$

を**ミクロカノニカル反応確率**とよぶ．反応確率は反応物の対が衝突したときに反応する確率である．したがって，反応速度，すなわち毎秒何個の分子が反応するかは，反応確率に衝突数を乗じる必要がある．

[*1] 与えられた全エネルギーをもつ状態をすべて等しい重率で要素にもつ統計集団を**ミクロカノニカル** (microcanonical) **集団**とよぶ．
[*2] 厳密には，量子数を列挙しなければならない．数式が複雑になるのを避けるために，単純化して E_i および E'_i という記号で振動回転状態のエネルギーを表した．
[*3] 累積反応確率は定義上1より大きくなることがある．
[*4] 状態密度 $\rho(E)$ の定義はつぎの通りである．全エネルギーが $E \sim E+dE$ の区間にある量子状態の数が $\rho(E)dE$ のとき，$\rho(E)$ を状態密度とよぶ．しかし，$dE \to 0$ の極限で区間に入る量子状態の数は零になってしまうではないか，という疑問が生じるだろう．状態密度の厳密な定義はつぎの通りである．エネルギーが E 以下の累積状態数を $K(E)$ とする．$K(E)$ は階段状の関数になるであろう．これを平滑化した関数 $\bar{K}(E)$ を考え，$\rho(E) \equiv d\bar{K}/dE$ で状態密度を定義する．

反応確率から反応速度定数への変換

相対並進エネルギーが E_t である反応物分子対の衝突頻度因子を量子力学的に導く．分子の対がまだ十分遠方にあるとき，**反応座標**(reaction coordinate)方向の運動は，一次元自由粒子で記述できる．その波動関数は

$$\psi_{E_t}(x) = A e^{ipx/\hbar} \tag{4.4}$$

と表される．座標 x は反応座標である．運動量 p は運動エネルギー E_t と

$$E_t = \frac{1}{2\mu} p^2 \tag{4.5}$$

の関係で結ばれる．μ は換算質量である．まず，規格化定数 A を求めておく．規格化条件として

$$\int_{-\infty}^{\infty} \psi_{E_t}^*(x)\, \psi_{E_t'}(x) = \delta(E_t - E_t') \tag{4.6}$$

を課す．これを**エネルギー規格化**とよぶ．これによりエネルギーが微小区間 $[E_t, E_t+dE_t]$ に入る確率が $1 \times dE_t$ になる．換言すれば，単位エネルギーあたり1個の粒子を見いだすような統計集団を考えている．これを満たす A は

$$A = \left(\frac{\mu}{2\pi\hbar p}\right)^{1/2} \tag{4.7}$$

で与えられる．一方，量子力学的**流束**(flux)[*1] は

$$j = \frac{\hbar}{2\mu i}\left(\psi^* \frac{d\psi}{dx} - \frac{d\psi^*}{dx} \psi\right) \tag{4.8}$$

で与えられる．式(4.4)および(4.7)を式(4.8)に代入すると，エネルギー規格化された自由粒子の流束は

$$j = \frac{\hbar}{2\mu i} \frac{\mu}{2\pi\hbar p}\left(i\frac{p}{\hbar} + i\frac{p}{\hbar}\right) = \frac{1}{h} \tag{4.9}$$

となる．すなわち，並進エネルギー $E_t \sim E_t + dE_t$ をもつ粒子は毎秒平均 dE_t/h 個だけ飛んでくる[*2]．

ミクロカノニカル速度定数

式(4.9)から，反応確率を反応速度定数に換算するには $1/h$ を乗じればよいことがわかる．すなわち，並進エネルギー $E_t \sim E_t + dE_t$ をもち，内部状態のエネルギーが E_i の反応始状態から出発したとき，単位時間に状態 (E_t', E_i') の生成物が生成する個数の期待値は

$$\frac{1}{h} P(E_t, E_i \to E_t', E_i')\, dE \tag{4.10}$$

である[*3]．ミクロカノニカル集団を始状態とする反応の速度定数，すなわち，ミクロカノニカル速度

[*1] 単位時間に通過する粒子数の期待値．

[*2] 上の結果はつぎのような議論からも導かれる．ミクロカノニカル分布では運動量および座標がそれぞれ微小区間 $[p, p+dp]$，$[x, x+dx]$ に入る代表点の数は $dp\,dx/h$ で与えられる．すなわち運動量座標の不確定性関係から決まる位相空間内の細胞(Planck cell)に1個の量子状態が対応し，そこに代表点が1個割り振られる．これより，単位長さ中に存在する代表点の数は dp/h となる．そこから単位時間に流れ出てくる代表点の数はすなわち流束であり

$$j = v \frac{1}{h} dp = \frac{1}{h} \frac{p}{\mu} dp = \frac{1}{h} d\left(\frac{p^2}{2\mu}\right) = \frac{1}{h} dE_t$$

を得る．

[*3] ただし，$E = E_t + E_i$，および E_i が離散値であることから導かれる関係式 $dE = dE_t$ を用いた．

定数は

$$k(E) = \frac{1}{h}\frac{1}{\rho(E)} \sum_{E_t + E_i = E} \sum_{E_t' + E_i' = E} P(E_t, E_i \to E_t', E_i') \qquad (4.11)$$

$$= \frac{1}{h} P(E) \qquad (4.12)$$

で与えられる．ありがたいことに，単位エネルギーあたりの流束 $1/h$ がエネルギーの値に依存しないので，**ミクロカノニカル速度定数**(microcanonical rate constant)がミクロカノニカル反応確率に単に $1/h$ を乗じただけで得られる．上の導出が示しているように，$k(E)$ は単位エネルギーあたり1個の反応物から単位時間に生成する生成物の数である．

4.2.2 遷移状態近似

§4.1で述べたように，化学反応とは，反応座標に沿った非断熱過程であると解釈することができる．図4.1に示したように，反応座標に沿って断熱チャンネルを考える．§3.4.4で解説したように，反応座標とそれ以外の自由度(内部自由度)を断熱近似で分離して，反応座標の運動に対する断熱ポテンシャル(式(3.68))を考える．反応物分子のペア(A+BC)が遠く離れているときには，相対並進運動である反応座標と，分子の振動回転である内部自由度は相互作用しない．反応物分子どうしが接近してくると，相互作用が始まり，非断熱遷移が起こり始める．問題を単純化するために，非断熱遷移と障壁越えの過程を分離して考える．すなわち，反応障壁にさしかかる前にひとしきり非断熱遷移が起こり，振動状態および並進エネルギーが変化する．その変化した並進エネルギーで障壁に到達し，障壁を越えたり越えられなかったりする．障壁を越えた場合には，生成物へ向かう途中でまた非断熱遷移が起こる．そのような分離ができたとすると，ミクロカノニカル反応確率は

$$P(E) = \frac{1}{\rho(E)} \sum_{i \in E} \sum_{f \in E} \sum_{n^\ddagger \in E} P(i|n^\ddagger) P(n^\ddagger) P(n^\ddagger|f) \qquad (4.13)$$

と表される．ただし，$P(i|n^\ddagger)$ は始状態チャンネル i (内部状態 i の反応物)から鞍点における断熱チャンネル $n^\ddagger$ への非断熱遷移の確率，$P(n^\ddagger)$ は断熱チャンネル $n^\ddagger$ で鞍点を生成物側へ通過する確率，$P(n^\ddagger|f)$ は鞍点における断熱チャンネル $n^\ddagger$ から生成物の終状態チャンネル f (内部状態 f の生成物)への非断熱遷移の確率である．また，$i \in E$ などは，全エネルギーが E になる条件下で量子数 i について和をとることを意味する．式(4.13)では，鞍点を通過するかどうかは，確率 $P(n^\ddagger)$ によって記述される．どの**始状態チャンネル**(initial channel)からどの**終状態チャンネル**(final channel)へいきやすいかという反応確率の内訳が $P(i|n^\ddagger)$ および $P(n^\ddagger|f)$ で記述される．生成物側の非断熱遷移の確率 $P(n^\ddagger|f)$ は，鞍点を $n^\ddagger$ 番目の断熱チャンネルで通過したとき，どの終状態がどれだけ生成しやすいか，その分岐比を表している．したがって，終状態 f について確率を足し上げると1になる，すなわち

$$\sum_{f \in E} P(n^\ddagger|f) = 1 \qquad (4.14)$$

が成り立つ*．反応物側の非断熱遷移の確率についても同様の関係式

$$\sum_{i \in E} P(i|n^\ddagger) = 1 \qquad (4.15)$$

---

* 鞍点を通過したら，反応物側へ戻ることなく，必ず生成物へ到達すると考えていることに相当する．これの反例が§4.2.3で述べる**再交差**である．

4.2 エネルギーを指定した反応速度

が成立する．これは，鞍点を $n^\ddagger$ 番目の断熱チャンネルで生成物方向へ通過したならば，過去にさかのぼると反応物は始状態チャンネルの必ずどれか一つから出発していることから導かれる[*1]．式 (4.14) および (4.15) を用いると，ミクロカノニカル反応確率は

$$P_{\text{TST}}(E) = \frac{1}{\rho(E)} \sum_{n^\ddagger \in E} \left\{ \sum_{i \in E} P(i|n^\ddagger) \right\} P(n^\ddagger) \left\{ \sum_{f \in E} P(n^\ddagger|f) \right\} \quad (4.16)$$

$$= \frac{1}{\rho(E)} \sum_{n^\ddagger \in E} P(n^\ddagger) \quad (4.17)$$

となる．すなわち，途中の非断熱遷移の確率は消え去って，鞍点の情報だけでミクロカノニカル反応確率が表される．

さらにつぎのような簡単化を行う．鞍点で正の運動エネルギーをもっている断熱チャンネル(鞍点で開いた断熱チャンネル)については，障壁を確率1で越えるとする．一方，鞍点で断熱ポテンシャルエネルギーが全エネルギーよりも大きい断熱チャンネル(鞍点で閉じた断熱チャンネル)では，障壁を越える確率は零である[*2]とする．すなわち，

$$P(n^\ddagger) = \begin{cases} 1 & (n^\ddagger = 0, 1, 2, \cdots, (K^\ddagger - 1)) \\ 0 & (n^\ddagger \geq K^\ddagger) \end{cases} \quad (4.18)$$

とおく．ただし，$K^\ddagger$ は鞍点で開いている断熱チャンネルの数である．$K^\ddagger$ は全エネルギー E がエネルギー障壁 E_0 よりどれだけ大きいかで決まるので，$K^\ddagger(E-E_0)$ と記すことにする[*3]．この簡単化の結果，ミクロカノニカル反応確率(式 (4.17))は

$$P_{\text{TST}}(E) = \frac{1}{\rho(E)} \sum_{n^\ddagger=0}^{K^\ddagger - 1} \quad (4.19)$$

$$= \frac{K^\ddagger(E-E_0)}{\rho(E)} \quad (4.20)$$

となる．すなわち，鞍点で開いた断熱チャンネルの数 $K^\ddagger(E-E_0)$ というたった一つの情報でミクロカノニカル反応確率が表される．これを**遷移状態理論**(transition state theory)[*4]とよぶ．すなわち，鞍点という**遷移状態**(transition state)を考え，その1点だけで反応確率が決まる，という考え方である．反応速度定数は

$$k_{\text{TST}}(E) = \frac{1}{h} \frac{K^\ddagger(E-E_0)}{\rho(E)} \quad (4.21)$$

で与えられる．これがミクロカノニカル遷移状態理論の公式である．

ここで，$K^\ddagger(E-E_0)$ の物理的意味を確認しておく．式 (4.18) の前後の議論で定義したように，$K^\ddagger(E-E_0)$ は全エネルギー E のとき，鞍点で開いている断熱チャンネルの数である．一つ一つの断熱チャンネルは，反応座標と直交する内部自由度に関して量子化されたエネルギー準位を表してい

[*1] 鞍点を生成物方向へ通過している古典軌跡が生成物側から出発していることはない，と考えていることに相当する．これの反例が §4.5 で述べる**逆再交差**である．
[*2] 量子力学的トンネル効果を無視している．
[*3] 全エネルギー E がエネルギー障壁 E_0 より小さければ，すなわち $E-E_0 < 0$ ならば，$K^\ddagger(E-E_0) = 0$ である．より詳しく言えば，鞍点における零点振動エネルギーを E_0 に加えたエネルギーを全エネルギー E が越えたとき，$K^\ddagger(E-E_0)$ は 0 から 1 に増加する．
[*4] 遷移状態理論は H. Eyring により 1935 年に提案された [H. Eyring, *J. Chem. Phys.*, **3**, 107 (1935)]．また，S. Glasstone, K. J. Leidler, H. Eyring, "The Theory of Rate Processes", McGraw-Hill (1941) も参考になる．オリジナルの導出方法は本節のものと異なる．遷移状態理論を導くには複数の異なる方法があることが知られている．重要なものを付録 E にまとめた．

る．したがって，$K^{\ddagger}(E-E_0)$は鞍点(すなわち遷移状態)において，全エネルギーがEまでの内部状態の量子準位の累積数，すなわち**(累積)状態数**(number of states)である．反応A+BCであれば，遷移状態の分子は三原子分子$ABC^{\ddagger}$であり，離散的な振動回転状態をもつ[*1]．鞍点を通過するとき，振動回転の基底状態で通過するかも知れないし，振動回転励起状態のどれかで通過するかも知れない．いわば複数の通り道(チャンネル)が存在するのである．全エネルギーが与えられるとその道の数が定まる．その数が$K^{\ddagger}(E-E_0)$なのである．通り道の数が多ければ反応速度定数は大きくなるであろう[*2]．式(4.21)の速度定数が$K^{\ddagger}(E-E_0)$に比例しているのはそのような描像に対応している．

4.2.3 遷移状態近似の限界

再 交 差

遷移状態理論では，鞍点を通過した古典軌跡は生成物の谷へ飛び去ると考え，反応確率を求めている(式(4.17)と(4.18))．しかし，図4.2に示したH+H$_2$反応の古典軌跡を見ると，鞍点を越えて生成物の谷の側へ至ったにもかかわらず，戻ってきている．このようなふるまいを**再交差**(recrossing)とよぶ．これは，鞍点で十分なエネルギーをもっている古典軌跡でも生成物へ到達しないものがあることを意味している．すなわち，式(4.18)で確率を1とおいた仮定は常に成立しているとは限らない[*3]．

再交差が起こるのはなぜだろうか．反応座標に沿った断熱チャンネルのエネルギー地形(図4.3)を見ると理解できる．振動量子数$v \geq 1$の断熱チャンネルでは，鞍点が障壁になっておらず，むしろくぼみになっている．そして，くぼみの両側に障壁ができている．これは，反応座標に垂直方向の振動が励起されていると，元のポテンシャル曲面の鞍点付近のエネルギー障壁を感じないこと，そしてエネルギー障壁を感じるのは鞍点から離れた領域であることを意味する．このように，元のポテンシャル曲面に存在しないくぼみや障壁を，それぞれ**動力学的くぼみ**(dynamical well)および**動力学的障壁**(dynamical barrier)とよぶ．H+H$_2$で動力学的くぼみができるのは，反応座標に垂直な振動自由度の振動数が，図3.28に示したように，鞍点付近で極小をもつからである．

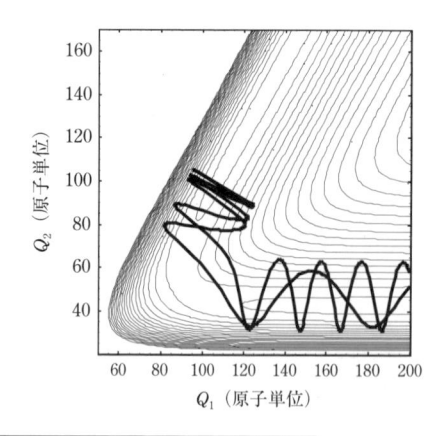

振動量子数$v=1$の振動励起状態に相当する振動エネルギーをもつH$_2$に衝突エネルギー 0.014 (原子単位)でH原子を衝突させたときの古典軌跡．LEPSポテンシャルを用いた．古典軌跡は鞍点を通過したにもかかわらず反応物の谷へ戻っている

図4.2 共線型H+H$_2$反応の再交差軌跡

[*1] 遷移状態の分子が非直線N原子分子のとき，3個の並進自由度，3個の回転自由度，そして1個の反応座標の自由度をもつ．したがって，振動自由度は$3N-7$個である．遷移状態の内部自由度は，3個の回転自由度と$3N-7$個の振動自由度であり，合計$3N-4$自由度となる．

[*2] 駅の改札口でゲートの数が多いほど，単位時間に通過できる人数は多くなるであろう．

[*3] あるいは，式(4.14)が成立しないという解釈も可能である．

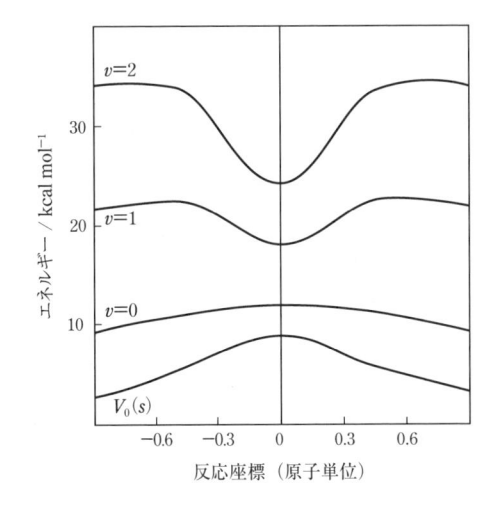

4.2 エネルギーを指定した反応速度

振動量子数 $v = 0, 1, 2$ の断熱チャンネルのエネルギーを反応座標の関数として表示した．$V_0(s)$ はポテンシャル地形（電子エネルギー）である．振動量子数が $v \geq 1$ のとき，鞍点 $s=0$ 付近に動力学的くぼみ，そしてその両側に動力学的障壁が現れる

図 4.3 共線型 $H + H_2$ 反応の断熱チャンネルのエネルギー地形 [R. D. Levine, S.-F. Wu, *Chem. Phys. Lett.*, **11**, 559（1971）に基づく]

断熱チャンネルのエネルギー地形からつぎのように再交差が理解できる．古典軌跡の集団が振動作用変数 $J = 1.5$[*1] の断熱チャンネルで鞍点に向かったとする．鞍点付近で反応座標の曲率が大きくなり，非断熱遷移が起こる．その結果，（振動位相の初期条件に依存して）集団の一部の古典軌跡は振動励起され，作用変数は $J = 1.5$ から増加する．断熱ポテンシャルのエネルギーは高くなり，古典軌跡は，生成物側領域に存在する動力学的障壁を越えられなくなり，跳ね返される．そして，逆戻りして鞍点を反応物側へ向かって通過する．ここで，また非断熱遷移が起こる．ここで振動が脱励起されて $J \leq 1.5$ に戻れば，古典軌跡は反応物の谷へ戻る．脱励起されずに，作用変数が増加した状態に留まったとすると，反応物側の動力学的障壁を感じて再度跳ね返される．もし作用変数がそのまま減少しなければ，二つの動力学的障壁の間を何度もいったりきたりすることになる．実際にそのような古典軌跡も存在する．

鞍点に動力学くぼみが存在すると，遷移状態近似には，つぎのような困難が生じる．ひき続き共線型反応で考える．遷移状態理論による反応確率の表式(4.20)は反応物の量子状態1個あたりの反応確率であるが[*2]，議論を簡単にするために，始状態チャンネル（反応物分子の内部状態）1個あたりの反応確率を考える．すなわち，累積反応確率 $\Pi(E)$ を $\rho(E)$ で割るのではなく，始状態で開いているチャンネル数 $N(E)$ で割った反応確率 $p(E) \equiv \Pi(E)/N(E)$ を考える[*3]．遷移状態近似のもとでの $p(E)$ を $p_\text{TST}(E)$ と表すことにする．$p_\text{TST}(E)$ は

$$p_\text{TST}(E) = \frac{K^\ddagger(E - E_0)}{N(E)} \tag{4.22}$$

[*1] 振動量子数 $v = 1$ に対応する．

[*2] 式(4.20)は，反応物分子の内部自由度（振動回転自由度）だけでなく並進自由度も含めて考えた量子状態1個あたりの反応確率に相当する．

[*3] 仮に障壁が全く存在せず，反応座標方向の運動が自由粒子としてふるまい，すべての断熱チャンネルが素通しであるとする．このとき，一つの始状態チャンネルから生成物のいずれかの終状態に到達する確率は1になる．それを N 個の開いた始状態チャンネルについて加え合わせると，$\Pi(E) = N(E)$ となり，したがって $p(E) = 1$ となる．一般に $p(E)$ は規格化された確率であり，常に $p(E) \leq 1$ を満たすことを示せる．一方，ミクロカノニカル反応確率(式(4.3)) $P(E) \equiv \Pi(E)/\rho(E)$ はエネルギーの次元をもつ．なぜならば，累積反応確率 $\Pi(E)$ は無次元であるが，状態密度（単位エネルギーあたりの状態数）$\rho(E)$ はエネルギーの逆数の次元をもつからである．すなわち，$P(E)$ の物理的意味は単純な確率ではなく，その値はエネルギーの単位にも依存し，$P(E) \leq 1$ を満たすとは限らない．ここで議論するのは，遷移状態近似による $K^\ddagger$ の評価の良否なので，$P(E)$ の代わりに $p(E)$ の大きさに着目しても同じことである．

となる.ただし,$K^\ddagger(E-E_0)$は**鞍点**で開いているチャンネルの数である.反応確率はNと$K^\ddagger$の大小関係で決まる.鞍点で多くのチャンネルが開いているほど,反応確率は大きくなるのである.本章冒頭の図4.1はその状況を模式的に示している.反応始状態に記した矢印の数が$N(E)$であり,鞍点に記した矢印の数が$K^\ddagger(E-E_0)$である.チャンネルの数は反応座標に垂直な振動自由度の振動準位の数を数えることと同じことになる.$H+H_2$の場合,Nと$K^\ddagger$がエネルギーとともに増加していく様子を調べたのが図4.4の上段および中段である.全エネルギーEがエネルギー障壁より低いときは$N=1$,$K^\ddagger=0$である.エネルギーを増加させていき,エネルギー障壁の高さを上回ったとき[*],$K^\ddagger=1$となる.そして,つぎに,$N=2$となる少し前に,$K^\ddagger=2$となる.Nはすぐ2になり$K^\ddagger$に追いつくが,さらにエネルギーが増加すると,$K^\ddagger$の増加の方がNの増加より速くなる.これは反応座標に垂直な方向の振動数が鞍点付近で極小になっている(図3.28)ことからくる必然の結果である.そのため,エネルギーが高いところでは$K^\ddagger(E-E_0)>N(E)$となる.このとき反応確率(始状態チャンネル1個あたりの反応確率)は$p_{TST}>1$となってしまう.図4.4の下段にその様子を示した.確率は1より小さくなるべきで,これは明らかに遷移状態近似の破たんである.

上段:実線は,鞍点を遷移状態とした$K^\ddagger(E-E_0)$.破線は変分型遷移状態理論(§4.5参照)に基づき遷移状態を動力学障壁においたときの$K^\ddagger(E-E_0)$.始状態および遷移状態の零点振動エネルギーを考慮した反応障壁の高さをE_aで示した.中段:始状態で開いているチャンネル数$N(E)$.下段:反応確率.破線:$p_{TST}(E)$(式(4.22)),実線:$p_{VTST}(E)$(§4.5参照).黒丸:準古典法による反応確率(E. Pollack, Ph. Pechukas, *J. Chem. Phys.*, **69**, 1218 (1978)のデータに基づく).Porter-Karplusポテンシャル(付録C参照)に基づいて計算したもの

図 4.4 共線型 $H+H_2$ 反応の反応確率

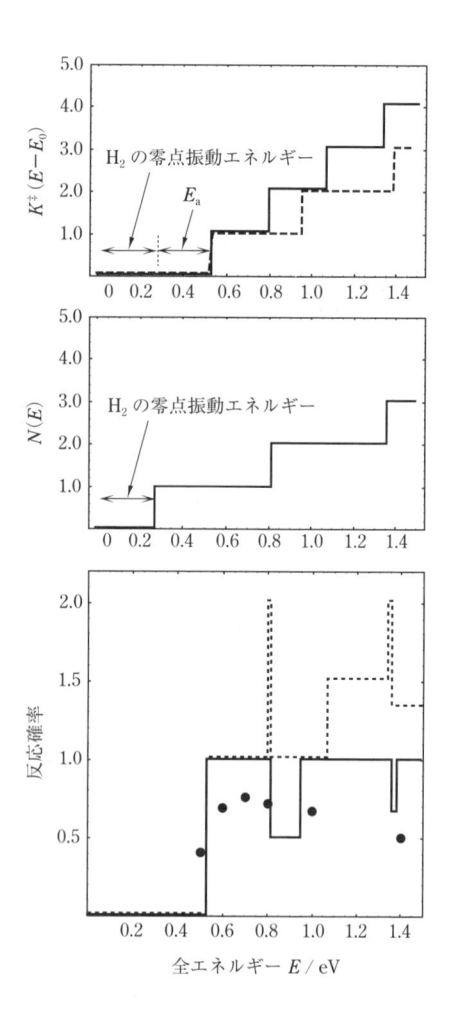

---

[*] 正確には,遷移状態の零点エネルギーを考慮する必要がある.p.107 脚注*3参照.

4.2 エネルギーを指定した反応速度

まとめると，式(4.18)で，鞍点で開いたチャンネルの反応確率を1としたのは近似である．正しくは確率は1より小さい．図4.4の下段に準古典法による反応確率の値を示してある．また，図4.5に厳密な量子力学的計算の結果を示した．反応確率のエネルギー依存性を見ると，障壁を越えたあと急激に増加し，1に近づくが，その後減少していく．

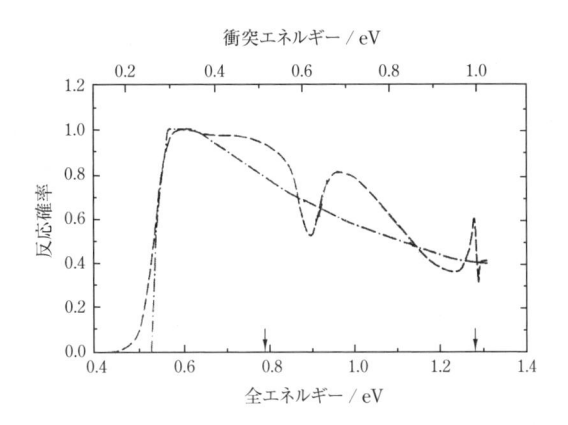

破線：厳密な量子力学的計算．一点鎖線：準古典的方法による反応確率
図4.5　厳密な量子散乱計算による共線型 $H+H_2(v=0)$ 反応の反応確率［J. M. Bowman, A. Kuppermann, *J. Chem. Phys.*, **59**, 6530 (1973) に基づく］

上の議論から，$P_{TST}(E)$ の値は常に大きすぎる，といえる．これは良い知らせである．反応速度定数の正しい値は式(4.21)の $k_{TST}(E)$ の値より必ず小さいのである．これを利用した遷移状態近似の改良法を§4.5で述べる．また，§4.3で述べるように，温度を指定した速度定数では，再交差による近似の破たんは，高温域でない限り深刻な誤差とはならない．再交差は高エネルギーで深刻となるが，室温程度の温度での熱平均では，$k_{TST}(E)$ の高エネルギー部分は，非常に小さな重みがかかり事実上，消されてしまうからである．

量子力学的トンネル効果

式(4.18)の遷移状態近似では，鞍点で閉じたチャンネルの反応確率を0とおいた．エネルギーが足りず鞍点を越えることができないとき，反応確率は0と考えたからである．しかし，原子の運動は量子力学に従う．エネルギー障壁が存在しても，**トンネル効果**(tunneling effect)で通り抜ける確率が零ではない．特にH原子が移行する反応では，トンネル確率は無視できない大きさになる．定量的な吟味は§4.4で行う．

断熱チャンネルごとのトンネル確率を何らかの方法で見積もることができれば，それを式(4.18)の中へ取入れることが可能である．閉じたチャンネルの反応確率をトンネル確率で置き換えればよいのである．

再交差による誤差は $k_{TST}(E)$ を真の値より必ず大きくすると上で述べた．トンネル効果を無視していることにより，残念ながら，$k_{TST}(E)$ は真の値よりも小さい方向にずれている．したがって，"トンネル効果が無視できる条件では，$k_{TST}(E)$ は真の値より必ず大きい"と言い直す必要がある．

4.3 温度を指定した反応速度

反応速度定数 $k(T)$ は温度 T が指定された状況での反応速度定数である．前節で論じたミクロカノニカル速度定数 $k(E)$ を熱平均(カノニカル平均)すると $k(T)$ が得られる．すなわち，

$$k(T) = \frac{1}{Q(T)}\int_0^\infty k(E)\rho(E)\mathrm{e}^{-E/k_\mathrm{B}T}\mathrm{d}E \tag{4.23}$$

である．ただし，k_B は Boltzmann 定数であり，$Q(T)$ は始状態の分配関数[*1]

$$Q(T) = \int_0^\infty \rho(E)\mathrm{e}^{-E/k_\mathrm{B}T}\mathrm{d}E \tag{4.24}$$

である．$\rho(E)$ はエネルギー E の縮重度(状態密度)である．

ミクロカノニカル遷移状態理論(microcanonical transition state theory)の速度定数の表式(4.21)をカノニカル平均して，**カノニカル遷移状態理論**(canonical transition state theory)の速度式 $k_\mathrm{TST}(T)$ を導出する．準備としてつぎのことを思い起こそう．$K^{\ddagger}(E-E_\mathrm{a})$ は遷移状態における開いたチャンネルの数，言い換えれば，遷移状態における内部自由度に関する累積状態数であった．すなわちエネルギーが $E-E_a$ 以下にある量子状態の数である．累積状態数をエネルギーで微分すると**状態密度**(density of states)になる．すなわち，

$$\rho^{\ddagger}(E) = \frac{\mathrm{d}K^{\ddagger}(E)}{\mathrm{d}E} \tag{4.25}$$

である．それに Boltzmann 因子を掛けて積分したものは遷移状態の内部自由度の分配関数とよぶべき量

$$Q^{\ddagger}(T) \equiv \int_0^\infty \rho^{\ddagger}(E)\mathrm{e}^{-E/k_\mathrm{B}}\mathrm{d}E \tag{4.26}$$

になる．式(4.23)の平均操作はつぎのように機械的な式の変形により実行できる．

$$k_\mathrm{TST}(T) = \frac{1}{Q(T)}\int_0^\infty \frac{1}{h}\frac{K^{\ddagger}(E-E_0)}{\rho(E)}\rho(E)\mathrm{e}^{-E/k_\mathrm{B}T}\mathrm{d}E \tag{4.27}$$

$$= \frac{1}{h}\frac{1}{Q(T)}\mathrm{e}^{-E_0/k_\mathrm{B}T}\int_0^\infty K^{\ddagger}(E')\mathrm{e}^{-E'/k_\mathrm{B}T}\mathrm{d}E' \tag{4.28}$$

$$= \frac{1}{h}\frac{1}{Q(T)}\mathrm{e}^{-E_0/k_\mathrm{B}T}\left[-k_\mathrm{B}TK^{\ddagger}(E')\mathrm{e}^{-E'/k_\mathrm{B}T}\Big|_0^\infty + k_\mathrm{B}T\int_0^\infty \frac{\mathrm{d}K^{\ddagger}(E')}{\mathrm{d}E'}\mathrm{e}^{-E'/k_\mathrm{B}T}\mathrm{d}E'\right] \tag{4.29}$$

$$= \frac{k_\mathrm{B}T}{h}\frac{1}{Q(T)}\mathrm{e}^{-E_0/k_\mathrm{B}T}\int_0^\infty \rho(E')\mathrm{e}^{-E'/k_\mathrm{B}T}\mathrm{d}E' \tag{4.30}$$

第2の等号では，変数変換 $E'=E-E_0$ を行った．ただし，E_0 はポテンシャル障壁の高さである．また，$E<E_0$ では $K^{\ddagger}(E-E_0)=0$ である[*2]ことを用いている．第3の等号では部分積分を行い，第4の等号では $K^{\ddagger}(0)=0$ を使っている．最後の表現の積分が $Q^{\ddagger}(T)$ であることに注意すると，著名な遷移状態理論の公式

$$k_\mathrm{TST}(T) = \frac{k_\mathrm{B}T}{h}\frac{Q^{\ddagger}(T)}{Q(T)}\mathrm{e}^{-E_0/k_\mathrm{B}T} \tag{4.31}$$

[*1] 始状態の分配関数には相対並進運動からの寄与が含まれる．そのため，$Q(T)$ は粒子を閉じ込めた空間の体積に比例する．濃度に関する速度定数を求めるときは，この体積を単位体積，すなわち $V=1\,\mathrm{m}^3$ とおく．例題4.1参照．

[*2] p.107, 脚注*3参照．

を得る*.この式は，反応始状態の分配関数とともに，エネルギー障壁 E_0 および遷移状態での内部自由度の分配関数を知ることができれば，反応速度を予言できるということを主張している．分子分配関数は分子構造の情報，すなわち分子の慣性モーメントと分子振動の振動数から算出できる．すなわち，反応始状態と遷移状態の分子構造という静的な情報から，原子・分子の動的挙動である反応の速度が予言できるのである．しかも，反応速度を決める因子は，遷移状態という反応座標上の一点に集約されている．

現在では非経験的分子軌道計算のパッケージソフトにより，ポテンシャル曲面全体を計算することなく，鞍点の位置を決定し，鞍点の分子構造の情報を得ることができる．すなわち，非経験的に化学反応の速度を予言できるのである．遷移状態理論の提唱者 Eyring はこのような非経験的な理論を**絶対反応速度論**(absolute rate theory, theory of absolute reaction rates)とよんでいた．

BOX 4.1　室温付近でのカノニカル平均の内容

式(4.23)のカノニカル平均の操作で，累積反応速度 $k(E)\rho(E)$ のどのエネルギー領域が $k(T)$ に寄与しているのかを調べよう．式(4.21)から，$k(E)\rho(E)$ は $K^{\ddagger}$ に比例することがわかる．図1(a) に $K^{\ddagger}$ のエネルギー依存性を示した．Boltzmann 因子の急激な減少により，$K^{\ddagger}$ のごく立ち上がり近傍の値だけが $k(T)$ に寄与している．図1(b) からわかるように，高エネルギー領域の $K^{\ddagger}$ は Boltzmann 因子により消されてしまう．

これにより，$k_{\mathrm{TST}}(E)$ の高エネルギー領域が再交差の影響で近似が悪くなっていても，$k_{\mathrm{TST}}(T)$ には，高温でなければ，その悪影響は伝わらない．これも遷移状態理論の巧妙な近似の一部であるといえる．

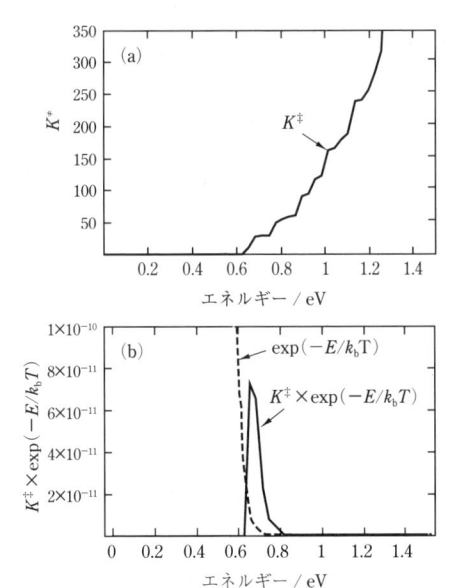

(a) (共線型ではなく)三次元 $H+H_2$ 反応の場合に算出した累積状態数 $K^{\ddagger}$. (b) 破線は $T=300$ K における Boltzmann 因子 $e^{-E/k_\mathrm{b}T}$. 実線は $K^{\ddagger}e^{-E/k_\mathrm{b}T}$. Boltzmann 因子の急激な減少により，$K^{\ddagger}$ のごく立ち上がり近傍の値だけが $k(T)$ に寄与する

図1 ミクロカノニカル速度定数が熱平均される様子

---

* Eyring の原論文[H. Eyring, *J. Chem. Phys.*, **3**, 107 (1935)]および著書[S. Glasstone, K. J. Leidler, H. Eyring, "The Theory of Rate Processes", McGraw-Hill (1941)]では，反応始状態と**活性錯合体**の間の化学平衡という描像に基づいて，この式を導出している(付録 E 参照)．しかし現在では，この公式のもつ内容は，本節で述べたように，活性錯合体の存在や化学平衡の成立を仮定しない考え方に基づいて理解されている．

例題 4.1 遷移状態理論公式の計算例　カノニカル遷移状態理論の公式(4.31)を用いて化学反応

$$H + H_2 \longrightarrow H_2 + H$$

の温度 300 K における反応速度を計算せよ．必要な分子定数は下表に示した．

r_{HH}	7.42×10^{-11} m	$r^{\ddagger}$	9.3×10^{-11} m
ν/c	4395 cm^{-1}	$\nu_s^{\ddagger}/c$	2193 cm^{-1}
E_0	37.6 kJ mol^{-1}	$\nu_b^{\ddagger}/c$	978 cm^{-1}

ただし，r_{HH} は H_2 の平衡核間距離，ν は H_2 分子の振動数，E_0 は鞍点と反応始状態のポテンシャルエネルギーの差（エネルギー障壁），鞍点 $HHH^{\ddagger}$ の分子構造は直線形で，$r^{\ddagger}$ はその隣接 HH 原子間距離，$\nu_s^{\ddagger}$ は $HHH^{\ddagger}$ の対称伸縮モードの振動数，$\nu_b^{\ddagger}$ は変角モードの振動数である．

解　答　公式(4.31)の分母は始状態の分配関数である．始状態 $H+H_2$ は，相対並進運動，H_2 の振動および回転自由度からなり，分配関数は各自由度からの寄与の積の形，すなわち

$$Q(T) = q_t(T) q_v(T) q_r(T)$$

で与えられる．各因子を順に計算していく．まず相対並進運動の分配関数* は

$$q_t(T) = \frac{(2\pi \mu k_B T)^{3/2}}{h^3}$$

$$= \frac{\{2\times 3.14 \times \frac{2}{3} \times (1.67\times 10^{-27}\text{ kg}) \times (1.38\times 10^{-23}\text{ J K}^{-1}) \times 300\text{ K}\}^{3/2}}{(6.63\times 10^{-34}\text{ J s})^3}$$

$$= 5.34\times 10^{29}\text{ m}^{-3}$$

となる．ただし，$H+H_2$ の換算質量が $\mu = m_H m_{H_2}/(m_H + m_{H_2}) = (2/3)m_H$ であることを用いた．つぎに，振動分配関数は

$$q_v(T) = \frac{e^{-h\nu/2k_B T}}{1-e^{-h\nu/k_B T}}$$

と表されるが，零点振動エネルギーによる $e^{-h\nu/2k_B T}$ を取出して

$$q_v(T) = e^{-h\nu/2k_B T} \bar{q}_v(T)$$

の形で考えるのが見通しがよく，計算も容易になる．

$$\frac{h\nu}{k_B T} = \frac{(6.63\times 10^{-34}\text{ J s})\times (3.00\times 10^8\text{ m s}^{-1})\times (4395\times 100\text{ m}^{-1})}{(1.38\times 10^{-23}\text{ J K}^{-1})\times 300\text{ K}} = 21.1$$

である．したがって，

$$\bar{q}_v(300\text{ K}) = \frac{1}{1-e^{-21.1}} = 1.00$$

となる．つぎに，回転分配関数は

$$q_r(T) = \frac{8\pi^2 I k_B T}{h^2}$$

---

* 並進運動の分配関数は，粒子を閉じ込めた容器の体積に比例する．遷移状態離理論の公式では，<u>単位体積中の並進運動の分配関数</u>を用いる．

で与えられる[*1]．ただし，I は H_2 の慣性モーメントである．H_2 の慣性モーメントは

$$I = \mu_{H_2} r_{HH}^2 = \frac{1}{2}(1.67 \times 10^{-27}\,\text{kg}) \times (7.42 \times 10^{-11}\,\text{m})^2 = 4.60 \times 10^{-48}\,\text{kg m}^2$$

と計算されるので，

$$q_r(300\,\text{K}) = \frac{8 \times (3.14)^2 \times (4.60 \times 10^{-48}\,\text{kg m}^2) \times (1.38 \times 10^{-23}\,\text{J K}^{-1}) \times 300\,\text{K}}{(6.63 \times 10^{-34}\,\text{J s})^2} = 3.42$$

を得る．

一方，遷移状態の分配関数 $Q^\ddagger(T)$ は，遷移状態 $HHH^\ddagger$ の分子回転，分子振動の自由度からなる．

$$Q^\ddagger(T) = q_v^\ddagger(T) q_r^\ddagger(T)$$

ここで注意が必要なのは，分子振動の自由度である．三原子分子 $HHH^\ddagger$ は対称伸縮モード，逆対称伸縮モードおよび二重に縮重した変角モードの4自由度の振動自由度をもつが，これらのうち，逆対称伸縮モードは鞍点における反応座標の方向の運動に対応する．この運動は $HHH^\ddagger$ では振動ではない．逆対称伸縮モードを除くその他のモードが鞍点でのチャンネルを形成している．したがって，遷移状態の振動分配関数は

$$q_v^\ddagger(T) = \frac{1}{1-e^{-h\nu_s^\ddagger/k_B T}} \left(\frac{1}{1-e^{-h\nu_b^\ddagger/k_B T}} \right)^2 e^{-h(\nu_s^\ddagger + 2\nu_b^\ddagger)/2k_B T}$$

で与えられる．

$$\frac{h\nu_s^\ddagger}{k_B T} = \frac{(6.63 \times 10^{-34}\,\text{J s}) \times (3.00 \times 10^8\,\text{m s}^{-1}) \times (2193 \times 100\,\text{m}^{-1})}{(1.38 \times 10^{-23}\,\text{J K}^{-1}) \times 300\,\text{K}} = 10.5$$

$$\frac{h\nu_b^\ddagger}{k_B T} = \frac{(6.63 \times 10^{-34}\,\text{J s}) \times (3.00 \times 10^8\,\text{m s}^{-1}) \times (978 \times 100\,\text{m}^{-1})}{(1.38 \times 10^{-23}\,\text{J K}^{-1}) \times 300\,\text{K}} = 4.70$$

と計算されるので

$$\bar{q}_v^\ddagger(T) = 1.00$$

を得る．また，$HHH^\ddagger$ は直線形で，重心は中心の H 原子の位置と一致するので，その慣性モーメント $I^\ddagger$ は

$$I^\ddagger = 2m_H(r^\ddagger)^2 = 2 \times (1.67 \times 10^{-27}\,\text{kg}) \times (9.3 \times 10^{-11}\,\text{m})^2 = 2.89 \times 10^{-47}\,\text{kg m}^2$$

で与えられる．したがって，遷移状態の回転分配関数の値として下式を得る．

$$q_r^\ddagger(300\,\text{K}) = \frac{8 \times (3.14)^2 \times (2.89 \times 10^{-47}\,\text{kg m}^2) \times (1.38 \times 10^{-23}\,\text{J K}^{-1}) \times 300\,\text{K}}{(6.63 \times 10^{-34}\,\text{J s})^2} = 21.5$$

さて，式(4.31)に代入すればよいのであるが，今考えている反応では2倍の因子が必要になる．3個のH原子を区別して考えると

$$H_a + H_b H_c \longrightarrow (H_a H_b H_c)^\ddagger \longrightarrow H_a H_b + H_c$$
$$H_a + H_c H_b \longrightarrow (H_a H_c H_b)^\ddagger \longrightarrow H_a H_c + H_b$$

の2通りの反応のどちらが起こってもよいので，式(4.31)を2倍する必要がある[*2]．これを**統計因子**とよぶ．最終結果は

[*1] 核スピンを考慮すると，等核二原子分子の回転分配関数は対称数2で割る必要がある．しかし，反応始状態と遷移状態の核スピン重率を漏れなく考慮するのは難しい．あとに述べる"遷移状態の統計因子"を考慮し，核スピン重率は一切考慮しない，というのが最も単純で実用的な計算方法である．なお§7.4.1を参照せよ．

[*2] たとえば $H + HD \rightarrow H_2 + D$ の反応速度を求めるときは式(4.31)のままでよい．

$$k_{\text{TST}}(T) = 2\frac{k_B T}{h} \frac{\bar{q}_v^{\ddagger}(T) q_r^{\ddagger}(T)}{q_t(T) \bar{q}_v(T) q_r(T)} \exp\left[-\frac{1}{k_B T}\left\{E_0 + \frac{1}{2}h(\nu_s + 2\nu_b - \nu)\right\}\right]$$

に値を代入すれば得られる．指数関数の中の $\{\cdots\}$ は零点振動準位を考慮した反応のエネルギー障壁に相当する．前指数因子の値は

$$2 \times \frac{(1.38 \times 10^{-23}\,\text{J K}^{-1}) \times 300\,\text{K}}{6.63 \times 10^{-34}\,\text{J s}} \frac{1.00 \times 21.5}{5.34 \times 10^{29}\,\text{m}^{-3} \times 1.00 \times 3.42} = 1.47 \times 10^{-16}\,\text{m}^3\,\text{s}^{-1}$$

である．一方，指数関数の中の値は

$$[\cdots] = -\frac{1}{(1.38 \times 10^{-23}\,\text{J K}^{-1}) \times 300\,\text{K}} \times \left[\frac{37.6 \times 10^3\,\text{J mol}^{-1}}{6.02 \times 10^{23}\,\text{mol}^{-1}}\right.$$

$$\left. + \frac{1}{2}\{(2193 + 2 \times 978 - 4395) \times 100\,\text{m}^{-1}\} \times (3.00 \times 10^8\,\text{m s}^{-1}) \times (6.63 \times 10^{-34}\,\text{J s})\right]$$

$$= -14.5$$

となる．したがって，

$$k_{\text{TST}}(300\,\text{K}) = (1.47 \times 10^{-16}\,\text{m}^3\,\text{s}^{-1}) \times e^{-14.5} = 7.41 \times 10^{-23}\,\text{m}^3\,\text{s}^{-1}$$

を得る．

例題 4.2 遷移状態理論による立体因子の考察 遷移状態理論に基づいて，つぎの3種類の反応

1) $A + BC \rightarrow ABC^{\ddagger}$（非直線形）$\longrightarrow AB + C$
2) $A + BC \rightarrow ABC^{\ddagger}$（直線形）$\longrightarrow AB + C$
3) ABC（非直線形）$+ DEF$（非直線形）$\longrightarrow ABCDEF^{\ddagger}$（非直線形）$\longrightarrow ABCD + EF$

の立体因子を議論したい．そこで，剛体球衝突に対応する遷移状態理論の速度定数

$$k_{\text{TST}}^{0)} = \frac{k_B T}{h} \frac{q_r^2}{q_t^3} e^{-E_0/k_B T}$$

に着目する（章末の問題 4.1 参照）．ただし，q_r^2 は二次元の回転分配関数，q_t^3 は三次元の並進分配関数である．$k_{\text{TST}}^{0)}$ には反応の立体因子が含まれていない．上記の3種類の反応の速度定数，$k_{\text{TST}}^{1)}$, $k_{\text{TST}}^{2)}$ および $k_{\text{TST}}^{3)}$，と $k_{\text{TST}}^{0)}$ の比が立体因子を表すと考えられる．その因子は回転や振動の分配関数でどのように表されるか答えよ．ただし，反応のエネルギー障壁 E_0 は共通であるとせよ．また，n 次元の回転分配関数は q_r^n の形式で大まかな値を見積もることができるとする（振動分配関数も同様）．

解 答 まず 1) の場合，$Q^{\ddagger}$ は三次元の回転，2自由度の振動自由度からなるので，

$$k_{\text{TST}}^{1)} = \frac{k_B T}{h} \frac{q_v^2 q_r^3}{q_t^3 q_v^1 q_r^2} e^{-E_0/k_B T} = \frac{q_v}{q_r} k_{\text{TST}}^{0)}$$

である．2) の場合，

$$k_{\text{TST}}^{2)} = \frac{k_B T}{h} \frac{q_v^3 q_r^2}{q_t^3 q_v^1 q_r^2} e^{-E_0/k_B T} = \left(\frac{q_v}{q_r}\right)^2 k_{\text{TST}}^{0)}$$

3) の場合，

$$k_{\text{TST}}^{3)} = \frac{k_B T}{h} \frac{q_v^{11} q_r^3}{q_t^3 q_v^6 q_r^6} e^{-E_0/k_B T} = \left(\frac{q_v}{q_r}\right)^5 k_{\text{TST}}^{0)}$$

である．q_v/q_r はおよそ 0.1 程度の値なので，剛体球衝突から反応 1), 2) と進むにつれ速度定数は一桁ずつ小さくなる．そして 3) では 10^{-5} 倍になると見積もられる．

4.4 遷移状態理論の検証

カノニカル遷移状態理論の速度定数の値がどれだけ正確かを検証する．遷移状態理論の速度定数の前指数因子を実験値と比較したものを図 4.6 に示した．衝突直径に基づく**単純衝突理論**(simple collision theory)では，分子の組合わせの個性を表すことができていない*．遷移状態理論は反応によって速度定数が大きくなったり小さくなったりする傾向をほぼ正確に表現できている．遷移状態の構造や振動数を考慮しているからである．

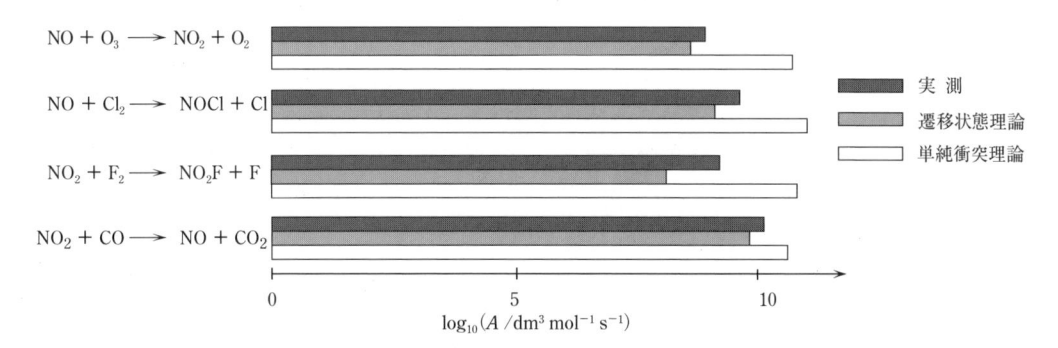

図 4.6 速度定数の前指数因子の比較 [D. R. Herschbach, H. S. Johnston, K. S. Pitzer, R. E. Powell, *J. Chem. Phys.*, **25**, 736 (1956) のデータに基づく]

表 4.1 に古典軌跡の計算から得られた速度定数との比較を示した．古典軌跡の計算は，古典力学の範囲内で(量子力学的トンネル効果を考慮しない範囲内で)の厳密解と考えられる．高温では遷移状態理論は過大評価となる．これは再交差の影響である．室温付近ではよい近似になっている．

H 原子移行反応では，量子力学的トンネル効果も遷移状態理論からのずれの原因となる．表 4.2 に厳密量子計算と遷移状態理論の比較を示した．低温で不一致が著しい．H 原子移行反応ではトンネル効果は大きい．特に低温でその効果は顕著である．トンネル効果は Arrhenius プロットにも現れる．図 4.7 を参照せよ．低温で Arrhenius プロットが直線からずれてくる．

表 4.1 カノニカル遷移状態理論と古典軌跡計算の比較[†]

	$H + H_2 \longrightarrow H_2 + H$		$H + Br_2 \longrightarrow HBr + H$	
	300 K	2400 K	300 K	2400 K
$k_{TST}(T)/k_{classical}$	1.0	1.5	1.1	4.2
$k_{VTST}(T)/k_{classical}$	1.0	1.2	1.1	3.7

† D. G. Truhlar, B. C. Garrett, *Acc. Chem. Res.*, **13**, 440 (1980) に基づく．

表 4.2 H+H_2 反応に対する遷移状態理論と量子計算の比較

	200 K	300 K	400 K
遷移状態理論/量子計算の値	0.034	0.30	0.50

† D. G. Truhlar, B. C. Garrett, *J. Chem. Phys.*, **86**, 2252 (1982) に基づく．

---

* 単純衝突理論による計算は，例題 1.2 を参照せよ．

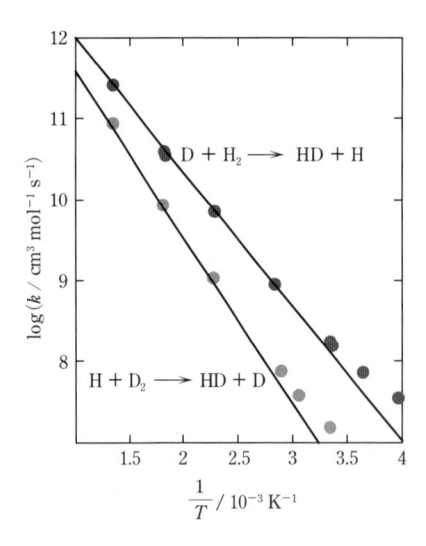

丸印: 実験結果. 実線: 実験値の高温部分の直線への当てはめ. 低温でトンネル効果が顕著となる

図 4.7 化学反応 $D+H_2 \to HD+H$ および $H+D_2 \to HD+D$ の反応速度定数の Arrhenius プロット [A. A. Westenberg, N. de Haas, *J. Chem. Phys.*, **47**, 1393 (1967) に基づく]

例題 4.3 トンネル効果の Wigner 補正 量子力学的トンネル効果を近似的に考慮する方法として Wigner の方法[*1]がある. 鞍点近傍で反応座標に沿った一次元運動のポテンシャルを二次曲線で近似すると, 反応座標方向の純虚数の振動数 ν_i を定義できる[*2]. 温度 T における速度定数 $k(T)$ に対して, トンネル効果の補正因子は

$$Q = 1 - \frac{1}{24}\left(\frac{h\nu_i}{k_B T}\right)^2$$

で与えられる. 化学反応 $H+D_2 \to HD+D$ について, 温度 300 K における Wigner 補正因子 Q を計算せよ. ただし, $h\nu_i$ の値は $h\nu_i = 2.03 \times 10^{-20}$ i J とせよ[*3].

解 答 与えられた値を代入すると,

$$Q = 1 - \frac{i^2}{24}\left(\frac{2.03 \times 10^{-20} \text{ J}}{(1.38 \times 10^{-23} \text{ J K}^{-1}) \times (300 \text{ K})}\right)^2 = 1 + 1.00 = 2.00$$

を得る.

4.5 遷移状態理論の改良 —— 変分型遷移状態理論

§4.2.3 で述べたように, 再交差の存在で近似が破たんすることが遷移状態理論の弱点である. 高エネルギーのときに鞍点に動力学的くぼみができているにもかかわらず, そこを遷移状態と見なすのが誤りである. ポテンシャル曲面の鞍点が遷移状態であると決めてかからず, ダイナミクスに応じた遷移状態を適切に選ぶという発想で遷移状態理論を幾分改良できる.

[*1] E. Wigner, *Z. Phys. Chem.*, **B19**, 203 (1932) および R. P. Bell, *Trans. Faraday Soc.*, **55**, 1 (1959) を参照せよ.
[*2] 反応座標 s に沿ったポテンシャルが二次関数 $V(s) = V_0 - ks^2/2$ で表されるとき, 純虚数の振動数が $\nu_i \equiv (2\pi)^{-1}(-k/\mu)^{1/2} = (2\pi)^{-1}(|k|/\mu)^{1/2}$i により定義される. ただし, i は虚数単位, μ は反応座標の自由度の換算質量である.
[*3] I. Shavitt, *J. Chem. Phys.*, **31**, 1359 (1959).

4.5 遷移状態理論の改良

本当の反応障壁はポテンシャル鞍点ではなく，動力学的障壁である．その地点を遷移状態に選択するのがより良い方法である．断熱チャンネル描像のもとでは動力学的障壁は断熱ポテンシャルの極大の位置である．図4.3からわかるように，振動励起チャンネルでは動力学的障壁が鞍点からずれた位置にある．遷移状態における開いたチャンネルの数$K^{\ddagger}(E-E_0)$を数えるとき，断熱ポテンシャルの極大の位置でそれを数えるのがより良い方法となる．言い換えれば，Eが与えられて，$K^{\ddagger}(E-E_0)$を数えるとき，$K^{\ddagger}(E-E_0)$が最小となる地点でそれを数えることに対応する．すなわち，$K^{\ddagger}(E-E_0)$の最小値を用いよということである．これを**変分型遷移状態理論**(variational transition state theory)とよぶ．§4.2.3で始状態チャンネル1個当たりの反応確率$p(E)$(式(4.22))を考えたが，変分型遷移状態理論に基づいた反応確率p_{VTST}の計算を図4.4に示した．この方法では必ず，$K^{\ddagger}(E-E_0) \leq N(E)$となるため，反応確率が1より大きくなってしまう事態は回避される．

共線型$H+H_2$の場合の最適な遷移状態の位置を図4.8に示した．最適な位置はエネルギーに依存する．低エネルギーでは鞍点が最適な位置になる．エネルギーが高くなると鞍点より生成物側にある図4.3の動力学的障壁の位置へ移動する．

遷移状態を最良の位置に動かすことで厳密解が得られるわけではない．遷移状態を動力学障壁の位置においたとしても，再交差の問題から回避できてはいない．$H+H_2$反応の場合，鞍点の両側に二つの動力学障壁ができる．今，生成物側の動力学障壁を遷移状態に選んだとする．反応物から出発し，その遷移状態を越えた古典軌跡は確実に生成物に至り，反応物側にひき返してくることはない．しかし，その動力学障壁を生成物側に向かって通過している古典軌跡の中には，時間をさかのぼって考えると，生成物側から出発しているものが含まれる．すなわち，生成物側から出発した古典軌跡で，鞍点に対して反応物側に存在する動力学障壁で跳ね返されて生成物側へ戻るものがある．つまり，図4.2に示した古典軌跡で，反応物と生成物を取り替えて逆にした場合である．これを**逆再交差**(premature recrossing)とよぶ．そのような古典軌跡は，反応物から生成物への化学反応を表してはいない[*1]．遷移状態近似では，遷移状態を生成物側へ通過する古典軌跡はすべて反応確率に寄与していると考えているので，逆再交差軌跡が存在すれば，反応確率はやはり過大評価されてしまう[*2]．遷移状態を生成物側へ移動していくと再交差の悪影響は減るが，逆再交差の悪影響が増えてくるのであ

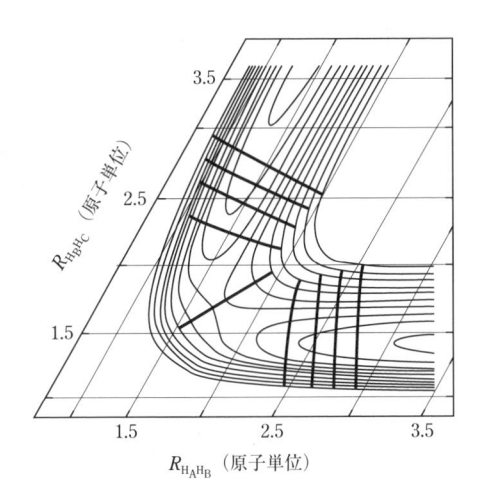

Porter-Karplusポテンシャルの場合の計算結果．最適位置はエネルギーに依存する．等高線は0.1 eVから1.0 eVまで0.1 eV間隔で描いてある

図4.8 共線型$H+H_2$反応の変分型遷移状態理論における遷移状態の最適位置［E. Pollak, Ph. Pechukas, *J. Chem. Phys.*, **69**, 1222 (1978)に基づく］

---

*1 逆反応の非反応性軌跡に相当する．
*2 式(4.15)が成立しなくなる(左辺の量が1より小さくなる)という解釈が可能である．

る．カノニカル速度定数 $k_{\rm TST}(T)$ の値にしたときの変分型遷移状態理論のはたらき具合を表4.1に示した．値は改良される．しかし，厳密解には一致しない．複数の動力学障壁を越える過程をいかに扱うかは今後の研究課題である．

問　題

4.1 2個の原子が会合して遷移状態に至る過程 $A+B \to AB^{\ddagger}$ に遷移状態理論を適用し，反応速度定数を求めよ．剛体球衝突に基づく反応速度定数(§1.2.3の式(1.47)参照)と比較せよ．これは学問的には意味のない問題に思えるかも知れないが，Eyringの最初の論文の末尾で論じられている．遷移状態理論の正しさを証明するために，自明な問題で正しい結果を出すことを示す必要があったと考えられる．

4.2 温度300 K における化学反応 $D+D_2 \to D_2+D$ の速度定数は $H+H_2 \to H_2+H$ の何倍か，遷移状態理論に基づいて答えよ．ただし，必要な分子定数は例題4.1の表を参考にせよ．また，分子を構成するすべての原子の質量が2倍になれば，分子振動の振動数は $2^{-1/2}$ 倍になることを用いよ．

4.3 化学反応 $F+H_2$ の温度300 K における速度定数を遷移状態理論に基づいて計算せよ．必要な定数は下表の通りである．

$r_{\rm HH}$	7.42×10^{-11} m	$r_{\rm FH}^{\ddagger}$	1.60×10^{-10} m	$\nu_s^{\ddagger}/c$	4008 cm^{-1}
ν/c	4395 cm^{-1}	$r_{\rm HH}^{\ddagger}$	7.56×10^{-11} m	$\nu_b^{\ddagger}/c$	398 cm^{-1}
		E_0	4.12 kJ mol^{-1}		

4.4 例題4.2(遷移状態理論による立体因子の考察)で，一般の多原子分子どうし(すなわち，n 原子分子と m 原子分子)の反応の場合はどのような結論になるか答えよ．

4.5 図4.7で，化学反応 $D+H_2 \to HD+H$ と $H+D_2 \to HD+D$ のArrheniusプロットの傾きが異なるのはなぜか答えよ．

5. 分子内緩和過程

> この章では，励起分子のふるまいを理解する上で重要な考え方を解説する．§5.1 では，振動励起分子の分子内振動エネルギー再分配を量子力学に基づいて考察する．そして，光パルスを用いた実験で励起分子のふるまいを調べる原理を解説する．さらに，振動エネルギー再分配が散逸的な緩和過程とみなせる条件について考察する．これらの基本的な考え方を応用して，§5.2 では振動励起分子の解離過程について考察し，解離速度の公式や統計的ふるまいについて解説する．§5.3 では電子励起した分子の緩和過程について考察し，それに基づいて蛍光とりん光について解説する．

5.1 分子内振動エネルギー再分配
5.1.1 Rynbrandt-Rabinovitch の実験 —— 熱い分子のふるまい

　Rynbrandt と Rabinovitch はつぎのような実験を行い，分子のある部分の振動を励起しても，分子全体にエネルギーが分配されることを見いだした[*1]．ヘキサフルオロビニルシクロプロパン (HVC) に CD_2 を付加する反応

$$\begin{array}{c} CF_2-CF-CF=CF_2 + CD_2 \longrightarrow CF_2-CF-CF-CF_2 \\ CH_2 CH_2CD_2 \\ HVC HBC\text{-}d_2 \end{array} \tag{R1}$$

で生じるヘキサフルオロビシクロプロピル-d_2 (HBC-d_2) は，CD_2 の付加した三員環が振動励起している[*2]．後続過程として，その三員環から CF_2 が脱離し，テトラフルオロビニルシクロプロパン-d_2 (TVC-d_2) が生成することが予測される．しかし実験結果は，もう一つの三員環からも CF_2 が脱離することを示していた．すなわち，

$$\begin{array}{c} \quad\xrightarrow{(A)} CF_2-CF-CF=CD_2 + CF_2 \\ CH_2 \quad TVC\text{-}d_2(\mathrm{I}) \\ CF_2-CF-CF-CF_2 \\ CH_2CD_2 \\ HBC\text{-}d_2 \\ \quad\xrightarrow{(B)} CF_2 + CH_2=CF-CF-CF_2 \\ TVC\text{-}d_2(\mathrm{II}) \quad CD_2 \end{array} \tag{R2}$$

という二つの解離反応 (A) および (B) の両方が起こっている．

　励起された HBC 分子の中で何が起きているのか考えてみる．付加反応による結合生成で放出されたエネルギーはすべて，HBC 分子の新しい三員環の振動エネルギーに転化している．もし，そのエ

[*1] J. D. Rynbrandt, B. S. Rabinovitch, *J. Phys. Chem.*, **74**, 4175 (1970) および *J. Phys. Chem.*, **75**, 2164 (1971) に基づく．
[*2] このように化学反応で振動励起分子を生成する方法を**化学活性化**(chemical activation)の方法とよぶ．

ネルギーが付加反応の反応座標の自由度から取除かれなければ，HBC は元の反応物 HVC+CD$_2$ へ解離する．これを，HBC 分子は**余剰エネルギー**(excess energy)をもっていると表現する．しかし，余剰エネルギーは新しい三員環全体に分配される．その結果，CF$_2$ が脱離する解離過程（A）が起こるのである．CD$_2$ 脱離より CF$_2$ 脱離の解離エネルギーの方が低いことも重要な因子である．一方，解離過程（B）が起こることは，余剰エネルギーがもう一つの三員環にも分配されることを示している．すなわち，余剰エネルギーが分子全体に分配されるのである．このように，孤立分子の中で，振動エネルギーが分配されることを**分子内振動エネルギー再分配**(intramolecular vibrational energy re-distribution, IVR)とよぶ．IVR は，全エネルギーが保存するような過程であることに注意せよ．

IVR の速度を知るために，Rynbrandt と Rabinovitch は，どちらの三員環から CF$_2$ が脱離するかを，気体の圧力を変えて測定した．図 5.1 に実験結果を示した．低圧極限では，双方の三員環から CF$_2$ が脱離する*．これは孤立分子で IVR が起きていることを示している．圧力が高くなると解離反応（A）の割合が増加する．その理由は，圧力が高くなり他の気体分子との衝突頻度が増加すると，IVR が起こる前に衝突により脱励起され，CF$_2$ が脱離する反応が起こらなくなるためである．失活とエネルギー分配が拮抗するようになる圧力条件の衝突頻度から，IVR の速度を見積もることができる．それは 1 ps 程度であることがわかった．

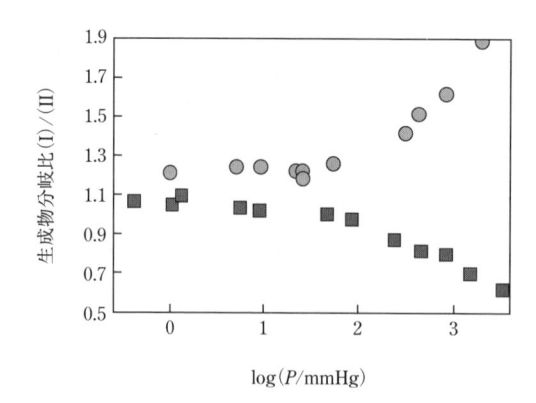

丸印：HVC+CD$_2$ の反応で生じた解離生成物（I）と（II）の生成比（I）/（II）を圧力の関数として表示した．低圧極限で生成比は 1.2 に近づく．高圧では，生成にエネルギー分配を要する（II）の収率が減少する．四角印：HVC-d_2 + CH$_2$ の反応の場合．生成にエネルギー分配を要するのは逆に（I）となる

図 5.1 HBC 分子の解離反応で生じた生成物（I）および（II）の分岐比の圧力依存性〔J. D. Rynbrandt, B. S. Rabinovitch, *J. Phys. Chem.*, **75**, 2167 (1971) に基づく〕

5.1.2 パルス光励起による非定常状態の生成

非定常状態の時間発展

量子力学的に考えると，分子振動の固有状態を時刻 $t=0$ でつくっても，その後の時間変化は起こらない．分子内振動エネルギー再分配(IVR)では，**固有状態**(eigenstate)ではない非定常状態が初期状態なのである．非定常状態が時間とともにどのように変化するのかを，時間依存 Schrödinger 方程式に基づいて調べる．時刻 t の波動関数 $|\Psi(t)\rangle$ を振動固有状態 $|\psi_n\rangle$ の線形結合

$$|\Psi(t)\rangle = \sum_n |\psi_n\rangle c_n(t) \tag{5.1}$$

で表し，時間依存 Schrödinger 方程式

$$i\hbar \frac{d}{dt}|\Psi(t)\rangle = \hat{H}|\Psi(t)\rangle \tag{5.2}$$

に代入し，左から $\langle\psi_n|$ を掛けて整理すると，係数 $c_n(t)$ に関する方程式

---

* 低圧極限では生成比は 1.2 に近づく．これは同位体効果で説明できる．

5.1 分子内振動エネルギー再分配

$$i\hbar \frac{d}{dt} c_n(t) = E_n c_n(t) \tag{5.3}$$

を得る．ここで，$\hat{H}|\psi_n\rangle = E_n|\psi_n\rangle$ が成り立つことを用いた．ただし，E_n は振動の固有エネルギーである．式(5.3)を解くと，

$$c_n(t) = c_n(0) e^{-iE_n t/\hbar} \tag{5.4}$$

を得る．したがって，一般の初期状態 $|\Psi(0)\rangle$ に関して

$$|\Psi(t)\rangle = \sum_n |\psi_n\rangle c_n(0) e^{-iE_n t/\hbar} \tag{5.5}$$

$$= \sum_n |\psi_n\rangle\langle\psi_n|\Psi(0)\rangle e^{-iE_n t/\hbar} \tag{5.6}$$

と表すことができる．和の各項は周期 h/E_n で振動する．初期状態 $|\Psi(0)\rangle$ が少数個の固有状態 $|\psi_n\rangle$ の線形結合で表される場合には，$|\Psi(t)\rangle$ は準周期的な時間変化を示す．例題5.1で調べるように，関与する固有状態が2個の場合には，単純な周期的な時間変化を示す．これを**位相振動**(dephasing)または**量子ビート**(quantum beat)とよぶ．

例題 5.1 量子ビート 系の時刻 $t=0$ における初期状態 $|\Psi(0)\rangle$ が二つの固有関数 $|\psi_1\rangle$ および $|\psi_2\rangle$ の線形結合で

$$|\Psi(0)\rangle = |\phi_+\rangle \equiv |\psi_1\rangle\cos\theta + |\psi_2\rangle\sin\theta$$

と表されるとする．ただし，θ は定数である．つぎの問に答えよ．
1) 時刻 $t>0$ で系を状態 $|\phi_+\rangle$ に見いだす確率を求めよ．
2) 時刻 $t>0$ で系を固有状態 $|\psi_1\rangle$ に見いだす確率を求めよ．

解答 1) 一般式(5.6)に当てはめて考えると

$$|\Psi(t)\rangle = |\psi_1\rangle e^{-iE_1 t/\hbar}\cos\theta + |\psi_2\rangle e^{-iE_2 t/\hbar}\sin\theta$$

となる．ただし，E_1 および E_2 はそれぞれ $|\psi_1\rangle$ および $|\psi_2\rangle$ のエネルギー固有値である．したがって，時刻 $t>0$ で系を状態 $|\phi_+\rangle$ に見いだす確率は

$$|\langle\phi_+|\Psi(t)\rangle|^2 = |(\cos\theta\langle\psi_1| + \sin\theta\langle\psi_2|)(|\psi_1\rangle e^{-iE_1 t/\hbar}\cos\theta + |\psi_2\rangle e^{-iE_2 t/\hbar}\sin\theta)|^2$$

$$= |e^{-iE_1 t/\hbar}\cos^2\theta + e^{-iE_2 t/\hbar}\sin^2\theta|^2$$

$$= \frac{1}{2}\left[1 + \cos^2 2\theta + \sin^2 2\theta \cos\frac{(E_1 - E_2)t}{\hbar}\right]$$

となる．すなわち，$(1+\cos^2 2\theta)/2$ のまわりで，振幅 $\sin^2 2\theta/2$，振動数 $(E_1 - E_2)/h$ で振動する．

2) 時刻 $t>0$ で系を固有状態 $|\psi_1\rangle$ に見いだす確率は

$$|\langle\psi_1|\Psi(t)\rangle|^2 = |\langle\psi_1|(|\psi_1\rangle e^{-iE_1 t/\hbar}\cos\theta + |\psi_2\rangle e^{-iE_2 t/\hbar}\sin\theta)|^2$$

$$= |e^{-iE_1 t/\hbar}\cos\theta|^2 = \cos^2\theta$$

となり一定である．すなわち，固有状態に着目したのでは系の時間変化は見えてこない．

振動モード間の非調和相互作用

分子内振動エネルギー再分配(IVR)が重要になるのは高い振動励起状態である．分子振動の振幅が大きくなり調和近似が成立しなくなる．基準モードの間の**非調和相互作用**(anharmonic interaction)が重要な役割を果たす．一つの基準モードを励起した状態が，固有状態ではなくなり，非定常状態と

たとえば，H_2O 分子には対称伸縮モード ν_1，変角モード ν_2 および逆対称伸縮モード ν_3 の3個の基準モードがある．振動のハミルトニアンは，基準座標 (Q_1, Q_2, Q_3) と共役運動量 (P_1, P_2, P_3) を用いると

$$H = \frac{1}{2}(P_1^2 + \omega_1^2 Q_1^2) + \frac{1}{2}(P_2^2 + \omega_2^2 Q_2^2) + \frac{1}{2}(P_3^2 + \omega_3^2 Q_3^2) + k_{111}Q_1^3 + k_{222}Q_2^3 + \cdots$$
$$+ k_{122}Q_1Q_2^2 + k_{133}Q_1Q_3^2 + k_{112}Q_1^2Q_2 + k_{233}Q_2Q_3^2 + k_{1122}Q_1^2Q_2^2 + k_{1133}Q_1^2Q_3^2 \cdots \quad (5.7)$$

のように表される．k_{111} などは力の定数である．右辺第2行が基準モード間の相互作用をもたらす非調和項である．調和近似のもとでは，3個の基準モードの振動量子数を指定した状態 $|v_1v_2v_3\rangle$ が振動固有状態となる．しかし，非調和相互作用を考慮すると，$|v_1v_2v_3\rangle$ はもはや固有状態ではない．振動の固有状態は，$|v_1v_2v_3\rangle$ の重ね合わせで

$$|\psi_n\rangle = \sum_{v_1, v_2, v_3} c^{(n)}_{v_1v_2v_3} |v_1v_2v_3\rangle \quad (5.8)$$

のように表されるような状態となる．逆に基準モード状態は複数の固有状態の線形結合となり，時刻 $t=0$ で系を基準モード状態 $|v_1v_2v_3\rangle$ に用意しても，時間とともに他の基準モード状態が生成してくることになる．これが IVR である．

例題 5.2 アセチレン分子の非調和相互作用 アセチレン分子にはCH対称伸縮モード ν_1，CC対称伸縮モード ν_2，CH逆対称伸縮モード ν_3，トランス変角モード ν_4（二重縮重）およびシス変角モード ν_5（二重縮重）の5個の基準モードがある．基準モード状態は $|v_1v_2v_3v_4^{l_4}v_5^{l_5}\rangle$ と表すことができる．ただし，l_4 および l_5 は縮重振動の振動角運動量量子数である．振動エネルギーが $3281.90\,\mathrm{cm}^{-1}$ および $3294.84\,\mathrm{cm}^{-1}$ の振動固有状態をそれぞれ $|\psi_1\rangle$ および $|\psi_2\rangle$ とすると，それらは2個の基準モード状態の線形結合で

$$|\psi_1\rangle = \sqrt{0.49}\,|0010^00^0\rangle - \sqrt{0.51}\,|0101^11^{-1}\rangle$$
$$|\psi_2\rangle = \sqrt{0.51}\,|0010^00^0\rangle + \sqrt{0.49}\,|0101^11^{-1}\rangle$$

と表される*．時刻 $t=0$ で ν_3 モードを励起した状態 $|0010^00^0\rangle$ にアセチレン分子を励起したとする．時刻 $t>0$ に同じ状態のアセチレン分子を見いだす確率を求めグラフで示せ．

解答 例題5.1の1)の結果の式に当てはめればよい．与えられた線形結合を逆に解くと

$$|0010^00^0\rangle = \sqrt{0.49}\,|\psi_1\rangle + \sqrt{0.51}\,|\psi_2\rangle$$
$$|0101^11^{-1}\rangle = -\sqrt{0.51}\,|\psi_1\rangle + \sqrt{0.49}\,|\psi_2\rangle$$

となる．これより，$\cos\theta = \sqrt{0.49}$ および $\sin\theta = \sqrt{0.51}$ であることがわかる．したがって，

$$\cos 2\theta = \cos^2\theta - \sin^2\theta = 0.49 - 0.51 = -0.02$$
$$\sin 2\theta = 2\sin\theta\cos\theta = 2\sqrt{0.49 \times 0.51} = 2\sqrt{0.2499} = 1.0$$

である．また，

$$\frac{E_1 - E_2}{\hbar} = \frac{hc}{\hbar} \times (3281.90 \times 100\,\mathrm{m}^{-1} - 3294.84 \times 100\,\mathrm{m}^{-1})$$
$$= -2 \times 3.14 \times 3.00 \times 10^8 \times 1294\,\mathrm{s}^{-1}$$
$$= -2.4 \times 10^{12}\,\mathrm{s}^{-1}$$

である．例題5.1の1)の結果の式を利用すると，時刻 $t>0$ に $|0010^00^0\rangle$ 状態のアセチレン分子を見いだす確率は

---

* M. A. Temsamani, M. Herman, *J. Chem. Phys.*, **102**, 6371 (1995) に基づく．

$$|\langle 0010^00^0|\Psi(0)\rangle|^2 = \frac{1+0.02^2}{2} + \frac{1.0^2}{2}\cos\{(2.4\times10^{12}\,\mathrm{s}^{-1})\times t\}$$
$$= 0.5 + 0.5\times\cos\{(2.4\times10^{12}\,\mathrm{s}^{-1})\times t\}$$

となる．グラフはつぎの通りである

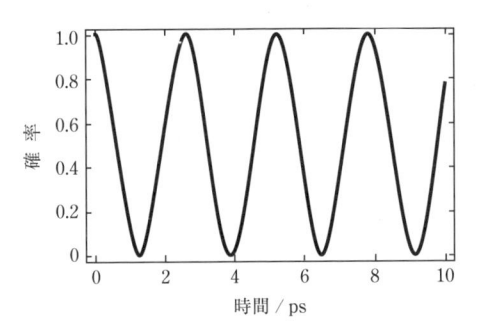

例題 5.3　非調和共鳴　例題 5.2 の結果では位相振動の振幅が 0.5 になり，確率が 0 と 1 の間で振動している．このようになるのは，例題 5.1 の結果からわかるように，θ の値が $\pi/4$ に近い場合である．2 個の固有状態 $|\psi_1\rangle$ と $|\psi_2\rangle$ が，2 個の基準モード状態 $|\phi_1\rangle$ と $|\phi_2\rangle$ の線形結合で

$$|\psi_1\rangle = |\phi_1\rangle\cos\theta + |\phi_2\rangle\sin\theta$$
$$|\psi_2\rangle = -|\phi_1\rangle\sin\theta + |\phi_2\rangle\cos\theta$$

と表されるとき，θ が $\pi/4$ になるのはハミルトン行列要素 $E_1^{(0)}\equiv\langle\phi_1|\hat{H}|\phi_1\rangle$, $E_2^{(0)}\equiv\langle\phi_2|\hat{H}|\phi_2\rangle$ および $V_{12}\equiv\langle\phi_1|\hat{H}|\phi_2\rangle$ がどのような条件を満たすときか答えよ．

解答　問題に与えられた線形結合を逆に解くと
$$|\phi_1\rangle = |\psi_1\rangle\cos\theta - |\psi_2\rangle\sin\theta$$
$$|\phi_2\rangle = |\psi_1\rangle\sin\theta + |\psi_2\rangle\cos\theta$$
である．ハミルトン行列要素 $E_1^{(0)}$ は
$$E_1^{(0)} = (\cos\theta\langle\psi_1|-\sin\theta\langle\psi_2|)\hat{H}(|\psi_1\rangle\cos\theta - |\psi_2\rangle\sin\theta) = E_1\cos^2\theta + E_2\sin^2\theta$$
で与えられる．ただし，E_1 および E_2 はそれぞれ $|\psi_1\rangle$ および $|\psi_2\rangle$ のエネルギー固有値である．同様に
$$E_2^{(0)} = E_1\sin^2\theta + E_2\cos^2\theta$$
また，
$$V_{12} = E_1\sin\theta\cos\theta - E_2\sin\theta\cos\theta = \frac{1}{2}(E_1-E_2)\sin 2\theta$$
を得る．ここで，
$$E_1^{(0)} - E_2^{(0)} = (E_1-E_2)(\cos^2\theta-\sin^2\theta) = (E_1-E_2)\cos 2\theta$$
なので，
$$\tan 2\theta = \frac{2V_{12}}{E_1^{(0)}-E_2^{(0)}}$$
を得る．$\theta\simeq\pi/4$ になるのは $2V_{12}\gg|E_1^{(0)}-E_2^{(0)}|$ のとき，すなわち，相互作用行列要素の大きさに比べて基準モード状態のエネルギー（期待値）差が小さいときである．このような状況を**非調和共鳴**(anharmonic resonance) とよぶ．例題 5.2 のアセチレン分子の基準モード状態 $|0010^00^0\rangle$ と $|0101^11^{-1}\rangle$ は非調和共鳴を起こしているのである．

明状態と暗状態

初期状態が非定常状態であることが分子内振動エネルギー再分配(IVR)を理解する鍵であることを上で述べた．たとえば，本章冒頭の§5.1.1で述べたRynbrandt-Rabinovitchの実験で，付加反応によって生成したHBC分子は，複数の振動固有状態の線形結合で表されるような高振動励起状態にあると考えられる．分子振動と同じあるいはそれより速い時間尺度で起こる付加反応によって，非定常状態が生成したのである．

一方，レーザー光による励起も，分子の高振動励起状態を生成する方法として重要である．しかし，分子による光の吸収放出を最初に学ぶとき，固有状態間の遷移として理解するのが普通である．どのような光励起によって分子の非定常状態ができるのであろうか．それを理解する鍵はつぎの二つの点，すなわち①短パルス光，そして②**遷移モーメント**(transition moment)である．

有限の長さしか続かないパルス光は，単色光ではない．周波数分布をもっている．パルス波形と周波数分布はフーリエ変換で結ばれる．すなわち，光パルスの電場を$F(t)$とすると，その周波数νの成分の強度$I(\nu)$はフーリエ変換

$$I(\nu) = \left| \frac{1}{2\pi} \int_{-\infty}^{\infty} F(t) e^{-2\pi i \nu t} dt \right| \tag{5.9}$$

で与えられる[*1]．パルス持続時間をΔtとすると，周波数分布$I(\nu)$の幅は$\Delta\nu \sim (\Delta t)^{-1}$程度になる[*2]．分子に短パルス光を照射すると，そのパルス光のもつ周波数成分により起こりうる光吸収遷移がすべて起きる．

光吸収の遷移が起こるためには遷移モーメントが0でない必要がある．分子の振動状態のうち特定の状態のみが大きな遷移モーメントをもつ状況をつくり出すことができる．アセチレン分子の実験を例にとり解説する．電子基底状態($\tilde{\mathrm{X}}$)の振動基底状態のアセチレン分子に紫外レーザー光を照射し，

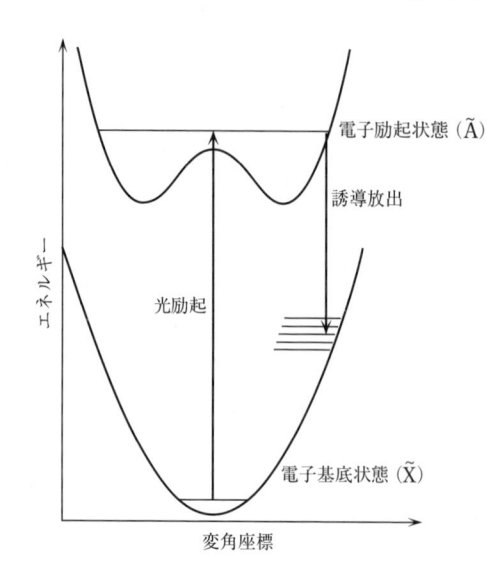

Ã状態のアセチレン分子はトランス屈曲形が安定である．そのため，Franck-Condon原理に従って，光吸収でÃ状態に励起すると，変角振動が励起された振動状態が生成する．第2のレーザー光を照射し，誘導放出により電子基底状態の高い振動励起状態へ遷移させる．Franck-Condon原理に従って，電子基底状態でもトランス変角振動が励起された振動状態が選択的に生成する

図5.2 誘導放出ポンプ法によるアセチレン高振動励起状態の生成

[*1] もし，無限に続く連続光ならば，$E(t) = E_0 \sin(2\pi\nu_0 t + \delta)$のように表され，振動数分布は$\nu=\nu_0$のみが0でない値をもつデルタ関数$\delta(\nu-\nu_0)$となる．パルス光の周波数成分については第I巻の解説が参考になるであろう．

[*2] フーリエ変換の関係で結ばれる量に成り立つ関係であり，それはエネルギーと時間の不確定性関係$\Delta E \Delta t \sim h$そのものである．

5.1 分子内振動エネルギー再分配

電子励起状態 $\tilde{A}$ へ励起する．$\tilde{A}$ 状態のアセチレン分子はトランス屈曲形が安定である．そのため，Franck–Condon 原理に従って，$\tilde{A}$ 状態では変角振動が励起された振動状態が生成する．この励起状態に第二のレーザー光を照射し，誘導放出により電子基底状態の高い振動励起状態へ遷移させる[*1]．Franck–Condon 原理に従って，電子基底状態でもトランス変角振動が励起された振動状態が選択的に生成することがわかる（図 5.2 参照）．すなわち，トランス変角振動が励起された振動状態への遷移モーメントは大きく，他の基準モードが励起された振動状態への遷移モーメントは小さい．同じエネルギー領域に後者の状態があってもそれらの状態へは遷移しないのである．

直前に述べた結論には，非調和相互作用が考慮されていない．アセチレン分子の高振動励起状態では非調和相互作用のため，振動固有状態は複数の基準モード状態の線形結合で表される．すなわち，

$$|\psi\rangle = c_b|\phi_b\rangle + \sum_m c_m|\phi_m\rangle \tag{5.10}$$

と書くことができる．ここで，$|\phi_b\rangle$ は，そこへの遷移モーメントが大きい状態であり，$|\phi_m\rangle$ はそれらへの遷移モーメントが小さい状態である．前者 $|\phi_b\rangle$ を**明状態**(bright state)とよぶ．光遷移で観測できる状態なのでこの名称でよばれる．これに対して，光遷移で到達しにくい $|\phi_m\rangle$ を**暗状態**(dark state)とよぶ．そして重要な鍵は，固有状態は明状態と暗状態の線形結合でできている，ということである．

最も簡単なモデルとして，固有状態が 1 個の明状態 $|\phi_b\rangle$ と 1 個の暗状態 $|\phi_d\rangle$ の線形結合で

$$|\psi_1\rangle = |\phi_b\rangle\cos\theta + |\phi_d\rangle\sin\theta \tag{5.11}$$

と表されるとする．同じ明状態と暗状態の成分からなり，$|\psi_1\rangle$ と直交する固有状態

$$|\psi_2\rangle = -|\phi_b\rangle\sin\theta + |\phi_d\rangle\cos\theta \tag{5.12}$$

と対にして考える．ある初期状態 $|\phi_0\rangle$ にある分子に光パルスを照射して，これらの二つの固有状態 $|\psi_1\rangle$ と $|\psi_2\rangle$ が生成する過程を考える．光パルスの電場の時間変化は

$$F(t) = f(t)\sin 2\pi\nu t \tag{5.13}$$

と表されるとする．ただし，$f(t)$ はパルス幅やパルス波形を表す関数であり，ν は中心周波数である．光パルス照射による状態遷移を記述するために，時刻 t の波動関数 $|\Psi(t)\rangle$ を $|\phi_0\rangle$，$|\phi_b\rangle$ および $|\phi_d\rangle$ の 3 個の状態の線形結合で

$$|\Psi(t)\rangle = c_0(t)|\phi_0\rangle + c_b(t)|\phi_b\rangle + c_d(t)|\phi_d\rangle \tag{5.14}$$

と表すことにする．光と分子の相互作用を含む Schrödinger 方程式を用いると[*2]，係数 $\{c_n(t)\}$ の時間変化は微分方程式

$$i\hbar\frac{d}{dt}\begin{pmatrix} c_0(t) \\ c_b(t) \\ c_d(t) \end{pmatrix} = \begin{pmatrix} E_0 & \mu_{0b}F(t) & 0 \\ \mu_{0b}F(t) & E_b & V_{bd} \\ 0 & V_{bd} & E_d \end{pmatrix}\begin{pmatrix} c_0(t) \\ c_b(t) \\ c_d(t) \end{pmatrix} \tag{5.15}$$

[*1] これを**誘導放出ポンプ法**(stimulated emission pumping, SEP)とよぶ．たとえば C. E. Hamilton, J. L. Kinsey, R. W. Field, *Annu. Rev. Phys. Chem.*, **37**, 493 (1986) あるいは M. Silva, R. Jongma, R. W. Field, A. M. Wodtke, *Annu. Rev. Phys. Chem.*, **52**, 811 (2001) 参照．

[*2] ハミルトニアン $\hat{H}$ は，分子のハミルトニアン $\hat{H}_0$ に光による時間依存摂動項を加えた $\hat{H} = \hat{H}_0 - \hat{\mu}E(t)$ の形に書くことができる．ここで，$E(t)$ は分子の感じる電場であり，$\hat{\mu}$ は遷移双極子モーメント演算子である．

で記述される.ただし,E_0 は初期状態 $|\phi_0\rangle$ のエネルギー,E_b および E_d はそれぞれ明状態 $|\phi_b\rangle$ および暗状態 $|\phi_b\rangle$ のエネルギー期待値,V_{bd} は $|\phi_b\rangle$ と $|\phi_b\rangle$ の間の相互作用行列要素*,μ_{0b} は初期状態 $|\phi_0\rangle$ と明状態 $|\phi_b\rangle$ の間の遷移双極子モーメントである.初期状態 $|\phi_0\rangle$ と暗状態 $|\phi_d\rangle$ の間の遷移双極子モーメントは 0 であるとする.

まず,パルス幅が十分長く,周波数の定まった光による励起で何が起こるかを数値計算により確認したのが図 5.3 である.光の周波数分布を狭く設定し,中心周波数を,初期状態 $|\phi_0\rangle$ から $|\psi_1\rangle$ への遷移周波数に合わせた.図 5.3(a) に示した光パルスの周波数分布(スペクトル)からわかるように,$|\psi_2\rangle$ への遷移周波数は完全に外れている.(c) に破線で示したように,$|\psi_1\rangle$ のみが生成し,$|\psi_2\rangle$ は生成しない.明状態あるいは暗状態を見いだす確率も図示した.光照射のごく初期に明状態から先に生成し始めている.光の摂動により生成するのは明状態だけだからである.しかし,明状態は非定常状態であり,分子内の相互作用により暗状態も生成してくる.例題 5.1 および 5.2 で調べたように,二つの固有エネルギーの差から定まる時間周期 $h/|E_1-E_2|$ で位相振動が起こる.この位相振動の周期よりも長い間光を照射しているので,$|\phi_b\rangle$ と $|\phi_d\rangle$ の両方が生成している.固有状態で見れば,エネルギー保存の点から $|\psi_1\rangle$ が選択的に生成することになる.

短パルス励起の場合のふるまいを図 5.4 に示した.光パルスを十分短くし,光のスペクトルが,二つの固有状態の両方への遷移周波数を含むように設定した(図 5.4(a)).その結果,二つの固有状態の両方が生成している((c) の破線).そして,明状態あるいは暗状態を見いだす確率に着目すると,

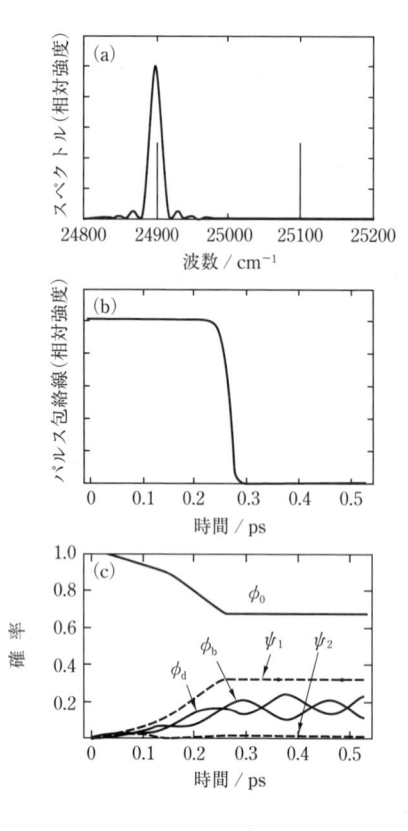

(a) 照射する光の周波数分布.横軸は初期状態 $|\phi_0\rangle$ からの遷移波数である.2 本の縦棒は固有状態 $|\psi_1\rangle$ および $|\psi_2\rangle$ のエネルギー位置である.(b) 照射する光パルスの包絡線(式(5.13)の $f(t)$).パルス持続時間が約 0.3 ps である.(c) 各量子状態を見いだす確率.照射した光の周波数と遷移周波数が合致する固有状態 $|\psi_1\rangle$ のみが生成する.明状態 $|\phi_b\rangle$ と暗状態 $|\phi_d\rangle$ に着目すると,明状態から先に生成し始めるが,ただちに位相振動が起こっている.モデル計算の設定では,式(5.11)および(5.12)で $\theta = -0.74$(ラジアン)と置いた.光の強度および遷移モーメントの大きさは $|f(0)|\mu_{bd}/\hbar = 1.24 \times 10^{13}\,\mathrm{s}^{-1}$ となるように設定した

図 5.3 周波数が定まった光による励起

---

* 式(5.11)および式(5.12)の θ とは $\tan 2\theta = 2V_{bd}/(E_b - E_d)$ の関係で結ばれる.例題 5.3 の解答参照.

5.1 分子内振動エネルギー再分配

明状態だけが生成していることがわかる．光パルスが終了した後，ゆっくりと暗状態を見いだす確率が増加し始めていることに着目せよ．これは，暗状態と明状態の間の位相振動である．図 5.3 と図 5.4 の時間軸の尺度が大きく違うことに着目せよ．図 5.4 の短パルス光励起では位相振動の周期よりはるかに速い時間内で光励起を行っている．$|\phi_b\rangle$ と $|\phi_d\rangle$ の位相振動が起こる前に，遷移モーメントをもつ明状態だけが生成しているのである[*1]．すなわち，短パルス光励起により，明状態という非定常状態を生成させることができる．

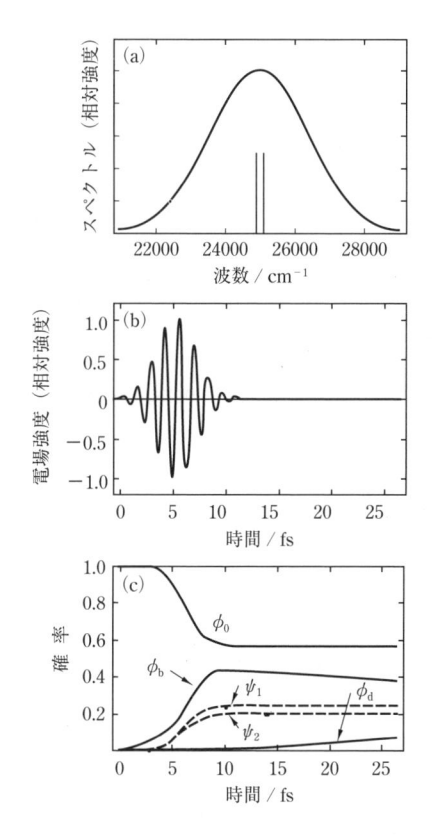

図 5.3 と同一の固有状態および明状態-暗状態に対して短パルス光を照射したときのふるまいを示した．(a) 照射する光の周波数分布．二つの固有状態への遷移周波数を完全に含んでいる．(b) 照射する光のパルス波形（式 (5.13) の $F(t)$）．図 5.3 との時間軸の尺度が全く異なることに注意せよ．(c) 各量子状態を見いだす確率．二つの固有状態 $|\psi_1\rangle$ および $|\psi_2\rangle$ の両方が生成している．また，明状態 $|\phi_b\rangle$ と暗状態 $|\phi_d\rangle$ に着目すると，パルス終了直後では明状態のみが生成している．その後の位相振動によりゆっくり暗状態が生成し始めている．光パルスの最大振幅での光強度は $|f(t)|\mu_{bd}/\hbar = 6.21 \times 10^{14}\,\mathrm{s}^{-1}$ に対応する．図 5.3 の場合に比べ，電場振幅で 50 倍の強度をもつ

図 5.4 短パルス光による励起

5.1.3 振動位相緩和

前小節までに見てきたように，2 個の状態が関与するような量子ダイナミクスは単純な位相振動である．数個の状態が関与する場合も準周期的なふるまいを示す．一方，分子内振動エネルギー移動はある種の緩和過程[*2]である．エネルギーをある振動自由度に集中して渡しても，時間とともに多くの振動モードに分配され拡散していくような，直観的には不可逆的な過程である．しかし，量子力学は時間反転対称性をもつ．量子力学に不可逆過程は存在しない．孤立分子の分子内振動エネルギー再分配も，不可逆過程のように見えるが，量子力学的時間発展である．どのような状況で不可逆的な緩和過程が起こるのであろうか．その鍵は密な暗状態である．

[*1] 図 5.3 の長パルスに比べて図 5.4 の短パルスの方が光の強度もはるかに強く設定している．
[*2] 緩和過程といっても，本節で議論する現象では，全エネルギーは保存することに注意せよ．

BixonおよびJortnerはつぎのような模型を考えた*．図5.5に示したように，1個の明状態と多数の暗状態があるとする．暗状態はエネルギーが間隔Dで等間隔に並んでいるとする．明状態は暗状態のすべてと相互作用しているとする．その相互作用行列要素の値はすべて等しくvとする．Bixon-Jortner理論の仮定および導出の詳細は付録Fを参照せよ．暗状態のエネルギー間隔Dがvに比べて小さい，すなわち，暗状態が密になっている極限を考える．これを**統計的極限**(statistical limit)とよぶ．つぎのことが導かれる．この時間発展を支配する基礎である式(5.6)に立ち返って考えるために，明状態を固有状態$|\psi_n\rangle$の線形結合

$$|\phi_b\rangle = \sum_n c_b^{(n)} |\psi_n\rangle \tag{5.16}$$

で表したときの係数$c_b^{(n)}$に着目する．n番目の固有状態のエネルギー固有値をE_n，明状態のエネルギー（期待値）をE_b^0とすると，

$$|c_b^{(n)}|^2 = \frac{v^2}{(E_n - E_b^0)^2 + (\Gamma/2)^2} \tag{5.17}$$

と表される（付録F参照）．ただし，

$$\Gamma = 2\pi v^2 \rho \tag{5.18}$$

であり，$\rho \equiv 1/D$は暗状態の状態密度である．式(5.17)の右辺はE_b^0を中心とする幅Γのローレンツ関数である．すなわち，明状態は，そのエネルギー期待値E_b^0にエネルギーが近い固有状態の成分を多く含む．エネルギーが離れるに従って係数は小さくなっていく．固有状態の準位間隔もほぼ等間隔で，その間隔はDであることが示される（付録F参照）．したがって，ローレンツ関数のエネルギー幅Γの中には，$N = \Gamma/D = 2\pi(v\rho)^2$個の固有状態が含まれる．統計的極限$D/v = 1/(v\rho) \to 0$では，$N \to \infty$である．すなわち，明状態は非常に多数の固有状態の線形結合になっている．このとき明状態の時間発展はつぎのように指数減衰になる．すなわち，時刻$t=0$で系を明状態$|\phi_b\rangle$においたとき，時刻$t>0$で系を明状態に見いだす確率（残存確率）は，近似的に減衰速度定数Γの指数減衰

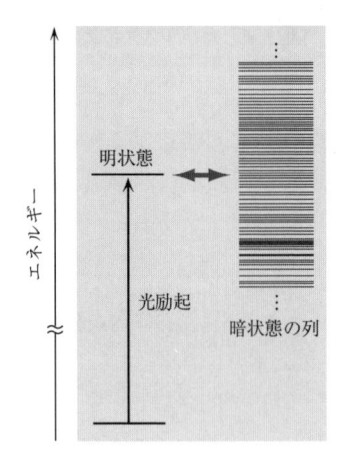

光吸収の遷移モーメントをもつ明状態が1個あるとする．同じエネルギー領域に遷移モーメントをもたない暗状態が多数存在し，明状態と相互作用しているとする

図 5.5　明状態と暗状態

---

* M. Bixon, J. Jortner, *J. Chem. Phys.*, **48**, 715 (1968) に基づく．Bixon-Jortner理論は元来，§5.3.1で述べる無放射緩和を説明するために提案された理論であるが，明状態-暗状態という図式の一般論になっており，分子内振動エネルギー再分配の基礎理論でもある．

5.1 分子内振動エネルギー再分配

$$|\langle\phi_b|\Psi(t)\rangle|^2 = e^{-\Gamma t/\hbar} \tag{5.19}$$

で表される[*1].

上の結論を計算例で示したのが図 5.6 である．ただし，Bixon-Jortner 理論より少し現実的な設定とした．すなわち，多数であるが有限個の暗状態が，等間隔ではなく一様ランダム[*2] なエネルギー位置にあるとした．暗状態の状態密度は十分に大きく，$D/v \ll 1$ の条件が満たされるので，Bixon-Jortner 理論の内容が図から読み取れる．(a) は，明状態の固有状態成分の分布である．固有状態のエネルギー位置に，成分の大きさ $|c_b^{(n)}|^2$ の高さの棒を描いてある．すなわち，明状態のエネルギースペクトルである．重ねて描いてある曲線は式(5.17)のローレンツ曲線である．エネルギースペクトルの強度分布は Bixon-Jortner のローレンツ曲線にほぼ従っている[*3]．(b) は明状態の残存確率である．これも Bixon-Jortner 理論に従う指数減衰を示している．(c) は同じ残存確率の長時間挙動の部分を示している．値は小さいが，複雑な振動を示している．これは，今考えている時間発展が量子力学に従っており，不可逆過程ではないことの現れである．時間発展の基本となる式(5.6)に立ち返って考えると，線形結合に関与する固有状態の数が非常に多数だとは言え，結局，位相振動なのである[*4].

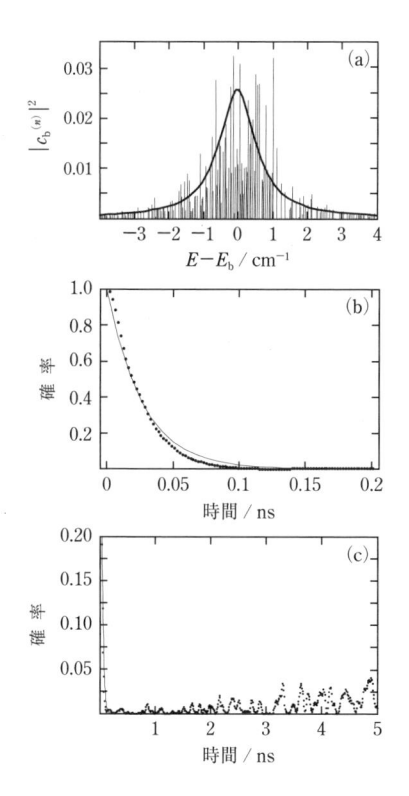

エネルギー幅 20 cm^{-1} の区間に，400 個の暗状態を一様ランダムなエネルギー位置に分布させた．1 個の明状態が，Bixon-Jortner 理論のように，同一の相互作用行列要素 v = 0.1 cm^{-1} ですべての暗状態と相互作用しているとした．(a) n 番目の固有状態のエネルギー E_n の位置に，明状態の成分の大きさ $|c_b^{(n)}|^2$ の高さの棒を描き，スペクトルのように表した．横軸は明状態のエネルギー期待値 E_b からのずれである．スペクトルの強度分布は，実線で示した Bixon-Jortner のローレンツ関数(式(5.17))でよく再現できる．(b) 丸印：明状態の残存確率．実線：Bixon-Jortner 理論に基づく指数減衰．両者はよく一致する．(c) 明状態の残存確率の長時間部分．再帰現象が見られる

図 5.6 統計極限の暗状態による振動位相緩和

[*1] 近似は $t < \hbar\rho$ の範囲でのみ成り立つ．言い換えれば，$t < \hbar\rho$ の範囲でのみ，見かけの不可逆な減衰が現れる．長時間挙動 $t > \hbar\rho$ で何が起こるかは以下（図5.6）で明らかになる．
[*2] 一様乱数を発生させ，その値を暗状態のエネルギーとして用いた．
[*3] 暗状態のエネルギーが仮定通りぴったり等間隔でなくても Bixon-Jortner の式は有用なのである．
[*4] 長時間挙動に現れる残存確率の振動を**再帰現象**(recurrence)とよぶ．

暗状態の状態密度を低くして，統計的極限ではなくなった場合を図5.7に示した．明状態のエネルギースペクトルを見ると関与している固有状態は6〜7個であることがわかる．明状態の残存確率の時間発展はやや複雑な位相振動を示す．

まとめると，暗状態の状態密度でダイナミクスの様相が大きく変わる．状態密度が低いとき，ダイナミクスは量子力学的位相振動である．状態密度が高くなり，条件 $v\rho \gg 1$ が満たされるとき，明状態の残存確率は指数減衰を示す．

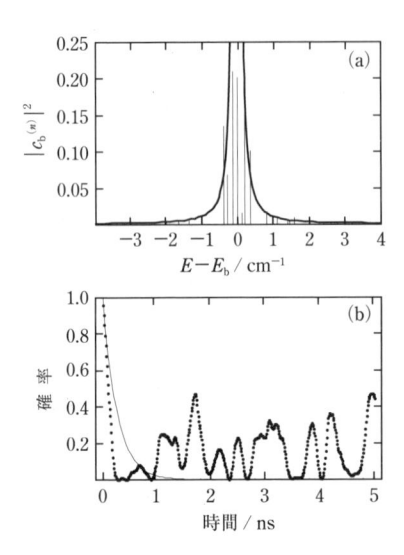

図5.6と同様のモデル．ただし，400個の暗状態をエネルギー幅 200 cm^{-1} の区間に分布させた．相互作用の大きさは図5.6と同じ値である．(a) 明状態のエネルギースペクトル．関与する状態は少ないが，強度分布はほぼ Bixon-Jortner の Lorentz 関数に従っている．(b) 明状態の残存確率．複雑な位相振動を示している．細い実線で示した Bixon-Jortner の減衰曲線には従わない．状態密度が小さいためである．図5.6(b) との時間軸の尺度の違いに着目せよ

図 5.7 中間的場合に見られるやや複雑な位相振動

Felker と Zewail は，短パルスレーザを用いてアントラセン分子の分子内振動エネルギー再分配を実験的に直接観測した[*]．パルス幅 15 ps のレーザー光をアントラセン分子に照射し，蛍光の時間変化を観測する．蛍光の時間変化は，つぎのように励起の光吸収遷移と蛍光の光放出遷移それぞれの明状態を用いて理解できる．短パルス励起により，光吸収遷移の明状態 $|\phi_b^{ex}\rangle$ が生成する．その後の波動関数は式(5.6)より，

$$|\phi_b^{ex}(t)\rangle = \sum_n |\psi_n\rangle e^{-iE_n t/\hbar} \langle \psi_n | \phi_b^{ex}\rangle \tag{5.20}$$

で与えられる．この状態から蛍光が観測される確率は，蛍光発光の終状態(電子基底状態の振動励起状態)を $|\psi_m^f\rangle$ とすると，

$$P(t) = \sum_m |\langle \psi_m^f | \mu | \phi_b^{ex}(t)\rangle|^2 \tag{5.21}$$

$$= \sum_m |\sum_n \langle \psi_m^f | \mu | \psi_n \rangle e^{-iE_n t/\hbar} \langle \psi_n | \phi_b^{ex}\rangle|^2 \tag{5.22}$$

と表される．ただし，μ は光放出過程の遷移モーメントである．$\mu|\psi_m^f\rangle$ が光放出遷移の明状態の役割を担う．光励起の明状態が少数の固有状態の線形結合で表されていれば，蛍光の時間変化 $P(t)$ には位相振動が現れるであろう．また非常に多数の固有状態の線形結合であれば，Bixon-Jortner の統

---

[*] P. M. Felker, A. Zewail, *J. Chem. Phys.*, **82**, 2975 (1985).

5.1 分子内振動エネルギー再分配

計的極限になり，不可逆的な分子内振動エネルギー再分配が見られるであろう．実験結果を図5.8に示す．励起過程の明状態の振動エネルギーが低い場合には，位相振動が観測されるが，振動エネルギーが大きくなると統計的極限の指数減衰が見られる．振動エネルギー，状態密度およびIVR速度の3者の関係を図5.9に示した．振動エネルギーの増加とともに状態密度は急激に増加していく．それに伴いBixon-Jortnerの統計的極限が実現し，IVR速度が状態密度とともに増加していく．

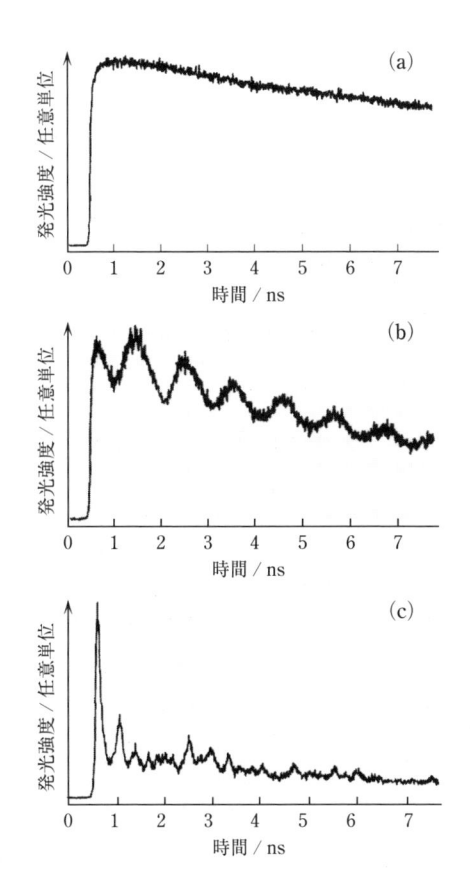

短パルス励起で生成させたアントラセン電子励起状態からの発光減衰．(a) 低振動励起状態(振動エネルギー766 cm^{-1})に励起した場合．事実上1個の振動固有状態に励起されており，時間変化はない．全体に減衰しているのは発光による電子励起状態の減衰である．(b) やや高い振動励起状態(1420 cm^{-1})に励起した場合．位相振動が見られる．少数の振動固有状態の線形結合が生成していると考えられる．(c) 高振動励起状態(1792 cm^{-1})に励起した場合．時定数22 psの単一指数減衰のIVRが観測された．1 ns以降の振動は再帰現象である

図 5.8 IVRの実験的観測 [P. M. Felker, A. Zewail, *J. Chem. Phys.*, **82**, 2977, 2984, 2988 (1985)に基づく]

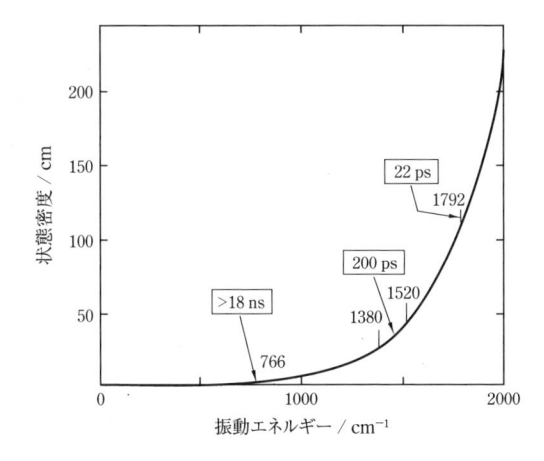

アントラセン電子励起状態の振動状態密度(単位は，エネルギーの単位である波数 cm^{-1} の逆数)を振動エネルギーの関数として表示し，そこに，図5.8の実験で得られた振動位相緩和(IVR)の時定数を書き込んだもの．Bixon-Jortnerの式(5.18)に従い，IVR速度は状態密度の増加とともに速くなる

図 5.9 振動エネルギー，状態密度，IVR速度の関係 [P. M. Felker, A. Zewail, *J. Chem. Phys.*, **82**, 2991 (1985)に基づく]

BOX 5.1　ダイナミクスとスペクトル

パルス励起による時間分解測定を行わなくても，分子スペクトルから分子内ダイナミクスに関する情報を読み取ることができる．鍵となる考え方はつぎの二つである．①エネルギー間隔 ΔE の2個の固有状態の線形結合は，周波数 $\Delta E/h$ の位相振動をひき起こす(例題5.1参照)．②エネルギー幅 ΔE の広がりをもったスペクトルは，減衰速度 $\Delta E/\hbar$ の緩和過程の存在を示す．後者は Bixon-Jortner の統計的極限から導かれる．図5.6で見たように，減衰速度 $\Gamma/\hbar$ で緩和するような明状態は，周波数領域ではエネルギー幅 ΔE の広がりをもったスペクトルとして観測されるのである．そして，上述の二つの鍵をまとめてつぎのようにいうことができる．スペクトルの ΔE 程度のエネルギー尺度で見える形状や構造は，時間領域 $h/\Delta E$ のダイナミクスに関する情報を含む．ここで注意すべきなのは，スペクトルといってもつぎの条件を満たさなければならない．スペクトルを測定するときの初期状態が厳密に1個の量子状態でなければならないのである[*1]．この条件が満たされるとき，観測された分子スペクトルは，明状態のエネルギースペクトルと見なすことができ，上述の鍵を用いてダイナミクスを読み解くことができる．

上述の条件を満たすようなアセチレン分子の高振動励起状態のスペクトルを図1に示した[*2]．紫外レーザーでアセチレンを最低一重項励起状態の単一振動準位に励起し，そこからの発光スペクトルを測定したものである．時間分解の測定ではなく定常の発光スペクトルである．発光の終状態は電子基底状態の高振動励起状態である．明状態は，図5.2で説明したように，トランス変角振動(ν_4)が励起した振動状態である．図1には分解能が異なる数個のスペクトルが示してある．最も低分解能のスペクトル(a)に示した実線が明状態のエネルギースペクトルに対応する．Bixon-Jortner のローレンツ関数と異なり，内部に構造が見られ，それがダイナミクスを教えてくれる．低分解能スペクトル(a)に見られる6個の幅広のピーク(図の破線)は，その間隔から，トランス変角振動 ν_4 の

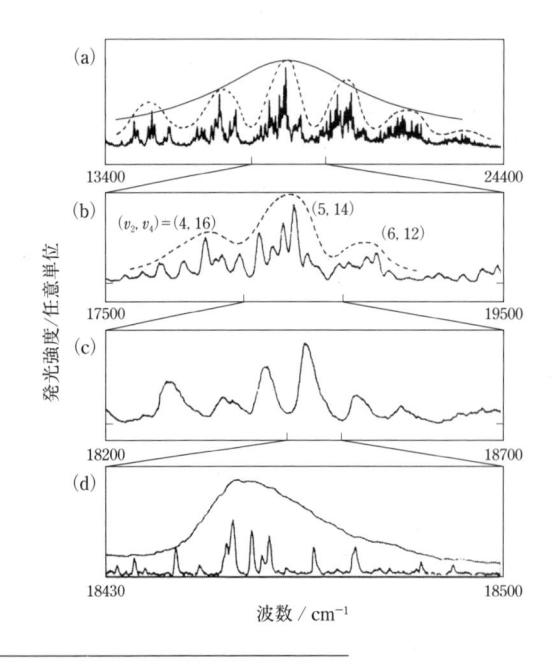

(a)の一部を拡大したものが(b)，さらに(c), (d)の順に拡大され，かつ高分解能になっている

図1 アセチレン分子の高振動励起状態のスペクトルに見られる階層構造 [K. Yamanouchi, N. Ikeda, S. Tsuchiya, D. M. Jonas, J. K. Lundberg, G. W. Adamson, R. W. Field, *J. Chem. Phys.*, **95**, 6341 (1991) に基づく]

[*1]　分子分光学の専門用語で言えば，スペクトルのシークエンス構造を見てはいけない．プログレッション構造を見るのである．

[*2]　K. Yamanouchi, N. Ikeda, S. Tsuchiya, D. M. Jonas, J. K. Lundberg, G. W. Adamson, R. W. Field, *J. Chem. Phys.*, **95**, 6330 (1991) に基づく．

プログレッションであると帰属できる[*1]．その一つ一つが再び Bixon-Jortner のローレンツ関数であると解釈できる．そのエネルギー幅 $\Delta E/(hc) \simeq 1000\ \mathrm{cm}^{-1}$ は，ν_4 が指定された基準モード状態の減衰速度を表している．すなわち，基準モード状態は IVR により $\hbar/\Delta E = 5$ fs 程度の時間内に減衰することがわかる．分解能を一段良くした (b) のスペクトルの大まかな構造(破線のスペクトル)を見ると，(a) の破線の幅広ピークの一つが，実は3個の幅広ピークから成り立っていたことがわかる．その3個の幅広ピークは振動量子数 (v_2, v_4) が $(4, 16)$，$(5, 14)$，$(6, 12)$ であると帰属できる．このことから，ν_4 モードを励起すると，その振動エネルギーはまず ν_2 モード(C-C 対称伸縮)に渡されることがわかる．(b) の3個の幅広ピークの間隔(約 500 cm^{-1})は，ν_4 と ν_2 の間の位相振動の周期に対応する．その値は約 60 fs と見積もられる．また，(b) で帰属された振動量子数 (v_2, v_4) の組合わせはすべて $v_+ \equiv 2v_2 + v_4 = 24$ を満たすことに注目する．ν_4 モードと ν_2 モードの間の相互作用が，$Q_2{}^2 Q_4$ 型の非調和項に由来する非調和共鳴[*2]であることがわかる．(b) の幅広ピーク $(5, 14)$ のエネルギー幅は約 250 cm^{-1} であるが，これは $(5, 14)$ 状態が約 20 fs の寿命で減衰することを表している．これは，ν_4 モードから ν_2 モードに分配されたエネルギーがさらに別のモードに拡散している過程に対応する．

この実験で観測している高振動励起状態では，スペクトル(図1)が階層的な構造をもっていたため，IVR の様子を解析することができた．スペクトルの階層構造は，段階的に IVR が起きていることの反映である．

5.2 単分子解離

Rynbrandt-Rabinovitch の実験で例示したように，解離エネルギーよりも大きい振動エネルギーをもった分子は解離する．解離速度に関する初期の研究が Rice, Ramsperger, および Kassel らにより行われていたが[*3]，Marcus は分子解離に遷移状態理論を適用した[*4]．

初期状態として，分子の高振動励起状態を考える．初期状態の全エネルギーを E，解離の反応座標上のエネルギー障壁を E_0 とする(図 5.10 参照)．エネルギーを指定した**遷移状態理論**(transition state theory)(式 (4.21))を適用すると，解離の速度定数は

$$k_{\mathrm{RRKM}}(E) = \frac{1}{h} \frac{K^{\ddagger}(E-E_0)}{\rho(E)} \tag{5.23}$$

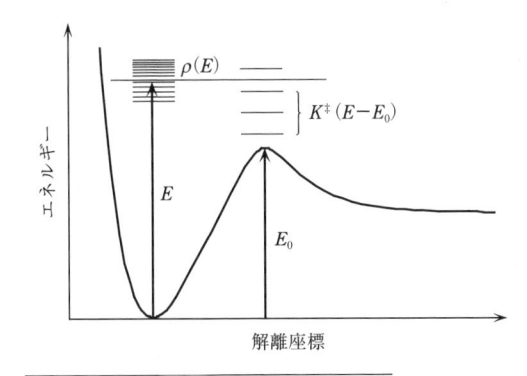

全エネルギー E からの分子解離を考える．解離径路上のエネルギー障壁の高さを E_0 とする．障壁の位置(遷移状態)での開いたチャンネルの数を $K^{\ddagger}(E - E_0)$ とする．また，始状態の状態密度を $\rho(E)$ とする

図 5.10 単分子解離へ遷移状態理論を適用する

[*1] そして，明状態が v_4 の異なる6個の基準モード状態の線形結合であることがわかる．
[*2] やり取りされる振動量子数が 1:2 であるような非調和共鳴を **Fermi 共鳴**とよぶ．
[*3] O. K. Rice, H. C. Ramsperger, *J. Am. Chem. Soc.*, **50**, 617 (1928) および L. S. Kassel, *J. Phys. Chem.*, **32**, 1065 (1928).
[*4] R. A. Marcus, *J. Chem. Phys.*, **20**, 359 (1951); *ibid.*, **37**, 1835 (1962); *ibid.*, **43**, 2658 (1965); *ibid.*, **52**, 1018 (1970). 最後の文献は 1965 年の論文の誤植を正す通知である．

で与えられる[*1]．ただし，$K^{\ddagger}(E-E_0)$ は解離径路の遷移状態で開いているチャンネル数，$\rho(E)$ は始状態の状態密度である．上の式(5.23)を RRKM(Rice-Ramsperger-Kassel-Marcus)公式とよぶ．実験結果との比較を図5.11に示した．

分子解離では反応座標に沿って常に引力がはたらき，ポテンシャルにエネルギー障壁は形成されない場合も多い．そのような場合，$K^{\ddagger}(E-E_0)$ を最小にする位置は解離極限，すなわち，遷移状態は解離極限になる．これを**ゆるい遷移状態**(loose transition state)とよぶ．この場合，角運動量保存を考慮した方が，解離速度をより正確に算出できる．解離生成物が飛び去る運動の軌道角運動量を考慮すると，ポテンシャルに遠心力障壁ができるからである．角運動量の値ごとに定まる遠心力障壁の位置を遷移状態として $K^{\ddagger}(E-E_0)$ を算出すればより正確な値が得られる．

単分子解離(unimolecular dissociation)の RRKM 理論は，エネルギーを指定した遷移状態理論と同内容であり，その成立条件も遷移状態と同じである．したがって，**再交差**(recrossing)が存在すれば RRKM 公式は実際よりも大きな値を予言することになる．また，解離エネルギー障壁を量子力学的トンネル効果で透過する確率が大きければ，その補正が必要になる．一方，始状態に関する遷移状態理論の前提に関しては，二分子反応と単分子解離の場合で状況が異なる．遷移状態理論では反応始状態は熱平衡(あるいはミクロカノニカル集団)であることが前提となっている．状態から状態への化学で考えるような状態選別した始状態からの反応は適用範囲外である．しかし，通常の反応容器中の気相反応や，溶液内の反応では反応始状態が熱平衡であるのが普通であり，遷移状態理論が適用できる．一方，単分子解離の場合には，始状態がミクロカノニカル集団である，という条件は満たされないことも多くの場合で想定される．たとえば，Rynbrand-Rabinovitch の実験で付加反応により生成させた高振動励起分子はミクロカノニカル集団ではない[*2]．もし，レーザー光で状態選択的に分子を，解離エネルギーより上に存在する単一量子状態に励起したとき，その特定の状態からの解離速度は RRKM 公式に従うとは限らない．始状態がミクロカノニカル集団であるという条件が満たされる

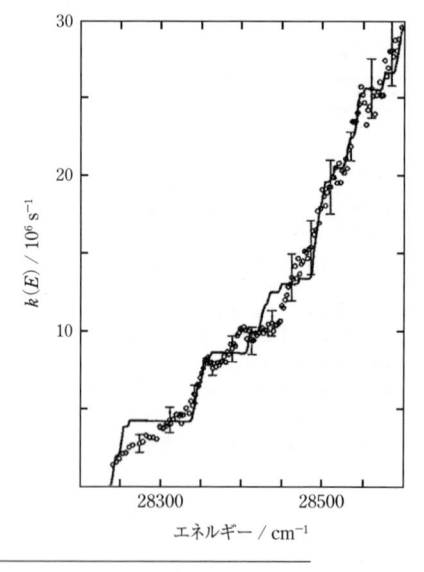

光励起した $CH_2CO \rightarrow CH_2(^3\tilde{X}) + CO$ の解離速度の励起エネルギー依存性．実線は RRKM 公式の値

図 5.11 RRKM 公式と実験との比較 [S. K. Kim, E. R. Lovejoy, C. B. Moore, *J. Chem. Phys.*, **102**, 3206 (1995) に基づく]

[*1] §4.2 で導出した式(4.21)はもともと R. A. Marcus が単分子解離速度として導出したものである．

[*2] 生成した HBC 分子は片方の三員環だけが振動励起しているのであり，これは明らかにミクロカノニカル集団ではない．また IVR が進行しても，時間反転対称性をもつ Schrödinger 方程式に従って時間発展する限り，厳密な意味でミクロカノニカル集団に接近することはない．

のはたとえば，非常に高温にした巨視的な気相中の反応で，熱平衡であることを保ちながら，分子が熱分解するような場合である．そのような場合には，RRKM 公式(5.23)を熱平均した表式を用いることができる．

始状態がミクロカノニカル集団ではなくても，つぎのように考えれば RRKM 公式の適用範囲は広がり，その存在意義も増すであろう．RRKM 公式(5.23)はエネルギー E をもつ複数個の始状態の平均解離速度を予言しているのである．IVR の明状態-暗状態の考え方で考えてみよう．鋭いスペクトルをもつ励起光で，単一固有状態(あるいは少数個の固有状態の線形結合の状態)に励起したとき，その状態がどんな解離速度で解離するかは RRKM 公式からはわからない．一方，Bixon-Jortner の統計的極限のような状況で，短パルス励起を行い，多数の固有状態の線形結合の状態に励起したとき，その解離速度は，多数の固有状態の解離速度の平均値となる．その数が大きければミクロカノニカル平均である RRKM 公式の値に近づくであろう[*1]．

BOX 5.2　解離速度の"ゆらぎ"

単一固有状態からの分子解離速度を観測する実験が行われた[*2]．D_2CO 分子の解離障壁よりわずかに低いエネルギーの高振動励起状態に着目する．これらの状態は量子力学的トンネル効果により障壁を透過して解離する．したがって，これらの振動励起状態は準束縛状態(BOX 5.3 参照)であり，解離速度に比例したエネルギー幅をもつ．

高分解能レーザー分光の技法により，単一振動状態のエネルギーの幅が測定された．非常に狭いエネルギー区間の中にある多数の振動状態の解離速度を測定した結果を図1に示した．9箇所のエネルギー区間のエネルギー幅が測定されている．縦に並んだ点は，エネルギー位置が近いにもかかわらずエネルギー幅が大きくばらついていることを示している．速く解離する状態と遅く解離する状態が混在するのである．実線はトンネル透過確率を考慮した RRKM 公式の値(式(4.17)までさかのぼり，$P(n^‡)$ にトンネル透過確率を代入したもの)である．ばらついている実験値の平均値が RRKM 公式の予言値と一致する．

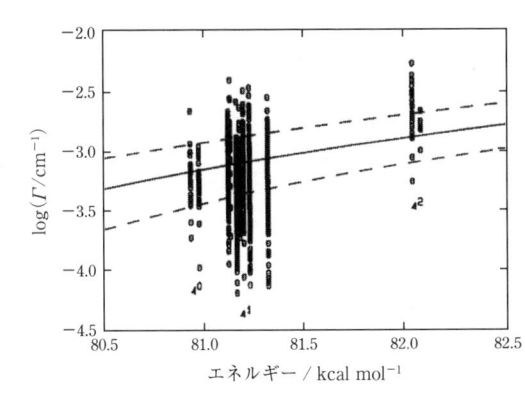

横軸は基底状態からのエネルギー．縦軸は振動状態のエネルギー幅($=\hbar \times$ 解離速度)である．9箇所のエネルギーで非常に狭い区間にある多数の振動状態のエネルギー幅を測定している．実線はトンネル透過確率を考慮した RRKM 公式の値であり，破線はその誤差範囲を表す(エネルギー障壁の高さの誤差に由来する)

図1　D_2CO の単一振動状態からの解離速度[W. F. Polik, D. R. Guyer, C. B. Moore, *J. Chem. Phys.*, **92**, 3469 (1990) に基づく]

[*1] Bixon-Jortner の統計極限で，明状態のローレンツ関数の傘下に入る固有状態の数は $N=\Gamma_{\text{IVR}}/D$ 程度である．一方，解離速度 $\Gamma_d/\hbar$ で解離する状態(BOX 5.3 で述べる準束縛状態)の場合，準位間隔には下限があり，不等式 $D>\Gamma_d/K^‡$ が成り立つ(K. Someda, H. Nakamura, F. H. Mies, *Chem. Phys.*, **187**, 195 (1994))．これにより，$N<K^‡\Gamma_{\text{IVR}}/\Gamma_d$ が成り立つ．したがって，多数の状態の平均化が行われるためには，$\Gamma_{\text{IVR}}\gg\Gamma_d$，すなわち解離よりも IVR の方が速いことが必要となる．また，上述の D の下限を与える不等式は，解離速度 $\Gamma_d/\hbar$ の上限が k_{RRKM} であることを示している．これは遷移状態近似の限界(§4.2.3)の議論と合致している．

[*2] W. F. Polik, D. R. Guyer, C. B. Moore, *J. Chem. Phys.*, **92**, 3453 (1990).

BOX 5.3　準束縛状態

Rynbrandt-Rabinovitch の実験の励起分子 HBC は，解離エネルギーより高いエネルギーをもつ高振動励起状態にある．RRKM 理論でも解離エネルギーより上の状態を考えている．解離極限より上(現実的には解離障壁より上)のエネルギー領域には，もはや**束縛状態**(bound state)は存在しない．エネルギー固有値は離散的ではない．そこは**連続状態**(continuum state)である．特に，二原子分子ならば完全に連続固有値の世界である．しかし，3 原子以上からなる分子では，有限の寿命の振動状態が存在する，と考えることができる．

§3.4.4 で述べた**断熱チャンネル**(adiabatic channel)に基づいて，解離自由度の運動を他の振動自由度から分けて考える．解離座標に沿った断熱チャンネルのエネルギー地形は図 1 のようになる．もし断熱近似がよく成り立つならば，それぞれのチャンネルの断熱ポテンシャル上に束縛状態が形成される．振動励起チャンネル上にできる束縛状態には，解離極限よりエネルギーが高くなるものもある．そのような状態に着目する．断熱チャンネル間に弱い非断熱相互作用があったとすると，下のチャンネルに飛び移る 0 でない確率が生じる．下のチャンネルの同一エネルギー(エネルギーは保存する)の領域は連続状態であり，分子は解離する．遷移確率が小さければ，解離速度は小さく，ある長さの寿命で上のチャンネルの束縛状態として存在することができる．このような状態を，散乱理論では**共鳴状態**(resonance state)あるいは**準束縛状態**(quasi-bound state)とよぶ[*1]．寿命が τ のとき，準束縛状態は $\varGamma = \hbar/\tau$ のエネルギー幅をもつことが示される．これはエネルギー・時間の不確定性関係式である．寿命が非常に短ければ，エネルギー幅が非常に広がり，束縛状態らしさは失われる[*2]．

解離極限より上では，連続状態の中に準束縛状態が埋まっている．そこへの光吸収スペクトルは，連続吸収スペクトルの中に有限幅のピークが立っている[*3]ようなスペクトルになる．波長の定まった光励起で準束縛状態を重点的に生成させることもできる．RRKM 公式で考慮しているのは，連続状態と準束縛状態を区別しないすべての状態からの解離過程である．

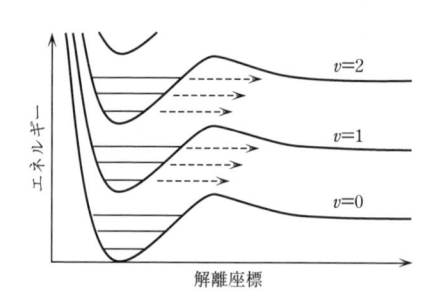

それぞれのチャンネルの断熱ポテンシャル上に束縛状態が形成される．断熱チャンネル間に弱い非断熱相互作用があると，下のチャンネルに飛び移り，分子は解離する．遷移確率が小さければ，有限寿命の準束縛状態が形成される

図 1　分子解離の断熱チャンネルと準束縛状態

[*1] 分光学では，今考えているような準束縛状態からの解離を**振動前期解離**(vibrational predissociation)とよぶ．

[*2] 寿命が何秒以上のときを準束縛状態とよぶ，というような定義は存在しない．考えている問題設定に応じて判断すべきなのである．

[*3] 準束縛状態のスペクトルはディップ(へこみ)として現れたり，特徴的な線形(プロファイル)で現れることもある．これを Fano 線形とよぶ．U. Fano, *Phys. Rev.*, **124**, 1866 (1961).

5.2.1 錯合体形成様式反応と遷移状態理論

§5.1.1 で述べた Rynbrandt-Rabinovitch の実験の一連の反応，付加反応とそれに続く解離反応を一つの化学反応

$$\mathrm{HVC + CD_2 \longrightarrow HBC \longrightarrow TVC + CF_2} \tag{R3}$$

と考えると，それは§3.2.2 で述べた**錯合体形成様式反応**(complex formation-mode reaction)である．その反応速度を遷移状態理論から求めることはできるのだろうか．

§4.2.3 で議論したように，遷移状態理論は一つの反応障壁を一気に越えていく場合でないと適用できない．錯合体形成様式反応の反応座標に沿ったエネルギー地形は模式的に図5.12のようになっている．二つのポテンシャル障壁があり，その間に**くぼみ**(well)がある．これを一つの反応として遷移状態理論を適用することはできない．

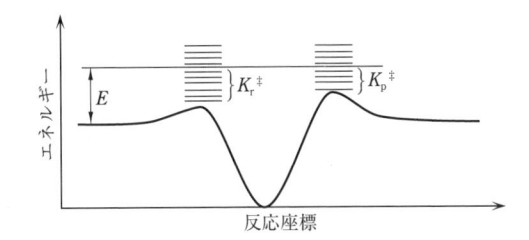

反応座標に沿ったポテンシャルエネルギー地形を模式的に描いた

図 5.12 錯合体形成様式反応のエネルギー地形の模式図

しかし，それぞれのポテンシャル障壁を越える過程に独立に遷移状態理論を適用できる可能性はある．まず，第一の障壁を越えて錯合体形成反応の反応速度を求める．これは可能であり，かつ遷移状態理論の適用範囲内である．つぎに，錯合体が解離するとき，反応物側に戻るのか，生成物側へ解離するのかその確率を RRKM 理論に従って計算することが可能である．反応物側の障壁上で開いたチャンネル数を $K_r^\ddagger(E-E_{0r})$，生成物側の障壁上のそれを $K_p^\ddagger(E-E_{0p})$ とする．反応物へ解離する速度と，生成物へ解離する速度はそれぞれ $K_r^\ddagger(E-E_{0r})$ および $K_p^\ddagger(E-E_{0p})$ に比例するので，生成物へ解離する確率は

$$p = \frac{K_p^\ddagger(E-E_{0p})}{K_r^\ddagger(E-E_{0r}) + K_p^\ddagger(E-E_{0p})} \tag{5.24}$$

で与えられる．全体の反応速度(生成物ができる反応速度)は

$$k = \frac{1}{h} \frac{K_r^\ddagger(E-E_{0r})}{\rho_r(E)} \frac{K_p^\ddagger(E-E_{0p})}{K_r^\ddagger(E-E_{0r}) + K_p^\ddagger(E-E_{0p})} \tag{5.25}$$

で与えられる．

このように計算することはできるが，錯合体に RRKM 理論が適用できるか否かが問題である．第一の障壁を越える反応で生成した錯合体は，Rynbrandt-Rabinovitch の実験に関連して指摘したように，ミクロカノニカル集団であるとは限らない．一般に，錯合体の寿命が十分長ければ RRKM 理論が適用できると考えられている*．そのような状況を**統計的ふるまい**(statistical behavior)とよぶ．

---

* 錯合体の IVR 速度が解離速度より十分速ければ RRKM 理論が適用できると考えられる．しかし，錯合体の寿命がどんな条件を満たせば統計的ふるまいが見られるのか，はっきりとした判定基準は知られていない．

BOX 5.4　統計的ふるまい

"状態から状態への化学"の観点から統計的ふるまいとは何かを考えてみよう．BOX 3.3 "サプライザル解析"で述べたように，分子がサイコロのようにランダムにふるまうのが統計的ふるまいの極限である．一般に，長寿命の錯合体を形成する反応で，生成物の内部状態分布は先験的等確率分布に近くなると理解されている．その一例を図1に示した．化学反応 $O(^3P)+CN(v=4) \rightarrow CO+N$ では，2種類の電子状態のN原子，$N(^4S)$ および $N(^2D)$ が生成する．前者は直接様式反応，後者は錯合体形成様式反応であることが，図1に示したポテンシャル曲面からわかる．また，準古典的方法で理論的に求めた生成物COの振動分布を図中に示した．$N(^4S)$ が生成する**直接様式反応**(direct-mode reaction)では振動励起した反転分布であるが，$N(^2D)$ が生成する錯合体形成様式反応では，**先験的等確率分布**(prior distribution)に近い．

化学反応や光解離の生成物の状態分布を先験的確率分布と比較する議論は，BOX 3.3 で述べたように，着目していないサイコロが存在するような設定の実験(または理論計算)でなされていた．すべてのサイコロを観測したとき，すなわち，始状態と終状態を完全指定したとき，分子は本当にランダムにふるまっているのだろ

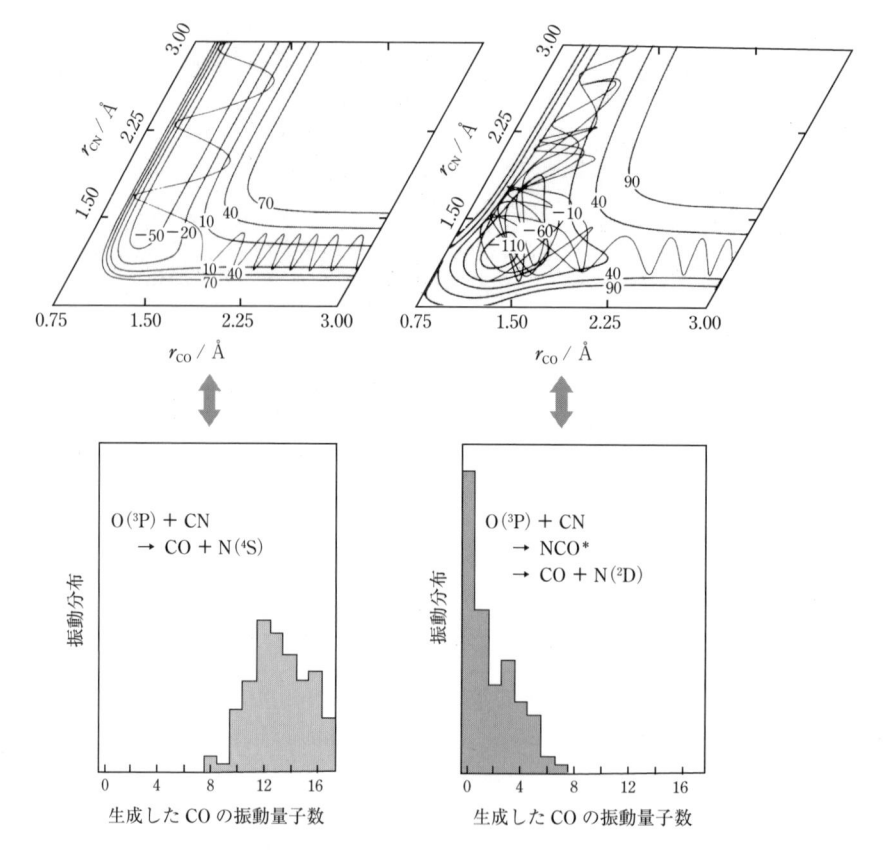

化学反応 $O(^3P)+CN(v=4) \rightarrow CO+N$ では，2種類の電子状態のN原子，$N(^4S)$ および $N(^2D)$ が生成する．それぞれの反応過程のポテンシャル曲面を上段に示した．$N(^4S)$ 生成過程は直接様式反応，$N(^2D)$ 生成過程は錯合体形成様式反応である．生成物COの振動分布を準古典的方法で計算した結果を下段に示した．直接様式反応では振動励起した反転分布であるが，錯合体形成様式反応では，先験的等確率分布に近い

図1　直接様式および錯合体形成様式反応の生成物の状態分布の比較例
[J. Wolfrum, *Ber. Bunsenges. Phys. Chem.*, **81**, 119, 120 (1977) に基づく]

うか．それを検証する実験が行われた[*1]．NO_2 の光解離で生成する $NO(^2\Pi_{1/2}, v=0)$ の回転状態を区別して検出し，各回転状態の生成収率を余剰エネルギーの関数として表したものを図2に示した．生成物の状態分布は，先験的等確率分布[*2]のまわりでランダムな**ゆらぎ**(fluctuation)を示している．これは，分子がサイコロのようにふるまっていることを支持している．1個のサイコロをたとえば6億回振れば，1の目が出る回数はほぼ1億回であろう．しかし，6回振ったとき1の目が出る確率は1回になるとは限らない．実際に観測される事象の頻度は，確率から予想される値のまわりでゆらぐのである[*3]．

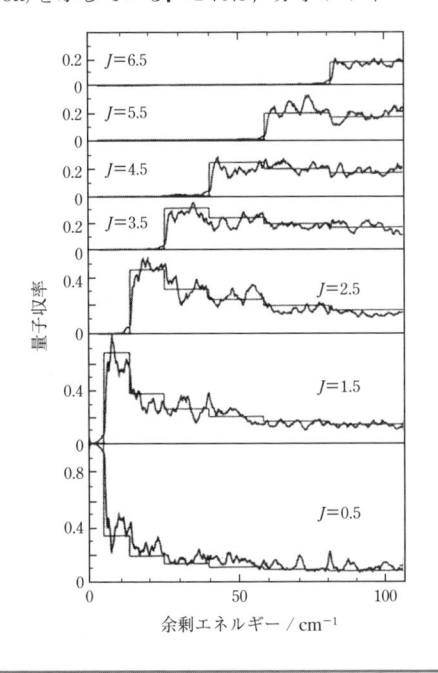

波長可変レーザー光($\sim 400\,nm$)照射により，解離限界直上のエネルギー領域で，光解離過程 $NO_2 \to NO(^2\Pi) + O(^3P_2)$ で生成する NO の内部状態を調べる実験を行った．$NO(^2\Pi_{1/2}, v=0)$ の各回転状態の生成収率を余剰エネルギーの関数として表示した．階段状の実線は先験的等確率分布の値である．実測値はそのまわりでゆらぎを示している

図2 NO_2 の光解離生成物の状態分布 [J. Miyawaki, K. Yamanouchi, S. Tsuchiya, *J. Chem. Phys.*, **99**, 259 (1993) に基づく]

5.3 光励起と無放射過程

5.3.1 振電相互作用と無放射遷移

気相中で 1s 状態の H 原子に 121.6 nm の紫外光を照射すると，H は光子を吸収して 2p 状態に励起される．2p 状態の H 原子は，100％ の確率で，光子を放出して 1s 状態に戻る．光から得たエネルギーをすべて再び光エネルギーとして放出している．分子ではどうであろうか．たとえば，カラーインクに色があるのは，色素分子が特定の波長の光を吸収するからである．色素分子が光から吸収したエネルギーはどこへいくのであろうか．H 原子のように光として放出するのであれば，カラーインクは光るはずであるが，実際は違う．

多原子分子の電子励起状態のエネルギー準位の模式図を図 5.13 に示した．基底電子状態の電子配置から出発して，1個の電子を最高被占軌道(HOMO)から最低空軌道(LUMO)へ移動させた状態が，

[*1] J. Miyawaki, K. Yamanouchi, S. Tsuchiya, *J. Chem. Phys.*, **99**, 254 (1993).
[*2] 生成物の先験的等確率分布に基づいて化学反応の速度や生成物分岐比を議論する立場を**位相空間理論**(phase space theory)とよぶ．準古典近似のもとでは状態密度を位相空間体積から求めることができることに由来する名称である．
[*3] もし見ていないサイコロがあれば，その数に応じて(その数の平方根に逆比例して)着目したサイコロの指定した目の出る回数のゆらぎは小さくなることが統計学から導かれる．図2の実験はすべてのサイコロを見た，すなわち，状態を完全指定して観測したので，この確率論的なゆらぎが観測されたのである．

S_0 は電子基底状態，S_1, S_2, S_3 は一重項電子励起状態，T_1 は三重項電子励起状態である．S_2 あるいは S_3 に励起された分子は，すみやかに S_1 の振動基底状態に緩和する（Kasha 則）．S_1 状態の分子は，蛍光の放出，S_0 の高振動励起状態への内部転換，および T_1 への項間交差により失活する．T_1 状態の分子は，りん光の放出および S_0 への項間交差により失活する

図 5.13 多原子分子の電子励起状態のエネルギー準位の模式図

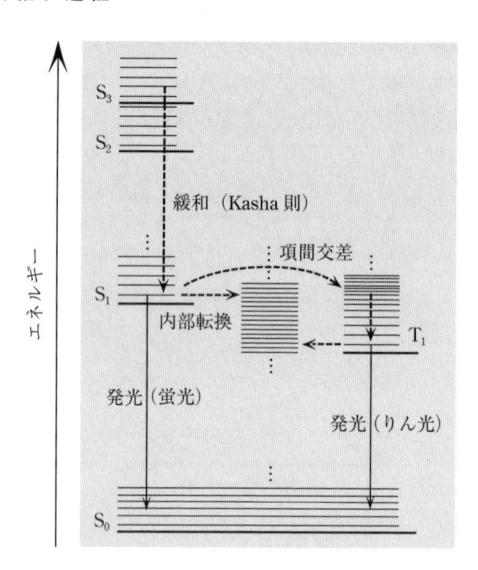

最低一重項励起状態となる．光化学の分野ではこの状態を S_1 状態とよぶ．そして，電子基底状態を S_0 状態とよぶ．S_1 状態の不対電子の一方のスピンを反転させると三重項状態ができる．これが最低三重項励起状態となる．これを T_1 状態とよぶ．T_1 状態は S_1 状態よりもエネルギーが低い[*1]．S_0，S_1 および T_1 の三つの状態が本節の舞台である．

振電相互作用

S_0 状態の分子に光を照射して S_1 状態のある振動状態に励起する過程を考える．S_1 状態の振動状態は今考えている光吸収遷移の明状態である．そして，同じエネルギー領域には，S_0 状態の振動励起状態が暗状態として存在する[*2]．この明状態と暗状態の間には，Born-Oppenheimer 近似の破れに由来する相互作用が存在する．それを**振電相互作用**（vibronic interaction）とよぶ．§3.4.2 の式(3.44)と同様の議論により，相互作用行列要素を吟味する．S_1 および S_0 の振電状態の波動関数を

$$|S_1, \bm{v}'\rangle = \psi_1(\bm{q}, \bm{Q})\chi_{v'}(\bm{Q}) \tag{5.26}$$

および

$$|S_0, \bm{v}''\rangle = \psi_0(\bm{q}, \bm{Q})\chi_{v''}(\bm{Q}) \tag{5.27}$$

とする．ただし，$\bm{q}$ は電子座標，$\bm{Q}$ は基準座標，$\bm{v}'$ および $\bm{v}''$ は，S_1 および S_0 状態の振動量子数の組をまとめて表したものである．相互作用は，§3.4.2 で議論したように，基準振動の運動エネルギー演算子 $-\hbar^2(\mathrm{d}^2/\mathrm{d}Q^2)$ であり，その行列要素は，式(3.44)の導出で現れた項と同じもの，

$$\begin{aligned}\langle S_0, \bm{v}''|H|S_1, \bm{v}'\rangle &= \langle S_0, \bm{v}''|-\hbar^2\frac{\mathrm{d}^2}{\mathrm{d}Q^2}|S_1, \bm{v}'\rangle \\ &= -\hbar^2 \sum_k \int \chi_{v''}(\bm{Q})\langle\psi_0|\frac{\partial}{\partial Q_k}|\psi_1\rangle\frac{\partial \chi_{v'}}{\partial Q_k}\mathrm{d}\bm{Q} \\ &\quad -\frac{\hbar^2}{2}\sum_k \int \chi_{v''}(\bm{Q})\langle\psi_0|\frac{\partial^2}{\partial Q_k^2}|\psi_1\rangle\chi_{v'}(\bm{Q})\mathrm{d}\bm{Q} \end{aligned} \tag{5.28}$$

[*1] Hund の規則．すなわち，三重項状態の方が電子間相互作用の交換積分の寄与だけエネルギーが低い．
[*2] S_0 の振動基底状態と，同じ電子状態 S_0 の高い振動励起状態の間の遷移モーメントは Born-Oppenheimer 近似のもとでは 0 となる．振動状態が直交するからである．

で与えられる．電子波動関数の振動座標依存性を

$$\psi_n(\boldsymbol{q}, \boldsymbol{Q}) = \psi_n(\boldsymbol{q}, \boldsymbol{0}) + \sum_k \left(\frac{\partial \psi_n(\boldsymbol{q}, \boldsymbol{Q})}{\partial Q_k}\right)_{\boldsymbol{Q}=\boldsymbol{0}} Q_k + \cdots \quad (n=0, 1) \quad (5.29)$$

のようにテーラー展開[*1]し，二次以上の項を無視する近似を行うこととする．この近似の範囲内では，振動座標に関する二階微分を含む式(5.28)の第2項は0となる．また，第1項の一階微分を含む電子波動関数の行列要素は，$\boldsymbol{Q}$ 依存性をもたない定数となるので，

$$\langle \psi_0 | \frac{\partial}{\partial Q_k} | \psi_1 \rangle \simeq -J^{(k)} \quad (5.30)$$

とおく．振動波動関数が，基準モードごとの固有関数の積で

$$\chi_v(\boldsymbol{Q}) = \prod_j \chi_{v_j}(Q_j) \quad (5.31)$$

の形に書けることを考慮し，さらに S_1 と S_0 の基準座標の方向が一致していると仮定すると[*2]，相互作用行列要素(式(5.28))は

$$\langle S_0, \boldsymbol{v}'' | H | S_1, \boldsymbol{v}' \rangle \simeq \hbar^2 \sum_k J^{(k)} \langle \chi_{v''} | \frac{\partial}{\partial Q_k} | \chi_{v'} \rangle \quad (5.32)$$

$$= \hbar^2 \sum_k J^{(k)} \langle \chi_{v''_k} | \frac{\partial}{\partial Q_k} | \chi_{v'_k} \rangle \prod_{j \neq k} \langle \chi_{v''_j} | \chi_{v'_j} \rangle \quad (5.33)$$

と表される．基準モードに関する和(添字 k の和)の中で，大きな寄与をもつモードがある．これを**促進モード**(promoting mode)とよぶ．すなわち，振電相互作用は促進モードの核の運動に由来する非断熱相互作用である．一方，相互作用が大きくなるためには，$\partial/\partial Q_k$ に直接関係ない因子，すなわち式(5.33)の最後の因子も小さくない必要がある．この因子は，促進モードを除く振動波動関数のFranck-Condon 重なりである．S_1 の低い振動状態(典型的には振動基底状態)と S_0 の高振動励起状態の間の Franck-Condon 因子が小さくないためには，平衡位置が大きくずれた基準モードの存在が不可欠である．そのようなモードを**受容モード**(accepting mode)とよぶ．明状態と強く相互作用する暗状態は，S_0 の受容モードが励起された振動励起状態となる．

無放射遷移：内部転換と項間交差

多原子分子では，S_1 の低い振動状態と同じエネルギー領域の S_0 の振動状態の状態密度は非常に高い．Bixon-Jortner の統計的極限の条件が成立する．したがって，光励起で生成した S_1 の低い振動状態の残存確率は指数関数的に減衰する．言い換えると，時間の進行とともに分子は暗状態へ遷移し，そして明状態には事実上戻ってこない．暗状態すなわち S_0 の高振動励起状態が光を放出する確率は非常に低い[*3]．分子に吸収された光エネルギーは，分子の振動エネルギーに転化したことになる．このように，光を放出せずに電子状態が変化する過程を無放射遷移(または無輻射遷移：non-radiative transition, radiationless transition)とよぶ．また，特に S_1 から S_0 の振動励起状態への不

[*1] Herzberg-Teller 展開とよぶ．

[*2] 一般に基準座標は電子状態によって異なる．電子状態によって平衡構造が異なるためである．多くの場合，異なる電子状態の基準座標の間の関係は平行移動である．しかし，一般には，方向も変える線形変換で結ばれる．方向が変わる場合，それを Daschinsky 効果とよぶ．

[*3] 高振動状態からの赤外発光の確率は零ではない．しかし，通常の実験条件では(気相で実験している場合でも)，他の分子との衝突，器壁との衝突により失活する確率の方が高い．次節で述べるような溶液中の実験では溶媒にエネルギーを渡して振動エネルギーを失う．

可逆的な緩和[*1]を**内部転換**(internal conversion)とよぶ．

S_1 の低い振動状態と同じエネルギー領域には T_1 の振動励起状態も存在する．後者も，S_0 の振動励起状態と同様に，暗状態の役割を果たす．この場合，明状態と暗状態の間の相互作用は**スピン軌道相互作用**(spin-orbital interaction)である．この無放射過程を**項間交差**(intersystem crossing)とよぶ．

5.3.2 蛍光とりん光

多原子分子に光を照射し電子励起しても，内部転換のため電子エネルギーは振動エネルギーへ転化し，散逸する運命にある．本節では，溶液中の有機分子を，ナノ秒からピコ秒程度の時間幅のパルス光で励起した場合に起こる過程をまとめる．

有機分子は多くの場合，紫外光領域に多くの吸収帯をもつ．これは，S_1 および，さらに上の一重項電子励起状態 $S_2, S_3, \cdots$ への遷移に由来する．一般に，$S_n (n \geq 2) \to S_1$ の内部転換は非常に速い．そして，溶液中での S_1 の振動緩和も速いことが知られている．したがって，ピコ秒より長い時間尺度の実験では，光照射後に生成していることが見いだされるのは，励起波長によらず，S_1 の振動基底状態である．これを **Kasha 則**とよぶ[*2]．生成した S_1 の振動基底状態は，内部転換により S_0 の振動励起状態へ無放射的に遷移する．また，項間交差により T_1 へ無放射的に遷移する．同時に，発光により S_0 へ遷移する確率も無視できない．これらの緩和過程および発光過程による S_1 状態の分子数の変化は反応速度式で表現できる．すなわち，S_1 状態の分子の濃度(または分子数)を $[S_1]$ とすると，$[S_1]$ の時間変化は反応速度式

$$\frac{d}{dt}[S_1] = -(k_f + k_{IC} + k_{ISC})[S_1] \tag{5.34}$$

に従う．ただし，k_f, k_{IC}, k_{ISC} は，それぞれ，発光，内部転換，項間交差による減衰速度定数である．上の微分方程式は，S_1 状態の分子数は時間とともに指数関数に従って減衰することを示している．S_1 は無放射遷移で緩和するが，S_1 からの発光も観測される．これを**蛍光**(fluorescence)とよぶ．ある時刻 t での蛍光強度は $[S_1](t)$ に比例するので，パルス励起後の蛍光強度を時間の関数として観測するとそれは指数減衰

$$I(t) \propto e^{-(k_f + k_{IC} + k_{ISC})t} \tag{5.35}$$

を示す．すなわち，蛍光強度は寿命

$$\tau_f = \frac{1}{k_f + k_{IC} + k_{ISC}} \tag{5.36}$$

で減衰する．また，光を吸収した分子が蛍光を発する確率は

$$\Phi_f = \frac{k_f}{k_f + k_{IC} + k_{ISC}} \tag{5.37}$$

で与えられる．これを**蛍光収率**(fluorescence yield；蛍光の量子収率)とよぶ．蛍光寿命と蛍光収率の典型的な値を表 5.1 に示した．**無放射遷移**の速度が大きいほど，蛍光寿命は短くなり，蛍光収率は小さくなる．

一方，項間交差で生成した T_1 状態は，まず速い振動緩和により T_1 の振動基底状態まで緩和する．その後，$T_1 \to S_0$ の無放射緩和，および，$T_1 \to S_0$ の発光過程との競争となる．後者の発光を**りん光**

[*1] Bixon-Jortner の統計的極限に見られるような事実上不可逆な過程，と解釈せよ．
[*2] 本章では本小節に限り，孤立分子ではなく，周囲の環境にエネルギーを散逸しうる分子(溶液中の分子等)を対象にしていることに注意せよ．

(phosphorescence)とよぶ．どちらもスピン軌道相互作用の存在により起こる過程であり，遷移確率は通常小さい．$[T_1]$ の時間変化は反応速度式

$$\frac{d}{dt}[T_1] = k_{ISC}[S_1] - (k_{ph}+k_{IC'})[T_1] \tag{5.38}$$

に従う．ただし，k_{ph} および $k_{IC'}$ はそれぞれ発光および無放射過程による減衰速度定数である．どちらの減衰定数も通常は小さく，りん光は遅い減衰を示す（表 5.1 参照）．

表 5.1　ベンゼン，トルエンおよびナフタレンの蛍光寿命，量子収率およびりん光寿命[†1]

	蛍光寿命[†2]/ns	蛍光量子収率[†2]	りん光寿命[†3]/s
ベンゼン	29	0.07	7.0
トルエン	34	0.17	8.8
ナフタレン	96	0.23	2.4

[†1]　"化学便覧（改訂 5 版）基礎編 II"，日本化学会編，丸善（2004）に基づく．
[†2]　シクロヘキサン溶液中（室温）．
[†3]　エーテル-ペンタン-エタノール（EPA）マトリックス中（77 K）．

問　題

5.1　時間幅 50 fs の光パルスの光子エネルギーの不確定さはいくらか．波数単位 cm^{-1} で答えよ．

5.2　Zewail のフェムト秒化学の実験（§3.2.3 の図 3.16 および 3.17）で用いられた励起光のパルス時間幅は 50 fs である．NaI の電子励起状態に生成した波束は何個程度の振動状態の線形結合であるか計算せよ．振動準位の間隔は図 3.17 の信号の振動周期から推定せよ．

5.3　例題 5.2 で考えたアセチレン分子の 2 個の振動状態について考える．図 5.2 の誘導放出ポンプ法を用いると，基準モード状態 $|0010^00^0\rangle$ は暗状態，$|0101^11^{-1}\rangle$ は明状態としてはたらくと考えられる．今，誘導放出に用いる第 2 レーザーをパルス光にして，明状態 $|0101^11^{-1}\rangle$ だけが生成するような実験を行いたい．どのような時間幅のパルス光が必要か答えよ．

5.4　図 5.9 に示されている状態密度と IVR 速度の関係を，Bixon-Jortner 理論の式(5.18)に基づいて解析する．つぎの問に答えよ．
1) IVR 時定数の値が 22 ps（振動エネルギー 1792 cm^{-1} における値）のとき，Bixon-Jortner のローレンツ関数のエネルギー幅 Γ はいくらか．波数単位(cm^{-1})で答えよ．
2) 前問のエネルギー幅の中に含まれる暗状態の数を答えよ．ただし，状態密度の値は 120 cm とせよ．

5.5　表 5.1 のデータを用いて，ベンゼン，トルエンおよびナフタレンについてつぎの問いに答えよ．
1) 蛍光発光の速度定数 k_f の値を求めよ．
2) 同じく 3 種類の分子の蛍光消光の速度定数 $k_{FQ} \equiv k_{IC}+k_{ISC}$ の値を求めよ．
3) ナフタレンがベンゼン，トルエンより長い寿命をもつのはなぜか．

6. 溶液反応の速度論

> 本章では溶液内での化学反応速度を分子レベルから理解する方法を扱う．溶液内での化学反応は，有機化学や生物化学を含めて化学の広い分野で普通に見られる現象であるが，分子論的な理解をするには，気相中の分子の化学反応とは異なった見方が必要になる．溶液反応の特徴は，反応する分子の周囲に存在する溶媒によって生じるものであり，本章では溶媒の果たす役割をとらえるための基本的な概念を学ぶ．
> §6.1では気相反応と溶液反応の基本的な違いを例示し，溶液反応における溶媒の役割として，動的な効果と平衡論的な効果の2種類があることを明らかにする．動的な効果は§6.2および§6.3で詳しく議論し，平衡論的な効果は§6.4で取扱う．両者を合わせて，溶液内反応を自由エネルギー面上のダイナミクスとして統一的に理解することが可能となる．さらに§6.5では，溶液内反応の中でも一大分野をなしており，現在でも活発に研究が進められている電子移動反応を解説する．電子移動反応速度を支配する原理も，上に取扱った溶媒効果に基づいて理解されることがわかるであろう．

6.1 気相反応と溶液反応の違い

前章までに述べたように化学反応は，分子衝突や電子遷移，緩和過程などを含めて，ポテンシャル曲面上でのダイナミクスとしてとらえることができ，その原理は気相反応でも溶液内の反応でも共通である．ただし**溶液反応**(reaction in solution)を気相反応と区別する違いは，反応する分子の周囲に絶えず溶媒分子が存在していることであり，溶媒の存在や種類によって反応速度や反応性がしばしば大きく異なる．本章ではその溶媒が化学反応に及ぼす効果を取扱う．

溶液反応を分子レベルでみると，反応する分子(溶質分子とする)を多数の溶媒分子が取囲んでおり，個々の分子運動の詳細を議論していてはあまりにも煩雑であり，見通しのよい理解が望まれる．このような場合，溶液の分子運動を表す膨大な数の自由度の中で，反応を表すのに重要な自由度(反応系と生成系を区別する座標)を選び出すことが必要である．適切な反応座標の選び方は，反応の種類によってさまざまである．たとえば溶液内の二分子衝突反応の場合，反応する2分子間の距離(や配向)は重要な座標となる．化学結合の切断，生成を伴う場合には，その化学結合を表す内部座標が反応の進行を記述する．電子移動反応のような場合には，あとに述べるように溶媒配置が反応座標とみなされる．反応を表す特定の自由度を選び出して，それ以外を**熱浴**(bath)と考える方法は統計力学でよく用いられる取扱いであり，溶液反応の理解にも有効である．

溶液の効果を著しく示す具体的な例として，以下に二つの場合を考えてみよう．まず第1の例として，光解離反応 $AB + h\nu \rightarrow A + B$ を取上げる*．ここで反応の進行を表すのに重要な自由度は，気相中でも溶液中でも A–B 間の距離とみなすのが自然であり，ポテンシャル曲面の形も図6.1のように

---

* たとえばヨウ素の光解離反応 $I_2 + h\nu \rightarrow I + I$ は，多くの詳細な研究がなされている [A. L. Harris, J. K. Brown, C. B. Harris, *Annu. Rev. Phys. Chem.*, **39**, 341 (1988)]．ここではポテンシャル面の一般的な特徴を定性的に議論する．

6.1 気相反応と溶液反応の違い

気相でも溶液でもあまり変わらないとしよう*. 光吸収後の電子励起状態のポテンシャル面が解離性の場合, 気相中では基底状態のポテンシャル面にある分子が光励起されると, 図6.1左のように電子励起状態のポテンシャル面に遷移して, そのまま解離するため, 解離反応の**量子収率**(quantum yield)がほぼ1となることが多い. しかし溶液中では, 同じ光励起でも量子収率は10^{-1}〜10^{-3}程度になることがしばしば観測される. これほど大きな違いは, 明らかに周囲の溶媒の存在によって生じているものである. 溶液中でも解離性の電子励起状態になるとA-B間距離が離れようとするが, その過程で図6.1右のように周囲の溶媒分子と衝突を繰返して電子基底状態に緩和し, 再び結合して元のA-B分子に戻る確率が大きいためである(geminate recombination という). 溶質分子A-Bは一時的にあたかも周囲の溶媒のかごの中に閉じ込められたようになって解離を妨げられるようにみえ, これは溶媒の**かご効果**(cage effect)とよばれる. 一般に溶液中での分子は周囲の溶媒と絶えず衝突を繰返しているため気相中のように自由に運動できず, 拡散の速度も桁違いに遅い.

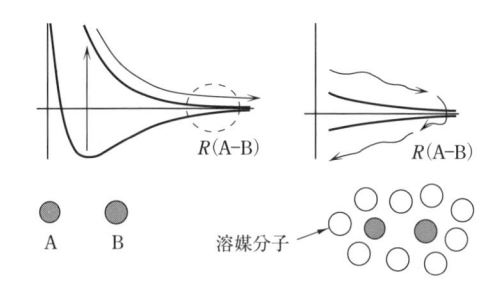

図 6.1 気相中(左)と溶液内(右)での光解離反応 $AB + h\nu \rightarrow A + B$ のダイナミクス(電子励起状態から解離する出口(破線領域)付近では, 溶液中では右図のように溶媒分子との衝突によって大きな影響を受ける)

周囲の溶媒は, この反応においてもう一つの大きな役割を果たしている. 光励起後に元のAB分子に戻る過程では, 電子励起状態から基底状態への電子状態遷移, および基底状態での振動エネルギーの緩和が伴う. 溶媒分子と衝突することで緩和を促進し, 溶媒が余剰エネルギーを受取って散逸させる役割を果たしている. 溶液中での解離の量子収率は, 解離するA-Bペアがかごから抜け出す速度と緩和の速度との兼ね合いで支配されると考えられ, 前者よりも後者の方が大きい場合に解離の量子収率が小さくなるといえる.

溶液の効果を示す第2の例として, Menshutkin 反応とよばれるつぎの求核置換二分子(S_N2)反応をあげる.

$$CH_3Cl + NH_3 \longrightarrow CH_3NH_3^+ + Cl^- \tag{R1}$$

この反応は気相中では吸熱反応で非常に起こりにくいが, 水のような極性溶媒中では発熱反応として観測され, 溶液内で反応性が大きく変化する典型的な例として知られている. この場合の**溶媒(の)効果**(solvent effect)はどのように理解されるであろうか. このS_N2反応では, 化学結合の解離・生成を表す反応座標 r として

$$r = R(\text{C-Cl}) - R(\text{C-N}) \tag{6.1}$$

を定義することができる. $R(\text{C-Cl})$はC-Cl間距離, $R(\text{C-N})$はC-N間距離であり, $r \sim -\infty$が反応系, $r \sim \infty$が生成系に対応する. この**反応座標**(reaction coordinate)上で, 気相中と溶液中でのポテンシャル曲面(自由エネルギー面)の様子を図6.2に示す. 気相中と溶液中では大きく形状が異なっており, 溶液中では相対的に反応系よりも生成系が安定化し, 反応の活性化障壁も小さくなっていることがわかる. この違いは, 溶質分子が溶液中に存在するとき, 反応の進行につれて溶質分子と周囲の

---

* 溶液中において, 一部の自由度に対するポテンシャル曲面は自由エネルギー面とみなされる(後述).

溶媒との相互作用エネルギー(溶媒和エネルギー)が顕著に変化することに由来する．この反応において反応系は中性分子であるが，生成系はイオンであり，溶質分子の極性が反応に伴って大きく変化する．極性溶媒中では極性の大きい生成系をより安定化させる傾向があり，その結果，反応性や反応速度は，溶液中で大きく変化することが理解される．溶液中におかれた溶質分子に対して溶媒和エネルギーを見積もることは，溶液内化学反応を理解する際にきわめて重要である．

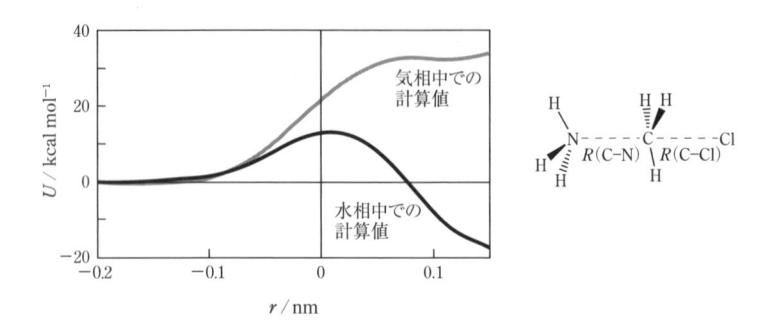

図 6.2 **Menshutkin 反応 (R1) の自由エネルギー面**(B3LYP/6-311+G(d, p)+PCM，構造は気相中 C_{3v} のもとで r 以外の内部座標に最適化したもの)

以上二つの例をまとめると，溶液反応における溶媒の役割には，大きく2通りの効果がみられる．一つは溶質分子と周囲の溶媒分子との衝突によってひき起こされる緩和現象や拡散運動であり，もう一つは溶質分子と溶媒分子の相互作用エネルギー(**溶媒和**：solvation)によってポテンシャル曲面(自由エネルギー面)の形状を変化させる効果である．前者を溶媒の**動的な効果**(dynamical effect)，後者を**静的な効果**(static effect)あるいは**平衡論的な効果**(equilibrium effect)と考えることができる．

6.2 拡散律速反応

分子 A と B が衝突して化学反応を起こす過程を，① A と B が近づいてくる過程，② 衝突した AB が化学反応で変化する過程，および ③ 生成分子が離れていく過程(生成物が単一の分子でない場合)に分けてみるとき，それぞれの過程で周囲の溶媒の効果が現れる．そこでまず ① A と B が近づく過程での溶媒効果が反応速度に与える影響を扱ってみよう．① の過程は気相中と溶液中で非常に様相が異なっている．溶液内では溶質分子 A と B が周囲の溶媒と絶えず衝突しながら拡散運動しており，その拡散速度は一般に気相中での自由な運動の場合に比べてはるかに遅い．その過程 ① が十分に遅くて反応速度全体の中で律速段階となるものを，**拡散律速反応**(diffusion-limited reaction)という．たとえば溶液内のラジカル結合反応のように衝突後の化学反応過程 ② が相対的に速い場合に，拡散律速の状況が起こる．

個々の分子の拡散運動はランダムで予想することは難しいが，拡散する多数の分子運動を統計的にみて濃度分布の変化を取扱うことは可能である*．場所 $r=(x, y, z)$，時刻 t に存在する溶質分子(A または B)の濃度分布を $\rho(r, t)$ とすると，場所 r，時刻 t での溶質の**流束密度**(flux density)

---

* 戸田盛和, 久保亮五, "統計物理学(岩波講座 現代物理学の基礎(第2版) 5)", 第5章, 岩波書店 (1978).

$j(r, t)$*¹ との間に，つぎの関係式が成り立つ．

$$j = -D\nabla\rho = -D\left(\frac{\partial\rho}{\partial x}, \frac{\partial\rho}{\partial y}, \frac{\partial\rho}{\partial z}\right) \tag{6.2}$$

ここで溶質の流束密度 j は，濃度勾配 $\nabla\rho$ に沿って濃度の高い方から低い方に向かって生じることを意味する．比例定数 D は**拡散係数**(diffusion coefficient；単位 $m^2\,s^{-1}$)とよばれ，拡散の速さを表す正のパラメーターである．また ρ と j の間には，溶質の物質量全体が一定であるため以下の条件が成り立つ．

$$\frac{\partial\rho}{\partial t} + \nabla\cdot j = \frac{\partial\rho}{\partial t} + \frac{\partial j_x}{\partial x} + \frac{\partial j_y}{\partial y} + \frac{\partial j_z}{\partial z} = 0 \tag{6.3}$$

この式は，ある地点での濃度変化 $\partial\rho/\partial t$ は，その地点に流入(流出)する流束密度で決まることを示し，**連続の式**(equation of continuity)として知られている．上の二つの式(6.2)，(6.3)より，$\rho(r, t)$ に関する拡散方程式が導かれる．

$$\frac{\partial\rho}{\partial t} = D\nabla^2\rho = D\left(\frac{\partial^2\rho}{\partial x^2} + \frac{\partial^2\rho}{\partial y^2} + \frac{\partial^2\rho}{\partial z^2}\right) \tag{6.4}$$

この方程式を適当な初期条件，境界条件のもとで解くと，拡散によって変化する濃度分布 $\rho(r, t)$ のふるまいが求められる．たとえば $t=0$ で $r=0$ にあった分子の濃度分布は以下の解で与えられる*²．

$$\rho(r, t) = \left(\frac{1}{4\pi Dt}\right)^{3/2}\exp\left(-\frac{r^2}{4Dt}\right) \tag{6.5}$$

上の密度分布は三次元 $r=(x, y, z)$ 上であるが，一次元の場合の濃度分布 $\rho(x, t)$ の時間変化の様子を図6.3に示す．時間が経つほど濃度分布が $x=0$ から広がっていく様子が明らかである．

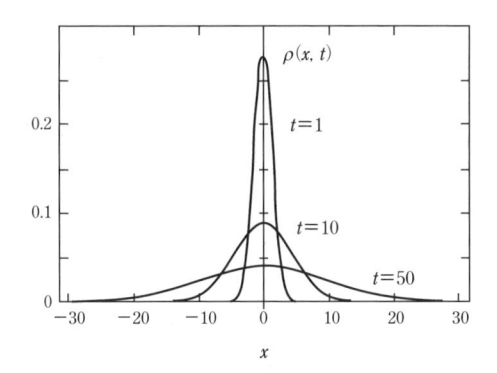

一次元の分布
$$\rho(x, t) = \left(\frac{1}{4\pi Dt}\right)^{1/2}\exp\left(-\frac{x^2}{4Dt}\right)$$
で，$D=1$ と無次元化した

図 6.3 一次元上の拡散による濃度分布 $\rho(x, t)$ の時間変化

完全な拡散律速の場合

拡散方程式(6.4)をもとに，分子Aと分子Bの二分子反応の拡散律速反応速度を求める．二分子反応速度は，A, Bそれぞれのバルク濃度を $[A]_0$, $[B]_0$ とすると $k[A]_0[B]_0$ のようにそれぞれの濃度に比例し，比例定数 k が反応速度定数に対応する．

---

*1 一般に単位時間あたりに流れる物質量を**流束**(フラックス：flux)という．単位時間，単位面積あたりの量を流束とよぶこともあるが，本章ではこれを流束密度とよぶ．$j(r, t)$ と書いた流束密度はベクトルで，時刻 t，場所 r において単位時間，単位面積あたりにベクトル j と垂直な面を移動する正味の物質量を表す．

*2 この解はフーリエ変換で求められる．付録B，あるいは，D. A. McQuarrie, "Statistical Mechanics", §17-2, University Science Books (2000)などを参照．

拡散律速の理想的な状況として，溶液中で A, B それぞれが互いに独立に拡散運動して，A-B 間の距離が a に近づくとすみやかに反応すると仮定しよう．簡単のため A, B 分子の配向や内部座標は無視して，A-B 間の相対距離 $r = |\mathbf{r}_A - \mathbf{r}_B|$ のみを反応座標とする．A, B それぞれの拡散係数を D_A, D_B とおくと相対距離 r の運動は，付録 G に示すように拡散係数 $D = D_A + D_B$ の拡散とみなすことができる．したがって，適当な 1 個の分子 A からみて相対距離 r だけ離れた地点での B の濃度分布 $[B](r, t)$ は，相対運動に関する**拡散方程式**(diffusion equation)

$$\frac{\partial [B](r, t)}{\partial t} = (D_A + D_B) \nabla^2 [B](r, t) = D \frac{1}{r^2} \frac{\partial}{\partial r}\left(r^2 \frac{\partial [B](r, t)}{\partial r}\right) \tag{6.6}$$

で表すことができる．式(6.6)の右辺では，配向を無視すると分子 A のまわりの濃度分布 $[B]$ は球対称とみなせるので，ラプラシアン ∇^2 を動径成分 r のみで表した．この方程式に境界条件

$$\begin{cases} [B](r) = 0 & (r = a) \\ [B](r) = [B]_0 & (r \to \infty) \end{cases} \tag{6.7}$$

を与えて，解を求める．距離 $r = a$ での境界条件は，$r = a$ で接触すると即座に反応するため 0 であり，$r \to \infty$ での境界条件は，分子 A から十分に離れたバルクの濃度 $[B]_0$ に一致する．この境界条件のもとで，式(6.6)の定常状態($\partial [B]/\partial t = 0$)での解を容易に求めることができる．

$$[B](r) = [B]_0 \left(1 - \frac{a}{r}\right) \tag{6.8}$$

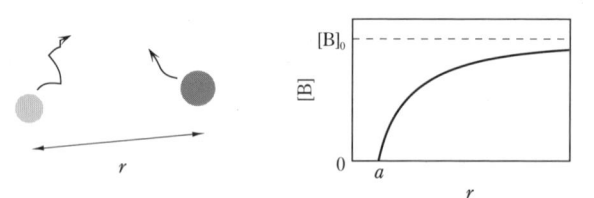

図 6.4 二分子拡散律速度反応での座標 r(左)と定常状態の濃度分布(右：式(6.8)を定性的に描いたもの)

1 個の分子 A あたりの反応速度は，A のまわりの境界面 $r = a$ に B が流入する**流束**(＝流束密度×面積) J は下式で与えられる[*1]．

$$J = -D \nabla [B]|_{r=a} 4\pi Da [B]_0 \tag{6.9}$$

したがって A, B の混合溶液の単位体積あたりの反応速度は $[A]_0 J = -4\pi Da [A]_0 [B]_0$ となり，よって二分子反応の速度定数 k は

$$k = 4\pi (D_A + D_B) a \tag{6.10}$$

である．これは拡散律速の速度定数として知られている[*2]．反応速度が表面積 $\sim a^2$ に比例するのではなく，a に比例することに注意してほしい．

拡散速度と反応速度が関与する場合

完全な拡散律速ではない場合，すなわち ① A と B が近づいてきたあとで，② 衝突した AB が化学反応で変化する過程において，反応過程 ② が拡散過程 ① に対して圧倒的に速いといえない場合に

[*1] これは反応物 B に対する反応速度であり，§1.1.3 で解説されたように，符号が負となる．

[*2] 式(6.10)の速度定数は，濃度を数密度にとったときに得られる式(SI 単位系では $m^3 s^{-1}$)である．濃度を $mol\ m^{-3}$ で表す場合は，この速度定数に Avogadro 定数($N_A = 6.022 \times 10^{23}\ mol^{-1}$)を乗ずる必要がある．

6.2 拡散律速反応

は，上の議論が修正される．衝突した状態 $r=a$ での②の反応速度定数 k_{chem} を有限とみなすと，$r=a$ での B の局所的な濃度 $[B]^*(=[B](r=a))$ が 0 とはならない．分子 A の 1 個あたりの反応速度 J は，$r=a$ での反応過程②において

$$J = -k_{\text{chem}}[B]^* = -k_{\text{chem}}[B](r=a) \tag{6.11}$$

と，反応速度定数 k_{chem} と $r=a$ での局所的な B の濃度 $[B]^*$ によって表すことができる．一方，$r>a$ の領域での拡散過程①において，分子 A のまわりの B の濃度分布 $[B](r)$ は，式(6.7)と類似の境界条件

$$\begin{cases} [B](r) = [B]^* & (r=a) \\ [B](r) = [B]_0 & (r\to\infty) \end{cases} \tag{6.12}$$

のもとで，拡散方程式(6.6)の定常解

$$[B](r) = [B]_0 - \frac{a([B]_0-[B]^*)}{r} \tag{6.13}$$

として与えられる．したがって，上の①の場合と同様に $r=a$ の面に B が流入する流束 J は

$$J = D\nabla[B]|_{r=a} 4\pi a^2 = -4\pi Da([B]_0-[B]^*) \tag{6.14}$$

と求められる．定常状態では式(6.11)と式(6.14)の J は等しいので，両式から $[B]^*$ を消去することができ，J が以下のように求められる．

$$J = -k_{\text{chem}}\frac{4\pi Da}{4\pi Da+k_{\text{chem}}}[B]_0 = -k[B]_0 \tag{6.15}$$

したがって，二分子反応全体の速度定数 k に対して

$$k = k_{\text{chem}}\frac{4\pi Da}{4\pi Da+k_{\text{chem}}} \quad \text{または} \quad \frac{1}{k} = \frac{1}{4\pi Da} + \frac{1}{k_{\text{chem}}} \tag{6.16}$$

が成立する．

この形で，全体の反応の速度定数の逆数 $1/k$ は，拡散過程①の速度定数の逆数 $1/(4\pi Da)$ と反応過程②の逆数 $1/k_{\text{chem}}$ の和になることが特徴的である．特に②が十分に速いとき ($1/(4\pi Da) \gg 1/k_{\text{chem}}$)，全体の反応の速度定数が拡散律速の式(6.10)に帰着する．一般に，化学反応がいくつかの一次過程の直列結合で表され，それぞれの素過程の反応速度定数が独立に与えられるとき，定常状態での全体の反応の速度定数の逆数は，各素過程の速度定数の逆数の和で与えられる．

例題 6.1 1) 溶液中での典型的な拡散律速反応の速度定数を見積もってみる．溶質分子 A，B の拡散係数を，$D_A=D_B=1\times10^{-9}\,\text{m}^2\,\text{s}^{-1}$，分子の衝突距離を $a=10^{-9}\,\text{m}$ とするとき，拡散律速反応速度定数を求めよ．速度定数の単位は，$\text{dm}^3\,\text{mol}^{-1}\,\text{s}^{-1}$ とする．

2) 分子 A の三重項状態 A* が B と衝突して失活する反応を考える．

$$A^* + B \longrightarrow A + B$$

この反応の速度定数は，以下のように測定されている．

A*	B	$k/\text{dm}^3\,\text{mol}^{-1}\,\text{s}^{-1}$
アセトフェノン	ナフタレン	1×10^{10}
アセトン	ビアセチル	5×10^9
アセトン	$CH_2=CHCN$	5×10^8

N. J. Turro, "Modern Molecular Photochemistry", Chap. 9, University Science Books (1991)に基づく．

この中で拡散律速に近いとみなせる反応はあるだろうか，考察せよ．

解 答 1) 式(6.10)より，
$$k = 4\pi \times (10^{-9} + 10^{-9}) \text{m}^2\text{s}^{-1} \times 10^{-9}\text{m} \times 6 \times 10^{23}\text{mol}^{-1} \times 10^3\text{dm}^3\text{m}^{-3}$$
$$= 1.5 \times 10^{10}\text{dm}^3\text{mol}^{-1}\text{s}^{-1}$$
通常の溶液反応での拡散律速の反応速度定数は，$10^{10}\text{dm}^3\text{mol}^{-1}\text{s}^{-1}$ 程度のオーダーになることがわかる．

2) 表の中で比較して，アセトフェノン＋ナフタレンの反応は上で見積もった拡散律速にかなり近いとみなせる．

6.3 活性化障壁を越える反応

§6.2 で扱ったように，ラジカル再結合など**活性化障壁**(activation barrier)がない化学反応では②の反応速度が非常に速く，①の拡散過程が反応速度を支配することを学んだ．しかし多くの化学反応では，反応系から生成系に至る途中で遷移状態を越える必要があり，その過程が全体の反応速度にとって重要である．活性化障壁を越える化学反応の速度は，遷移状態理論によって扱われることを第4章で学んだが，ここでは溶媒の効果を含めた発展的な取扱いを議論する．活性化障壁を越える化学反応は二分子反応とは限らず，単分子反応であっても同様である．

溶媒の役割には，§6.1 で述べたように，大きく分けて自由エネルギー面を変化させる静的(平衡論的)な効果と溶媒分子との衝突による動的な効果がある．次節で自由エネルギー面を定義し，さらに自由エネルギー面上でのダイナミクスとして，溶液反応における溶媒の役割を統一的にとらえる．

6.3.1 自由エネルギー面

溶質と溶媒からなる溶液系の微視的な配置を表す自由度の座標を $\{r, x_1, x_2, \cdots\}$ とする．ここで r は反応の進行を表す座標で，$x_1, x_2, \cdots$ はそれ以外の座標とする．溶液系全体のポテンシャルエネルギー $V(r, x_1, x_2, \cdots)$ の座標依存性は，溶液系のポテンシャル曲面と考えられる．ただしその自由度の数は膨大であり，また個々の溶媒分子の運動をすべて議論する必要もない．そこでポテンシャル曲面 $V(r, x_1, x_2, \cdots)$ の代わりに，r 以外の座標 $x_1, x_2, \cdots$ を熱浴とみなして消去して，r のみに着目した表現を与えることが望ましく，これが**自由エネルギー面**(free energy surface)である．このように自由エネルギー面とは，一部の自由度に対して定義されたポテンシャル曲面とみなすことができる．

統計力学の原理によれば[*1]，温度 T の熱平衡状態において個々の座標 $(r, x_1, x_2, \cdots)$ で表される微視的状態の出現確率は，Boltzmann 因子 $\exp(-V(r, x_1, x_2, \cdots)/(k_\text{B}T))$ に比例する．ただし k_B は Boltzmann 定数($= 1.38 \times 10^{-23}$ J K^{-1})である．その Boltzmann 因子の積分として分配関数 Z およびヘルムホルツ自由エネルギー U が与えられる[*2]．

$$Z = C_{N+1} \iint \cdots \exp\left(-\frac{V(r, x_1, x_2, \cdots)}{k_\text{B}T}\right) dr\, dx_1\, dx_2 \cdots dx_N \tag{6.17}$$

[*1] 以下の議論では，カノニカルアンサンブルの概念が必要である．たとえば，久保亮五，"統計力学"，共立全書 (1971) などを参照．

[*2] 一般に熱力学では U を内部エネルギーとすることが多いが，この章では系の自由エネルギー面を表すものとして U を用いる．

6.3 活性化障壁を越える反応

$$U = -k_{\rm B}T \ln Z \tag{6.18}$$

式(6.17)中の C_{N+1} は,全自由度の運動エネルギーについての積分を含み,ここでは定数とみてよい.自由エネルギー U は,温度 T での熱平衡状態を規定する基本的な量である[*1].

上式の分配関数 Z で全座標の積分をとる代わりに,反応座標 r 以外の積分をとり,r の各点における自由エネルギー $U(r)$ を同様にして定義する.

$$U(r) = -k_{\rm B}T \ln\left[C_{N+1}\iint\cdots\exp\left(-\frac{V(r, x_1, x_2, \cdots)}{k_{\rm B}T}\right) {\rm d}x_1\,{\rm d}x_2\cdots\right] \tag{6.19}$$

ここで求めた $U(r)$ は,反応座標 r 上の自由エネルギー面(曲線)とよばれる.たとえば,$x_1, x_2, \cdots$ が溶媒和分子の配置を表すとすれば,ある適当な r において溶媒和エネルギーを含む溶液系全体のエネルギー V が低い微視的状態 $(r, x_1, x_2, \cdots)$ が多いほど,自由エネルギー $U(r)$ も低くなる.

このように定義された自由エネルギー面は,つぎの二つの重要な性質をもつことが導かれる.

(a) 熱平衡状態において,系が $r = r_1$ に存在する確率 $P(r_1)$ と $r = r_2$ に存在する確率 $P(r_2)$ の比は,

$$\frac{P(r_1)}{P(r_2)} = \frac{C_{N+1}\iint\cdots\exp\left(-\dfrac{V(r_1, x_1, x_2, \cdots)}{k_{\rm B}T}\right){\rm d}x_1\,{\rm d}x_2\cdots}{C_{N+1}\iint\cdots\exp\left(-\dfrac{V(r_2, x_1, x_2, \cdots)}{k_{\rm B}T}\right){\rm d}x_1\,{\rm d}x_2\cdots} = \frac{\exp\left(-\dfrac{U(r_1)}{k_{\rm B}T}\right)}{\exp\left(-\dfrac{U(r_2)}{k_{\rm B}T}\right)}$$

$$= \exp\left(-\frac{U(r_1) - U(r_2)}{k_{\rm B}T}\right) \tag{6.20}$$

となり,自由エネルギーの差 $U(r_1) - U(r_2)$ で決まることがわかる.言い換えると,反応座標 r の出現確率は $\exp(-U(r)/(k_{\rm B}T))$ に比例し,Boltzmann 因子と同じ形をもつ.$U(r)$ には熱浴座標 $x_1, x_2, \cdots$ があらわには含まれないが,適当な r の状態の出現確率 $P(r)$ の中には,r における熱浴座標のすべての配置の確率が含まれていると考えてよい.

(b) 反応座標の各点 r で反応座標方向にはたらく力[*2] $-\partial V/\partial r$ の熱平衡での平均値は,

$$F(r) = \left\langle -\frac{\partial V}{\partial r}\right\rangle = \frac{\iint\cdots \dfrac{\partial V}{\partial r}\exp\left(-\dfrac{V}{k_{\rm B}T}\right){\rm d}x_1\,{\rm d}x_2\cdots}{\iint\cdots\exp\left(-\dfrac{V}{k_{\rm B}T}\right){\rm d}x_1\,{\rm d}x_2\cdots} = -\frac{\partial U(r)}{\partial r} \tag{6.21}$$

となり,ここで最後の等号は式(6.19)の微分から導かれる.このように,力の平均値が自由エネルギーの勾配と対応する性質があり,したがって自由エネルギー面は**平均力のポテンシャル**(potential of mean force)ともよばれる.反応座標の各点 r で受ける力は,実際には溶媒からの衝突を受けてランダムにゆらいでいるが,それを時間平均してゆらぎを取除いたあとに残る力は,自由エネルギー面の勾配に等しい.

[*1] 上の分配関数 Z は,温度 T,体積 v 一定のもとでの微視的状態の積分として与えられている.温度 T,圧力 p 一定下では,式(6.17)を $Z'(T, p) = \int \exp\left(-\dfrac{pv}{k_{\rm B}T}\right) Z(T, v)\,{\rm d}v$ と修正すると,対応する式(6.18)はギブズ自由エネルギー $G(T, p) = -k_{\rm B}T \ln Z'(T, p)$ を与える.以下の議論はギブズ自由エネルギーに対してもそのまま通用する.なお通常の圧力下では,多くの場合 U と G の差は小さいと考えてよい.

[*2] 反応座標 r が解析力学での一般化座標のとき,一般化力となる.

6.3.2 Kramers の理論

溶液反応を反応座標 r 上の運動と考えると，反応系から生成系への反応ダイナミクスをとらえることができる．その際，自由エネルギー面は気相反応でのポテンシャル曲面と類似した意味をもつ．以下では自由エネルギー面上で活性化障壁がある場合を考える．

溶質分子は反応座標の各点 r において，平均として自由エネルギー面の勾配に対応する力を受けて運動する．ただし本来のポテンシャル曲面上の運動との大きな違いは，自由エネルギー面上の運動では，熱浴の運動のために力に熱ゆらぎが存在し，ランダムな拡散的ふるまいが現れることである．そこで，反応座標上の運動をブラウン運動として表す理論が，Kramers によって提案された[*1]．この理論は活性化障壁を越える化学反応における溶媒の摩擦や衝突の効果について，統一的な描像を与えるものである．

活性化障壁を含む自由エネルギー面 $U(r)$ として図 6.5 の状況を考え，その上でのブラウン運動を下の運動方程式（Langevin 方程式）で記述する．

$$\dot{p} = -\frac{\partial U(r)}{\partial r} - \eta p + f(t) = K(r) - \eta p + f(t) \tag{6.22}$$

ここで p は反応座標 r に共役な運動量であり，$\dot{p}$ はその時間微分である．この運動方程式で右辺の3項は，いずれも反応座標に対する力を意味する．第1項 $K(r)$ は自由エネルギー面の勾配からくる力で，熱平衡での力の平均値と等しい．第2項は溶媒との**摩擦力**(friction force)であり，**摩擦係数**(friction coefficient) η および運動量に比例する逆向きの力を与える．第3項の $f(t)$ は**熱ゆらぎ**(thermal fluctuation)からくる**ランダム力**(random force)で平均値は0である．右辺の第2項と第3項は周囲の溶媒分子との衝突による効果を表すと考えてよい．この Langevin 方程式は通常の運動方程式とは異なり，時間的にゆらぐランダム力を含むため，反応座標 r 上の運動は位置 r と運動量 p の初期条件を与えても一意的に決まらない．その確率的な運動の様子を統計的に扱うと，時刻 t において位置 r と運動量 p をもつ存在確率の分布関数 $\rho(r, p, t)$ は

$$\frac{\partial \rho(r, p, t)}{\partial t} = \left[-p\frac{\partial}{\partial r} - K\frac{\partial}{\partial p} + \eta\frac{\partial}{\partial p}\left(p + k_B T \frac{\partial}{\partial p}\right)\right]\rho(r, p, t) \tag{6.23}$$

の方程式を満たすことが示される（付録 H.1 参照）．ただし簡単のため質量の重みつき座標をとって，反応座標の質量は1とした[*2]．この式は位相空間 (r, p) 上の Fokker–Planck 方程式，あるいは Kramers 方程式とよばれる．

C は自由エネルギー面上の極大点で，Q は活性化自由エネルギーである．点線は，反応系 A 付近での熱平衡分布の様子を示す

図 6.5 活性化障壁のある化学反応の自由エネルギー面 $U(r)$

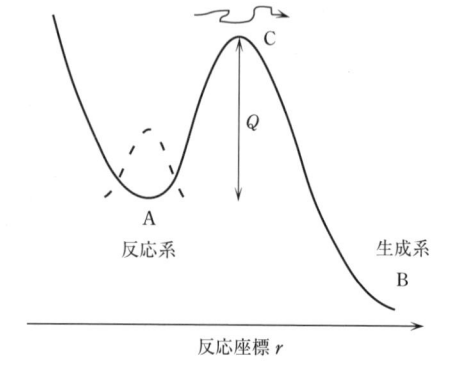

[*1] H. A. Kramers, *Physica*, **7**, 284 (1940).
[*2] 反応座標上の運動が質量 m をもつとき，座標 r と運動量 p を $r \to \sqrt{m}r$, $p \to p/\sqrt{m}$ と変換すると，質量1とみなして同じ運動を表すことができる．

Kramers の理論の要点は，溶液反応の自由エネルギー面 $U(r)$ が与えられたとき，溶媒の動的効果（溶媒分子との衝突や摩擦の強さ）が反応速度に及ぼす影響を整理して統一的に理解できることである．溶媒分子との衝突あるいは摩擦の強さ（Langevin 方程式(6.22)での右辺第1項に対する第2,3項の相対的な大きさ）に応じて，溶媒の役割として定性的に異なった状況が現れることを以下に説明する．

溶媒との摩擦が大きい場合*

式(6.22)で摩擦係数 η が大きいということは，運動量 p が速やかに緩和することを意味する．そこで η が十分に大きいと，反応座標上の各点 r で運動量 p の分布は熱平衡の Maxwell-Boltzmann 型となり，分布関数 $\rho(r,p,t)$ は以下のように簡略化される．

$$\rho(r,p,t) \approx \sigma(r,t)\sqrt{\frac{1}{2\pi k_B T}}\exp\left(-\frac{p^2}{2k_B T}\right) \tag{6.24}$$

したがってこの場合には，分布関数 $\rho(r,p,t)$ の代わりに，反応座標 r だけの分布関数 $\sigma(r,t)$ を取扱えばよい．$\sigma(r,t)$ の時間発展は，付録 H.2 に示すように以下の方程式で表される．

$$\frac{\partial}{\partial t}\sigma(r,t) = -\frac{\partial}{\partial r}\left\{\frac{K}{\eta}\sigma - \frac{k_B T}{\eta}\frac{\partial \sigma}{\partial r}\right\} = \frac{k_B T}{\eta}\frac{\partial}{\partial r}\left\{\frac{\partial \sigma}{\partial r} + \frac{1}{k_B T}\frac{\partial U}{\partial r}\sigma\right\} \tag{6.25}$$

これは自由エネルギー面 $U(r)$ 上での拡散方程式に帰着し，拡散係数は $k_B T/\eta$ に相当する．分布関数 $\sigma(r,t)$ と一次元の反応座標 r 上の流束 J との間には，分布の保存条件として式(6.3)と同様の連続の式

$$\frac{\partial}{\partial t}\sigma(r,t) + \frac{\partial}{\partial r}J(r,t) = 0 \tag{6.26}$$

が成り立ち，したがって $J(r,t)$ は

$$\begin{aligned}J(r,t) &= -\frac{k_B T}{\eta}\left\{\frac{\partial \sigma(r,t)}{\partial r} + \frac{1}{k_B T}\frac{\partial U(r)}{\partial r}\sigma(r,t)\right\} \\ &= -\frac{k_B T}{\eta}\exp\left(-\frac{U(r)}{k_B T}\right)\frac{\partial}{\partial r}\left\{\sigma(r,t)\exp\left(\frac{U(r)}{k_B T}\right)\right\}\end{aligned} \tag{6.27}$$

と与えられる．（積分定数は0としてよい．）

以上に基づいて，図6.5の活性化障壁を通過する反応速度定数 k を導出できることを示す．J は反応系Aから生成系Bに単位時間あたりに流れる物質量で，n_A は反応系Aに存在する物質量であるとすると，反応速度定数は $k = J/n_A$ と定義される．ただし，反応速度定数 k が時間に依存しない定数であるためには，上の量が定常状態で求められなければならない．定常状態での流束 J は反応座標 r 上で一定であることを利用して，上式(6.27)をAからBまで積分すると

$$J\int_{r_A}^{r_B}\exp\left(\frac{U(r)}{k_B T}\right)dr = -\frac{k_B T}{\eta}\left[\sigma(r_B)\exp\left(\frac{U(r_B)}{k_B T}\right) - \sigma(r_A)\exp\left(\frac{U(r_A)}{k_B T}\right)\right] \tag{6.28}$$

となる．一方 n_A は，反応系 r_A 付近での分布を積分して

$$n_A = \int_{r_A\text{付近}}\sigma(r)dr \tag{6.29}$$

---

* より正確に言えば $\sqrt{k_B T/\eta}$ が十分に短く，その程度の長さで自由エネルギー面や分布関数がほとんど変化しない場合（付録 H.2 を参照）．

である．積分領域は，反応系 A の安定構造に対応する自由エネルギー面 $U(r)$ 上の極小付近に限定すればよい．積分範囲を決めづらいようにみえるが，自由エネルギー障壁 Q が十分大きいときには積分範囲の詳細によらず n_A はよく定義できる量である．式(6.29)内の $\sigma(r) \propto \exp[-U(r)/(k_B T)]$ は，$r=r_A$ の極小点で極大であり，その付近でのみ値をもつ．そこから離れて自由エネルギーが $k_B T$ よりも十分に大きい領域は，Boltzmann 因子のおかげで n_A の積分への寄与を無視してよいためである．また，物質量が一定で反応が定常的に進行するのは一見考えにくいかもしれないが，活性化障壁が $k_B T$ より十分に高いときには，k を定義するうえで差し支えない．反応系 A から生成系 B に移動する時間が十分に遅ければ，反応が進行する時間スケールで反応系 A 付近の分布を熱平衡分布 $(\sim \exp[-U(r)/(k_B T)])$ とみなすことができる．同様に，生成系 B 付近での分布は小さいまま $(\sigma(r_B) \approx 0)$ であるとみなしてよい[*]．

反応速度定数 k の具体的な形は，自由エネルギー面 $U(r)$ の形を与えれば上記の式(6.28)と(6.29)から求めることができる．典型的な例として，反応系 A 付近，および自由エネルギー面の極大値(ポテンシャル障壁の頂上)C 付近でそれぞれ

$$U(r) \approx \begin{cases} \dfrac{\omega^2}{2}(r-r_A)^2 & (r \text{ が } r_A \text{ の周囲}) \\ Q - \dfrac{(\omega')^2}{2}(r-r_C)^2 & (r \text{ が } r_C \text{ の周囲}) \end{cases} \quad (6.30)$$

と極値のまわりで2次まで展開して近似する．ω, ω' はそれぞれの点 r_A, r_C での自由エネルギーの2階微分であり，自由エネルギー面の局所的な曲率とみなされる．Q は活性化障壁の自由エネルギーで，熱エネルギー $k_B T$ よりも十分に大きい $(Q \gg k_B T)$．すると，J, n_A はそれぞれ

$$J = \frac{\dfrac{k_B T}{\eta}\sigma(r_A)}{\displaystyle\int_{-\infty}^{\infty} \exp\left(\dfrac{Q}{k_B T} - \dfrac{(\omega')^2}{2k_B T}(r-r_C)^2\right) \mathrm{d}r} = \frac{\sigma(r_A)}{\eta}\sqrt{\frac{k_B T}{2\pi}}\,\omega' \exp\left(-\frac{Q}{k_B T}\right) \quad (6.31)$$

$$n_A = \int_{-\infty}^{\infty} \sigma(r_A) \exp\left(-\frac{\omega^2}{2k_B T}(r-r_A)^2\right) \mathrm{d}r = \sigma(r_A)\frac{\sqrt{2\pi k_B T}}{\omega} \quad (6.32)$$

となり，したがって反応速度定数 k は

$$k = \frac{J}{n_A} = \frac{\omega \omega'}{2\pi \eta} \exp\left(-\frac{Q}{k_B T}\right) \quad (6.33)$$

と求められる．ここで反応速度定数は摩擦係数 η に反比例することが特徴的である．溶媒の摩擦が大きいケースでは，溶媒との衝突・摩擦によって反応座標上の運動が妨げられるため，η が大きいほど反応が遅くなると考えてよい．

溶媒との摩擦が中間的な場合

この場合には，位相空間 (r, p) 上の分布関数 $\rho(r, p, t)$ は式(6.24)のように r と p を分離した形にならず，Kramers の式に基づいて時間発展を考える必要がある．式(6.25)の代わりに Kramers の式(6.23)を用いて，上のケースと同様にして反応速度定数 $k = J/n_A$ を導くことができる．ポテンシャル関数 $U(r)$ として式(6.30)の形を用いると，付録 H.3 に示すように反応速度定数 k を解析的に解

---

[*] あるいは，反応系 A と生成系 B に**湧き出し**(source)と**吸い込み**(sink)の境界条件を与えてもよい．定常状態の反応が遅いときには，その分布への影響は小さいとみなせる．

くことができて，その結果は

$$k = \frac{\omega}{2\pi\omega'}\left(\sqrt{\frac{\eta^2}{4}+(\omega')^2}-\frac{\eta}{2}\right)\exp\left(-\frac{Q}{k_{\rm B}T}\right) \tag{6.34}$$

となる．

例題 6.2 式(6.34)の反応速度定数 k は，摩擦係数 η が十分に大きいときに，溶媒との摩擦が大きい場合の式(6.33)と一致することを確かめよ．

解答 η が十分に大きいとき，式(6.34)は

$$\begin{aligned}
k &= \frac{\omega}{2\pi\omega'}\left(\sqrt{\frac{\eta^2}{4}+(\omega')^2}-\frac{\eta}{2}\right)\exp\left(-\frac{Q}{k_{\rm B}T}\right) \\
&= \frac{\omega}{2\pi\omega'}\frac{\eta}{2}\left(\sqrt{1+\left(\frac{2\omega'}{\eta}\right)^2}-1\right)\exp\left(-\frac{Q}{k_{\rm B}T}\right) \\
&\longrightarrow \frac{\omega}{2\pi\omega'}\frac{\eta}{2}\frac{1}{2}\left(\frac{2\omega'}{\eta}\right)^2\exp\left(-\frac{Q}{k_{\rm B}T}\right) = \frac{\omega\omega'}{2\pi\eta}\exp\left(-\frac{Q}{k_{\rm B}T}\right)
\end{aligned}$$

となる．この際に，$\eta \gg 2\omega'$ の条件を用いた．

BOX 6.1　遷移状態理論での反応速度定数

温度 T における**遷移状態理論**(transition state theory)の反応速度定数の公式(4.31)

$$k_{\rm TST} = \frac{k_{\rm B}T}{h}\frac{Z^{\ddagger}(T)}{Z(T)}\exp\left(-\frac{E_0}{k_{\rm B}T}\right)$$

を，図6.5のような自由エネルギー面 $U(r)$ 上の活性化障壁越えの問題に適用する．上の式で $Z(T)$ は反応系での分配関数，$Z^{\ddagger}(T)$ は遷移状態で内部自由度(=反応座標以外の座標および共役な運動量)についての分配関数，E_0 は遷移状態のポテンシャルエネルギーである．反応系の分配関数は，自由エネルギー面 $U(r)$ の表式(6.30)を用いて

$$\begin{aligned}
Z(T) &= \int_{r_{\rm A}\text{付近}} {\rm d}r\exp\left(-\frac{U(r)}{k_{\rm B}T}\right) \\
&\approx \int_{r_{\rm A}-\infty}^{r_{\rm A}+\infty} {\rm d}r\exp\left(-\frac{\omega^2}{2k_{\rm B}T}(r-r_{\rm A})^2\right) \\
&= \frac{\sqrt{2\pi k_{\rm B}T}}{\omega} \tag{1}
\end{aligned}$$

と与えられる．上の式の $\exp(-U(r)/k_{\rm B}T)$ は，式(6.19)の定義によれば反応座標 r 以外の座標および運動量の全自由度に関する積分を含んでおり，したがって反応座標 r の積分を反応系 $r=r_{\rm A}$ の近傍で行えば反応系での分配関数 $Z(T)$ が求められる．一方 $Z^{\ddagger}(T)$ については

$$\frac{\sqrt{2\pi k_{\rm B}T}}{h}\exp\left(-\frac{E_0}{k_{\rm B}T}\right)Z^{\ddagger}(T)$$
$$= \exp\left(-\frac{Q}{k_{\rm B}T}\right) \tag{2}$$

が成り立つ．右辺の Q は遷移状態 $r=r_{\rm C}$ における式(6.19)の自由エネルギーである．一方，左辺の $\frac{\sqrt{2\pi k_{\rm B}T}}{h}=\frac{1}{h}\int_{-\infty}^{\infty}{\rm d}p\exp\left(-\frac{p^2}{2k_{\rm B}T}\right)$ は反応座標方向の運動量積分である．また $\exp(-E_0/k_{\rm B}T)$ は，遷移状態の分配関数 $Z^{\ddagger}(T)$ のポテンシャルエネルギーの基準を，遷移状態 $r=r_{\rm C}$ から反応系 $r=r_{\rm A}$ にとるための係数である．したがって上の式(1),(2)より，$k_{\rm TST}$ は

$$\begin{aligned}
k_{\rm TST} &= \frac{k_{\rm B}T}{h}\frac{Z^{\ddagger}(T)}{Z(T)}\exp\left(-\frac{E_0}{k_{\rm B}T}\right) \\
&= \frac{\omega}{2\pi}\exp\left(-\frac{Q}{k_{\rm B}T}\right) \tag{6.35}
\end{aligned}$$

となる．

ここで求められた反応速度定数を，第4章で述べた遷移状態理論での反応速度定数 k_TST と比べることは意味深い．遷移状態理論での k_TST は，遷移状態を反応系A側から生成系B側に通過した流束を反応速度とみなして（戻ってくるものがないと仮定して）導出された．式(6.30)の自由エネルギー面 $U(r)$ 上での反応速度定数を遷移状態理論で求めると，BOX 6.1に示すように

$$k_\text{TST} = \frac{\omega}{2\pi} \exp\left(-\frac{Q}{k_\text{B} T}\right) \tag{6.35}$$

となる．遷移状態理論での k_TST には溶媒の摩擦 η が含まれないことに注意してほしい．両者の反応速度を比較すると，その係数 κ は

$$\kappa = \frac{k}{k_\text{TST}} = \frac{1}{\omega'}\left(\sqrt{\frac{\eta^2}{4} + (\omega')^2} - \frac{\eta}{2}\right) \tag{6.36}$$

と与えられ，0と1の間をとることが示される．係数 κ は摩擦係数 η の関数として単調減少で，$\eta \to 0$ で $\kappa \to 1$，また $\eta \to \infty$ で $\kappa \to 0$ とふるまう．よって式(6.34)の反応速度定数 k は，遷移状態理論の速度定数 k_TST と同じかそれよりも必ず小さい．係数 κ は，その定義よりしばしば**透過係数**(transmission coefficient)とよばれ，遷移状態を通過した流束のうちで，実際に反応する（生成物になる）割合として解釈されることがある．

溶媒との摩擦が小さい場合

付録H.3に示すように，溶媒との摩擦が中間的な場合にはポテンシャル障壁C付近の局所的な分布関数から流束 J を見積もって反応速度定数 k を求めており，反応座標上でCから離れた部分の分布は溶媒との緩和によって熱平衡分布が実現することを前提としている．反応系Aにある分子が活性化障壁を越えるためには，一般に自由エネルギーが励起される必要があり，励起された状態は熱平衡中での確率分布因子 $\exp(-U/k_\text{B} T)$ に比例して実現すると考えていた．C付近の熱平衡分布は，A付近よりもはるかに小さいが，そのC付近に存在する一定の割合の分子がポテンシャル障壁を越える流束を生み出す．

しかし周囲の溶媒との摩擦が非常に小さくなると，反応速度に関して上の前提が成り立たなくなる．熱平衡分布への緩和は溶媒との衝突によって実現されているため，溶媒との衝突・摩擦が小さくなるにつれて緩和が遅くなる．したがってポテンシャル障壁Cの近くの分子が生成系に進んだときに，再びC付近で熱平衡分布を実現するのに長い時間がかかるようになる．この場合，熱平衡分布を回復する緩和過程とは，反応系AからCの近くに励起する過程にほかならない．すると，反応の進行において，ポテンシャル障壁Cを通過する確率よりもむしろ，反応系AからCの近くに熱励起する過程の方が律速段階となる．ここでも溶媒の衝突・摩擦が熱励起や緩和に対して重要な役割を果たす．

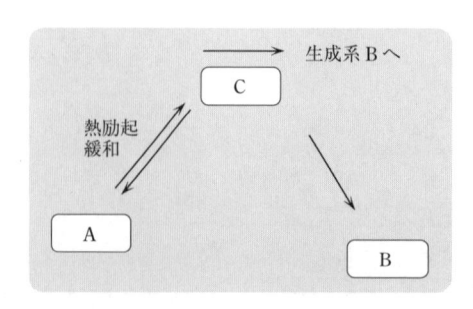

図 6.6 C付近への熱励起とCを通過する流束の関係

6.3 活性化障壁を越える反応

そのような状況で反応速度を求めるには，エネルギーが熱的に励起・緩和する過程を扱うため，エネルギーの分布を議論するのが便利である．そこで，分布関数 $\rho(r,p,t)$ の Kramers 方程式からエネルギー E の分布関数 $\rho_E(E,t)$ の方程式を導き[*1]，反応系 A から遷移状態 C の近くまでエネルギー分布を取扱う．溶媒との摩擦がなければエネルギー E は一定で，分布 $\rho_E(E,t)$ も変化しないが，弱い摩擦が加わるとエネルギー分布の拡散が起こる．詳細は Kramers の原論文にゆずるが，エネルギーの拡散によって活性化障壁を越える流束を求め，反応速度定数 k を

$$k \approx \frac{\eta Q}{k_B T}\exp\left(-\frac{Q}{k_B T}\right) \tag{6.37}$$

と導くことができる[*2]．この式は摩擦係数 η が十分に小さい場合に成り立つ形である．反応速度定数 k は η に比例し，$\eta\to 0$ で $k\to 0$ となることが示されている．活性化障壁を越える反応において熱励起過程が律速段階となる場合，溶媒との摩擦が反応を促進することを意味している．

以上の溶媒との摩擦についての三つの場合をまとめると，活性化障壁を越える反応速度に対して溶媒分子の衝突・摩擦が及ぼす効果は，二つの要因として示された．一つは活性化障壁を通過する運動を妨げるはたらきであり，遷移状態理論よりも小さな反応速度を与える．もう一つは反応座標上でエネルギー緩和を促進して熱平衡を維持するはたらきであり，溶媒の摩擦が小さい場合には遷移状態近くに熱励起する段階が反応の律速となる．したがって，反応速度定数 k は溶媒の摩擦係数 η に対して極大をもつカーブを描くことが予想され，これを **Kramers の反転**(turnover)とよぶ．η の全域にわたって k は一般に遷移状態理論よりも小さな反応速度となり，溶液内で遷移状態理論が最も成り立ちやすいのは，中間的な摩擦係数をもった場合に限られることがわかる．

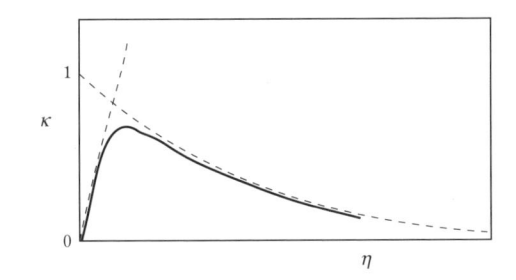

図 6.7 $\kappa=k/k_\mathrm{TST}$ に対して予想された Kramers 反転（二つの破線は，式(6.36)と(6.37)での摩擦係数 η の依存性を示す）

Kramers 反転の実験的検証

Kramers 反転を実験的に検証する試みも行われた．代表的な例として，$trans$-スチルベンの光異性化反応速度に対する溶媒依存性を取上げる．

$$\tag{R2}$$

[*1] 溶媒との摩擦がなければ，反応系 A の近くの反応座標上で，エネルギー E 一定の周期運動をすると仮定する．解析力学によって，位相空間の分布関数 $\rho(r,p,t)$ の変数 (r,p) を作用変数 I と角変数 ϕ に変換し，分布関数を1周期にわたって平均すると，作用変数 I のみに関する分布関数を導くことができる．作用変数 I はエネルギー E の関数とみなしてよい．

[*2] 反応座標上の非調和性を考慮すると式(6.37)の形も修正される [A. Nitzan, "Chemical Dynamics in Condensed Phases", Oxford Univ. Press, Chap. 14 (2006)]．

スチルベンは電子基底状態で中心のC=C結合まわりのねじれ角 τ に関してトランス体($\tau=180°$)とシス体($\tau=0°$)の二つの安定構造をもつ分子で，波長300 nm程度以下の紫外光を吸収すると容易に異性化することが知られている．スチルベン分子のねじれ角 τ に対するポテンシャル面はおよそ図6.8のようになっている．電子基底状態(S_0)では $\tau\sim90°$ のねじれた配置は不安定であるが，一重項第一励起状態(S_1)のポテンシャルの極小に対応し，そのときの S_0 状態とのエネルギー差は非常に小さい．そのためトランス体，シス体いずれの場合も光を吸収して S_1 状態に励起されると，$\tau\sim90°$ のねじれた配置に向かって安定化し，そこで**内部転換**(internal conversion)を起こして S_0 状態に達したのち，収率ほぼ1:1でトランス体とシス体が生成する．気相中での詳細な実験から S_1 状態でシス体にはねじれ角 τ 方向にポテンシャル障壁がないが，トランス体には1200 cm^{-1} 程度の障壁があり，この障壁を越える過程が *trans*-スチルベンの光異性化反応の速度を決める．その速さは，光励起エネルギーにもよるが，ほぼ数10 ps程度であることがわかっている．そのため *trans*-スチルベンの光異性化反応は，光励起で反応を開始させたのち，反応過程を時間分解して追跡するのに適した系として，気相，溶液の両方に対して多くの研究がなされてきた．溶液中で S_1 状態のポテンシャル障壁を越えるときの反応速度には，Kramersの理論が示す溶媒摩擦の効果が期待される．

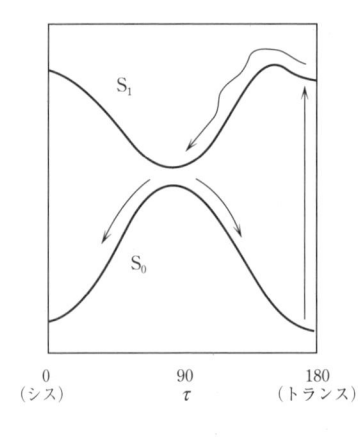

光励起により S_1 状態に励起されたあと，S_1 上の極小点に到達する．トランス体ではこの過程に小さな活性化障壁がある．極小点からは S_0 状態へ遷移して，トランス体かシス体を生じる

図6.8 スチルベンの S_0 と S_1 状態のポテンシャル面

Kramersの理論を実験的に検証するには，以下の二つの問題を解決する必要がある．① 溶媒の摩擦を広い範囲にわたって系統的に変化させること．特に摩擦が小さく，エネルギー緩和が律速となる状況を実現するには，通常の溶液よりもむしろ高密度気体や超臨界流体の方がふさわしい．② 溶媒の摩擦を変える際に，自由エネルギー面の形状を変化させないこと．一般に溶媒を変えると，溶媒の衝突・摩擦(動的効果)とともに，自由エネルギー面への摂動(平衡論的効果)も受けるが，両者を区別

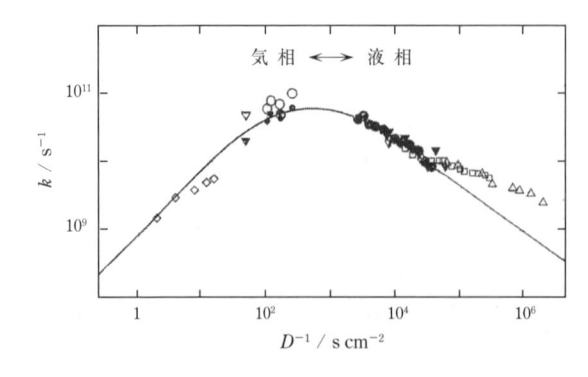

横軸は媒質中での溶質分子の拡散係数の逆数 D^{-1} で，溶媒から受ける摩擦の大きさを示す．D^{-1} と η は温度一定で比例するとみてよい．図中の記号は，異なるアルカン媒質の種類を示す($\diamond$：メタン，$\bigcirc$：エタン，$\triangledown$：プロパンなど)．実線はKramers理論に基づく予測値

図6.9 アルカン媒質中における励起 *trans*-スチルベンの光異性化反応速度定数［G. Maneke, J. Schroeder, J. Troe, F. Voß, *Ber. Bunsenges. Phys. Chem.*, **89**, 903 (1985) に基づく］

6.3 活性化障壁を越える反応

することが必要である．そこで，上の trans-スチルベンの光異性化反応において，無極性のアルカン類を溶媒として系統的に用いて，光異性化反応速度が測定された．アルカン類はメタンのような気体から超臨界流体，より高分子量の液体に至るまで，広い範囲で溶媒の密度や摩擦を連続的に変えることができる．しかも極性が非常に弱い溶媒であるため，溶質-溶媒間の静電的相互作用によって自由エネルギー面の形状を変える効果も小さいと考えられる．得られた反応速度を拡散係数の逆数でプロットすると，図 6.9 のような結果が得られ，確かに Kramers の反転が現れることが確認された．

6.3.3 溶媒運動のスペクトル（Grote-Hynes の理論）

上で述べた Kramers の理論は，溶媒の衝突・摩擦が強い場合から弱い場合まで反応速度への影響を統一的に説明することに成功した．しかし溶媒の動的効果をブラウン運動とみなすのは大きな理想化であり，実際の多様な溶媒運動の特徴を表現するには改良が必要である．通常のブラウン運動では，観測するブラウン粒子(花粉の破片など)に比べて，ランダムに衝突する溶媒分子(水など)は圧倒的に小さくて運動が速いことが前提となっている[*1]．しかし，溶液内反応では溶質分子と溶媒分子の大きさには一般に大差なく，反応座標上の運動も溶媒の運動も同程度の速さであって，上の仮定が必ずしも妥当とはいえない．

このような場合に反応座標上の運動を表すには，通常の Langevin 方程式の代わりに一般化された Langevin 方程式が用いられる．

$$\dot{p} = -\frac{\partial u(r)}{\partial r} - \int_0^\infty \eta(\tau) p(t-\tau) d\tau + f(t) \tag{6.38}$$

ここで右辺第 2 項の摩擦力に含まれる摩擦係数 $\eta(\tau)$ は時間 τ の関数となっており，過去の時点での速度 $p(t-\tau)$ に応答する様子が表されている．右辺第 3 項の $f(t)$ はランダム力で平均値は 0 であり（$\langle f(t)\rangle = 0$），かつ一般化された摩擦係数 $\eta(\tau)$ との間には

$$\eta(\tau) = \frac{1}{k_B T} \langle f(0) f(\tau) \rangle \tag{6.39}$$

の関係がある[*2]．摩擦力もランダム力も溶媒の運動に由来するものであり，時間変化の様子にも対応関係がある．これは**揺動散逸定理**(fluctuation-dissipation theorem)として知られる関係式の一種であり，反応座標が感じるランダム力 $f(t)$ が相関をもって持続することと，摩擦力が遅れを伴ってはたらくことが物理的に等価であることを意味している．式(6.38)のように時刻 t での時間発展が，その時点での系の情報だけで決まるのではなく，過去の時間での状況にあらわに依存することを，**非マルコフ効果**とよぶ．

Grote-Hynes は，Kramers 理論に対する改良として，一般化 Langevin 方程式に基づいてポテンシャル障壁を通過する流束を求めた[*3]．ポテンシャル障壁の頂上付近の自由エネルギー面を式(6.30)のように二次曲線とし，かつ一般化された摩擦係数 $\eta(t)$ は反応座標 r に依存しないと仮定すると，反応速度定数 k を解析的に導くことができる．すなわち

$$k = \frac{\lambda}{\omega'} k_{TST} \tag{6.40}$$

[*1] 付録 H.1 より，Langevin 方程式では揺動散逸定理によって $\langle f(\tau) f(\tau')\rangle = 2k_B T \eta \delta(\tau-\tau')$ が要請される．

[*2] たとえば，戸田盛和，久保亮五，"統計物理学(岩波講座 現代物理化学の基礎(第 2 版) 5)"，第 5 章，岩波書店 (1978)を参照．

[*3] R. F. Grote, J. T. Hynes, *J. Chem. Phys.*, **73**, 2715 (1980).

である．ただし，$\lambda(>0)$は以下の式

$$\lambda^2 - (\omega')^2 + \lambda \int_0^\infty e^{-\lambda t}\eta(t)\mathrm{d}t = 0 \qquad (6.41)$$

の解として与えられ，λ^{-1}はポテンシャル障壁の頂上を通過する運動の時間スケールとみなすことができる[*1]．式(6.41)で$\int_0^\infty e^{-\lambda t}\eta(t)\mathrm{d}t>0$なので，$\lambda/\omega'<1$が示され，式(6.40)の反応速度定数$k$は遷移状態理論のそれ$k_{\mathrm{TST}}$よりも小さい．摩擦の効果がない場合には$\lambda=\omega'$となって遷移状態理論の速度に一致することがわかる．これらの反応速度定数のふるまいは，上に述べたKramersの理論で，摩擦が中間領域の場合と定性的に同じである．

一般化されたLangevin方程式を用いる利点は，一般化された摩擦係数$\eta(t)$の具体的な形を通して，溶媒の摩擦や衝突運動の特徴がわかることである．この点は，Kramersの理論では溶媒の衝突を単一のパラメータηで与えたのに比べて，溶媒の動的効果について詳しい理解が可能になる．このような溶媒からのランダムな衝突運動を特徴づけるには，しばしば振動成分の重ね合わせとみなしてスペクトル解析の手法が用いられる．そこで，一般化された摩擦係数$\eta(t)$のフーリエ変換をとって，振動数領域でのスペクトル分布を以下のように与える．

$$\tilde{\eta}(\omega) = \int_{-\infty}^\infty e^{\mathrm{i}\omega t}\eta(t)\mathrm{d}t = \int_0^\infty 2\cos(\omega t)\eta(t)\mathrm{d}t \quad \left(\eta(t) = \frac{1}{2\pi}\int_{-\infty}^\infty e^{-\mathrm{i}\omega t}\tilde{\eta}(\omega)\mathrm{d}\omega\right) \qquad (6.42)$$

ただし$t<0$での$\eta(t)$は，式(6.39)の相関関数の(古典力学での)対称性より，$\eta(t)=\eta(-t)$とした．一般に時間相関関数のフーリエ変換はパワースペクトルとよばれ，溶媒から受けるランダム力に含まれる振動数成分の強度を示すものである[*2]．

摩擦係数のスペクトル分布は，ランダム力として現れる溶液内での分子内または分子間振動の特徴を強く反映する．そこで摩擦係数のスペクトル分布について，以下にいくつかの典型的なケースを考え，それぞれ溶媒運動が反応速度に与える影響を描いてみる．

溶媒の運動が遅い場合

溶媒のランダム力のスペクトル$\tilde{\eta}(\omega)$中の大部分が，式(6.40)のλよりも低い振動数成分となっている状況がある．この場合，ポテンシャル障壁を通過する反応座標の運動に比べて，摩擦をつくる溶媒の運動が十分に遅いと考えられ，反応障壁を通過する間に溶媒がほとんど動かない状況となる．その場合の反応速度定数をみるために，典型的なスペクトル形状として$\tilde{\eta}(\omega)=\tilde{\eta}_0(\omega)$と仮定して，式(6.41)，(6.42)に代入すると

$$\lambda^2 - (\omega')^2 + \lambda\int_0^\infty e^{-\lambda t}\eta(t)\mathrm{d}t = \lambda^2 - (\omega')^2 + \frac{\tilde{\eta}}{2\pi} = \lambda^2 - \{(\omega')^2 - \eta(t=0)\} = 0 \qquad (6.43)$$

となり，したがってこの状況での反応速度kは

$$k = \frac{\omega_{\mathrm{na}}}{\omega'}k_{\mathrm{TST}} \qquad \omega_{\mathrm{na}} = \sqrt{(\omega')^2 - \eta(t=0)} \qquad (6.44)$$

と与えられる．一般に$\eta(t=0)>0$なので$\omega_{\mathrm{na}}/\omega'<1$となり，遷移状態理論の速度定数$k_{\mathrm{TST}}$よりも遅い速度定数を与えることもわかる．

[*1] この導出は，たとえばB. J. Gertner, K. R. Wilson, J. T. Hynes, *J. Chem. Phys.*, **90**, 3537(1989)のAppendixを参照．

[*2] これはWiener-Khinchinの定理として知られる．たとえば，戸田盛和，久保亮五，"統計物理学(岩波講座 現代物理学の基礎(第2版) 5)"，第5章，岩波書店 (1978)を参照．

式(6.44)の反応速度定数 k は，ポテンシャル障壁上の曲率が本来の ω' から ω_{na} に小さくなったように見えるためと解釈してもよい．これは以下のように溶媒和が非平衡になるためと理解される．本来自由エネルギー面 $U(r)$ は，反応座標の各点 r で溶媒和の配置が平衡分布になっていることを前提としており，式(6.19)の定義のように，熱平衡でとりうるすべての溶媒配置の寄与が積分に含まれている[*1]．しかし上の状況のように，反応障壁の頂上からずれたときに溶媒の運動が遅すぎて追随できない場合には，その点で本来熱平衡でとりうる溶媒配置をとることができず，十分な安定化を得ることができない．これはポテンシャル障壁の頂上付近での曲率 ω_{na} は，本来の値 ω' よりも実効的に小さく見えることと対応している．

Kramers 理論との関係

上の場合とは逆に，一般化された摩擦係数 $\eta(t)$ がごく短い相関時間しかもたない場合，Kramersの理論と一致する．これは，$\eta(t)=2\eta_0\delta(t)$ として一般化された Langevin 方程式(6.38)に代入すると，通常の Langevin 方程式(6.22)になることで確かめられる．これは通常のブラウン運動と同様に，反応座標上の運動に比べて溶媒分子の衝突運動がはるかにすみやかな状況に対応する．η_0 は通常の摩擦係数に対応し，上のデルタ関数の形から

$$\eta_0 = \int_0^\infty \eta(t)\,dt \tag{6.45}$$

と与えられる[*2]．この場合，摩擦係数のスペクトル分布は

$$\tilde{\eta}(\omega) = \int_{-\infty}^{\infty} \eta(t)e^{i\omega t}dt = 2\eta_0 (=\text{一定}) \tag{6.46}$$

となり，振動数領域で一様となる．このようなスペクトルは，どの振動数成分も偏りなく含まれているため，光の色との類推で一般に白色ノイズとよばれる．今の場合には，反応座標の運動に関わる振動数として $\omega=0\sim\lambda$ を含む領域でスペクトル強度が一定であれば，Kramers の反応速度定数が成り立つとみなしてよい．

遷移状態理論との関係

溶媒の摩擦があるときに反応速度定数は遷移状態理論よりも小さくなることは，Kramers の理論で学んだ．摩擦係数のスペクトル分布を考えると，遷移状態理論からのずれをひき起こす溶媒の衝突効果をさらに明らかにすることができる．

Grote-Hynes の反応速度定数 k と遷移状態理論 k_{TST} との差は，式(6.40), (6.41)に基づくと

$$\begin{aligned}
k - k_{\text{TST}} &= \left(\frac{\lambda}{\omega'}-1\right)k_{\text{TST}} = -\frac{\lambda}{\omega'(\omega'+\lambda)}\left(\int_0^\infty e^{-\lambda t}\eta(t)\,dt\right)k_{\text{TST}} \\
&= -\frac{\lambda}{\omega'(\omega'+\lambda)}k_{\text{TST}}\int_0^\infty dt\, e^{-\lambda t}\frac{1}{2\pi}\int_{-\infty}^\infty d\omega\,\tilde{\eta}(\omega)e^{-i\omega t} = -\frac{\lambda k_{\text{TST}}}{2\pi\omega'(\omega'+\lambda)}\int_{-\infty}^\infty d\omega\,\tilde{\eta}(\omega)\frac{1}{\lambda+i\omega} \quad (\lambda>0) \\
&= -\frac{\lambda}{\omega'(\omega'+\lambda)}k_{\text{TST}}\frac{1}{2\pi}\int_0^\infty d\omega\,\tilde{\eta}(\omega)\left(\frac{1}{\lambda+i\omega}+\frac{1}{\lambda-i\omega}\right) \quad (\tilde{\eta}(\omega)=\tilde{\eta}(-\omega)) \\
&= -\frac{k_{\text{TST}}}{\pi\omega'(\omega'+\lambda)}\int_0^\infty \frac{\lambda^2}{\omega^2+\lambda^2}\tilde{\eta}(\omega)\,d\omega \tag{6.47}
\end{aligned}$$

[*1] とりうる配置が多いほど自由エネルギーが低くなることもわかる．

[*2] デルタ関数は偶関数 $(\delta(x)=\delta(-x))$ であり，よって $\int_0^\infty \delta(x)dx = \frac{1}{2}$ となることに注意．

となり,溶媒摩擦のスペクトル $\tilde{\eta}(\omega)$ を用いて表される.右辺最後の振動数 ω による積分の中では,$\lambda^2/(\omega^2+\lambda^2)$ という因子があって,$\omega<\lambda$ の低振動数成分の摩擦が強調されている.すなわち溶媒の摩擦の中で,遷移状態理論よりも反応速度を遅らせるのに有効な成分は,比較的(λ 程度よりも)低い振動数であることがわかる.

以上より溶媒の摩擦の反応速度への影響は,摩擦の振動数成分によって異なることがわかった.反応速度を遅らせるのに有効な振動数成分は,反応座標上の運動よりも遅い成分であり,ポテンシャル障壁を越える運動に追随できない成分が実効的な摩擦をつくり出し,反応速度を遷移状態理論よりも遅くするという描像が得られる.

それでは現実の化学反応において,溶媒摩擦のスペクトルの形はどうなっているのだろうか.典型的な一例として,溶液内での求核置換二分子(S_N2)反応

$$Cl^- + CH_3Cl \longrightarrow CH_3Cl + Cl^- \tag{R3}$$

を取上げる.この対称的な化学反応はポテンシャル障壁を越える反応のモデルとして,これまでに詳しい研究がなされてきた.ポテンシャル障壁を越える瞬間のダイナミクスを実験的にとらえることは大変難しいが,**分子動力学シミュレーション**(molecular dynamics simulation)によって溶質や溶媒分子の運動を詳細に解析することができる.そこでGertnerらは,上の S_N2 反応について水溶液中で分子動力学シミュレーションを行って溶媒摩擦のスペクトル $\tilde{\eta}(\omega)$ や反応速度定数の遷移状態理論との比 k/k_{TST} を求め,Grote-Hynesの理論を検証した.その結果,反応速度定数はGrote-Hynes理論でよく表現され,特に溶媒運動が遅い場合にあてはまることが明らかにされた.この系では,常温で $\lambda/2\pi c \approx 530\ cm^{-1}$ であり,溶媒摩擦のスペクトル $\tilde{\eta}(\omega)$ は図6.10に示すように,大部分の成分はそれよりも低振動数側に集中している[*].この反応では,反応障壁を越える時間で溶媒分子はほとんど動かない状況に近く,その反応速度定数は遷移状態理論やKramersの理論の場合とは異なることが明らかとなった.

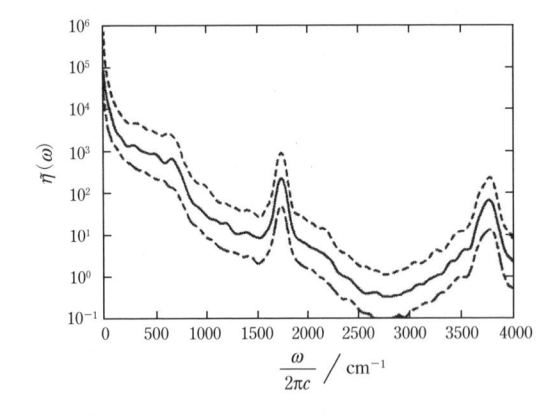

縦軸は式(6.42)の $\tilde{\eta}(\omega)$,横軸は波数(cm^{-1})単位での振動数を表す.3本のスペクトルのうち,実線が実際の S_N2 反応(R3)に対応する

図 6.10 S_N2 反応(R3)の遷移状態 [Cl–CH$_3$–Cl]$^-$ での溶媒摩擦のスペクトル [B. J. Gertner, K. R. Wilson, J. T. Hynes, *J. Chem. Phys.*, **90**, 3546 (1989) に基づく]

例題 6.3 上で述べた S_N2 反応(R3)では,自由エネルギー障壁の頂上で $\omega'/2\pi c = 930\ cm^{-1}$ であった.ただし c は光速度で,角振動数は波数単位(cm^{-1})で表している.また摩擦係数 $\eta(t)$ の計算より $\sqrt{\eta(t=0)}/2\pi c = 820\ cm^{-1}$ で,式(6.45)より $\eta_0/2\pi c = 52\,500\ cm^{-1}$ と求められた.ω' と $\eta(t)$ の値を式(6.41)に入れたところ,解は $\lambda/2\pi c = 530\ cm^{-1}$ となった.

これらの数値をもとにして,以下のそれぞれの条件で透過係数 $\kappa = k/k_{TST}$ を見積もってみよ.

---

[*] 図6.10で,縦軸は対数目盛であることに注意.

1) Grote-Hynes の理論による場合
2) 溶媒の運動が非常に遅い場合
3) Kramers の理論による場合

ちなみに，分子動力学計算では $\kappa=0.54$ と求められている．

解 答 1) 式(6.40)より，$\lambda/\omega'=0.57$
2) 式(6.44)より，$\omega_{\mathrm{na}}/2\pi c=\sqrt{(930\ \mathrm{cm}^{-1})^2-(820\ \mathrm{cm}^{-1})^2}=440\ \mathrm{cm}^{-1}$
よって，$\omega_{\mathrm{na}}/\omega'=0.47$
3) $\dfrac{\eta_0}{2\omega'}=28$ であるので，式(6.36)より，$\dfrac{\eta_0}{2\omega'}\left(\sqrt{1+\left(\dfrac{2\omega'}{\eta_0}\right)^2}-1\right)=0.02$

1)は分子動力学計算にほぼ一致する．2)も定性的に近い結果を与えている．3)は透過係数を過少評価しており，遷移状態理論($\kappa=1$)は過大評価しているといえる．

6.4 溶媒和自由エネルギー

6.4.1 溶媒和とは

§6.1に議論したように，溶液内の化学反応における溶媒効果には動的な効果と静的，平衡論的な効果があり，後者は溶媒和によって自由エネルギー面を変化させる効果としてとらえられる．自由エネルギー面の定義は§6.3.1の式(6.19)に与えられた．

$$U(r) = -k_{\mathrm{B}}T\ln\left[C_{N+1}\iint\cdots\exp\left(-\frac{V(r,x_1,x_2,\cdots)}{k_{\mathrm{B}}T}\right)\mathrm{d}x_1\,\mathrm{d}x_2\cdots\right] \tag{6.19}$$

この中には溶液系の膨大な自由度($x_1, x_2, \cdots$)についての積分が含まれているが，それでは実際に溶媒和を含んだ自由エネルギー面を見積もるにはどうしたらよいだろうか．

そこでまず，**溶媒和**(solvation)の概念を定義してみよう．図6.11は，溶媒和の概念を模式的に示すものである．(a)は溶媒和する前で，溶質と溶媒が別々に存在して相互作用していない(仮想的な)状態であり，(b)は溶媒和したあとの溶液の状態である．その自由エネルギー差を与えるため

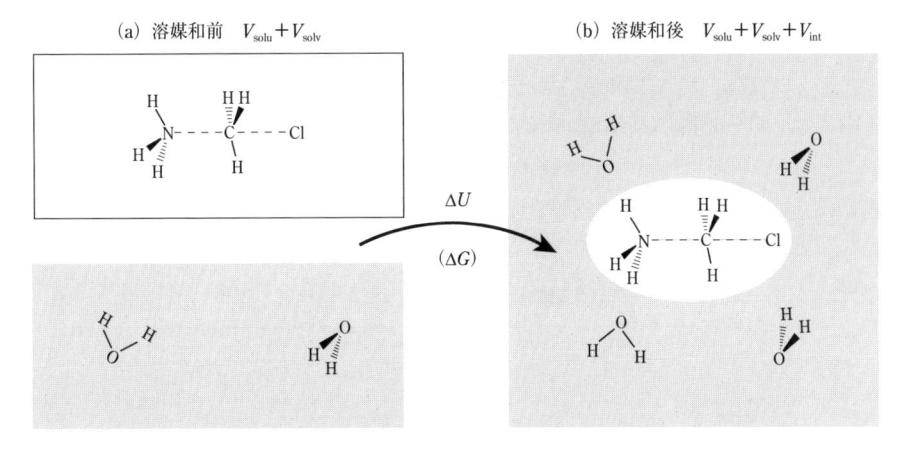

(a) 溶媒和前 $V_{\mathrm{solu}}+V_{\mathrm{solv}}$　　　(b) 溶媒和後 $V_{\mathrm{solu}}+V_{\mathrm{solv}}+V_{\mathrm{int}}$

ΔU
(ΔG)

溶媒和自由エネルギーは溶質と溶媒に相互作用がない状態から，相互作用 V_{int} が加わるときの自由エネルギー変化に対応する(定圧条件下ではギブズ自由エネルギー ΔG になる)

図 6.11 溶媒和自由エネルギーの概念

に，式(6.19)の中の全溶液系のポテンシャルエネルギー $V(r, x_1, x_2, \cdots)$ を溶質のポテンシャルエネルギー V_{solu}，溶媒のポテンシャルエネルギー V_{solv}，溶質-溶媒相互作用エネルギー V_{int} に分けて表す．

$$V(r, x_1, x_2, \cdots) = V_{\text{solu}} + V_{\text{solv}} + V_{\text{int}} \tag{6.48}$$

そうすると図6.11の(a)溶媒和前のポテンシャルエネルギーとは，溶質と溶媒の独立な項，V_{solu} と V_{solv} からなり，相互作用の項 V_{int} を含まない場合とみなされる．よって溶質分子が溶液中に入ったときの自由エネルギー面の変化は，式(6.19)より

$$\begin{aligned}
\Delta U(r) &= -k_{\text{B}}T \ln\left[C_{N+1}\iint\cdots \exp\left(-\frac{V_{\text{solu}}+V_{\text{solv}}+V_{\text{int}}}{k_{\text{B}}T}\right) dx_1\, dx_2 \cdots\right] \\
&\quad + k_{\text{B}}T \ln\left[C_{N+1}\iint\cdots \exp\left(-\frac{V_{\text{solu}}+V_{\text{solv}}}{k_{\text{B}}T}\right) dx_1\, dx_2 \cdots\right] \\
&= -k_{\text{B}}T \ln \frac{\iint\cdots \exp\left(-\frac{V_{\text{solu}}+V_{\text{solv}}+V_{\text{int}}}{k_{\text{B}}T}\right) dx_1\, dx_2 \cdots}{\iint\cdots \exp\left(-\frac{V_{\text{solu}}+V_{\text{solv}}}{k_{\text{B}}T}\right) dx_1\, dx_2 \cdots} = -k_{\text{B}}T \ln \left\langle \exp\left(-\frac{V_{\text{int}}}{k_{\text{B}}T}\right)\right\rangle_{0,r}
\end{aligned} \tag{6.49}$$

と表される．最後の式の $\langle\ \rangle_{0,r}$ は，反応座標 r を固定した上で，**溶質-溶媒相互作用**(solute-solvent interaction)を含まない状況で熱平衡にあるときの平均値をとることを意味する．これは溶媒和に伴う自由エネルギー面の変化を表す一般的な表式で，**溶媒和自由エネルギー**(solvation free energy)とよばれる．

この自由エネルギー変化を，溶媒和の過程に伴う熱力学的な仕事ととらえることもできる．溶媒和自由エネルギーとは，図6.11の(a)溶媒和前の状況から(b)溶媒和後の状況へ，可逆的(準静的)に変化させるのに必要な(取出される)仕事に対応する*．熱力学によると可逆的に系を変化させる場合，必要な仕事は最初と最後の状態によって決まり，途中の経路の選び方に依存しない．そこで(a)と(b)を結ぶ一つの方法として，以下のように全系のポテンシャルエネルギーを適当に内挿する経路を考える．

$$V(r, x_1, x_2, \cdots) = V_{\text{solu}} + V_{\text{solv}} + V_{\text{int}}(\xi) \quad (\xi = \xi_{\text{i}} \to \xi_{\text{f}}) \tag{6.50}$$

ここで相互作用ポテンシャル $V_{\text{int}}(\xi)$ にはパラメーター ξ を含み，$\xi=\xi_{\text{i}}$ が(a)溶媒和前の状況($V_{\text{int}}(\xi_{\text{i}})=0$)，また $\xi=\xi_{\text{f}}$ が(b)溶媒和後の状況($V_{\text{int}}(\xi_{\text{f}})=V_{\text{int}}$)に対応する．$\xi$ から $\xi+d\xi$ に微小変化する際の自由エネルギー変化 $d\Delta U(r)$ は，式(6.49)より

$$\begin{aligned}
d\Delta U(r) &= \frac{\partial \Delta U(r,\xi)}{\partial \xi} d\xi = -k_{\text{B}}T \frac{\partial}{\partial \xi}\ln \frac{\iint\cdots \exp\left(-\frac{V_{\text{solu}}+V_{\text{solv}}+V_{\text{int}}(\xi)}{k_{\text{B}}T}\right) dx_1\, dx_2 \cdots}{\iint\cdots \exp\left(-\frac{V_{\text{solu}}+V_{\text{solv}}}{k_{\text{B}}T}\right) dx_1\, dx_2 \cdots} d\xi \\
&= -k_{\text{B}}T \frac{\iint\cdots \left(-\frac{1}{k_{\text{B}}T}\frac{\partial V_{\text{int}}(\xi)}{\partial \xi}\right) \exp\left(-\frac{V_{\text{solu}}+V_{\text{solv}}+V_{\text{int}}(\xi)}{k_{\text{B}}T}\right) dx_1\, dx_2 \cdots}{\iint\cdots \exp\left(-\frac{V_{\text{solu}}+V_{\text{solv}}+V_{\text{int}}(\xi)}{k_{\text{B}}T}\right) dx_1\, dx_2 \cdots} d\xi \\
&= \left\langle \frac{\partial V_{\text{int}}(\xi)}{\partial \xi}\right\rangle_{\xi,r} d\xi
\end{aligned} \tag{6.51}$$

---

* 定圧条件下で仕事を行うときには，溶媒和のギブズ自由エネルギーに対応する．

となる．ここで $\langle\ \rangle_{\xi,r}$ は，相互作用ポテンシャル中の ξ を固定した状況における熱平均を表している．この自由エネルギー変化は，温度 T と ξ が与えられた条件で熱平衡にあるとき，系を ξ から $\xi+d\xi$ に微小変化させるのに必要な仕事 dW と等しい．上の式(6.51)を $\xi=\xi_i$ から $\xi=\xi_f$ まで積分して，溶媒和自由エネルギー $\Delta U(r)$ を得る．

$$\Delta U(r) = \int_{\xi_i}^{\xi_f} \left\langle \frac{\partial V_{\text{int}}(\xi)}{\partial \xi} \right\rangle_{\xi,r} d\xi \tag{6.52}$$

この式(6.52)の溶媒和自由エネルギーは，系が ξ の各点で平衡を保ちつつ変化する際の熱力学的積分としての定義を与える．

6.4.2 溶媒和のモデル

上の議論により与えられた溶媒和自由エネルギーの定義を具体的な溶液系に適用するには，溶質と溶媒との相互作用ポテンシャル V_{int} が必要である．

相互作用ポテンシャルの表し方として，溶媒には大きく2通りの取扱いが考えられる．一つは溶媒の微視的な分子配置をあらわに扱う方法であり，相互作用ポテンシャルを溶媒分子の配置の関数 $V_{\text{int}}(r, x_1, x_2, \cdots)$ として表す．これは溶媒との分子間相互作用に基づいて式(6.49)または(6.52)の溶媒和自由エネルギーを忠実に扱うことが可能であるが，一方，多くの溶媒分子の自由度が関わるため単純なモデルによる扱いをすることが難しい．しかし近年では，モンテカルロ法や分子動力学法という計算機シミュレーションを用いて，個々の溶媒分子の配置の統計平均から溶媒和自由エネルギーを評価する方法が可能となってきた．もう一つの取扱いは，溶媒の分子集団を連続体とみなす方法である．多数のランダムな溶媒分子との平均的な相互作用を問題にする限り，連続体とみなすことがかなり妥当な近似となる．相互作用ポテンシャルの中で**静電(的)相互作用**(electrostatic interaction)が支配的な場合，溶媒の分子集団を誘電体とみなす扱いが広く用いられている．

後者の最も簡単な例として，溶質分子を単原子イオンとするとき溶媒和自由エネルギーを導出してみよう[*1]．図6.12のように溶質を球形として，半径 a の空洞を囲むように誘電率 ε の誘電体が存在するとする．左のように，中心を原点として電荷 q を置くと，周囲の空間には動径方向の距離 r に依存した静電ポテンシャル $\Phi(r)$ が生成する[*2]．

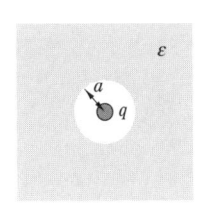

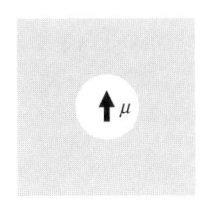

誘電率 ε の媒体中に半径 a の空洞があり，その中心に電荷 q あるいは双極子 μ が存在する

図 6.12 溶媒和の Born モデル(左)と Onsager モデル(右)

[*1] 以下の電磁気学に関する議論では，特に注意のない場合，クーロン力を簡単に扱えるような cgs ガウス単位系を用いる．§6.5の電子移動反応理論を含めて，過去の文献の多くは cgs ガウス単位系を用いているが，数値計算の際には注意すること．

[*2] 球対称で電荷のない空間での電位は，r の関数として $\Phi(r) = A/r + B$ の形になる．より一般に，軸対称で電荷のない空間中での電位 $\Phi(r, \theta)$ は，ラプラス方程式の解として

$$\Phi(r, \theta) = \sum_{l=0}^{\infty} \left(A_l r^l + \frac{B}{r^{l+1}} \right) P_l(\cos\theta)$$

となる．$r = 0, a, \infty$ での境界条件を考慮して式(6.53)が得られる．詳しくは電磁気学の教科書(J. D. ジャクソン著，西田 稔訳，"ジャクソン電磁気学(上)"，§3.3，吉岡書店 (1999)など)を参照．

$$\Phi(r) = \begin{cases} \dfrac{q}{r}+C & (r<a) \\ \dfrac{q}{\varepsilon r} & (r>a) \end{cases} \quad \left(\text{SI 単位系では, } \Phi(r) = \begin{cases} \dfrac{1}{4\pi\varepsilon_0}\dfrac{q}{r}+C & (r<a) \\ \dfrac{1}{4\pi\varepsilon}\dfrac{q}{r} & (r>a) \end{cases}\right) \quad (6.53)$$

$r=a$ でのポテンシャルの連続性より，上式中の定数 C は

$$C = \dfrac{q}{a}\left(\dfrac{1}{\varepsilon}-1\right) \quad \left(\text{SI 単位系では } C = \dfrac{q}{4\pi a}\left(\dfrac{1}{\varepsilon}-\dfrac{1}{\varepsilon_0}\right)\right) \quad (6.54)$$

と求められる．上の式(6.53)，(6.54)で中心電荷 q を仮に可変とみなして q' と置き換えると，$q'=0$ は溶質–溶媒間の静電相互作用がない場合，$q'=q$ は問題とする溶媒和の状況に対応する．そこで q' を式(6.50)〜(6.52)のパラメータ ξ とみなすことができ，$q'=0$ から $q'=q$ まで変化させる仕事が溶媒和自由エネルギーに相当する．

式(6.53)の $r<a$ での第1項 $\dfrac{q}{r}$ は，原点にある電荷 q が周囲につくる電位であることは明らかであるが，第2項 $C=\dfrac{q}{a}\left(\dfrac{1}{\varepsilon}-1\right)$ は周囲の誘電体があることで生じる電位になっている．溶質が誘電体から受けるポテンシャルエネルギーは，溶質の電荷と溶質分子の場所($r=0$)に誘電体がつくる電位によって与えられる．よって溶質の電荷を $q' \to q'+dq'$ と微小変化させるのに必要な仕事は，式(6.53)，(6.54)より

$$dW = \dfrac{q'}{a}\left(\dfrac{1}{\varepsilon}-1\right)dq' \quad \left(\text{SI 単位系では } dW = \dfrac{q'}{4\pi a}\left(\dfrac{1}{\varepsilon}-\dfrac{1}{\varepsilon_0}\right)dq'\right) \quad (6.55)$$

となり，これを $q'=0$ から q まで積分して溶媒和自由エネルギー ΔU が与えられる．

$$\Delta U = \int_0^q \dfrac{q'}{a}\left(\dfrac{1}{\varepsilon}-1\right)dq' = -\dfrac{1}{2}\left(1-\dfrac{1}{\varepsilon}\right)\dfrac{q^2}{a} \quad (6.56)$$

この式(6.56)は **Born の式**とよばれ，球形イオンの溶媒和を与える基本的な式である．

例題 6.4 Born の式(6.56)は，SI 単位系では

$$\Delta U = -\dfrac{1}{8\pi}\left(\dfrac{1}{\varepsilon_0}-\dfrac{1}{\varepsilon}\right)\dfrac{q^2}{a}$$

と書かれる．ただし ε_0 は真空の誘電率($\varepsilon_0=8.854\times10^{-12}\,\mathrm{F\,m^{-1}}$)である．いま一価のイオンが $a=0.3\,\mathrm{nm}$ の空洞に置かれ，誘電体の誘電率を $\varepsilon=80\varepsilon_0$(比誘電率 $\varepsilon/\varepsilon_0=80$)とするとき，そのイオンの溶媒和エネルギーを $\mathrm{kJ\,mol^{-1}}$ 単位で求めよ．ただし，電気素量を $1.602\times10^{-19}\,\mathrm{C}$，アボガドロ定数を $6.022\times10^{23}\,\mathrm{mol^{-1}}$ とする．

解答 上の Born の式に数値を代入すればよい．ただし単位系に注意すること．SI 単位系を用いて計算すると，

$$\Delta U = -\dfrac{1}{8\pi\times8.854\times10^{-12}\,\mathrm{F\,m^{-1}}}\left(1-\dfrac{1}{80}\right)\dfrac{(1.602\times10^{-19}\,\mathrm{C})^2}{3\times10^{-10}\,\mathrm{m}} = -3.80\times10^{-19}\,\mathrm{J}$$

$$= -2.29\times10^2\,\mathrm{kJ\,mol^{-1}}$$

となる．

また図6.12右のように，空洞のなかに双極子モーメントがある場合を Onsager モデルとよび，その溶媒和自由エネルギーは

$$\Delta U = -\frac{\mu^2}{a^3}\frac{\varepsilon-1}{2\varepsilon+1} \qquad \left(\text{SI 単位系では} \quad \Delta U = -\frac{\mu^2}{4\pi\varepsilon_0 a^3}\frac{\varepsilon-\varepsilon_0}{2\varepsilon+\varepsilon_0}\right) \qquad (6.57)$$

と与えられる．(上の Born の式と同様に導かれる．詳しくは章末の問題 6.3 を参照．)

上の式(6.56)や(6.57)を導出する議論は，より一般的な分子の溶媒和に拡張することができる．たとえば溶質の電荷分布および空洞の形が球状と限らない溶質分子の場合には，溶質分子の形に応じた空洞を与えて，その空洞と電荷分布の境界条件に応じて周囲の誘電体に生じる分極を計算することが可能であり，静電相互作用の溶媒和自由エネルギーが求められる．また，図 6.11 の溶媒和自由エネルギーの中には，上の誘電体論で扱った静電相互作用に加えて，誘電体の中に空洞をつくるための仕事も含まれている．空洞をつくるのに必要な仕事は，主として溶質-溶媒間の短距離反発によるもので，これに対する取扱いも提案されている．

6.4.3 溶質分子の電子状態への効果

溶媒和が溶液中の化学反応に及ぼす重要な効果の一つは，溶質分子の電子状態を変化させることである[*1]．ここでは溶媒和自由エネルギーの観点で見直してみる．

溶質分子の電子状態をあらわに扱う際には，式(6.48)の全ポテンシャルエネルギーの中に溶質分子の電子の座標 $\{y_1, y_2, \cdots\}$ が含まれる．

$$V(r, x_1, x_2, \cdots, y_1, y_2, \cdots) = V_{\text{solu}}(y) + V_{\text{solv}} + V_{\text{int}}(y) \qquad (6.58)$$

溶質分子の電子座標は，溶質のポテンシャルエネルギー V_{solu} と相互作用エネルギー V_{int} の項に含まれ，これらの座標は量子論で扱わなければならない．そこで電子の運動エネルギー演算子を T_{solu} として，溶質電子の座標 $\{y_1, y_2, \cdots\}$ のみ量子論で扱うものとする[*2]．それに伴って分配関数や溶媒和自由エネルギーの形も多少修正される．溶質分子の電子状態は溶媒和によって異なり，図 6.11 の (a) 孤立した場合と (b) 溶液中のそれぞれに対して，下の Schrödinger 方程式

$$\hat{H}_a \Psi_a(r, x_1, x_2, \cdots, y_1, y_2, \cdots) = (T_{\text{solu}} + V_{\text{solu}}) \Psi_a = E_a(r, x_1, x_2, \cdots) \Psi_a \qquad (6.59)$$
$$\hat{H}_b \Psi_b(r, x_1, x_2, \cdots, y_1, y_2, \cdots) = (T_{\text{solu}} + V_{\text{solu}} + V_{\text{int}}) \Psi_b = E_b(r, x_1, x_2, \cdots) \Psi_b \qquad (6.60)$$

によって電子エネルギー E_a, E_b と波動関数 Ψ_a, Ψ_b が求められる．電子エネルギー E_a, E_b は溶質と溶媒分子の配置 $\{r, x_1, x_2, \cdots\}$ の関数になっており，これをポテンシャルエネルギーとみなして，式(6.49)と同様に溶媒和自由エネルギーが与えられる．

$$\Delta U(r) = -k_B T \ln \frac{\iint \cdots \exp\left(-\dfrac{E_b + V_{\text{solv}}}{k_B T}\right) dx_1\, dx_2 \cdots}{\iint \cdots \exp\left(-\dfrac{E_a + V_{\text{solv}}}{k_B T}\right) dx_1\, dx_2 \cdots} \qquad (6.61)$$

以上の議論をまとめると，式(6.59)と(6.60)の Schrödinger 方程式が，それぞれ気相中および溶液中での溶質分子の電子状態の違いを表している．式(6.60)中の溶質-溶媒相互作用ポテンシャル V_{int} の表し方においても，§6.4.2 で述べたような取扱いがなされ，特に誘電体モデルに基づく表現が現在の量子化学計算で広く用いられている[*3]．

[*1] 溶液中の電子状態については，第 I 巻第 2 章が参考になる．
[*2] 溶媒分子の電子状態も量子論で扱う定式化も同様に行えるが，多数の電子が含まれるため実際の計算は容易ではない．
[*3] 具体的には多くの手法(SCRF, PCM など)が提案されているが，それらの詳細は第 I 巻および文献を参照してほしい．

6.5 電子移動反応
6.5.1 電子移動反応の特徴

電子が物質間を移動する現象は酸化・還元反応の本質であり，溶液中の分子に限らず固相や界面，生体内などさまざまな環境で現れる基本的な反応である．たとえば生物の光合成反応では，光を吸収して励起した色素分子がまず電子移動反応を起こすことで，吸収した光エネルギーを化学エネルギーに変換する．そのほかにも太陽電池などのエネルギー変換デバイスや，電極界面での電気化学反応や腐食過程などにおいても電子移動は鍵となる重要性をもった過程であり，現在でも多くの研究がなされている．電子移動反応が溶液内で起こるときには，その反応機構や速度にとって溶媒が支配的な役割を果たすことが知られている．電子移動反応は，Marcusの理論によって体系的な理解が進んでおり[*]，本節ではその基本的な概念を解説する．

初期の電子移動反応の研究では，溶液中での遷移金属イオンや錯体間の電子移動が典型的な例として多く研究された．

$$MnO_4^- + MnO_4^{2-} \longrightarrow MnO_4^{2-} + MnO_4^- \tag{R4}$$

$$Fe^{2+} + Fe^{3+} \longrightarrow Fe^{3+} + Fe^{2+} \tag{R5}$$

$$Co(NH_3)_6^{2+} + Co(NH_3)_6^{3+} \longrightarrow Co(NH_3)_6^{3+} + Co(NH_3)_6^{2+} \tag{R6}$$

これらの例に示す電子移動反応は，反応系と生成系が等しいため反応前後での正味の自由エネルギー変化がなく，しかも化学結合の生成や切断も関与しない．しかし同位体を用いた実験によって，下の反応ほど反応速度が遅いことが観測されている．これらの反応速度の違いは，電子移動反応の基本的な機構を解明する上で適した対象である．まずそこで，電子移動の反応座標をどのように定義するかが問題となるが，**電子移動反応**(electron transfer reaction)では他の多くの化学反応と違って反応(電荷の移動)の前後で化学結合の変化を伴わないことが多く，化学結合の変化を示す座標を反応座標とすることができないことが多い．

一般に電子移動反応が起こる際には，つぎの二つの条件が要請される．電子の運動は原子核の運動よりもはるかに速いため，電子が移動する瞬間の前後では溶質や溶媒分子の原子核の位置は変化しないとしてよい．これはFranck-Condon原理とよばれて，電子スペクトルなど分子分光学の分野でよく用いられる原理であるが，多くの典型的な電子移動反応の場合にも同様にあてはまる．ただし電子移動反応と光の吸収・放出では，遷移前後のエネルギー保存の条件が異なる．電子スペクトルのように光の吸収・放出を伴う過程では，電子遷移の際に分子系のエネルギーが光子エネルギー分だけ変化するが，電子移動の際には分子(溶質+溶媒)系のエネルギーが遷移の前後で一定でなければならない．電子移動反応が起こるときにFranck-Condonの原理とエネルギーの保存の二つの条件を同時に満たすのは，溶媒和構造を微視的にみると，かなり特別な場合に限られることが以下の考察からわかる．

電子移動の前後では，溶質分子の電子状態および電荷分布が大きく変化する．したがって溶質分子の平衡構造や周囲の溶媒との分子間力が変化し，そのため溶質分子を取囲む溶媒分子の安定な配置も変化する．図6.13に反応系と生成系が等しい場合($A+B \to B+A$)の電子移動反応での構造変化を示す．反応系❶または生成系❹において，おのおのの分子またはイオン(A, B)の周囲の溶媒和構造をみると，Aの安定な分子構造やAの周囲の溶媒和構造はBにとって必ずしも安定な配置ではなく，Bの安定構造や溶媒和構造はAにとって安定ではない．安定な溶媒和構造をもった反応系❶

---

[*] R. A. Marcus, *Rev. Mod. Phys.*, **65**, 599 (1993).

6.5 電子移動反応

A+Bにおいてそのまま電子移動をおこそうとすると，Franck-Condonの原理によって溶媒の配置が変わらないとすれば，不安定な配置に遷移することになって系のエネルギーが保存しない．したがって電子移動が起こるためには，反応系において溶媒配置が大きくゆらいだ不安定な構造❷で，電子移動の前後でのエネルギーが等しくなる状況が用意される必要がある．このような大きなゆらぎをもった構造をつくり出すのには一般に仕事が必要であり，電子移動反応における自由エネルギーの障壁を与える理由となっている．その意味で，電子移動反応は熱ゆらぎによって活性化障壁を越える反応の一種とみなされる．

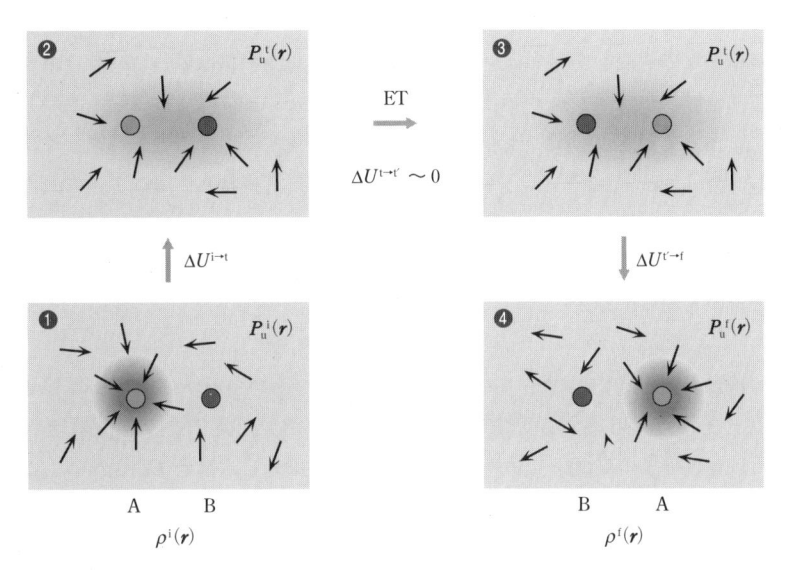

反応前後の❶と❹では，周囲の溶媒がそれぞれの溶質に強く溶媒和した構造をとる．電子移動が起こるには，途中で溶媒和が大きくゆらいだ構造❷，❸を経由する．図中，ΔUはそれぞれの過程の自由エネルギー変化，ρとP_uはそれぞれ溶質の電荷分布と溶媒の配向分極を表す

図 6.13 溶液内電子移動反応 A+B → B+A のメカニズム

電子移動反応の速度を決める要因は，①溶質・溶媒和構造の大きなゆらぎをつくる自由エネルギー障壁越え，および②電子移動前後でのエネルギーが等しくなった配置において，電子状態の重なりを通して実際に遷移を起こす速度の二つであるといえる．また，①の自由エネルギー障壁を生じる状況として，溶質分子の構造（や溶質のごく近傍の溶媒分子の構造）の変化がおもな要因となる場合を**内圏型電子移動**(inner-shell electron transfer)，溶質周囲での多数の溶媒分子の配置が重要な場合を**外圏型電子移動**(outer-shell electron transfer)とよんで，便宜的に区別する*．外圏型は非常に多くの溶媒分子の位置や配向の小さい変化が集まって自由エネルギー障壁をつくる状況で，反応座標として集団的な溶媒和を表す必要がある．本節では多くの電子移動反応に特徴的な状況として，外圏型の反応の自由エネルギーを主として取上げる．一方，内圏型においては，大きな構造変化を示すいくつかの具体的な原子核の座標が重要となり，その意味で自由エネルギー障壁を越える他の化学反応での反応座標と共通に考えられる．

なお，前ページで例としてあげた対称型電子移動反応 (R4)～(R6) の反応速度の違いは，定性的に以上の考察に基づいて理解される．反応 (R4)と(R5)を比較すると，(R5)のFeイオンの方がサイズが小さく，周囲の溶媒を強く引きつけて大きな溶媒和エネルギーをもつ．したがって電子移動反応

---

* 錯体化学での構造としての内圏錯体，外圏錯体と混同しないように注意．

によってイオンの電荷が変化したときの溶媒和構造の変化が大きく,溶媒和構造を組替える自由エネルギー障壁が大きい.一般にサイズの大きなイオンほど電子移動反応に伴う溶媒配置の変化が小さくて済むため,自由エネルギー障壁が小さく,電子移動反応が速い傾向がみられる.一方 (R6) においては,錯イオンの平衡 Co-N 間距離がイオンの電荷 2+ と 3+ によって大きく違うため,分子内の構造変化が大きな自由エネルギー障壁をつくると考えられている[*1].

6.5.2 外圏型電子移動反応での自由エネルギー

典型的な外圏型電子移動反応においては,§6.5.1 に述べたように溶媒和構造のゆらぎに伴う自由エネルギー障壁が反応速度を支配する.そこで本節では,以上の描像に基づいて自由エネルギー障壁を定式化する.溶媒和自由エネルギーの違いの起源は,電子移動に伴う溶質分子内の電荷分布の変化であり,それによって周囲の溶媒に与える電場が大きく変化する.そこで,溶質分子周辺の溶媒の分極(単位体積あたりの双極子モーメント)の分布を取扱って,静電相互作用による自由エネルギー変化を議論する.

溶質分子の近くの位置 r において溶媒の分極 $P(r)$ は,以下のように溶媒分子の電子分極 $P_e(r)$ と配向分極 $P_u(r)$ からなると考える.

$$P(r) = P_e(r) + P_u(r) \tag{6.62}$$

電子分極 $P_e(r)$ は溶媒分子内の電子雲のひずみに由来し,その場所 r における電場 $E(r)$ に対して $P_e(r)=\chi_e E(r)$ と線形に応答するとする.ここで,χ_e は溶媒の電子的な感受率である.一方,配向分極 $P_u(r)$ は極性分子の双極子モーメントの配向分布に由来し,電場 $E(r)$ のもとでの平衡状態では上と同様に,溶媒配向の感受率 χ_u を用いて $P_u^{eq}(r)=\chi_u E(r)$ と与える.電子分極と配向分極は,応答の速さやゆらぎにおいて顕著な性質の違いがあり,その違いはたとえば誘電率の振動数依存性(誘電分散)の中に観測されることが知られている.電子分極は電子の運動によるため応答がすみやかで,原子核が動くことによる電場の変化に十分追随する(これは,上の Franck-Condon 原理と共通である).しかし配向分極は溶媒分子の配向の動きを伴うために応答が遅く,$E(r)$ との平衡状態 $P_u^{eq}(r)=\chi_u E(r)$ からずれた状態が起こる.同様に平衡状態でのゆらぎも,配向分極 $P_u(r)$ の方がはるかに大きい.§6.5.1 で述べたように,電子移動反応における自由エネルギー障壁を越えるためには,溶媒和構造がゆらいで不安定な状況をつくる必要があり,そのように平衡からずれた分極 $P_u(r)$ における自由エネルギー $U[P_u(r)]$ を求める必要がある.

自由エネルギー差 $\Delta U^{i \to t}$

電子移動前の溶液系(反応系 i,図 6.13 の ❶)における溶質の電荷分布を $\rho^i(r)$ として,それに平衡な溶媒の配向分極を $P_u^i(r)$ とする.Marcus は同じ $\rho^i(r)$ における非平衡の配向分極分布 $P_u^t(r)$ の状態 t との自由エネルギー差 $\Delta U^{i \to t}=U[P_u^t(r)]-U[P_u^i(r)]$ を,以下のような手順で求めた.ここで非平衡の状態 t(電荷分布 ρ^i,溶媒の配向分極分布 P_u^t で,図 6.13 の ❷)は電子移動を起こす溶媒和の状況を想定している.

まず非平衡における自由エネルギーを計算するため,溶液系の中に仮想的な電荷密度の分布 $\rho^t(r)$ を適当に考え,$P_u^t(r)$ はそのとき平衡状態にあるものと仮定する[*2].このように仮定できる場合,上

[*1] これを Co-N 伸縮振動の波動関数の変化としてみる場合,電子移動前後で分子内振動の波動関数の重なり(Franck-Condon 因子)が小さいためといってもよい.

[*2] 今のところ,$\rho^t(r)$ が一意的に対応して定義できると仮定する.より一般的な議論は次節で扱う.

6.5 電子移動反応

の自由エネルギー差 $\Delta U^{\text{i} \to \text{t}}$ は熱力学的積分に基づいて，つぎの二つのステージを通じた可逆的な仕事として定義することができる．

(I) 仮想的な電荷分布を $\rho^{\text{i}}(\boldsymbol{r})$ から $\rho^{\text{t}}(\boldsymbol{r})$ まで，平衡を保ちつつゆっくりと変えていく．それに伴って，平衡の配向分極は，$\boldsymbol{P}_{\text{u}}^{\text{i}}(\boldsymbol{r})$ から $\boldsymbol{P}_{\text{u}}^{\text{t}}(\boldsymbol{r})$ へと変化していく．

(II) つぎに，配向分極を $\boldsymbol{P}_{\text{u}}^{\text{t}}(\boldsymbol{r})$ に保ったまま，仮想的な電荷分布を $\rho^{\text{t}}(\boldsymbol{r})$ から $\rho^{\text{i}}(\boldsymbol{r})$ にゆっくりと戻す．

上の過程(I), (II)を通して電子分極 $\boldsymbol{P}_{\text{e}}(\boldsymbol{r})$ は，常に平衡を保っているとする．熱力学的積分においては，始状態と終状態が決まれば途中の経路の取り方は任意でよい．そこで仮想的な電荷分布をスケール因子 $\xi (0 \le \xi \le 1)$ を用いて表し，

$$\text{ステージ(I):} \quad \rho^{\text{I}\xi}(\boldsymbol{r}) = \rho^{\text{i}}(\boldsymbol{r}) + \xi(\rho^{\text{t}}(\boldsymbol{r}) - \rho^{\text{i}}(\boldsymbol{r})) \quad \xi = 0 \to 1$$
$$\text{ステージ(II):} \quad \rho^{\text{II}\xi}(\boldsymbol{r}) = \rho^{\text{t}}(\boldsymbol{r}) + \xi(\rho^{\text{i}}(\boldsymbol{r}) - \rho^{\text{t}}(\boldsymbol{r})) \quad \xi = 0 \to 1 \tag{6.63}$$

と電荷分布を変化させる．自由エネルギー差 $\Delta U^{\text{i} \to \text{t}}$ は，ステージ(I)と(II)における可逆的な仕事 W_{I} と W_{II} の和として

$$\Delta U^{\text{i} \to \text{t}} = W_{\text{I}} + W_{\text{II}} = \int_0^1 \mathrm{d}\xi \int \mathrm{d}\boldsymbol{r}\, \psi^{\text{I}\xi}(\boldsymbol{r}) \frac{\partial \rho^{\text{I}\xi}(\boldsymbol{r})}{\partial \xi} + \int_0^1 \mathrm{d}\xi \int \mathrm{d}\boldsymbol{r}\, \psi^{\text{II}\xi}(\boldsymbol{r}) \frac{\partial \rho^{\text{II}\xi}(\boldsymbol{r})}{\partial \xi} \tag{6.64}$$

と与えることができる．$\psi^{\text{I}\xi}(\boldsymbol{r})$ と $\psi^{\text{II}\xi}(\boldsymbol{r})$ は，それぞれステージ(I)と(II)での途中の ξ における電位分布である．式(6.64)の積分の詳細は付録Iに示すが，その結果は

$$\Delta U^{\text{i} \to \text{t}} = \frac{1}{8\pi}\left(\frac{1}{n^2} - \frac{1}{\varepsilon}\right) \int \left(\boldsymbol{E}_{\text{c}}^{\text{t}}(\boldsymbol{r}) - \boldsymbol{E}_{\text{c}}^{\text{i}}(\boldsymbol{r})\right)^2 \mathrm{d}\boldsymbol{r} = \frac{1}{8\pi}\left(\frac{1}{n^2} - \frac{1}{\varepsilon}\right) \int \left(\frac{4\pi\varepsilon}{\varepsilon - n^2} \boldsymbol{P}_{\text{u}}^{\text{t}}(\boldsymbol{r}) - \boldsymbol{E}_{\text{c}}^{\text{i}}(\boldsymbol{r})\right)^2 \mathrm{d}\boldsymbol{r} \tag{6.65}$$

と与えられる．ε と n はそれぞれ溶媒の誘電率と屈折率であり，$\boldsymbol{E}_{\text{c}}^{\text{i}}(\boldsymbol{r})$ は溶質の電荷分布 $\rho^{\text{i}}(\boldsymbol{r})$ が真空中につくる電場(付録Iの式(I.13)を参照)で，電気変位に対応する．この熱力学積分に現れる種々の量の定義を表6.1に示した．これらは付録Iでも用いる．

表 6.1 $\Delta U^{\text{i} \to \text{t}}$ を求める積分経路と途中の物理量の定義

		(I)		(II)	
溶質の電荷分布	$\rho^{\text{i}}(\boldsymbol{r})$	$\longrightarrow$	$\rho^{\text{t}}(\boldsymbol{r})$	$\longrightarrow$	$\rho^{\text{i}}(\boldsymbol{r})$
溶媒の配向分極分布	$\boldsymbol{P}_{\text{u}}^{\text{i}}(\boldsymbol{r})$	$\longrightarrow$	$\boldsymbol{P}_{\text{u}}^{\text{t}}(\boldsymbol{r})$	$\longrightarrow$	$\boldsymbol{P}_{\text{u}}^{\text{t}}(\boldsymbol{r})$
電荷		$\rho^{\text{I},\xi}(\boldsymbol{r})$		$\rho^{\text{II},\xi}(\boldsymbol{r})$	
電位		$\psi^{\text{I},\xi}(\boldsymbol{r})$		$\psi^{\text{II},\xi}(\boldsymbol{r})$	
電子分極		$\boldsymbol{P}_{\text{e}}^{\text{I},\xi}(\boldsymbol{r})$		$\boldsymbol{P}_{\text{e}}^{\text{II},\xi}(\boldsymbol{r})$	
配向分極		$\boldsymbol{P}_{\text{u}}^{\text{I},\xi}(\boldsymbol{r})$		$\boldsymbol{P}_{\text{u}}^{\text{II},\xi}(\boldsymbol{r})$ (一定)	

自由エネルギー差 $\Delta U^{\text{t} \to \text{t}'}$ と $\Delta U^{\text{t}' \to \text{f}}$

状態tにおいて電子移動が起こるとすると，そのときの溶媒の配向分布 $\boldsymbol{P}_{\text{u}}^{\text{t}}$ を保ったまま溶質の電荷分布が ρ^{i} から ρ^{f} に変化する．その際に全エネルギーは保存し，遷移前後での電子状態の縮重度が変わらなければ自由エネルギーも一定とみなしてよい．すなわち遷移直後の状態を t' とすると，

$$\Delta U^{\text{t} \to \text{t}'} = 0 \tag{6.66}$$

である．

状態 t' から電子移動反応後の平衡状態 f への緩和で放出される自由エネルギー $\Delta U^{\text{t}' \to \text{f}} = -\Delta U^{\text{f} \to \text{t}'}$ も先と同様にして求められる．自由エネルギー差 $\Delta U^{\text{t} \to \text{t}'}$ に対応する可逆仕事を与える経路は，先に

$\Delta U^{i \to t}$ を求めた熱力学的積分の議論において ρ^i を ρ^f に置き換えればそのまま成り立つ．したがって $\Delta U^{t' \to f}$ の表式は，上の式(6.65)と同様に状態 i を f に入れ替えて

$$\begin{aligned}\Delta U^{t' \to f} &= -\Delta U^{f \to t'} \\ &= -\frac{1}{8\pi}\left(\frac{1}{n^2}-\frac{1}{\varepsilon}\right)\int (E_c^{t}(r)-E_c^{f}(r))^2 dr \\ &= -\frac{1}{8\pi}\left(\frac{1}{n^2}-\frac{1}{\varepsilon}\right)\int \left(\frac{4\pi\varepsilon}{\varepsilon-n^2}P_u^{t}(r)-E_c^{f}(r)\right)^2 dr \quad (6.67)\end{aligned}$$

となる．

活性化自由エネルギー障壁 ΔG^*

以上の電子移動反応の経路全体を $i \to t \to t' \to f$ とするとき，反応全体を通した自由エネルギー差は，反応系と生成系の自由エネルギー差 ΔG^0 に一致しなければならない．

$$\Delta U^{i \to t} + \Delta U^{t \to t'} + \Delta U^{t' \to f} = \Delta G^0 \quad (6.68)$$

ただし左辺の各項は，式(6.65)，(6.66)，(6.67)で求められた．

つぎに，この電子移動反応の活性化自由エネルギー障壁 ΔG^*，およびそのときの配向分極分布 $P_u^t(r)$ を求める．与えられた反応系 i と生成系 f を結ぶ中間状態 t として取りうる $P_u^t(r)$ の中で，自由エネルギー差 $\Delta U^{i \to t}$ が最小となる場合が，実際の反応に対応する活性化障壁 ΔG^* となる．したがって活性化障壁に対応する P_u^t は，上の式(6.68)の条件付き変分

$$\delta L = \delta[\Delta U^{i \to t} - m(\Delta U^{i \to t}+\Delta U^{t \to t'}+\Delta U^{t' \to f}-\Delta G^0)] = 0 \quad (6.69)$$

によって与えられる．ここで m はラグランジュの未定係数である．この式に式(6.65)，(6.66)，(6.67)を代入して $P_u^t(r)$ に対する変分を行うと，

$$\begin{aligned}\delta L &= \frac{1-m}{8\pi}\left(\frac{1}{n^2}-\frac{1}{\varepsilon}\right)\int \frac{8\pi\varepsilon}{\varepsilon-n^2}\left(\frac{4\pi\varepsilon}{\varepsilon-n^2}P_u^{t}(r)-E_c^{i}(r)\right)\delta P_u^{t}(r) dr \\ &\quad +\frac{m}{8\pi}\left(\frac{1}{n^2}-\frac{1}{\varepsilon}\right)\int \frac{8\pi\varepsilon}{\varepsilon-n^2}\left(\frac{4\pi\varepsilon}{\varepsilon-n^2}P_u^{t}(r)-E_c^{f}(r)\right)\delta P_u^{t}(r) dr \\ &= \frac{1}{n^2}\int\left(\frac{4\pi\varepsilon}{\varepsilon-n^2}P_u^{t}(r)-(1-m)E_c^{i}(r)-mE_c^{f}(r)\right)\delta P_u^{t}(r) dr = 0 \quad (6.70)\end{aligned}$$

となり，活性化障壁に対応する P_u^t は

$$P_u^{t}(r) = \frac{1}{4\pi}\left(1-\frac{n^2}{\varepsilon}\right)\{(1-m)E_c^{i}(r)+mE_c^{f}(r)\} \quad (6.71)$$

と求められる．活性化自由エネルギー障壁 ΔG^* は，$\Delta U^{i \to t}$ の式(6.65)に上の P_u^t を代入して

$$\Delta G^* = \frac{m^2}{8\pi}\left(\frac{1}{n^2}-\frac{1}{\varepsilon}\right)\int (E_c^{f}(r)-E_c^{i}(r))^2 dr = m^2\lambda \quad (6.72)$$

また $\Delta U^{t' \to f}$ は

$$\Delta U^{t' \to f} = -\frac{(1-m)^2}{8\pi}\left(\frac{1}{n^2}-\frac{1}{\varepsilon}\right)\int (E_c^{f}(r)-E_c^{i}(r))^2 dr = -(1-m)^2\lambda \quad (6.73)$$

となる．ここで λ は**再配置エネルギー**(reorganization energy)とよばれ，

$$\lambda = \frac{1}{8\pi}\left(\frac{1}{n^2}-\frac{1}{\varepsilon}\right)\int (E_c^{f}(r)-E_c^{i}(r))^2 dr \quad (6.74)$$

と与えられる．λ の物理的な意味は後述する．未定係数 m は，上の ΔG^*，$\Delta U^{t' \to f}$ の表式を式(6.68)

に代入して，$m^2\lambda-(1-m)^2\lambda=\Delta G^0$ となり，よって $m=(\lambda+\Delta G^0)/(2\lambda)$ と決まる．よって自由エネルギー障壁 ΔG^* は

$$\Delta G^* = m^2\lambda = \frac{\lambda}{4}\left(1+\frac{\Delta G^0}{\lambda}\right)^2 \tag{6.75}$$

と求められる．

6.5.3 電子移動の反応座標

式(6.75)で求められた活性化障壁の表式は，図6.13における溶媒和のゆらぎを誘電体の配向分極 $P_u(r)$ を用いてモデル化して得られたもので，電子移動反応の基本的な結論の一つである．この議論の分子論的な意味を，反応座標に基づいてさらに明らかにしてみよう．

電子移動を起こす溶液系の座標全体を $x_1, x_2, \cdots$ とする．溶質分子の電子状態は電子移動前後で変化するため，前後の電子状態iおよびfでの溶液系のポテンシャルエネルギーを，座標の関数としておのおの $V_i(x_1, x_2, \cdots)$ および $V_f(x_1, x_2, \cdots)$ とする．V_i および V_f は，溶液系全体のポテンシャル面を与え，電子移動反応はポテンシャル面 V_i から V_f への遷移とみなされる．電子状態の遷移を起こす際の溶液の配置は，§6.5.1で述べたように原子核座標が同じでエネルギー保存を満たすものとすると，その条件は

$$X = V_f(x_1, x_2, \cdots) - V_i(x_1, x_2, \cdots) = 0 \tag{6.76}$$

と表される．ここで X は電子移動前後でのポテンシャルエネルギー差であり，これを電子移動反応の反応座標として定義することができる．X はエネルギーの次元をもち，溶液系全体の座標 $(x_1, x_2, \cdots)$ を式(6.76)によって一次元の座標 X 上に投影したものである．この定義では，電子遷移の条件を満たすすべての微視的な配置は，$X=0$ に属することが保証されている．

上の X を反応座標とすると，電子状態iおよびfでの自由エネルギー面 $U_i(X)$ と $U_f(X)$ は

$$U_i(X) = -kT\ln\iint\cdots\delta(X-V_f(x_1,x_2,\cdots)+V_i(x_1,x_2,\cdots))\exp\left(-\frac{V_f(x_1,x_2,\cdots)}{k_BT}\right)dx_1dx_2\cdots$$

$$U_f(X) = -kT\ln\iint\cdots\delta(X-V_f(x_1,x_2,\cdots)+V_i(x_1,x_2,\cdots))\exp\left(-\frac{V_i(x_1,x_2,\cdots)}{k_BT}\right)dx_1dx_2\cdots$$

$$\tag{6.77}$$

となる．ただし $\delta(X-\cdots)$ はデルタ関数である．$U_i(X)$ と $U_f(X)$ の間には，反応座標 X の定義式(6.76)より以下の簡単な関係があることがわかる．

$$U_f(X) - U_i(X) = -kT\ln\iint\cdots\delta(X-V_f+V_i)\exp\left(-\frac{X+V_i}{k_BT}\right)dx_1\,dx_2\cdots$$

$$+kT\ln\iint\cdots\delta(X-V_f+V_i)\exp\left(-\frac{V_i}{k_BT}\right)dx_1\,dx_2\cdots$$

$$= X \tag{6.78}$$

この関係式には，$X=0$ において電子移動の自由エネルギー変化がないこと $(U_f(0)-U_i(0)=0)$ が含まれている．

§6.3.1で述べた自由エネルギー面の一般的な性質により，電子移動前後のそれぞれの電子状態iおよびfにおける熱平衡状態で，座標Xの出現確率は，おのおの $\exp(-U_i(X)/k_BT)$ および $\exp(-U_f(X)/k_BT)$ に比例する．一般に電子状態iとfでの安定な溶媒配置が異なるため，電子移動前後の電子状態でそれぞれ最も自由エネルギーの低い(=出現確率の高い)座標 X_i と X_f は一致しな

い．それぞれの自由エネルギー極小の座標 X_i または X_f のまわりで，自由エネルギー面を二次曲線とみなす近似が多くの場合に成り立つ．

$$U_i(X) = \frac{1}{4\lambda}(X-X_i)^2 + U_i^0$$
$$U_f(X) = \frac{1}{4\lambda}(X-X_f)^2 + U_f^0 \tag{6.79}$$

自由エネルギー面が二次曲線であることは，座標 X の出現確率が正規分布(ガウス分布)であることと同等である．一般に外圏型電子移動反応でのエネルギー差の座標 X の値は，周囲の多数のランダムな溶媒の配置からの寄与の積み重ねで決まるものであり，したがって確率論での中心極限定理によって，X の出現確率が正規分布を示す状況が実現すると考えられる．ただし式(6.79)の中の係数には，式(6.78)の条件より

$$X_f - X_i = -2\lambda,$$
$$\Delta G^0 = U_f^0 - U_i^0 = X_i - \lambda = \frac{1}{2}(X_i + X_f) \tag{6.80}$$

の関係があり，また二次の係数 $\frac{1}{4\lambda}$ も共通であることが要請される．ここで ΔG^0 は反応系の安定配置から生成系の安定配置への自由エネルギー変化である．

式(6.79)の自由エネルギー面 $U_i(X)$ と $U_f(X)$ を図示すると，図 6.14 のようになる．反応系の安定配置 X_i 付近から生成系の安定配置 X_f 付近に進行する際に，$X=0$ で電子遷移を起こす経路を通ることが明らかとなる．活性化自由エネルギー ΔG^* は

$$\Delta G^* = U_i(0) - U_i(X_i) = \frac{\lambda}{4}\left(1+\frac{\Delta G^0}{\lambda}\right)^2 \tag{6.81}$$

と求められて，前節の式(6.75)と一致する結果が導かれる．ここでの λ は，前節での再配置エネルギーにあたり，一つの電子状態 i または f の上で反応座標が X_i から X_f に変化する際の自由エネルギー変化を意味することがわかる．

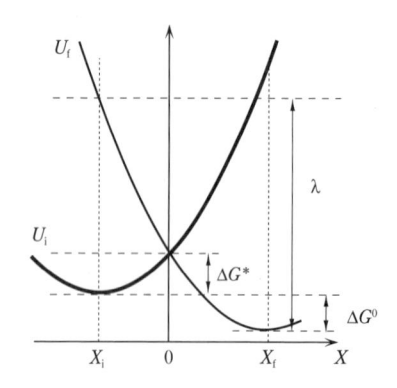

$$\lambda = U_i(X_f) - U_i(X_i) = U_f(X_i) - U_f(X_f) \tag{6.82}$$

反応前後の電子状態 i, f に対応する自由エネルギー面 $U_i(X)$, $U_f(X)$ が $X=0$ で交差し，ここで電子移動が起こる

図 6.14 電子移動反応の自由エネルギー面

6.5.4 Marcus 理論の検証

前節の電子移動反応の式(6.75), (6.81)が示した予測は，電子移動反応前後の自由エネルギー差 $-\Delta G^0$ を変化させるとき，$-\Delta G^0 = \lambda$ において活性化エネルギー障壁 ΔG^* が極小値をとる，したがって電子移動の反応速度定数が極大をとることである．そのことは図 6.15 の左の自由エネルギー

面の様子からもみることができる．$-\Delta G^0$を大きくしていく[*1]とΔG^*は減少していくが，生成系の自由エネルギー面が反応系の自由エネルギー面の底を，図の左の方向へ横切ってからはΔG^*が逆に増加していくことがわかる．$-\Delta G^0$が増加するときに活性化障壁ΔG^*が減少する領域を**正常領域**(normal region)，ΔG^*が増加する領域を**逆転領域**(inverted region)とよぶ．$-\Delta G^0$は反応に伴う自由エネルギーの安定化に相当し，常識的には$-\Delta G^0$が大きいほど反応はすみやかであること(正常領域)が予想される．それまで他の化学反応における自由エネルギー変化と活性化障壁の関係においては，逆転領域の存在は予想されておらず，実験的な検証が待たれていた．

逆転領域の存在を示す実験結果を図6.15の右に示す．電子移動を起こす分子対を固い骨格をもった飽和炭化水素で結んで分子対の距離や配向を固定して，系統的に分子対を変化させて測定した電子移動反応速度定数を示している．この実験では$-\Delta G^0$の広い範囲の変化に対して正常領域から逆転領域まで示すことに成功している．

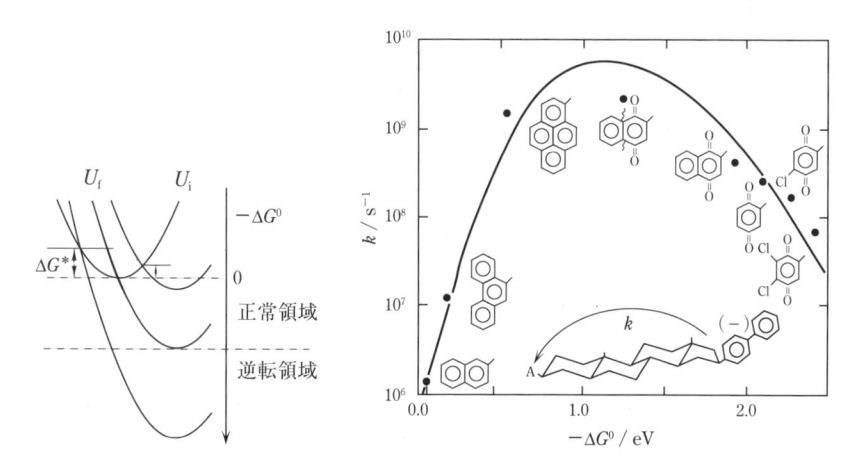

右図下の化学式の A の位置に，それぞれ図中に示されている官能基をつけた化合物は，ビフェニル基から A の官能基に電子移動を起こす際に，横軸に示す自由エネルギー変化$-\Delta G^0$がある．右図中，●は実験点である．曲線は Jortner らによって(6.81)式を拡張したモデルによる予想値である

図 6.15 電子移動反応の自由エネルギー変化$-\Delta G^0$ を変えたときの自由エネルギー面と活性化障壁(左)および$-\Delta G^0$ の系統的な変化に対する電子移動反応速度定数の実験値(右)［J. R. Miller, L. T. Calcaterra, G. L. Closs, *J. Am. Chem. Soc.*, **106**, 3048 (1984) による］

問　題

6.1 溶液中で活性化障壁を越える化学反応速度の取扱いにおいて，遷移状態理論と Kramers の理論の共通点および相違点を述べよ．

6.2 溶媒摩擦のスペクトル$\bar{\eta}(\omega)$の形状は，溶媒自身が運動する様子を強く反映する．図6.10のスペクトルには，1700 cm^{-1}付近と3700 cm^{-1}付近にピークがみられるが，これは何を示しているか，考察せよ．

6.3 図6.12右のように，双極子モーメントμをもつ極性分子の溶媒和自由エネルギーの式(6.57)を求めよ．

6.4 電子移動の反応座標Xについて自由エネルギー面$U_i(X)$，$U_f(X)$を式(6.79)の二次曲線とするとき，電子移動反応の活性化自由エネルギーΔG^*の式(6.81)を導出せよ．

[*1] $-\Delta G^0$は矢印の方向に下へいくほど増加することに注意せよ．

7. 反応機構解析

> 炭化水素燃料の燃焼反応や各種の材料合成反応においてはきわめて多数の素反応が同時に進行している．この章では，多数の素反応からなる複雑な化学反応系の特性を知り，反応機構を構築し解析する手法を記す．はじめに素反応のカノニカル速度定数の計算法の基礎と実際を示す．単分子反応とよばれる素反応の速度定数は温度のみならず圧力にも依存する．この圧力依存性の原因を理解する．ついで多数の化学種の間で多数の素反応が同時に進行している系での，各化学種の濃度変化の計算，すなわち反応進行過程のシミュレーション手法を概観する．そのうえで，燃焼系や表面反応を含む系の反応機構の具体例を述べる．

7.1 はじめに

　通常見られる多くの化学反応系，たとえば地球大気中の反応や燃焼反応などは多数の**素反応**(elementary reaction)が同時に進行している**複合反応系**(composite reaction system, complex reaction system)である．複合反応系を記述するための素反応の集合を**詳細(素)反応機構**(detailed reaction mechanism)とよぶ．

　化学反応によって急激にその組成と温度・圧力などの巨視的な状態量が変化する現象はきわめて多数の原子・分子の個々の衝突過程の結果であるから，化学反応系を根本的に理解するためには個々の原子・分子の衝突過程を調べる必要がある．こうした原子・分子レベルでの化学反応過程は，第3章および第4章で述べられている理論に基づいて詳細に理解できるようになりつつある．たとえば，量子化学計算により反応系のポテンシャルエネルギー曲面を計算し，個々の素反応がどのような生成物を与えるか，どのような遷移状態や反応中間体を経由して進行するかといった素反応の経路を予測することができる．また，分子動力学計算により，個々の原子・分子の衝突過程を直接的に追跡することもできる．実験的には第2章で述べられているようにレーザー計測技術の進歩によりフェムト秒の時間分解能での測定が可能となり，原子・分子が衝突している状態を直接観測することすらできるようになってきている．

　このような微視的な原子・分子の衝突過程に関する情報をもとに，たとえば自動車のエンジン中の燃焼のようなきわめて複雑な反応系をどのように理解するかが問題となる．分子ダイナミクスや量子化学などの分子化学が問題とする時間スケールは $10^{-15} \sim 10^{-9}$ s，また空間スケールは $10^{-10} \sim 10^{-8}$ m 程度である．一方，エンジン中の燃焼で問題とする時間スケールは $10^{-5} \sim 10^{-1}$ s，空間スケールは $10^{-3} \sim 10^{-1}$ m 程度である．大気化学において問題となる時間-空間スケールはさらに大きい．この分子のスケールとわれわれが日常生活で体験する現象のスケールとの間の大きな時間-空間スケールのギャップのゆえに，日常の現象を原子・分子の現象から直接的に追跡するのは現状では不可能である．そこでこのギャップを埋める方法論が必要になる．詳細素反応機構に基づく反応進行過程の解析やシミュレーションはこのための有効な方法である．これらを**反応機構解析**(chemical kinetic analysis)とよぶ．反応機構解析においては，統計力学を基礎として個々の原子・分子の衝突に対する平均値としての巨視的な速度定数(カノニカル速度定数)をおのおのの素反応に対して決定する．この巨視的な速度定数は，分子の量子準位，衝突するときの相対並進速度や衝突径数および配向などの関数である反応断面積を，振動や回転自由度の量子準位分布や相対並進速度および衝突径数などの分布関数について平均化した値である．一般に並進自由度については熱平衡分布(Maxwell-Boltzmann 分布)が成立していると考えてよく，この巨視的な速度定数は並進温度の関数である．**単分子反応**(unimolecular reaction)や**再結合反応**(recombination reaction)，あるいは大きな内部エネルギーをもつ中間体を経由する**化学活性化反応**(chemical activation reaction)などの速度定数は，温度のみならず圧力にも依存する．反応機構解析では各素反応の速度定数を温度および圧力の関数として与えて，複合反応系に含まれるさまざまな化学種の濃度の時間変化を素反応機構に対応する連立微分方程式(反応速度式)を解くことによって求め，同時に系全体の温度・圧力などの巨視的な状態量の反応による変化を算出する．

この章では詳細素反応機構を構築して反応機構解析を行うことにより複合反応系の特性を理解する方法について考える．素反応機構を構築するために必要な速度定数は実験的に測定するか，あるいは第4章で説明されている遷移状態理論などの反応速度理論を用いて推定する．まず現実の系で特に重要となる，素反応の速度定数の温度依存性や圧力依存性について概観し，ついで燃焼反応や材料合成反応などの実用上重要ないくつかの複合反応系の反応機構を考察する．

7.2 カノニカル速度定数の温度依存性

現実の反応系では現象が広い温度範囲にわたっていることがある．たとえば燃料の着火現象では室温から 2500 K 程度までの温度範囲の反応を考えなければならない．したがって，反応系に含まれる素反応の速度定数の温度依存性を広い範囲で知っておく必要がある．

素反応の速度定数は第2章で説明されている実験方法などで測定されるが，これらの測定値の多くはデータベースとして公開されている*．その一例として，$H+O_2 \rightarrow OH+O$ の反応速度の

---

* (a) J. A. Manion, R. E. Huie, R. D. Levin, D. R. Burgess Jr., V. L. Orkin, W. Tsang, W. S. McGivern, J. W. Hudgens, V. D. Knyazev, D. B. Atkinson, E. Chai, A. M. Tereza, C.-Y. Lin, T. C. Allison, W. G. Mallard, F. Westley, J. T. Herron, R. F. Hampson, D. H. Frizzell, NIST Chemical Kinetics Database, NIST Standard Reference Database 17, Version 7.0 (Web version), Release 1.4.3, Data version 2009.01, National Institute of Standards and Technology, Gaithersburg, Maryland, 20899-8320. Web address : http://kinetics.nist.gov/

(b) R. Atkinson, D. Baulch, R. Cox, J. Crowley, R. Hampson, R. Hynes, M. Jenkin, M. Rossi, J. Troe, T. Wallington, Evaluated Kinetic and Photochemical Data for Atmospheric Chemistry : Volume IV Gas phase Reactions of Organic Halogen Species, 2008, *Atmos. Chem. Phys*., **8**, 4141 (2008).
http://www.atmos-chem-phys.net/8/4141/2008/acp-8-4141-2008.html

R. Atkinson, D. L. Baulch, R. A. Cox, J. N. Crowley, R. F. Hampson, R. G. Hynes, M. E. Jenkin, M. J. Rossi, J. Troe, Evaluated Kinetic and Photochemical Data for Atmospheric Chemistry : Volume III Gas phase Reactions of Inorganic Halogens, *Atmos. Chem. Phys*., **7**, 981 (2007).
http://www.atmos-chem-phys.net/7/981/2007/acp-7-981-2007.html

R. Atkinson, D. L. Baulch, R. A. Cox, J. N. Crowley, R. F. Hampson, R. G. Hynes, M. E. Jenkin, M. J. Rossi, J. Troe, Evaluated Kinetic and Photochemical Data for Atmospheric Chemistry : Volume II Gas phase Reactions of Organic Species, *Atmos. Chem. Phys*., **6**, 3625 (2006).
http://www.atmos-chem-phys.net/6/3625/2006/

R. Atkinson, D. L. Baulch, R. A. Cox, J. N. Crowley, R. F. Hampson, R. G. Hynes, M. E. Jenkin, M. J. Rossi, J. Troe, Evaluated Kinetic and Photochemical Data for Atmospheric Chemistry : Volume I Gas phase Reactions of Ox, HOx, NOx, and SOx Species. *Atoms. Chem. Phys*., **4**, 1461 (2004).
http://www.atmos-chem-phys.org/acp/4/1461 　　　　　　　　(次ページへつづく)

Arrheniusプロット($\log k$ vs $1/T$ のプロット)を図7.1に示す．この反応は実験的および理論的に非常によく調べられていて，図7.1には42の文献からのデータが収録されている．この図からわかるように，この反応の速度定数のデータは広い温度範囲で式(1.1)で示されるArrhenius式によく一致している．速度定数の温度依存性を表す式としてArrhenius式は古くから用いられており，限られた温度範囲では多くの反応の速度定数の温度依存性がこの式で表されることが知られている．

一方で，遷移状態理論から導かれる二分子反応において温度を指定した速度定数(カノニカル速度定数)は式(4.31)で示される．この場合，指数関数の前の項(前指数因子)は

$$\frac{k_\mathrm{B} T}{h} \frac{Q^\ddagger(T)}{Q(T)} \tag{7.1}$$

であり温度に依存する．また，式(1.47)や(1.50)に示されるように衝突理論から導かれる二分子反応の速度定数の前指数因子も定数ではなく，これらの速度定数の温度依存性は単純なArrhenius式では表せない．式(7.1)の温度依存性は反応物と遷移状態の分配関数の比の温度依存性によって決まることがわかる．遷移状態にある分子(活性錯合体)が高い周波数の振動モードをもつ場合は"硬い(rigid，あるいはtight)"活性錯合体であるとよばれるが，この硬い活性錯合体の分配関数の温度依存性は反応系の分配関数の温度依存性より大きく，前指数因子の温度依存性は T の一次以上になっ

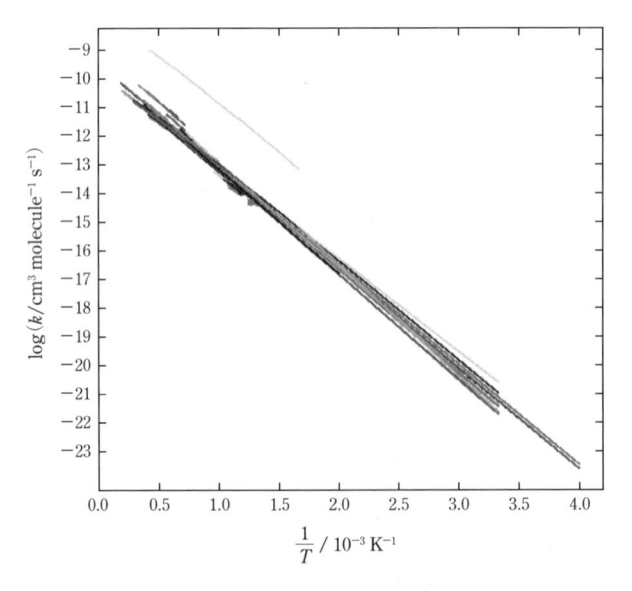

図 7.1 $\mathrm{H+O_2 \to OH+O}$ の速度定数の Arrhenius プロット (図中の各線はおのおのの研究報告(実験値，理論計算値，およびレビュー)に対応する) [NIST Chemical Kinetics Database, NIST Standard Reference Database 17, ver.7.0(Web version), Release 1.4.3 Data version 2009.01(p.179脚注文献(a)参照)に基づく]

(前ページのつづき)

　　(c) S.P. Sander, D.M. Golden, M.J. Kurylo, G.K. Moortgat, H. Keller-Rudek, P.H. Wine, A.R. Ravishankara, E. E. Kolb, M. J. Molina, B. J. Finlayson-Pitts, R. E. Huie, V. L. Orkin, Chemical Kinetics and Photochemical Data for Use in Atmoshpheric Studies, Evaluation #15, NSAS Panel for Data Evaluation: JPL Publication 06-2, 2006. http://jpldataeval.jpl.nasa.gov/
　　(d) D. L. Baulch, C. T. Bowman, C. J. Cobos, R. A. Cox, Th. Just, J. A. Kerr, M. J. Pilling, D. Stocker, J. Troe, W. Tsang, R. W. Walker, J. Warnatz, Evaluated Kinetic Data for Combustion Modeling: supplement II, *J. Phys. Chem. Ref. Data*, **34**(3) 757 (2005).

7.2 カノニカル速度定数の温度依存性

て Arrhenius プロットは下に凸になる．さらに，H 原子移動を含む反応などでは**トンネル効果** (tunneling effect)によって低温で速度定数が増加し，さらに湾曲が大きくなる．一例として $H+H_2S \rightarrow H_2+HS$ の反応の速度定数を図 7.2 に示す[*1]．このような例は炭化水素からの水素原子引き抜き反応など多くの反応でみられる．

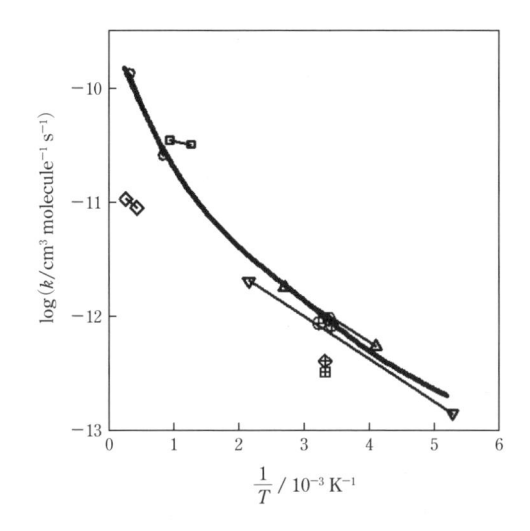

図 7.2 $H+H_2S \rightarrow H_2+HS$ の速度定数の **Arrhenius** プロット（遷移状態理論による計算値と実験値の比較．太い実線が遷移状態理論による計算値．線で結んだシンボルはさまざまな実験により得られた値である）

[M. Yoshimura, M. Koshi, H. Matsui, *Chem. Phys. Lett.*, **189**, 199 (1992)に基づく]

一方，単純に一つの結合が切れるような**解離反応**(dissociation reaction)の速度定数は高温になるほど Arrhenius 式に比べて小さくなり（前指数因子が相対的に小さくなる）式(1.50)の温度指数 n は負になる．この場合，式(1.51)によれば高温になるほど活性化エネルギーが低下することになる．二原子分子の解離反応は典型的な例であり，活性化エネルギーが結合解離エネルギーよりも小さくなることが多い．解離反応の活性化エネルギーが結合解離エネルギーより小さいと，逆反応であるラジカル再結合反応は負の活性化エネルギーをもち，温度が高くなるほど速度が低下することになるが，これは実験的にも確かめられている．

さらに速度定数の温度依存性が Arrhenius 式とは全く異なり，複雑な温度依存性を示す反応もある．複雑な温度依存性を示す反応は安定な反応中間体を経て進行する場合のように，温度によって素反応経路が異なる場合などにみられる[*2]．一例として HO_2+HO_2 の反応速度定数の Arrhenius プロットを図 7.3 に示す．この反応の室温の速度定数は 1960 年代に測定された．その後，衝撃波管を用いて 1200 K で測定されたが，得られた値（2×10^9 dm^3 mol^{-1} s^{-1}）は室温での測定値とよく一致していた．したがってこの反応の速度定数の値は温度に依存せず活性化エネルギーは零であると考えられていた．しかしながら 1980 年代になって 250～550 K の範囲でこの反応の速度定数が多くの研究者により測定され，負の温度依存性が見いだされた．現在では，この反応の速度定数は図 7.3 に示されるように 550 K 近傍で最小値をとると考えられている．この例は狭い温度範囲の速度定数から広い範囲の速度定数の温度依存性を推定することの危険性を示している．この反応の非 Arrhenius 型の特異な温度依存性は，この反応が安定な反応中間体 H_2O_4 を経て進行するためであると考えられてい

[*1] M. Yoshimura, M. Koshi, H. Matsui, *Chem. Phys. Lett.*, **189**, 199 (1992).
[*2] J. Troe, *J. Chem. Soc. Faraday Trans.*, **90**, 2303 (1994).

る．すなわち，低温側で支配的な反応経路は HO_2+HO_2 の再結合反応により H_2O_4 を生成する経路であり負の活性化エネルギーをもつが，高温側では直接的に $H_2O_2+O_2$ を生成する障壁のある反応経路が支配的となり，活性化エネルギーは正の値をとる．このような複雑な温度依存性を示す反応は必ずしも特殊な例ではなく，$OH+H_2O_2 \to HO_2+H_2O$, $OH+OH \to H_2O+O$, $OH+CO \to H+CO_2$, $OH+C_2H_2 \to$ 生成物などの反応でも非 Arrhenius 型の複雑な温度依存性が観測されている*．

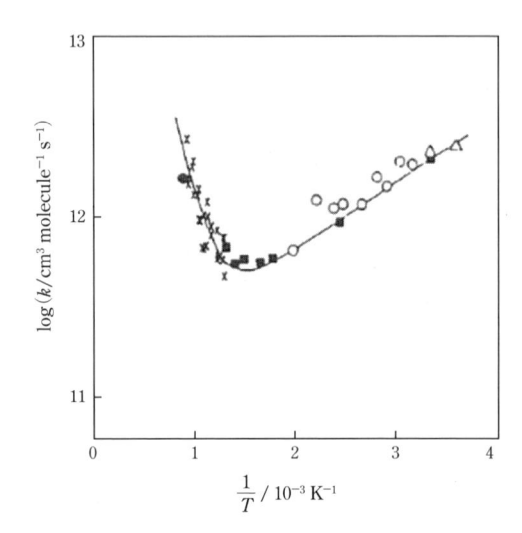

図 7.3 $HO_2+HO_2 \to$ 生成物の速度定数の Arrhenius プロット［J. Troe, *J. Chem. Soc. Faraday Trans.*, **90**, 2303 (2004) に基づく］

Arrhenius 式は速度定数の温度依存性を表す経験式として有用であるが，上に述べたように，広い温度範囲で速度定数を整理すると前指数因子 A が温度に依存する場合も多い．前指数因子が温度依存性を示す理由をまとめると以下のようになる．

1) **単純衝突理論**(simple collision theory)や**遷移状態理論**(transition state theory)では本来，前指数因子は温度に依存し，Arrhenius 式は厳密には成立しない．
2) 一つの素反応に対して複数の反応経路がある場合，素反応の速度定数は各反応経路の速度定数の和となるため，単一の Arrhenius 式では表現できない．
3) 次節で示す解離-再結合反応や反応経路上に安定な中間体が存在する反応では速度定数は温度のみならず圧力にも依存し，その温度依存性も複雑になる．
4) 二原子分子の解離反応のように，内部エネルギーの分布が熱平衡分布からずれる場合，前指数因子は温度が高いほど小さくなる．

上記 3) の反応速度定数の圧力依存性と 4) の非平衡効果は密接に関係しているが，これについては次節で詳細に検討する．

7.3 カノニカル速度定数の圧力依存性

7.3.1 単分子反応

異性化反応や解離反応の反応速度は，高圧では反応物濃度の一次に，低圧では反応物濃度に対して一次，全濃度に対しても一次で全体として二次の反応になることが知られている．このような反応は単分子反応とよばれている．単分子反応の一例として，メチルイソニトリル(CH_3NC)のアセトニト

---

* J. Troe, *J. Chem. Soc. Faraday Trans.*, **90**, 2303 (1994).

リル(CH_3CN)への**異性化反応**(isomerization reaction)の速度定数* を図7.4に示す．この図はCH_3NCの減少速度がCH_3NC濃度に比例するとした一次反応の速度定数を圧力に対してプロットしたものであるが，高圧での速度定数は圧力に依存しなくなる．この速度定数を**高圧極限**(high pressure limit)の速度定数 k_∞ とよぶ．低圧では図に示されるように速度定数は全圧に比例するようになる．圧力は温度一定では全濃度に比例するので，この領域では反応速度はCH_3NCに対して一次，全濃度に対しても一次で全体としては二次反応になる．一次反応と二次反応の中間の圧力領域は漸下圧領域とよばれ，速度定数が高圧極限の速度定数の半分になる圧力($p_{1/2}$)を**漸下圧**(fall-off pressure)という．

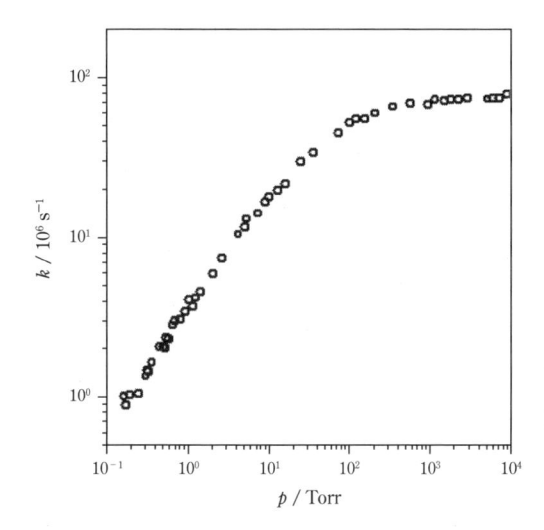

図 7.4 $T=472.6$ K における異性化反応 $CH_3NC \rightarrow CH_3CN$ の圧力依存性の実験値 (1 Torr=133.3 Pa) [F. W. Schneider, B. S. Rabinovitch, *J. Am. Chem. Soc.*, **84**, 4215 (1962)に基づく]

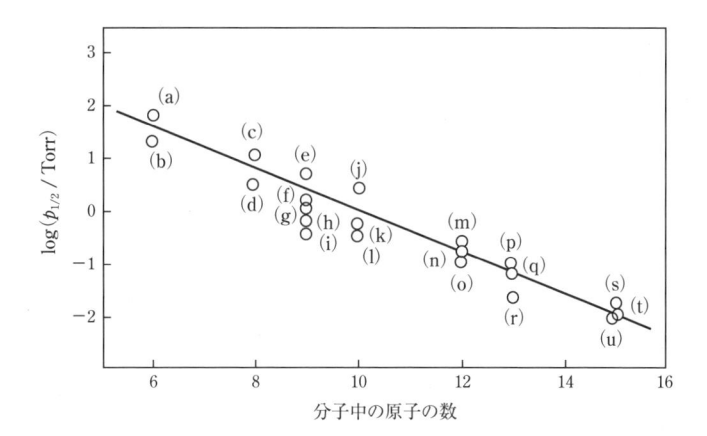

(a) CH_3NC, (b) CD_3NC, (c) C_2H_6, (d) CH_3CH_2Cl, (e) C_3H_6(シクロプロパン), (f) $C_3Cl_2H_4$(1,1-ジクロロシクロプロパン), (g) C_3D_6(シクロプロパン-d_6), (h) C_2H_5NC, (i) C_2D_5NC, (j) $CD_3N_2CD_3$, (k) C_4H_6(シクロブテン), (l) C_4D_6(シクロブテン-d_6), (m) C_4H_8(シクロブタン), (n) $C_3H_5CH_3$(メチルシクロプロパン), (o) C_4D_8(シクロブタン-d_8), (p) C_5H_8(ビシクロ[1:1:1]ペンタン), (q) $C_4H_5CH_3$(3-メチルシクロブテン), (r) $C_4H_5CH_3$(1-メチルシクロブテン), (s) $C_4H_7CH_3$(メチルシクロブタン), (t) C_5H_{10}(1,1-ジメチルシクロプロパン), (u) C_5H_{10}(エチルシクロプロパン)

図 7.5 分子を構成する原子数に対する漸下圧 $p_{1/2}$ の依存性 (1 Torr=133.3 Pa) [K. A. Holbrook, M. J. Piling, S. H. Robertson, "Unimolecular Reactions", p.316, John Wiley & Sons (1996)に基づく]

---

* F. W. Schneider, B. S. Rabinovitch, *J. Am. Chem. Soc.*, **84**, 4215 (1962).

どのくらいの高圧になれば一次反応になるのかは反応分子を構成する原子の数に依存する.二原子分子の解離反応では一次反応になる圧力(高圧極限)は数千気圧を超えるが,一方で炭素数の大きな炭化水素では数 Pa 程度の圧力でも高圧極限になる.図 7.5 はいろいろな単分子反応の漸下圧を分子に含まれる原子の数に対してプロットしたものである[*1].この図からわかるように,原子数の多い分子(内部自由度の数が多い分子)ほど漸下圧は低下する.

本節ではこのような反応速度定数の圧力依存性の原因について考える.

7.3.2 Lindemann 機構

異性化反応が起こるためには,分子が異性化に必要なエネルギーを獲得する必要がある.また解離反応の場合には,切断される結合の結合エネルギー以上の内部エネルギーを分子がもつ必要がある.熱反応の場合,このためのエネルギーは熱運動による分子どうしの衝突によるエネルギー移動の繰返しから得られる.分子衝突によるエネルギー移動速度は衝突頻度に比例し,衝突頻度は圧力に比例するので低圧では分子がエネルギーを蓄積する速度が遅くてこれが律速となる.すなわち反応速度は衝突頻度によって決まり,二次反応となる.一方,圧力が十分に高い場合には分子衝突によるエネルギー蓄積速度は十分に速くなり,励起された分子が異性化する速度や解離する速度自身が律速となる.この場合には反応速度は反応物濃度の一次に比例することになる.このような単分子反応においては,内部にエネルギーを蓄積した単一の分子の結合の組換えや解離がその本質である.単分子反応は衝突による励起に限らず,光の吸収による励起など,さまざまな励起手段により起こすことが可能である.

熱反応による分子 A の単分子反応は最も簡単にはつぎのような素過程の組合わせで理解できる[*2].

$$A + M \xrightarrow{k_a} A^* + M \tag{7.2}$$

$$A^* + M \xrightarrow{k_d} A + M \tag{7.3}$$

$$A^* \xrightarrow{k_r} 生成物 \tag{7.4}$$

素過程(7.2)は分子 A が他の分子 M と衝突して励起される**活性化**(activation)過程を表す.分子 M は注目している A 分子以外のすべての分子を表し,**第三体**(third body)とよばれる.素過程(7.3)は(7.2)の逆過程であり,励起された**活性分子**(energized molecule)A^* が他の分子との衝突によりエネルギーを失う(**失活**(deactivation)する)過程である.素過程(7.4)は励起された分子の自発的な反応過程である.励起された分子 A^* の寿命はきわめて短いので,その濃度 $[A^*]$ に対して**定常状態の仮定**(steady state assumption)が適用できる.素過程(7.2)〜(7.4)から

$$-\frac{d[A^*]}{dt} = k_a[A][M] - k_d[A^*][M] - k_r[A^*] = 0 \tag{7.5}$$

となるが,この式を $[A^*]$ に対して解くと

$$[A^*] = \frac{k_a[A][M]}{k_d[M] + k_r} \tag{7.6}$$

が得られる.単分子反応の速度定数 k_{uni} は

[*1] K. A. Holbrook, M. J. Piling, S. H. Robertson, "Unimolecular Reactions", Chap. 11, John Wiley & Sons (1996).

[*2] BOX 1.1 単分子反応と衝突過程 を参照のこと.

$$-\frac{d[A]}{dt} = k_{\text{uni}}[A] \tag{7.7}$$

により定義されるが，式(7.5)と(7.6)を用いると

$$-\frac{d[A]}{dt} = k_a[A][M] - k_d[A^*][M] = k_r[A^*] = \frac{k_a k_r[M]}{k_d[M]+k_r}[A] \tag{7.8}$$

となるので，式(7.7)と(7.8)の比較から

$$k_{\text{uni}} = \frac{k_a k_r}{k_d + k_r/[M]} \tag{7.9}$$

が得られる．この式から，高圧極限($[M] \to \infty$)の速度定数 k_∞ は

$$k_\infty = \frac{k_a k_r}{k_d} \tag{7.10}$$

また**低圧極限**(low pressure limit)($[M] \to 0$)では $k_d[M] \ll k_r$ なので式(7.8)より

$$-\frac{d[A]}{dt} \longrightarrow k_a[A][M] \tag{7.11}$$

となり，高圧での反応速度は [A] に比例して一次で，低圧では [A] と [M] の積に比例して二次反応になることがわかる．高圧極限の速度定数に含まれる比 k_a/k_d は $[A^*]/[A]$ の平衡濃度比に等しい．高圧極限の速度定数は単分子分解の速度定数(素過程(7.4)の速度定数)に分子 A が活性化される割合を掛けたものになっている．一方，低圧極限の二次速度定数 k_0 を $\lim_{[M] \to 0}(k_{\text{uni}}/[M])$ で定義すると $k_0 = k_a$ であり，律速が二分子衝突による分子の活性化過程であることがわかる．

BOX 7.1   再結合反応の圧力依存性

ラジカル A と B が再結合して分子 AB になる再結合反応は，高圧極限ではその速度が A と B の濃度の積 [A][B] に比例する二次反応であり，低圧極限では A, B と第三体 M の濃度の積 [A][B][M] に比例する三次反応になる．Lindemann 機構の考え方を適用すると，A と B が再結合する場合，まず A と B が衝突して内部エネルギーが励起された AB^* が生成する．AB^* は自発的に分解してもとの A と B に再解離するか，または第三体 M と衝突して余剰エネルギーが M により取り去られて安定な AB 分子へと失活する．式で書くと

$$A + B \xrightarrow{k_1} AB^*$$

$$AB^* \xrightarrow{k_{-1}} A + B$$

$$AB^* + M \xrightarrow{k_2} AB + M$$

となるが，AB^* に対して定常状態を仮定すると

$$\frac{d[AB^*]}{dt} = k_1[A][B] - k_{-1}[AB^*] - k_2[AB^*][M] = 0$$

であるから，AB^* の定常濃度は

$$[AB^*] = \frac{k_1[A][B]}{k_{-1}+k_2[M]}$$

である．AB 分子の生成速度は

$$\frac{d[AB]}{dt} = k_2[AB^*][M]$$
$$= \frac{k_1 k_2[A][B][M]}{k_{-1}+k_2[M]}$$

となる．この式から低圧極限では

$$[M] \to 0, \quad \frac{d[AB]}{dt} = \frac{k_1 k_2}{k_{-1}}[A][B][M]$$

となって三次反応になることがわかる．一方，高圧極限では

$$[M] \to \infty$$

$$\frac{d[AB]}{dt} = \frac{k_1 k_2[A][B]}{(k_{-1}/[M])+k_2} \to k_1[A][B]$$

となり二次反応になる．

異性化や解離反応のほかに，再結合反応も速度定数が圧力依存性をもつことが知られている．再結合反応は解離反応の逆反応であるが，高圧極限では二次反応，低圧極限では三次反応になる．BOX 7.1 に示すように，この再結合反応の圧力依存性も上に述べた Lindemann 機構で説明できる．

Lindemann 機構によれば，単分子反応の速度定数 k_{uni} が高圧極限の速度定数の半分の値になる漸下圧 $p_{1/2}$ は

$$p_{1/2} = \frac{k_{\text{r}}}{k_{\text{d}}} RT = \frac{k_{\infty}}{k_0} RT \tag{7.12}$$

で与えられる．ただし理想気体の状態方程式が成り立つとした．

Lindemann 機構により実験で観測される単分子反応の圧力依存性を定性的には説明できる．しかし実験値を定量的には説明できない．式(7.9)からは $1/k_{\text{uni}}$ を $1/[\text{M}]$ に対してプロットすれば直線が得られるはずであるが，例題7.2に示されるように実験値は直線とはならない．また式(7.12)で与えられる漸下圧も実験値よりはるかに高い値となってしまう．この Lindemann 機構の欠点は次節でのべる RRK 理論によって大幅に改善された．

例題 7.1 式(7.12)を導け．また k_{uni} を k_0 と k_{∞} を用いて表せ．

解答 k_{uni} が k_{∞} の半分になる $[\text{M}]$ の値, $[\text{M}]_{1/2}$ を求める．

$$k_{\text{uni}} = \frac{k_{\text{r}} k_{\text{a}}}{k_{\text{d}} + k_{\text{r}}/[\text{M}]_{1/2}} = \frac{1}{2} k_{\infty} = \frac{1}{2} \frac{k_{\text{a}} k_{\text{r}}}{k_{\text{d}}} \quad \text{より} \quad [\text{M}]_{1/2} = \frac{k_{\text{r}}}{k_{\text{d}}} = \frac{k_{\infty}}{k_0}$$

である．また理想気体の状態方程式から $p = [\text{M}]RT$ であるので $p_{1/2} = (k_{\text{r}}/k_{\text{d}})RT = (k_{\infty}/k_0)RT$ が得られる．また k_{uni} を k_0 と k_{∞} で表すと

$$k_{\text{uni}} = \frac{k_0 k_{\infty} [\text{M}]}{k_0 [\text{M}] + k_{\infty}}$$

となる．

例題 7.2 $1/k_{\text{uni}}$ と $1/[\text{M}]$ のプロット ── Lindemann 機構の検証　図7.4に示した CH_3NC の異性化反応の速度定数の 472.6 K における測定値* の一部を表1に示す ($p=\infty$ の欄の値は $p=$ 5000~8800 Torr のデータの平均値)．このデータを用いて，式(7.9)が成り立っているかどうか検証せよ．

表 1 CH_3NC の異性化反応の速度定数 (1 Torr = 133.3 Pa)

p/Torr	$k/10^6\,\text{s}^{-1}$	p/Torr	$k/10^6\,\text{s}^{-1}$	p/Torr	$k/10^6\,\text{s}^{-1}$
0.161	1.01	0.93	3.43	35.7	34.0
0.19	1.03	1.14	3.70	101.5	52.0
0.297	1.36	1.41	4.55	155.2	55.6
0.323	1.45	2.64	7.38	337.0	66.2
0.448	2.09	5.0	11.7	948.0	67.9
0.532	2.04	7.25	14.2	1500.0	72.5
0.585	2.31	10.0	18.0	2248.0	73.7
0.7	3.0	15.7	21.6	∞	75.0

---

* F. W. Schneider, B. S. Rabinovitch, *J. Am. Chem. Soc.*, **84**, 4215 (1962).

解答 式(7.9)から

$$\frac{1}{k_{uni}} = \frac{1}{k_\infty} + \frac{1}{k_0}\frac{1}{[M]} \qquad \frac{k_\infty}{k_{uni}} = 1 + \frac{k_\infty}{k_0}\frac{RT}{p}$$

であるので，一定温度では k_∞/k_{uni} の値を $1/p$ に対してプロットすると直線が得られるはずである．また，この直線の傾きは $(k_\infty/k_0)RT = p_{1/2}$ となる(例題7.1 参照)．

高圧極限の速度定数を表1のデータおよび図7.4から $k_\infty = 7.5\times10^7\,\mathrm{s}^{-1}$ とすると，速度定数の値が $k_\infty/2$ となる圧力は $p_{1/2} = 45\,\mathrm{Torr}$ であることが読み取れる．上の式から k_∞/k_{uni} を $1/p$ に対してプロットすると，切片が1で傾きが $p_{1/2} = 45\,\mathrm{Torr}$ の直線になるはずである．下図にLindemann機構から予測されるこの直線と実験データのプロットを示すが，直線と実験値は大きくずれていて，実測の速度定数の圧力依存性はLindemann機構では定量的には評価できないことがわかる．

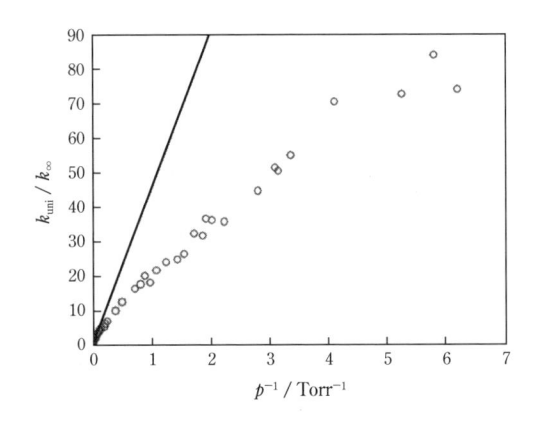

7.3.3 RRK 理論

Lindemann機構では分子 A が A* に活性化される速度定数の，A* の内部エネルギーに対する依存性が考慮されていない．また A* が反応するとき(素過程(7.4))の速度定数も A* の内部エネルギー(振動エネルギーと回転エネルギー)に依存するはずである．したがって反応速度定数の活性分子 A* の内部エネルギー ε に対する依存性を考慮する必要がある．活性分子 A* は反応障壁を越えるだけの大きなエネルギーをもっていなければならない．多原子分子ではこのような内部エネルギーが高い状態の**状態密度**(density of states)は非常に大きいのでエネルギー準位は連続と考えてよい．この近似のもとで，素過程(7.2)〜(7.3)の速度定数を内部エネルギー ε の関数であるとすると，式(7.9)はつぎのように書ける．

$$k_{uni} = \int_0^\infty \frac{k_r(\varepsilon)k_a(\varepsilon)/k_d(\varepsilon)}{1+k_r(\varepsilon)/k_d(\varepsilon)[M]}d\varepsilon = \int_0^\infty \frac{k_r(\varepsilon)F(\varepsilon)d\varepsilon}{1+k_r(\varepsilon)/k_d(\varepsilon)[M]} \qquad (7.13)$$

$$F(\varepsilon)d\varepsilon = k_a(\varepsilon)d\varepsilon/k_d \qquad (7.14)$$

$F(\varepsilon)d\varepsilon$ は素過程(7.2)と(7.3)の平衡定数であり，したがって A* 分子の内部エネルギーの熱平衡分布である．

速度定数 k_{uni} を式(7.13)により評価するためには $F(\varepsilon)$，$k_d(\varepsilon)$ および $k_r(\varepsilon)$ をエネルギー ε の関数として与える必要がある．まず $F(\varepsilon)$ を求めよう．計算を簡単にするために最も単純な多原子分子のモデルを考える．内部エネルギーとして振動のみを取上げ，分子 A を s 個の同一の振動数 ν をもつ

調和振動子の集合で近似する．分子 A^* のもつエネルギーは振動量子数を j とすると

$$\varepsilon_j = jh\nu \tag{7.15}$$

で与えられる．このエネルギーをもつ分子 A^* の分率 F_j が熱平衡分布，すなわち Boltzmann 分布で与えられるとすると

$$F_j = \frac{g_j \exp(-\varepsilon_j/k_B T)}{\sum_j g_j \exp(-\varepsilon_j/k_B T)}$$

$$= \frac{g_j \exp(-\varepsilon_j/k_B T)}{Q_V} \tag{7.16}$$

である．上式の Q_V は振動の分配関数であり，また k_B は Boltzmann 定数，g_j は振動量子数 j をもつ状態の多重度である．この多重度は j 個の振動量子を s 個の振動子に分配する方法の数であるから，j 個の区別できない玉を s 個の箱に入れる場合の数に等しい．したがって

$$g_j = \frac{(j+s-1)!}{j!(s-1)!} \tag{7.17}$$

である．解離や異性化などの化学反応が起こる場合の A^* の内部エネルギーは 1 個の振動量子 $h\nu$ に比べて非常に大きい．すなわち j は大きな数であるので階乗に対してスターリングの公式

$$j! \cong \frac{j^j}{e^j}, \quad (j+s-1)! \cong \frac{(j+s-1)^{j+s-1}}{e^{j+s-1}} \tag{7.18}$$

が適用できる．また数学公式

$$\lim_{j \to \infty} \left(1 + \frac{s-1}{j}\right)^{j+s-1} = e^{s-1} \tag{7.19}$$

を用いると

$$g_j \cong \frac{j^{s-1}}{(s-1)!} = \frac{1}{(s-1)!}\left(\frac{\varepsilon_j}{h\nu}\right)^{s-1} \tag{7.20}$$

が得られる．j が大きい場合には ε_j は連続とみなせるので $\varepsilon = \varepsilon_j$，$g(\varepsilon)d\varepsilon = g_j dj$ と書ける．$d\varepsilon = h\nu dj$ であるから

$$g(\varepsilon)d\varepsilon = \frac{1}{(h\nu)^s}\frac{\varepsilon^{s-1}}{(s-1)!}d\varepsilon \tag{7.21}$$

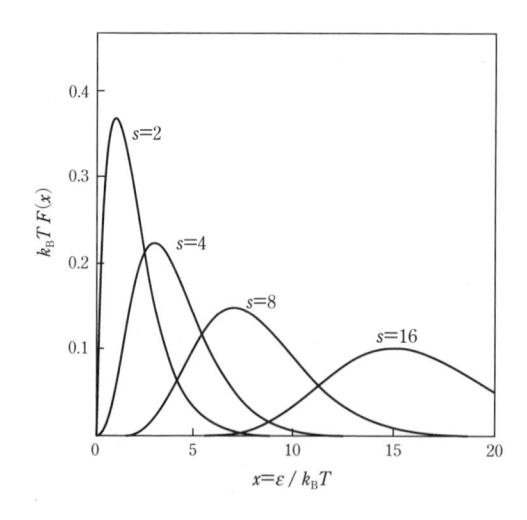

図 7.6 分布関数 $F(\varepsilon)$（横軸は無次元化した内部エネルギー $\varepsilon/k_B T$，縦軸は分布関数 $F(x)$ に $k_B T$ を掛けた値である）

7.3 カノニカル速度定数の圧力依存性

である．分配関数 Q_V は

$$Q_V = \int_0^\infty g(\varepsilon)\exp\left(-\frac{\varepsilon}{k_B T}\right)d\varepsilon = \frac{1}{(h\nu)^s}\frac{1}{(s-1)!}\int_0^\infty \varepsilon^{s-1}\exp\left(-\frac{\varepsilon}{k_B T}\right)d\varepsilon = \left(\frac{k_B T}{h\nu}\right)^s \quad (7.22)$$

となる．エネルギー分布関数は

$$F(\varepsilon)d\varepsilon = \frac{1}{(s-1)!}\left(\frac{\varepsilon}{k_B T}\right)^{s-1}\exp\left(-\frac{\varepsilon}{k_B T}\right)\frac{d\varepsilon}{k_B T} \quad (7.23)$$

となる．式(7.23)は s 個の振動子が同一の振動数 ν をもつとして導かれたが，s 個の振動子が異なる振動数 $\nu_i (i=1,\cdots,s)$ をもつ場合でも，式(7.21),(7.22)は $(h\nu)^s$ を $\prod_i h\nu_i$ で置き換えればそのまま成立する．したがって異なる振動数をもつ s 個の振動子に対しても式(7.23)の分布関数はそのまま適用できる．式(7.23)の関数 $F(\varepsilon)$ は $\varepsilon/k_B T=s-1$ で極大値をとる関数であり，極大値を与える ε の値は振動子の数 s が増えるにつれて大きな値になる．$F(\varepsilon)$ の計算値を図7.6に示す．

つぎに $k_d(\varepsilon)$ について考える．$k_d(\varepsilon)$ は A^* の衝突による失活の速度定数であり

$$k_d(\varepsilon) = \lambda Z \quad (7.24)$$

と表される．Z は単位時間・単位濃度あたりの衝突数，すなわち衝突頻度因子[*1]で λ は**衝突効率**(collision efficiency)で失活の確率を表す．厳密には λ は内部エネルギー ε の関数であると考えられるが，高エネルギー状態にある分子の失活はきわめて速いので，数回の衝突で A^* は失活して A になると仮定して，λ は定数であるとする．なお，$\lambda=1$ として，1回の衝突で A^* が失活して A になる，とする仮定を**強衝突の仮定**(strong collision assumption)という．

あとは $k_r(\varepsilon)$ がわかれば式(7.13)の計算に必要な速度定数がすべてわかったことになる．$k_r(\varepsilon)$ は A^* の自発的反応速度定数であるが，Lindemann 機構ではこの自発的反応速度定数は内部エネルギーによらず一定であると仮定していて，A^* が複数の振動モードにエネルギーを蓄積できることを考慮していなかった．Rice, Ramsperger と Kassel は独立に $k_r(\varepsilon)$ の内部エネルギー依存性に関する理論を提案した．この理論は RRK 理論とよばれている．

RRK 理論では，まず活性分子 A^* の振動エネルギー $\varepsilon=jh\nu$ は s 個の振動子の間を自由に移動できると仮定する．この s 個の振動子のうちのどれか一つに反応の閾値 $\varepsilon_0=mh\nu$ 以上のエネルギーが集中したときに反応が起こると考える．この場合，反応が起こる条件は $j>m$ である．j 個の振動量子のうちの m 個が一つの振動子に固定され，残りの $j-m$ 個の量子が s 個の振動子に分配される場合の数 $g_{j,m}$ は

$$g_{j,m} = \frac{(j-m+s-1)!}{(j-m)!(s-1)!} \quad (7.25)$$

となる．j 個の量子を s 個の振動子に分配する場合の数は式(7.17)で与えられているので，特定の振動子に m 個以上の振動量子が集中する確率 $p_{j,m}$ は

$$p_{j,m} = \frac{g_{j,m}}{g_j} = \frac{(j-m+s-1)!j!}{(j-m)!(j+s-1)!} \quad (7.26)$$

で与えられる．スターリングの公式(7.18)を用い，かつ $j-m \gg s-1$ を仮定すると式(7.26)は

$$p_{j,m} = \left(\frac{j-m}{j}\right)^{s-1} \quad (7.27)$$

[*1] 衝突頻度因子は衝突の速度定数に相当し，衝突速度係数ともよぶ．熱平衡の速度分布(Maxwell 分布)をもつ剛体球の衝突に対しては衝突直径を d，衝突の相対速度を $\langle v \rangle$ とすると $Z=\pi d^2 \langle v \rangle$ で定義される．§1.2.2の(1.38)式の z_{AB} と同じである．

となる．RRK理論では反応速度定数 k_r は $p_{j,m}$ に比例し，その比例定数は ε_0 より大きなエネルギーをもつ振動子の平均振動数 $\bar{\nu}$ で与えられるとする．

$$k_r = \bar{\nu}\left(\frac{j-m}{j}\right)^{s-1} \tag{7.28}$$

式(7.21)を導いたときと同様に振動エネルギーを連続とすると

$$\begin{aligned} k_r(\varepsilon) &= \bar{\nu}\left(\frac{\varepsilon-\varepsilon_0}{\varepsilon}\right)^{s-1} & (\varepsilon > \varepsilon_0) \\ &= 0 & (\varepsilon \leq \varepsilon_0) \end{aligned} \tag{7.29}$$

が得られる．ここでは s 個の振動子はすべて同じ振動数 ν をもつとしているので $\bar{\nu}=\nu$ である．図7.7にいくつかの s の値について $k_r(\varepsilon)/\bar{\nu}$ の値を $\varepsilon/\varepsilon_0$ に対してプロットした図を示す．同じ $\varepsilon/\varepsilon_0$ の値に対しては s の値が大きいほど（自由度が大きな分子，つまり原子数の多い分子ほど）$k_r(\varepsilon)/\bar{\nu}$ の値は小さいが，これは振動自由度が大きいほどエネルギーが一つの振動子に集中する確率が小さくなるためである．

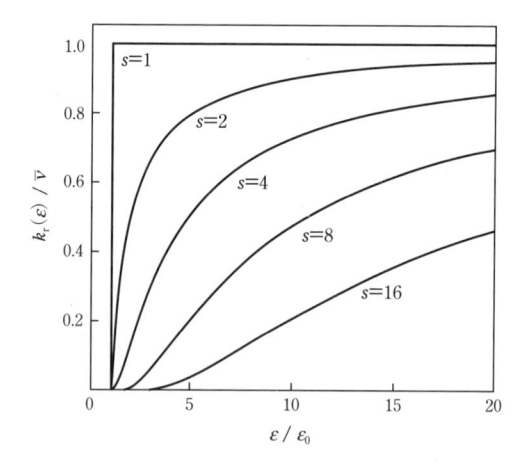

図 7.7　RRK理論によるミクロカノニカル速度定数

以上ですべての速度定数の内部エネルギー依存性がわかったので，式(7.23)，(7.24)および(7.29)を式(7.13)に代入すれば k_{uni} が計算できる．

$$k_{uni} = \int_{\varepsilon_0}^{\infty} \frac{\{1/(s-1)!\}(\varepsilon/k_B T)^{s-1}\exp(-\varepsilon/k_B T)\,\bar{\nu}\{(\varepsilon-\varepsilon_0)/\varepsilon\}^{s-1}}{1+(\bar{\nu}/\lambda Z[M])\{(\varepsilon-\varepsilon_0)/\varepsilon\}^{s-1}}\frac{d\varepsilon}{k_B T} \tag{7.30}$$

ここで $x=(\varepsilon-\varepsilon_0)/k_B T$, $a=\varepsilon_0/k_B T$ とおくと上式は

$$k_{uni} = \frac{\bar{\nu}e^{-a}}{(s-1)!}\int_0^{\infty}\frac{x^{s-1}e^{-x}dx}{1+(\bar{\nu}/\lambda Z[M])\{x/(x+a)\}^{s-1}} \tag{7.31}$$

となる．この式から高圧極限（$[M]\to\infty$）では

$$k_{\infty} = \frac{\bar{\nu}e^{-a}}{(s-1)!}\int_0^{\infty}x^{s-1}e^{-x}dx = \bar{\nu}\exp\left(-\frac{\varepsilon_0}{k_B T}\right) \tag{7.32}$$

が得られる．また低圧極限では式(7.30)から

$$k_0 = \frac{\lambda Z}{(s-1)!}\int_{\varepsilon_0}^{\infty}\left(\frac{\varepsilon}{k_B T}\right)^{s-1}\exp\left(-\frac{\varepsilon}{k_B T}\right)\frac{d\varepsilon}{kT} = \lambda Z\exp\left(-\frac{\varepsilon_0}{k_B T}\right)\sum_{r=0}^{s-1}\frac{1}{r!}\left(\frac{\varepsilon_0}{k_B T}\right)^r \tag{7.33}$$

7.3 カノニカル速度定数の圧力依存性

となるが，通常は $\varepsilon_0 \gg kT$ とみなせるので式(7.33)の和の中で $r=s-1$ の項のみをとれば

$$k_0 \approx \frac{\lambda Z}{(s-1)!}\left(\frac{\varepsilon_0}{k_B T}\right)^{s-1} \exp\left(-\frac{\varepsilon_0}{k_B T}\right) \tag{7.34}$$

が低圧極限の速度定数として得られる．

図7.8にCH$_3$NCの異性化反応についてのRRK理論による計算値と実験値との比較を示す．図7.8からわかるように，実験の圧力依存性に比較的よく合うのは $s=7$ のときで（衝突効率 $\lambda=1$ とした場合），分子の実際の振動自由度の数の1/2程度の値となっている．また他の温度でも比較すると s の値が温度に依存するとしなければ実験値を再現できないことがわかる．この原因の一つは式(7.20)から(7.21)を導くとき，および式(7.28)から(7.29)を導くときに用いた近似によるものである．量子論的RRK理論(QRRK理論)によりこの近似を用いずに k_{uni} を計算することができる．QRRK理論による k_{uni}/k_∞ の式は式(7.16)，(7.17)および(7.26)から得られる．$p=j-m$，$\alpha=\exp(-h\nu/k_B T)$ とおくと

$$\frac{k_{uni}}{k_\infty} = \frac{(1-\alpha)^s}{(s-1)!}\sum_{p=0}^{\infty}\frac{\alpha^p (p+s-1)!/p!}{1+(\bar{\nu}/\lambda Z[M])(p+m)!(p+s-1)!/[(p+m+s-1)!p!]} \tag{7.35}$$

となる*．

RRK理論あるいはQRRK理論いずれの場合でも，高圧極限における速度定数の前指数因子は平均の振動数で与えられることが多い．平均振動数としては反応分子のすべての振動モードの振動数の幾何平均がよく用いられる．図7.8の計算値でもCH$_3$NCのすべての振動モードの振動数の幾何平均を用いている．

分子振動の基準振動数は 10^{13} から $10^{14}\,s^{-1}$ のオーダーであるが，高圧極限の前指数因子が $10^{14}\,s^{-1}$ より大きくなることもあり，特に単純な結合解離反応では $10^{15}\sim 10^{17}\,s^{-1}$ である．RRKおよびQRRK理論の最も重大な欠点は，解離反応などにおけるこの大きな前指数因子を説明できないことにある．この点を解決したのが次節で説明するRRKM理論である．

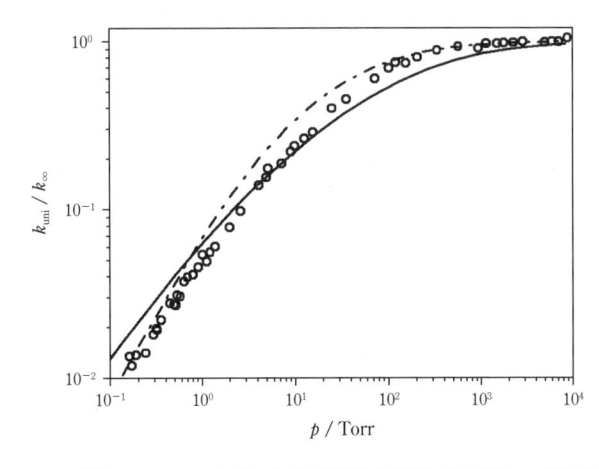

実線：RRK理論($s=7$, $\lambda=1$)
一点鎖線：RRKM理論($\lambda=1$)
実験値は図7.4と同じ
1 Torr=133.3 Pa

図 7.8 472.6 Kにおける異性化反応 CH$_3$NC → CH$_3$CN の速度定数の RRK，およびRRKM理論の計算値と実験値の比較（$\varepsilon_0=161.3\,kJ\,mol^{-1}$, $\nu=1280\,cm^{-1}$ とした）

---

* K. A. Holbrook, M. J. Piling, S. H. Robertson, "Unimolecular Reactions", Chap. 11, John Wiley & Sons (1996).

7.3.4 RRKM 理論

Marcus は励起された A^* 分子は**活性錯合体**(activated complex) $A^{\ddagger}$ を経て生成物に移行すると考えて RRK 理論を修正した[*1]. A^* 分子は反応分子と同じ構造をとる内部エネルギーが励起された分子であるが，この分子が反応物とは構造の異なる生成物に変化するためには遷移状態を経由する必要があるからである．また，A^* 分子の振動エネルギーと回転エネルギーを区別することにより，より現実の分子に近いモデルを構築した．この理論は RRKM 理論[*2]とよばれている．RRKM 理論では活性化された分子 A^* の内部エネルギー ε は**活性自由度**(active degree of freedom)のエネルギー ε^* と**不活性な自由度**(inactive degree of freedom)のエネルギーとに分けて考える．活性自由度はすべての振動モードと一部の回転モードとからなり，これらのモード間では自由にエネルギー移動が起きて，そのエネルギーは反応を起こすために用いられると仮定する．一方，A^* 分子の外部回転の角運動量は $A^* \to A^{\ddagger} \to$ 生成物という結合の切断や組替えが起こる過程においても角運動量保存則により保存されていなければならない．つまり化学反応の全過程を通じて外部回転の量子数は A^* においても $A^{\ddagger}$ でも変わらないので，**断熱回転**(adiabatic rotation)とよばれる．この断熱回転のエネルギーを ε_J とすると ε_J は不活性であり，反応を起こすためには用いられないエネルギーである．A^* のエネルギーは $\varepsilon = \varepsilon^* + \varepsilon_J$ であるが[*3]，このエネルギーが遷移状態ではどのように分配されるかを図 7.9 に示す．A^* のエネルギーの一部は反応障壁 ε_0 を越えるために用いられる．残りは断熱回転のエネルギー $\varepsilon_J^{\ddagger}$ と活性な自由度のエネルギー $\varepsilon^{\ddagger}$ になる．すなわち

$$\varepsilon = \varepsilon^* + \varepsilon_J = \varepsilon_0 + \varepsilon^{\ddagger} + \varepsilon_J^{\ddagger} \tag{7.36}$$

である．A^* と $A^{\ddagger}$ では構造が異なるので慣性モーメントも異なり，したがって角運動量は保存されていて回転量子数が同じでも断熱回転エネルギー ε_J と $\varepsilon_J^{\ddagger}$ は異なる値をもつ．解離反応のように活性錯合体の慣性モーメントのほうが大きい場合には $\varepsilon_J > \varepsilon_J^{\ddagger}$ である．

RRKM 理論における速度定数 $k_r(\varepsilon^*)$ は活性な内部エネルギーのみならず断熱回転エネルギーにも依存するので $k_r(\varepsilon^*, J)$ のように書かねばならない．この速度定数は A^* が活性錯合体 $A^{\ddagger}$ を経て反応するときのミクロカノニカル速度定数であり，第 4 章で説明されているように遷移状態理論を用いて導出することがでる．その結果は式(4.21)で与えられている．図 7.9 のエネルギーの定義を用いると

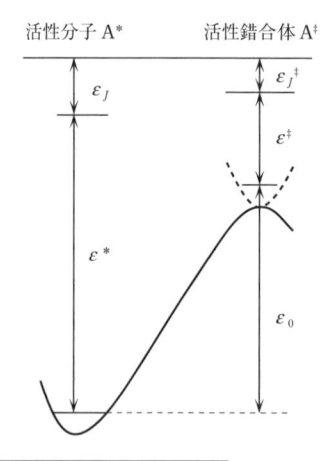

図 7.9 活性分子と活性錯合体のエネルギー図

[*1] 活性錯合体については付録 E.1 も参照するとよい．
[*2] RRKM 理論は Marcus により，以下のような論文によって展開された．R. A. Marcus, *J. Chem. Phys.*, **20**, 359 (1952); *ibid.*, **43**, 2658 (1965); *ibid.*, **52**, 1018 (1970).
[*3] 第 4 章ではエネルギーについて E を用いているが，この章では ε を用いる．

式(4.21)はつぎのようになる．

$$k_r(\varepsilon^*, J) = \frac{L^{\ddagger}}{h}\frac{G^{\ddagger}(\varepsilon^{\ddagger})}{\rho(\varepsilon^*)} = \frac{L^{\ddagger}}{h}\frac{G^{\ddagger}(\varepsilon^{\ddagger})}{\rho(\varepsilon_0+\varepsilon^{\ddagger}+\varepsilon_J^{\ddagger}-\varepsilon_J)} \tag{7.37}$$

ここで $G^{\ddagger}(\varepsilon^{\ddagger})$ は式(4.21)の $K^{\ddagger}(E-E_0)$ と同じであり遷移状態において開いているチャンネルの数であるが，これは遷移状態におけるエネルギー $0\sim\varepsilon^{\ddagger}$ の範囲にある量子状態の総和[*1]に等しい．この状態和を計算するためには，活性回転とすべての振動の量子状態を考慮する必要がある．また，$L^{\ddagger}$ は例題4.1でも説明されている反応経路の多重性を表す**統計因子**(statistical factor)であるが，この統計因子の考え方については多少複雑な議論があるので節を改めて説明する．

式(7.13)のカノニカル速度定数はRRKM理論では次式のように書き直される．

$$k_{uni} = \int_{\varepsilon_0}^{\infty}\sum_J \frac{k_r(\varepsilon^*, J)F(\varepsilon^*, J)}{1+\dfrac{k_r(\varepsilon^*, J)}{\lambda Z[M]}}d\varepsilon^* \tag{7.38}$$

分布関数 $F(\varepsilon^*, J)$ も活性自由度の分布関数と断熱回転の分布関数の積になる．以下に述べるように断熱回転を二次元の剛体回転で近似した場合，分布関数は

$$F(\varepsilon^*, J) = \frac{(2J+1)\exp(-\varepsilon_J/k_BT)}{Q_J}\frac{\rho(\varepsilon^*)\exp(-\varepsilon^*/k_BT)}{Q_a} \tag{7.39}$$

と書き直される．ここで Q_J は断熱回転の分配関数，Q_a は活性自由度(活性回転と振動)の分配関数であり，次式で定義される[*2]．

$$Q_J = \sum_J (2J+1)\exp\left(-\frac{\varepsilon_J}{k_BT}\right) \tag{7.40}$$

$$Q_a = \int_0^{\infty}\rho(\varepsilon^*)\exp\left(-\frac{\varepsilon^*}{k_BT}\right) \tag{7.41}$$

式(7.37), (7.39)を式(7.38)に代入し，式(7.36)の関係を用いると

$$k_{uni} = \frac{L^{\ddagger}\exp(-\varepsilon_0/k_BT)}{hQ_JQ_a}\int_0^{\infty}\sum_J\frac{(2J+1)\exp(-\varepsilon_J^{\ddagger}/k_BT)G^{\ddagger}(\varepsilon^{\ddagger})\exp(-\varepsilon^{\ddagger}/k_BT)}{1+\dfrac{k_r(\varepsilon^*, J)}{\lambda Z[M]}}d\varepsilon^{\ddagger} \tag{7.42}$$

となる．上式を数値積分してカノニカル速度定数を求めることができる．

実際にRRKM理論を用いて速度定数を算出する場合，どの回転自由度が断熱回転なのかを決めなければならない．単純な結合解離反応についてこの問題を考えてみる．たとえば C_2H_6 が二つの CH_3 に解離する反応では，CH_3 の重心間を結ぶ距離を反応座標と考えることができる(pseudo-diatomic model)．この場合，この重心間を結ぶベクトルに直交する二つの(縮重している)角運動量は二つのフラグメント(CH_3)の間の軌道角運動量であり，CH_3-CH_3 の間の距離が大きくなっても一定である．これらの軌道角運動量に対応する回転は外部回転として保存される．一方，反応座標のまわりの回転のエネルギーは反応の進行とともにフラグメントの他の自由度のエネルギーに変換される活性なエネルギーであり，この回転は活性回転である．C_2H_6 の解離反応の例では，反応座標(C-C結合間の距離)に直交する二重に縮重している角運動量に対応する回転が断熱回転で，C-C結合のまわりの回転が活性回転である．この例以外でも多くの非直線の多原子分子は近似的に対称コマ分子と

[*1] (累積)**状態数**(number of states)，あるいは**状態和**(sum of states)ともいう．
[*2] 式(7.39)および(7.41)では表記を簡略化するために活性回転と振動を連続準位と考えてその状態密度を合わせて $\rho(\varepsilon^*)$ としているが，実際の計算に際してはこの仮定は必要ない．

して扱えることが多い．対称コマ分子とは三回軸以上の回転対称性をもつために三つの主慣性モーメント I_A, I_B, I_C のうちの二つが等しい分子である．対称コマ分子では，回転エネルギーは二重縮重している二次元回転子(量子数 J)と一次元回転子(量子数 K)のエネルギーの和になる．量子数 J は反応の過程で角運動量保存則から不変であるが，一次元回転は活性回転とみなせて量子数 K は保存されない．実際には内部エネルギーが励起された分子では振動と回転が強く相互作用するために振動-回転自由度間のエネルギー移動も起こりやすくなって，どの回転自由度が断熱かは必ずしも明らかではないが，説明の都合上，以下の議論では断熱回転として量子数 J の二次元回転子(以下 J-回転子)を，活性回転として量子数 K の一次元回転子(K-回転子)を考える．

高圧極限や低圧極限の速度定数を見通しよく求めるために，断熱回転エネルギーを平均値で置き換える．分子 A および活性錯合体 $A^\ddagger$ の断熱回転の慣性モーメントを I および $I^\ddagger$ として剛体回転子近似を用いると $\varepsilon_J = (h^2/8\pi^2 I)J(J+1)$ であるから

$$\Delta \varepsilon_J = \varepsilon_J^\ddagger - \varepsilon_J = \left(1 - \frac{I^\ddagger}{I}\right)\varepsilon_J^\ddagger \tag{7.43}$$

となる．したがって断熱回転エネルギーの差の平均 $\langle \Delta \varepsilon_J \rangle$ は

$$\langle \Delta \varepsilon_J \rangle = \left(1 - \frac{I^\ddagger}{I}\right)\langle \varepsilon_J^\ddagger \rangle = \left(1 - \frac{I^\ddagger}{I}\right)k_B T \tag{7.44}$$

であり温度のみの関数である．正確な状態密度と，断熱回転エネルギー差を平均で置き換えた状態密度の比

$$\xi = \frac{\rho(\varepsilon_0 + \varepsilon^\ddagger + \langle \Delta \varepsilon_J \rangle)}{\rho(\varepsilon_0 + \varepsilon^\ddagger + \Delta \varepsilon_J)} = \frac{\rho(\varepsilon_0 + \varepsilon^\ddagger + (1 - I^\ddagger/I)k_B T)}{\rho(\varepsilon_0 + \varepsilon^\ddagger + \Delta \varepsilon_J)} \tag{7.45}$$

は多くの場合 1 に近いと考えられる．ξ の近似式として Waage と Rabinovitch はつぎのような式を提案している[*1]．

$$\xi = \left\{1 + \frac{\left(s + \frac{d}{2} - 1\right)\left(\frac{I^\ddagger}{I} - 1\right)k_B T}{\varepsilon_0 + a\varepsilon_Z}\right\}^{-1} \tag{7.46}$$

ここで s は振動モードの数，d は活性な回転自由度の数，ε_Z は分子 A の振動の零点エネルギーで，a は状態密度の近似計算にも用いられている 0 と 1 の間の値をとるパラメーターである[*2]．式(7.46)のように ξ が J に依存しないとすると

$$k_r(\varepsilon_0 + \varepsilon^\ddagger + \langle \Delta \varepsilon_J \rangle) \equiv \frac{L^\ddagger}{h} \frac{G^\ddagger(\varepsilon^\ddagger)}{\rho(\varepsilon_0 + \varepsilon^\ddagger + \langle \Delta \varepsilon_J \rangle)} = \frac{k_r(\varepsilon^*, J)}{\xi} \tag{7.47}$$

を用いて，式(7.42)はつぎのように書きなおせる．

$$k_{uni} = \frac{L^\ddagger}{hQ_J Q_a} \exp\left(-\frac{\varepsilon_0}{k_B T}\right) \int_0^\infty \frac{\left(\sum_J (2J+1)\exp(-\varepsilon_J^\ddagger/k_B T)\right) G^\ddagger(\varepsilon^\ddagger)\exp(-\varepsilon^\ddagger/k_B T)}{1 + \frac{k_r(\varepsilon_0 + \varepsilon^\ddagger + \langle \Delta \varepsilon_J \rangle)}{\xi \lambda Z[M]}} d\varepsilon^\ddagger$$

$$= \frac{L^\ddagger}{h} \frac{Q_J^\ddagger}{Q_J Q_a} \exp\left(-\frac{\varepsilon_0}{k_B T}\right) \int_0^\infty \frac{G^\ddagger(\varepsilon^\ddagger)\exp(-\varepsilon^\ddagger/k_B T)}{1 + \frac{k_r(\varepsilon_0 + \varepsilon^\ddagger + \langle \Delta \varepsilon_J \rangle)}{\xi \lambda Z[M]}} d\varepsilon^\ddagger \tag{7.48}$$

[*1] E. V. Waage, B. S. Rabinovitch, *Chem. Rev.*, 70, 377 (1970).
[*2] 実際の計算式は §7.4.2 で説明する．

ここで $Q_J^\ddagger$ は遷移状態における断熱回転の分配関数である．高圧極限では式(7.48)の被積分関数の分母は1となるので

$$k_\infty = \frac{L^\ddagger}{h}\frac{Q_J^\ddagger}{Q_J Q_a}\exp\left(-\frac{\varepsilon_0}{k_B T}\right)\int_0^\infty G^\ddagger(\varepsilon^\ddagger)\exp(-\varepsilon^\ddagger/k_B T)\,d\varepsilon^\ddagger \tag{7.49}$$

となる．上式右辺にある積分の項はすでに第4章で求められていて(式(4.27)～(4.30)) $Q_a^\ddagger$ を遷移状態における活性自由度の分配関数とすると $k_B T Q_a^\ddagger$ に等しい．したがって結局，

$$k_\infty = L^\ddagger \frac{k_B T}{h}\frac{Q_J^\ddagger Q_a^\ddagger}{Q_J Q_a}\exp\left(-\frac{\varepsilon_0}{k_B T}\right) \tag{7.50}$$

となってよく知られた遷移状態理論の速度定数になることがわかる．つまり RRKM 理論における高圧極限の速度定数は，遷移状態理論の速度定数で与えられる．

低圧極限の速度定数は

$$k_0 = \lambda Z[\mathrm{M}]\xi\frac{Q_J^\ddagger}{Q_J Q_a}\exp\left(-\frac{\varepsilon_0}{k_B T}\right)\int_0^\infty \rho(\varepsilon_0+\varepsilon^\ddagger+\langle\Delta\varepsilon_J\rangle)\exp\left(-\frac{\varepsilon^\ddagger}{k_B T}\right)d\varepsilon^\ddagger \tag{7.51}$$

となる．この式から明らかなように低圧極限の速度定数は統計因子 $L^\ddagger$ には依存しない．これは低圧極限では律速段階が反応物 A の活性化(素過程(7.2))であることに対応している．

式(7.48)を用いて単分子反応の速度定数を求めることができるが，そのために必要な情報は衝突効率 λ 以外には反応のエネルギー障壁の高さ ε_0，反応経路の統計因子 $L^\ddagger$，および反応物と活性錯合体の分子定数(振動数，慣性モーメント，質量)であり，遷移状態理論による速度定数の評価の場合と同じである．反応物の分子定数に関しては実験により求められていることも多いが，活性錯合体に関する情報は実験ではほとんど得られていない．これらに関しては，最近は量子化学計算により推定されることが多い．実験にせよ量子化学計算にせよ分子定数が得られれば，これに基づいて状態密度と遷移状態における状態和を求めることが可能になる．

7.4 RRKM 理論によるカノニカル速度定数の算出

7.4.1 反応経路の統計因子

式(7.37)のミクロカノニカル速度定数を計算するときに必要になる反応経路の統計因子については過去にさまざまな議論がなされてきた．ここでは Gilbert らの方法[*1]に基づいて統計因子を導出する．

分子が回転対称性をもつ場合，回転によって相互に転換できる等価な構造が存在する．この等価な構造の数が**対称数**(symmetry number) σ である．より明確に定義すると，対称数とは任意の初めの配置から回転操作によってつくり出される分子配置のうちで，同じ種類の原子にラベルを付けた場合には区別でき，ラベルを付けないときには区別できないような配置の数[*2]である．対称数は分子の属する点群が決まれば一意的に定まる．いくつかのよく出てくる点群に対する対称数を表7.1に示す．

[*1] R. G. Gilbert, S. C. Smith, "Theory of Unimolecular and Recombination Reactions", Chap. 3, Blackwell Scientific Publications, Oxford (1990).
[*2] J. H. Knox 著，中川一郎訳，"分子統計熱力学"，東京化学同人，第6章 (1971).

表 7.1 点群と対称数

点 群	対称数	点 群	対称数	点 群	対称数
$C_{\infty v}$	1	C_2, C_{2v}, C_{2h}	2	D_3, D_{3d}, D_{3h}	6
$D_{\infty h}$	2	C_3, C_{3v}, C_{3h}	3	T, T_d	12
C_s	1	D_2, D_{2d}, D_{2h}	4	O_h	24

　n個の同一の種類の原子がある分子では，この同一の種類の原子を入れ替えてできる配置は$n!$個ある．この$n!$の構造のうち，回転操作によって相互変換できる構造(対称数の個数だけある)は，等価な原子の入れ替えを行わなくても得られる構造である．一方で，回転操作によっては相互変換できない構造は，たとえば鏡映などの操作によって同じ種類の原子の入れ替えを行わないと相互変換できない．したがって，これらの構造は異なった反応経路上の分子と考えなければならない．すなわち，回転操作のみでは相互変換できない等価な構造は，分子構造やエネルギーが同一でもポテンシャル曲面上では高いエネルギー障壁によって隔たっている異なる領域を占めている．このような，分子構造やエネルギーは全く同一であるが回転操作によって相互変換できなくて，ポテンシャル曲面上では異なる領域を占めている構造は$n!/\sigma$個存在する．さらに分子が光学異性体をもつ場合，これらの光学異性体どうしは角運動量の向きが逆であるのみで，分子振動数や回転モーメントおよびエネルギーは同一である．これらの光学異性体もポテンシャル曲面上の異なる領域を占めていて，光学異性体間の異性化反応のエネルギー障壁が高い場合には互いに相互変換できないので区別する必要がある．したがって，mを光学異性体の数とすると，分子構造が同一とみなせてエネルギーが等しいが，区別しなければならない構造は$m\cdot n!/\sigma$個存在することになる．これらの構造をもつ分子は，ポテンシャル上でエネルギーは等しいが異なる反応経路を経由して遷移状態を通過する．この結果，ポテンシャル曲面上の一つの構造について計算された状態密度や状態和は$m\cdot n!/\sigma$倍しなければならない．この補正項を加えるとミクロカノニカル速度定数はつぎのようになる．

$$k_r(\varepsilon^*) = \frac{m^\ddagger \cdot n!/\sigma^\ddagger)\,G^\ddagger(\varepsilon^\ddagger)}{h(m\cdot n!/\sigma)\,\rho(\varepsilon^*)} = \frac{1}{h}\frac{m^\ddagger \sigma}{m\sigma^\ddagger}\frac{G^\ddagger(\varepsilon^\ddagger)}{\rho(\varepsilon^*)} \qquad (7.52)$$

ここで$m^\ddagger, \sigma^\ddagger$は活性錯合体の光学異性体の数と対称数である．式(7.52)と式(7.37)の比較から，反応経路の統計因子は

$$L^\ddagger = \frac{m^\ddagger \sigma}{m\sigma^\ddagger} \qquad (7.53)$$

となることがわかる．

　式(7.40)，(7.41)で定義される回転分配関数には対称数は含まれていないが，統計熱力学では式(7.40)，(7.41)のQを対称数σで割った値を分配関数として定義する場合が多い．この定義の分配関数を用いて速度定数を計算するときには統計因子は$L^\ddagger = m^\ddagger/m$として計算しなければならない．

　ごくまれに式(7.53)の統計因子では不都合が生じることがある．反応物と生成物が同一であるような対称的な交換反応(たとえば例題4.1に示されている$H + H_2 \rightarrow H_2 + H$)では式(7.52)ではなくて，反応経路の数を直接にカウントしなければならない．$H + H_2$の交換反応で式(7.52)が適用できないのは反応系の分子配置の半分は実は生成物であるということに起因しているが[*]，実際の反応解析に

---

[*] R. G. Gilbert, S. C. Smith, "Theory of Unimolecular and Recombination Reactions", Chap. 3.9, Blackwell Scientific Publications, Oxford (1990).

おいてはこのような生成物と反応物が同一である反応は考慮する必要はない．したがって事実上，反応系の統計因子を式(7.52)で計算しても支障はない．

7.4.2 状態密度と状態和

RRKM理論により単分子反応の速度定数を評価するためには，活性分子A^*の状態密度$\rho(\varepsilon^*)$と遷移状態における状態和$G^{\ddagger}(\varepsilon^{\ddagger})$を求める必要がある．$A^*$の内部エネルギー$\varepsilon^*$および活性錯合体$A^{\ddagger}$の内部エネルギー$\varepsilon^{\ddagger}$は活性回転のエネルギーと振動エネルギーとの和である．したがって状態密度あるいは状態和も回転と振動自由度の寄与を考慮して計算しなければならない．ここでは内部自由度が振動と回転の自由度に分離できる場合について，状態密度と状態和の計算方法を説明する[*1]．

状態密度，状態和の計算方法は活性分子，活性錯合体いずれでも同じなのでこの節ではε^*と$\varepsilon^{\ddagger}$を区別せず単にε_{VR}と書く．$P(\varepsilon)$を量子化されたエネルギーεにおける量子状態の数(縮重度)とすると，ε_{VR}における状態和は

$$G(\varepsilon_{VR}) = \sum_{\varepsilon=0}^{\varepsilon_{VR}} P(\varepsilon) \tag{7.54}$$

である．状態密度が大きくてエネルギー準位が連続とみなせるときには$P(\varepsilon)$は$\rho(\varepsilon)d\varepsilon$で置き換えられるので，上式は

$$G(\varepsilon_{VR}) = \int_0^{\varepsilon_{VR}} \rho(\varepsilon)d\varepsilon \quad \text{または} \quad \rho(\varepsilon) = \frac{dG(\varepsilon)}{d\varepsilon} \tag{7.55}$$

となる．

最初に古典論に基づいて状態密度を求めてみる．エネルギー準位が連続とみなせるとき，$\beta \equiv 1/k_B T$とすると分配関数は

$$Q(\beta) = \int_0^{\infty} \rho(\varepsilon)\exp(-\beta\varepsilon)d\varepsilon \tag{7.56}$$

であるから，βを変換変数とする状態密度のラプラス変換となっていることがわかる．したがって状態密度は分配関数を逆ラプラス変換することにより求められる．振動数νの調和振動子の古典分配関数は$Q=1/\beta h\nu$である．s個の振動数$\nu_i(i=1 \sim s)$の調和振動子の分配関数は

$$Q(\beta) = \frac{1}{\beta^s}\left(\prod_{i=1}^{s} h\nu_i\right)^{-1} \tag{7.57}$$

となり，この逆ラプラス変換$L^{-1}[Q(\beta)]$から状態密度は直ちに求められて

$$\rho(\varepsilon) = L^{-1}[Q(\beta)] = \frac{1}{\prod_{i=1}^{s} h\nu_i} L^{-1}[\beta^{-s}] = \frac{\varepsilon^{s-1}}{\Gamma(s)\prod_{i=1}^{s} h\nu_i} = \frac{\varepsilon^{s-1}}{(s-1)!\prod_{i=1}^{s} h\nu_i} \tag{7.58}$$

となる．上式で$\Gamma(s)$はガンマ関数である．状態和は式(7.55)よりつぎのように求められる．

$$G(\varepsilon) = \frac{\varepsilon^s}{s!\prod_{i=1}^{s} h\nu_i} \tag{7.59}$$

これらの式は内部エネルギーが大きい場合にはよい近似となるが，振動の零点エネルギーと同じ程度のエネルギー領域における誤差は大きくなる．

[*1] 回転自由度と振動自由度が分離できない場合，あるいは振動のモード間の相互作用が強い場合はモンテカルロ法の利用など別の取扱いが必要であるが，ここでは扱わない．

Whitten-Rabinovitch の方法

Rabinovitch ら[*1] は調和振動子に零点補正を考慮した半経験的な状態密度と状態和の式を導いた．特につぎの Whitten-Rabinovitch の式がよく用いられている．

$$\rho(\varepsilon) = \frac{(\varepsilon+a\varepsilon_Z)^{s-1}}{(s-1)!\prod h\nu_i}\left(1-\beta_R\left(\frac{dw}{d\varepsilon'}\right)\right) \tag{7.60}$$

$$G(\varepsilon) = \frac{(\varepsilon+a\varepsilon_Z)^s}{s!\prod h\nu_i} \tag{7.61}$$

ここで ε_Z は零点エネルギーである．

$$\varepsilon_Z = \sum_{i=1}^{s} h\nu_i/2 \tag{7.62}$$

式(7.60)，(7.61)の a は経験的パラメーターであり，次式で与えられている．

$$a = 1-\beta_R w(\varepsilon'), \quad \varepsilon' = \frac{\varepsilon}{\varepsilon_Z} \tag{7.63}$$

$$\beta_R = \frac{s-1}{s}\frac{\langle\nu^2\rangle}{\langle\nu\rangle^2} \tag{7.64}$$

$$w(\varepsilon') = (5.00\varepsilon'+2.73(\varepsilon')^{0.5}+3.51)^{-1} \quad (0.1<\varepsilon'<1.0)$$
$$= \exp(-2.4191(\varepsilon')^{0.25}) \quad (1.0\leq\varepsilon'<8.0) \tag{7.65}$$

式(7.64)の $\langle\nu\rangle$ および $\langle\nu^2\rangle$ は振動数の平均および二乗平均である．

例題 7.3 量子化学計算(B3LYP/6-311 G(d, p))の結果によれば CH_3NC の基準振動のエネルギーは 274(2)，956，1146(2)，1456，1492(2)，2237，3046，3118(2) cm^{-1} である．( )内の数字は縮重度である．式(7.60)を用いて $\varepsilon'=\varepsilon/\varepsilon_Z=1, 2, 3$ における振動エネルギーの状態密度を計算せよ．

解答 計算を効率よく行うために，まず振動エネルギー ε に依存しない量を求めておく．式(7.60)を書き換えると

$$\rho(\varepsilon') = C\times(\varepsilon'+a)^{s-1}\left(1-\beta_R\left(\frac{dw}{d\varepsilon'}\right)\right) \quad 定数\ C = \frac{\varepsilon_Z^{s-1}}{(s-1)!\prod_{i=1}^{s}h\nu_i}$$

となる．CH_3NC は 6 原子から構成されるので $s=6\times3-6=12$ である．計算すると

$(s-1)!=3.992\times10^7,\ \varepsilon_Z=\sum_{i=1}^{12}\frac{h\nu_i}{2}=9878\ cm^{-1},\ \langle\nu\rangle=1646\ cm^{-1},\ \langle\nu^2\rangle=3.666\times10^6\ (cm^{-1})^2$

$\prod_{s=1}^{12}h\nu_i=2.023\times10^{37}\ (cm^{-1})^{12},\ \varepsilon_Z^{s-1}=8.732\times10^{43}\ (cm^{-1})^{11},\ C=0.1081\ (cm^{-1})^{-1}$

などの数値が得られる．式(7.64)から $\beta_R=1.240$ である．式(7.65)を微分すると $\varepsilon'\geq1$ のときは

$$\frac{dw}{d\varepsilon} = -(0.60478(\varepsilon')^{-0.75})w$$

である．これで準備は整ったので，上の式に $\varepsilon'=1$ を代入すると
$w=0.089,\ a=0.8896,\ dw/d\varepsilon'=-0.0538$ となり，最終的に $\rho=126.5/cm^{-1}$ が得られる．同様にして $\varepsilon'=2, 3$ の場合も計算すると 1 cm^{-1} あたりの状態密度が表1のように得られる．エネルギーの増加とともに状態密度は急激に増加することがわかる．

[*1] G. Z. Whitten, B. S. Rabinovitch, *J. Chem. Phys.*, **38**, 2466 (1963).

表 1 CH$_3$NC の振動エネルギーに対する状態密度の計算値（Whitten-Rabinovitch 式による）

ε'	$\varepsilon/\text{cm}^{-1}$	w	a	$dw/d\varepsilon'$	$\rho(\varepsilon)/(\text{cm}^{-1})^{-1}$
1	9878	0.0890	0.8896	-0.0538	126.5
2	19756	0.0563	0.9302	-0.0203	1.515×10^4
3	29634	0.0414	0.9486	-0.0110	3.986×10^5

ついで回転の状態数と状態和について，同様に分配関数の逆ラプラス変換を用いて求めてみる．活性な一次元回転子(K-回転子)の，対称数を含まない分配関数は

$$Q = \sqrt{\frac{\pi k_B T}{B}} \tag{7.66}$$

である．ここで B は回転定数($B = h^2/8\pi^2 I$)である．式(7.66)式の逆ラプラス変換から K-回転子の状態密度と状態和は

$$\rho(\varepsilon) = (B\varepsilon)^{-1/2}, \quad G(\varepsilon) = 2\left(\frac{\varepsilon}{B}\right)^{1/2} \tag{7.67}$$

となる．また二次元回転子(J-回転子)の分配関数，状態密度と状態和は

$$Q = \frac{k_B T}{B}, \quad \rho(\varepsilon) = \frac{1}{B}, \quad G(\varepsilon) = \frac{\varepsilon}{B} \tag{7.68}$$

である．

内部エネルギー ε_{VR} は振動エネルギー ε_V と活性回転エネルギー ε_R の和であるが，エネルギー ε_{VR} における振動と回転の状態和は，振動エネルギーが $\varepsilon_V = 0 \sim \varepsilon_{VR}$ の範囲にあるとき対応する回転エネルギーが $\varepsilon_R = \varepsilon_{VR} - \varepsilon_V$ である状態の数の和となるので

$$G(\varepsilon_{VR}) = \sum_{\varepsilon_V=0}^{\varepsilon} P(\varepsilon_V) \sum_{\varepsilon_R=0}^{\varepsilon-\varepsilon_V} P(\varepsilon_R) = \sum_{\varepsilon_V=0}^{\varepsilon} P(\varepsilon_V) G_R(\varepsilon_{VR} - \varepsilon_V) \tag{7.69}$$

で与えられる．$G_R(\varepsilon_{VR} - \varepsilon_V)$ はエネルギーが $0 \sim \varepsilon_{VR} - \varepsilon_V$ の範囲の回転の状態和である．回転エネルギーが連続とみなせる場合には状態密度は式(7.69)を微分して得られる．

$$\rho(\varepsilon_{VR}) = \sum_{\varepsilon_V=0}^{\varepsilon_{VR}} P(\varepsilon_V) \frac{dG_R(\varepsilon_{VR} - \varepsilon_V)}{d\varepsilon_{VR}} = \sum_{\varepsilon_V=0}^{\varepsilon_{VR}} P(\varepsilon_{VR}) \rho_R(\varepsilon_{VR} - \varepsilon_V) \tag{7.70}$$

さらに振動エネルギーも連続とみなせるときには上式の和を積分で置き換えてもよいので

$$\rho(\varepsilon_{VR}) = \int_0^{\varepsilon_{VR}} \rho_V(\varepsilon_V) \rho_R(\varepsilon_{VR} - \varepsilon_V) d\varepsilon_V \tag{7.71}$$

となり，振動-回転準位の状態密度は振動の状態密度と回転の状態密度のコンボリューションで与えられる．したがって古典論による活性分子の状態密度は式(7.67)と(7.58)のコンボリューションにより求められる．Whitten と Rabinovitch は r 個の一次元回転子と s 個の振動子の零点エネルギー補正をした状態密度と状態和としてつぎのような式を提案している*．

$$\rho(\varepsilon_{VR}) = \frac{Q_r(\varepsilon_{VR} + a\varepsilon_Z)^{s+r/2-1}}{(kT)^{r/2} \Gamma(s+r/2) \prod h\nu_i} \left(1 - \beta_{R'} \frac{dw(\varepsilon')}{d\varepsilon'}\right) \tag{7.72}$$

$$G(\varepsilon_{VR}) = \frac{Q_r(\varepsilon_{VR} + a\varepsilon_Z)^{s+r/2}}{(kT)^{r/2} \Gamma(1+s+r/2) \prod h\nu_i} \tag{7.73}$$

---

* G. Z. Whitten, B. S. Rabinovitch, *J. Chem. Phys.*, **38**, 2466 (1963). 式中の Q_r は r 個の一次元回転子の分配関数である．

$$\beta'_R = \left(\frac{s-1}{s}\right)\left(\frac{s+r/2}{s}\right)\frac{\langle \nu^2 \rangle}{\langle \nu \rangle^2} \tag{7.74}$$

式(7.72), (7.73)により簡単に状態密度と状態和が計算できる. 特に活性分子 A* の状態密度を評価する場合のように高励起状態でのこれらの式の精度は高い. しかしながら低エネルギー領域では量子状態は連続とはみなせず, 特に遷移状態の近傍のエネルギー領域の状態和は反応速度に大きく影響するので, この領域の状態和は量子論に基づいて計算することが望ましい.

Beyer-Swinehart アルゴリズム

振動量子状態の数を直接的に数え上げて状態和と状態密度を求めるための, 効率がよくまたプログラミングの容易なアルゴリズム(**直接計数**(Direct Count)**法**)が Beyer と Swinehart により提案されていて広く用いられている[*1]. 調和振動子の状態和を求めるためのアルゴリズムを以下に示す.

〈Beyer-Swinehart (BS)アルゴリズム〉

1) 状態数を数えるための微小なエネルギー幅 $\Delta\varepsilon$ を決め, おのおのの振動モードの振動数 ν_j ($j=1,\cdots,s$) に最も近い整数 R_i を選ぶ. ($R_j=\nu_j/\Delta\varepsilon$ を四捨五入する.) 丸め誤差をできるだけ小さくするために, $\Delta\varepsilon$ は ν_j の精度を損ねない程度に小さいことが必要である. 通常, $\Delta\varepsilon=1\,\mathrm{cm}^{-1}$ 程度の値とする.

2) 計算するエネルギーの最大値 $\varepsilon_{\max}=M\Delta\varepsilon$ を決める.

3) 配列 $T(i)$ ($i=0\sim M$) を用意し
$$T(0)=1, \quad T(i)=0 \quad (i=1,\cdots,M)$$
のように初期化する.

4) 配列 T に対し, つぎの二重ループの計算を行う. (便宜的にベーシック言語で記述する.)

  for $j=1$ to s
   for $i=R_j$ to M
    $T(i)=T(i)+T(i-R_j)$
   next i
  next j

このループの終了時には配列 $T(i)$ にはエネルギー $\varepsilon=i\Delta\varepsilon$ における状態数, すなわち $P(\varepsilon)$ の値が入っている.

5) 状態和を求めるためにはつぎのループの計算を行う.

  For $i=1$ to M
   $T(i)=T(i-1)+T(i)$
  Next i

このループの終了時には配列 $T(i)$ にエネルギー $\varepsilon=i\Delta\varepsilon$ における状態和 $G(\varepsilon)$ の値が入っている.

上記のアルゴリズムでは 3) の手順で初期化した配列 $T(i)$ に対しておのおのの振動モードに対する状態数のたたみこみ演算(コンボリューション演算)を行っている[*1]. したがって, 式(7.69)を用い

[*1] T. Baer, W. L. Hase, "Unimolecular Reaction Dynamics", Chap. 6, Oxford Univ. Press, Oxford (1996).

て活性回転と振動の状態密度と状態和も同じアルゴリズムで計算できる．活性回転として一次元回転子(K-回転子)を考えた場合について説明する．回転量子準位 K のエネルギーは

$$\varepsilon_K = \frac{h^2}{8\pi^2 I} K^2 \quad (K=0, 1, 2, \cdots) \tag{7.75}$$

で，$K=0$ 以外の準位は二重に縮重している．$\varepsilon_K/\Delta\varepsilon$ を四捨五入した整数を R_K として，BS アルゴリズムの 3) の手順で配列 $T(i)$ を初期化するときにこの配列に K-回転子の状態数をセットしておくと，4) の二重ループの終了時には $T(i)$ に回転と振動の状態密度が入っている．すなわち，3) の手順で $\varepsilon_K \leq \varepsilon_{\max}$ を満たすすべての $R_K(K>0)$ に対して $T(R_K)=2$ としておけばよい．

BS アルゴリズムは非常に効率の良いアルゴリズムであるが，調和振動子のようにエネルギー間隔が一定のエネルギー準位にしか適用できない．Stein と Rabinovitch は BS アルゴリズムを非調和振動子にも適用できるように拡張した．この方法は付録 J に示した．Stein と Rabinovitch の方法により計算した CH_3CN の状態密度を図 7.10 に示す．図には式(7.60)で計算した値もあわせて示してある．図に示されるように 15 000 cm^{-1} 以上のエネルギー領域では Direct Count による計算値と Whitten-Ravinovitch の式による計算値とはきわめてよく一致するが，低エネルギー領域では振動エネルギー準位が不連続であることの影響がでて一致はよくないことがわかる．

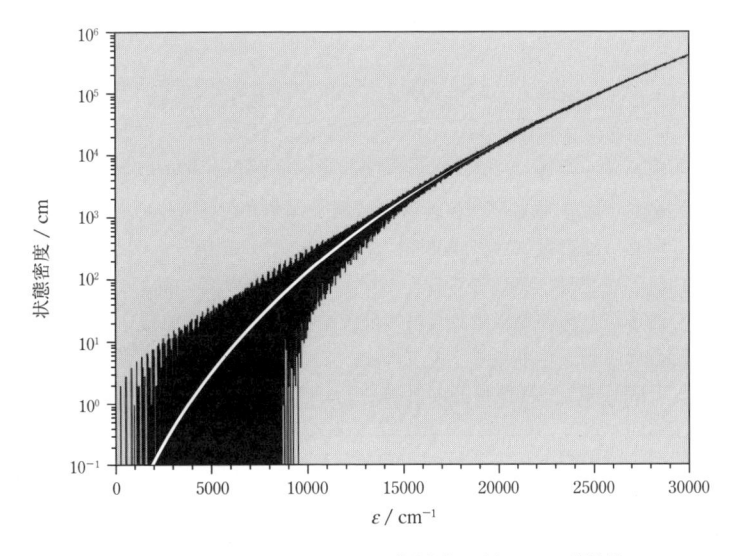

白線は Whitten-Rabinovitch の式(式(7.60))による計算値

図 7.10 Direct Count により計算した CH_3CN の状態密度
($\Delta\varepsilon=1$ cm^{-1} とした)

7.4.3 反応速度定数の計算

これまでに述べてきた要素を組合わせて RRKM 理論により単分子反応の速度定数を計算することができる．ある温度，圧力での速度定数 k_{uni} は式(7.42)で計算できる．この式を計算するために必要な情報をまとめるとつぎのようになる．

1) 反応経路の統計因子 $L^{\ddagger}$：式(7.53)により求める．反応物と活性錯合体の構造が必要である．

2) 反応障壁のエネルギー ε_0：高圧極限の速度定数の実測値がわかっていれば活性化エネルギーから推定できるが，実験値がない場合には通常は量子化学計算により求める．

3) 分配関数 Q_J および Q_a: 反応物についての分配関数であるが式(7.40)および(7.41)で計算する．断熱自由度と活性自由度を決める必要がある．式(7.40)の断熱自由回転のエネルギー準位は剛体回転子を仮定すれば $\varepsilon_J = BJ(J+1)$ で与えられる．B は回転定数である．

4) 式(7.41)中の状態密度 $\rho(\varepsilon^*)$: Direct Count もしくは式(7.60)か(7.72)により計算する．

5) 活性錯合体の状態和 $G^{\ddagger}(\varepsilon^{\ddagger})$ と断熱回転のエネルギー準位 $\varepsilon_J^{\ddagger}$: 状態和は Direct Count もしくは式(7.61)か(7.73)で計算する．ただし $G^{\ddagger}(\varepsilon^{\ddagger})$ に対して反応障壁近傍の $\varepsilon^{\ddagger}$ の小さなところの値が重要になるので Whitten-Rabinovitch の式の近似が悪くなる(図7.10 参照)ため，Direct Count により計算するのが望ましい．

6) ミクロカノニカル速度定数 $k_r(\varepsilon^{\ddagger}, J)$: 式(7.37)，または(7.47)より計算する．

7) 衝突効率 λ および衝突頻度因子 Z: λ の値を理論的に予測するのはきわめて困難である．次節で検討する．衝突頻度因子は分子の衝突直径がわかれば計算できる．単純衝突理論では衝突直径は分子直径から求められる．$Z = \pi d^2 (8k_B T/\pi\mu)^{1/2}$ で，d は衝突直径，μ は換算質量である．

以上の手続きの実際を理解するために CH_3NC の異性化反応を例として取上げ，速度定数を計算してみる．

例題 7.4 RRKM 理論により CH_3NC の異性化反応の速度定数を計算し，実験値と比較せよ．

解答 この反応は反応障壁をもつ比較的単純な反応であり，古典的な RRKM 計算による計算値と実験値がよく一致する反応系として知られている．

最初に，高圧極限の速度定数を計算する．高圧極限の速度定数は式(7.50)により与えられる．これを計算するために，反応物 CH_3NC と遷移状態のエネルギー差 ε_0 が必要である．また，分配関数を計算するためには質量(並進分配関数)，基準振動数(振動分配関数)，慣性モーメントあるいは回転定数(回転分配関数)が必要である．安定な化学種についてはこれらの値の実験値が知られている場合もあるが，活性錯合体については実験値が得られていないので，通常は量子化学計算により活性錯合体の形，エネルギーを求める．ここでは量子化学計算プログラムパッケージ Gaussian 03 により CH_3NC と遷移状態の計算を行った．まず B3LYP/6-311G(d,p)法* によ

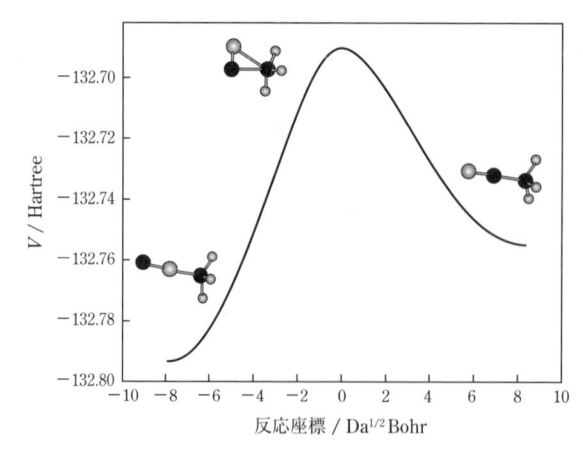

黒丸 C 原子
灰色の丸(大) N 原子
灰色の丸(小) H 原子

図1 $CH_3NC \to CH_3CN$ のポテンシャル曲面の計算値(B3LYP/6-311G(d,p))

---

* 詳細は量子化学の教科書(たとえば A. Szabo, N. S. Ostlund 著，大野公男ほか訳，"新しい量子化学"，東京大学出版会 (2000) など)を参照のこと．

7.4 RRKM理論によるカノニカル速度定数の算出

り構造最適化を行い，基準振動数と回転定数を求めた．求められた遷移状態が真にこの異性化反応の遷移状態であることを確認するために，IRC (intrinsic reaction coordinate)* に沿ったエネルギーを計算したが，その結果を図1に示す．反応障壁の高さをより正確に求めるために，CBS-QB3法で図1の挿入図の構造についてのエネルギーを計算した．その結果，CH_3NC と CH_3CN のエネルギー差（反応熱）は 98.6 kJ mol^{-1} であったが，実験値 99 kJ mol^{-1} と非常によく一致している．反応障壁（零点エネルギー補正した値）は 163.8 kJ mol^{-1} である．高圧極限の活性化エネルギーの実験値は 160.5 kJ mol^{-1} でありこれもよく一致しているといえる．

つぎに反応経路の統計因子について検討する．反応物 CH_3NC は点群 C_{3v} に属し，対称数 $\sigma=3$ である．また対称面をもつので光学異性体はなく $m=1$ である．遷移状態は H-C-N-C が同一平面にある構造をとっていてその対称種は C_s であり，$\sigma^\ddagger=1$, $m^\ddagger=1$ である．したがって式 (7.53) から $L^\ddagger=3$ である．

計算により求めた基準振動数と回転定数の値を表1に示す．表に示されているように CH_3NC については二つの回転定数が同じで対称こま分子である．遷移状態についても近似的に対称こま分子として扱い，回転定数の値の近い二つの回転は断熱回転，残りの回転を活性回転として扱う．

表 1 量子化学計算(B3LYP/6-311G(d,p))による回転定数と振動数[†]

回転定数/GHz			
CH_3NC	158.5	10.1	10.1
TS	40.9	15.6	12.2

振動数/cm^{-1}					
CH_3NC					
274	274	956	1146	1146	1456
1492	1492	2237	3046	3118	3118
TS					
443.5i	190.3	607.1	986.4	987.7	1318
1465	1473	2022	3092	3186	3225

[†] TSは遷移状態．443.5i は虚数の振動数．

つぎに，**ミクロカノニカル速度定数**(microcanonical rete constant)を求める．ここでは断熱回転のエネルギーの近似式(7.44)を用いて式(7.47)によりミクロカノニカル速度定数を $\varepsilon^\ddagger$ の関数として計算する．例題7.2のデータと比較するために $T=472.6$ K とする．式(7.44)の慣性モーメントの比は表1の回転定数から求められる．反応物の断熱回転の回転定数は $B=10.1$ GHz であるが，遷移状態の回転定数は近似的に二つの回転定数の相乗平均を取って $B=\sqrt{15.6\times 12.2}=13.8$ GHz とする．

$$\langle \Delta \varepsilon_J \rangle = \left(1-\frac{I^\ddagger}{I}\right)k_B T = \left(1-\frac{B}{B^\ddagger}\right)k_B T = 88 \text{ cm}^{-1}$$

となる．なお，以下の計算ではエネルギーの単位としては cm^{-1} を用いることにする．つぎに

$$\varepsilon_0 + \varepsilon^\ddagger + \langle \Delta \varepsilon_J \rangle = 13423 + 88 + \varepsilon^\ddagger = 13511 + \varepsilon^\ddagger$$

を用いて反応物の状態密度を式(7.71)により計算する．この計算では反応障壁の高さとして実験値(160.5 kJ mol^{-1})を用いる．この計算は例題7.3と同様の方法で計算できるが，エネルギーの関数として多数回の計算をする必要がある．これは簡単なプログラムを書けばすぐに計算できるが，エクセルなどの表計算ソフトを用いても簡単に計算できる．たとえば，エクセルの表の第1列目に計算を行う範囲（ここでは 0～50 000 cm^{-1} とする）の $\varepsilon^\ddagger$ の値を 100 cm^{-1} 刻みで入れる．第2列目には $\varepsilon'=\varepsilon^\ddagger/\varepsilon_z$ の値を，第3列目には $w(\varepsilon')$ の値(式(7.65))，第4列目には a の値(式

---

* IRCについては§3.3.1を参照せよ．

(7.63))，第5列目には$(1-\beta'_R\,\mathrm{d}w(\varepsilon')/\mathrm{d}\varepsilon')$の値を入れる．これらの値を用いて式(7.72)により第6列目に目的とする$\rho(13511+\varepsilon^\ddagger)$の値を計算する．式(7.72)に現れる活性回転の分配関数は式(7.66)により計算できる．例題7.3と同様に，エネルギーに依存しない項を先に計算しておく．式(7.72)で，$s=12$，$r=1$（活性回転）として定数項はつぎのようになる．

$$\varGamma(12.5)=2.425\times10^8,\quad \varepsilon_Z=\sum_{i=1}^{12}h\nu_i/2=9877.5\,\mathrm{cm}^{-1},\quad \langle\nu\rangle=1646.3\,\mathrm{cm}^{-1},$$

$$\langle\nu^2\rangle=3.666\times10^6(\mathrm{cm}^{-1})^2,\quad \prod_{s=1}^{12}h\nu_i=2.023\times10^{37}(\mathrm{cm}^{-1})^{12},$$

$$\varepsilon_Z^{s-1}=8.732\times10^{43}(\mathrm{cm}^{-1})^{11},\quad C=1.3642(\mathrm{cm}^{-1})^{-1},\quad \beta'_R=1.2915$$

ここで

$$C=\frac{Q_r}{(k_\mathrm{B}T)^{1/2}}\frac{\varepsilon_Z^{11.5}}{\varGamma(12.5)\prod_{i=1}^{12}h\nu_i}(\mathrm{cm}^{-1})^{-1}$$

であり，例題7.3の値とは活性回転を考えている分だけ異なっている．

同様にして，$G(\varepsilon^\ddagger)$の計算(式(7.73))に必要な定数項を求めると($s=11$, $r=1$)

$\varepsilon_Z=9276.3\,\mathrm{cm}^{-1}$, $\langle\nu\rangle=1686.6\,\mathrm{cm}^{-1}$, $\langle\nu^2\rangle=3.873\times10^6(\mathrm{cm}^{-1})^2$, $\prod_{i=1}^{11}h\nu_i=2.056\times10^{34}(\mathrm{cm}^{-1})^{11}$,

$$C=\frac{Q_r^\ddagger}{(k_\mathrm{B}T)^{1/2}}\frac{\varepsilon_Z^{11.5}}{\varGamma(12.5)\prod_{i=1}^{12}h\nu_i}=1283.6(\mathrm{cm}^{-1})^{-1}$$

となる．状態和$G^\ddagger$は無次元であるが，状態密度ρは[1/エネルギー]の次元をもつ．ここではエネルギーの単位としてcm^{-1}を用いているので，式(7.47)でミクロカノニカル速度定数を求める場合には，Planck定数hの値もエネルギーをcm^{-1}で表した値を用いなければならない．この換算を行うと

$$h=6.6260755\times10^{-34}\,\mathrm{J\,s}=3.33564592\times10^{-11}\,\mathrm{cm}^{-1}\,\mathrm{s}$$

である．これらの数値を用いてエクセルの表計算を行い，ミクロカノニカル速度定数を求めた結果を図2に示す．

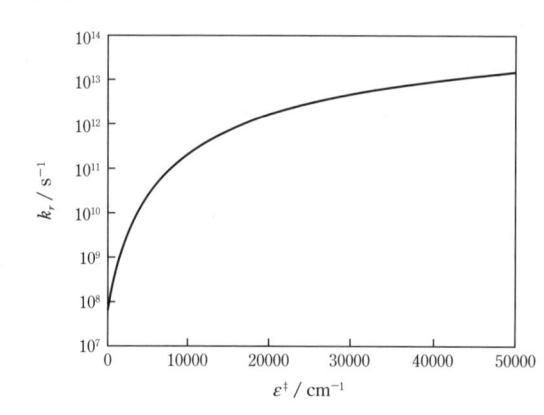

図2 式(7.47)により計算したミクロカノニカル速度定数($T=472.6\,\mathrm{K}$)

ついで高圧極限の速度定数を式(7.49)により求める．断熱回転の分配関数Q_Jおよび$Q_J^\ddagger$は古典論に基づいて式(7.68)で計算できるがこの場合には

$$\frac{Q_J^\ddagger}{Q_J}=\frac{B}{B^\ddagger}=\frac{10.1}{13.8}=0.735$$

となる*．反応物の分配関数Q_aは式(7.41)により計算するが，数値積分が必要である．また式

---

* 式(7.40)により量子論に基づいて計算することも容易である．エクセルなどの表計算機能を用いればよいが，この温度では結果は有効数字3桁以内で同一の値となる．

(7.49)の$G^{\ddagger}$に関する数値積分も必要である。ここではこれらの数値積分もエクセルの表計算機能を用いて、最も簡単に積分を和で置き換えて計算する。すなわちエネルギー幅を$\Delta\varepsilon=10\sim 100\ \mathrm{cm^{-1}}$程度の適当な値に設定し、

$$Q_\mathrm{a} = \sum_{i=1}^{i_\mathrm{max}} \rho(i\Delta\varepsilon)\Delta\varepsilon$$

を計算すればよい。和をとるときのiの上限i_maxの値は和が収束するために十分な程度に大きくとる。この例題ではQ_aに対しては$15\ 000\ \mathrm{cm^{-1}}$、$G^{\ddagger}$の積分に関しては$18\ 000\ \mathrm{cm^{-1}}$エネルギー範囲での和をとった。($\Delta\varepsilon=10\ \mathrm{cm^{-1}}$とした。)この温度における結果は

$$Q_\mathrm{a}=30.10,\quad \int G^{\ddagger}(\varepsilon^{\ddagger})\exp(-\varepsilon^{\ddagger}/k_\mathrm{B}T)\mathrm{d}\varepsilon^{\ddagger} = 18\ 020\ \mathrm{cm^{-1}}$$

となった。この値から、高圧極限の速度定数は$7.17\times 10^{-5}\ \mathrm{s^{-1}}$が得られる。例題7.2にあるように実験の速度定数は$7.5\times 10^{-5}\ \mathrm{s^{-1}}$であり、よく一致しているといえる。

計算内容を理解するために、これまではエクセルによる表計算により必要な数値積分を行ってきた。多数の温度で計算を行う場合には、プログラムを書いて計算するか、既存のプログラムを用いて計算することになる。ここではGilbertとSmithにより開発されたプログラムパッケージUnimol[*1]を用いる。Unimolでは状態密度と状態和の計算はDirect Count(付録Jに示したStein-Rabinovitchのアルゴリズムを用いている)により計算している。このプログラムにより計算した高圧極限の速度定数と実験値の比較を図3に示すが一致はきわめて良好である。

漸下領域および低圧極限の速度定数は式(7.42)または(7.48)を用いて計算できるが、数値積分が必要である。特に式(7.43)の近似を用いた場合はエクセルの表計算で計算することも可能ではあるがかなり煩雑である。また、式(7.43)の近似を用いない場合には表計算ではかなり困難であるので、漸下領域および低圧極限の速度定数はここではUnimolを用いて行った。衝突頻度因子Zの計算[*2]に必要なCH_3NCのLennard-Jones (L-J)パラメーターは$\sigma=0.447\ \mathrm{nm}$、$\varepsilon=380\ \mathrm{K}$とし[*3]、強衝突を仮定($\lambda=1$)した。結果は本文中図7.8に示されているが、計算値は実験値[*4]より若干大きな値となっている。

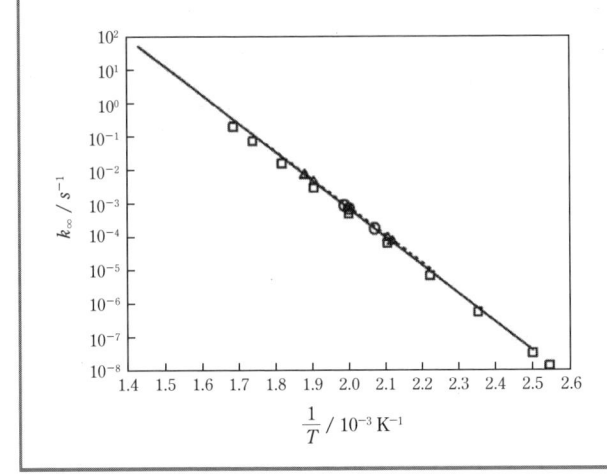

図 3 高圧極限の速度定数の計算値と実験値の比較(実線がRRKM計算による計算値で、シンボルおよび点線はさまざまな実験値である)

[*1] R. G. Gilbert, S. C. Smith, "Theory of Unimolecular and Recombination Reactions" Blackwell Scientific Publications, Oxford (1990).
[*2] この計算では衝突頻度因子Zを剛体球近似より精度よく計算するために分子間引力の効果をL-Jポテンシャルを用いて考慮している。詳しくは文献[*1](chap. 5)および文献[*3]を参照のこと。
[*3] S. C. Chan, B. S. Ravinovitch, J. T. Bryant, L. D. Spicer, T. Fujimoto, Y. N. Lin, S. P. Parlou, *J. Phys. Chem.*, **74**, 3160 (1970).
[*4] F. W. Schneider, B. S. Rabinovitch, *J. Am. Chem. Soc.*, **84**, 4215 (1962).

7.5 カノニカル速度定数と非平衡効果

7.5.1 衝突活性化と非平衡エネルギー分布

これまで述べてきた単分子反応理論では,活性分子の内部エネルギー分布は**熱平衡分布**(thermal equilibrium distribution)であると仮定されている(式(7.39)).しかしながら,低圧極限,もしくは漸下圧領域においては,活性分子の生成速度(素過程(7.2)のエネルギー移動速度)は反応速度(素過程(7.4)の速度)に比べて十分速いとは限らない.したがって反応障壁近傍のエネルギー領域の分布関数の大きさは熱平衡分布関数より小さいはずである.この内部エネルギーの**非平衡分布**(non-equilibrium distribution)は反応速度にも大きな影響を及ぼすと予想される.

熱反応の場合,反応を起こすための励起エネルギーは衝突による相対並進エネルギーから供給される.並進エネルギーの平均値は $3RT/2$ であり,たとえば 2000 K でも高々 25 kJ mol^{-1} 程度である.したがって反応障壁の高い反応を起こすためには1回の衝突によるエネルギー移動量は明らかに十分ではなく,活性分子が生成するためには多数回の衝突が必要であると予想できる.実際には,のちに述べるように1回の衝突で移動するエネルギーは平均熱エネルギーより小さい.このことが,解離限界近傍あるいは反応障壁近傍の活性化分子の分布に非平衡をひき起こし,その結果,反応速度が低下することが考えられる.すなわち,化学反応のカノニカル速度定数は,ミクロカノニカル速度定数と活性分子の分布とによって決まるが,RRK あるいは RRKM 理論で仮定されているように活性分子の分布は常に熱平衡分布になっているかどうかは疑問がある.熱平衡分布が成り立つのは活性分子の反応による消失速度に比して,活性分子の分子衝突による供給速度(エネルギー移動速度)が十分に速い場合であるが,この条件が常に成り立つとは限らない.次節以降では活性分子の分布を予測し,その非平衡性が反応速度にどのように影響するかを調べる.

7.5.2 支配方程式

この節では,1回の衝突で移動するエネルギー量が少なく,活性分子 A* の生成には多数回の衝突が必要である(これを弱衝突の仮定という)とする取扱いについて説明する.この取扱いでは内部エネルギーの熱平衡分布を仮定しない.

時間 t で内部エネルギー ε をもつ分子 $A(\varepsilon)$ の分布を $x(\varepsilon,t)$ とし,衝突により $A(\varepsilon)$ が $A(\varepsilon')$ へ遷移する速度を $R(\varepsilon',\varepsilon)[\mathrm{M}]\delta\varepsilon$ とする.$x(\varepsilon,t)$ の時間変化はつぎの**支配方程式**(master equation)によって記述される.

$$\frac{\partial x(\varepsilon,t)}{\partial t} = [\mathrm{M}]\int_0^\infty [R(\varepsilon,\varepsilon')x(\varepsilon',t) - R(\varepsilon',\varepsilon)x(\varepsilon,t)]\mathrm{d}\varepsilon' - k_\mathrm{r}(\varepsilon)x(\varepsilon,t) \quad (7.76)$$

式(7.76)の微分-積分方程式はこのままでは解きづらいので,エネルギーを離散化する.ε_max を反応の閾エネルギー ε_0 よりも十分に大きな値として,$0\sim\varepsilon_\mathrm{max}$ のエネルギー領域を幅 $\delta\varepsilon$ の微小領域に分割し,エネルギー $\varepsilon_i=i\delta\varepsilon\,(i=0,1,\cdots,N)$ における分布を $x_i(t)=x(\varepsilon_i,t)\delta\varepsilon$ とする.$k_{ji}=R(\varepsilon_j,\varepsilon_i)$,$k_i=k_\mathrm{r}(\varepsilon_i)$ とすると,式(7.76)の積分は和で置き換えられてつぎのようになる.

$$\frac{\mathrm{d}x_i(t)}{\mathrm{d}t} = [\mathrm{M}]\sum_{j=0}^N (k_{ij}x_j(t) - k_{ji}x_i(t)) - k_i x_i(t) \quad (i=0,1,\cdots,N) \quad (7.77)$$

ベクトル $\boldsymbol{x}=(x_i(t))$ と行列 $\boldsymbol{A}$ を用いると式(7.77)は

$$\frac{d\boldsymbol{x}}{dt} = \boldsymbol{A}\boldsymbol{x} \tag{7.78}$$

と書ける．ここで行列 $\boldsymbol{A}$ は $(N+1)$ 次の正方行列で $\boldsymbol{A}=\boldsymbol{A}_0+\boldsymbol{K}$ と分解できる．$\boldsymbol{K}$ は $-k_i$ を対角要素とする対角行列である．$\boldsymbol{A}_0$ の行列要素を a_{ij} とすると

$$a_{ij} = [\mathrm{M}]k_{ij} \quad (i \neq j)$$

$$a_{ii} = -[\mathrm{M}] \sum_{j \neq i} k_{ji} \tag{7.79}$$

である．式(7.78)の解は

$$\boldsymbol{x}(t) = \exp(\boldsymbol{A}t)\boldsymbol{x}(0) \tag{7.80}$$

で与えられる．$\boldsymbol{x}(0)$ は初期値を与えるベクトルである．$\boldsymbol{A}$ の固有値を λ_i，固有ベクトルを $\boldsymbol{a}_i$ として，$\boldsymbol{x}(0)$ を $\boldsymbol{a}_i$ で展開する．

$$\boldsymbol{A}\boldsymbol{a}_i = \lambda_i \boldsymbol{a}_i \tag{7.81}$$

$$\boldsymbol{x}(0) = \sum_{i=0}^{N} \xi_i \boldsymbol{a}_i \tag{7.82}$$

固有値と固有ベクトルの定義式(7.81)を用いると

$$\begin{aligned}\exp(\boldsymbol{A}t)\boldsymbol{a}_i &= \left(\boldsymbol{I}+\boldsymbol{A}t+\frac{1}{2!}\boldsymbol{A}^2t^2+\cdots\right)\boldsymbol{a}_i \\ &= \left(1+\lambda_i t+\frac{1}{2!}\lambda_i^2 t^2+\cdots\right)\boldsymbol{a}_i \\ &= \exp(\lambda_i t)\boldsymbol{a}_i\end{aligned} \tag{7.83}$$

であるので，

$$\boldsymbol{x}(t) = \sum_{i=0}^{N} \xi_i \exp(\lambda_i t)\boldsymbol{a}_i \tag{7.84}$$

となって，行列 $\boldsymbol{A}$ の固有値と固有ベクトルが求まれば内部エネルギーの分布関数 $\boldsymbol{x}$ の時間変化が求められる．式(7.84)の性質を調べるために，まず $\boldsymbol{K}=\boldsymbol{0}$ の場合(エネルギー移動のみで反応が起こらない場合，すなわち保存系)を考え，ついて化学反応の効果を調べる．

保存系 ($\boldsymbol{K}=\boldsymbol{0}$ の場合)

この場合には反応は起こらずに，衝突により A の内部エネルギー状態が変わるのみで，支配方程式(7.78)は内部エネルギーの**緩和方程式**(relaxation equation)となる．$\boldsymbol{A}=\boldsymbol{A}_0$ であるが，$\boldsymbol{A}_0$ の各行をすべて足し合わせると式(7.79)から零となる．すなわち，$(N+1)$ 次の正方行列 $\boldsymbol{A}_0$ の階数は N であり，このことから直ちに $\boldsymbol{A}_0$ の固有値の一つは零であることがわかる．また，速度定数 k_{ij} は**詳細釣り合いの原理**(principle of detailed balance)(§1.2.6 参照)に従わなくてはならない．

$$k_{ij}f_j = k_{ji}f_i \tag{7.85}$$

$$f_i = \rho(\varepsilon_i)\exp(-\varepsilon_i/kT)/Q \tag{7.86}$$

f_i は熱平衡分布，すなわち Boltzmann 分布である．式(7.85)から行列 $\boldsymbol{A}_0$ の要素間にも

$$a_{ij}f_j = a_{ji}f_i \tag{7.87}$$

が成り立っている．この関係と式(7.79)を用いると

$$A_0 f = \left(\sum_{k=0}^{N} a_{ik} f_k\right)$$

$$\sum_{k=0}^{N} a_{ik} f_k = \sum_{k \neq i} a_{ik} f_k + a_{ii} f_i = [M]\left(\sum_{k \neq i} k_{ik} f_k - \sum_{j \neq i} k_{ji} f_i\right) = 0 \quad (7.88)$$

となり，$A_0 f = 0$ であるから固有値＝0に対応する固有ベクトルが $f = (f_i)$ であることがわかる．つぎに $A = A_0$ を対角行列 S により相似変換する．S は対角要素を $s_{ii} = 1/\sqrt{f_i}$ とする行列である．

$$B = SAS^{-1} \quad (7.89)$$

相似変換により固有値は変わらないので行列 A と B の固有値は等しい．また，行列 B の要素を b_{ij} とすると式(7.89)と(7.87)から

$$b_{ij} = \sqrt{\frac{f_j}{f_i}} a_{ij} = \sqrt{\frac{f_j}{f_i} \frac{f_i}{f_j}} a_{ji} = b_{ji} \quad (7.90)$$

となり，B は実対称行列であることがわかる．したがって B の固有値は実数であり，固有値 λ_s に対する固有ベクトル b_s は互いに直交する．式(7.89)から

$$SAa_s = BSa_s = \lambda_s Sa_s \quad (7.91)$$

である．一方 B の固有値も λ_s であるから

$$Bb_s = \lambda_s b_s \quad (7.92)$$

である．式(7.91)と(7.92)を比較すると

$$b_s = Sa_s = (a_i^{(s)}/\sqrt{f_i}) \quad (7.93)$$

となる．ただし $a_i^{(s)}$ はベクトル a_s の i 成分である．つぎに固有値 λ_s の性質を検討する．固有ベクトル b_s が規格化されているとすると，式(7.92)から

$$\lambda_s = \frac{{}^t b_s B b_s}{{}^t b_s \cdot b_s}$$

$$= -\frac{[M]}{2} \sum_i \sum_{j \neq i} f_i k_{ji} \left(\frac{a_i^{(s)}}{f_i} - \frac{a_j^{(s)}}{f_j}\right)^2 \leq 0 \quad (7.94)$$

が得られる．${}^t b_s$ はベクトル b_s の転置行ベクトルである．式(7.94)から，A_0 の固有値は大きい順に並べると $0 = \lambda_0 \geq \lambda_1 \geq \cdots \geq \lambda_N$ となっていることがわかる．また式(7.84)と $\lambda_0 = 0$ に対する固有ベクトルが $a_0 = f$ であることから分布の時間変化は

$$x(t) = \xi_0 f + \sum_{i=1}^{N} \xi_i \exp(\lambda_i t) a_i \quad (7.95)$$

となる．$t \to \infty$ においては指数関数部分がすべて零になるので $x(t=\infty) = \xi_0 f$ となり熱平衡分布 (Boltzmann 分布)が実現されることがわかる．すなわち，どのような初期分布から出発しても，内部エネルギーが緩和したあとには常に Boltzmann 分布が実現される．

化学反応が起こる場合（$K \neq 0$）

この場合は $A = A_0 + K$ の固有値は A_0 の固有値とは異なり，次式で示されるようにすべて負となる．

$$\lambda_s = \frac{{}^t b_s B b_s}{{}^t b_s \cdot b_s}$$

$$= -\frac{[M]}{2} \sum_i \sum_{j \neq i} f_i k_{ji} \left(\frac{a_i^{(s)}}{f_i} - \frac{a_j^{(s)}}{f_j}\right)^2 - \sum_i k_i \frac{(a_i^{(s)})^2}{f_i} < 0 \quad (7.96)$$

7.5 カノニカル速度定数と非平衡効果

もし正の固有値があったとすると，$t \to \infty$ において $\boldsymbol{x}$ が増大してしまうことになるので，すべての固有値が負であることは物理的にももっともである．最大固有値（絶対値が最小の固有値）を λ_0 とすると，これまでに調べられたほとんどすべての反応系で

$$|\lambda_0| \ll |\lambda_1| < |\lambda_2| \cdots \tag{7.97}$$

となっていることが知られている．この場合，ごく初期の過渡的な時間が経過したあとでは

$$\boldsymbol{x}(t) = \xi_0 \exp(\lambda_0 t) \boldsymbol{a}_0 \tag{7.98}$$

となり，すべてのエネルギーにおいて $A(\varepsilon)$ の濃度は同一の時定数で減少する．この減少の時定数の逆数が単分子反応の速度定数であるから，$k_{\text{uni}} = -\lambda_0$ である．このことから，単分子反応速度定数は行列 $\boldsymbol{A}$ の最大（絶対値が最小）固有値であることがわかる．この最大固有値に対応する固有ベクトルを改めて $\boldsymbol{g}$ とおく．$\boldsymbol{g}$ は反応が起こっているときの定常エネルギー分布である．

$$\boldsymbol{Ag} = \lambda_0 \boldsymbol{g} = -k_{\text{uni}} \boldsymbol{g} \tag{7.99}$$

$\boldsymbol{g} = (g_i)$ とすると，式(7.99)から

$$\sum_j a_{ij} g_j - k_i g_i = -k_{\text{uni}} g_i \tag{7.100}$$

となるが，さらにすべての i についての和を取ると $\boldsymbol{A}$ の要素に関する項はすべて消えて

$$k_{\text{uni}} = \frac{\sum_i k_i g_i}{\sum_i g_i} \tag{7.101}$$

となる．この式はミクロカノニカル速度定数 k_i をエネルギー分布 g_i で平均したものがカノニカル速度定数になることを表しており，直感的にも納得できる式である．

式(7.100)および(7.101)を連続準位に対応する式で書き直すと

$$-k_{\text{uni}} g(\varepsilon) = [\text{M}] \int [R(\varepsilon, \varepsilon') g(\varepsilon') - R(\varepsilon', \varepsilon) g(\varepsilon)] d\varepsilon' - k(\varepsilon) g(\varepsilon) \tag{7.102}$$

$$k_{\text{uni}} = \frac{\int_0^\infty k(\varepsilon) g(\varepsilon) d\varepsilon}{\int_0^\infty g(\varepsilon) d\varepsilon} \tag{7.103}$$

である．以上述べたことから，単分子反応の速度定数はミクロカノニカル速度定数と定常エネルギー分布の積により決まっていることがわかる．この定常エネルギー分布は高圧極限においては熱平衡分布（Boltzmann 分布）で与えられるので，支配方程式を解かなくてもミクロカノニカル速度定数のみわかっていれば高圧極限の速度定数は求められる．一方で低圧領域では衝突によるエネルギー移動速度が低下するので Boltzmann 分布が維持できなくなる．特に反応障壁以上のエネルギー領域では Boltzmann 分布からの低下が大きくなる．式(7.103)からわかるように，分布関数 $g(\varepsilon)$ が熱平衡分布である場合には $k_{\text{uni}} = k_\infty$ であるが，$g(\varepsilon)$ が熱平衡分布より小さくなれば $k_{\text{uni}} < k_\infty$ となる．すなわち，単分子反応速度が圧力に依存するのは分布関数が圧力に依存することからひき起こされる．これが低圧において単分子反応速度定数 k_{uni} が低下する本質的な理由である．

k_{uni} を求める方法としては二つの方法が考えられる．支配方程式を解いて定常分布 $\boldsymbol{g}$ を求めると式(7.101)あるいは(7.103)から k_{uni} が得られる．もう一つの方法は行列 $\boldsymbol{A}$ の最大固有値を直接的に求める方法である．いずれの方法も実際に用いられているが，このためには行列 $\boldsymbol{A}$ の行列要素がわかっていなければならない．行列要素のうち，k_i あるいは $k(\varepsilon)$ は前節までに説明したミクロカノニカル速度定数で与えられる．

エネルギー移動速度 k_{ij} あるいは $R(\varepsilon, \varepsilon')$ について，これらがエネルギーに対してどのように依存するかをつぎに考える．

まず，衝突1回あたりの遷移確率をつぎのように定義する．

$$P(\varepsilon, \varepsilon') = [\mathrm{M}]R(\varepsilon, \varepsilon')/\omega(\varepsilon') \tag{7.104}$$

$\omega(\varepsilon')$ はエネルギー ε' における衝突頻度((1/時間)の次元をもつ)であり，衝突頻度因子 $Z(\varepsilon')$ とはつぎの関係がある．

$$Z(\varepsilon') = \frac{\omega(\varepsilon')}{[\mathrm{M}]}\int_0^\infty R(\varepsilon, \varepsilon')\mathrm{d}\varepsilon \tag{7.105}$$

遷移確率 $P(\varepsilon, \varepsilon')$ は式(7.85)と同様に詳細釣り合いの原理を満たさなければならない．

$$f(\varepsilon')P(\varepsilon, \varepsilon') = f(\varepsilon)P(\varepsilon', \varepsilon) \tag{7.106}$$

また，規格化の条件は

$$\int_0^\infty P(\varepsilon, \varepsilon')\mathrm{d}\varepsilon = 1 \tag{7.107}$$

である．衝突1回あたりの平均のエネルギー移動量は

$$\langle \Delta\varepsilon \rangle = \int_0^\infty (\varepsilon - \varepsilon')P(\varepsilon, \varepsilon')\mathrm{d}\varepsilon \tag{7.108}$$

で与えられる．$\langle \Delta\varepsilon \rangle$ の値は特定の振動-回転準位にレーザーを用いて分子を励起する実験により実測されているが，衝突相手Mによってその値は大きく異なる．一般に単原子分子が衝突相手の場合は 70〜150 cm^{-1} 程度である．多原子分子で振動の自由度が大きな分子では平均エネルギー移動量は多くなる．励起されたトルエンとさまざまな衝突相手との平均エネルギー移動量の実測値[*]を表7.2に示す．

表7.2 室温におけるトルエンと熱浴分子(M)との衝突におけるエネルギー移動量[†]
($\langle \Delta\varepsilon \rangle$/cm^{-1}. トルエンの内部エネルギー $\varepsilon = 52000$ cm^{-1})

M	$-\langle \Delta\varepsilon \rangle$	M	$-\langle \Delta\varepsilon \rangle$	M	$-\langle \Delta\varepsilon \rangle$	M	$-\langle \Delta\varepsilon \rangle$
He	75	H_2O	480	C_9H_{20}	1150	1-C_4H_8	590
Ar	130	SF_6	400	$C_{10}H_{22}$	1300	cis-2-C_4H_8	620
Xe	140	CH_4	260	$C_{11}H_{24}$	1340	C_2H_2	410
H_2	92	C_2H_6	380	cyclo-C_3H_6	500	ベンゼン	610
CO	160	C_3H_8	520	$(CH_3)_2CHCH_3$	590	トルエン	770
N_2	130	C_4H_{10}	640	$(CH_3)_4C$	650	CF_4	320
NO	160	C_5H_{12}	740	cyclo-C_6H_{12}	780	C_3F_8	480
O_2	160	C_6H_{14}	840	$(CH_3)_3CCH_2CH(CH_3)_2$	930	CH_3Cl	390
CO_2	280	C_7H_{16}	930	C_2H_4	400	CH_2Cl_2	460
N_2O	230	C_8H_{18}	990	C_3H_6	480	$CHCl_3$	480

[†] H. Hippler, J. Troe, H. J. Wendelken, *J. Chem. Phys.*, **78**, 6709 (1983) より抜粋．

---

[*] H. Hippler, J. Troe, H. J. Wendelken, *J. Chem. Phys.*, **78**, 6709 (1983).

$P(\varepsilon, \varepsilon')$ がエネルギー ε' に対してどのように依存するか，その関数形に対しては実験的にも理論的にも必ずしも明らかにはなっていない．単分子反応速度は $\langle\Delta\varepsilon\rangle$ の値には大きく依存するものの，関数形自体はあまり感度がないことがわかっている[*1]．$P(\varepsilon, \varepsilon')$ の関数形として，遷移確率はエネルギー移動量 $\Delta\varepsilon=\varepsilon'-\varepsilon$ にのみ依存し $\Delta\varepsilon$ に対して指数関数的に依存するというモデル(exponential down model[*2])がよく用いられている．

$$P(\varepsilon, \varepsilon') = \frac{1}{C(\varepsilon')} \exp\left[-\frac{\varepsilon'-\varepsilon}{\alpha}\right] \quad \varepsilon<\varepsilon' \tag{7.109}$$

この式ではエネルギーが減少する方向(失活する方向)についての確率のみを定義しているが，励起される方向の遷移確率 $P(\varepsilon, \varepsilon')$ は詳細釣り合いの原理式(7.106)を満たさなければならないことから決められる．$C(\varepsilon')$ は規格化定数で，規格化条件(7.107)を満たすように決められる．α はエネルギー移動量を決めるパラメーターである．

$P(\varepsilon, \varepsilon')$ の関数形とパラメーター α を決めると，行列 $\boldsymbol{A}$ の最大固有値を数値的に求めて単分子反応速度を計算することができる．ただし，通常 $\boldsymbol{A}$ の次元はかなり大きくなる．たとえばエネルギー幅 $\delta\varepsilon$ を $100\ \mathrm{cm}^{-1}$ としてエネルギーの上限値を $\varepsilon_{\max}=20\,000\ \mathrm{cm}^{-1}$ とすると $\boldsymbol{A}$ は 201×201 次元の行列となる．このような大規模な行列の固有値を求めなければならないが，式(7.105)で与えられる平均エネルギー移動量は $100\sim500\ \mathrm{cm}^{-1}$ 程度であり，式(7.109)の遷移確率は $\Delta\varepsilon=\varepsilon'-\varepsilon$ の増大に伴い急激に小さくなる．このことから行列 $\boldsymbol{A}$ の要素は対角要素の近傍以外はほとんど零に近い値になっていて，行列 $\boldsymbol{A}$ は帯行列で近似できることがわかる．帯行列の固有値を安定に求める数値解法はいくつか開発されていて実際に支配方程式の解析に用いられている．特に，速度定数を求めるためにはすべての固有値を求める必要はなく，最大固有値のみ求めればよい．このための効率のよい方法も開発されている．また，常微分方程式(7.77)を解いて分布の定常解 $\boldsymbol{g}$ を求め，式(7.101)あるいは(7.103)により速度定数を求める方法も実際に用いられている．これらの数値解法の解説は本書の範囲を超えるので述べないが，たとえば文献[*3]に代表的な解法が解説されている．実際の支配方程式による解析例は次節で紹介する．

本節では理解を容易にするために，活性なエネルギーを振動と回転に区別して考えることはしなかった．より正確な反応速度の取扱いでは RRKM 理論の説明で述べたように角運動量の保存則を考慮する必要がある．この場合には振動-回転分布 $x(\varepsilon_\mathrm{V}, \varepsilon_\mathrm{J})$ を求めなければならず，支配方程式(7.76)は振動エネルギーと回転エネルギーに関する二重積分を含む式となり，エネルギー移動の速度も $(\varepsilon'_\mathrm{V}, \varepsilon'_\mathrm{J})$ から $(\varepsilon_\mathrm{V}, \varepsilon_\mathrm{J})$ への遷移速度を考えなければならない．このために解法はより複雑になるが基本的には本節で述べた方法が適用できる．

また，反応経路が複数ある反応や複数の中間体を経由する反応など，より複雑な反応系においても支配方程式を用いて速度定数の評価が行われている．中間体を経由する複数の経路をもつ反応系の速度定数の圧力依存性は非常に複雑になることが知られているが，このような反応系の速度定数の予測には支配方程式解析はきわめて重要である．

[*1] R. G. Gilbert, S. C. Smith, "Theory of Unimolecular and Recombination Reactions", Chap. 5, Blackwell Scientific Publications, Oxford (1990).
[*2] A. P. Penner, W. Forst, *J. Chem. Phys.*, **67**, 5296 (1977).
[*3] R. G. Gilbert, S. C. Smith, "Theory of Unimolecular and Recombination Reactions", Chap. 7, Blackwell Scientific Publications, Oxford (1990).

BOX 7.2　CH_3NC 異性化反応の支配方程式解析

単分子反応の支配方程式解析のためのプログラムはいくつか公開されている．たとえば以下で用いる Unimol，そのほかにも ChemRate[*1]，PolyRate[*2]，MultiWell[*3]，Variflex[*4] などがある．

ここでは Unimol を用いて CH_3NC の異性化反応に対して支配方程式を解く．Unimol では，最大固有値のみを求めることにより速度定数を算出している．必要なエネルギーや振動数，回転定数などのデータはすべて例題7.4において用いたものと同じである．

振動エネルギー移動の遷移確率として，式(7.109)(exponential down model)を用いる．この式中のパラメーター α は振動エネルギー移動量 $\langle\Delta\varepsilon\rangle$，あるいは式(7.24)の衝突効率 λ に関係付けられるパラメーターである[*5]．ここでは速度定数の実験値の圧力依存性が計算値に一致するように α を求めた．

CH_3NC の 472.6 K における異性化反応(図7.8と同じ条件)の計算値を図1に示す．$\alpha=2000\ cm^{-1}$ としたときの計算値を図に示したが，実験値との一致は良好である．$\alpha>1500\ cm^{-1}$ の範囲では計算値の α の値に対する感度は低い．$\alpha=2000\ cm^{-1}$ は衝突効率 λ に換算す

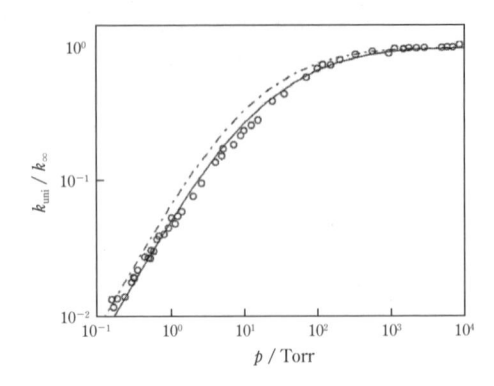

実線：支配方程式の数値解($\alpha=2000\ cm^{-1}$)，一点鎖線：強衝突を仮定した RRKM 計算(図7.8の一点鎖線と同じ)，○：実験値(1 Torr=133.3 Pa)

図1　CH_3NC の異性化速度定数の計算値と実験値の比較　($T=472.6$ K)

ると 0.67 に相当する．また，式(7.108)を用いて $\langle\Delta\varepsilon\rangle$ の値を数値計算により求めると，CH_3NC の内部エネルギーが反応の閾値近傍の 160 kJ mol^{-1} では $\langle\Delta\varepsilon\rangle=-1650\ cm^{-1}$ であり，表7.2のデータと比べても CH_3NC のエネルギー移動はきわめて効率がよいことがわかる．

図2に $T=472.6$ K での分布関数 $g(\varepsilon)$ を示す．分布関数は低圧においては $\varepsilon=\varepsilon_0(=160.5$ kJ mol^{-1}) において不連続に減少しており，$\varepsilon>$

[*1]　V. Mokrushin, W. Tsang, National Institute of Standards and Technology, Gaithersburg, MD 20899 ; http://www.mokrushin.com/ChemRate/chemrate.html
[*2]　J. Zheng, S. Zhang, B. J. Lynch, J. C. Corchado, Y.-Y. Chuang, P. L. Fast, W. P. Hu, Y. P. Liu, G. C. Lynch, K. A. Nguyen, C. F. Jackels, A. FernandezRamos, B. A. Ellingson, V. S. Melissas, J. Villa, I. Rossi, E. L. Coitino, J. Pu, T. V. Albu, R. Steckler, B. C. Garrett, A. D. Isaacson, D. G. Truhlar, 'POLYRATE-Version 2008', University of Minnesota, Minneapolis, 2008, ; http://comp.chem.umn.edu/polyrate/
[*3]　J. R. Barker, *Int. J. Chem. Kinetics*, **33**, 233 (2001) ; J. R. Barker, N. F.Ortiz, J. M. Preses, L. L. Lohr, A. Maranzana, P. J. Stimac, L. T.Nguyen, 'Multiwell program suite', Department of Chemistry, University of Michigan, AnnArbor, MI 48109-2143 ; http://aoss-research.engin.umich.edu/multiwell/MultiWell
[*4]　S. J. Klippenstein, A. F. Wagner, R. C. Dunbar, D. Wardlaw, S. Robertson, J. A. Miller, VARIFLEX version 1.13 m (2003) ; S. J. Klipenstein, *Chem. Phys. Lett.*, **170**, 71 (1990) ; *J. Chem. Phys.*, **94**, 6469 (1992), **96** 367 (1992).
[*5]　α と $\langle\Delta\varepsilon\rangle$ の関係は式(7.109)を式(7.108)に代入すれば得られる．遷移確率が式(7.109)で与えられる場合の $\langle\Delta\varepsilon\rangle$ と λ の関係は Troe によって解析的に求められていて[*6]，その結果は次式で与えられる．
$$\frac{\lambda}{1-\sqrt{\lambda}} = -\frac{\langle\Delta\varepsilon\rangle}{F_E k_B T}$$
F_E は分配関数のエネルギー依存性に対する補正項で1に近い値をとることが多い．詳細は文献[*7] Chap. 7および9を参照のこと．
[*6]　J. Troe, *J. Chem. Phys.*, **66**, 4745, 4758 (1977).
[*7]　K. A. Holbrook, M. J. Pilling, S. H. Robertson, "Unimolecular Reactions", John Wiley & Sons (1996).

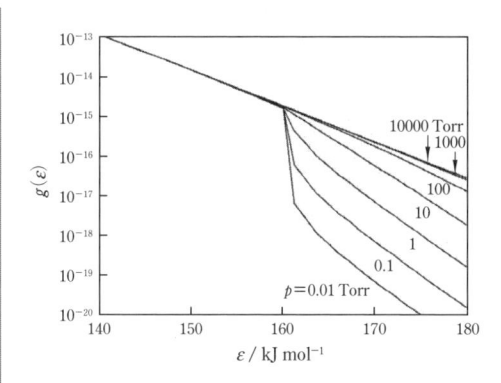

図2 $T=472.6$ K における分布関数

熱平衡分布は $p=10000$ Torr における分布と重なっている．縦軸は対数目盛．(1 Torr=133.3 Pa)

ε_0 では熱平衡分布から大幅にずれていること，また高圧になるにつれてこの非平衡分布が熱平衡分布(Boltzmann 分布)に近づいていることがわかる．式(7.103)に示されるように，カノニカル速度定数は $k(\varepsilon)$ と $g(\varepsilon)$ の積の積分で与えられる．$k(\varepsilon)$ は圧力には依存しないのでカノニカル速度定数の圧力依存性は $g(\varepsilon)$ の非平衡性に起因する．

分布関数の非平衡性は高温になるほど大きくなる．図3に $T=2000$ K における分布関数の圧力依存性を示す．2000 K においては非平衡性は $\varepsilon<\varepsilon_0$ においてさえ無視できなくなっている．また 472 K では 100 Torr でも熱平衡分布に近くなっているのに対し，2000 K では平衡分布からは大幅にずれている．このことからもわかるように，漸下圧領域で圧力一定のもとでは高温ほど速度定数の高圧極限からのずれは大きくなる．したがって一般に漸下圧領域での活性化エネルギーは高圧極限の活性化エネルギーより低下する．

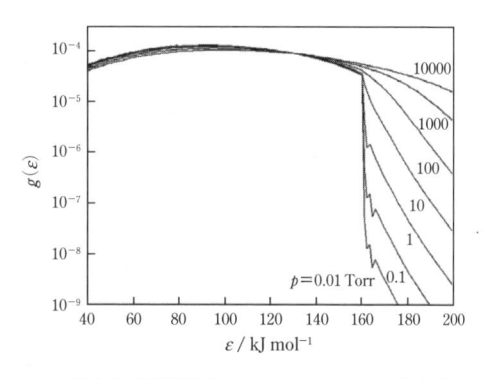

この場合も熱平衡分布は $p=10000$ Torr の分布と重なっている．(1 Torr=133.3 Pa)

図3 $T=2000$ K における分布関数

7.6 複合反応系の解析

7.6.1 複合反応のシミュレーションと感度解析

前節までは素反応の速度定数について議論した．素反応の速度定数がわかると，素反応の集合としての詳細反応機構を構築することができる．**燃焼反応**(combustion reaction)など現実の反応系では一つだけの素反応が進行している場合はむしろまれで，実際には多数の素反応が同時に起こっている反応系の方が多い．このような複合反応を理解し，制御するためには詳細反応機構に基づいた反応解析が必要になる．この節では複合反応系の解析法を述べ，重要ないくつかの複合反応系の具体例を概観する．

N 種類の化学種 $A_i\,(i=1,\cdots,N)$ を含み M 個の反応からなる反応系を考える．この系の反応式は

$$\sum_{i=1}^{N} \nu'_{ij} A_i + \sum_{i=1}^{N} \nu''_{ij} A_i = 0 \quad (j=1,\cdots,M) \tag{7.110}$$

と表される．ここで j は反応の番号，i は化学種，ν_{ij} は j 番目の反応での i 番目の化学種の量論係数で，$'$ は反応物，$''$ は生成物を表すが，反応物の量論係数は負 ($\nu'_{ij}<0$)，生成物の量論係数は正 ($\nu''_{ij}>0$) と定義する (式(1.3)参照)．式(7.110)で表される反応が素反応であるとすれば，素反応は単分子，二分子，または三分子反応からのみ構成されるので量論係数は通常は ±1 または ±2 であり，一般的

には一つの素反応に含まれる反応物は3種類以下である．i 番目の化学種の生成速度は

$$r_i = \left(\frac{\partial [\mathrm{A}_i]}{\partial t}\right)_{\mathrm{chem}} = \sum_{j=1}^{M} \nu_{ij} q_j \tag{7.111}$$

で与えられる．ここで $\nu_{ij}=\nu''_{ij}+\nu'_{ij}$，$[\mathrm{A}_i]$ は化学種 A_i のモル濃度で，$(\ )_{\mathrm{chem}}$ は化学反応のみによる濃度変化を表す．q_j は反応速度であり，次式(7.112)で定義する．現実の系の反応解析においては，濃度変化は化学反応のみならず体積などの状態量の変化や拡散，流れなどによってもひき起こされる．本来はこれらの効果も考える必要があるが，拡散や流れの効果は本書では扱わない．したがって，以降の議論では $r_i = d[\mathrm{A}_i]/dt$ とする．なお，流れや拡散などに起因する移流がない場合でも，式(7.111)を解くためには化学種の濃度のみならず熱力学状態量を二つ指定しなければならない．体積 V が一定で断熱の反応系では体積 V と内部エネルギー U が保存される．あるいは圧力一定で断熱の反応系であれば圧力 P とエンタルピー H が保存される．いずれの場合でも反応の進行とともに反応熱によって系の温度も変化するので，エネルギー保存則から導かれる温度に対する微分方程式も式(7.111)と連立させて解く必要がある．

q_j は正逆の素反応を合わせた j 番目の反応の反応速度で，

$$q_j = k_{fj} \prod_{i=1}^{N} [\mathrm{A}_j]^{|\nu'_{ij}|} - k_{rj} \prod_{i=1}^{N} [\mathrm{A}_i]^{|\nu''_{ij}|} \tag{7.112}$$

である．k_{fj} と k_{rj} はおのおの，正反応と逆反応の速度定数であるが，その比は平衡定数に等しくなければならない*．これは微分方程式(7.111)の解が $t \to \infty$ での系の平衡濃度を正しく与えるために必要である．したがって，通常は k_{fj} または k_{rj} のうちどちらかを与えて，他方は平衡定数から計算する．各反応の平衡定数はその反応に含まれる化学種のエンタルピーとエントロピーがわかれば（自由エネルギーがわかれば）計算できる．また化学種のエンタルピー（あるいは内部エネルギー）と比熱は化学反応による発熱に伴う系の温度変化を計算するためにも必要である．したがって素反応に基づく詳細反応機構を用いた解析では，含まれる化学種の熱力学特性値（比熱，エンタルピー，エントロピー）を正確に評価することも重要である．

各化学種に対する熱力学データと，各素反応に対する速度定数が得られると，式(7.111)で表される反応速度式を解くことができる．反応速度式(7.111)は一般には非線形常微分方程式であり，解析解は得られないので数値的に解く必要がある．

のちに述べるように，炭化水素燃料の燃焼反応機構などでは含まれる化学種と素反応の数が非常に大きくなる．たとえばイソオクタン(2,2,4-トリメチルペンタン)の燃焼反応機構では必要とされる化学種は540種，含まれる素反応は1470個程度である．このような大規模な素反応機構では，含まれている素反応の速度定数のすべてが正確にわかっているわけではないが，実際には反応を律速しているのは比較的少数の素反応である．そこで，どの反応が律速になっているのか，正確な反応速度定数を知らなければならないのはどの反応なのか，などを明らかにする方法論が必要となる．また，きわめて多数の素反応からなる反応方程式を解いてさまざまな化学種の時間変化がわかったとしても，その反応系を理解したことにはならない．反応系の特性を理解するための方法も必要である．複雑な反応系の具体例を示す前に，反応系の特性を理解するための方法をいくつか示しておく．

---

* なお§1.2.6 詳細釣り合いと微視的可逆性の原理 の項を参照のこと．

感度解析

反応系を理解するため，あるいは重要な素反応を抽出するための方法として最もよく用いられているのは**感度**(sensitivity)**解析**である．$c_i=[A_i]$ として N 種の化学種，M 個の素反応からなる反応系の反応速度式(7.111)をつぎのように書く．

$$\frac{dc_i}{dt} = F_i(c_1, c_2, \cdots, c_N; k_1, k_2, \cdots, k_M) \quad (i=1, 2, \cdots, N) \tag{7.113}$$

式(7.113)は微分方程式が速度定数 k_j にパラメトリックに依存している，ということを表現している．化学種 A_i に対する速度定数 k_j の絶対感度係数 $S_{\text{abs},ij}$ と相対感度係数 S_{ij} を

$$S_{\text{abs},ij} = \frac{\partial c_i}{\partial k_j}, \quad S_{ij} = \frac{k_j}{c_i}\frac{\partial c_i}{\partial k_j} = \frac{\partial \ln c_i}{\partial \ln k_j} = \frac{k_j}{c_i}S_{\text{abs},ij} \tag{7.114}$$

で定義する．感度係数は化学種のみならず，状態量や他の反応特性(たとえば燃焼速度など)に対しても定義できる．たとえば系の温度変化に対する相対感度係数は

$$S_{Tj} = \frac{\partial \ln T}{\partial \ln k_j} \tag{7.115}$$

で定義できる．通常，感度係数は解析的に求めることができないので，数値計算により求める．

$$\frac{\partial}{\partial t}\left(\frac{\partial c_i}{\partial k_j}\right) = \frac{\partial}{\partial k_j}\left(\frac{\partial c_i}{\partial t}\right) = \left(\frac{\partial F_i}{\partial k_j}\right) + \sum_{k=1}^{N}\left(\frac{\partial F_i}{\partial c_k}\frac{\partial c_k}{\partial k_j}\right) \tag{7.116}$$

の関係を用いると，感度係数は次式により計算できる．

$$\frac{\partial S_{\text{abs},ij}}{\partial t} = \frac{\partial F_i}{\partial k_j} + \sum_{k=1}^{N}\frac{\partial F_i}{\partial c_k}S_{\text{abs},kj} = \frac{\partial F_i}{\partial k_j} + \sum_{k=1}^{N}J_{ik}S_{\text{abs},kj} \tag{7.117}$$

ここで，$\boldsymbol{J}=(J_{ik})=(\partial F_i/\partial c_k)$ は反応速度式(7.113)のヤコビアン行列である．ヤコビアン行列を求めておくと常微分方程式を陰解法によって解く場合に収束性を改善することができるが，ヤコビアン行列を計算する常微分方程式の数値解法では式(7.113)と(7.117)とを同時に解いて感度係数を求めることができる．

感度係数の小さな反応の速度定数の値は濃度や温度などの反応系の特性に大きな影響を与えないが，感度係数の小さな反応が必ずしも"不要な反応"ではないことに注意しなければならない．たとえば，燃焼反応系において NO を低減させるために重要な反応(逆 Zeldovitch 機構とよばれる)は以下の二つの反応である．

$$\text{NO} + \text{O} \longrightarrow \text{N} + \text{O}_2 \quad (\text{速度定数を } k_1 \text{ とする．以下の素反応でも同様}) \tag{R1}$$

$$\text{NO} + \text{N} \longrightarrow \text{O} + \text{N}_2 \tag{R2}$$

これらの反応では $k_2 \gg k_1$ であって，(R1)で生成した N 原子が直ちに(R2)で消費される．この場合，律速反応は(R1)であり，N 原子濃度は非常に低く定常状態にある．したがって NO の減少速度はつぎのようになる．

$$\frac{d[\text{N}]}{dt} = k_1[\text{NO}][\text{O}] - k_2[\text{NO}][\text{N}] = 0 \tag{7.118}$$

$$-\frac{d[\text{NO}]}{dt} = k_1[\text{NO}][\text{O}] + k_2[\text{NO}][\text{N}] = 2k_1[\text{NO}][\text{O}] \tag{7.119}$$

式(7.119)に示されるように NO の減少速度は反応(R1)の速度の2倍になる．一方，感度解析を行うと反応(R2)の NO 濃度に対する感度は非常に小さい．しかしながら反応(R2)を省略してしまうと

NO の減少速度は(R2)を考慮した場合の1/2になってしまう．つまり反応(R2)の速度定数の誤差が大きくても NO の減少速度には影響を与えないが，単純に省略することはできない．

固 有 値 解 析

どの化学種が定常状態とみなせるのか，あるいは微分方程式系の時間スケールがどの程度であるのか，などを調べるのに有効な方法として固有値解析がある．反応速度式(7.113)を行列式で書くと次式になる．

$$\frac{d\boldsymbol{c}(t)}{dt} = \boldsymbol{F}(\boldsymbol{c}(t)) \tag{7.120}$$

$\boldsymbol{F}$ を時刻 t_0 における濃度 $\boldsymbol{c}_0 = \boldsymbol{c}(t_0)$ のまわりでテーラー展開すると

$$\frac{d\boldsymbol{c}}{dt} = \boldsymbol{F}(\boldsymbol{c}) = \boldsymbol{F}(\boldsymbol{c}_0 + d\boldsymbol{c}) \approx \boldsymbol{F}(\boldsymbol{c}_0) + \boldsymbol{J}(\boldsymbol{c}_0) d\boldsymbol{c} \tag{7.121}$$

となる．この式から，反応速度式の時間スケールはヤコビアン行列 $\boldsymbol{J}$ の固有値で決まっていることがわかる．ヤコビアン行列の固有値の絶対値の最大値と最小値の比は微分方程式の"stiffness"の尺度であり，この比が大きいほど方程式系が stiff (硬い) であるという．多くの燃焼反応系のように非常に速い素反応と遅い素反応が混在している反応機構の反応速度式は非常に stiff な方程式系になる．このような stiff な方程式系を Runge-Kutta 法などの陽解法によって解く場合，時間刻みは最大固有値の逆数で決まる時間スケールより小さくしなければならない．たとえば固有値の比が 10^{10} (このような反応系は燃焼系では珍しくない) である場合には 10^{10} ステップ以上の積分ステップが必要になり，陽解法を用いることは現実的ではない．stiff な微分方程式系には陰解法に基づく解法を用いる必要がある．

反応系のシミュレーションと主要反応経路

数千もの素反応を含む大規模反応系の数値シミュレーションもコンピューターの高性能化と数値解法の発達により簡単に実施できるようになった．このような大規模反応系を理解するための方法として感度解析や固有値解析は有効であるが，これらとともに反応経路解析の方法として流れ図を用いた**反応経路解析**(reaction path analysis)もよく用いられている．この方法は化学種の生成速度(rate of production：ROP)あるいは減少速度に基づく解析法である．ROP は式(7.112)の q で定義されるが，さらに化学種 i の生成に対する規格化した素反応 j の寄与率 R_{ij}^P および消滅に対する寄与率 R_{ij}^D をつぎのように定義する．

$$\begin{aligned} R_{ij}^P &= \frac{\max(n_{ij}, 0) q_j}{\sum_{j=1}^{M} \max(n_{ij}, 0) q_j} \\ R_{ij}^D &= \frac{\min(n_{ij}, 0) q_j}{\sum_{j=1}^{M} \min(n_{ij}, 0) q_j} \end{aligned} \tag{7.122}$$

上式で $\max(x, y)$ ($\min(x, y)$)は x と y のうちの大きい方(小さい方)の値を返す関数である．これらを各時刻において求めると，どの反応がどの化学種の生成消滅にどのくらい寄与しているかが明らかになる．さらにこの値をもとに反応物から出発してどのような中間体を経由して最終生成物に至るのか，反応経路図を構成することもできる．

この節で説明した感度解析や流れ図解析は，次節以降の反応機構の解析の際に用いられる．

7.6.2 連鎖反応

飽和炭化水素の熱分解や重合反応などは**連鎖反応**(chain reaction)で進行する．連鎖反応系は反応物から生成されたラジカルが，自らを再生しながら生成物を生じる反応が繰返されている反応系である．典型的な気相の連鎖反応系としてH_2とBr_2の反応がよく知られている．H_2とBr_2の反応の反応式は

$$H_2 + Br_2 \longrightarrow 2HBr \tag{R3}$$

とかける．この式は1 molのH_2と1 molのBr_2から2 molのHBrが生成するという化学量論関係を示しているが，反応(R3)が素反応であるかどうかは実験によって検証しなければならない．この反応が素反応であればH_2とBr_2が直接反応して2個のHBrを生成することになるが，このような反応が起こるかどうかは必ずしも明らかではない．すでに第1章で述べられているが，実際には以下のようないくつかの素反応が起こっている．

まず，Br_2が熱解離してBr原子を生成する．

$$Br_2 + M \longrightarrow Br + Br + M \tag{R4}$$

この反応は**連鎖開始反応**(initiation reaction)である．生成したBr原子は反応物であるH_2と反応してH原子を生成する．

$$Br + H_2 \longrightarrow HBr + H \tag{R5}$$

ここで生成したH原子は反応物であるBr_2と反応してBr原子を再生する．

$$H + Br_2 \longrightarrow HBr + Br \tag{R6}$$

反応(R5)と(R6)はラジカルを一つ消費して他のラジカルを再生する反応であり，**連鎖成長反応**(propagation reaction)である．反応(R5)と(R6)が繰返されるとラジカル濃度は変わらずに反応物のH_2とBr_2がつぎつぎにHBrに変換されていく．この例のHおよびBr原子のような連鎖を維持している化学種を**連鎖担体**(chain carrier)という．連鎖反応により生成物であるHBrが蓄積されるとHBrとH原子の反応が重要になってくる．

$$HBr + H \longrightarrow H_2 + Br \tag{R7}$$

この反応は(R5)の逆反応であり，反応の進行を妨げるので**連鎖阻害反応**(あるいは**連鎖抑制反応**：inhibition reaction)とよばれる．また連鎖担体を減少させる反応

$$Br + Br + M \longrightarrow Br_2 + M \tag{R8}$$

は**連鎖停止反応**(termination reaction)とよばれる．(R4)〜(R8)の反応では連鎖担体Hおよび Brの濃度が低いので，これらに対して定常状態を仮定することができる．反応(R4)〜(R8)の速度定数をk_4〜k_8として，HおよびBrについての定常状態の式を書くとつぎのようになる．

$$\frac{d[H]}{dt} = k_5[Br][H_2] - k_6[H][Br_2] - k_7[HBr][H] = 0 \tag{7.123}$$

$$\frac{d[Br]}{dt} = 2k_4[Br_2][M] - k_5[Br][H_2] + k_6[H][Br_2] + k_7[HBr][H] - 2k_8[Br]^2[M]$$
$$= 0 \tag{7.124}$$

これらの式から$2Br \rightleftarrows Br_2$の平衡が成り立っていることがわかる．また生成物$HBr$の生成速度は次式のようになる．

$$\frac{d[HBr]}{dt} = \frac{2k_6[H_2]\left(\frac{k_4}{k_8}[Br_2]\right)^{1/2}}{1 + \frac{k_7[HBr]}{k_5[Br_2]}} \tag{7.125}$$

この速度式は実験で得られた速度式とよく一致する．このことは H_2 と Br_2 の反応が，反応(R3)を素反応とみなした場合のように H_2 と Br_2 の衝突によって直接に2個の HBr を生成する反応ではなく，(R4)〜(R8)で表されるような連鎖反応で進行していることを示している．

例題 7.5 高圧での高濃度のエタン(C_2H_6)の熱分解反応は，つぎのような連鎖反応で進行することが知られている(Rice-Herzfeld 機構)．

$$C_2H_6 \longrightarrow CH_3 + CH_3 \tag{1}$$

$$CH_3 + C_2H_6 \longrightarrow CH_4 + C_2H_5 \tag{2}$$

$$C_2H_5 \longrightarrow C_2H_4 + H \tag{3}$$

$$H + C_2H_6 \longrightarrow C_2H_5 + H_2 \tag{4}$$

$$H + C_2H_5 \longrightarrow C_2H_6 \tag{5}$$

1) おのおのの反応を連鎖開始反応，連鎖成長反応，連鎖停止反応に分類せよ．
2) H 原子の定常濃度を求めよ．
3) C_2H_6 の減少速度を求めよ．

解答 1) 反応(1) 連鎖開始反応，反応(2)〜(4) 連鎖成長反応，(5) 連鎖停止反応

2) CH_3, H, C_2H_5 に定常状態近似を適用する．

$$\frac{d[CH_3]}{dt} = 2k_1[C_2H_6] - k_2[CH_3][C_2H_5] = 0$$

$$\frac{d[H]}{dt} = k_3[C_2H_5] - k_4[H][C_2H_6] - k_5[H][C_2H_5] = 0$$

$$\frac{d[C_2H_5]}{dt} = k_2[CH_3][C_2H_6] - k_3[C_2H_5] + k_4[H][C_2H_6] - k_5[H][C_2H_5] = 0$$

上式から $[C_2H_5]$ を消去して $[H]$ を求めると

$$[H] = \frac{1}{2k_4}\left[-k_1 + 2\left(\frac{k_1^2}{4} + \frac{k_1 k_3 k_4}{k_5}\right)^{1/2}\right]$$

3) $-\dfrac{d[C_2H_6]}{dt} = k_1[C_2H_6] + k_2[CH_3][C_2H_6] + k_4[H][C_2H_6] - [H][C_2H_5]$

2) の定常状態の式から

$$-\frac{d[C_2H_6]}{dt} = 2k_1[C_2H_6] + k_4[H][C_2H_6]$$

この式に 2) の $[H]$ の式を代入して整理すると

$$-\frac{d[C_2H_6]}{dt} = \left[\frac{3}{2}k_1 + \left(\frac{k_1^2}{4} + \frac{k_1 k_3 k_4}{k_5}\right)^{1/2}\right][C_2H_6]$$

となり，$[C_2H_6]$ の一次に比例する．

7.6.3 燃焼反応

燃焼系中では，温度が高いために室温では起こり得ないような活性化エネルギーの大きい反応でも起こりうるようになり，きわめて多数の素反応が同時に進行している．このような複合反応系の取扱い方の基本事項は§1.2.1で説明されているが，この節では水素や炭化水素の燃焼過程でどのような素反応が起こっているか，反応機構によって燃焼特性がどのように説明されるか，などについて考える．

水素の燃焼反応機構

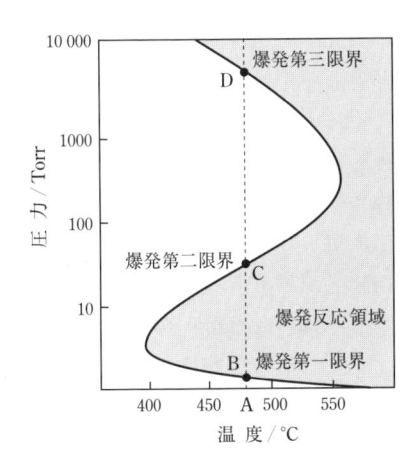

水素(H_2)はもっとも単純な燃料であるが，その燃焼特性は複雑である．断熱容器に $H_2/O_2=2/1$ の混合気を封入して一定温度に保ったとき，ある条件では H_2 は電気火花や火炎などの着火源がなくても着火して(これを自着火という)爆発する．爆発するかしないかの境界(**爆発限界**(explosion limit))を初期温度と初期圧力の関数として示すと図7.11のようになる．たとえば密閉容器の温度を 480 ℃ に保った場合，図中の A 点(圧力 1 Torr(=133.3 Pa)近傍)では着火しないが圧力を少し高くして図の B 点以上の圧力に達すると着火する．この低圧における着火の限界を爆発第一限界という．この第一限界の圧力は反応容器の大きさや容器壁の表面状態によって異なることが知られている．さらに初期圧力を上げていき C 点以上の圧力になると再び着火しなくなる．この爆発する領域としない領域との境界を爆発第二限界という．第二限界は容器の材質や表面の状態によらない．より高圧にすると再び着火する領域が現れてくる(D 点)．この高圧側の爆発限界は第三限界とよばれている．このような複雑な挙動が化学反応機構を用いていかに説明されるかについて検討する．

図 7.11 $H_2/O_2=2/1$ の混合気体の断熱容器中での爆発限界 (1 Torr=133.3 Pa) [M. J. Pilling, P. W. Seakins, "Reaction Kinetics", Oxford University Press, p. 245 (1995)に基づく]

H_2 の燃焼反応は連鎖反応機構で進行する．まず，開始反応により H, O, OH などのラジカルが生成する．この開始反応は上述した例のような密閉容器内の反応では反応容器の器壁での不均一反応もありうるし，あるいは純粋に気相の反応でラジカルを生成する場合もある．気相の開始反応としては

$$H_2 + O_2 \longrightarrow H + HO_2 \tag{R9}$$

あるいは

$$H_2 + O_2 \longrightarrow OH + OH \tag{R10}$$

が考えられる．これらの反応はいずれも吸熱反応でその活性化エネルギーは大きく*，高温においても遅い反応である．燃焼反応のような連鎖反応系では，一般に開始反応の速度は後続反応の速度に比して遅いので，開始反応の感度係数はきわめて小さい．開始反応によって生成したラジカルは H_2, O_2 とつぎのように反応する．

---

* 反応の吸熱量は反応(R9)のほうが(R10)より大きいが(R9：228 kJ mol^{-1}，R10：77.8 kJ mol^{-1})(R10)の反応は軌道対称性保存則〔Woodward-Hoffmann 則，反応に関与する電子の分子軌道の対称性は保存されなければならないとする法則：詳細は量子化学の教科書(たとえば藤永 茂，"分子軌道法"，岩波書店 (1980)など)を参照のこと〕を満たさない対称禁制反応なので，活性化エネルギーは(R10)のほうが(R9)よりも大きい．

$$H + O_2 \longrightarrow OH + O \quad \Delta H°_{298} = 70 \text{ kJ mol}^{-1} \quad (R11)$$

$$O + H_2 \longrightarrow OH + H \quad \Delta H°_{298} = 9.2 \text{ kJ mol}^{-1} \quad (R12)$$

$$OH + H_2 \longrightarrow H_2O + H \quad \Delta H°_{298} = -63 \text{ kJ mol}^{-1} \quad (R13)$$

$\Delta H°_T$ は温度 T における標準反応エンタルピー変化である．反応(R11)および(R12)は一つのラジカルから二つのラジカルが生成する反応で，このような反応は**連鎖分岐反応**(chain branching reaction)とよばれる．反応(R13)は消費されるラジカルの数と生成するラジカルの数が等しく，連鎖成長反応である．反応(R11)で生成したO原子は反応(R12)で消費されるが，反応(R12)ではH原子とOHの二つのラジカルが生成する．反応(R12)で生成したH原子は反応(R11)で再びO原子とOHの二つのラジカルを生成する．これらの連鎖分岐反応により連鎖担体であるO, H, OHラジカル濃度は指数関数的に増加する．このラジカル濃度の指数関数的増加により**爆発**が起こる．反応が開始してから，ラジカルが指数関数的に増加して，たとえばOH濃度がある値になるまでの期間，あるいは急激な温度上昇が起こるまでの期間を着火誘導期と定義する．この着火誘導期間内での主要な反応は反応(R11)～(R13)であるが，反応(R13)の発熱と(R11)，(R12)の吸熱が相殺されるので誘導期間内では系の温度変化は小さい．爆発により系の温度が上昇するのは，ラジカル濃度が十分に高くなってつぎのようなラジカル再結合反応が起こるからである．

$$H + O_2 + M \longrightarrow HO_2 + M \quad (R14)$$

$$H + H + M \longrightarrow H_2 + M \quad (R15)$$

$$H + OH + M \longrightarrow H_2O + M \quad (R16)$$

$$O + O + M \longrightarrow O_2 + M \quad (R17)$$

$$OH + OH + M \longrightarrow H_2O_2 + M \quad (R18)$$

これらの再結合反応の発熱量は大きく，系の温度は急激に上昇する．また三分子反応なので，その速度は第三体Mの濃度に，したがって系の圧力に比例する．ただし前節BOX 7.1で説明したように，非常に高圧になればその反応速度定数は圧力に依存せず二次反応となる(高圧極限)．反応(R14)～(R17)のような原子数の少ない分子の再結合反応では，漸下圧は1000 atm程度である．したがってH_2燃焼系での再結合反応については，常圧の燃焼条件ではすべて三分子反応(低圧極限)として扱ってよい．反応(R18)は数十気圧で漸下領域になる．したがって自動車エンジン内などの高圧燃焼においては，その速度定数の圧力依存性を考慮する必要がある．

上述した再結合反応はラジカルの数を減少させる連鎖停止反応であるが，特に反応(R14)は重要である．この反応の反応物は連鎖分岐反応(R11)と同じであるが，反応(R11)ではラジカルが2個生成するのに対し，反応(R14)ではO, OHに比して反応性の低いHO_2ラジカルが1個生成される．したがって反応(R14)の速度が反応(R11)の速度より速くなれば連鎖分岐反応が抑制されて爆発が起こらなくなる．反応(R14)の速度は圧力に比例するから，圧力を高くしていくと反応(R14)の速度が(R11)の速度よりも速くなって爆発が起こらなくなる(着火しなくなる)領域が存在する．これが爆発第二限界である(図1の点C)．すなわち爆発の第二限界は反応(R11)と(R14)の速度のバランスで決まっている．

爆発第二限界についてさらに検討するために，反応の比較的初期におけるラジカル濃度の時間変化について考える．まず，開始反応として反応(R9)を仮定し，その反応速度を $I_0 \equiv k_9[H_2][O_2]$ とする．反応初期の着火誘導期間内ではH_2, O_2はほとんど消費されずその濃度は一定とみなせるのでI_0は一定としてよい．また誘導期間内の主要な反応は(R11)～(R13)の連鎖分岐反応と成長反応および連鎖停止反応(R14)であるとする．(R15)～(R18)の反応はラジカルどうしの再結合反応であり，ラ

7.6 複合反応系の解析

ジカル濃度が低い着火誘導期間内では無視できる．図 7.12 に反応 (R11)～(R13) の反応速度定数を示すが，反応エンタルピー変化からも予想されるように $k_{11} \ll k_{12} \ll k_{13}$ なので O_2 初期濃度が極端に低くない限りは，O 原子と OH ラジカルに関しては定常状態を仮定してもよいであろう．すなわち

$$\frac{d[O]}{dt} = k_{11}[H][O_2] - k_{12}[O][H_2] = 0 \tag{7.126}$$

$$\frac{d[OH]}{dt} = k_{11}[H][O_2] + k_{12}[O][H_2] - k_{13}[OH][H_2] = 0 \tag{7.127}$$

である．H 原子濃度の時間変化は上式を用いると

$$\frac{d[H]}{dt} = I_0 - k_{11}[H][O_2] + k_{12}[O][H_2] + k_{13}[OH][H_2] - k_{14}[H][O_2][M]$$

$$= I_0 + \{2k_{11}[O_2] - k_{14}[O_2][M]\}[H] = I_0 + (f-g)[H] \tag{7.128}$$

となる．ここで $f = 2k_{11}[O_2]$，$g = k_{14}[O_2][M]$ とおいた．式 (7.128) の解は

$$[H] = \frac{I_0}{f-g}(\exp((f-g)t) - 1) \tag{7.129}$$

で与えられる．$f<g$ のとき，すなわち連鎖停止反応のほうが連鎖分岐過程よりも速い場合は $t \to \infty$ で $[H] \to I_0/(g-f)$ となり，連鎖担体である H 原子濃度は一定値に収束して爆発は起こらない．一方，$f>g$ の場合は，時間とともに H 原子濃度は指数関数的に増加し爆発にいたる．爆発第二限界は $f=g$，すなわち

$$2k_{11} = k_{14}[M] \tag{7.130}$$

で与えられる．また，式 (7.126)，(7.127) から

$$[O] = \frac{k_{11}[O_2][H]}{k_{12}[H_2]} \qquad [OH] = \frac{2k_{11}[O_2][H]}{k_{13}[H_2]} \tag{7.131}$$

となり，H_2, O_2 の濃度が一定とみなせる着火誘導期間内では O, OH も H 原子濃度に比例して増加する*．

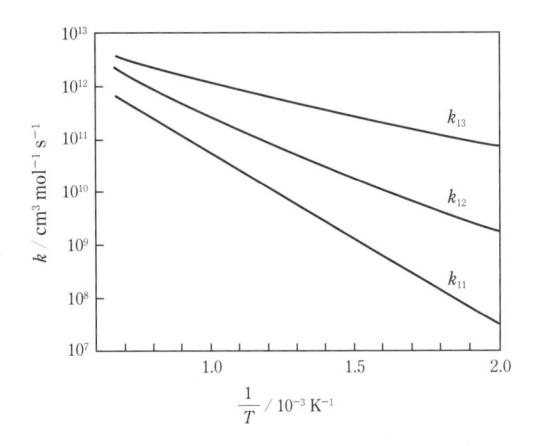

図 7.12 反応 (R11)～(R13) の速度定数の温度依存性

---

* O, OH に定常状態近似を用いたが，定常状態近似は定常状態にあるとした化学種の濃度が一定であることを仮定しているのではないことに注意．定常状態近似を用いない第二限界の導出は BOX 7.3 を参照せよ．

高圧での爆発第三限界も連鎖分岐反応と停止反応のバランスで決まる．圧力が爆発第二限界よりも増加すると，反応(R14)の速度も圧力の増加に従って増加する．その結果，HO_2 ラジカルの生成速度が増加し，HO_2 濃度が上昇して HO_2 と H_2O_2 を含む以下のような反応が重要になる．

$$H + HO_2 \longrightarrow OH + OH \tag{R19}$$

$$HO_2 + HO_2 \longrightarrow H_2O_2 + O_2 \tag{R20}$$

$$HO_2 + H_2 \longrightarrow H_2O_2 + H \tag{R21}$$

$$H_2O_2 + M \longrightarrow OH + OH + M \tag{R-18}$$

HO_2 から H_2O_2 が生成され，H_2O_2 濃度が十分高くなると反応(R−18：(R18の逆反応))によってOHラジカルが生成する．この反応は連鎖分岐反応であり，これにより連鎖反応が開始されて着火に至る．また，ラジカル再結合(反応(R14)〜(R18))や反応(R19)〜(R21)などの発熱反応による系の温度上昇により反応が加速され，その結果，発熱速度が増加し温度上昇して反応がさらに加速される，という**熱爆発**(thermal explosion)機構も関与する．さらに，より高温側(図7.11の場合では 550 ℃以上)においては，反応(R11)や(R−18)などの吸熱反応，あるいは活性化エネルギーの大きな反応も加速され，明確な第三限界は観測されなくなる．このような高温域においても，式(7.130)で与えられる第二限界の延長線よりも高い圧力領域の着火は連鎖分岐反応(R11)より反応(R14)のほうが速いため比較的穏やかな燃焼特性を示し，**緩慢反応領域**(slow reaction region)とよばれる．

つぎに爆発の第一限界がなぜ現れるかについて考える．分子拡散の速度は系の圧力に反比例するから反応系の圧力が低下するとそれに応じて拡散速度は増加する．この結果，連鎖担体の壁への拡散が

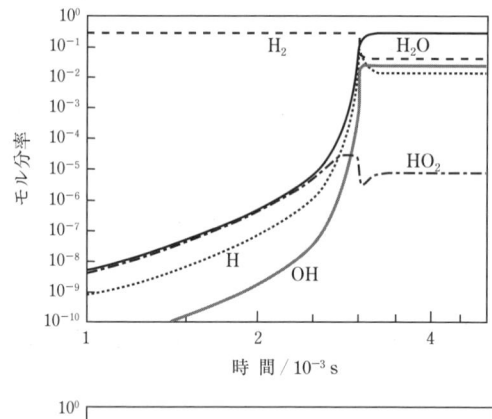

(a) 第二限界近傍での H_2 燃焼シミュレーションの結果．体積一定の断熱容器での $H_2/O_2/N_2$ ＝2/1/4 の混合気体の自着火シミュレーション．初期温度 850 K，初期圧力 0.5 atm．時間軸は対数スケールになっている

(b) 第三限界付近での H_2 燃焼シミュレーションの結果．体積一定の断熱容器での $H_2/O_2/N_2$ ＝2/1/4 の混合気体の自着火シミュレーション．初期温度 650 K，初期圧力 20 atm．時間軸はノーマル・スケールである

図 7.13　H_2 燃焼シミュレーション

7.6 複合反応系の解析

速くなり連鎖担体は表面反応によって消失する．この反応容器壁での表面反応が連鎖停止反応となり，低圧では爆発(着火)が抑制される．爆発の第一限界が反応器壁のコーティングの状態などによって変化するのは，表面反応の速度が異なるためである．

これまでに調べてきたように，複雑な水素の爆発限界の挙動は素反応の集合としての反応機構に基づいて説明できることがわかった．反応(R9)～(R21)にさらにいくつかの素反応を追加した水素の詳細な素反応機構を用いてH_2/空気の混合気体の燃焼をシミュレーションした結果を図7.13に示す．このシミュレーションは体積一定の断熱容器にH_2と空気を封入したときのものである．図7.13(a)は第二限界内での爆発の様子であるが，反応開始から3 ms付近で急激にH_2濃度が減少して爆発が起きている．着火誘導期間内ではH, OHなどの連鎖担体の濃度が増加していることがわかる．これと同じ条件で各素反応の感度解析を行った結果を図7.14に示す．この図で示している感度は温度変化に対する各素反応の感度係数S_{Tj}である．図7.14の結果から，温度変化に対して最も大きく寄与するのは反応(R11)と反応(R14)であることがわかる．この計算結果は爆発第二限界がこの二つの反応のバランスで決まっていることを裏付けている．なお，(R14)のような再結合反応や解離反応の低圧極限における速度定数は，第三体Mによっても異なる．これは§7.5で述べたように低圧極限の速度定数は衝突効率λに依存し，衝突効率は第三体により異なるためである．図7.14に示されるように，第三体Mにより感度係数は異なっており，正確なシミュレーションを行うためには解離・再結合反応の第三体による違いを考慮することが必要である．一方，図7.13(b)に示される爆発第三限界

BOX 7.3　H_2-O_2反応の固有値解析

H_2, O_2濃度が一定とみなせる着火誘導期内の連鎖担体濃度の時間変化を定常状態近似を用いずに考察する*．開始反応速度は遅いので無視して，反応(R11)～(R14)を考える．
$a=k_{11}[O_2]$, $b=k_{12}[H_2]$, $c=k_{13}[H_2]$, $d=k_{14}[O_2][M]$とおくと，O, OH, Hに関する微分方程式は

$$\frac{d}{dt}\begin{pmatrix}[O]\\[OH]\\[H]\end{pmatrix} = \begin{pmatrix}-b & 0 & a\\ b & -c & a\\ b & c & -a-d\end{pmatrix}\begin{pmatrix}[O]\\[OH]\\[H]\end{pmatrix}$$

$$= A\begin{pmatrix}[O]\\[OH]\\[H]\end{pmatrix}$$

と書ける．この式は式(7.78)と同じ形をしていてその解は式(7.84)で与えられる．したがって行列Aの固有値が求められればO, OH, Hラジカル濃度の時間変化がわかる．行列Aの固有方程式は固有値をλとすると

$$f(\lambda) = \lambda^3 + (a+b+c+d)\lambda^2 + (bc+bd+cd)\lambda + (d-2a)bc = 0$$

となる．a, b, c, dはすべて正なので，$\lambda>0$においては$f(\lambda)$は単調増加関数である．したがって，$f(0)<0$であれば$f(\lambda)$は正の固有値をもつ．行列Aが正の固有値をもつ場合，式(7.84)の解からわかるように，O, OH, Oラジカル濃度は時間とともに指数関数的に増加して爆発に至る．逆に行列Aが正の固有値をもたなければ，O, OH, Hは減衰するか，またはある値以上には増加しない．したがって，爆発しない条件は$f(0)\geq 0$で与えられる．$f(0)=(d-2a)bc$であるから，爆発しない条件は$d\geq 2a$であり，爆発限界は$d=2a$すなわち$2k_{11}=k_{14}[M]$である．

---

* 三好 明, 燃焼研究, **50**, 325 (2008).

近傍での燃焼特性は第二限界とは大幅に異なっている．着火誘導時間は 0.35 s と大幅に長くなっており，また着火誘導期間内の H, OH などの連鎖担体濃度は第二限界近傍の燃焼に比べてはるかに小さい．一方で，着火誘導期内の主要な化学種は HO_2 と H_2O_2 であり，H_2O_2 の熱解離により爆発が開始している様子が理解できる．

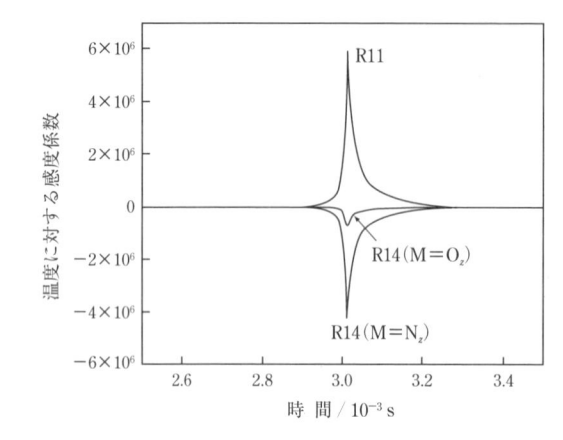

反応(R11) $H+O_2 \rightarrow OH+O$ と(R14) $H+O_2+M \rightarrow HO_2+M$ の感度が特に高く，これらの符号が逆であることに注意．すなわち(R11) は温度を増加させる方向に感度が高いのに対して，(R14)は温度を低下させる方向(着火を抑制する方向)に感度が高い．また(R14)は第三体 M の種類によっても感度係数の値が異なる

図 7.14　第 2 限界近傍での H_2 燃焼反応における素反応の感度解析の結果（計算条件は図 7.13(a)と同じ）

アルカンの燃焼反応機構

最初に最も単純なアルカンであるメタン(CH_4)の燃焼反応を概観する．連鎖開始反応は O_2 による CH_4 からの水素原子引き抜き反応，

$$CH_4 + O_2 \longrightarrow CH_3 + HO_2 \tag{R22}$$

あるいは高温では CH_4 の解離反応

$$CH_4 + M \longrightarrow CH_3 + H + M \tag{R23}$$

である．開始反応に続く連鎖反応は H, O, OH, HO_2 などのラジカルによる水素原子引き抜き反応である．

$$CH_4 + X \longrightarrow CH_3 + HX \quad (X=H, O, OH, HO_2) \tag{R24}$$

H_2 の場合，これらのラジカルによる引き抜きによって H 原子が生成するが，炭化水素燃料ではアルキルラジカル(CH_4 の場合はメチルラジカル CH_3)が生成する．H 原子に比べると CH_3 ラジカルは反応性が低く，このことが CH_4 燃焼が H_2 燃焼に比べて穏やかである原因になっている．生成した CH_3 の反応は複雑で，温度，圧力，濃度などの条件によって主要な反応が変わってくる．また同じ初期条件でも，反応時間によって主要な反応は変化する．ここでの議論は常圧下の 1000 K 程度の温度における比較的初期(着火誘導期間内)の反応を対象とする．水素原子引き抜き反応で生成した CH_3 ラジカルは主として O_2, HO_2 と反応して CH_2O, HCO を生成するか，または再結合反応により C_2H_6 を生成する．

$$CH_3 + O_2 \longrightarrow CH_2O + OH \tag{R25}$$

$$CH_3 + HO_2 \longrightarrow CH_3O + OH \tag{R26}$$

$$CH_3O + M \longrightarrow CH_2O + H + M \tag{R27}$$

$$CH_3 + CH_2O \longrightarrow CH_4 + HCO \tag{R28}$$

$$CH_3 + CH_3 + M \longrightarrow C_2H_6 + M \tag{R29}$$

CH_2O は CH_3, OH, O, H と反応して HCO を生成する．

$$CH_2O + X \longrightarrow HCO + HX \qquad (X=CH_3, OH, O, H) \tag{R30}$$

HCO は O_2 との反応あるいは解離反応で CO を生成する．

$$HCO + O_2 \longrightarrow HO_2 + CO \tag{R31}$$

$$HCO + M \longrightarrow H + CO + M \tag{R32}$$

CO は主として OH と反応して最終生成物である CO_2 を生成する．

$$CO + OH \longrightarrow CO_2 + H \tag{R33}$$

CH_3 の再結合で生成した C_2H_6 はラジカルによる水素原子引き抜き反応で C_2H_5 を生成するが，C_2H_5 は解離反応あるいは O_2 との反応で C_2H_4 を生成する．C_2H_4 はビニルラジカル C_2H_3 経由で HCO を生成し，CO を経て CO_2 を生成する．

　上に述べた反応経路はある特定の初期条件（常圧，1000 K）のもとでの着火誘導期間内の単純化された反応経路であって，より広い温度，圧力，濃度および時間領域の条件での反応を記述するためにはより多くの化学種と素反応を考慮する必要がある．

　炭化水素の燃焼のような複雑な反応系を解析する手法として，§7.6.1 で述べた ROP に基づく反応経路解析がある．反応経路解析の例を以下に示す．反応機構としては CH_3O_2 の反応などを含み，より広範な条件下で適用できる 68 化学種，334 素反応からなる反応機構を用い，CHEMKIN-PRO* を用いて体積一定，断熱の反応系に対して初期温度 1000 K，初期圧力 1 atm，初期組成 $CH_4/O_2/N_2=1/2/7.52$ の条件で計算を行った．

　図 7.15 に主要化学種の濃度の時間変化を示す．反応開始から 0.44 s で急激に温度が 2300 K まで上昇し，爆発的に反応が進行して主要な生成物である CO_2, H_2O, CO が生成する．この計算の時間範囲内ではまだ CO のモル分率が大きく，かつ O_2 も残存していて完全な平衡状態にはなっていない．

　図 7.16 に反応物 CH_4 から生成物 CO_2 にいたる反応の経路解析を行った結果を示す．この図は CH_4 から出発して式(7.122)で定義される ROP の大きな反応の生成物をつぎつぎにつなぎ合わせて得たもので，線の太さは ROP の大きさに対応（対数スケールで比例）している．式(7.122)の ROP は

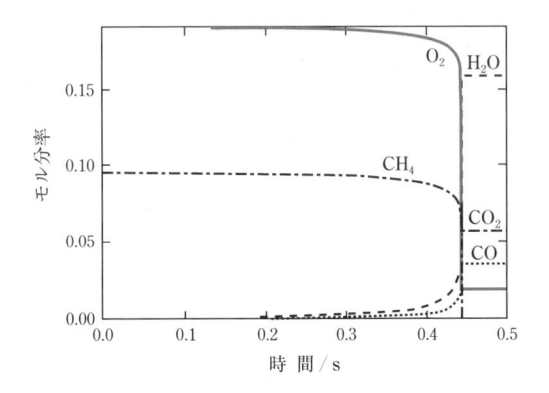

図 7.15　体積一定，断熱条件下での CH_4/空気の燃焼過程における主要化学種の時間変化（$T_0=1000$ K，$P_0=1$ atm，$CH_4/O_2/N_2=1/2/7.52$）

＊　CHEMKIN-PRO, Reaction Design, Inc.: San Diego, 2008.

時間の関数であるからこのような反応経路図も時間によって異なる．図7.16の経路図は $t=0.44$ s における経路図である．この図から，CH_4 の酸化は $CH_3 \rightarrow CH_2O \rightarrow HCO \rightarrow CO \rightarrow CO_2$ と進行する経路と $CH_3 \rightarrow C_2H_6 \rightarrow C_2H_5 \rightarrow C_2H_4 \rightarrow HCO$ と進行する経路とがあることがわかる．この図に出てくるおのおのの化学種の ROP を解析すると，対象とする化学種がどのような反応で生成または消費されたかなどの知見が得られる．

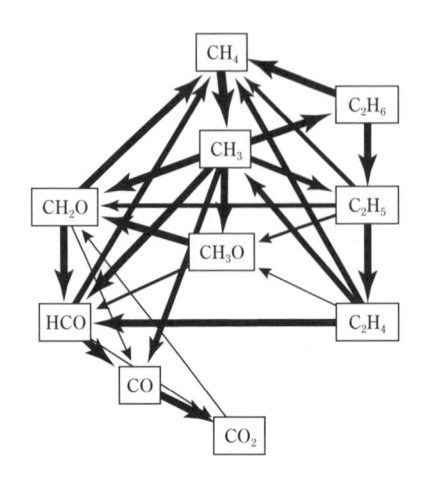

初期条件は図 7.15 と同じで $t=0.44$ s における反応経路を示している．矢印の太さは ROP（rate of production）に比例している．（反応解析ソフト CHEMKIN Pro ver. 4.1 により計算した）

図 7.16　CH_4 酸化の反応の流れ図

図 7.17 に一例として CH_3 の $t=0.44$ s における ROP を示すが，この図から CH_3 は主として CH_4 からの OH, H, O による H 引き抜き反応で生成し，再結合反応(R29)および反応(R26)，(R28)で消費されていることがわかる．反応経路図の各化学種についてこのような ROP を描いてみることにより，どのような素反応が主要な役割を果たしているか理解できる．

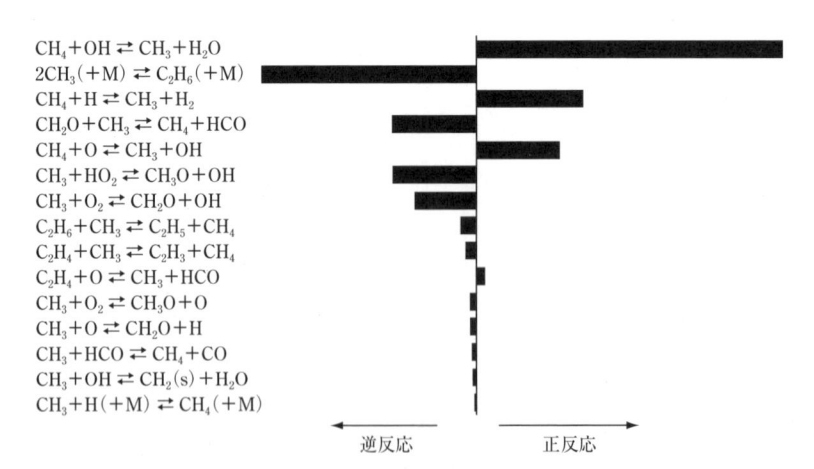

図 7.17　$t=0.44$ s における CH_3 の ROP（rate of production）**に対する各素反応の寄与の相対値**（CHEMKIN Pro ver 4.1 による計算値）．計算条件は図 7.15 と同じ．反応式中の $CH_2(s)$ は一重項の CH_2 を表している）

7.6 複合反応系の解析

　炭素数の多い炭化水素の燃焼反応機構は，いまだ解明されていない部分が多い．特にガソリンや軽油のような実用燃料は数百種類の炭化水素を含んでいて，その燃焼反応機構はきわめて複雑であるが，主要成分であるアルカンについては燃焼反応機構がかなり明らかにされてきている．

　アルキルラジカルを R で表し，アルカンを RH と記す．RH の酸化過程の開始反応は連鎖担体ラジカル X ($X = H, O, OH, HO_2$ など)による RH からの水素原子引き抜き反応

$$RH + X \longrightarrow R + HX \qquad (X = H, O, OH, HO_2) \qquad (R34)$$

である．この反応で生成した R は低温では O_2 との再結合反応によりアルキルペルオキシラジカル RO_2 を生成する．

$$R + O_2(+M) \rightleftarrows RO_2(+M) \qquad (R35)$$

ここで($+M$)は反応(R35)が漸下圧領域にあり，その速度が圧力に依存することを示す(BOX 7.1 参照)．一方，高温領域では反応(R35)の平衡が左辺に偏るために RO_2 は生成せず，R の反応としては主として熱分解反応などが進行する．このために RH の燃焼反応機構は，RO_2 が生成する低温域と R の反応が主となる高温域で大きく異なる．低温の反応機構と高温の反応機構が切り替わる温度は反応(R35)の平衡で決まる．与えられた酸素分圧の下で R の濃度と RO_2 の濃度が等しくなる温度を**天井温度**(ceiling temperature)というが，この天井温度が低温と高温の反応機構の切り替わりの目安となる．いくつかの炭化水素の，酸素分圧 0.1 atm における天井温度を表 7.3 に示す．天井温度は CH_3 以外では R の種類にはあまり大きく依存せず，800～900 K 付近である．

表 7.3　H 原子とアルキルラジカルの天井温度

R	標準生成エンタルピー/kJ mol^{-1} (298 K)	天井温度/K $P(O_2) = 0.1$ atm
H	−208	1920
CH_3	−135	930
C_2H_5	−147	900
i-C_3H_7	−155	860
i-C_4H_9	−153	820

　炭化水素の燃焼反応機構は天井温度を境にして大きく異なる．天井温度以上では R の熱分解により生成する CH_3 や C_2H_5 の反応が支配的となり，CH_4 の酸化反応機構に類似した反応が起こる．このために燃料の個性はあまり燃焼特性に反映されない．一方で天井温度以下では R は RO_2 に変換される．RO_2 は分子内 H 原子移動による異性化を起こしたり，熱分解により他のラジカルを生成する．燃料の炭素数が多くなると，RO_2 や異性化により生成するラジカルの異性体の数が飛躍的に多くなる．このために考慮しなければならない化学種の数も，また素反応の数もきわめて多くなる．たとえば，ガソリンエンジンの標準燃料である n-ヘプタン(C_7H_{16})とイソオクタン((CH_3)$_3CCH_2CH(CH_3)_2$)の混合燃料の化学反応を記述するためには，少なくとも 780 種の化学種と 2180 個の素反応を考慮する必要がある．このような大規模詳細反応機構をどのように構築しまた解析するかは，実用的な観点からは重要な問題である．炭化水素の酸化反応機構や詳細反応機構の構築に関しては専門書* を参照されたい．

＊　Guy-Marie Come, "Gas-Phase Thermal Reactions", Kluwer Academic Publishers, Boston (1999).

BOX 7.4　分子構造と着火特性

　自動車エンジン用のガソリンのノッキングの指標として**オクタン価**(octane number)が用いられている．オクタン価は着火しやすさの指標でもあり，オクタン価が小さいほど着火しやすい．オクタン価が分子の構造と深く関係することは60年以上前から知られている．オクタン価はn-ヘプタン(C_7H_{16})を0，イソオクタン(($CH_3)_3CCH_2CH(CH_3)_2$)を100として決められている．直鎖アルカンでは炭素数が多くなるほどオクタン価は低下し*，n-オクタン(C_8H_{18})では−20である．同じ炭素数でも側鎖が多くなるほどオクタン価は高くなり(着火しにくくなり)イソオクタンでは100である．分子構造が着火特性に対してどのように影響するか，その具体例として異性体をもつ最小のアルカンであるブタン類について解説する．

　図1に示すように，水素原子引き抜きによりn-ブタン(n-C_4H_{10})からn-C_4H_9ラジカルができるが，一級炭素に結合している H 原子より二級炭素に結合している H 原子のほうが小さな結合エネルギーをもつため s-C_4H_9 が生成しやすい．これにO_2が付加してs-$C_4H_9O_2$とな

り，六貝環を経由してヒドロペルオキシアルキルラジカル(QOOH)が生成する．これにさらにO_2が付加してヒドロペルオキシアルキルペルオキシラジカル(O_2QOOH)が生成し連鎖分岐が進行する．O_2QOOH の分解により OH が2個生成して連鎖分岐が構成される．

　一方，イソブタン(i-C_4H_{10})は三級炭素をもつので，ここの H 原子が引き抜かれ，t-C_4H_9ラジカルが生成しやすい．ここにO_2が付加した場合，分子内水素原子引き抜きが起こるためには五貝環の遷移状態を経なければならず，n-C_4H_9OO の分子内水素引き抜き(六貝環の遷移状態)に比べて不利である．これは六貝環の遷移状態の方が五貝環よりひずみエネルギーが小さいのでエネルギー障壁が低いためである．一方，O_2QOOH のラジカル中心は末端の O 原子上にあり，この場合には六貝環を経由して H 原子を引き抜くことができる．したがって C 原子上にラジカル中心があるラジカルができ，これはβ-開裂してHO_2と安定な過酸化物を生成し，OH は生成されない．したがってイソブタンの場合は連鎖分岐反応を起こしにくい．

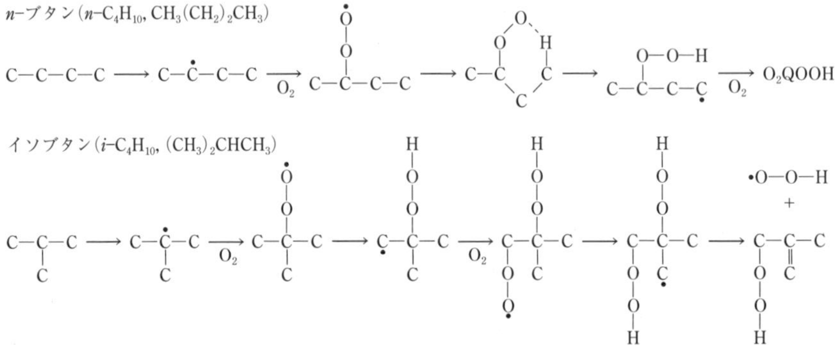

図1　C_4H_{10}の主要な燃焼反応経路

7.7　気固不均一反応の機構と解析

　気体とそれに接している固体の界面(表面)での不均一反応は多くの化学反応プロセスで中心的な役割を果たしている．大規模集積回路をつくるときの**気相化学堆積**(chemical vapor deposition：CVD)法，アンモニア合成などの化学プラントにおける**気固触媒反応**(gas-solid catalytic reaction)などは代表的な例である．

---

*　J. Warnatz, U. Mass, R. W. Dibble, "Combustion", 4 th Ed., Springer (2006).

7.7 気固不均一反応の機構と解析

表面の物性や化学反応の研究は表面科学として基礎科学の重要な一分野を占めている．基礎科学としての表面化学では，厳密に規定された清浄な表面を用いてその物性や反応ダイナミクスの研究が行われるが，厳密に規定された表面をつくるには一般には超高真空状態が必要である．一方，CVDプロセスや触媒反応プロセスでの表面反応は数百Pa以上の圧力条件で起こり，その表面の状態は超高真空中で規定された状態とは大きく異なる．この節では，CVDプロセスなどで用いられる圧力領域の表面(実用表面)を対象として，表面の現象を気相反応と同様に，反応式や反応速度式を用いて取り扱う方法により解析する．基礎科学としての表面化学についてはすでに多くの優れた成書[*1,*2]があるのでそちらを参照されたい．

7.7.1 表面の記述

気相と固相の界面での現象は複雑で，さまざまな過程が関係している．関係する過程として図7.18に示すような気相分子の表面への輸送，輸送された分子の表面への吸着，表面近傍の分子と吸着分子との反応，吸着分子どうしの反応，吸着分子の表面内での拡散，吸着分子の脱離などがある．

表面反応を定式化する場合，気相化学種，表面化学種，固相化学種の三つのタイプの化学種を区別する必要がある．気相では相(phase)が一つしかなく，気相化学種の濃度は単位体積あたりの分子数，あるいはモル数で与えられる．表面と固相では複数の相があり得る．一つの相の中では化学組成は一定であるので，化学種を表す記号と相を表す記号を組合わせて各相の中の化学種を表すことができる．たとえばシリコン表面はSi(S)，あるいはシリコンバルク固体中のSi原子はSi(B)などと表せる．表面あるいは固体中に複数の相がある場合にはこれらを区別する必要があるので，たとえばi番目のバルク相を(B_i)などとして区別する．これら各相に存在する化学種に対しておのおのの濃度を定義することができるが，表面化学種の濃度は単位面積あたりの分子数(あるいはモル数)である．バルク固相の組成は活量で表される．

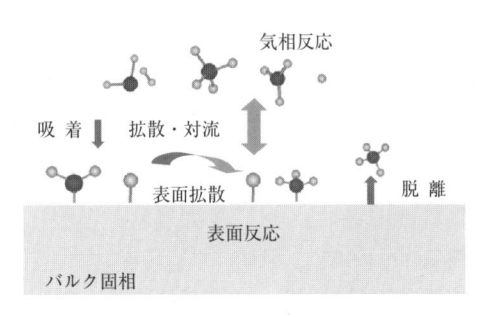

図 7.18 さまざまな表面反応過程

固体表面の微視的な構造は表面が関与する反応の機構と速度に大きな影響を与える．固体結晶の微視的構造の実験的研究や電子状態理論に基づく理論的研究は表面化学の重要な一分野である．表面近傍の電子状態は結晶表面の構造や吸着現象と密接な関係がある．しかし，本節での取扱いではこれらの詳細な構造には立ち入らない．

[*1] 岩澤康裕，小間 篤編，"表面の化学(表面科学シリーズ6)"，丸善 (1994)．
[*2] 塚田 捷編，"表面における理論 I, II(表面科学シリーズ2)"，丸善 (1995)．

表面は，欠陥などのために不均一である場合が多い．単純化した表面の構造のモデルを図7.19に示す．**テラス**(terrace)は表面上の平坦な部分であり，**ステップ**(step)は1原子層の段差である．またステップの折れ曲がり部分を**キンク**(kink)という．単結晶の面に角度をつけて切り出すことにより，規則的にテラス，ステップ，キンクをつくり出すこともできる．これらのテラス，ステップ，キンクなどが同じ原子から構成されていても，これらの場所で起こる過程の速度は異なることが予想される．一般にステップやキンクはテラスに比べて反応性が大きい．これらの表面の構造の違いは表面の異なる相であるとして記述することができる．たとえばシリコン表面でテラス，ステップ，キンクに存在するシリコン原子を，必要であれば$Si(S_t)$，$Si(S_s)$，$Si(S_k)$などと区別して表記する．

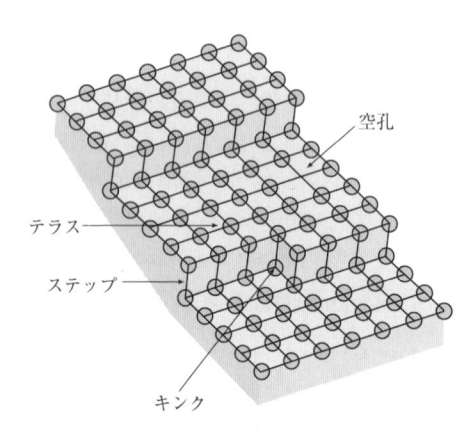

図7.19 表面構造のモデル

表面に存在する分子は表面上にある一つ以上のサイト(site)を占有している．サイトとは，その上に化学種が存在できる表面上のある場所である．たとえばシリコン表面上のシリコン原子$Si(S)$は一つのサイトを占有している．このサイト上に気相の分子Aが吸着すると，この気相分子が表面上のサイトを占有してA(S)となる．この過程は反応式

$$A + Si(S) \longrightarrow A(S) + Si(B) \tag{R36}$$

と書ける．最初に存在した表面のSi原子はAによって埋められてバルク固体のSi原子$Si(B)$になる．反応(R36)では反応式の右辺と左辺で原子の数とサイトの数が保存されている．この反応は見方を変えると気相分子Aが表面上の空のサイト_(S)に吸着してA(S)になった，と考えることもできる．この考え方による反応式は

$$A + \_(S) \longrightarrow A(S) \tag{R37}$$

となる．(R36)と(R37)の反応式は等価で，どちらの記述法を用いてもよい．_(S)は空のサイトであるので化学種を含まないが，熱力学特性値を定義することができ，_(S)の標準生成エンタルピー変化$\Delta H_f^\circ (\_(S))$は(R37)の反応式から次式で定義される．

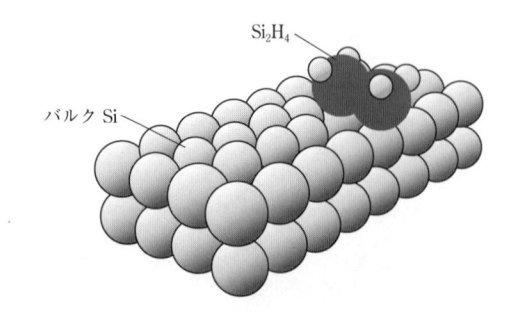

図7.20 シリコン表面上に吸着したSi_2H_4のイメージ図（Si_2H_4は二つのサイトを占有している．Si_2H_4の●はSiを，○はHを表している．）

$$\Delta H_f^\circ(\_(S)) = \Delta H_f^\circ(A(S)) - \Delta H_f^\circ(A) \tag{7.132}$$

表面上の n 番目の相に存在する化学種 X_k が占有しているサイトの分率を $Z_k(n)$ とする．相 n に存在するサイトの密度(単位は mol cm^{-2})を Γ_n とすると，表面上の化学種 X_k の濃度(mol cm^{-2})は

$$[X_k] = \frac{Z_k(n)\Gamma_n}{\sigma_k(n)} \tag{7.133}$$

で与えられる．ここで σ_k は**サイト占有数**(site occupancy number)とよばれ，1個の吸着化学種あたりに占有するサイトの数である．たとえば図7.20に示す Si_2H_4 は二つのサイトを占有しているので，この場合は $\sigma_{Si_2H_4}=2$ である．

7.7.2 吸着と吸着平衡

物理吸着と化学吸着

分子が固体表面に吸着する場合，吸着する分子と表面に存在する化学種との van der Waals 力による**物理吸着**(physisorption)と，吸着する分子と表面に存在する化学種との間に化学結合が生ずる**化学吸着**(chemisorption)がある．物理吸着は吸着エネルギーが小さく吸着した分子は容易に脱離し，また吸着サイトに対する選択性が小さく多層吸着する場合も多い．これに対して化学吸着では吸着エネルギーが大きく選択性がある．物理吸着と化学吸着の特徴を表7.4に示す．

表 7.4 物理吸着と化学吸着

	物理吸着	化学吸着
相互作用力	van der Waals 力	化学結合
選択特異性	小さい	大きい
吸着熱(エンタルピー変化) / kJ mol^{-1}	数～20	40～800
活性化エネルギー / kJ mol^{-1}	≈ 0	数～数十
表面滞留時間 / s	非常に短い(例：10^{-12}～10^{-8})	長い(例：100)
吸着層数	1以上	1以下

Langmuir 吸着

気相分子 A が(R37)の反応式に従って表面に吸着する場合について考える．反応(R37)の正反応の速度定数を k_f，逆反応の速度定数を k_r とすると

$$\frac{d[A(S)]}{dt} = k_f[A][\_(S)] - k_r[A(S)] \tag{7.134}$$

である．平衡状態あるいは定常状態では $d[A(S)]/dt=0$ である．また表面上の単位表面あたりの総サイト数を Γ とすると $\Gamma=[A(S)]+[\_(S)]$ である．Γ が一定であるとして定常状態近似を用いて $[\_(S)]$ を消去すると

$$k_f[A]\Gamma = (k_r+k_f[A])[A(S)] \tag{7.135}$$

が得られる．吸着分子 $A(S)$ の**被覆率**(coverage) θ_A は

$$\theta_A \equiv \frac{[A(S)]}{\Gamma} = \frac{k_f[A]}{k_r+k_f[A]} = \frac{K_c[A]}{1+K_c[A]} \tag{7.136}$$

となる．ここで $K_c=k_f/k_r$ は反応(R37)の濃度平衡定数である．K_c と圧平衡定数 K_p は次式で関係づけられる．

$$K_c = K_p\left(\frac{p^\circ}{RT}\right)^{\Delta\nu} \tag{7.137}$$

$\Delta\nu$ は気相分子 A の吸着に伴う分子数変化であり，この場合 $\Delta\nu=-1$ である．p° は標準状態の圧力 ($=1\,\mathrm{bar}$) である*．圧平衡定数 K_p と A の分圧 p_A を用いて式(7.136)を書き直すと，

$$\theta_A = \frac{K_p(p_A/p^\circ)}{1+K_p(p_A/p^\circ)} \tag{7.138}$$

となり，被覆率が圧力の関数として表される．一定の温度において被覆率を圧力の関数としてプロットした図を**等温吸着関係**(adsorption isotherm)という．式(7.138)式は Langmuir の等温吸着式としてよく知られていて，化学吸着によって分子が単層吸着する場合の典型的な吸着特性を表している．Langmuir 吸着では圧力が低いときには吸着量(吸着分子の濃度)は圧力に比例して増加するが，圧力の増加とともに吸着量は飽和して $p\to\infty$ で被覆率は $\theta_A\to 1$ となる．

特に白金などの触媒金属表面に分子が吸着する場合に解離反応を伴うことがある(解離吸着)．たとえば CH_4 が触媒金属表面に解離吸着すると H(S) と CH_3(S) になる．H_2 が触媒金属表面に解離吸着する場合を考える．解離して生成した 2H は表面上の二つのサイトを占有するので，反応式はつぎのようになる．

$$H_2 + 2\_(S) \longrightarrow 2H(S) \tag{R38}$$

H(S)は表面上に解離吸着した H 原子を表す．式(7.136)を導出するときと同様に H(S)に定常状態を仮定すると，

$$\theta_H = \frac{[H(S)]}{\Gamma} = \frac{K_c^{1/2}[H_2]^{1/2}}{1+K_c^{1/2}[H_2]^{1/2}} \tag{7.139}$$

が導かれるが，この式は実験的にも検証されている．

Langmuir 吸着では単分子層の吸着しか起こらないことが仮定されているが，物理吸着の場合，吸着した分子層の上にさらに吸着することがあり得る．このような**多層吸着**(multi-layer adsorption)に対する吸着等温式に関しては触媒に関する成書を参照されたい．

7.7.3 表面上での反応

実用的に重要な多くの触媒反応では，気相分子が触媒表面に吸着して吸着分子どうしが触媒表面上で反応し，生成物が気相に脱離する．このような吸着分子どうしが表面上で反応する反応機構は Langmuir-Hinshelwood 機構として知られている．

気相分子 A と B が競争的に吸着して A(S) と B(S) になり，表面反応が起こって生成物 C が気相に脱離する反応はつぎのような反応式で記述できる．

$$A + \_(S) \rightleftharpoons A(S) \quad (\text{平衡定数：}K_a) \tag{R39}$$
$$B + \_(S) \rightleftharpoons B(S) \quad (\text{平衡定数：}K_b) \tag{R40}$$
$$A(S) + B(S) \longrightarrow C + 2\_(S) \quad (\text{速度定数：}k_{\mathrm{reac}}) \tag{R41}$$

表面上の単位面積当たりの吸着サイト数 $\Gamma=[A(S)]+[B(S)]+[\_(S)]$ は一定であるとする．また表面反応(R41)の速度は吸着・脱離の速度に比べて十分に遅く，(R39)，(R40)の吸着平衡が成り立っていて，この平衡は(R41)の反応には影響されないものとすると，

$$[A(S)] = \frac{K_a\Gamma[A]}{1+K_a[A]+K_b[B]} \qquad [B(S)] = \frac{K_b\Gamma[B]}{1+K_a[A]+K_b[B]} \tag{7.140}$$

---

* K_p は無次元であることに注意．

である．したがって生成物 C の生成速度は

$$\frac{d[C]}{dt} = k_{\text{reac}}[A(S)][B(S)] = \frac{k_{\text{reac}}K_aK_b\Gamma^2[A][B]}{(1+K_a[A]+K_b[B])^2} \tag{7.141}$$

で与えられる．

これまでに研究された多くの触媒表面反応は Langmuir-Hinshelwood 機構で進行することが知られている．典型的な例は白金触媒上での CO の酸化反応である．CO は Pt 上に強く化学吸着する．

$$\text{CO} + \text{Pt(S)} \rightleftharpoons \text{CO(S)} \tag{R42}$$

Pt(S) は Pt 上の空のサイトを表す．また O_2 は Pt 上に解離吸着する．

$$O_2 + 2\text{Pt(S)} \rightleftharpoons 2O(S) \tag{R43}$$

表面に吸着した CO(S) と O(S) が反応して CO_2(S) が生成するが，CO_2 の白金上での吸着熱は小さいので生成した CO_2 は直ちに脱離する．

$$O(S) + CO(S) \longrightarrow CO_2 + 2\text{Pt(S)} \tag{R44}$$

この機構が正しいことはさまざまな実験結果からも確かめられている（例題 7.6 を参照せよ）．

気相の分子と，表面に吸着している分子が直接反応することもありうる．このような反応の機構は Eley-Rideal 機構とよばれている．気相分子が反応性の高いラジカルである場合に見られる機構である．Eley-Rideal 機構はつぎのような素過程によって記述できる．

$$A + \_(S) \rightleftharpoons A(S) \qquad (\text{平衡定数}: K_a) \tag{R45}$$

$$B + A(S) \longrightarrow C + \_(S) \qquad (\text{速度定数}: k_{\text{reac}}) \tag{R46}$$

A(S) に定常状態を仮定すると

$$[A(S)] = \frac{K_a\Gamma[A]}{1+k_{\text{reac}}/k_{-a}+K_a[A]} \tag{7.142}$$

が得られる．k_{-a} は (R45) の逆反応の速度定数である．(R46) の反応が吸着・脱離反応に比べて遅いとすると，反応速度は

$$\frac{d[C]}{dt} = k_{\text{reac}}[B][A(S)] = \frac{k_{\text{reac}}K_a\Gamma[A][B]}{1+K_a[A]} \tag{7.143}$$

となる．

Eley-Rideal 機構の例としてはシリコン表面や金属表面上に吸着している H 原子の，気相の H 原子による引き抜き反応がある．

$$H + \_(S) \rightleftharpoons H(S) \tag{R47}$$

$$H + H(S) \longrightarrow H_2 + \_(S) \tag{R48}$$

シリコン表面上の H 原子に対する (R48) の反応は実験的にも量子化学計算によっても調べられていて，その活性化エネルギーが $0.5\,\text{kJ mol}^{-1}$ 以下であることが知られている．

例題 7.6 CO の白金触媒による酸化反応　CO の白金触媒による酸化反応の機構として，Langmuir-Hinshelwood 機構と Eley-Rideal 機構とが考えられる．

1) Langmuir-Hinshelwood 機構はつぎのように書ける．

$$\text{CO} + \text{Pt(S)} \rightleftharpoons \text{CO(S)} \tag{1}$$

$$O_2 + 2\text{Pt(S)} \rightleftharpoons 2O(S) \tag{2}$$

$$\text{CO(S)} + O(S) \rightleftharpoons CO_2 + 2\text{Pt} \tag{3}$$

反応 (1) と (2) は常に平衡にあると仮定して，CO_2 の生成速度を求めよ．

2) Eley-Rideal 機構はこの場合, つぎのようになる.
$$CO + Pt(s) \rightleftarrows CO(S) \tag{1}$$
$$O_2 + 2Pt \rightleftarrows 2O(S) \tag{2}$$
$$CO + O(S) \rightleftarrows CO_2 \tag{4}$$
反応(1)と(2)は常に平衡にあると仮定して, CO_2 の生成速度を求めよ.

3) 二つの機構のうちどちらが起こっているかを区別するためにはどのような実験を行えばよいか.

解 答 1) (1)および(2)が平衡であるので
$$[CO(S)] = K_1[CO][Pt(S)]$$
$$[O(S)] = K_2^{1/2}[O_2]^{1/2}[Pt(S)]$$
また, 全サイト数を Γ とすると
$$\Gamma = [Pt(s)] + [CO(s)] + [O(S)] = [Pt(S)](1+K_1[CO]+K_2^{1/2}[O_2]^{1/2})$$
したがって
$$\theta_{CO} = \frac{[CO(S)]}{\Gamma} = \frac{K_1[CO]}{1+K_1[CO]+K_2^{1/2}[O_2]^{1/2}}$$
$$\theta_O = \frac{[O(S)]}{\Gamma} = \frac{K_2^{1/2}[O_2]^{1/2}}{1+K_1[CO]+K_2^{1/2}[O_2]^{1/2}}$$
$$\frac{d[CO_2]}{dt} = \frac{k_3 K_1 K_2^{1/2}[CO][O_2]^{1/2}}{(1+K_1[CO]+K_2^{1/2}[O_2]^{1/2})^2} \tag{5}$$

2) O の被覆率は前問と同じであるので CO_2 の生成速度は
$$\frac{d[CO_2]}{dt} = \frac{k_4 K_2^{1/2}[CO][O_2]^{1/2}}{1+K_1[CO]+K_2^{1/2}[O_2]^{1/2}} \tag{6}$$

3) $[CO] \gg [O_2]$, $[O_2] =$ 一定の条件下での CO_2 の生成速度を比較する.

(5)式: $\dfrac{d[CO_2]}{dt} \approx \dfrac{k_3 K_1 K_2^{1/2}[CO][O_2]^{1/2}}{(1+K_1[CO])^2} \propto \dfrac{1}{[CO]} \xrightarrow{[CO]\to\infty} 0$

(6)式: $\dfrac{d[CO_2]}{dt} \xrightarrow{[CO]\to\infty} \dfrac{k_4 K_2^{1/2}[O_2]^{1/2}}{K_1} =$ 一定

すなわち, CO 濃度を O_2 濃度に対して大過剰の条件下で, O_2 濃度を一定として CO 濃度を増加させていくと Langumir-Hinshelwwod 機構では CO_2 の生成速度は減少して零に近づくのに対して, Eley-Rideal 機構では一定値に近づく. これまでの実験結果から白金触媒による CO 酸化の機構としては前者が支持されている.

7.7.4 表面過程の熱力学

表面に吸着している化学種のエントロピーやエンタルピーなどの熱力学量は, これまでの解析で用いてきた平衡定数や, 表面反応の逆反応の速度定数を求める場合に必要であるばかりでなく, 吸着現象を理解するためにも必要である.

気相の化学種の並進自由度のエントロピーは次式で与えられる.
$$S_{trans} = Nk_B \ln\left(\frac{q_{trans}}{N}\right) + \frac{5Nk_B}{2} \tag{7.144}$$

q_{trans} は並進自由度の分子分配関数, N は分子数である. 気相化学種が化学吸着あるいは表面吸着化学種との反応により表面に強く束縛されたとすると, この並進自由度のエントロピーは失われる. 吸着が自発的に起こるとすると, 吸着に伴う自由エネルギー変化

$$\Delta G_{\mathrm{ads}} = \Delta H_{\mathrm{ads}} - T\Delta S_{\mathrm{ads}} \tag{7.145}$$

は負でなければならない.したがって式(7.144)のエントロピー損失を補うためには ΔH_{ads} は負の値をとる必要がある.すなわち,吸着は発熱過程 ($Q_{\mathrm{ads}} = -\Delta H_{\mathrm{ads}} > 0$, Q_{ads} は吸着熱) でなければならない.

§7.7.2 では,Langmuir 等温吸着式を反応速度式から導いたが,式(7.138)は熱力学に基づいて導くこともできる.以下にその概略を示す.

表面上のある領域の吸着サイトの数を M として,この領域に吸着している分子の数を N_{ad} とする.このときの被覆率は

$$\theta = \frac{N_{\mathrm{ad}}}{M} \tag{7.146}$$

である.気体などの非局在系では集合分配関数 Q (系の全分配関数) は分子分配関数を q として $Q = q^{N_{\mathrm{ad}}}/N_{\mathrm{ad}}!$ で与えられるが,吸着分子の場合には非局在系とはみなせず,吸着分子の分子分配関数を q_{s},集合分配関数を Q_{s} とすると,

$$Q_{\mathrm{s}} = \frac{M!}{N_{\mathrm{ad}}!(M-N_{\mathrm{ad}})!} q_{\mathrm{s}}^{N} \tag{7.147}$$

となる.この式で $M!/N_{\mathrm{ad}}!(M-N_{\mathrm{ad}})!$ は縮重度であり,区別できない N_{ad} 個を M 個の箱に入れる場合の数で与えられる.ヘルムホルツ自由エネルギー F は集合分配関数を用いて

$$F = F_0 - k_{\mathrm{B}} T \ln Q, \qquad F_0 = N_{\mathrm{ad}} \varepsilon_0 \tag{7.148}$$

で表される.F_0 は 0 K における自由エネルギー,ε_0 は一分子あたりの 0 K におけるエネルギーである.また,化学ポテンシャル μ はヘルムホルツ自由エネルギーで定義すると

$$\mu \equiv \left(\frac{\partial F}{\partial N}\right)_{T,V} \tag{7.149}$$

であるので,吸着分子の化学ポテンシャルは式(7.147),(7.148)から

$$\begin{aligned}\mu_{\mathrm{s}} &= \varepsilon_{0,\mathrm{s}} - k_{\mathrm{B}} T \left(\frac{\partial \ln Q_{\mathrm{s}}}{\partial N_{\mathrm{ad}}}\right)_{T,V} = \varepsilon_{0,\mathrm{s}} + k_{\mathrm{B}} T \ln\left[\frac{N_{\mathrm{ad}}}{(M-N_{\mathrm{ad}})q_{\mathrm{s}}}\right] \\ &= \varepsilon_{0,\mathrm{s}} + k_{\mathrm{B}} T \ln\left[\frac{\theta}{(1-\theta)q_{\mathrm{s}}}\right]\end{aligned} \tag{7.150}$$

となる.下付き添え字の s, g は吸着状態,気相状態を表す.2 番目の等式を得る際にはスターリングの公式 $\ln N_{\mathrm{ad}}! = N_{\mathrm{ad}} \ln N_{\mathrm{ad}} - N_{\mathrm{ad}}$ を用いた.一方,気体分子の化学ポテンシャル μ_{g} は非局在系であることを考慮すると

$$\mu_{\mathrm{g}} = \varepsilon_{0,\mathrm{g}} - k_{\mathrm{B}} T \ln\left(\frac{\bar{q}_{\mathrm{g}} k_{\mathrm{B}} T}{p^{\circ}}\right) + k_{\mathrm{B}} T \ln \frac{p}{p^{\circ}} \tag{7.151}$$

である.ここで $\bar{q}_{\mathrm{g}}$ は単位体積あたりの分子分配関数である.吸着平衡が成り立っているときには表面化学種と気相化学種の化学ポテンシャルは等しいので $\mu_{\mathrm{s}} = \mu_{\mathrm{g}}$ とおくと

$$\varepsilon_{0,\mathrm{s}} + k_{\mathrm{B}} T \ln\left[\frac{\theta}{(1-\theta)q_{\mathrm{s}}}\right] = \varepsilon_{0,\mathrm{g}} - k_{\mathrm{B}} T \ln\left(\frac{\bar{q}_{\mathrm{g}} k_{\mathrm{B}} T}{p^{\circ}}\right) + k_{\mathrm{B}} T \ln \frac{p}{p^{\circ}} \tag{7.152}$$

となる.整理すると

$$\frac{\theta}{1-\theta} = \frac{p}{p^{\circ}} \frac{p^{\circ}}{k_{\mathrm{B}} T} \frac{q_{\mathrm{s}}}{\bar{q}_{\mathrm{g}}} \exp\left(-\frac{\Delta \varepsilon_0}{k_{\mathrm{B}} T}\right) \tag{7.153}$$

が得られるが,これを θ について解くと Langmuir の等温吸着式(7.138)となる.ここで $\Delta \varepsilon_0 = \varepsilon_{0,\mathrm{s}} -$

$\varepsilon_{0,g}$ は 0 K における吸着熱である．また式(7.153)と(7.138)との比較から平衡定数は吸着化学種と気相化学種の分配関数の比を用いて

$$K_p = \frac{p^\circ}{k_B T} \frac{q_s}{q_g} \exp\left(-\frac{\Delta\varepsilon_0}{k_B T}\right) \tag{7.154}$$

となり，統計熱力学から得られる平衡定数と一致する．

例題 7.7 式(7.151)を導け．

解答
$$Q = \frac{q^N}{N!}, \qquad F_0 = N\varepsilon_0$$
$$F = F_0 - k_B T \ln Q = N\varepsilon_0 - k_B T(N\ln q - N\ln N + N)$$
$$\mu = \left(\frac{\partial F}{\partial N}\right)_{T,V} = \varepsilon_0 - k_B T \ln q + k_B T \ln N = \varepsilon_0 - k_B T \ln \frac{q}{N}$$

一方で $\mu = \mu^\circ + k_B T \ln p/p^\circ$ であるから，これを上式と等しいとおくと

$$\mu^\circ = \varepsilon_0 - k_B T \ln \frac{\bar{q} k_B T}{p^\circ}$$

が得られる．これを上の式に代入すると式(7.151)を得る．ただし $q \equiv \bar{q}V = \bar{q}(Nk_B T/p)$ を用いた．

7.7.5 気固反応のシミュレーション

表面反応を素反応として定式化してきたが，これまでは主として定常状態法により速度則を導いてきた．この取扱いは表面反応が複雑になってくると適用できない．多数の表面素反応が同時に進行している場合には反応方程式を数値的に解く必要があるが，このためにはおのおのの表面反応の速度定数が必要となる．表面反応の速度定数が得られれば表面反応を(R36)，(R39)あるいは(R41)のような素反応で表記し，反応速度式を解くことにより，表面の関与する反応過程のシミュレーションを行うことができる．

表面反応の速度定数は気相反応の速度定数に比べてはるかに測定データが不足していて，不明な点が多い．これは反応速度が表面の構造に依存しその構造が複雑であり，特に実用表面の構造が明らかでないこと，反応速度が必ずしも温度のみの関数ではなくて被覆率にも依存すること，表面濃度が気相反応のように一様ではない場合があり反応がキンクなどのところで局所的に進行すること，などの要因によっている．

表面反応の速度定数は，吸着している分子と遷移状態にある分子の構造とエネルギー，振動数がわかれば遷移状態理論により推定することも可能である．特に遷移状態の構造とエネルギーは実験的に求めることが困難なため，量子化学計算により推定する必要があるが，表面の計算は気相素反応の計算に比して規模が大きくなり精度の高い計算はより困難である．

前述した事情から，多くの表面反応の反応速度式に基づくシミュレーションでは速度定数を簡単なモデルにより推定し，これらをパラメーターとして実験値に合うように決定することが行われている．以下に表面反応速度定数を推定するための簡単なモデルのいくつかを説明する．

吸着反応の速度の上限値は，気相分子の表面への流束で決まる．気相分子 A の濃度を $[A]$，平均速度を $\langle v \rangle$ とすると，表面への流束は $[A]\langle v\rangle/4$（単位はたとえば $\mathrm{mol\,cm^{-2}\,s^{-1}}$）である．表面への

7.7 気固不均一反応の機構と解析

吸着速度はこの流束と**付着確率**(sticking probability) γ の積で決まり，速度定数は A の並進速度分布が熱平衡分布(Maxwell-Boltzmann分布)であるときには

$$k = \frac{\gamma}{(\Gamma_{\text{tot}})^\sigma}\sqrt{\frac{k_{\text{B}}T}{2\pi m}} \qquad (7.155)$$

で与えられる．ただし，$v=\sqrt{8k_{\text{B}}T/(\pi m)}$ を用いた．ここで m は気相分子の質量，Γ_{tot} はすべての表面相(テラスやキンクなどの表面に存在する区別できる，あるいは区別する化学的性質の異なる領域)についてのサイト濃度(単位面積あたりのモル数)の和で，σ はサイト占有数である．たとえば H_2 が解離吸着する反応(R38)では二つのサイトが関係するので $\sigma=2$ である．原子やラジカルが吸着する場合には付着確率は1に近い値となるが，一方で SiH_4 がシリコン表面に吸着する場合の付着確率は 10^{-5} から 10^{-6} 程度であることが知られている．化学吸着や解離吸着などでエネルギー障壁のある吸着過程では，付着確率は温度に強く依存することもある．このような場合は付着確率を Arrhenius 型の温度依存式を用いて表すことも多い．また，吸着確率が被覆率に依存する場合も見いだされている．

吸着分子どうしの反応(Langmuir-Hinshelwood型の反応)では，吸着分子が表面上を拡散して(エネルギー障壁を乗り越えて隣のサイトにホップして)反応分子が互いに接触する必要がある．吸着エネルギーが大きく非常に強く表面に吸着している分子は事実上表面拡散しない．このような吸着分子が存在すると表面反応が阻害される[*1]．Langmuir-Hinshelwood型の反応速度は気相反応との類推で大まかに予測できる[*2]．$A(S)+A(S)$ の反応を考える．$A(S)$ の表面上での相対的な移動速度を v，直径を d とする．二次元衝突では衝突断面積に相当するのは衝突直径になるので，単位時間あたりの衝突頻度因子 Z は表面上の移動速度と直径の積である．移動速度はサイト間の移動頻度(単位時間あたりにサイト間をホップした回数)η と移動距離の積で与えられるが，ホッピングにより移動する距離は $A(S)$ の直径程度であろう．したがって衝突頻度因子は $Z \approx \eta d^2$ 程度の大きさである．ホッピングによる移動頻度が吸着原子と表面原子の振動周期程度であると考えると η は 10^{13}〜10^{14} s^{-1} 程度であると推定できる．$d=(2〜3)\times 10^{-8}$ cm 程度であるので単位時間あたりの表面での典型的な衝突頻度因子は 10^{-3}-10^{-2} cm^2 s^{-1} のオーダーであることが推定される．単純衝突理論との類推から，反応のエネルギー障壁を ε_0 として表面反応速度定数が Arrhenius 式 $k=A\exp(-\varepsilon_0/k_{\text{B}}T)$ で与えられるとすれば，表面反応の典型的な A 因子の大きさはモルあたりの速度定数で表すと衝突頻度因子に Avogadro 定数をかけて 10^{21}-10^{22} cm^2 mol^{-1} s^{-1} 程度であろう．この推定は非常に粗い近似で，実際には被覆率に対する依存性や表面拡散速度をより精密に考察する必要がある．しかし多くの表面反応では速度定数を精密に評価するための情報が不足しているので，何も情報がないときにはこのような粗い評価を初期推定値として用いることが多い．

吸着分子の脱離過程では，脱離する分子の内部エネルギーが表面分子との結合解離エネルギー以上でなければならない．この場合も速度定数は Arrhenius 型で近似されることが多く，前指数因子は解離する結合の振動数で近似し，活性化エネルギーは脱離に必要なエンタルピー変化に等しいとすることが多い．白金などの金属からの OH や H_2O の脱離に関してはこの近似は妥当であるとされている．

表面反応速度定数に関する情報はいまだ不十分ではあるものの，多くの触媒反応系や CVD 反応系で素反応機構に基づいた反応解析が試みられている．

[*1] S原子は代表的な例で，これが触媒の被毒作用の原因となる．
[*2] J. Warnatz, U. Mass, R. W. Dibble, "Combustion", 4 th Ed., Chap. 6, Springer (2006).

BOX 7.5　パラジウム上の H_2 の触媒燃焼の反応解析

白金やパラジウム上での触媒燃焼反応については反応機構が単純で比較的理解が進んでいる．ここでは表面反応の反応解析の一例としてパラジウム上での H_2 の触媒燃焼を取上げる．

白金やパラジウム上での触媒燃焼は Langmiur-Hinshelwood 機構で進行すると考えられている．表1に Andrae ら*により提案されている反応機構と速度定数を示す．Pd(111) 表面上での H 原子は一つのサイトに吸着しているが O 原子は飽和吸着したときの被覆率が 0.25 であることが知られている．このことは Pd 上での O 原子のサイト占有数が $\sigma=4$ であることを示している．したがって H_2 と O_2 の吸着反応は Pd 上の空きサイトを_(S)，四配位で吸着している O を O(4S) のように表すと表1の反応(S1)および(S3)で表される．

これらの反応の付着確率 γ は Andrae らのモデルでは被覆率 θ に依存すると考えられていて，その依存性は

$$\gamma = \gamma_0(1-\theta)^\sigma$$

で与えられている．γ_0 は被覆率が零のときの付着確率である．表面に吸着した H(S) と O(4S) は表面上で反応し OH(4S) を生成する．この OH(4S) はさらに H(S) または OH(4S) と反応して H_2O(4S) を生成する．なお OH および H_2O も O 原子と同様にサイト占有数4で表面に吸着していると考えられている．これらの Langumuir-Hinshelwood 機構による反応は表1の(S5)-(S7)で表される．反応生成物である H_2O の生成反応として反応(S6)と(S7)の両方が考えられる．Andrae らは表面近傍で表面から脱離してくる H 原子と H_2O を温度および H_2/O_2 の比を変えて測定し，この測定結果と表1の機構に対する反応速度式の数値解との比較から(S6)が H_2O 生成の主要な反応であると結論づけた．また，OH 濃度の温度変化から，OH(4S) の脱離の活性化エネルギーを求めているが，活性化エネルギーが被覆率に線形に依存するとしている．これらの反応機構と速度定数を用いて行ったシミュレーションと実験結果との比較の一例を図1に示す*．表面反応を含んだ詳細反応機構によるシミュレーションにより，実測の濃度プロファイルを再現することができている．

表1　パラジウム上の H_2 の触媒燃焼反応機構[†1]

	反応	A [s, cm, mol 単位]	E/kJ mol^{-1}
S1	$H_2+2\_(S) \rightarrow 2H(S)$	0.11[†2]	0
S2	$2H(S) \rightarrow H_2+2\_(S)$	3.95×10^{19}	41.5
S3	$O_2+8\_(S) \rightarrow 2O(4S)$	0.22[†2]	0
S4	$2O(4S) \rightarrow O_2+8\_(S)$	3.95×10^{20}	180.0
S5	$H(S)+O(4S) = OH(4S)+\_(S)$	3.95×10^{19}	60.0
S6	$H(S)+OH(4S) = H_2O(4S)+\_(S)$	3.95×10^{21}	46.0
S7	$OH(4S)+OH(4S) = H_2O(4S)+O(4S)$	3.95×10^{21}	46.0
S8	$H_2O+4\_(S) \rightarrow H_2O(4S)$	0.99[†2]	0
S9	$H_2O(4S) \rightarrow H_2O+4\_(S)$	1×10^{13}	41.9
S10	$OH+4\_(S) \rightarrow OH(4S)$	0.99[†2]	0
S11	$OH(4S) \rightarrow OH+4\_(S)$	1×10^{13}	$226.0-92.0\,\theta$[†3]
S12	$O+4\_(S) \rightarrow O(4S)$	0.99[†2]	0
S13	$O(4S) \rightarrow O+4\_(S)$	1×10^{13}	340.0
S14	$H+\_(S) \rightarrow H(S)$	0.99[†2]	0
S15	$H(S) \rightarrow H+\_(S)$	1×10^{13}	236.0

[†1]　J. C. G. Andrae, J. Johansson, P. Bjorbom, A. Rosen, *Surf. Sci.*, **563**, 145 (2004) に基づく．
[†2]　付着確率
[†3]　付着確率に依存する活性化エネルギー

*　J. C. G. Andrae, J. Johansson, P. Bjornbom, A. Rosen, *Surf. Sci.*, **563**, 145 (2004).

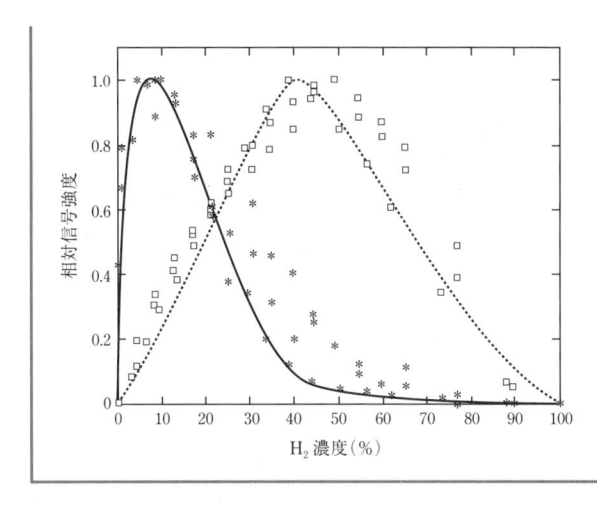

図1 パラジウム上の H_2 の触媒燃焼における OH と H_2O の相対濃度のシミュレーションと実験結果の比較（∗：OH 実測値，□：H_2O 実測値，実線：OH 計算値，点線：H_2O 計算値）[J. C. G. Andrae, J. Johansson, P. Bjornbom, A. Rosen, *Surf. Sci.*, **563**, 145（2004）に基づく]

問　題

7.1 1) 一つの調和振動子の分配関数の古典極限（$k_B T \gg h\nu$）が式（7.22）と一致することを示せ．また s 個の調和振動子の古典極限における分配関数を求めよ．各振動子の振動数を $\nu_i (i=1, 2, \cdots, s)$ とする．

2) 古典極限における s 個の調和振動子の状態密度を求めよ．

7.2 式（7.35）を導出せよ．

7.3 解離反応やその逆反応の再結合反応の低圧極限の速度定数は，第三体 M の種類によって異なる値をとることが知られている．（この第三体による速度定数の違いを第三体効率という．）この原因を考察せよ．

7.4 単分子反応の速度定数の圧力依存性に関して，Lindemann 機構は定量的には実験値を説明できないが，定性的な傾向を理解するためには役立つ．

1) CH_3NC の異性化反応の漸下圧の温度依存性を検討するために，Lindemann 機構による式（7.12）を用いて $T=470$ K，570 K，670 K における漸下圧を求めよ．高圧極限と低圧極限の速度定数は $s=7$ および $\lambda=1$ として RRK 理論により評価せよ．第三体 M は CH_3NC とする．RRK 理論で必要な振動数，高圧極限の活性化エネルギーは例題 7.4 に与えられている．また衝突直径 d は例題 7.4 に与えられている L-J パラメーターの σ に等しいものとする．

2) 単分子反応の速度定数を圧力一定の条件下で温度を変えて測定した．測定圧力が測定温度範囲において漸下圧領域の圧力であった場合，得られる活性化エネルギーは高圧限界の活性化エネルギーとどのような関係にあるか．定性的に説明せよ．

7.5 CH_3+CH_3 の再結合反応においては活性化された $C_2H_6^*$ が生成するが，図に示すようにこの $C_2H_6^*$ は他の分子との衝突により失活して安定な C_2H_6 を生成する（反応経路 a）か，または分解して $H+C_2H_5$ になる（反応経路 b）．（このような活性化された中間体を経由する反応を**化学活性化**（chemical activation）反応という．§5.1.1 参照．）

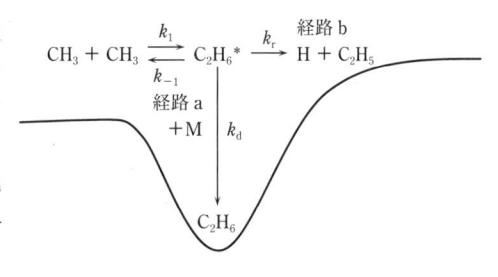

1) $C_2H_6^*$ に定常状態を仮定して，反応経路 a および b の反応速度定数 k_a および k_b を求めよ．これらの反応速度定数は圧力に依存するが，おのおのの速度定数の高圧極限および低圧極限の速度定数を求めよ．

2) $T=1500$ K における反応経路 a, b の高圧極限の速度定数 k_∞^a, k_∞^b および低圧極限の速度定数 k_0^a, k_0^b の値はつぎの通りである. これらを用いて, 反応経路 a および b の $T=1500$ K における速度定数を圧力 0.001～1000 atm の範囲で計算し, 圧力に対してプロットせよ.

$$k_0^a = 1.39 \times 10^{19} \text{ cm}^6 \text{ mol}^{-2} \text{ s}^{-1} \qquad k_0^b = 1.53 \times 10^{11} \text{ cm}^3 \text{ mol}^{-1} \text{ s}^{-1}$$
$$k_\infty^a = 9.60 \times 10^{12} \text{ cm}^3 \text{ mol}^{-1} \text{ s}^{-1} \qquad k_\infty^b = 6.74 \times 10^7 \text{ s}^{-1}$$

7.6 連鎖分岐反応による水素の燃焼・爆発の第2限界は反応(R11)-(R14)で説明でき, H_2 と O_2 の当量混合気体($H_2/O_2=2/1$)についての爆発限界は図 7.11 のようになる. 図 7.11 で, 温度が 550 °C よりも高い領域で, 式(7.130)で与えられる爆発第二限界は爆発領域と緩慢反応領域の境界を示しているが, このような高温で高圧の領域では反応(R11)-(R14)以外の反応, 特に HO_2 の関与する反応も重要になってくる. HO_2 の反応で特に反応(R19 a)および(R19 b)は爆発限界を決める上で重要である.

$$H + HO_2 \longrightarrow H_2 + O_2 \qquad \text{(R19a)}$$
$$H + HO_2 \longrightarrow OH + OH \qquad \text{(R19b)}$$

反応(R11)-(R14)と(R19a), (R19b)のみを考慮して, O, OH および HO_2 に対して定常状態法を適用して爆発領域と緩慢反応領域の境界を決める爆発限界を求めよ. この反応(R19a), (R19b)を考慮した爆発限界は拡張第二限界として知られ, 実験的にも確かめられている. [M. A. Mueller, R. A. Yetter, F. L. Dryer, *Int. J. Chem. Kinet.*, **31**, 113 (1999).]

7.7 逐次反応

$$A \longrightarrow B \quad (\text{速度定数 } k_1) \qquad (1)$$
$$B \longrightarrow C \quad (\text{速度定数 } k_2) \qquad (2)$$

について, 以下の問いに答えよ. ただし $k_2=100k_1$ とする.

1) 初期条件が $[A]=[A]_0$, $[B]=0$, $[C]=0$ であるとき, A, B, C の濃度の時間変化を表す式を導出せよ.

2) 生成物 C に対する速度定数 k_1 と k_2 の相対感度係数 S_1 および S_2 を求めよ.

3) 時刻 $t=1/k_1$ における C の濃度と, 相対感度係数 S_1 および S_2 の値を求めよ.

4) 中間生成物 B に定常状態法を適用して A と C の時間変化を表す式を導出し, 時刻 $t=1/k_1$ における C の濃度と相対感度係数 S_1 および S_2 の値を求め, 3) の結果と比較せよ.

7.8 シラン(SiH_4)によるシリコン製膜の反応機構は, 温度があまり高くなく SiH_4 の気相反応が無視できる場合にはつぎのように考えられている. [P. Ho, M. E. Coltrin, W. G. Breiland, *J. Chem. Phys.*, **98**, 10138 (1992).]

$$SiH_4 + 2Si(S) \longrightarrow Si(B) + 2SiH(S) + H_2 \qquad (1)$$
$$2SiH(S) \longrightarrow 2Si(S) + H_2 \qquad (2)$$

ここで Si(S) はシリコン表面の活性点, SiH(S) は水素で終端されたシリコン表面, Si(B) はバルクのシリコンである. シリコン表面の単位面積あたりの総サイト数 $\varGamma = $ Si(S)+SiH(S) は 2.25×10^{-9} mol cm^{-2} である. またバルクシリコンの密度は 2.33 g cm^{-3} である.

1) 表面反応の速度は表面濃度(mol cm^{-2})の単位時間あたりの変化量で表される. 反応(1)および(2)の速度定数(おのおの k_1 および k_2 とする)の単位はどのようになるか. mol, cm, s の単位を用いて答えよ.

2) 製膜が定常で進行している場合, SiH(S) に定常状態を仮定してシリコン表面の被覆率と製膜速度を表す式を導出せよ.

3) $T=900$ K において mol, cm, s の単位系で $k_1=6.75\times10$, $k_2=6.7\times10^8$ である. SiH_4 の分圧が 0.001 Torr(1 Torr=133.3 Pa)の場合の被覆率と製膜速度を求めよ.

付録 A．原子単位・エネルギーの単位

原子・分子を扱う際には**原子単位**(au)とよばれる単位系を用いることがある．たとえば H 原子について考える．H 原子のハミルトニアンは，SI 単位系では

$$\hat{H} = -\frac{\hbar^2}{2m_e}\nabla^2 - \frac{1}{4\pi\varepsilon_0}\frac{e^2}{r} \tag{A.1}$$

と表される（ただし原子核の質量を無限大であるとみなしている）．原子単位では，真空の誘電率 ε_0 は，CGS ガウス単位系同様，$\varepsilon_0 = 1/(4\pi)$ と定義する．さらに，電気素量 $e=1$，電子質量 $m_e=1$ そして $\hbar=1$ となるように単位系を定義する．したがって H 原子のハミルトニアンは

$$\hat{H} = -\frac{1}{2}\nabla^2 - \frac{1}{r} \tag{A.2}$$

のように物理定数が現れない簡潔な表式となる．これが原子単位の利点の一つである．原子単位のもう一つの利点は，いうまでもなく単位が原子・分子のスケールに合ったものであるという点である．上述の $m_e=e=\hbar=1$ は，もちろん長さ，質量，時間，電流の基本単位をうまく設定して実現させるわけである．質量の単位は，ただちに電子質量 m_e である．したがって

$$(\text{質量の原子単位}) = m_e = 9.109\,382\,15(45) \times 10^{-31}\,\text{kg}$$

である．長さの単位は Bohr 半径になる．これは，Bohr 半径 a_0 が $a_0 = \hbar^2/m_e e^2$ と表され，$m_e = e = \hbar = 1$ とすると $a_0 = 1$ となるからである．すなわち

$$(\text{長さの原子単位}) = a_0 = \frac{\hbar^2}{m_e e^2} = 5.291\,772\,085\,9(36) \times 10^{-11}\,\text{m}$$

である．時間の単位は原子が H 原子核のまわりを回る周期と関係づけられる．電子が古典力学に従うとして，Bohr 半径上を円運動するときの周期は $2\pi\hbar^3/m_e e^4$ で与えられる．したがって時間の原子単位はこの周期の $1/(2\pi)$ である．すなわち，

$$(\text{時間の原子単位}) = \frac{\hbar^3}{m_e e^4} = 2.418\,884\,326\,505(16) \times 10^{-17}\,\text{s}$$

である．
今度はエネルギーの原子単位を調べよう．H 原子のエネルギー準位は（CGS ガウス単位系で）

$$E_n = -\frac{1}{n^2}\frac{m_e e^4}{2\hbar^2} \tag{A.3}$$

で与えられる．したがって H(1s) のエネルギーは，原子単位で

$$E_{1s} = -\frac{1}{2} \quad (\text{原子単位})$$

である．E_{1s} は H(1s) のイオン化ポテンシャルである．エネルギーの原子単位はその 2 倍ということになる．すなわち

$$(\text{エネルギーの原子単位}) = \frac{m_e e^4}{\hbar^2} = \frac{e^2}{a_0} = 4.359\,743\,94(22) \times 10^{-18}\,\text{J}$$

である．これは 1 ハートリー(hartree)ともいう．
分光学では cm^{-1} という単位でエネルギーの大きさを表す．1 cm^{-1} が示すエネルギーの大きさとは，波数が 1 cm^{-1} の光（の光子）がもつエネルギーである．波数 $\tilde{\nu}$ のエネルギーは

$$E = hc\tilde{\nu} \tag{A.4}$$

であるから，$\tilde{\nu}=1\,\mathrm{cm}^{-1}$のとき
$$E = hc \times 1\,\mathrm{cm}^{-1}$$
$$= (6.626 \times 10^{-34}\,\mathrm{J\,s}) \times (2.998 \times 10^{10}\,\mathrm{cm\,s}^{-1}) \times 1\,\mathrm{cm}^{-1} = 1.986 \times 10^{-23}\,\mathrm{J}$$
となる．

eV（電子ボルト）という単位もエネルギーの単位としてよく用いられる．これは1Vの電位差で電子を加速したときの電子の運動エネルギーである．電気素量は $e = 1.602 \times 10^{-19}\,\mathrm{C}$ であるから
$$1\,\mathrm{eV} = (1.602 \times 10^{-19}\,\mathrm{C}) \times (1\,\mathrm{V}) = 1.602 \times 10^{-19}\,\mathrm{J}$$
である．エネルギーの原子単位，cm^{-1}，eV の間の換算を行うために，つぎの関係を覚えておくと便利である．
$$1\,\mathrm{eV} = 8066\,\mathrm{cm}^{-1}, \qquad 1(\text{原子単位}) = 27.2\,\mathrm{eV}$$

付録 B．フーリエ展開・フーリエ変換・δ 関数

B.1 フーリエ展開

周期 T をもつ周期関数 $f(t)$ を考える．$f(t)$ は三角関数の重ね合わせで
$$f(t) = a_0 + \sum_{n=1}^{\infty} a_n \cos \frac{2n\pi t}{T} + \sum_{n=1}^{\infty} b_n \sin \frac{2n\pi t}{T} \tag{B.1}$$
と表すことができる．これを $f(t)$ のフーリエ（級数）展開とよぶ．三角関数の直交性

$$\frac{1}{T}\int_{-T/2}^{T/2} \mathrm{d}t \sin\frac{2m\pi t}{T} \times \sin\frac{2n\pi t}{T} = \pi \delta_{mn} \qquad (m, n \neq 0) \tag{B.2}$$

$$\frac{1}{T}\int_{-T/2}^{T/2} \mathrm{d}t \cos\frac{2m\pi t}{T} \times \cos\frac{2n\pi t}{T} = \pi \delta_{mn} \qquad (m, n \neq 0) \tag{B.3}$$

$$\frac{1}{T}\int_{-T/2}^{T/2} \mathrm{d}t \sin\frac{2m\pi t}{T} \times \cos\frac{2n\pi t}{T} = 0 \qquad (m, n \neq 0) \tag{B.4}$$

を用いると式(B.1)の中のフーリエ係数 a_n および b_n は

$$a_0 = \frac{1}{2\pi T}\int_{-T/2}^{T/2} \mathrm{d}t\, f(t) \tag{B.5}$$

$$a_n = \frac{1}{\pi T}\int_{-T/2}^{T/2} \mathrm{d}t\, f(t) \cos\frac{2n\pi t}{T} \tag{B.6}$$

$$b_n = \frac{1}{\pi T}\int_{-T/2}^{T/2} \mathrm{d}t\, f(t) \sin\frac{2n\pi t}{T} \tag{B.7}$$

と表される．

$f(t)$ が複素数値をとる場合には
$$f(t) = \sum_{n=-\infty}^{\infty} C_n \mathrm{e}^{2n\pi \mathrm{i}t/T} \tag{B.8}$$
と表される．この場合 C_n は
$$C_n = \frac{1}{T}\int_{-T/2}^{T/2} f(t)\, \mathrm{e}^{-2n\pi \mathrm{i}t/T}\, \mathrm{d}t \tag{B.9}$$
と表される．

B.2 フーリエ変換

上述の数学的枠組みを,周期的でない関数に拡張することを考えよう.そうするには $T\to\infty$ の極限を考えればよい.

$$F\left(\frac{2n\pi}{T}\right) \equiv T\times C_n = \int_{-T/2}^{T/2} f(t)\mathrm{e}^{-2n\pi \mathrm{i}t/T}\,\mathrm{d}t \tag{B.10}$$

とおく.$T\to\infty$ の極限で $2n\pi/T$ は連続変数とみなせる.それを ω と記すことにすると,式(B.10)は

$$F(\omega) = \int_{-\infty}^{\infty} f(t)\mathrm{e}^{-\mathrm{i}\omega t}\mathrm{d}t \tag{B.11}$$

と書ける.一方,式(B.10)の $F(2n\pi/T)$ を用いて式(B.8)を書き直すと,

$$f(t) = \sum_{n=-\infty}^{\infty}\mathrm{e}^{2n\pi \mathrm{i}t/T}F\left(\frac{2n\pi}{T}\right)\frac{1}{T} = \frac{1}{2\pi}\sum_{n=-\infty}^{\infty}\mathrm{e}^{2n\pi \mathrm{i}t/T}F\left(\frac{2n\pi}{T}\right)\frac{2\pi}{T} \tag{B.12}$$

となる.$T\to\infty$ の極限で和は積分になり,

$$f(t) = \frac{1}{2\pi}\int_{-\infty}^{\infty} F(\omega)\mathrm{e}^{\mathrm{i}\omega t}\mathrm{d}\omega \tag{B.13}$$

と表される.$F(\omega)$ を $f(t)$ のフーリエ変換とよぶ.式(B.11)は $f(t)$ のフーリエ変換を求める式になっている.それに対し式(B.13)は逆の関係を与える式になっている.

B.3 δ 関 数

つぎのような性質

$$\int_{-\infty}^{\infty}\mathrm{d}x\,f(x)\delta(x) = f(0) \tag{B.14}$$

をもつ関数 $\delta(x)$ をデルタ関数とよぶ.$\delta(x)$ は通常の関数ではなく,$\delta(x)$ の関数値は意味をもたない.積分して初めて意味をもつものである.式(B.14)式から

$$\int_{-\infty}^{\infty}\mathrm{d}x\,\delta(x) = 1 \tag{B.15}$$

が導かれる.直観的には,$\delta(x)$ は $x=0$ に鋭いピークをもち,グラフの下の面積が1であるような関数であるというイメージで理解すればよい.たとえば

$$\lim_{\varepsilon\to 0}\frac{1}{\pi}\frac{\varepsilon}{x^2+\varepsilon^2} \sim \delta(x) \tag{B.16}$$

である.

フーリエ変換の関係式(B.13)の積分の中の $F(\omega)$ に式(B.11)を代入すると

$$f(t) = \frac{1}{2\pi}\int_{-\infty}^{\infty}\mathrm{d}\omega\,\mathrm{e}^{\mathrm{i}\omega t}F(\omega) = \frac{1}{2\pi}\int_{-\infty}^{\infty}\mathrm{d}\omega\int_{-\infty}^{\infty}\mathrm{d}t'\mathrm{e}^{\mathrm{i}\omega(t-t')}f(t')$$

$$= \int_{-\infty}^{\infty}\mathrm{d}t'f(t')\left\{\frac{1}{2\pi}\int_{-\infty}^{\infty}\mathrm{d}\omega\,\mathrm{e}^{\mathrm{i}\omega(t-t')}\right\} \tag{B.17}$$

という表式が得られる.最後の行の { } の中身は $\delta(t-t')$ であることがわかる.なぜならば

$$f(t) = \int_{-\infty}^{\infty}\mathrm{d}t'f(t')\delta(t-t') = \int_{-\infty}^{\infty}\mathrm{d}\tau f(t-\tau)\delta(\tau) = f(t) \tag{B.18}$$

となり,つじつまが合う.すなわち

$$\delta(\tau) = \frac{1}{2\pi}\int_{-\infty}^{\infty}\mathrm{d}\omega\,\mathrm{e}^{\mathrm{i}\omega\tau} \tag{B.19}$$

であり,これは $\delta(\tau)$ のフーリエ表示である.

付録 C．London-Eyring-Polanyi-Sato ポテンシャル

　分子軌道計算があまり普及していなかった時代には，理論的な方法でポテンシャル曲面を推定していた．M. Polanyi らの研究グループが化学反応の**ポテンシャル曲面**(potential surface)についての考察を行ったのは，Heitler-London による H_2 分子の化学結合の理論が提出された数年のうちのことである．M. Polanyi らは Heitler-London 理論の路線で 3 原子の間の力のポテンシャルを導出した．化学結合論には**分子軌道法**(molecular orbital method)と**原子価結合法**(valence-bond method)の二つがあるが，Heitler-London の路線は後者である．原子価結合法に基づいた London-Eyring-Polanyi-Sato モデル（LEPS ポテンシャル）はつぎのように導かれる．

　H_2 分子の組み替え反応

$$H + H_2 \longrightarrow H_2 + H$$

のポテンシャル曲面を求める．3 個の H 原子 H_A, H_B, H_C 上においた 3 個の 1s 軌道関数を考える．原子価結合法によるとエネルギーは

$$\begin{aligned}
&E(R_{AB}, R_{BC}, R_{CA}) \\
&= Q_{AB}(R_{AB}) + Q_{BC}(R_{BC}) + Q_{CA}(R_{CA}) \\
&\quad - \frac{1}{2^{1/2}}[\{J_{AB}(R_{AB}) - J_{BC}(R_{BC})\}^2 + \{J_{BC}(R_{BC}) - J_{CA}(R_{CA})\}^2 + \{J_{CA}(R_{CA}) - J_{AB}(R_{AB})\}^2]^{1/2}
\end{aligned} \tag{C.1}$$

で与えられる．この式を London の式* とよぶ．ただし，Q_j および J_j はそれぞれ添字で示した原子対の**クーロン積分**(Coulomb integral)および**交換積分**(exchange integral)である．

　クーロン積分や交換積分の値は公式により求めることができるが，London, Eyring, M. Polanyi らは，つぎのように二原子分子の分光学的データを用いてポテンシャルを構成した．原子 A だけが遠く離れているとき，London の式は

$$E \xrightarrow{R_{AB}, R_{AC} \to \infty} Q_{BC}(R_{BC}) - |J_{BC}(R_{BC})| \tag{C.2}$$

となる．これは二原子分子 BC のポテンシャルである．そこで，これを分光学的データを利用した Morse 関数であるとおく．すなわち，

$$Q_{BC}(R_{BC}) - |J_{BC}(R_{BC})| = D_{BC}(e^{-2\alpha_{BC}(R_{BC} - R_{BC}^e)} - 2e^{-\alpha_{BC}(R_{BC} - R_{BC}^e)}) \tag{C.3}$$

ある．ただし，D_{BC} および R_{BC}^e はそれぞれ分子 BC の解離エネルギーおよび平衡核間距離である．α_{BC} は力の定数 $k_{BC} = 2D_{BC}\alpha_{BC}^2$ から求めることができる．Heitler-London 理論によると，H_2 分子の解離性の励起状態の**ポテンシャル曲線**(potential energy curve)は

$$E(R) = \frac{Q(R) + |J(R)|}{1 + S(R)^2} \tag{C.4}$$

と表される．ただし，$S(R)$ は重なり積分である．重なり積分を無視する近似の下で，その解離性ポテンシャルを

$$Q_{BC}(R_{BC}) + |J_{BC}(R_{BC})| = D'_{BC}(e^{-2\beta_{BC}(R_{BC} - R_{BC}^e)} + 2e^{-\beta_{BC}(R_{BC} - R_{BC}^e)}) \tag{C.5}$$

---

* 導出は R. N. Porter, M. Karplus, *J. Chem. Phys.*, **40**, 1105 (1964) を参照のこと．ここでは原子軌道間の重なり積分を 0 とおく近似を行っている．

付録 C. London-Eyring-Polanyi-Sato ポテンシャル

とモデル化する．式 (C.3) および (C.5) から $Q_{BC}(R_{BC})$ および $J_{BC}(R_{BC})$ を得ることができる．$H+H_2$ の反応の場合には，H_2 分子の情報から化学反応のポテンシャル曲面が構成できる．3種類の異なる原子の組み替え反応でも，同様に3種類の二原子分子のデータからポテンシャル曲面を構成することができる．このようにして分光学データを用い，半経験的に構成したポテンシャル関数を LEP ポテンシャルとよぶ．

LEP ポテンシャルは，二原子分子の情報のみを用いているので，反応障壁の高さの精度は必ずしも良くない．この点を少しでも改良しようとしたのが Sato* による LEPS ポテンシャルである．Sato の取扱いでは，LEP で完全に無視された**重なり積分**(overlap integral)からの寄与を部分的に復活させる．粗い近似ではあるが，重なり積分の自乗を定数 $\Delta = S^2$ とする．そして，London の式 (C.1) のクーロン積分および交換積分を修正して，

$$Q_j^{\text{LEPS}} = \frac{1}{1+\Delta} Q_j \tag{C.6}$$

$$J_j^{\text{LEPS}} = \frac{1}{1+\Delta} J_j \tag{C.7}$$

で置き換える．そして，クーロン積分 Q_j と交換積分 J_j と二原子分子のポテンシャルの関係においても重なり積分を復活させ(ただし，核間距離依存性を無視し定数とおく)，

$$\frac{Q_j(R_j) - |J_j(R_j)|}{1+\Delta} = D_j (e^{-2\alpha_j(R_j - R_j^e)} - 2 e^{-\alpha_j(R_j - R_j^e)}) \tag{C.8}$$

とする．解離性ポテンシャルについては，$D_j' = D_j/2$, $\beta_j = \alpha_j$ とおき，

$$\frac{Q_j(R_j) + |J_j(R_j)|}{1-\Delta} = \frac{D_j}{2}(e^{-2\alpha_j(R_j - R_j^e)} + 2 e^{-\alpha_j(R_j - R_j^e)}) \tag{C.9}$$

とする．これらの式から，

$$Q_j(R_j) = \frac{1}{1+\Delta_j} \frac{D_j}{4} \{ (3+\Delta_j) e^{-2\alpha_j(R_j - R_j^e)} - (2+6\Delta_j) e^{-\alpha_j(R_j - R_j^e)} \} \tag{C.10}$$

$$J_j(R_j) = \frac{1}{1+\Delta_j} \frac{D_j}{4} \{ (1+3\Delta_j) e^{-2\alpha_j(R_j - R_j^e)} - (6+2\Delta_j) e^{-\alpha_j(R_j - R_j^e)} \} \tag{C.11}$$

を得る．

表 C.1 HHH 系 LEPS ポテンシャルのパラメーター(単位は原子単位)

D	R^e	α	Δ
0.174 507	1.400 83	1.000 122	0.18

表 C.2 HHH 系の各種理論ポテンシャルの比較

	LEPS	Porter–Karplus[†1]	LS[†2]
$R^\ddagger$ (原子単位)[†3]	1.733	1.701	1.757
E_{barrier} (原子単位)[†4]	0.008064	0.01455	0.01562

[†1] Porter–Karplus は重なり積分を近似しない方法 [R. N. Porter, M. Karplus, *J. Chem. Phys.*, **40**, 1105 (1964)による]．
[†2] LS は非経験的分子軌道計算による結果 [B. Liu, P. Siegbahn, *J. Chem. Phys.*, **68**, 2457 (1978)による]．
[†3] $R^\ddagger$ は鞍点における H–H 間距離．
[†4] E_{barrier} は反応のポテンシャル障壁の高さ．

---

* S. Sato, *J. Chem. Phys.*, **23**, 592, 2465 (1955); S. Sato, *Bull. Chem. Soc. Jpn.*, **28**, 450 (1955).

H+H₂ の LEPS 関数のパラメーターを表 C.1 に示した．また異なる方法で得られた，障壁の高さおよび鞍点の位置を比較したものを表 C.2 に示した．LEPS 関数ではポテンシャル障壁が低く評価される．定量的には問題があるが，古典軌跡計算などを実行して得られるダイナミクスの諸現象は，定性的には，非経験的分子軌道計算から得られたポテンシャル上のダイナミクスと同等のものが見られる．

付録 D．反応座標ハミルトニアンの導出

ポテンシャル $V(Q_1, Q_2)$ の最急降下線は，

$$Q_1^{(0)}(\tau) = -\frac{\partial V}{\partial Q_1} \tag{D.1}$$

$$Q_2^{(0)}(\tau) = -\frac{\partial V}{\partial Q_2} \tag{D.2}$$

で定義される曲線 $(Q_1^{(0)}(\tau), Q_2^{(0)}(\tau))$ である．化学反応を最急降下線に沿った反応座標 s と，それに垂直な振動運動の座標 ξ で記述する．座標系 (s, ξ) を

$$Q_1 = Q_1^{(0)}(s) - \frac{dQ_2^{(0)}}{ds}\xi \tag{D.3}$$

$$Q_2 = Q_2^{(0)}(s) + \frac{dQ_1^{(0)}}{ds}\xi \tag{D.4}$$

で定義する*¹．最急降下線のパラメーターとしての s を

$$\left(\frac{dQ_1^{(0)}}{ds}\right)^2 + \left(\frac{dQ_2^{(0)}}{ds}\right)^2 = 1 \tag{D.5}$$

になるように定義すれば，最急降下線上 $(\xi=0)$ で ds は座標空間 (Q_1, Q_2) の線素に等しい*²，すなわち，

$$dQ_1^2 + dQ_2^2 = ds^2 \tag{D.6}$$

である．$\xi \neq 0$ のとき線素 ds の長さが変わるが，それは最急降下線の曲率半径 ρ を考慮すると，

$$\frac{\rho + \xi}{\rho}ds = (1 + \kappa\xi)ds \tag{D.7}$$

で与えられる．ただし，ξ の最低次の項だけを考慮している．また，$\kappa \equiv 1/\rho$ は

$$\kappa(s) = \sqrt{\frac{d^2Q_1^{(0)}}{ds^2} + \frac{d^2Q_2^{(0)}}{ds^2}} \tag{D.8}$$

で定義される最急降下線の曲率である．したがって，$\xi \neq 0$ のときの線素の自乗

$$dQ_1^2 + dQ_2^2 = (1 + \kappa\xi)^2 ds^2 + d\xi^2 \tag{D.9}$$

である．

以上の幾何学的議論をふまえると，運動エネルギーは，(s, ξ) を用いると

$$T = \frac{1}{2}(1 + \kappa(s)\xi)^2 \dot{s}^2 + \frac{1}{2}\dot{\xi}^2 \tag{D.10}$$

---

*1 最急降下線の曲率を κ とすると，$\kappa\xi \ll 1$ のときでないと新旧座標系の間の写像は 1：1 になってくれない．言い換えれば，座標系 (s, ξ) は ξ が微小振動でないと定義不良となる．

*2 このような幾何学的議論と以下の力学の議論を結びつけるためには座標系として (R_1, R_1) ではなく質量加重座標系 (Q_1, Q_2) を用いる必要がある．

と表される．ポテンシャル関数も最急降下線の周りで ξ についてテーラー展開し，式(3.20)の形とすれば，ラグランジアンは

$$L = \frac{1}{2}\{1+\kappa(s)\xi\}^2 \dot{s}^2 + \frac{1}{2}\dot{\xi}^2 - V(s) - \frac{1}{2}\{\omega(s)\}^2 \xi^2 \tag{D.11}$$

となる．**反応座標**(reaction coordinate) s の共役運動量は

$$p_s = \frac{\partial L}{\partial \dot{s}} = \{1+\kappa(s)\xi\}^2 \dot{s} \tag{D.12}$$

である．座標 ξ の共役運動量は単に $p_\xi = \dot{\xi}$ である．したがって，ハミルトニアンは

$$H = \frac{1}{2}\frac{1}{(1+\kappa(s)\xi)^2} p_s^2 + V(s) + \frac{1}{2}(p_\xi^2 + \omega(s)^2 \xi^2) \tag{D.13}$$

で与えられる．

実際の反応ポテンシャルで曲率を計算した例が S. Kato, K. Morokuma, *J. Chem. Phys.*, **73**, 3900 (1980) にある．

付録 E．遷移状態理論の導出に関する補足

遷移状態理論には複数の異なる導出法が存在する．もちろん，どれに従っても同じ公式が導かれる．導出法により，問題の設定の仕方や前提とされる仮定が，表面的には違って見えるかもしれない．しかし，理論の内容は同一のはずである．異なる導出法を知ることで，遷移状態の理解がより深まるであろう．ここでは，§4.2 の議論とは異なる二つの導出法を解説する．下の E.1 の導出法は，遷移状態理論が最初に提案されたときのもので，ミクロカノニカル速度定数を経ずに**カノニカル速度定数**(式(4.31))を直接導く．一方，付録 E.2 では，古典力学の枠内で**ミクロカノニカル速度定数**(式(4.21))を導出する．

E.1 反応物と活性錯合体の間の化学平衡に基づく遷移状態理論

説明を簡潔にするために，原子と二原子分子の化学反応 A+BC を例にとり解説する[*1]．反応の途中に**活性錯合体** ABC‡ なるものを考える．すなわち，反応スキーム

$$A + BC \longrightarrow ABC^{\ddagger} \longrightarrow AB + C \tag{E.1}$$

を考える．そして，反応物 A+BC と活性錯合体 ABC‡ の間に化学平衡を仮定する．質量作用の法則を用い，さらに平衡定数を分配関数で表すと[*2]，活性錯合体の濃度は

$$[ABC^{\ddagger}] = [A][BC]\frac{\tilde{Q}_{ABC^{\ddagger}}}{\tilde{Q}_A \tilde{Q}_{BC}} e^{-E_0/k_B T} \tag{E.2}$$

で与えられる．ただし，$\tilde{Q}_A$ などは添字で示した化学種の単位体積の分配関数であり，また，E_0 は A+BC と ABC‡ のエネルギー差である．単位時間に活性錯合体が生成物 AB+C になる頻度を ν とすると，反応速度 r は

$$r = \nu[ABC^{\ddagger}] = \nu[A][BC]\frac{\tilde{Q}_{ABC^{\ddagger}}}{\tilde{Q}_A \tilde{Q}_{BC}} e^{-E_0/k_B T} \tag{E.3}$$

と表されるので，反応速度定数は

[*1] もちろん，多原子分子の関与する反応にも適用できる．
[*2] たとえば "アトキンス物理化学(上・下)"，第 8 版，東京化学同人 (2009) 参照．

付録 E．遷移状態理論の導出に関する補足

$$k(T) = \frac{r}{[\text{A}][\text{BC}]} = \nu \frac{\tilde{Q}_{\text{ABC}^\ddagger}}{\tilde{Q}_\text{A}\tilde{Q}_\text{BC}} e^{-E_0/k_\text{B}T} \tag{E.4}$$

で与えられる．つぎの問題は，活性錯合体が生成物になる頻度 ν をどうやって見積もるかである．

活性錯合体は，化学反応のポテンシャル曲面における鞍点に対応する．今，鞍点近傍で反応座標の自由度と，その他の内部自由度を分離して考える．鞍点の近傍で，反応座標に沿った幅 δ の区間を考え，その領域を活性錯合体であると定義する(図 E.1)．活性錯合体が生成物になる頻度はつぎのように考える．反応座標方向の並進運動の速度を u とすると，長さ δ の区間を通過するのにかかる時間は $\tau = \delta/u$ である．頻度 ν はその逆数で与えられる．速度 u を，一次元の Maxwell–Boltzmann 速度分布から導かれる平均速度とすると，

$$\nu = \frac{u}{\delta} = \sqrt{\frac{k_\text{B}T}{2\pi\mu^\ddagger}} \frac{1}{\delta} \tag{E.5}$$

を得る．ただし，$\mu^\ddagger$ は反応座標方向の運動の換算質量である．

一方，活性錯合体の分配関数は，反応座標方向の一次元運動，その他の振動回転自由度，および分子全体の三次元並進運動のそれぞれの分配関数の積で表される．反応座標方向の運動を，長さ δ の一次元箱の中の粒子と考えると，活性錯合体の分配関数は

$$\tilde{Q}_{\text{ABC}^\ddagger} = \tilde{Q}^\ddagger \frac{\sqrt{2\pi\mu^\ddagger k_\text{B}T}}{h}\delta \tag{E.6}$$

で与えられる．ただし，$\tilde{Q}^\ddagger$ は活性錯合体の並進および(反応座標を除く)振動回転自由度の分配関数である．式(E.5)および式(E.6)を速度定数の表式(E.4)に代入して整理すると

$$k(T) = \frac{k_\text{B}T}{h}\frac{\tilde{Q}^\ddagger}{\tilde{Q}_\text{A}\tilde{Q}_\text{BC}}e^{-E_0/k_\text{B}T} \tag{E.7}$$

を得る．具体的な値を議論しなかった δ および $\mu^\ddagger$ が消え去ったことに注意せよ．式(E.7)に現れる分配関数 $\tilde{Q}^\ddagger$ および $\tilde{Q}_\text{BC}$ は，それぞれ並進自由度および内部自由度(振動回転自由度)の因子の積の形で

$$\tilde{Q}^\ddagger = q^\ddagger_{(\text{tr})}q^\ddagger_\text{I} \tag{E.8}$$

$$\tilde{Q} = q_{\text{BC}(\text{tr})}q_\text{I} \tag{E.9}$$

のように表される．ただし，$q^\ddagger_{(\text{tr})}$ と $q_{\text{BC}(\text{tr})}$ は(単位体積の)並進分配関数，$q^\ddagger_\text{I}$ と q_I は振動回転自由度の分配関数を表す．並進自由度の分配関数をあらわに書いて，清算すると

$$\begin{aligned}
k(T) &= \frac{k_\text{B}T}{h}\frac{\{2\pi(m_\text{A}+m_\text{B}+m_\text{C})k_\text{B}T\}^{3/2}}{h^3}\frac{h^3}{\{2\pi m_\text{A}k_\text{B}T\}^{3/2}}\frac{h^3}{\{2\pi(m_\text{B}+m_\text{C})k_\text{B}T\}^{3/2}}\frac{q^\ddagger_\text{I}}{q_\text{I}}e^{-E_0/k_\text{B}T} \\
&= \frac{k_\text{B}T}{h}\frac{h^3}{\{2\pi\mu_{\text{A+BC}}k_\text{B}T\}^{3/2}}\frac{q^\ddagger_\text{I}}{q_\text{I}}e^{-E_0/k_\text{B}T}
\end{aligned} \tag{E.10}$$

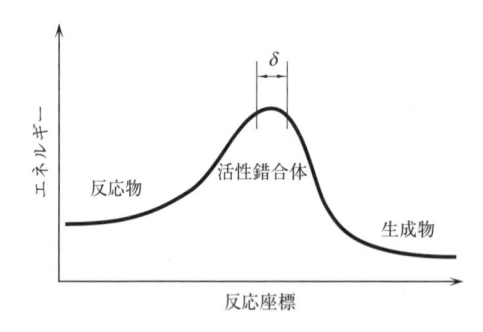

鞍点の近傍で，反応座標に沿った幅 δ の区間を考え，その領域を活性錯合体と定義する

図 E.1 Eyring の活性錯合体

を得る．ただし，$\mu_{\text{A+BC}}$ は A+BC の相対運動の換算質量である．清算された部分は A+BC の相対並進運動の分配関数 q_{t} の逆数である．したがって，

$$k(T) = \frac{k_{\text{B}}T}{h}\frac{q_{\text{I}}^{\ddagger}}{q_{\text{t}}q_{\text{I}}}e^{-E_0/k_{\text{B}}T} \tag{E.11}$$

を得る．この表式の内容は式(4.31)と一致している[*1]．

E.2 位相空間の流れの解析に基づく遷移状態理論

全エネルギー E が指定されたミクロカノニカル速度定数を純粋に古典力学に基づいて導出する．反応座標を s とし $s=s^{\ddagger}$ が遷移状態の位置を表すとする．反応座標 s に共役な運動量を p_s，また，反応座標と直交する自由度の座標および運動量をそれぞれ $\boldsymbol{q}=(q_1, q_2, \cdots, q_{N-1})$ および $\boldsymbol{p}=(p_1, p_2, \cdots, p_{N-1})$ とする．全自由度の数は N である．位相空間 $(p_s, s, \boldsymbol{p}, \boldsymbol{q})$ の中で，反応系の運動を表す代表点が分布していると考える．全エネルギー E をもつ始状態のミクロカノニカル集団は，位相空間内の領域

$$D_1 = \{(p_s, s, \boldsymbol{p}, \boldsymbol{q})|_{s \leq s^{\ddagger}}, H(p_s, s, \boldsymbol{p}, \boldsymbol{q}) = E\} \tag{E.12}$$

の中に一様に分布した代表点の集団である．ただし，$H(p_s, s, \boldsymbol{p}, \boldsymbol{q})$ は全系の古典力学的ハミルトニアンを表す．ミクロカノニカル集団の位相空間分布関数は，一様分布なので，一定値の定数関数である．ただし，分布関数の規格化を考慮しなくてはならない．反応物側の位相空間に一様に分布しているのであるから，規格化因子は反応物側の位相空間の体積 $V(E)$ とすればよい．すなわち，分布関数は位相空間内で一様な定数値 $1/V(E)$ をもつ．体積 $V(E)$（$(2N-1)$次元体積[*2]）は位相空間内の積分で

$$V(E) = \int\cdots\int_{D_1} dp_s \, ds \, d\boldsymbol{p} \, d\boldsymbol{q} \tag{E.13}$$

と表される．

反応速度は，遷移状態 $s=s^{\ddagger}$ において単位時間に生成物側（$s>s^{\ddagger}$）へ流れ出す代表点の数（これを**流束**(flux)とよぶ）で決まる．反応物の規格化された分布関数を用いて，流束の平均値を求めれば，ミクロカノニカル速度定数 $k(E)$ が得られる．流束の大きさは $s=s^{\ddagger}$ における ds/dt で与えられる．生成物側へ向かう流束の平均値を求めるには $s=s^{\ddagger}$ において $p_s>0$ という条件を付けて平均操作を行う．すなわち，$k(E)$ は

$$k(E) = \frac{1}{V(E)}\int\cdots\int_{S^{\ddagger}} dp_s \, ds \, d\boldsymbol{p} \, d\boldsymbol{q} \left[\frac{ds}{dt}\theta(p_s)\right] \tag{E.14}$$

と表される．ただし，$[\cdots]$ 内の被積分関数の $\theta(p_s)$ は $p_s>0$ となる領域についてのみ積分することを表し，また積分領域を表す $S^{\ddagger}$ は $2N$ 次元位相空間内で $s=s^{\ddagger}$ で定まる面，すなわち遷移状態を表す面である[*3]．より厳密には，全エネルギーが E であることも指定して，面 $S^{\ddagger}$ を

$$S^{\ddagger}(E) = \{(p_s, s, \boldsymbol{p}, \boldsymbol{q})|_{s=s^{\ddagger}}, H(p_s, s, \boldsymbol{p}, \boldsymbol{q}) = E\} \tag{E.15}$$

と定義する[*4]．今，鞍点の近傍でハミルトニアン $H(p_s, s, \boldsymbol{p}, \boldsymbol{q})$ が，反応座標方向の運動エネルギー

[*1] 式(E.11)の $q_{\text{I}}^{\ddagger}$ と式(4.31)の $Q^{\ddagger}$ は記号は異なるだけで同一内容である．また，式(E.11)の $q_{\text{t}}q_{\text{I}}$ と式(4.31)の Q は互いに等しい．

[*2] $2N$ 次元位相空間内で，全エネルギーが E である，すなわち $H(p_s, s, \boldsymbol{p}, \boldsymbol{q})=E$ という一つの条件式を課すので，$(2N-1)$次元の図形の体積となる．

[*3] この面を**分離曲面**または**分割曲面**(dividing surface)とよぶことがある．位相空間の中で，反応物を表す領域と生成物を表す領域を分割する面だからである．一般には，多次元位相空間内の任意の形の分割曲面に対して理論を拡張することができる．

[*4] $2N$ 次元位相空間内で二つの条件式を課しているので，$S^{\ddagger}$ は $(2N-2)$次元の図形（超曲面）である．

$e_s(p_s)$，鞍点のポテンシャルエネルギー E_0，および内部自由度のハミルトニアン $h(\boldsymbol{p}, \boldsymbol{q})$ の和の形で

$$H(p_s, s, \boldsymbol{p}, \boldsymbol{q}) = e_s(p_s) + E_0 + h(\boldsymbol{p}, \boldsymbol{q}) \tag{E.16}$$

のように表されると仮定する．また，ハミルトン方程式から

$$\left[\frac{\mathrm{d}s}{\mathrm{d}t}\right]_{s=s^\ddagger} = \left[\frac{\partial H}{\partial p_s}\right]_{s=s^\ddagger} = \frac{\partial e_s}{\partial p_s} \tag{E.17}$$

が成り立つ．これらを利用して，式(E.14)の積分を変形していくことができる．式(E.14)の積分を $W^\ddagger(E)$ と記すことにすると

$$\begin{aligned}
W^\ddagger(E) &\equiv \int\cdots\int_{S^\ddagger} \mathrm{d}p_s\,\mathrm{d}s\,\mathrm{d}\boldsymbol{p}\,\mathrm{d}\boldsymbol{q} \left[\frac{\mathrm{d}s}{\mathrm{d}t}\theta(p_s)\right] \\
&= \int_{p_s>0} \mathrm{d}p_s \int\cdots\int_{h(\boldsymbol{p},\boldsymbol{q})=E-E_0-e_s} \mathrm{d}\boldsymbol{p}\,\mathrm{d}\boldsymbol{q}\,\frac{\partial e_s}{\partial p_s} \\
&= \int_0^{E-E_0} \mathrm{d}e_s \int\cdots\int_{h(\boldsymbol{p},\boldsymbol{q})=E-E_0-e_s} \mathrm{d}\boldsymbol{p}\,\mathrm{d}\boldsymbol{q} \\
&= \int\cdots\int_{0\leq h(\boldsymbol{p},\boldsymbol{q})\leq E-E_0} \mathrm{d}\boldsymbol{p}\,\mathrm{d}\boldsymbol{q}
\end{aligned} \tag{E.18}$$

を得る．上式は $W^\ddagger(E)$ が，遷移状態における内部自由度の位相空間内の，エネルギーが $E-E_0$ 以下の部分の体積（$(2N-2)$ 次元体積）で表されることを意味する．すなわち，$k(E)$ は，遷移状態における $(2N-2)$ 次元位相空間体積 $W^\ddagger(E)$ と，反応物の $(2N-1)$ 次元位相空間体積 $V(E)$ の比で

$$k(E) = \frac{W^\ddagger(E)}{V(E)} \tag{E.19}$$

と表される*．

位相空間体積の形で表された $V(E)$ および $W^\ddagger(E)$ は，それぞれ反応物の始状態の状態密度 $\rho(E)$ および遷移状態の内部自由度の累積状態数 $K^\ddagger(E-E_0)$ とつぎのように関係づけることができる．古典力学の一つの自由度につき，運動量 p と座標 q の微小区間 Δp と Δq を考える．不確定性関係 $\Delta p \Delta q = h$ が定める位相空間体積の中に，1個の量子状態が存在すると考える．したがって，$(2N-2)$ 次元位相空間体積である $W^\ddagger(E)$ を h^{N-1} で割れば，位相空間体積 $W^\ddagger(E)$ の中に存在する状態数，すなわち内部エネルギーが $0 \sim E-E_0$ の範囲にある累積状態数

$$K^\ddagger(E-E_0) = \frac{1}{h^{N-1}} W^\ddagger(E) \tag{E.20}$$

となる．一方，反応物側の位相空間で全エネルギーが E 以下の部分の $(2N$ 次元$)$ 体積を $W(E)$ とすると，$K(E) = W(E)/h^N$ は反応物の累積状態数となる．これをエネルギーで微分したものは反応物の状態密度である．すなわち

$$\rho(E) = \frac{\mathrm{d}K(E)}{\mathrm{d}E} = \frac{1}{h^N}\frac{\mathrm{d}W(E)}{\mathrm{d}E} \tag{E.21}$$

である．位相空間でエネルギーがちょうど E である部分の $((2N-1)$ 次元$)$ 体積である $V(E)$ は $V(E) = \mathrm{d}W(E)/\mathrm{d}E$ で与えられる．したがって

$$\rho(E) = \frac{1}{h^N} V(E) \tag{E.22}$$

を得る．式(E.20)および式(E.22)を式(E.19)に代入すると，§4.2で導出した式(4.21)が得られる．

---

* 容器に開けた穴の面積を容器の体積で割った量に対応している．

付録 F．Bixon-Jortner 理論の導出

エネルギー E_b^0 に1個の明状態 $|\phi_b\rangle$ があるとする．この明状態は暗状態の列 $|\phi_m\rangle$ ($m=0, \pm1, \pm2, \cdots$) と相互作用しているとする．暗状態のエネルギーは等間隔であり，その間隔を D とする．すなわち，m 番目の暗状態のエネルギー E_m^0 は

$$E_m^0 = E_0^0 + mD \quad (m=0, \pm1, \pm2\cdots) \tag{F.1}$$

である．また，**明状態**と**暗状態**の間の相互作用行列要素は，すべて等しい，すなわち，

$$\langle\phi_b|H|\phi_m\rangle = v \quad (m=0, \pm1, \pm2, \cdots) \tag{F.2}$$

であるとする．また，暗状態どうしは相互作用していないとする．以上の設定をハミルトン行列で表すと

$$\boldsymbol{H} = \begin{pmatrix} E_b^0 & v & v & v & \cdots \\ v & E_0^0 & 0 & 0 & \cdots \\ v & 0 & \ddots & & \cdots \\ v & 0 & & E_m^0 & \\ \vdots & & & & \ddots \end{pmatrix} \tag{F.3}$$

である．

固有状態 $|\psi_n\rangle$ とそのエネルギー固有値 E_n を求める．固有状態を明状態と暗状態の線形結合で

$$|\psi_n\rangle = c_b^{(n)}|\phi_b\rangle + \sum_{m=-\infty}^{\infty} c_m^{(n)}|\phi_m\rangle \tag{F.4}$$

と表す．上式を定常 Schrödinger 方程式 $\hat{H}|\psi_n\rangle = E_n|\psi_n\rangle$ に代入して整理すると，エネルギー固有値と係数の方程式

$$(E_b^0 - E_n)c_b^{(n)} + v\sum_{m=-\infty}^{\infty} c_m^{(n)} = 0 \tag{F.5}$$

および

$$(E_m^0 - E_n)c_m^{(n)} + vc_b^{(n)} = 0 \quad (m=0, \pm1, \pm2, \cdots) \tag{F.6}$$

を得る．式 (F.6) より

$$c_m^{(n)} = \frac{vc_b^{(n)}}{E_n - E_m^0} = \frac{vc_b^{(n)}}{E_n - E_0^0 - mD} = \frac{v}{D}\frac{c_b^{(n)}}{\gamma_n - m} \tag{F.7}$$

を得る．ただし，最右辺の γ_n は $\gamma_n \equiv (E_n - E_0^0)/D$ である．式 (F.7) を式 (F.5) に代入し，$c_b^{(n)} \neq 0$ の解を探していることを考慮すると，E_n に関する永年方程式

$$(E_b^0 - E_n) + \frac{v^2}{D}\sum_{m=-\infty}^{\infty}\frac{1}{\gamma_n - m} = 0 \tag{F.8}$$

を得る．ここで右辺第2項の和はつぎのように変形できる*．

$$\begin{aligned}\sum_{m=-\infty}^{\infty}\frac{1}{\gamma_n - m} &= \frac{1}{\gamma_n} + \sum_{m=1}^{\infty}\left(\frac{1}{\gamma_n - m} + \frac{1}{\gamma_n + m}\right) \\ &= \frac{1}{\gamma_n} + 2\gamma_n\sum_{m=1}^{\infty}\frac{1}{\gamma_n^2 - m^2} \\ &= \frac{1}{\gamma_n} - 2\gamma_n\left(\frac{1}{2\gamma_n^2} + \frac{\pi}{2\gamma_n}\cot\pi\gamma_n\right) \\ &= -\pi\cot\pi\gamma_n \end{aligned} \tag{F.9}$$

---

* m に関する無限級数は条件収束級数である．式 (F.9) の1番目の等号のように，$\pm m$ の対の和を先に実行する形式にしないと，m に関する無限和は絶対収束にならない．

ただし，3番目の等号では公式

$$\sum_{m=1}^{\infty} \frac{1}{\gamma_n^2 - m^2} = -\frac{1}{2\gamma_n^2} - \frac{\pi}{2\gamma_n} \cot \pi \gamma_n \tag{F.10}$$

を用いた．式(F.9)を永年方程式(F.8)に代入すると

$$(E_b^0 - E_n) - \frac{\pi v^2}{D} \cot \pi \gamma_n = 0 \tag{F.11}$$

となる．これが固有値 E_n を決定する方程式である．上式を少々変形して

$$\frac{E_n - E_b^0}{D} + \pi \left(\frac{v}{D}\right)^2 \cot \pi \frac{E_n - E_0^0}{D} = 0 \tag{F.12}$$

と書くと，固有値が二つのパラメータ v/D および $(E_b - E_0^0)/D$ で決まることがわかる．図 F.1 に固有値のふるまいを数値計算で調べた結果を示した．

つぎに係数 $c_b^{(n)}$ を求める．規格化条件

$$|c_b^{(n)}|^2 + \sum_{m=-\infty}^{\infty} |c_m^{(n)}|^2 = 1 \tag{F.13}$$

に式(F.7)を代入すると

$$\left[1 + \frac{v^2}{D^2} \sum_{m=-\infty}^{\infty} \frac{1}{(\gamma_n - m)^2}\right] |c_b^{(n)}|^2 = 1 \tag{F.14}$$

を得る．ここで無限級数の公式

$$\sum_{m=-\infty}^{\infty} \frac{1}{(\gamma_n - m)^2} = \frac{\pi^2}{\sin^2 \pi \gamma_n} \tag{F.15}$$

を用いると，

$$|c_b^{(n)}|^2 = \frac{1}{1 + \frac{\pi^2 v^2}{D^2} \frac{1}{\sin^2 \pi \gamma_n}}$$

$$= \frac{1}{1 + \frac{\pi^2 v^2}{D^2} (1 + \cot^2 \pi \gamma_n)} \tag{F.16}$$

となる．ここで，式(F.11)を用いて cot の項を $E_b^0 - E_n$ で表すと，

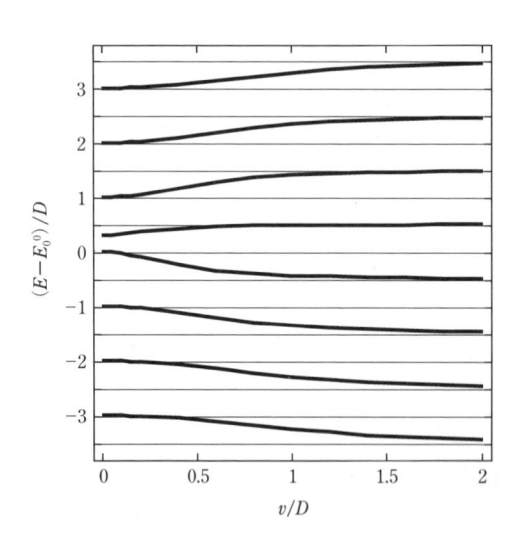

数値計算により固有値 E_n を求め，$(E_n - E_0^0)/D$ の値を v/D の関数として表したもの．ただし，$(E_b - E_0^0)/D = 0.3$ とした．式(F.12)が示すように，D をエネルギーの尺度とすると，独立なパラメータは v/D と $(E_b - E_0^0)/D$ の二つになる．v/D が小さいときは固有値は明状態と暗状態のエネルギーに一致している．v/D が大きくなると，固有値はやはり等間隔の $m+1/2$ ($m=0, \pm 1, \pm 2$) の値をとることがわかる

図 F.1 Bixon-Jortner 理論の固有値のふるまい

付録 F. Bixon-Jortner 理論の導出

$$|c_b^{(n)}|^2 = \frac{1}{1+\frac{\pi^2 v^2}{D^2}\left(1+\frac{D^2}{\pi^2 v^4}(E_b^0-E_n)^2\right)}$$

$$= \frac{v^2}{(\Delta E)^2+(E_b^0-E_n)^2} \tag{F.17}$$

を得る．ただし，

$$\Delta E \equiv \sqrt{v^2+\left(\frac{\pi v^2}{D}\right)^2} \tag{F.18}$$

である．式(F.17)は，n番目の固有状態に含まれる明状態の成分の大きさ$|c_b^{(n)}|^2$が，固有エネルギーE_nに関してローレンツ型の関数で表されることを示している．

つぎに波動関数の時間発展を調べる．今，時刻$t=0$で系は明状態$|\phi_b\rangle$にあるとする．時刻$t>0$の波動関数は

$$|\Psi(t)\rangle = \sum_n |\psi_n\rangle e^{-iE_nt/\hbar}\langle\psi_n|\phi_b\rangle$$

$$= \sum_n |\psi_n\rangle e^{-iE_nt/\hbar} c_b^{(n)} \tag{F.19}$$

で与えられる．今，時刻$t>0$に系を明状態に見いだす確率振幅，

$$\langle\psi_b|\Psi(t)\rangle = \sum_n |c_b^{(n)}|^2 e^{-iE_nt/\hbar} \tag{F.20}$$

に着目する．エネルギー固有値を近似して，

$$E_n \approx E_0^0 + nD \quad (n=0, \pm 1, \pm 2, \cdots) \tag{F.21}$$

であるとする(図F.1参照)．上式と式(F.17)を式(F.20)に代入すると

$$\langle\psi_b|\Psi(t)\rangle = \sum_n \frac{v^2}{D^2 n^2+(\Delta E)^2} e^{-i(nD+E_0^0)t/\hbar} \tag{F.22}$$

を得る．ここで，暗状態の準位間隔Dがvに比べて小さい極限を考え，和を積分で近似する．その積分は実行することができ*，

$$\langle\psi_b|\Psi(t)\rangle \approx \frac{1}{D}\int_{-\infty}^{\infty} dx \frac{v^2}{x^2+(\Delta E)^2} e^{-i(x+E_0^0)t/\hbar}$$

$$= \frac{1}{D}\frac{\pi v^2}{\Delta E} e^{-iE_0^0 t/\hbar} e^{-\Delta E t/\hbar}$$

$$= e^{-iE_0^0 t/\hbar} e^{-\Delta E t/\hbar} \tag{F.23}$$

となる．ただし，$D \ll v$を仮定しているので，

$$\Delta E \equiv \sqrt{v^2+\left(\frac{\pi v^2}{D}\right)^2} \approx \frac{\pi v^2}{D} \tag{F.24}$$

を用いた．和を積分で置き換える近似は，長時間挙動の領域$t>\hbar/D$では成立しないことに注意せよ．時刻$t>0$に系を明状態に見いだす確率は

$$|\langle\psi_b|\Psi(t)\rangle|^2 = e^{-\Gamma t/\hbar} \tag{F.25}$$

のような時定数Γの指数減衰になる．ただしΓは

$$\Gamma \equiv 2\Delta E \approx \frac{2\pi v^2}{D} = 2\pi v^2 \rho \tag{F.26}$$

---

* xの複素積分を考える．実軸と下半面の半円を回る閉じた積分路を考え，極$x=-i(\Delta E)$に対し留数定理を用いる．そして半円の半径を無限とせよ．半円部分からの寄与は消えて元の実積分の値が留数×$2\pi i$から求まる．あるいは，ローレンツ関数$1/(x^2+a^2)$ ($a>0$は定数)のフーリエ変換の公式を参照してもよい．

で与えられる．ただし，$\rho\equiv 1/D$ は暗状態の状態密度である．減衰速度 $\Gamma/\hbar$ はちょうどフェルミ黄金則の形式で表される．

付録 G．相対運動の拡散

A, B が互いに独立に拡散運動をすると仮定して，A と B をそれぞれ $t=0$ で $r=0$ に置いて，A-B 間の相対距離の時間発展を調べてみよう．A と B の同時濃度分布は

$$\rho_A(r_A, t)\rho_B(r_B, t) = \left(\frac{1}{4\pi D_A t}\frac{1}{4\pi D_B t}\right)^{3/2}\exp\left(-\frac{r_A^2}{4D_A t}-\frac{r_B^2}{4D_B t}\right) \tag{G.1}$$

と，独立な積で与えられるとする．r_A と r_B の座標を，相対座標 $r=r_A-r_B$ と重心 $R=(r_A+r_B)/2$ に変換すると，上の濃度分布は

$$\rho(r, R, t) = \rho_A(r_A, t)\rho_B(r_B, t) = \left(\frac{1}{4\pi D_A t}\frac{1}{4\pi D_B t}\right)^{3/2}\exp\left(-\frac{|R+r/2|^2}{4D_A t}-\frac{|R-r/2|^2}{4D_B t}\right)$$

$$= \left(\frac{1}{4\pi D_A t}\frac{1}{4\pi D_B t}\right)^{3/2}\exp\left(-\frac{D_A+D_B}{4D_A D_B t}\left|R-\frac{1}{2}\frac{D_A-D_B}{D_A+D_B}r\right|^2\right)\exp\left(-\frac{r^2}{4(D_A+D_B)t}\right) \tag{G.2}$$

となる．この座標変換 $(r_A, r_B)\to(r, R)$ でヤコビアンは 1 であり，また r_A と r_B が三次元の全空間 $(-\infty\sim\infty)$ で与えられていると，r と R も三次元の全空間をとることに注意．そこで式(G.2)で R を積分して消去し*，相対座標 r のみの分布関数を導くと，

$$\rho(r, t) = \int_{-\infty}^{\infty}\rho(r, R, t)\mathrm{d}^3 R$$

$$= \left(\frac{1}{4\pi(D_A+D_B)t}\right)^{3/2}\exp\left(-\frac{r^2}{4(D_A+D_B)t}\right) \tag{G.3}$$

となって，拡散係数 D_A+D_B をもつ拡散運動に対応することがわかる．

付録 H．Kramers 方程式

H.1　Kramers 方程式

位相空間上の分布関数 $\rho(r, p, t)$ について，式(6.3)と同様に確率分布が保存する条件

$$\frac{\partial \rho(r, \rho, t)}{\partial t}+\frac{\partial}{\partial r}(\dot{r}\rho)+\frac{\partial}{\partial \rho}(\dot{p}\rho) = 0 \tag{H.1}$$

が要請される．$\dot{r}\rho, \dot{p}\rho$ は，位相空間上の点 (r, p) でそれぞれ r, p 方向の流束密度を意味し，r, p の二次元における連続の式である．$\dot{r}=p$ であり，$\dot{p}$ を Langevin 方程式(6.22)を用いて表すと

$$\frac{\partial \rho(r, p, t)}{\partial t} = -\frac{\partial}{\partial r}(p\rho)-\frac{\partial}{\partial p}((K-\eta p+f(t))\rho) = \hat{\Omega}(r, p, t)\rho(r, p, t) \tag{H.2}$$

となる．ここで $\hat{\Omega}$ はランダム力 $f(t)$ を含んだ演算子であり，本来の分布関数 ρ を与えるには統計平均をとる必要がある．Langevin 方程式(6.22)におけるランダム力 $f(t)$ は，平均値は 0 で，かつつぎ

---

* (r, R) を $\left(r'=r, R'=R-\dfrac{1}{2}\dfrac{D_A-D_B}{D_A+D_B}r\right)$ と変換すれば，ヤコビアンは 1 であり，R についての積分は，R' についての三次元ガウス型積分 $\left(\int_{-\infty}^{\infty}\exp(-ax^2)\mathrm{d}x\right)^3=\left(\dfrac{\pi}{a}\right)^{3/2}$, $a=\dfrac{D_A+D_B}{4D_A D_B t}$ に帰着する．

の時間相関を満たすことが揺動散逸定理により要請される.
$$\langle f(\tau)\rangle = 0, \quad \langle f(\tau)f(\tau')\rangle = 2k_{\rm B}T\eta\delta(\tau-\tau') \tag{H.3}$$
ランダム力の時間相関に注意して，分布関数 $\rho(r,p,t)$ の時間発展を書き下すと，
$$\begin{aligned}\rho(r,p,t+\Delta t) &= \rho(r,p,t) + \int_t^{t+\Delta t}{\rm d}\tau\langle\Omega(\tau)\rangle\rho(r,p,t)\\ &+ \int_t^{t+\Delta t}{\rm d}\tau\int_t^\tau{\rm d}\tau'\langle\Omega(\tau)\Omega(\tau')\rangle\rho(r,p,t) + \cdots\end{aligned} \tag{H.4}$$
と展開され，そこで $\Delta t\to 0$ の極限をとる．右辺第2項と第3項における統計平均は，式(H.3)より
$$\langle\widehat{\Omega}(\tau)\rangle = -\frac{\partial}{\partial r}p - \frac{\partial}{\partial p}(K-\eta p) \tag{H.5}$$
$$\begin{aligned}\int_t^{t+\Delta t}{\rm d}\tau\int_t^\tau{\rm d}\tau'\langle\Omega(\tau)\Omega(\tau')\rangle &= \int_t^{t+\Delta t}{\rm d}\tau\int_t^\tau{\rm d}\tau' 2k_{\rm B}T\eta\delta(\tau-\tau')\frac{\partial^2}{\partial p^2} + O(\Delta t^2)\\ &= k_{\rm B}T\eta\Delta t\frac{\partial^2}{\partial p^2} + O(\Delta t^2)\end{aligned} \tag{H.6}$$
となることを用いると，式(H.4)は
$$\begin{aligned}\rho(r,p,t+\Delta t) &= \rho(r,p,t) + \left[-\frac{\partial}{\partial r}p - \frac{\partial}{\partial p}(K-\eta p)\right]\rho(r,p,t)\Delta t\\ &+ \left[k_{\rm B}T\eta\frac{\partial^2}{\partial p^2}\right]\rho(r,p,t)\Delta t + O(\Delta t^2)\end{aligned} \tag{H.7}$$
と表され，よって Kramers 方程式が導かれる．
$$\frac{\partial\rho(r,p,t)}{\partial t} = \left[-p\frac{\partial}{\partial r} - K\frac{\partial}{\partial p} + \eta\frac{\partial}{\partial p}\left(p + k_{\rm B}T\frac{\partial}{\partial p}\right)\right]\rho(r,p,t) \tag{6.23}$$

H.2 Kramers 方程式と拡散方程式の関係

Kramers 方程式において，位相空間の変数 (r,p) を $(x=p,\ y=p/\eta+r)$ に変換すると，
$$\frac{\partial\rho}{\partial t} = \frac{\partial}{\partial x}\left\{-K\rho + x\rho + k_{\rm B}T\eta\frac{\partial\rho}{\partial x} + \frac{2k_{\rm B}T}{\eta}\frac{\partial\rho}{\partial y}\right\} + \frac{\partial}{\partial y}\left\{-\frac{K}{\eta}\rho + \frac{k_{\rm B}T}{\eta}\frac{\partial\rho}{\partial y}\right\} \tag{H.8}$$
となる．式(6.24)のように分布関数 $\rho(r,p,t)$ を p 成分と r 成分に分離して
$$\rho(r,p,t) \approx \sqrt{\frac{1}{2\pi k_{\rm B}T}}\exp\left(-\frac{p^2}{2k_{\rm B}T}\right)\cdot\sigma(r,t) = \sqrt{\frac{1}{2\pi k_{\rm B}T}}\exp\left(-\frac{x^2}{2k_{\rm B}T}\right)\cdot\sigma\left(y-\frac{x}{\eta},t\right) \tag{H.9}$$
式(H.8)に代入し，両辺を $x(=p)$ について積分して x を消去する．その際，
$$\int_{-\infty}^{\infty}{\rm d}x\,\rho(r,p,t) \approx \int_{-\infty}^{\infty}{\rm d}x\sqrt{\frac{1}{2\pi k_{\rm B}T}}\exp\left(-\frac{x^2}{2k_{\rm B}T}\right)\sigma\left(y-\frac{x}{\eta},t\right) \approx \sigma(y,t) \tag{H.10}$$
としてよい．最後の右辺は，Boltzmann 因子が値をもつ範囲 ($|x|\lesssim\sqrt{k_{\rm B}T}$) で $\sigma(y-\frac{x}{\eta},t)$ がほぼ一定とする前提が用いられている．したがって式(H.8)は
$$\frac{\partial}{\partial t}\sigma(y,t) = \frac{\partial}{\partial y}\left\{-\frac{K}{\eta}\sigma + \frac{k_{\rm B}T}{\eta}\frac{\partial\sigma}{\partial y}\right\} \tag{6.25}$$
となり，ポテンシャル上の拡散が導かれた．

H.3 Kramers の反応速度定数

Kramers の式(6.23)における自由エネルギー面 $U(r)$ として式(6.30)の形を仮定する．ポテンシャル障壁の頂上 $r_{\rm c}$ 付近での定常状態の分布関数は次式の解である．

$$\frac{\partial \rho(r,p,t)}{\partial t} = \left[-p\frac{\partial}{\partial r} - (\omega')^2 (r-r_c)\frac{\partial}{\partial p} + \eta\frac{\partial}{\partial p}\left(p + k_B T \frac{\partial}{\partial p}\right)\right]\rho(r,p,t) = 0 \tag{H.11}$$

この解 $\rho(r,p,t)$ を

$$\rho = \zeta(r,p) \exp\left[-\frac{1}{k_B T}\left(\frac{p^2}{2} + Q - \frac{(\omega')^2}{2}(r-r_c)^2\right)\right] \tag{H.12}$$

とおいて，$\zeta(r,p)$ を平衡状態の分布からのずれとする．この形を式(H.11)に代入すると，$\zeta(r,p)$ の満たす方程式が与えられる．

$$-p\frac{\partial \zeta}{\partial r} - (\omega')^2(r-r_c)\frac{\partial \zeta}{\partial p} - \eta p \frac{\partial \zeta}{\partial p} + k_B T\eta \frac{\partial^2 \zeta}{\partial p^2} = 0 \tag{H.13}$$

この式で $\zeta(r,p)$＝定数は一つの解であることは明らかだが，平衡状態そのものであって反応する流束を与えない．そこでKramersは，変数 $u = p - a(r-r_c)$ とおいて，$\zeta = \zeta(u)$ の形の解を求めた．a は適当な定数で，あとで決定する．$\zeta(u)$ の満たす方程式は式(H.13)より

$$(a-\eta)\left(p - \frac{(\omega')^2}{a-\eta}(r-r_c)\right)\frac{d\zeta(u)}{du} + k_B T\eta \frac{d^2\zeta(u)}{du^2} = 0 \tag{H.14}$$

となるが，ここで第1項の係数として $(\omega')^2/(a-\eta) = a$ となるように a を与える．すなわち，

$$a = \frac{\eta \pm \sqrt{\eta^2 + 4(\omega')^2}}{2} \tag{H.15}$$

すると，$d\zeta(u)/du$ や $\zeta(u)$ の解は C, C' を積分定数として

$$\frac{d\zeta(u)}{du} = C\exp\left(-\frac{a-\eta}{2k_B T\eta}u^2\right), \qquad \zeta(u) = C\int_{-\infty}^{u} \exp\left(-\frac{a-\eta}{2k_B T\eta}v^2\right) dv + C' \tag{H.16}$$

と求められる．上の解には a に対して式(H.15)の2通りの場合があるが，+の符号の方が

$$\frac{a-\eta}{\eta} = \sqrt{\frac{1}{4} + \left(\frac{\omega'}{\eta}\right)^2} - \frac{1}{2} > 0 \tag{H.17}$$

となって，$u \to \pm\infty (p \to \pm\infty)$ で ζ および ρ が発散しない適切な解であり，以下+の場合を考える．また，生成系B$(r \gg r_c)$ の側での分布が十分に小さい境界条件より，$C' = 0$ としてよい($u \to -\infty (r \to \infty)$ で $\zeta(u) \sim 0$)．

以上の解より，$r = r_c$ を通過する流束 J は，

$$\begin{aligned}
J &= \int_{-\infty}^{\infty} p\rho(r_c, p) dp \\
&= \int_{-\infty}^{\infty} p\left\{C\int_{-\infty}^{p-a(r-r_c)} \exp\left(-\frac{a-\eta}{2k_B T\eta}v^2\right) dv\right\} \exp\left(-\frac{1}{k_B T}\left(\frac{p^2}{2} + Q - \frac{(\omega')^2}{2}(r-r_c)^2\right)\right) dp \bigg|_{r=r_c} \\
&= C\exp\left(-\frac{Q}{k_B T}\right) \int_{-\infty}^{\infty} dv \exp\left(-\frac{a-\eta}{2k_B T\eta}v^2\right) \int_{v}^{\infty} dp\, p \exp\left(-\frac{p^2}{2k_B T}\right) \\
&= C k_B T \sqrt{\frac{2\pi k_B T\eta}{a}} \exp\left(-\frac{Q}{k_B T}\right)
\end{aligned} \tag{H.18}$$

である．一方，反応系Aの付近での分布関数は，$\zeta(u)$ において $u \to \infty$ に対応し，自由エネルギー面(6.30)と合わせて

$$\begin{aligned}
\rho(r,p) &= C\int_{-\infty}^{\infty} \exp\left(-\frac{a-\eta}{2k_B T\eta}v^2\right) dv \exp\left[-\frac{1}{k_B T}\left(\frac{p^2}{2} + \frac{\omega^2}{2}(r-r_A)^2\right)\right] \\
&= C\sqrt{\frac{2\pi k_B T\eta}{a-\eta}} \exp\left[-\frac{1}{k_B T}\left(\frac{p^2}{2} + \frac{\omega^2}{2}(r-r_A)^2\right)\right]
\end{aligned} \tag{H.19}$$

となる．上の導出にあたって，C付近の局所的な分布関数 $\rho(r,p)$ が $u<0$ (反応系A側)にも漸近的に成り立ち，熱平衡となる仮定が含まれていることに注意する．反応系A付近の物質量 n_A は $\rho(r,p)$ を積分して

$$n_A = C\sqrt{\frac{2\pi k_B T \eta}{a-\eta}} \int_{-\infty}^{\infty} dp \int_{-\infty}^{\infty} dr \exp\left[-\frac{1}{k_B T}\left(\frac{p^2}{2} + \frac{\omega^2}{2}(r-r_A)^2\right)\right]$$

$$= C\sqrt{\frac{2\pi k_B T \eta}{a-\eta}} \frac{2\pi k_B T}{\omega} \tag{H.20}$$

と与えられる．したがって，反応速度定数 k は

$$k = \frac{J}{n_A} = \sqrt{\frac{a-\eta}{a}}\frac{\omega}{2\pi}\exp\left(-\frac{Q}{k_B T}\right) = \frac{\omega}{2\pi\omega'}\left(\sqrt{\frac{\eta^2}{4}+(\omega')^2}-\frac{\eta}{2}\right)\exp\left(-\frac{Q}{k_B T}\right) \tag{6.34}$$

と求められる．

付録 I. 電子移動のエネルギー差

式(6.64)で与えられた自由エネルギー差 $\Delta U^{i \to t}$ を，二つのステージI, IIに分けて以下に計算する．変数の定義は表6.1を参照のこと．

ステージI

ステージIでの途中の ξ における $\psi^{I,\xi}(r)$ は，同じ ξ における電荷 $\rho^{I,\xi}$，電子分極 $\boldsymbol{P}_e^{I,\xi}$，配向分極 $\boldsymbol{P}_u^{I,\xi}$ を用いて

$$\psi^{I,\xi}(\boldsymbol{r}) = \int \frac{\rho^{I,\xi}(\boldsymbol{r}')}{|\boldsymbol{r}-\boldsymbol{r}'|} d\boldsymbol{r}' + \int (\boldsymbol{P}_u^{I,\xi}(\boldsymbol{r}') + \boldsymbol{P}_e^{I,\xi}(\boldsymbol{r}')) \cdot \nabla' \frac{1}{|\boldsymbol{r}-\boldsymbol{r}'|} d\boldsymbol{r}' \tag{I.1}$$

と表される．ξ の変化はゆっくりであるため，途中の各点の ξ で $\boldsymbol{P}_u^{I,\xi}$ と $\boldsymbol{P}_e^{I,\xi}$ は平衡な分極分布としてよく，

$$\boldsymbol{P}_u^{I,\xi}(\boldsymbol{r}) = \chi_u \boldsymbol{E}^{I,\xi}(\boldsymbol{r}) = -\chi_u \nabla \psi^{I,\xi}(\boldsymbol{r}), \quad \boldsymbol{P}_e^{I,\xi}(\boldsymbol{r}) = \chi_e \boldsymbol{E}^{I,\xi}(\boldsymbol{r}) = -\chi_e \nabla \psi^{I,\xi}(\boldsymbol{r}) \tag{I.2}$$

のように，その地点 r での電場 $\boldsymbol{E}^{I,\xi}(\boldsymbol{r})$ に線形に応答するとする．∇, ∇' は，それぞれ r, r' に対する微分を表す．したがって，$\psi^{I,\xi}$ は

$$\psi^{I,\xi}(\boldsymbol{r}) = \int \frac{\rho^{I,\xi}(\boldsymbol{r}')}{|\boldsymbol{r}-\boldsymbol{r}'|} d\boldsymbol{r} - \int (\chi_u + \chi_e) \nabla' \psi^{I,\xi}(\boldsymbol{r}') \cdot \nabla' \frac{1}{|\boldsymbol{r}-\boldsymbol{r}'|} d\boldsymbol{r}' \tag{I.3}$$

となり，電荷分布 $\rho^{I,\xi}(\boldsymbol{r})$ に対する関係が成り立つ．上の式(I.3)で，$\xi=0$, $\xi=1$ のときにはそれぞれステージIでの始状態i, 終状態tに対応することは明らかである．この方程式は ψ と ρ について線形であることから，電位 $\psi^{I,\xi}$ についても電荷分布 $\rho^{I,\xi}$ と同様に

$$\psi^{I,\xi}(\boldsymbol{r}) = \psi^i(\boldsymbol{r}) + \xi(\psi^t(\boldsymbol{r}) - \psi^i(\boldsymbol{r})) \tag{I.4}$$

と，始状態iと終状態tを内挿する形になる．よってステージIでの仕事 W_I は，$\xi=0$ から1まで平衡を保ちつつ電荷分布を準静的に変化させて

$$W_I = \int_0^1 d\xi \int d\boldsymbol{r}\, \psi^{I,\xi}(\boldsymbol{r}) \frac{\partial \rho^{I,\xi}(\boldsymbol{r})}{\partial \xi}$$

$$= \int_0^1 d\xi \int d\boldsymbol{r} (\psi^i + \xi(\psi^t - \psi^i))(\rho^t - \rho^i) = \int d\boldsymbol{r}\left(\psi^i(\boldsymbol{r}) + \frac{1}{2}(\psi^t(\boldsymbol{r}) - \psi^i(\boldsymbol{r}))\right)(\rho^t(\boldsymbol{r}) - \rho^i(\boldsymbol{r}))$$

$$\tag{I.5}$$

と求められる.

ステージ II

一方,ステージIIにおいては P_u^t を固定したまま電荷分布を変化させる.その際の途中での電位は,上と同様に

$$\psi^{\mathrm{II},\xi}(\boldsymbol{r}) = \int \frac{\rho^{\mathrm{II},\xi}(\boldsymbol{r}')}{|\boldsymbol{r}-\boldsymbol{r}'|}d\boldsymbol{r}' + \int (\boldsymbol{P}_u^t(\boldsymbol{r}') - \chi_e \nabla' \psi^{\mathrm{II},\xi}(\boldsymbol{r}')) \cdot \nabla' \frac{1}{|\boldsymbol{r}-\boldsymbol{r}'|}d\boldsymbol{r}' \qquad (\mathrm{I.6})$$

と表される.ただしステージIIでは P_u^t は,ξ によらず固定されていることに注意.ステージIIの始状態 $\xi=0$ は,ステージIの終状態 t であり,そこでは上の式(I.6)と同様に,

$$\psi^{\mathrm{II},\xi=0}(\boldsymbol{r}) = \psi^t(\boldsymbol{r})$$
$$= \int \frac{\rho^t(\boldsymbol{r}')}{|\boldsymbol{r}-\boldsymbol{r}'|}d\boldsymbol{r}' + \int (\boldsymbol{P}_u^t(\boldsymbol{r}') - \chi_e \nabla' \psi^t(\boldsymbol{r}')) \cdot \nabla' \frac{1}{|\boldsymbol{r}-\boldsymbol{r}'|}d\boldsymbol{r}' \qquad (\mathrm{I.7})$$

となる.したがって式(I.6)と(I.7)より

$$\psi^{\mathrm{II},\xi}(\boldsymbol{r}) - \psi^t(\boldsymbol{r}) = \int \frac{\xi(\rho^i(\boldsymbol{r}')-\rho^t(\boldsymbol{r}'))}{|\boldsymbol{r}-\boldsymbol{r}'|}d\boldsymbol{r} - \int \chi_e \nabla'(\psi^{\mathrm{II},\xi}(\boldsymbol{r}') - \psi^t(\boldsymbol{r}') \cdot \nabla' \frac{1}{|\boldsymbol{r}-\boldsymbol{r}'|}d\boldsymbol{r}' \qquad (\mathrm{I.8})$$

が導かれる.この式においても ψ と ρ について線形なので,終状態での電位を $\psi^{\mathrm{II},\xi=1}$ とすると

$$\psi^{\mathrm{II},\xi}(\boldsymbol{r}) - \psi^t(\boldsymbol{r}) = \xi(\psi^{\mathrm{II},\xi=1}(\boldsymbol{r}) - \psi^t(\boldsymbol{r})) \qquad (\mathrm{I.9})$$

が成り立つ.よってステージIIでの仕事 W_{II} は

$$\begin{aligned} W_{\mathrm{II}} &= \int_0^1 d\xi \int d\boldsymbol{r}\, \psi^{\mathrm{II},\xi}(\boldsymbol{r}) \frac{\partial \rho^{\mathrm{II},\xi}(\boldsymbol{r})}{\partial \xi} \\ &= \int_0^1 d\xi \int d\boldsymbol{r}(\psi^t + \xi(\psi^{\mathrm{II},\xi=1} - \psi^t))(\rho^i - \rho^t) \\ &= -\int d\boldsymbol{r}\left(\psi^t(\boldsymbol{r}) + \frac{1}{2}(\psi^{\mathrm{II},\xi=1}(\boldsymbol{r}) - \psi^t(\boldsymbol{r}))\right)(\rho^t(\boldsymbol{r}) - \rho^i(\boldsymbol{r})) \end{aligned} \qquad (\mathrm{I.10})$$

と求められる.以上の式(I.5)と(I.10)より,ステップIとIIを通した自由エネルギー差 $\Delta U^{\mathrm{i\text{-}t}}$ は,

$$\begin{aligned} \Delta U^{\mathrm{i\text{-}t}} &= U[\boldsymbol{P}_u^t(\boldsymbol{r})] - U[\boldsymbol{P}_u^i(\boldsymbol{r})] \\ &= W_{\mathrm{I}} + W_{\mathrm{II}} \\ &= \frac{1}{2}\int d\boldsymbol{r}(\psi^i(\boldsymbol{r}) - \psi^{\mathrm{II},\xi=1}(\boldsymbol{r}))(\rho^t(\boldsymbol{r}) - \rho^i(\boldsymbol{r})) \end{aligned} \qquad (\mathrm{I.11})$$

となった.

上の式(I.11)は,電位分布 ψ の代わりに溶媒の分極 $\boldsymbol{P}_u^i$ や $\boldsymbol{P}_u^t$ を用いて表すことができる.ステージI,IIを通した始状態 i と終状態 II,$\xi=1$ で電荷分布 $\rho^i(\boldsymbol{r})$ は同じであるため,式(I.1),(I.6)より両者の電位分布の差は分極の違いによって

$$\psi^i(\boldsymbol{r}) - \psi^{\mathrm{II},\xi=1}(\boldsymbol{r}) = \int (\boldsymbol{P}_u^i(\boldsymbol{r}') + \boldsymbol{P}_e^i(\boldsymbol{r}') - \boldsymbol{P}_u^t(\boldsymbol{r}') - \boldsymbol{P}_e^{\mathrm{II},\xi=1}(\boldsymbol{r}')) \cdot \nabla' \frac{1}{|\boldsymbol{r}-\boldsymbol{r}'|}d\boldsymbol{r}' \qquad (\mathrm{I.12})$$

と与えられる.ここで $\boldsymbol{P}_e^{\mathrm{II},\xi=1}(\boldsymbol{r}') = -\chi_e \nabla' \psi^{\mathrm{II},\xi=1}(\boldsymbol{r}')$ は終状態(電荷分布 ρ^i,配向分極分布 $\boldsymbol{P}_u^t$)での電子分極である.ここで溶質の電荷分布 $\rho(\boldsymbol{r})$ が真空中でつくる電場 $\boldsymbol{E}_c(\boldsymbol{r})$ を下のように導入して,

$$\boldsymbol{E}_c(\boldsymbol{r}) = -\nabla \int \frac{\rho(\boldsymbol{r}')}{|\boldsymbol{r}-\boldsymbol{r}'|}d\boldsymbol{r}' \qquad (\mathrm{I.13})$$

式(I.12)と(I.13)を式(I.11)に代入すると,ΔU は

$$\Delta U^{\text{i}\to\text{t}} = \frac{1}{2}\int (\boldsymbol{P}_{\text{u}}^{\text{i}}(\boldsymbol{r}') + \boldsymbol{P}_{\text{e}}^{\text{i}}(\boldsymbol{r}') - \boldsymbol{P}_{\text{u}}^{\text{t}}(\boldsymbol{r}') - \boldsymbol{P}_{\text{e}}^{\text{II},\xi=1}(\boldsymbol{r}'))\cdot(\boldsymbol{E}_{\text{c}}^{\text{t}}(\boldsymbol{r}') - \boldsymbol{E}_{\text{c}}^{\text{i}}(\boldsymbol{r}'))\,\text{d}\boldsymbol{r}' \tag{I.14}$$

となる.

式(I.14)に現れる分極分布は,溶媒の誘電率 ε や屈折率 n を用いてさらに簡単にすることができる.

始状態iにおける分極 感受率 χ_{u} と χ_{e} を用いて

$$\begin{aligned}\boldsymbol{P}^{\text{i}} &= \boldsymbol{P}_{\text{u}}^{\text{i}} + \boldsymbol{P}_{\text{e}}^{\text{i}} = (\chi_{\text{u}} + \chi_{\text{e}})\boldsymbol{E}^{\text{i}} \\ &= (\chi_{\text{u}} + \chi_{\text{e}})(\boldsymbol{E}_{\text{c}}^{\text{i}} - 4\pi(\boldsymbol{P}_{\text{u}}^{\text{i}} + \boldsymbol{P}_{\text{e}}^{\text{i}}))\end{aligned} \tag{I.15}$$

となる.ここで始状態iにおいて分極が平衡であるとき $\boldsymbol{E}_{\text{c}}^{\text{i}} = \boldsymbol{E}^{\text{i}} + 4\pi\boldsymbol{P}^{\text{i}}$ は,真電荷 ρ^{i} がつくる電場であり,電気変位 $\boldsymbol{D}^{\text{i}}$ と等しい.感受率と静的誘電率 ε とは $1+4\pi(\chi_{\text{u}}+\chi_{\text{e}}) = \varepsilon$ の関係があり,したがって式(I.15)は

$$\boldsymbol{P}^{\text{i}} = \boldsymbol{P}_{\text{u}}^{\text{i}} + \boldsymbol{P}_{\text{e}}^{\text{i}} = \frac{\chi_{\text{u}}+\chi_{\text{e}}}{1+4\pi(\chi_{\text{u}}+\chi_{\text{e}})}\boldsymbol{E}_{\text{c}}^{\text{i}} = \frac{1}{4\pi}\left(1-\frac{1}{\varepsilon}\right)\boldsymbol{E}_{\text{c}}^{\text{i}} \tag{I.16}$$

となる.

終状態II, $\xi=1$ において 電子分極のみ平衡で,配向分極は $\boldsymbol{P}_{\text{u}}^{\text{t}}$ に固定されているため,

$$\begin{aligned}\boldsymbol{P}_{\text{u}}^{\text{t}} + \boldsymbol{P}_{\text{e}}^{\text{II},\xi=1} &= \boldsymbol{P}_{\text{u}}^{\text{t}} + \chi_{\text{e}}(\boldsymbol{E}_{\text{c}}^{\text{t}} - 4\pi(\boldsymbol{P}_{\text{u}}^{\text{t}} + \boldsymbol{P}_{u}^{\text{II},\xi=1})) \\ &= \frac{\chi_{\text{e}}}{1+4\pi\chi_{\text{e}}}\boldsymbol{E}_{\text{c}}^{\text{t}} + \frac{1}{1+4\pi\chi_{\text{e}}}\boldsymbol{P}_{\text{u}}^{\text{t}} = \frac{1}{4\pi}\left(1-\frac{1}{n^2}\right)\boldsymbol{E}_{\text{c}}^{\text{t}} + \frac{1}{n^2}\boldsymbol{P}_{\text{u}}^{\text{t}}\end{aligned} \tag{I.17}$$

となることがわかる.最後の表式では,電子感受率 χ_{e} は屈折率 n と $1+4\pi\chi_{\text{e}}=n^2$ の関係があることを用いた.

ステージIとIIの中間の状態tにおいて $\boldsymbol{P}_{\text{u}}^{\text{t}}, \boldsymbol{P}_{\text{e}}^{\text{t}}, \boldsymbol{E}_{\text{c}}^{\text{t}}$ が平衡にあるので,通常の誘電体論と同様に

$$\boldsymbol{P}^{\text{t}} = \frac{1}{4\pi}\left(1-\frac{1}{\varepsilon}\right)\boldsymbol{E}_{\text{c}}^{\text{t}} \tag{I.18}$$

$$\boldsymbol{P}_{\text{t}}^{\text{u}} = \chi_{\text{u}}(\boldsymbol{E}_{\text{c}}^{\text{t}} - 4\pi\boldsymbol{P}^{\text{t}}) = \chi_{\text{u}}\frac{\boldsymbol{E}_{\text{c}}^{\text{t}}}{\varepsilon} = \frac{\varepsilon-n^2}{4\pi}\frac{\boldsymbol{E}_{\text{c}}^{\text{t}}}{\varepsilon} \tag{I.19}$$

の関係が成り立つ.

したがって $\Delta U^{\text{i}\to\text{t}}$ は

$$\begin{aligned}\Delta U^{\text{i}\to\text{t}} &= U[\boldsymbol{P}^{\text{u}}(\boldsymbol{r})] - U[\boldsymbol{P}_{\text{u}}^{\text{i}}(\boldsymbol{r})] \\ &= -\frac{1}{2}\int\left[\frac{1}{4\pi}\left(1-\frac{1}{\varepsilon}\right)\boldsymbol{E}_{\text{c}}^{\text{i}}(\boldsymbol{r}) - \frac{1}{4\pi}\left(1-\frac{1}{n^2}\right)\boldsymbol{E}_{\text{c}}^{\text{t}}(\boldsymbol{r}) - \frac{1}{n^2}\frac{\varepsilon-n^2}{4\pi}\frac{\boldsymbol{E}_{\text{c}}^{\text{t}}(\boldsymbol{r})}{\varepsilon}\right]\cdot(\boldsymbol{E}_{\text{c}}^{\text{t}}(\boldsymbol{r}) - \boldsymbol{E}_{\text{c}}^{\text{i}}(\boldsymbol{r}))\,\text{d}\boldsymbol{r} \\ &= \frac{1}{8\pi}\left(\frac{1}{n^2}-\frac{1}{\varepsilon}\right)\int(\boldsymbol{E}_{\text{c}}^{\text{t}}(\boldsymbol{r}) - \boldsymbol{E}_{\text{c}}^{\text{i}}(\boldsymbol{r}))^2\text{d}\boldsymbol{r} = \frac{1}{8\pi}\left(\frac{1}{n^2}-\frac{1}{\varepsilon}\right)\int\left(\frac{4\pi\varepsilon}{\varepsilon-n^2}\boldsymbol{P}_{\text{u}}^{\text{t}}(\boldsymbol{r}) - \boldsymbol{E}_{\text{c}}^{\text{i}}(\boldsymbol{r})\right)^2\text{d}\boldsymbol{r}\end{aligned}$$
$$\tag{6.65}$$

と求められた.

付録 J. 非調和振動子の Direct Count のアルゴリズム

本文中で説明した Beyer-Swinehart(BS)アルゴリズムでは量子準位間隔が一定の場合(調和振動子)の状態密度と状態和が効率よく計算できるが,非調和振動子には適用できない.Stein と Rabinovitch[*] は非調和振動子の振動エネルギーと回転エネルギーに対しても適用できるように BS

---

[*] S. E. Stein, B. S. Rabinovitch, *J. Chem. Phys.*, **58**, 2438 (1973).

アルゴリズムを拡張した(SR アルゴリズム). 実用的な速度定数の計算には以下に示す SR アルゴリズムが常用されている.

1) 状態数を数えるための微小なエネルギー幅 $\Delta\varepsilon$ を決め, おのおのの振動モードの振動数 ν_j ($j=1,\cdots,s$)に最も近い整数 R_i を選ぶ($R_j=\nu_j/\Delta\varepsilon$ を四捨五入する). 丸め誤差をできるだけ小さくするために, $\Delta\varepsilon$ は ν_j の精度を損ねない程度に小さいことが必要である. 通常, $\Delta\varepsilon=1\,\mathrm{cm}^{-1}$ 程度の値とする.

2) 計算するエネルギーの最大値 $\varepsilon_{\max}=M\Delta\varepsilon$ を決める.

3) 配列 $T(i)$ のほかに $AT(i)$ ($i=0,1,2,\cdots,M$) を用意し, 初期化する. 振動自由度のみのときは $T(0)=1$, $AT(0)=1$ でそのほかは 0 にする. 回転自由度を考えるときには T および AT の配列の回転エネルギーに相当する場所に回転の縮重度をセットする.

4) j 番目の振動モード($j=1,\cdots,s$)に対して振動準位 l のエネルギーを $\varepsilon_{j,l}\leq\varepsilon_{\max}$ の範囲でもとめ, $\varepsilon_{j,l}/\Delta\varepsilon$ を四捨五入して整数 $R_{j,l}$ を決める. $\varepsilon_{jl}\leq\varepsilon_{\max}$ を満たす l の最大値を $l_{\max}(j)$ とする.

5) つぎのループの計算を行う.

    For $j=1$ to s
      For $l=0$ to $l_{\max}(j)$
        For $i=R_{j,l}$ to M
          $AT(i)=AT(i)+T(i-R_{j,l})$
        Next i
      Next l
      For $l=0$ to M: $T(l)=AT(l)$: next l
    Next j

このループ終了時に $T(i)$ には状態密度の値が得られている.

6) 状態和を求めるためにはつぎのループの計算を行う.

    For $i=1$ to M
      $T(i)=T(i-1)+T(i)$
    Next i

このループの終了時には配列 $T(i)$ にエネルギー $\varepsilon=i\Delta\varepsilon$ における状態和 $G(\varepsilon)$ の値が入っている.

参 考 文 献

全　般
入　門
　多くの学部向け物理化学の教科書に，気体分子運動論や反応速度論を扱った章があるので，これらをまず理解してほしい．たとえば，
- P. W. Atkins 著，千原秀昭，中村亘男訳，"アトキンス物理化学（上・下）"，第 8 版，東京化学同人（2009）．

　分子分光学の簡潔な入門書として，
- G. Herzberg 著，奥田典夫訳，"分子スペクトル入門"，培風館（1975）．

　分子統計力学の入門書として始めにとりつきやすい一例は，
- J. H. Knox 著，中川一朗，新妻成哉，菊地公一，村田重夫，小西史郎共訳，"分子統計熱力学入門"，東京化学同人（1974）．

反応速度論 ── 学部向き
　反応速度論として，初歩から丁寧に書かれていて，本書を読むにも役立つものをあげる．
- 笛野高之，"化学反応論"，朝倉書店（1975）．
- K. J. Laidler, "Chemical Kinetics", Third Ed., Harper & Row Publishers (1987).
- M. J. Pilling, P. W. Seakins, "Reaction Kinetics", Oxford University Press (1995).
- P. L. Houston, "Chemical Kinetics and Reaction Dynamics", Dover Publications (2001).
- 土屋荘次，"初めての化学反応論"，岩波書店（2003）．

反応速度論 ── 学部から大学院向き
- S. W. Benson, "The Foundations of Chemical Kinetics", McGraw-Hill Book Company (1960). [反応速度論の古典的・網羅的成書であり，現在も速度論の名著といえる．]
- K. J. Laidler, "Theories of Chemical Reaction Rates", McGraw-Hill Book Company (1969). [反応速度の理論の入門に役立つ．]
- I. W. M. Smith, "Kinetics and Dynamics of Elementary Gas Reactions", Butterworths (1980). [実験的方法の解説は内容がやや古くなったが，良質の化学反応論の教科書である．]
- J. I. Steinfeld, J. S. Francisco, W. L. Hase, "Chemical Kinetics and Dynamics", Prentice-Hall (1989)；佐藤 伸 訳，"化学動力学"，東京化学同人（1995）．[反応速度論が中心だが，ダイナミクスも取込んでいて，本書と狙いは近い．]
- "大学院物理化学（中）反応論"，妹尾 学，広田 襄，田隅三生，岩澤康裕 編，講談社サイエンティフィク（1992）．[反応速度論の取扱いを含めて，反応論の広い範囲を扱っている．]
- R. S. Berry, S. A. Rice, J. Ross, "Physical and Chemical Kinetics", Second Ed., Oxford University Press (2002). [反応速度論とダイナミクスを標準的に取扱っている．]
- 平田善則，川崎昌博，"化学反応"，岩波書店（2007）．[反応速度論からダイナミクスも記されていて，著者らの特徴がでている．]

微視的反応速度論とダイナミクス ── 大学院向き

- R. D. Levine, R. B. Bernstein, "Molecular Reaction Dynamics", Oxford University Press (1974); 井上鋒朋訳, "分子衝突と化学反応", 東京大学出版会 (1976). [比較的コンパクトであるが, 重要な概念を的確にまとめている.]
- H. Eyring, S. H. Lin, S. M. Lin, "Basic Chemical Kinetics", John Wiley & Sons (1980). [かなり丁寧な式の導出がある. 古典力学を超えた取扱いも多い.]
- "レーザー化学―分子の反応ダイナミクス入門", 土屋荘次編, 学会出版センター (1984). [分子内・分子間の微視的な化学物理過程や反応過程を, レーザー分光を用いた多くの文献に基づいて議論している.]
- R. D. Levine, "Molecular Reaction Dynamics", Cambridge University Press (2005); 鈴木俊法, 染田清彦訳, "分子反応動力学", シュプリンガー・ジャパン (2009). [反応ダイナミクスの概念を, 具体例をベースとして幅広く, わかりやすく説明している. これは前出の Molecular Reaction Dynamics (1974) の第3版に当たるが内容は大幅に改訂されている.]

反応ダイナミクスの理論

- E. E Nikitin (translated by M. J. Kearsley), "Theory of Elementary Atomic and Molecular Processes in Gases", Clarendon Press (1974). [反応速度論とダイナミクスの理論を厳密に取扱っている.]
- 中村宏樹, "化学反応動力学", 朝倉書店 (2004). [反応ダイナミクスの理論を推進してきた著者による今後の研究者へ向けた著作であり, かなり専門的である.]

第 1 章

粒子間の衝突

- J. O. Hirshfelder, C. F. Curtiss, R. B. Bird, "Molecular Theory of Gases and Liquids", John Wiley & Sons (1954). [原子, 分子などの粒子間の相互作用, および運動論, 衝突などに関する多くの課題を詳細に取扱った古典的名著である.]
- N. F. Mott, H. S. W. Massey, "The Theory of Atomic Collisions", Second Ed., Oxford (1961); 高柳和夫訳, "衝突の理論(上・下)", 吉岡書店 (1962). [原子・分子衝突の古典的名著である.]
- 高柳和夫, "電子・原子・分子の衝突", 培風館 (1972). [原子・分子衝突序説として, 初歩からわかりやすく解説されている.]
- 砂川重信, "散乱の量子論", 岩波全書 (1977). [量子力学における散乱理論に関する成書である.]
- 金子洋三郎, "化学のための原子衝突入門", 培風館 (1999). [衝突論になじみの少ない化学系の学部, 大学院生向けのまとまった教科書である.]

分子線の基礎

データは古くなっているが, 基礎からの勉強には以下のような成書がある.

- "Molecular Beams (Advances in Chemical Physics, X)", ed. by J. Ross, Interscience Publishers (1966).
- M. A. D. Fluendy, K. P. Lawley, "Chemical Applications of Molecular Beam Scattering", Chapman and Hall (1973).

参 考 文 献

第 2 章

全　般

- "反応追跡のための分光測定"，中原勝儼，朽津耕三，幸田清一郎編，学会出版センター（1984）．［反応の追跡のための分光測定法をコンパクトに取りまとめている．］

個別の実験法

　個別の実験法の詳細に関しては，対応する"実験化学講座(種々のシリーズがある)"，日本化学会編，丸善　が役立つので参照されたい．

第 6 章

- 久保亮五，"統計力学(新装版)"，共立出版（2003）．［平衡系の統計力学の教科書は数多くあるが，これはコンパクトながら古典的な教科書として知られている．］
- 戸田盛和，久保亮五，"統計物理学(岩波講座 現代物理学の基礎（第2版）5)"，岩波書店（1978）．［統計力学でダイナミクスを解説した教科書として，世界的な名著である．］
- J. D. ジャクソン著，西田 稔 訳，"ジャクソン電磁気学(上・下)(原書第3版)"，吉岡書店（2002, 2003）．［電磁気学の教科書としては，非常に包括的でスタンダードな地位を占めている．］他の入門書的な電磁気学の教科書も役立つ．
- 垣谷俊昭，"光・物質・生命と反応(上・下)"，丸善（1998）．［著者の長年の講義経験を生かしたユニークな教科書である．溶液内での電子移動反応などの記述は参考になる．］
- A. Nitzan, "Chemical Dynamics in Condensed Phases", Oxford University Press (2006).［本巻第6章の内容を発展させた高度で包括的な教科書である．凝集系の物理化学の理論研究を志す人にも勧められる．］

第 7 章

- K. A. Holbrook, M. J. Pilling, S. H. Robertson, "Unimolecular Reactions", Second Ed., John Wiley & Sons (1996).［単分子反応論のバイブル的教科書である．RRK, RRKM 理論のみならず，多原子分子の分子内エネルギー移動過程や支配方程式解析について詳細に解説されている．］
- T. Baer, W. L. Hase, "Unimolecular Reaction Dynamics", Oxford University Press (1996).［統計理論に基づく単分子反応論のみならず，動力学的な扱いについても詳細な記述がある．変分遷移状態理論についての具体的な計算方法も丁寧に解説されている．］

問題の解答

第1章

1.1 反応時間を t，生成物 B の濃度を x とする．微分型の反応速度式は，

$$\frac{dx}{dt} = k_1(a-x) - k_2 x^2$$

したがって，

$$\int_0^x \frac{dx}{k_2 x^2 + k_1 x - k_1 a} = -\int_0^t dt$$

積分計算を実行して，

$$\ln\left\{\frac{2a+(\alpha-1)x}{2a-(\alpha+1)x}\right\} = \alpha k_1 t \quad \text{あるいは} \quad x = \frac{2a}{1+\alpha \coth\left(\frac{\alpha k_1 t}{2}\right)}$$

を得る．ただし，

$$\alpha = \left(1 + \frac{4ak_2}{k_1}\right)^{1/2}$$

である．また $t \to \infty$ で平衡に達するので，x の時間変化の式を用いて，下式を得る．

$$x_e = \frac{2a}{1+\alpha}$$

1.2 1) 初期濃度が等しい二次反応における濃度の時間変化は，表1.1 から

$$C_A^{-1} = a^{-1} + kt$$

である．$C_A = 0.1a$；$0.01a$ を代入し，

$$t(90\%) = 9/(ka) = 9/(kb); \quad t(99\%) = 99/(ka) = 99/(kb)$$

ただし，$a = b$ は A, B の初期濃度である．

2) 初期濃度が等しくない場合，濃度の時間変化は，表1.1 から

$$\frac{1}{a-b}\ln\frac{bC_A}{aC_B} = kt$$

物質収支から，B が 90%，99% 反応したとき，$C_A = 0.3b$, $0.21b$ また $C_B = 0.1b$, $0.01b$ であるので，これらの数値を代入して，

$$t(90\%) = 4.58/(kb); \quad t(99\%) = 14.3/(kb)$$

を得る．この値を 1) の結果と比較すると，必要な反応時間は 90% 反応時点で，0.51 倍，99% 反応時点で 0.14 倍である．すなわち，A を 20% 過剰に加えることにより，B の高反応率を達成するのに要する反応時間を大幅に短縮することができる．

1.3 $E = \mu v^2/2$, $dE = \mu v dv$, $v = (2E/\mu)^{1/2}$ を式(1.33)に代入して整理することにより，式(1.34)を得る．

1.4 式(1.38)，(1.40)から得られる下式

$$Z_{AB} = 2d^2(2\pi k_B T/\mu)^{1/2} n_A n_B$$

に数値を代入して計算する．

$$d = \{(0.38+0.36)/2\} \times 10^{-9} \text{ m} = 3.7 \times 10^{-10} \text{ m}$$

$$\mu = \left(\frac{1}{28} + \frac{1}{32}\right)^{-1} \times \frac{10^{-3}}{6.022 \times 10^{23}} = 2.47 \times 10^{-26} \text{ kg molecule}^{-1}$$

を用いて，
$$2d^2\left(\frac{2\pi k_B T}{\mu}\right)^{\frac{1}{2}} = 2.82\times 10^{-16}\,\mathrm{m^3\,s^{-1}}$$

さらに $n_{N_2}=1.96\times 10^{25}$ molecule m^{-3}, $n_{O_2}=0.49\times 10^{25}$ molecule m^{-3} を用いて，$Z_{AB}=2.70\times 10^{34}$ m^{-3} s^{-1} を得る．

1.5 式(1)の関係を式(1.70)に代入して計算する．$u=b/r$ に変数変換すると，
$$\chi = \pi - 2\int_0^{u_c}\frac{du}{(-u^2+\alpha u+1)^{\frac{1}{2}}}$$

ただし
$$\alpha = -\frac{Z_A Z_B e^2}{4\pi\varepsilon_0 bE}$$

とおいた．また u_c は r_c に対応する u の値であり，式(1.71)の関係から，
$$u_c = \frac{b}{r_c} = \frac{2}{-\alpha+\sqrt{\alpha^2+4}}$$

である．積分計算を実行して，
$$\chi = 2\sin^{-1}\left[1+4\left(\frac{4\pi\varepsilon_0 bE}{Z_A Z_B e^2}\right)^2\right]^{-\frac{1}{2}} \tag{2}$$

の結果を得る．上式を書き換えて
$$b = \left|\frac{Z_A Z_B e^2}{8\pi\varepsilon_0 E}\left(\frac{1}{\sin^2\left(\frac{\chi}{2}\right)}-1\right)^{\frac{1}{2}}\right|$$

を得る．式(1.73)により
$$\sigma(E,\chi) = \frac{1}{256}\left(\frac{Z_A Z_B e^2}{\pi\varepsilon_0 E}\right)^2\frac{1}{\sin^4(\chi/2)}$$

となる．

1.6 例題1.5の式(8)
$$k(T) = 2^{\frac{11}{6}}\Gamma\left(\frac{2}{3}\right)\left(\frac{\pi}{\mu}\right)^{\frac{1}{2}}C^{\frac{1}{3}}(k_B T)^{\frac{1}{6}}$$

を用いて計算する．定数 C は
$$\begin{aligned}C &= \frac{3}{4}\frac{\alpha^2 E_I}{(4\pi\varepsilon_0)^2} \\ &= \frac{3}{4}\frac{(2.78\times 10^{-40}\,\mathrm{F\,m^2})^2\times(9.99\times 1.60\times 10^{-19}\,\mathrm{J})}{(4\pi\times 8.854\times 10^{-12}\,\mathrm{F\,m^{-1}})^2} \\ &= 7.50\times 10^{-78}\,\mathrm{m^6\,J}\end{aligned}$$

また換算質量 μ は
$$\mu = \left(\frac{1}{15}+\frac{1}{15}\right)^{-1}\times 10^{-3}/(6.022\times 10^{23})\,\mathrm{kg\,molecule^{-1}}$$

を代入する．なお，$\Gamma\left(\frac{2}{3}\right)=1.354$ である．

その結果，300 K において，$6.0\times 10^{-16}\,\mathrm{m^3\,s^{-1}}$ を得る．しかし，さらに以下のことを考慮する必要がある．第1にラジカル再結合反応では，それぞれのラジカルの電子状態多重度は2，再結合化学種は1であり，衝突の1/4だけが再結合化学種を与える．第2に，同種どうしの反応においては衝突数を二重に数えていることを考慮して，再結合化学種を与える速度定数は式(8)の速度定数の1/2になる．これらは式(8)には考慮されていない．これらの補正を行って，300 K における速度定数は $6.0\times 10^{-16}/(4\times 2)\,\mathrm{m^3\,s^{-1}}=7.5\times 10^{-17}\,\mathrm{m^3\,s^{-1}}$ となる．

第 2 章

2.1 反応容器内の Cl および R に関して，物質量収支は以下のようになる．

$$F_{Cl,in} = k_{e(Cl)}[Cl] + V(k_2[Cl][RH] - k_{-2}[HCl][R]) \tag{3}$$

$$0 = k_{e(R)}[R] + V(k_{-2}[HCl][R] - k_2[Cl][RH]) \tag{4}$$

また RH を導入しない場合は，そのときの反応容器内の Cl 濃度を $[Cl]_0$ として，

$$F_{Cl,in} = k_{e(Cl)}[Cl]_0 \tag{5}$$

以上の 3 式を整理して，

$$\frac{[Cl]_0}{[Cl]} - 1 = \frac{Vk_2[RH]}{k_{e(Cl)}} \frac{k_{e(R)}}{k_{e(R)} + Vk_{-2}[HCl]} \tag{6}$$

化学種 RH の濃度を変化させて実験し，式(6) から正，逆の速度定数を定めることができる．もし $k_{e(R)} \gg Vk_{-2}[HCl]$ と仮定できるならば，式(6) は

$$\frac{[Cl]_0}{[Cl]} - 1 = \frac{Vk_2[RH]}{k_{e(Cl)}} \tag{7}$$

に簡略化でき，正反応速度定数の算出が容易になる．

2.2 例題 2.1(あるいは表 2.2)を参照して，

$$\tau^{-1} = k_f([H^+]_e + [OH^-]_e) + k_b \tag{1}$$

である．平衡条件においては，

$$\frac{k_f}{k_b} = \frac{[H_2O]}{[H^+]_e^2} = \frac{5.6 \times 10 \text{ mol dm}^{-3}}{(1.0 \times 10^{-7} \text{ mol dm}^{-3})^2} = 5.6 \times 10^{15} \text{ dm}^3 \text{ mol}^{-1}$$

なので，$k_f[H^+]_e = 5.6 \times 10^8 k_b \gg k_b$．したがって式(1) は以下の式に近似できる．

$$\tau^{-1} = k_f([H^+]_e + [OH^-]_e) \tag{2}$$

与えられた数値を代入することにより，$k_f = 1.3 \times 10^{11}$ dm^3 mol^{-1} s^{-1} を得る．この値は溶液中での典型的な拡散律速反応の速度定数(例題 6.1 参照，$\sim 10^{10}$ dm^3 mol^{-1} s^{-1})を大幅に上回っている．水素結合を介したプロトンの移動などが，この大きな速度定数を説明する機構として議論されている．なお，"はじめての化学反応論(土屋荘次著，岩波書店，p.172 (2003))"の解説なども参考にするとよい．

2.3 1) 式(2.17)を用いて計算すると $R = 0.99948$ となる．

2) $\tau = 2.39$ μs に相当する吸光度は式(2.18)から

$$\ln \frac{I_0}{I} = (1 - 0.99948)\frac{4.00 - 2.39}{2.39} = 3.5 \times 10^{-4} = \sigma nl$$

したがって $n = 5.3 \times 10^{13}$ molecule cm^{-3} となる．

第 3 章

3.1 解離生成物の相対並進運動の運動エネルギーは $E_k = h\nu - D_0 - hcB_0 N'(N'+1) = 1.13 \times 10^{-19}$ J である．運動量は $p = (2\mu E_k)^{1/2}$ で与えられる．ただし，μ は換算質量である．親分子 H$_2$O の回転角運動量は $\hbar N'$ に比べて十分小さく無視できると考えられるので，相対並進運動の軌道角運動量の大きさ L は，OH(A)の回転角運動量 $\hbar N'$ と等しい．したがって，衝突径数 b は

$$b = \frac{L}{p} = \frac{\hbar N'}{\sqrt{2\mu E_k}} = \hbar N' \sqrt{\frac{m_O + m_{OH}}{2 m_O m_{OH} E_k}} = 8.4 \times 10^{-11} \text{ m}$$

となる．これは OH の結合距離と同程度の値であり，図 3.7 の描像と一致する．

3.2 結合距離をヤコビ座標で表すと $R_{BC}=r$ および $R_{AB}=R-\{m_C/(m_B+m_C)\}r$ であるから, 運動エネルギー(ただし重心運動からの寄与 $M\dot{x}_G^2/2$ を除いたもの)は

$$T = \frac{1}{2}\frac{m_A(m_B+m_C)}{M}\left(\dot{R}-\frac{m_C}{m_B+m_C}\dot{r}\right)^2 + \frac{1}{2}\frac{m_C(m_A+m_B)}{M}\dot{r}^2 + \frac{m_A m_C}{M}\left(\dot{R}-\frac{m_C}{m_B+m_C}\dot{r}\right)\dot{r}$$

$$= \frac{1}{2}\frac{m_A(m_B+m_C)}{M}\dot{R}^2 + \frac{1}{2}\left[\frac{m_A(m_B+m_C)}{M}\frac{m_C^2}{(m_B+m_C)^2}+\frac{m_C(m_A+m_B)}{M}-2\frac{m_A m_C}{M}\frac{m_C}{m_B+m_C}\right]\dot{r}^2$$

$$+ \left[-\frac{m_A(m_B+m_C)}{M}\frac{m_C}{m_B+m_C}+\frac{m_A m_C}{M}\right]\dot{R}\dot{r}$$

となる. 第3項の [⋯] は 0 となる. 第2項の [⋯] は

$$[\cdots] = \frac{1}{M}\left[\frac{m_A m_C^2}{m_B+m_C}+m_C(m_A+m_B)-2\frac{m_A m_C^2}{m_B+m_C}\right] = \frac{1}{M}\frac{m_C(m_A+m_B)(m_B+m_C)-m_A m_C^2}{m_B+m_C}$$

$$= \frac{1}{M}\frac{m_C\{m_B^2+(m_A+m_C)m_B\}}{m_B+m_C} = \frac{1}{M}\frac{m_B m_C M}{m_B+m_C} = \frac{m_B m_C}{m_B+m_C}$$

となるので式(3.8)が得られることが示される.

3.3 質量加重座標を結合距離で表すと

$$Q_1 = \sqrt{\frac{m_A(m_B+m_C)}{M}}R = \sqrt{\frac{m_A(m_B+m_C)}{M}}\left(R_{AB}+\frac{m_C}{m_B+m_C}R_{BC}\right)$$

$$Q_2 = \sqrt{\frac{m_B m_C}{m_B+m_C}}r = \sqrt{\frac{m_B m_C}{m_B+m_C}}R_{BC}$$

である. ベクトル $(R_{AB}, R_{BC})=(1,0)$ は質量加重座標では

$$\boldsymbol{a}_{AB} = \begin{pmatrix} Q_1 \\ Q_2 \end{pmatrix} = \begin{pmatrix} \sqrt{\dfrac{m_A(m_B+m_C)}{M}} \\ 0 \end{pmatrix}$$

と表される. ベクトル $(R_{AB}, R_{BC})=(0,1)$ は

$$\boldsymbol{a}_{BC} = \begin{pmatrix} Q_1 \\ Q_2 \end{pmatrix} = \begin{pmatrix} \sqrt{\dfrac{m_A(m_B+m_C)}{M}}\dfrac{m_C}{m_B+m_C} \\ \sqrt{\dfrac{m_B m_C}{m_B+m_C}} \end{pmatrix}$$

である. これらのベクトルのなす角が斜交角 β であるから

$$\cos\beta = \frac{\boldsymbol{a}_{AB}\cdot\boldsymbol{a}_{BC}}{|\boldsymbol{a}_{AB}||\boldsymbol{a}_{BC}|} = \frac{\dfrac{m_A(m_B+m_C)}{M}\dfrac{m_C}{m_B+m_C}}{\sqrt{\dfrac{m_A(m_B+m_C)}{M}}\sqrt{\dfrac{m_A(m_B+m_C)}{M}\dfrac{m_C^2}{(m_B+m_C)^2}+\dfrac{m_B m_C}{m_B+m_C}}}$$

$$= \frac{\sqrt{\dfrac{m_A(m_B+m_C)}{M}}\sqrt{\dfrac{m_C}{m_B+m_C}}}{\sqrt{\dfrac{m_A(m_B+m_C)}{M}\dfrac{m_C}{m_B+m_C}+m_B}} = \frac{\sqrt{\dfrac{m_A m_C}{M}}}{\sqrt{\dfrac{m_A m_C+M m_B}{M}}}$$

$$= \frac{\sqrt{m_A m_C}}{\sqrt{m_A m_C+(m_A+m_C)m_B+m_B^2}} = \sqrt{\frac{m_A m_C}{(m_B+m_A)(m_B+m_C)}}$$

となり, 式(3.12)が示される. また, 質量の値を代入すると(比を計算するので原子質量単位を用いればよい)

1) H-H-H の場合,

$$\cos\beta = \sqrt{\frac{m_H \times m_H}{2m_H \times 2m_H}} = \frac{1}{2}$$

であり, $\beta=60°$ となる.

2) D-H-D では,

$$\cos\beta = \sqrt{\frac{m_D \times m_D}{(m_D+m_H)\times(m_H+m_D)}} = \sqrt{\frac{2.0140^2}{(2.0140+1.0078)^2}} = 0.666$$

であり, $\beta=48.2°$ となる.

3) H-D-H では,

$$\cos\beta = \sqrt{\frac{m_H \times m_H}{(m_H+m_D)\times(m_D+m_H)}} = \sqrt{\frac{1.0078^2}{(2.0140+1.0078)^2}} = 0.334$$

であり, $\beta=70.5°$ となる.

4) ^{79}Br-^{1}H-^{127}I では,

$$\cos\beta = \sqrt{\frac{m_{Br}\times m_I}{(m_{Br}+m_H)\times(m_H+m_I)}}$$

$$= \sqrt{\frac{78.9183\times126.9405}{(78.9183+1.0078)\times(1.0078+126.9405)}} = 0.9898$$

であり, $\beta=8.2°$ となる.

3.4 波動関数の規格化条件 $\langle\psi_m|\psi_m\rangle=1$ の両辺を R で微分すると,

$$\left\{\frac{\partial}{\partial R}\langle\psi_m|\right\}|\psi_m\rangle + \langle\psi_m|\frac{\partial}{\partial R}|\psi_m\rangle = 0$$

を得る. ハミルトニアン $\hat{h}$ の固有関数である $\psi(r;R)$ は実関数なので

$$\left\{\frac{\partial}{\partial R}\langle\psi_m|\right\}|\psi_m\rangle = \int dr\psi_m(r;R)\frac{\partial}{\partial R}\psi_m(r;R) = \langle\psi_m|\frac{\partial}{\partial R}|\psi_m\rangle$$

であり, 最初の式の左辺の二つの項は互いに等しい. したがって, $2\langle\psi_m|\partial/\partial R|\psi_m\rangle=0$ であり, 題意が示される.

3.5 式(3.26)の和の添字を m に変えたものを時間を含む Schrödinger 方程式に代入すると

$$i\hbar\sum_m \frac{dc_m}{dt}|\phi_m\rangle = \sum_m c_m\hat{H}|\phi_m\rangle$$

を得る. 左から $\langle\phi_n|$ を作用させ, $\langle\phi_n|\phi_m\rangle=\delta_{nm}$ を用いると式(3.28)が導かれる.

3.6 式(3.30)の和の添字を m に変えたものを時間を含む Schrödinger 方程式に代入すると

$$i\hbar\sum_m \frac{da_m}{dt}|\psi_m(t)\rangle + i\hbar\sum_m a_m(t)|\dot\psi_m(t)\rangle = \sum_m a_m(t)\hat{H}(t)|\psi_m(t)\rangle$$

を得る. 関係式 $H(t)|\psi_m(t)\rangle=E_m(t)|\psi_m(t)\rangle$ を用いたのち, 左から $\langle\psi_n(t)|$ を作用させて, $\langle\psi_n(t)|\psi_m(t)\rangle=\delta_{nm}$ を用いると

$$i\hbar\frac{d}{dt}a_n(t) + i\hbar\sum_m a_m(t)\langle\psi_n(t)|\dot\psi_m(t)\rangle = E_n(t)a_n(t)$$

を得る. 左辺第2項を右辺へ移項して, 両辺を $i\hbar$ で除すると式(3.31)が導かれる.

3.7 式(3.58)の行列の固有値は, 永年方程式 $(E-avt)(E-bvt)-V^2=0$ の解であり,

$$E_\pm = \frac{1}{2}[(a-b)vt \pm \sqrt{(a+b)^2v^2t^2+4V^2}]$$

である. 二つのエネルギー固有値の差の絶対値は $\Delta E=\sqrt{(a+b)^2v^2t^2+4V^2}$ であり, その最小値は $2V$ である. したがって, 擬交差のエネルギー差は $2V$ である.

3.8 断熱基底を透熱基底の線形結合で

$$|\psi_1\rangle = |\phi_1\rangle\cos\theta + |\phi_2\rangle\sin\theta$$
$$|\psi_2\rangle = -|\phi_1\rangle\sin\theta + |\phi_2\rangle\cos\theta$$

と表すことができる. 非断熱相互作用行列要素は

$$\langle\psi_2|\dot\psi_1\rangle = (-\langle\phi_1|\sin\theta+\langle\phi_2|\cos\theta)(-|\phi_1\rangle\dot\theta\sin\theta+|\phi_2\rangle\dot\theta\cos\theta)$$
$$= \dot\theta(\sin^2\theta+\cos^2\theta) = \dot\theta$$

で与えられる. 断熱基底は $\hat{H}(t)$ の固有状態であり, 非対角要素 $\langle\psi_2|\hat{H}|\psi_1\rangle$ は 0 である, すなわち,

$$\langle \psi_2 | H | \psi_1 \rangle = (-\langle \phi_1 | \sin\theta + \langle \phi_2 | \cos\theta)(H|\phi_1\rangle \cos\theta + H|\phi_2\rangle \sin\theta)$$
$$= -\langle \phi_1 | H | \phi_1 \rangle \sin\theta \cos\theta - \langle \phi_1 | H | \phi_2 \rangle \sin^2\theta + \langle \phi_2 | H | \phi_1 \rangle \cos^2\theta + \langle \phi_2 | H | \phi_2 \rangle \sin\theta\cos\theta$$
$$= -\frac{1}{2}(a-b)vt\sin 2\theta + V\cos 2\theta = 0$$

である．これより $\tan 2\theta = 2V/\{(a-b)vt\}$ を得る．この式の両辺を t で微分すると $2\dot\theta/\cos^2 2\theta = -2V/\{(a-b)vt^2\}$，すなわち

$$\dot\theta = -\frac{V}{(a-b)vt^2}\cos^2 2\theta = -\frac{V}{(a-b)vt^2}\frac{\{(a-b)vt\}^2}{\{(a-b)vt\}^2+4V^2} = -\frac{(a-b)vV}{(a-b)^2v^2t^2+4V^2}$$

を得る．ただし，$\tan x = a/b$ のとき $\cos^2 x = b^2/(a^2+b^2)$ であることを用いた．

3.9 静止した Na 原子に NaCl 分子が衝突する過程を考える．NaCl の衝突前の運動量を P，衝突後の運動量を p_{NaCl}，衝突後の Na の運動量を p_{Na} とする．運動量保存則から $p_{\text{Na}} + p_{\text{NaCl}} = P$ が成立し，また，エネルギー保存則から

$$\frac{(p_{\text{Na}})^2}{2m_{\text{Na}}} + \frac{(p_{\text{NaCl}})^2}{2m_{\text{NaCl}}} = \frac{P^2}{2m_{\text{NaCl}}} - \Delta E$$

が成立する．ただし，ΔE は Na 原子の電子励起に使われるエネルギーである．上の二つの条件式から p_{NaCl} を消去すると

$$\Delta E = -\frac{(p_{\text{Na}})^2}{2\mu} + \frac{p_{\text{Na}}P}{m_{\text{NaCl}}}$$
$$= -\frac{1}{2\mu}\left(p_{\text{Na}} - \frac{\mu}{m_{\text{NaCl}}}P\right)^2 + \frac{\mu}{2(m_{\text{NaCl}})^2}P^2$$

を得る．ただし，μ は換算質量 $m_{\text{Na}}m_{\text{NaCl}}/(m_{\text{Na}}+m_{\text{NaCl}})$ である．これより，Na の電子自由度に渡されるエネルギーの最大値は $\Delta E_{\max} = \{\mu/2(m_{\text{NaCl}})^2\}P^2$ であり，そのとき衝突後の Na 原子の運動量は $p_{\text{Na}}^* = [m_{\text{Na}}/(m_{\text{Na}}+m_{\text{NaCl}})]P$ であることがわかる．したがって，電子励起エネルギー E_{ex} を Na 原子が得るには，$E_{\text{ex}} \leq \Delta E_{\max} = (\mu/2(m_{\text{NaCl}})^2)P^2$ が成り立たなければならない，すなわち，$P \geq m_{\text{NaCl}}\sqrt{2E_{\text{ex}}/\mu}$ であることが必要である．このとき衝突後の Na 原子の速度は

$$v = \frac{p_{\text{Na}}^*}{m_{\text{Na}}} = \frac{1}{m_{\text{Na}}+m_{\text{NaCl}}}P$$
$$\geq \frac{m_{\text{NaCl}}}{m_{\text{Na}}+m_{\text{NaCl}}}\sqrt{\frac{2E_{\text{ex}}}{\mu}} = \frac{1}{m_{\text{Na}}}\sqrt{2\mu E_{\text{ex}}}$$

となる．$\text{Na}(^2\text{P}_{3/2})$ の励起エネルギーは $E_{\text{ex}} = hc/\lambda = 6.63\times 10^{-34}\times(3.00\times 10^8)/(589.2\times 10^{-9}) = 3.37\times 10^{-19}$ J となるので，$\text{Na}(^2\text{P}_{3/2})$ の速度は

$$v = \frac{1}{23.0\times(1.66\times 10^{-27})}\sqrt{\frac{2\times 23.0\times(23.0+35.0)\times(1.66\times 10^{-27})}{23.0+(23.0+35.0)}\times 3.37\times 10^{-19}}$$
$$= 3.55\times 10^3 \text{ m s}^{-1}$$

となる．ただし，NaCl 分子の Cl 原子が ^{35}Cl であるとして計算した．（実験値と比較できる正確な値を求めるには，Na^{35}Cl と Na^{37}Cl の場合についてそれぞれドップラーシフトの計算を行い，その結果を同位体存在比の重みをかけて平均する必要がある．）また，$\text{Na}(^2\text{P}_{1/2})$ についても同様の計算を行う必要があるが，ここでは省略する．ドップラーシフトの量は

$$\Delta\lambda = \lambda\frac{v}{c} = 589.2\times\frac{3.55\times 10^3}{3.00\times 10^8} = 0.0070 \text{ nm}$$

である．ナトリウム D 線のドップラー幅(半値全幅)は上のシフト量の 2 倍，すなわち 0.014 nm と予測される．一方，実験で求められた値は 0.006 nm でありこれより小さい．したがって，Na 原子が NaCl の並進エネルギーを得て電子励起されていると考えるのは無理である．

第 4 章

4.1 反応始状態の分配関数は相対並進自由度の因子だけからなり，$Q(T)=(2\pi\mu k_\mathrm{B}T)^{3/2}/h^3$ である．一方，遷移状態の分配関数は回転自由度の因子だけからなり，$Q^*(T)=(8\pi^2\mu(r^*)^2k_\mathrm{B}T)/h^2$ となる．ただし，r^* は遷移状態 AB^* における A-B 間距離である．反応のエネルギー障壁を E_b とすると，遷移状態理論に基づく速度定数の表式は

$$k(T)=\frac{k_\mathrm{B}T}{h}\frac{8\pi^2\mu(r^*)^2k_\mathrm{B}T}{h^2}\frac{h^3}{(2\pi\mu k_\mathrm{B}T)^{3/2}}\mathrm{e}^{-E_\mathrm{b}/k_\mathrm{B}T}=\pi(r^*)^2\left(\frac{8k_\mathrm{B}T}{\pi\mu}\right)^{1/2}\mathrm{e}^{-E_\mathrm{b}/k_\mathrm{B}T}$$

となる．上式は，衝突直径が r^* の剛体球衝突を考えた単純衝突理論の速度定数(式(1.47))と一致する．

4.2 例題 4.1 の計算手順で現れる分配関数の大きさが H（または D）原子の質量 m にどのように依存するかを吟味し，D 原子に置換したときにそれぞれ何倍に変化するかを調べていく．相対並進運動の分配関数は，$q_\mathrm{t}\propto\mu^{3/2}\propto m^{3/2}$，のように質量に依存するので $2^{3/2}$ 倍に変化する．始状態の振動分配関数に関して，$h\nu/k_\mathrm{B}T$ が $2^{-1/2}$ 倍に変化する．したがって，$\bar{q}_\mathrm{v}(300\,\mathrm{K})=(1-\mathrm{e}^{-21.1/2^{1/2}})^{-1}=1.00$ であり，振動分配関数の値は事実上変化しない．始状態の回転分配関数は，$q_\mathrm{r}\propto m$，のように質量に依存するので 2 倍に変化する．一方，遷移状態の振動分配関数に関して，振動数 ν_s^* が $2^{-1/2}$ 倍に変化することを考慮しても，$h\nu_\mathrm{s}^*=10.5/2^{1/2}=7.42$ であり，この振動モードの分配関数への寄与は $\bar{q}_\mathrm{v}=(1-\mathrm{e}^{-7.42})^{-1}=1.00$ であり変化しない．変角モードについては，$h\nu_\mathrm{b}^*=4.70/2^{1/2}=3.32$ となるが，振動分配関数への寄与 $\bar{q}_\mathrm{v}=(1-\mathrm{e}^{-3.32})^{-2}=1.08$ であり，ほとんど変化しないとしてよい．また，遷移状態の回転分配関数は，$q_\mathrm{r}^*\propto m$，のように質量に依存するので 2 倍に変化する．これらをまとめると，q_r と q_r^* の変化は分母分子で打ち消し合い，前指数因子の変化は q_t の変化分，すなわち因子

$$\frac{A_\mathrm{D+D_2}}{A_\mathrm{H+H_2}}=\frac{1}{2^{3/2}}=2^{-3/2}$$

だけ変化することになる．一方，零点振動エネルギーが変化するため，反応のエネルギー障壁が変化する．すべての振動数が $2^{-1/2}$ 倍になることを用いると，零点振動エネルギーの差は $(2193+2\times978-4395)/2=-123\,\mathrm{cm}^{-1}$ であったのが $-86.97\,\mathrm{cm}^{-1}=-1.72\times10^{-21}\,\mathrm{J}$ へ変化する．その結果，指数部分は $\mathrm{e}^{-14.7}$ となる．速度定数の値は $1.47\times10^{-16}\times2^{-3/2}\times\mathrm{e}^{-14.7}=2.15\times10^{-23}\,\mathrm{m}^3\,\mathrm{s}^{-1}$ となる．$\mathrm{H+H_2}$ の場合の 0.290 倍である．

4.3 例題 4.1 と同様の手順と記号を用いて計算を進める．相対並進運動の換算質量は $\mu=2m_\mathrm{H}m_\mathrm{F}/(2m_\mathrm{H}+m_\mathrm{F})=3.02\times10^{-27}\,\mathrm{kg}$ である．相対並進運動の分配関数は

$$q_\mathrm{t}(T)=\frac{\{2\times3.14\times(3.02\times10^{-27}\,\mathrm{kg})\times(1.38\times10^{-23}\,\mathrm{J\,K^{-1}})\times300\,\mathrm{K}\}^{3/2}}{(6.63\times10^{-34}\,\mathrm{J\,s})^3}=2.39\times10^{30}\,\mathrm{m}^{-3}$$

となる．つぎに，始状態の振動分配関数は例題 4.1 と同じく $\mathrm{H_2}$ 分子の振動分配関数であり，$\bar{q}_\mathrm{v}(300\,\mathrm{K})=1.00$ である．つぎに，始状態の回転分配関数も例題 4.1 と同一で $q_\mathrm{r}(300\,\mathrm{K})=3.40$ である．

一方，遷移状態の振動分配関数については

$$\frac{h\nu_\mathrm{s}^*}{k_\mathrm{B}T}=\frac{(6.63\times10^{-34}\,\mathrm{J\,s})\times(3.00\times10^8\,\mathrm{m\,s^{-1}})\times(4008\times100\,\mathrm{m}^{-1})}{(1.38\times10^{-23}\,\mathrm{J\,K^{-1}})\times300\,\mathrm{K}}=19.2$$

$$\frac{h\nu_\mathrm{b}^*}{k_\mathrm{B}T}=\frac{(6.63\times10^{-34}\,\mathrm{J\,s})\times(3.00\times10^8\,\mathrm{m\,s^{-1}})\times(398\times100\,\mathrm{m}^{-1})}{(1.38\times10^{-23}\,\mathrm{J\,K^{-1}})\times300\,\mathrm{K}}=1.91$$

と計算されるので，

$$\bar{q}_\mathrm{v}^*(T)=\frac{1}{1-\mathrm{e}^{-19.2}}\left(\frac{1}{1-\mathrm{e}^{-1.91}}\right)^2=1.00\times1.38=1.38$$

を得る．つぎに遷移状態の回転分配関数を計算するために，FHH^* の慣性モーメント I^* が必要になる．まず，r_FH^* および r_HH^* のデータを用いると，FHH^* の重心は中央の H 原子から F 原子の方向へ

1.41×10^{-10} m だけいった地点であることがわかる．慣性モーメントは各原子の重心からの距離 Δr_i を用いて $I^*=\sum_i m_i(\Delta r_i)^2$ と表される．これを計算すると $I^*=1.23\times10^{-46}$ kg^2 m を得る．（あるいは，直線三原子分子の慣性モーメントの公式 $I=\{m_1(m_2+m_3)r_{12}^2+m_3(m_1+m_2)r_{23}^2+2m_1m_3r_{12}r_{23}\}/(m_1+m_2+m_3)$ を用いると簡単である．）遷移状態の回転分配関数の値は

$$q_r^*(300\text{ K}) = \frac{8\times(3.14)^2\times(1.23\times10^{-46}\text{ kg m}^2)\times(1.38\times10^{-23}\text{ J K}^{-1})\times300\text{ K}}{(6.63\times10^{-34}\text{ J s})^2} = 91.4$$

を得る．統計因子が2であることを考慮すると，前指数因子の値は

$$2\times\frac{(1.38\times10^{-23}\text{ J K}^{-1})\times300\text{ K}}{6.63\times10^{-34}\text{ J s}}\frac{1.38\times91.7}{2.40\times10^{30}\text{ m}^{-3}\times1.00\times3.40} = 1.93\times10^{-16}\text{ m}^3\text{ s}^{-1}$$

となる．一方，指数関数の中の値は

$$[\cdots] = -\frac{1}{(1.38\times10^{-23}\text{ J K}^{-1})\times300\text{ K}}\times\left[\frac{4.12\times10^3\text{ J mol}^{-1}}{6.02\times10^{23}\text{ mol}^{-1}}\right.$$
$$\left.+\frac{1}{2}\{(4008+2\times398-4395)\times100\text{ m}^{-1}\}\times(3.00\times10^8\text{ m s}^{-1})\times(6.63\times10^{-34}\text{ J s})\right]$$
$$= -2.63$$

となる．したがって，

$$k_{TST}(300\text{ K}) = (1.93\times10^{-16}\text{ m}^3\text{ s}^{-1})\times e^{-2.63} = 1.39\times10^{-17}\text{ m}^3\text{ s}^{-1}$$

を得る．

4.4 始状態の相対並進運動は三次元であり，例題4.2の記号に従うと，その分配関数は q_t^3 と表される．反応物の二つの分子はともに非直線多原子分子であるとすると，それぞれが三次元の回転自由度をもつので，始状態の回転分配関数は q_r^6 となる．また，非直線 n 原子分子の振動自由度は $3n-6$ なので，n 原子分子と m 原子分子からなる反応始状態の振動分配関数は $q_v^{(3n-6)+(3m-6)}=q_v^{3(n+m)-12}$ で与えられる．一方，遷移状態も非直線分子であるとすると，回転分配関数は q_r^3 である．遷移状態は $(n+m)$ 原子分子であり，反応座標方向の自由度を除くと，振動自由度は $3(n+m)-7$ である．したがって，速度定数の表式として

$$k_{TST}^{(n+m)} = \frac{k_BT}{h}\frac{q_v^{3(n+m)-7}q_r^3}{q_t^3 q_v^{3(n+m)-12}q_r^6} = \left(\frac{q_v}{q_r}\right)^5 k_{TST}^{(0)}$$

を得る．すなわち，例題4.2の3)の場合と同一の結果となる．

4.5 同位体置換してもポテンシャル曲面は不変であり，ポテンシャルエネルギー障壁の大きさは変わらない．しかし，零点振動エネルギーも考慮したエネルギー障壁の値がArrheniusプロットの傾きを決める．D+H$_2$ の反応であれば，遷移状態 DHH* の零点振動エネルギーから H$_2$ の零点振動エネルギーを差し引いたエネルギーを，ポテンシャル障壁に加算して考える必要がある．原子質量の組合わせが異なるために，DHH* と HDD* の零点振動エネルギーは異なる．H$_2$ と D$_2$ の零点振動エネルギーも同じ理由で異なる．すなわち，零点振動エネルギーが同位体置換により変化するので，反応のエネルギー障壁も変化するのである．

第5章

5.1 時間幅を τ とするとエネルギーの不確かさは $\Delta E=\hbar/\tau$ と表される．波数単位の不確かさ $\Delta\tilde{\nu}$ に換算するには関係式 $\Delta E=hc\Delta\tilde{\nu}$ を用いればよい．したがって，

$$\Delta\tilde{\nu} = \frac{1}{2\pi\tau c} = \frac{1}{2\times3.14\times(50\times10^{-15}\text{ s})\times(3.00\times10^8\text{ m s}^{-1})}$$
$$= 1.06\times10^4\text{ m}^{-1} = 106\text{ cm}^{-1}$$

を得る．

5.2 振動準位の間隔を ΔE_v とすると，振動周期 T とは $\Delta E_v = h/T$ の関係が成り立つ（調和振動子のエネルギー準位の間隔がこの関係式を満たすことは直ちに導かれる．非調和性があってもこの関係式は成り立つ．）．一方，パルス光の時間幅を τ とすると，光子エネルギーの不確定さ ΔE_{ph} とは $\Delta E_{ph} = \hbar/\tau$ の関係式を満たす（問題 5.1 の解答参照）．エネルギー幅 ΔE_{ph} の中に含まれる振動準位の数 N は $N = \Delta E_{ph}/\Delta E_v = T/(2\pi\tau)$ で与えられる．図 3.17 から 5 ps が 4 周期であることが読み取れる．したがって，$T = 5/4 = 1.25$ ps である．これより，準位の数

$$N = \frac{1.25 \times 10^{-12}\,\text{s}}{2 \times 3.14 \times (50 \times 10^{-15}\,\text{s})} = 4.0$$

を得る．

5.3 2 個の固有状態のエネルギー差 ΔE よりも大きなエネルギー幅をもつような短い光パルスが必要になる．エネルギー幅が ΔE となるパルスの時間幅は $\tau = \hbar/\Delta E$ で与えられる．今，2 個の固有状態のエネルギー差は $\Delta E = |3281.90 - 3294.84| = 12.94\,\text{cm}^{-1}$ であるので，

$$\tau = \frac{\hbar}{hc \times (12.94 \times 10^2\,\text{m}^{-1})} = \frac{1}{2 \times 3.14 \times (3.00 \times 10^8\,\text{m s}^{-1}) \times (12.94 \times 10^2\,\text{m}^{-1})}$$
$$= 4.1 \times 10^{-13}\,\text{s}$$

より短い光パルスが必要である．

5.4 1) IVR の時定数を τ とすると，エネルギー幅は $\Gamma = \hbar/\tau$ で与えられる．波数単位のエネルギー幅 $\tilde{\Gamma}$ は $\tilde{\Gamma} = \Gamma/(hc)$ なので，

$$\tilde{\Gamma} = \frac{1}{2\pi c \tau} = \frac{1}{2 \times 3.14 \times (3.00 \times 10^8\,\text{m s}^{-1}) \times (22 \times 10^{-12}\,\text{s})}$$
$$= 2.4 \times 10^1\,\text{m}^{-1} = 0.24\,\text{cm}^{-1}$$

を得る．

2) エネルギー幅 Γ の中に含まれる暗状態の数 N は $N = \Gamma\rho$ で与えられる．したがって，$N = 0.24 \times 120 = 29$ を得る．

5.5 式 (5.36) および (5.37) より $\Phi_f/\tau_f = k_f$ である．また，式 (5.36) より $k_{IC} + k_{ISC} = \tau_f^{-1} - k_f = (1 - \Phi_f)/\tau_f$ を得る．これらを用いると，

	$k_f\,/\,\text{s}^{-1}$	$k_{IC} + k_{ISC}\,/\,\text{s}^{-1}$
ベンゼン	2.4×10^6	3.2×10^7
トルエン	5.0×10^6	2.4×10^7
ナフタレン	2.4×10^6	8.0×10^6

を得る．ナフタレンが他の二つの分子より長い寿命をもつのは，無放射過程の速度定数 $k_{IC} + k_{ISC}$ が小さいためである．

第 6 章

6.1 遷移状態理論も Kramers 理論も，反応座標に沿った自由エネルギー面に基づいて，反応系で熱平衡にある状態から生成系へ向かう流束により反応速度を与える．どちらの理論も活性化障壁 Q に対する反応速度の依存性は，ボルツマン因子の形 $\exp(-Q/k_B T)$ で与えられる．

一方，遷移状態理論は遷移状態（通常は活性化障壁上）を通過する局所的な流束を求めて反応速度と考える．Kramers の理論は，活性化障壁の近くでの運動をブラウン運動として（Langevin 方程式によって）扱って流束を求める．その結果 Kramers 理論では，溶媒の摩擦係数が反応速度にあらわに現れるようになる．

6.2 溶質のまわりの溶媒分子が振動運動をすると，溶媒が及ぼす力にもその振動数成分が現れる．$1700\,\mathrm{cm}^{-1}$ と $3700\,\mathrm{cm}^{-1}$ は，それぞれ水分子の変角振動と伸縮振動に特徴的な振動数であり，水の赤外吸収やラマン散乱のスペクトルにも観測される．水が溶質に及ぼす力をスペクトル解析すると，このような振動数成分が強く含まれることが説明される．

6.3 原点を空洞の中心とし，双極子モーメントの向きを z 軸として周囲の空間を極座標 (r, θ, ϕ) で表す．このとき周囲の電位は，電磁気学によれば

$$\Phi(r,\theta) = \begin{cases} \left(\dfrac{\mu}{r^2} - \dfrac{2\mu}{a^3}\dfrac{\varepsilon-1}{2\varepsilon+1}r\right)\cos\theta & (r<a) \\ \dfrac{3}{2\varepsilon+1}\dfrac{\mu}{r^2}\cos\theta & (r>a) \end{cases} \quad (6.83)$$

と与えられる．今の問題の場合は z 軸まわりに対称なので方位角 ϕ は現れない．

このとき $r<a$ での第1項は，原点にある双極子モーメント μ がつくる電位で，第2項は周囲の誘電体がつくる電位である．溶質-溶媒(誘電体)間の相互作用ポテンシャルは，誘電体がつくる電場と溶質の双極子モーメントの相互作用とみなしてよい．原点で誘電体がつくる電場は，

$$E_z(r=0) = -\dfrac{\partial}{\partial z}\left(-\dfrac{2\mu}{a^3}\dfrac{\varepsilon-1}{2\varepsilon+1}r\cos\theta\right) = \dfrac{2\mu}{a^3}\dfrac{\varepsilon-1}{2\varepsilon+1} \quad (6.84)$$

であり，これが溶質分子の双極子モーメント μ が感じる電場である．ここで μ を式(6.50)のパラメーター ξ とみなして，$\mu'=0$ から $\mu'=\mu$ まで熱力学的積分を行う．電場 E のもとで $\mu' \to \mu'+\mathrm{d}\mu'$ の微小変化を起こすのに必要な仕事は，$\mathrm{d}W = -E\mathrm{d}\mu'$ であり，したがって溶媒和自由エネルギー ΔU は，

$$\Delta U = \int_0^\mu \dfrac{2\mu'}{a^3}\dfrac{\varepsilon-1}{2\varepsilon+1}\mathrm{d}\mu' = \dfrac{\mu^2}{a^3}\dfrac{\varepsilon-1}{2\varepsilon+1} \quad (6.85)$$

と与えられる．

6.4 式(6.79)で与えられる $U_\mathrm{i}(X)$ と $U_\mathrm{f}(X)$ の間には，式(6.78)の関係がある．したがって，

$$U_\mathrm{f}(X) - U_\mathrm{i}(X) = X = \dfrac{1}{4\lambda}\{(X-X_\mathrm{f})^2 - (X-X_\mathrm{i})^2\} + U_\mathrm{f}^0 - U_\mathrm{i}^0$$

$$= -\dfrac{X_\mathrm{f}-X_\mathrm{i}}{2\lambda}X + \dfrac{X_\mathrm{f}^2-X_\mathrm{i}^2}{4\lambda} + U_\mathrm{f}^0 - U_\mathrm{i}^0$$

よって，

$$-\dfrac{X_\mathrm{f}-X_\mathrm{i}}{2\lambda} = 1, \qquad \dfrac{X_\mathrm{f}^2-X_\mathrm{i}^2}{4\lambda} + U_\mathrm{f}^0 - U_\mathrm{i}^0 = 0$$

の関係が成り立つ．前者の式を用いて，後者は

$$U_\mathrm{f}^0 - U_\mathrm{i}^0 = \Delta G^0 = -\dfrac{(X_\mathrm{f}-X_\mathrm{i})(X_\mathrm{f}+X_\mathrm{i})}{4\lambda} = \dfrac{X_\mathrm{f}+X_\mathrm{i}}{2}$$

となり，式(6.80)が導かれた．

電子移動前の平衡状態 $U_\mathrm{i}(X_\mathrm{i})$ から $X=0$ の遷移状態に到達するための活性化自由エネルギー ΔG^* は，

$$\Delta G^* = U_\mathrm{i}(0) - U_\mathrm{i}(X_\mathrm{i})$$

$$= \dfrac{X_\mathrm{i}^2}{4\lambda}$$

$$= \dfrac{(\lambda + \Delta G^0)^2}{4\lambda} = \dfrac{\lambda}{4}\left(1 + \dfrac{\Delta G^0}{\lambda}\right)^2$$

となって，式(6.81)が示された．

第 7 章

7.1 1) 調和振動数の分配関数は

$$Q_V = \sum_{i=0}^{\infty} \exp\left(-\left(i+\frac{1}{2}\right)\frac{h\nu}{k_BT}\right) = \frac{\exp(-h\nu/2k_BT)}{1-\exp(-h\nu/k_BT)}$$

であるが，振動エネルギーの基準を振動基底状態にとれば，

$$Q_V = \sum_{i=1}^{\infty} \exp(-ih\nu/k_BT) = \frac{1}{1-\exp(-h\nu/k_BT)}$$

である．古典極限では $h\nu/k_BT \ll 1$ なので，上式をテーラー展開して高次項を無視すると

$$Q_V = \frac{k_BT}{h\nu}$$

となり，式(7.22)と一致する．

この結果を用いると s 個の振動子の分配関数は各振動子の分配関数の積で与えられるので

$$Q_V = (k_BT)^s \prod_{i=1}^{s}\left(\frac{1}{h\nu_i}\right)$$

となる．

2) $\rho(\varepsilon)$ を状態密度として $\beta=1/(k_BT)$ とおくと

$$Q_V(\beta) = \beta^{-s}\prod_{i=1}^{s}\left(\frac{1}{h\nu_i}\right) = \int_0^{\infty} \rho(\varepsilon)e^{-\beta\varepsilon}d\varepsilon = L[\rho(\varepsilon)]$$

である．L はラプラス変換である．Q_V の逆ラプラス変換から状態密度が求められる．

$$L^{-1}[\beta^{-s}] = \frac{\varepsilon^{s-1}}{(s-1)!}$$

を用いると

$$\rho(\varepsilon) = \frac{\varepsilon^{s-1}}{(s-1)!}\prod_{i=1}^{s}\left(\frac{1}{h\nu_i}\right)$$

を得る．

7.2 RRK 理論と同様に，s 個の振動数 ν の調和振動子を考え，この振動子のうちのどれか一つに反応の閾値以上のエネルギーが集中したときに反応が起こるとする．

量子準位 j のエネルギーを $\varepsilon_j=jh\nu$，縮重度を g_j(式(7.17))，分布関数を F_j(式(7.16))とする．また，反応の閾値は $\varepsilon_0=mh\nu$ である．$\alpha=\exp(-h\nu/k_BT)$ とすると

$$F_j = \frac{g_j}{Q_V}\alpha^j = \frac{\alpha^j}{Q_V}\frac{(j+s-1)!}{j!(s-1)!} \tag{1}$$

である．準位 j からのミクロカノニカル反応速度定数を $k_r(j)$ とすると，式(7.28)と同様に $k_r(j)$ は平均振動数 $\bar{\nu}$ と確率 $p_{j,m}$(式(7.26))の積で与えられる．

$$k_r(j) = \bar{\nu}\frac{(j-m+s-1)!j!}{(j-m)!(j+s-1)!} \tag{2}$$

単分子反応速度定数は式(7.13)の積分を和で置き換えて次式で与えられる．

$$k_{uni} = \sum_j \frac{k_r(j)F_j}{1+k_r(j)/(\lambda Z[M])} \tag{3}$$

$j-m=p$ とおいて，式(3)に式(1), (2)を代入して整理すると

$$k_{uni} = \frac{\bar{\nu}\alpha^m}{Q_V}\sum_{p=0}^{\infty}\frac{(p+s-1)!\alpha^p/[p!(s-1)!]}{1+(\bar{\nu}/\lambda Z[M])(p+s-1)!(p+m)!/[p!(p+m+s-1)!]} \tag{4}$$

高圧極限の速度定数は式(4)から

$$k_{\infty} = \frac{\bar{\nu}\alpha^m}{Q_V}\sum_{p=0}^{\infty}\frac{(p+s-1)!}{p!(s-1)!}\alpha^p = \frac{\bar{\nu}\alpha^m}{Q_V}(1-\alpha)^{-s} \tag{5}$$

となる．式(4)と式(5)の比を取れば式(7.35)が得られる．上式では恒等式

$$\sum_{p=0}^{\infty} \frac{(p+s-1)!}{p!} \alpha^p = \frac{(s-1)!}{(1-\alpha)^s} \tag{6}$$

を用いているが，この式は無限等比級数

$$1 + \alpha + \alpha^2 + \cdots + \alpha^{n-1} + \alpha^n + \cdots = \frac{1}{1-\alpha}$$

を書きなおして

$$1 + \alpha + \alpha^2 + \cdots + \alpha^{n-1} + \sum_{p=0}^{\infty} \alpha^{n+p} = \frac{1}{1-\alpha}$$

とし，両辺を n 回微分して $n=s-1$ とおけば得られる．なお，振動数 ν の調和振動子の分配関数は $1/(1-\exp(-h\nu/k_B T))=1/(1-\alpha)$ であり，したがって同一の振動数をもつ s 個の振動子の分配関数は

$$Q_V = \frac{1}{(1-\alpha)^s}$$

である．したがって QRRK 理論による高圧極限の速度定数は

$$k_\infty = \bar\nu \alpha^m = \bar\nu \exp(-mh\nu/k_B T) = \bar\nu \exp(-\varepsilon_0/k_B T)$$

となり，単純衝突理論による速度定数と同様の速度定数になっていることがわかる．

7.3 低圧極限では律速過程が衝突による反応分子の活性化過程であるため，衝突相手（第三体 M）の特性が反応速度に影響する．これに比して高圧極限の速度定数は衝突相手の特性には影響されない．

低圧極限の速度定数は RRK 理論では式(7.34)で，また RRKM 理論では式(7.51)で与えられる．これらの式で，第三体 M の種類によって値が変わるのは衝突頻度因子 Z と衝突効率 λ である．衝突頻度因子は反応分子と衝突相手が異なる種類の分子の場合（p.189 の脚注参照）

$$Z = \pi d^2 \left(\frac{8k_B T}{\pi \mu}\right)^{1/2}$$

であるが，ここで換算質量 μ と衝突直径 d は衝突相手，すなわち第三体 M によって値が異なる．近似として衝突直径は反応分子と衝突相手の分子径の相加平均をとることが多いが，衝突相手の分子径が大きいほど，また換算質量が小さいほど衝突頻度因子 Z は大きくなり，したがって速度定数は大きくなる．

衝突効率 λ は p.212 の脚注に示されるように，衝突1回あたりのエネルギー移動量 $\langle\Delta\varepsilon\rangle$ に関係づけられ，$\langle\Delta\varepsilon\rangle$ が大きいほど，したがってエネルギー遷移確率が大きいほど大きい．$\langle\Delta\varepsilon\rangle$ は表7.2に示されるように一般には原子数の多い多原子分子のほうが大きいが，これは振動自由度の数が多いほど衝突エネルギーの分子内振動自由度への再配分（IVR, internal vibrational redistribution）が速く遷移確率が大きくなるためである．

ただし，第三体効率に関しては未解明な部分も多い．たとえば反応 $H+O_2+M=HO_2+M$ では，$M=H_2O$ の場合の低圧極限の速度定数は $M=Ar$ の場合の速度定数の 10〜16 倍大きい．この理由については現在でも議論の対象になっている．

7.4 1) RRK 理論による高圧極限の速度定数は式(7.32)で，低圧極限の速度定数は式(7.34)で与えられる．これらを式(7.12)に代入すると漸下圧は

$$p_{1/2} = \frac{\bar\nu}{\lambda} \frac{(s-1)!}{Z} \left(\frac{\varepsilon_0}{k_B T}\right)^{1-s} RT \tag{1}$$

となる．平均振動数 $\bar\nu$ は例題7.4 の振動数の相乗平均をとって

$$\bar\nu = 1281 \text{ cm}^{-1} = 3.84\times 10^{13} \text{ s}^{-1}$$

である．衝突頻度因子 Z は

である．$\frac{1}{2}$ の因子は衝突対が同種分子であることによる(§1.2.2 参照)．

例題 7.4 から $d=4.47\times10^{-10}$ m, $\varepsilon_0=160.5$ kJ mol^{-1} である．また換算質量 μ は CH$_3$NC の分子量から計算でき $\mu=20.5\times10^{-3}$ kg mol^{-1} である．これらの値を式(2)に代入すると

$$Z = 1.01\times10^{-17}T^{0.5} \quad [単位: \text{m}^3\text{s}^{-1}] \tag{3}$$

である．式(1)に代入して

$$p_{1/2} = \frac{1}{\lambda}(s-1)!(1.93\times10^4)^{1-s}T^{s-0.5}\times5.25\times10^7 \quad [単位: \text{Pa}] \tag{4}$$

となる．$s=7$, $\lambda=1$ を代入してさらに例題 7.2 の実験値と比較するために圧力の単位を Pa から Torr に変換すると

$$p_{1/2} = 5.47\times10^{-18}T^{6.5} \quad [単位: \text{Torr}] \tag{5}$$

となる．式(5)により計算した漸下圧を表にまとめる．例題 7.2 の結果から，$T=476.2$ K では $p_{1/2}=$45 Torr であるが，Lindemann 機構による計算値は実験値より大幅に小さな値となっている．漸下圧の温度依存性に関しては，温度の上昇とともに漸下圧も増大していることがわかる．参考のために表に RRK 理論($s=7$, $\lambda=1$)，RRKM 理論($\lambda=1$)，および支配方程式による解析($a=2000$ cm^{-1}, BOX 7.2 参照)の結果も併せて示す．476 K における漸下圧の値は支配方程式解析の結果が最も実験値に近い．また，いずれの理論においても温度の増加に伴い，漸下圧も上昇していることがわかる．

以上より，温度の増加とともに漸下圧は上昇することがわかるが，これは高温ほど高圧極限になりにくいことを示している．BOX 7.2 の図 2 および 3 に示されるように，高温ほど内部自由度の分布関数は非平衡性が大きくなっているが，この高温における非平衡性の増大が高温における漸下圧の上昇の原因である．

2) 圧力一定で速度定数を測定した場合，前問の結果から，単分子反応速度定数の高圧極限からのずれは高温ほど大きくなる．したがって，測定される活性化エネルギーは高圧極限の速度定数の活性化エネルギーより低下する．

CH$_3$NC の異性化反応の漸下圧(Torr)の計算値 (1 Torr＝133.3 Pa)

T/K	Lindemann 機構	RRK 理論	RRKM 理論	支配方程式解析
476	1.39	64.0	23.2	37.0
576	4.79	185	47.6	87.8
676	13.6	439	95.0	201
776	33.3	910	183	440

7.5 1) C$_2$H$_6$* の時間微分は

$$\frac{d[\text{C}_2\text{H}_6^*]}{dt} = k_1[\text{CH}_3]^2 - k_{-1}[\text{C}_2\text{H}_6^*] - k_r[\text{C}_2\text{H}_6^*] - k_d[\text{C}_2\text{H}_6^*][\text{M}]$$

したがってその定常濃度は

$$[\text{C}_2\text{H}_6^*] = \frac{k_1[\text{CH}_3]^2}{k_{-1}+k_r+k_d[\text{M}]}$$

となる．反応経路 a の速度定数を k_a とすると

$$\frac{d[\text{C}_2\text{H}_6]}{dt} = k_a[\text{CH}_3]^2 = k_d[\text{C}_2\text{H}_6^*][\text{M}] = \frac{k_1k_d[\text{M}]}{k_{-1}+k_r+k_d[\text{M}]}[\text{CH}_3]^2$$

であるので，

$$k_a = \frac{k_1 k_d [M]}{k_{-1} + k_r + k_d [M]} \tag{1}$$

となる．同様に反応経路 b についても計算すると

$$\frac{d[H]}{dt} = \frac{d[C_2H_5]}{dt} = k_b[CH_3]^2 = k_r[C_2H_6^*] = \frac{k_1 k_r}{k_{-1} + k_r + k_d[M]}[CH_3]^2$$

となり，したがって

$$k_b = \frac{k_1 k_r}{k_{-1} + k_r + k_d [M]} \tag{2}$$

である．反応経路 a の高圧極限と低圧極限は式(1)から

$$k_\infty^a = k_1, \qquad k_0^a = \frac{k_1 k_d}{k_{-1} + k_r} = \frac{k_d}{k_{-1} + k_r} k_\infty^a$$

となることがわかる．同様に反応経路 b については式(2)から，高圧においては

$$k_b = \frac{k_1 k_r / k_d [M]}{1 + ([k_{-1} + k_r]/k_d[M])} \xrightarrow{[M] \to \infty} \frac{k_1 k_r}{k_d} \frac{1}{[M]} = \frac{k_\infty^b}{[M]}$$

となり，高圧極限では k_b が圧力に反比例することがわかる．低圧極限は

$$k_0^b = \frac{k_1 k_r}{k_{-1} + k_r}$$

である．

2) 低圧極限と高圧極限の速度定数を用いて k_a と k_b を書き直す．

$P_a = \dfrac{k_0^a}{k_\infty^a}[M] = \dfrac{k_d[M]}{k_{-1} + k_r}$ とおくと $k_a = \dfrac{P_a}{1 + P_a} k_\infty^a$ と書ける．同様に

$P_b = \dfrac{k_0^b}{k_\infty^b}[M]$ とおくと $k_b = \dfrac{1}{1 + P_b} k_0^b$ である．これらの式を用いて速度定数を計算し，圧力に対してプロットするとつぎの図を得る．ただし理想気体を仮定して $p = [M]RT$ とした．

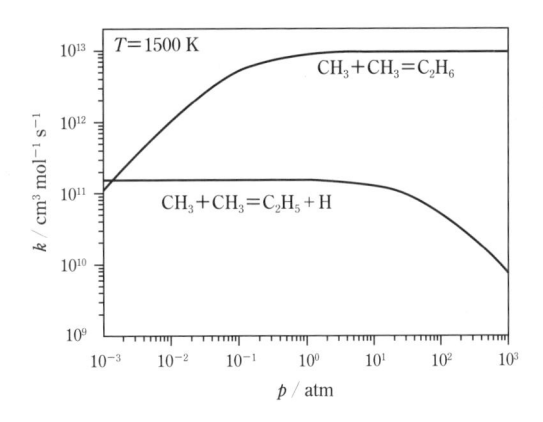

7.6 O, OH, HO$_2$ の速度式を書くと

$$\frac{d[O]}{dt} = k_{11}[H][O_2] - k_{12}[O][H_2] = 0 \tag{1}$$

$$\frac{d[OH]}{dt} = k_{11}[H][O_2] + k_{12}[O][H_2] - k_{13}[OH][H_2] + 2k_{19b}[H][HO_2] = 0 \tag{2}$$

$$\frac{d[HO_2]}{dt} = k_{14}[H][O_2][M] - (k_{19a} + k_{19b})[H][HO_2] = 0 \tag{3}$$

式(3)から HO$_2$ の定常濃度は

$$[HO_2] = \frac{k_{14}[O_2][M]}{k_{19a}+k_{19b}} \tag{4}$$

となる．式(4)および式(1)と(2)を用いてHの生成速度式を書くとつぎのようになる．

$$\frac{d[H]}{dt} = 2k_{11}[H][O_2] + 2k_{19b}[H][HO_2] - (k_{19a}+k_{19b})[H][HO_2] - k_{14}[H][O_2][M]$$

$$= k_{14}[H][O_2][M]\left[\frac{2k_{11}}{k_{14}[M]} - \frac{2k_{19a}}{k_{19a}+k_{19b}}\right] \tag{5}$$

式(5)の右辺が正であればH原子濃度は指数関数的に増大し爆発にいたる．したがって拡張第二限界の条件は

$$\frac{2k_{19a}}{k_{19a}+k_{19b}}\frac{k_{14}[M]}{2k_{11}} = 1 \tag{6}$$

となる．式(7.130)と比べると，$2k_{19a}/(k_{19a}+k_{19b})$ だけ爆発限界がずれることがわかる．

7.7 1) A, B, C に対する反応速度式は

$$\frac{d[A]}{dt} = -k_1[A] \tag{1}$$

$$\frac{d[B]}{dt} = k_1[A] - k_2[B] \tag{2}$$

$$\frac{d[C]}{dt} = k_2[B] \tag{3}$$

式(1)〜(3)を足し合わせると $d\{[A]+[B]+[C]\}/dt=0$ である．これと初期条件から

$$[A] + [B] + [C] = [A]_0 \tag{4}$$

[A] の Laplace 変換を L_A，[B] の Laplace 変換を L_B とする．式(1)と(2)を Laplace 変換すると

$$sL_A - [A]_0 = -k_1 L_A \tag{5}$$

$$sL_B = k_1 L_A - k_2 L_B \tag{6}$$

L_A, L_B について解くと

$$L_A = \frac{[A]_0}{s+k_1} \tag{7}$$

$$L_B = \frac{k_1[A]_0}{(s+k_1)(s+k_2)} \tag{8}$$

式(7), (8)の逆変換から

$$[A] = [A]_0 e^{-k_1 t} \tag{9}$$

$$[B] = \frac{k_1[A]_0}{k_2-k_1}(e^{-k_1 t} - e^{-k_2 t}) \tag{10}$$

が得られる．Cの濃度は式(4)から

$$[C] = [A]_0\left[1 - \frac{k_2}{k_2-k_1}e^{-k_1 t} + \frac{k_1}{k_2-k_1}e^{-k_2 t}\right] \tag{11}$$

となる．なお，この解答結果は表1.1の逐次一次反応の濃度の時間変化に対応する．

2) 式(11)を k_1 および k_2 について微分すれば感度係数が得られる．

$$S_1 \equiv \frac{k_1}{[C]}\frac{\partial[C]}{\partial k_1} = \frac{[A]_0}{[C]}\frac{k_1 k_2}{(k_1-k_2)^2}[(k_2 t - k_1 t - 1)e^{-k_1 t} + e^{-k_2 t}] \tag{12}$$

$$S_2 \equiv \frac{k_2}{[C]}\frac{\partial[C]}{\partial k_2} = \frac{[A]_0}{[C]}\frac{k_1 k_2}{(k_1-k_2)^2}[e^{-k_1 t} + (k_1 t - k_2 t - 1)e^{-k_2 t}] \tag{13}$$

3) $k_1 t=1$ であり，また $k_2=100 k_1$ であるから $k_2 t=100$ である．これらの関係を式(11)に代入する

と

$$\frac{[C]}{[A]_0} = 1 - \frac{100}{99}e^{-1} + \frac{1}{99}e^{-100} = 0.628 \tag{14}$$

が得られる．また式(12), (13)から

$$S_1 = \frac{1}{0.628}\frac{100}{99^2}[98\,e^{-1}+e^{-100}] = 0.585 \tag{15}$$

$$S_2 = \frac{1}{0.628}\frac{100}{99^2}[e^{-1}-100\,e^{-100}] = 0.00597 \tag{16}$$

となる．$k_2=100k_1$ の条件から予測されるように，反応(2)はCの生成に対して感度が非常に小さく，Cの生成速度は反応(R1)の速度で決まっていて，反応(1)が律速であることが確かめられる．

4) Bに対して定常状態を仮定すると，式(2)から $k_1[A]=k_2[B]$ である．Aについては式(1)がそのまま成り立つので解は式(9)で与えられる．Cについては

$$\frac{d[C]}{dt} = k_2[B] = k_1[A] = k_1[A]_0 e^{-k_1 t} \tag{17}$$

を直接積分して

$$\frac{[C]}{[A]_0} = 1-e^{-k_1 t} \tag{18}$$

となる．したがって $t=1/k_1$ においては

$$\frac{[C]}{[A]_0} = 0.632 \tag{19}$$

となり，式(14)の結果との誤差は小さく定常状態近似が成立していることがわかる．感度係数は

$$S_1 = \frac{e^{-1}}{0.632} = 0.582, \qquad S_2=0 \tag{20}$$

である．反応(2)はA, B, Cの濃度変化に対して感度を持たないが，省略はできないことに注意せよ．

7.8 1) 反応(1)の速度式は

$$R_1 = \left[\frac{d[SiH(S)]}{dt}\right]_{R1} = 2k_1[SiH_4][Si(S)]^2$$

である．R_1 の単位は $mol\,cm^{-2}\,s^{-1}$，SiH_4 と $Si(S)$ の単位はおのおの $mol\,cm^{-3}$ および $mol\,cm^{-2}$ である．したがって k_1 の単位は $mol^{-2}\,cm^5\,s^{-1}$ となる．なお，反応(1)は素反応ではなく，何段かの素過程をまとめた(lumpingした)反応である．

反応(2)についても同様に考えると k_2 の単位は $mol\,cm^{-2}\,s^{-1}$ であることがわかる．

2) SiH(S)に定常状態を仮定すると

$$\frac{d[SiH(S)]}{dt} = 2k_1[SiH_4][Si(S)]^2 - 2k_2[SiH(S)]^2 = 0$$

したがって

$$[SiH(S)] = \left[\frac{k_1}{k_2}[SiH_4]\right]^{1/2}[Si(S)] = a[Si(S)] \qquad a = \left[\frac{k_1}{k_2}[SiH_4]\right]^{1/2}$$

である．これを用いると

$$\Gamma = [SiH(S)] + [Si(S)] = (a+1)[Si(S)]$$

被覆率 θ は $\theta=[SiH(S)]/\Gamma$ であるから

$$\theta = \frac{a}{1+a}$$

が得られる．製膜速度は

$$\frac{\mathrm{d}[\mathrm{Si(B)}]}{\mathrm{d}t} = k_1[\mathrm{SiH_4}][\mathrm{Si(S)}]^2 = k_1[\mathrm{SiH_4}]\left[\frac{\Gamma}{1+\alpha}\right]^2 \quad (単位: \mathrm{mol\,cm^{-2}\,s^{-1}})$$

である.

3) 与えられた数値を代入すると $\alpha=1.34$ となり, したがって被覆率は $\theta=0.57$ である. 製膜速度は

$$\frac{\mathrm{d}[\mathrm{Si(B)}]}{\mathrm{d}t} = 1.11\times10^{-9}\,\mathrm{mol\,cm^{-2}\,s^{-1}}$$

である. これをバルク密度 $2.33\,\mathrm{g\,cm^{-1}}=0.083\,\mathrm{mol\,cm^{-3}}$ で割ると, 製膜の線速度として $1.34\times10^{-8}\,\mathrm{cm\,s^{-1}}$ が得られる.

索　引

あ，い

IRC(intrinsic reaction coordinate)　70, 203
IVR(intramolecular vibrational energy re-distribution, internal vibrational redistribution)　122, 275
Eyring の活性錯合体　248
圧力ジャンプ(pressure jump)法　36
アト秒科学　52
RRKM(Rice-Ramsperger-Kassel-Marcus)公式　136
RRKM 理論　2, 139, 192
RRK 理論　2, 187
REMPI(resonantly enhanced muti-photon ionization)　49
ROP(rate of production)　216
Arrhenius(アレニウス)式　2, 6, 16, 180
暗状態(dark state)　127, 251
鞍点(saddle point)　70, 110

イオン分子反応(ion molecule reaction)　25
異性化反応(isomerization reaction)　183
　　CH_3NC の——　186, 202
位相空間　249
位相空間体積　250
位相空間理論(phase space theory)　141
位相振動(dephasing)　123, 129, 131
一次元回転子　194
　　——の状態密度と状態和　199
一次反応(first order reaction)　7, 8
移動速度
　　表面上の——　237
Eley-Rideal 機構　233
インパクトパラメーター　19

う～お

Wigner 補正　118
Whitten-Rabinovitch の方法　198
Wiener-Khinchin の定理　162
Woodward-Hoffmann 則　219

運動学的相互作用(kinematic coupling)　73
液相反応(liquid phase reaction)　3
exponential down model　211
n 分子反応　8
エネルギー
　　——の原子単位　241
　　——の単位　241
エネルギー移動
　　回転-並進(R-T)——　97
　　振動-並進(V-T)——　97
エネルギー移動量
　　衝突による——　210
エネルギー規格化　105
エネルギー障壁　71
エネルギー等分配則　57
エネルギー分配(energy partitioning)　75
LIF(laser induced fluorescense)　42
LEPS ポテンシャル　71, 244
L-J ポテンシャル　22
遠心力障壁　22, 25
遠心力ポテンシャル(centrifugal potential)　19

オクタン価(octane number)　228
オービティング(orbiting)　23
Onsager モデル　167, 168
温度ジャンプ(temperature jump)法　36

か

外圏型電子移動(outer-shell electron transfer)　171
解離吸着　232
解離速度のゆらぎ　137
解離反応(dissociation reaction)　181
ガウス波束(Gaussian wave packet)　92
化学活性化(chemical activation)　121, 239
化学活性化反応　179
化学緩和法(chemical relaxation method)　36
化学吸着(chemisorption)　231
化学衝撃波管(chemical shock tube)　37

化学反応式(reaction formula, chemical reaction equation)　4
化学反応ダイナミクス(chemical reaction dynamics)　1, 55
化学反応論　1
化学量論係数　4
化学量論式　4
可逆反応　4, 6
角運動量保存則　192
拡散係数(diffusion coefficient)　149
拡散方程式(diffusion equation)　150
拡散律速反応(diffusion-limited reaction)　148
拡張第二限界　240
かご効果(cage effect)　3, 147
重なり積分(overlap integral)　245
Kasha 則　142, 144
活性化(activation)　8, 184
活性化エネルギー(activation energy)　2, 6, 71
活性化障壁(activation barrier)　152, 174
活性錯合体(activated complex)　113, 192, 247
　　——の状態和　202
　　硬い——　180
活性自由度(active degree of freedom)　192
活性分子(energized molecule)　8, 184
カノニカル遷移状態理論(canonical transition state theory)　112
カノニカル速度定数　179, 206, 247
　　——の圧力依存性　182
　　——の温度依存性　179
換算質量(reduced mass)　12
完全かくはん反応器(perfectly stirred reactor)　33
完全実験(perfect experiment)　66
感度解析(sensitivity analysis)　10, 215
感度係数　215
緩　和　142
緩和方程式(relaxation equation)　207

き

擬一次反応(pseudo first order reaction)　34, 41, 44

擬交差(pseudo-crossing) 91
気固触媒反応(gas-solid catalytic reaction) 228
気固反応 236
気固不均一反応 228
基準モード 124
軌跡(trajectory) 18
気相化学堆積(chemical vapor deposition) 228
気相反応(gas phase reaction) 3
気体分子運動論(kinetic theory of gases) 11
軌道対称性保存則 219
逆再交差(premature recrossing) 107, 119
逆転領域(inverted region) 177
逆反応(backward reaction) 4
キャビティーリングダウン分光法 (cavity ring down spectroscopy) 41
QRRK 理論 191, 275
求核置換二分子(S_N2)反応 147, 164
吸着 231
吸着平衡 231, 235
強衝突の仮定(strong collision assumption) 189
共線型配置(collinear configuration) 69
共鳴状態(resonance state) 138
共鳴多光子イオン化(resonantly enhanced multi-photon ionization)法 49
極短光パルス(ultra short light pulse) 67
極低圧熱分解法(very low pressure pyrolysis) 34
巨視的(macroscopic) 1
巨視的反応速度論 1
均一(系)反応(homogeneous reaction) 3
キンク(kink) 230
均相反応 3

く～こ

Kramers の反転(turnover) 159
Kramers の理論 154
Kramers 方程式 154, 254
Grote-Hynes の理論 161
クーロン積分(Coulomb integral) 244
蛍光(fluorescence) 142, 144
蛍光収率(fluorescence yield) 144
決定論的立場 100
決定論的な(deterministic) 101
ChemRate 212
原子価結合法(valence-bond method) 244
原子単位 241
限定反応成分(limiting reactant) 4

高圧極限(high pressure limit) 183
高温化学反応 39
光化学スモッグ(photochemical smog) 32
光化学スモッグチャンバー 33
光学異性体 196
項間交差(intersystem crossing) 142, 144
交換積分 244
交換反応(exchange reaction) 69
後期障壁反応(late barrier reaction) 78
交差分子線(crossed molecular beam) 45
――の実験 45, 50, 61
高振動励起状態 126, 134
固相反応(solid phase reaction) 3
剛体回転子 194
剛体球衝突(hard sphere collision) 14
剛体球ポテンシャル 21
後方散乱(backward scattering) 63
古典軌跡(classical trajectory) 71
コヒーレントコントロール(coherent control) 52
固有状態(eigenstate) 122
固有値解析 216

さ

再帰現象(recurrence) 131
最急降下曲線(steepest descent) 70
最急降下線 246
再結合反応 179
――の圧力依存性 185
再交差(recrossing) 106, 108, 136
最小エネルギー経路(minimum energy path) 70
最大エントロピー法 101
サイト占有数(site occupancy number) 231
再配置エネルギー(reorganization energy) 174
錯合体形成様式反応(complex formation-mode reaction) 66, 139
サプライザル(surprisal) 101
サプライザル解析 99
作用変数 83
三分子反応(termolecular reaction) 8
散乱(scattering) 17
散乱角(scattering angle) 19, 61
散乱実験 61
散乱断面積 17

し

CRDS(cavity ring down spectroscopy) 41

CSTR(continuous stirred tank reactor) 33
geminate recombination 147
時間
――の原子単位 241
時間反転不変性(time reversal invariance) 78
始状態チャンネル(initial channel) 106
失活(deactivation) 8, 184
――の速度定数 189
実験室座標系(laboratory system) 11
実効ポテンシャル(effective potential) 19, 25
質量
――の原子単位 241
質量加重座標系(mass-weighted coordinate) 74
質量加重ヤコビ座標系 74
質量分析法 44
時定数
緩和の―― 37
支配方程式(master equation) 206
支配方程式解析 212
CVD(chemical vapor deposition) 228
斜交角(skew angle) 75
斜交座標系(skewed coordinate) 74
自由エネルギー面(free energy surface) 152
集合分配関数 235
準古典的方法(quasi-classical method) 77
終状態チャンネル(final channel) 106
重心座標系(center of mass system) 17, 46
受容モード(accepting mode) 143
準束縛状態(quasi-bound state) 138
衝撃波 37, 38
衝撃波管 181
衝撃波管法 37
詳細(素)反応機構 178
詳細釣り合いの原理(principle of detailed balance) 28, 207
状態から状態への化学(state-to-state chemistry) 30, 51, 56, 66
状態から状態への反応確率 104
状態数 108
状態密度(density of states) 100, 104, 112, 187, 197, 202, 260
状態和(sum of states) 193, 197, 260
衝突過程
単分子反応の―― 8
衝突径数(impact parameter) 19, 61
衝突効率(collision efficiency) 189, 202
衝突錯合体(collision complex) 65
衝突数(collision number) 14
衝突速度係数 189
衝突直径(collision diameter) 14, 15
衝突頻度(collision frequency) 14

索 引

衝突頻度因子(collision frequency factor) 14, 189, 202
衝突頻度係数 14
衝突平面 65
情報エントロピー 101
初期障壁反応(early barrier reaction) 76
触媒燃焼反応解析 238
振電相互作用(vibronic interaction) 142
振動位相緩和 129
振動自由度(vibrational degree of freedom) 81
振動前期解離 138
振動励起 13, 76, 78

す〜そ

数密度(number density) 5, 11
スターリングの公式 188
stiff な方程式系 216
ステップ(step) 230
Zhu-Nakamura 公式 95
スピン軌道相互作用(spin-orbital interaction) 144
正常領域(normal region) 177
生成系 146
生成速度(rate of production) 216
生成物(product) 4
静置法(static method) 32
静的な効果(static effect) 148
静電(的)相互作用(electrostatic interaction) 167
正反応(forward reaction) 4
整列(alignment)
　　分子の―― 48
赤外化学発光 55
積分断面積 21
絶対反応速度論(absolute rate theory, theory of absolute reaction rates) 2, 113
ゼロバックグラウンド法 41, 42
遷移確率 210, 211
遷移状態(transition state) 107
遷移状態理論(transition state theory) 2, 107, 135, 157, 182
　　――の検証 117
　　――の導出 247
遷移モーメント(transition moment) 126
漸下圧(fall-off pressure) 183
先験的等確率分布(prior distribution) 99, 140
閃光光分解法(flash photolysis) 40
全散乱断面積(total scattering cross section) 21
前指数因子(pre-exponential factor) 2, 180
全断面積 63
全反応次数 6

前方散乱(forward scattering) 62
相(phase) 3, 229
相対運動の拡散 254
促進モード(promoting mode) 143
速度(velocity) 10
速度式(rate equation) 6
速度定数(rate constant) 2, 5
　　熱平衡下の―― 26
速度論的吸収分光法(kinetic absorption spectroscopy) 40
束縛状態(bound state) 138
素反応(elementary reaction) 8, 178

た

第三体(third body) 9, 184
対称コマ分子 193
対称数(symmetry number) 195
　　――と点群 196
Direct Count のアルゴリズム 259
Daschinsky 効果 143
多層吸着(multi-layer adsorption) 232
多相反応(multi-phase reaction) 3
単純衝突理論(simple collision theory) 14, 21, 117, 182, 237
弾性散乱 47
弾性衝突(elastic collision) 17
断熱回転(adiabatic rotation) 192
　　――のエネルギー準位 202
断熱基底(adiabatic basis) 85
断熱近似(adiabatic approximation) 87, 88
断熱性指標(adiabatic parameter) 97
断熱チャンネル(adiabatic channel) 99, 103, 138
断熱表現(adiabatic representation) 85
断熱不変性 88
断熱不変量(adiabatic invariance) 84
断熱ポテンシャル(adiabatic potential) 88, 89
短パルス光 126
単分子解離(unimolecular dissociation) 136
単分子反応(unimolecular reaction) 8, 179, 182
　　――と衝突過程 8

ち〜て

逐次反応 7
地形学(topography) 69
着火特性 228
着火誘導期 220
中心力ポテンシャル 17

超球座標 82
長距離引力 25
超高速時間分解実験法 51
直接計数(Direct Count)法 200
直接様式反応(direct-mode reaction) 66, 140
低圧極限(low pressure limit) 185
定常状態近似 218, 279
定常状態の仮定(steady state assumption) 184
テラス(terrace) 230
δ関数 243
点群
　　――と対称数 196
電子移動
　　――のエネルギー差 257
電子移動反応(electron transfer reaction) 170
電子分極 172, 257
電子ボルト(eV) 242
天井温度(ceiling temperature) 227

と

等温吸着関係(adsorption isotherm) 232
透過係数(transmission coefficient) 158
統計因子(statistical factor) 115, 193, 195
統計的極限(statistical limit) 130
統計的ふるまい(statistical behavior) 139, 140
動的な効果(dynamical effect) 148
透熱基底(diabatic basis) 84
透熱表現(diabatic representation) 84
動力学的くぼみ(dynamical well) 108
動力学的障壁(dynamical barrier) 108, 119
ドップラーシフト 49, 269
ドップラー分光法(Doppler spectroscopy) 49
トンネル効果(tunneling effect) 111, 181
　　――の Wigner 補正 118

な 行

内圏型電子移動(inner-shell electron transfer) 171
内部転換(internal conversion) 142, 144, 160
長さ
　　――の原子単位 241
流れ図解析 216
ナトリウム希薄炎 2, 54

索　引

二次元回転子　194
　——の分配関数，状態密度と状態和　199
二次反応(second order reaction)　7, 8
2体間衝突　17
二分子反応(bimolecular reaction)　8
Newton ダイヤグラム　46

熱爆発(thermal explosion)　222
熱反応の速度(thermal reaction rate)　11, 12
熱平衡分布(thermal equilibrium distribution)　56, 188, 206, 208, 213
熱ゆらぎ　154, 171
熱　浴　146, 210
燃焼反応(combustion reaction)　213, 218
燃焼反応機構
　アルカンの——　224
　水素の——　219
　炭化水素の——　227

濃度(concentration)　5

は

配向(orientation)
　分子の——　48, 63
配向分極　172, 257
配向分子線　63
配置間相互作用(configuration interaction)　91
剥ぎ取り機構(stripping mechanism)　62
白色ノイズ　163
爆　発　220
爆発限界(explosion limit)　219
爆発第一限界　219
爆発第二限界　219
爆発第三限界　219
波束(wave packet)　67
ハートリー(hartree)　241
跳ね返り機構(rebound mechanism)　63
速さ(speed)
　分子飛行の——　10
パラジウム　238
Variflex　212
パルス放射線分解(pulse radiolysis)　40
パルスラジオリシス　40
パルス励起法(pulse excitation method)　39
パワースペクトル　162
反転分布(inverted distribution)　56
反応機構(reaction mechanism)　2, 9
反応機構解析　178
反応系　146
反応経路解析(reaction path analysis)　216, 225
反応工学(chemical reaction engineering)　3
反応座標(reaction coordinate)　70, 81, 105, 147, 175, 247
反応座標ハミルトニアン(reaction path Hamiltonian)　81
　——の導出　246
反応次数(reaction order, order of reaction)　6
反応自由度(reactive degree of freedom)　81
反応障壁　103, 106, 119
反応進行度(extent of reaction)　4
反応性衝突(reactive collision)　17
反応速度(reaction rate)　5
　熱平衡下での——　11
反応速度式　6
　簡単な次数の——　7
反応速度定数
　——の計算　201
　Kramers の——　255
反応速度論(chemical kinetics)　1
　——実験法　31
反応ダイナミクス(chemical reaction dynamics)　1
反応断面積(reaction cross section)　10
反応追跡法　32
反応動力学　1
反応物(reactant)　4
反応分子数(molecularity)　8
反応率(conversion, degree of reaction)　4
反応論　1
反発交差(avoided crossing)　91

ひ

BSアルゴリズム　200
光イオン化画像観測法 (photoionization imaging)　49
光異性化反応　159
光解離　57, 95, 147
光分解画像観測装置(photofragment imaging apparatus)　49, 50
Bixon-Jortner 理論　251, 130, 131
ピコ秒(pico second)　67
微視的(microscopic)　1
微視的可逆性(microscopic reversibility)　78
　——の関係式　29
　——の原理　28
微視的反応速度論実験法　45
非弾性衝突(inelastic collision)　17
非断熱遷移(non-adiabatic transition)　68, 90, 103
非断熱相互作用(non-adiabatic coupling)　86, 89, 91
非断熱トンネル過程　95
非断熱補正項(non-adiabatic correction)　89
非調和共鳴(anharmonic resonance)　125, 135
非調和振動子　259
非調和相互作用(anharmonic interaction)　123
非定常状態　122
被覆率(coverage)　231
微分散乱断面積(differential scattering cross section)　20, 46
微分断面積　63
非平衡効果　206
非平衡分布(non-equilibrium distribution)　206
非マルコフ効果　161
表　面　229
表面構造　230
頻度因子(frequency factor)　2

ふ，へ

Fano 線形　138
フェムト秒(femto second)　67
フェムト秒化学(femto second chemistry)　51, 67, 96
フェムト秒時間分解実験　52
フェムト秒パルス　67
フェルミ黄金則　254
Fermi 共鳴　135
Fokker-Planck 方程式　154
不可逆反応　7
不活性な自由度　192
不均一(系)反応(heterogeneous reaction)　3
複合反応(composite reaction)　9, 213
複合反応系　178
付着確率(sticking probability)　237
物質移動　4
物理吸着(physisorption)　231
プライアー分布(prior distribution)　99
ブラウン運動　154
フラックス　149
Franck-Condon 原理　127, 170
フーリエ展開　242
フーリエ変換　243
プローブ(probe)　60
フロー法　34
分割曲面　249
分子軌道法(molecular orbital method)　244
分子線技術　48
分子動力学シミュレーション (molecular dynamics simulation)　164
分子内振動エネルギー再分配 (intramolecular vibrational energy re-distribution)　122, 132
分子配向　59, 63
分子分配関数　235
分子変調法(molecular modulation method)　36

索　引

分配関数　193, 202, 247
分離曲面(dividing surface)　249

平均滞留時間　33
平均力のポテンシャル(potential of mean force)　153
平衡論的な効果(equilibrium effect)　148
並発反応　7
Beyer-Swinehart アルゴリズム　200, 259
ヘシアン行列　70
Herzberg-Teller 展開　143
偏向(deflection)　19
偏向角(deflection angle)　19, 61
変分型遷移状態理論(variational transition state theory)　119

ほ

Bohr 半径　241
放電流通法(discharge flow method)　35
保存系　207
ポテンシャルエネルギー曲面 (potential energy surface)　69
ポテンシャル曲線(potential energy curve)　244
ポテンシャル曲面(potential surface)　244
ボブスレー効果　81, 99
PolyRate　212
Boltzmann 分布　188, 208, 213
Born-Oppenheimer 近似　69, 88
　　──の破れ　142
Born の式　168
Born モデル　167

ま 行

Marcus の理論　170
Maxwell-Boltzmann 分布　11
摩擦係数(friction coefficient)　154
摩擦力(friction force)　154
MultiWell　212

ミクロカノニカル(microcanonical)集団　104, 136
ミクロカノニカル遷移状態理論 (microcanonical transition state theory)　112
ミクロカノニカル速度定数 (microcanonical rate constant)　106, 192, 202, 203, 247
ミクロカノニカル反応確率　104

無輻射遷移　143
無放射遷移(non-radiative transition, radiationless transition)　143, 144
明状態(bright state)　127, 251
Menshutkin 反応　147
銛撃ち機構(harpooning mechanism)　62, 64

や 行

ヤコビ座標(Jacobi coordinate)　74
誘電体モデル　169
誘導放出ポンプ法　127
Unimol　205, 212
ゆらぎ(fluctuation)　141
　　解離速度の──　137
ゆるい遷移状態(loose transition state)　136
溶液反応(reaction in solution)　3, 146
溶質-溶媒相互作用(solute-solvent interaction)　166
揺動散逸定理(fluctuation-dissipation theorem)　161, 255
溶媒(の)効果(solvent effect)　147
溶媒摩擦のスペクトル　164
溶媒和(solvation)　148, 165
　　──のモデル　167
溶媒和自由エネルギー(solvation free energy)　166
余剰エネルギー(excess energy)　122
予測子-修正子(predictor-corrector)法　10

ら 行

Rice-Herzfeld 機構　218
ラプラス変換　6, 10, 197
Langmuir 吸着　231
Langmuir の等温吸着式　232, 235
Langmuir-Hinshelwood 機構　232
Langevin 速度定数　26
Langevin 断面積　26
Langevin 方程式　154, 254
　　一般化された──　161
Landau-Zener 公式　95, 97
Landau-Zener モデル　93
Landau-Teller の式　97
Landau-Teller モデル　97
ランダム力(random force)　154

リアルタイム化学反応ダイナミクス　67
立体因子(steric factor)　63, 116
立体化学　49
流束(flux)　105, 149, 150, 249
流束密度(flux density)　148
流通かくはん槽反応器　33
流通反応法　34
流通法(flow method)　34
量子収率(quantum yield)　147
　　蛍光の──　43
量子ビート(quantum beat)　123
量子論的 RRK 理論　191
量論係数(stoichiometric coefficient)　4
量論式(stoichiometric equation)　4
リングダウンタイム　42
りん光(phosphorescence)　142, 144
Lindemann 機構　8, 184, 186
Rynbrandt-Rabinovitch の実験　121, 139

(累積)状態数(number of states)　100, 104, 108, 193, 250
累積反応確率(cumulative reaction probability)　104

励起スペクトル(excitation spectrum)　58
レインボー角(rainbow angle)　23
レーザー光分解法(laser photolysis)　40, 44
レーザー誘起蛍光(laser induced fluorescence)法　42, 60
Lennard-Jones ポテンシャル　22
　　──による散乱　61
連鎖開始反応(initiation reaction)　217
連鎖成長反応(propagation reaction)　217
連鎖阻害反応(inhibition reaction)　217
連鎖担体(chain carrier)　217
連鎖停止反応(termination reaction)　217
連鎖反応(chain reaction)　217
連鎖分岐反応(chain branching reaction)　220
連鎖抑制反応　217
連続かくはん槽反応器(continuous stirred tank reactor)　33
連続状態(continuum state)　138
連続の式(equation of continuity)　149

London-Eyring-Polanyi-Sato ポテンシャル　244
London の式　244
London の分散力　27

幸田清一郎
　1943 年　東京に生まれる
　1970 年　東京大学大学院工学系研究科博士課程　修了
　現　上智大学理工学部　特別契約教授
　東京大学名誉教授
　専攻　化学反応論，反応工学
　工学博士

第 2 版　第 1 刷　2011 年 3 月 25 日　発行

大学院講義 物理化学（第 2 版）
Ⅱ. 反応速度論とダイナミクス

Ⓒ 2011

編　集　幸田清一郎
発行者　小澤美奈子
発　行　株式会社東京化学同人
　　　　東京都文京区千石 3-36-7（〒112-0011）
　　　　電話 03(3946)5311・FAX 03(3946)5316
　　　　URL：http://www.tkd-pbl.com/

印　刷　中央印刷株式会社
製　本　株式会社青木製本所

ISBN 978-4-8079-0753-3
Printed in Japan
無断複写，転載を禁じます．

SI 基本単位[*]

物理量		量の記号	SI 単位の名称		記号
長さ	length	l	メートル	metre	m
質量	mass	m	キログラム	kilogram	kg
時間	time	t	秒	second	s
電流	electric current	I	アンペア	ampere	A
熱力学温度	thermodynamic temperature	T	ケルビン	kelvin	K
物質量	amount of substance	n	モル	mole	mol
光度	luminous intensity	I_ν	カンデラ	candela	cd

固有の名称と記号をもつ SI 組立単位の例[*]

物理量	SI 単位の名称		記号	SI 基本単位による表現
周波数・振動数	frequency	ヘルツ	hertz	Hz	s^{-1}
力	force	ニュートン	newton	N	$m\ kg\ s^{-2}$
圧力, 応力	pressure, stress	パスカル	pascal	Pa	$m^{-1}\ kg\ s^{-2}\ (=N\ m^{-2})$
エネルギー, 仕事, 熱量	energy, work, heat	ジュール	joule	J	$m^2\ kg\ s^{-2}\ (=N\ m=Pa\ m^3)$
工率, 仕事率	power	ワット	watt	W	$m^2\ kg\ s^{-3}\ (=J\ s^{-1})$
電荷・電気量	electric charge	クーロン	coulomb	C	$s\ A$
電位差(電圧)・起電力	electric potential difference, electromotive force	ボルト	volt	V	$m^2\ kg\ s^{-3}\ A^{-1}\ (=J\ C^{-1})$
静電容量・電気容量	capacitance	ファラド	farad	F	$m^{-2}\ kg^{-1}\ s^4\ A^2\ (=C\ V^{-1})$
電気抵抗	electric resistance	オーム	ohm	Ω	$m^{-2}\ kg\ s^{-3}\ A^{-2}\ (=V\ A^{-1})$

エネルギーに関係する単位の換算表[*] ($E=h\nu=hc\tilde{\nu}=kT;\ E_m=N_A E$)

			波数 $\tilde{\nu}$	振動数 ν	エネルギー E		
			cm^{-1}	MHz	J	eV	E_h
$\tilde{\nu}$:	$1\ cm^{-1}$	≙	1	$2.997\,925\times10^4$	$1.986\,446\times10^{-23}$	$1.239\,842\times10^{-4}$	$4.556\,335\times10^{-6}$
$\tilde{\nu}$:	$1\ MHz$	≙	$3.335\,641\times10^{-5}$	1	$6.626\,069\times10^{-28}$	$4.135\,667\times10^{-9}$	$1.519\,830\times10^{-10}$
E:	$1\ J$	≙	$5.034\,117\times10^{22}$	$1.509\,190\times10^{27}$	1	$6.241\,510\times10^{18}$	$2.293\,713\times10^{17}$
	$1\ eV$	≙	8065.545	$2.417\,989\times10^8$	$1.602\,176\times10^{-19}$	1	$3.674\,933\times10^{-2}$
	$1\ E_h$	≙	$219\,474.63$	$6.579\,684\times10^9$	$4.359\,744\times10^{-18}$	$27.211\,38$	1
E_m:	$1\ kJ/mol$	≙	$83.593\,47$	$2.506\,069\times10^6$	$1.660\,539\times10^{-21}$	$1.036\,427\times10^{-2}$	$3.808\,799\times10^{-4}$
	$1\ kcal/mol$	≙	349.7551	$1.048\,539\times10^7$	$6.947\,694\times10^{-21}$	$4.336\,410\times10^{-2}$	$1.593\,601\times10^{-3}$
T:	$1\ K$	≙	$0.695\,035\,6$	$2.083\,664\times10^4$	$1.380\,650\times10^{-23}$	$8.617\,343\times10^{-5}$	$3.166\,815\times10^{-6}$

a) 換算表の使用例: $1\ J ≙ 5.0341\times10^{22}\ cm^{-1}$,　$1\ eV ≙ 96.4853\ kJ\ mol^{-1}$. ≙ は "に対応する" あるいは

---

[*] "化学で使われる量・単位・記号"（© 2011 日本化学会 単位・記号専門委員会）に基づく.